高等学校教材

工程制图

Gongcheng Zhitu

第五版

中南大学工程图学教研室 编
徐绍军 赵先琼 主编

高等教育出版社·北京
HIGHER EDUCATION PRESS BEIJING

内容提要

本书是根据教育部高等学校工程图学教学指导委员会 2010 年制订的"普通高等学校工程图学课程教学基本要求"及近几年新颁布的国家标准，以优化制图教学内容为目标，在第四版的基础上修订而成的。

本次修订主要对部分章节的内容进行了调整和修改，将涉及国家标准部分的内容按最新标准进行了修改，并以 AutoCAD 2010 作为绘图软件，对计算机二维绘图和计算机三维实体造型内容作了较大更新，全书除绪论外共 11 章，主要内容有制图的基本知识与技能、点、直线和平面的投影，立体及其表面交线的投影，组合体，机件常用的表达方法，标准件与常用件，零件图，装配图，其他图样简介，计算机二维绘图和计算机三维实体造型。书后有附录和参考文献。

中南大学工程图学教研室编，欧阳立新、徐绍军主编《工程制图习题集》(第五版)与本书配套使用，由高等教育出版社同时出版。本套教材可作为高等院校近机械类和非机械类各专业的教学用书，也可供函大、电大、职大的师生及自学读者选用，还可供广大工程技术人员参考。

图书在版编目(CIP)数据

工程制图／徐绍军，赵先琼主编；中南大学工程图学教研室编．——5 版．——北京：高等教育出版社，2012.7(2016.2 重印)

ISBN 978 – 7 – 04 – 034799 – 9

Ⅰ．①工… Ⅱ．①徐…②赵…③中… Ⅲ．①工程制图–高等学校–教材 Ⅳ．①TB23

中国版本图书馆 CIP 数据核字(2012)第 090734 号

策划编辑	薛立华	责任编辑	薛立华	封面设计	张 志	版式设计	马敬茹
插图绘制	尹 莉	责任校对	杨雪莲	责任印制	耿 轩		

出版发行	高等教育出版社	网　　址	http://www.hep.edu.cn
社　　址	北京市西城区德外大街 4 号		http://www.hep.com.cn
邮政编码	100120	网上订购	http://www.landraco.com
印　　刷	廊坊市科通印业有限公司		http://www.landraco.com.cn
开　　本	787mm×1092mm　1/16		
印　　张	26	版　　次	1983 年 6 月第 1 版
字　　数	640 千字		2012 年 7 月第 5 版
购书热线	010 – 58581118	印　　次	2016 年 2 月第 5 次印刷
咨询电话	400 – 810 – 0598	定　　价	37.70 元

本书如有缺页、倒页、脱页等质量问题，请到所购图书销售部门联系调换
版权所有　侵权必究
物　料　号　34799 – 00

第五版前言

本书是根据教育部高等学校工程图学教学指导委员会2010年制订的"普通高等学校工程图学课程教学基本要求"及近几年新颁布的国家标准,借鉴国内其他院校近年来教学改革的成功经验,以优化工程制图课程教学内容为目标,在第四版的基础上修订而成的。

本书在保持第四版特点的基础上,在内容上作了较大的调整与修订:

1. 增加了绘图仪器、绘图工具的使用方法等内容,对徒手绘图、尺规绘图及计算机绘图的方法循序渐进地进行介绍,使制图的经典内容与计算机绘图知识有机融为一体。

2. 对部分章节进行了调整,将机械图一章拆分为标准件与常用件、零件图和装配图三章,将计算机绘图一章拆分为计算机二维绘图和计算机三维实体造型两章。

3. 零件图和装配图的介绍尽可能以同一部件为例,使学生对零、部件及零件图和装配图有比较清晰的认识,从而更容易掌握相关知识。此外,为培养学生的徒手绘图能力,加强了零、部件测绘部分的内容。

4. 全书贯彻最新国家标准,对图样的表达、相关术语及有关标准等内容均按新标准进行了修订。

5. 以 AutoCAD 2010 作为绘图软件,对计算机二维绘图和计算机三维实体造型内容作了较大更新。

参加本书修订工作的有朱泗芳(第1、2章)、徐绍军(绪论,第3～5、8章,附录)、欧阳立新(第6、11章)、赵先琼(第7章)、陈斌(第9章)、汤晓燕(第10章),全书由徐绍军统一整理定稿。本版由徐绍军、赵先琼担任主编。

中国矿业大学江晓红教授对本书进行了审阅并提出了许多宝贵意见,在此表示诚挚的谢意。本书在修订过程中得到了中南大学工程图学教研室全体同志的大力支持,在此一并表示感谢。

由于编者水平有限,书中不当之处在所难免,敬请广大读者及图学界同仁批评指正。

编 者

2012年1月于长沙

目　录

绪论 …………………………………………… 1	
第1章　制图的基本知识与技能 …………… 2	
1.1　国家标准《技术制图》与《机械制图》	
的有关规定 …………………………… 2	
1.2　尺规绘图 ……………………………… 15	
1.3　几何作图 ……………………………… 19	
1.4　平面图形分析及绘图 ………………… 26	
1.5　徒手绘图技法 ………………………… 27	
第2章　点、直线和平面的投影 ………… 32	
2.1　投影法的基本概念 …………………… 32	
2.2　物体的正投影 ………………………… 35	
2.3　点的投影 ……………………………… 38	
2.4　直线的投影 …………………………… 42	
2.5　平面的投影 …………………………… 57	
2.6　直线与平面相交和平面与平面相交 … 67	
第3章　立体及其表面交线的投影 ……… 71	
3.1　立体的投影 …………………………… 71	
3.2　截交线 ………………………………… 80	
3.3　相贯线 ………………………………… 92	
第4章　组合体 …………………………… 99	
4.1　组合体的构成和形体分析法 ………… 99	
4.2　组合体视图的画法 …………………… 102	
4.3　组合体的尺寸标注 …………………… 107	
4.4　组合体视图的读图方法 ……………… 113	
4.5　轴测图的画法 ………………………… 122	
4.6　组合体的构型设计 …………………… 132	
第5章　机件常用的表达方法 …………… 138	
5.1　视图 …………………………………… 138	
5.2　剖视图 ………………………………… 143	
5.3　断面图 ………………………………… 155	
5.4　其他表达方法 ………………………… 158	
5.5　表达方法的综合应用 ………………… 164	

5.6　剖视图的轴测表达 …………………… 167	
第6章　标准件与常用件 ………………… 169	
6.1　螺纹及螺纹紧固件 …………………… 169	
6.2　键、销连接 …………………………… 185	
6.3　滚动轴承 ……………………………… 188	
6.4　弹簧 …………………………………… 191	
6.5　齿轮 …………………………………… 194	
第7章　零件图 …………………………… 202	
7.1　零件和零件图概述 …………………… 202	
7.2　零件表达方案的选择 ………………… 203	
7.3　零件图的尺寸标注 …………………… 214	
7.4　零件图的技术要求 …………………… 218	
7.5　零件结构的工艺性简介 ……………… 235	
7.6　读零件图 ……………………………… 238	
7.7　零件测绘 ……………………………… 242	
第8章　装配图 …………………………… 246	
8.1　装配图的作用与内容 ………………… 246	
8.2　装配图的表达方法 …………………… 246	
8.3　装配图的尺寸标注和技术要求 ……… 250	
8.4　装配图中的零件序号和明细栏 ……… 251	
8.5　装配结构的合理性简介 ……………… 253	
8.6　装配图的画法 ………………………… 255	
8.7　部件的测绘 …………………………… 258	
8.8　读装配图和由装配图拆画零件图 …… 261	
第9章　其他图样简介 …………………… 267	
9.1　展开图 ………………………………… 267	
9.2　焊接图 ………………………………… 274	
9.3　房屋建筑图 …………………………… 281	
第10章　计算机二维绘图 ……………… 295	
10.1　概述 ………………………………… 295	
10.2　AutoCAD基础知识 ………………… 295	
10.3　辅助绘图工具 ……………………… 299	

10.4 绘制二维图形 …… 302	11.5 观察三维图形 …… 353
10.5 图案填充 …… 309	11.6 组合实体的造型 …… 359
10.6 文本标注 …… 310	11.7 由三维造型图生成二维
10.7 图形编辑 …… 312	工程图 …… 373
10.8 尺寸标注 …… 322	11.8 Autodesk Inventor 软件简介 …… 378
10.9 块及其属性 …… 329	**附录** …… 379
10.10 零件图绘制举例 …… 333	附录1 标准结构 …… 379
第 11 章 计算机三维实体造型 …… 337	附录2 标准件 …… 384
11.1 三维坐标 …… 337	附录3 极限与配合 …… 397
11.2 创建三维实体 …… 338	附录4 常用材料及热处理 …… 404
11.3 修改三维实体 …… 344	附录5 CAD 工程制图规则 …… 408
11.4 用户坐标系 …… 350	**参考文献** …… 409

绪 论

1. 本课程的性质和内容

在工程建设中,通常要将机器和建筑物等的结构形状、尺寸大小、使用材料以及生产上的技术要求,按一定的投影方法和技术规定表达在图纸上,这就是工程图样。

工程图样是工程信息的有效载体,是工程技术部门的重要技术文件。它集中了工程产品的设计、制造、使用等多方面的信息,是表达交流技术思想的重要工具,是工程界共同的技术语言。

工程制图是一门研究如何阅读、绘制工程图样的技术基础课程,其内容包括画法几何、制图基础、绘制工程图样和计算机绘图四部分。

2. 本课程的学习目的

学习本课程的主要目的是:

(1) 学习正投影的基本原理及其应用;

(2) 培养绘制和阅读工程图样的基本能力;

(3) 培养用计算机、尺规绘图及徒手绘制工程图样的能力;

(4) 培养空间想象能力、形体构思能力和创新思维能力;

(5) 培养认真负责的工作态度和严谨细致的工作作风。

3. 本课程的学习方法

(1) 本课程既有系统的理论,又有较强的实践性和技术性,因此要理论联系实际,不仅要准确掌握投影法的基本概念、原理和作图方法,而且要学会运用它将空间物体的形状、大小用投影表达出来,以及根据投影正确想象物体的空间形状。要达到这个要求,必须及时完成一定数量的习题和制图作业,不断地由物画图和由图想物,逐步提高空间想象能力和空间分析能力。

(2) 通过不断地实践,掌握计算机绘图、徒手绘图和尺规绘图的基本方法和技能,准确、快速地绘制工程图样。

(3) 严格遵守国家标准的有关规定,要熟悉本书中的最新国家标准,以树立贯彻最新国家标准的意识,培养查阅国家标准的能力。

第1章 制图的基本知识与技能

1.1 国家标准《技术制图》与《机械制图》的有关规定

图样是现代工业生产中的主要技术文件。为了便于生产和技术交流,必须对工程图样的图幅大小、格式、比例、字体、图线、尺寸标注、表达方法等内容建立统一的规定。每个工程技术人员都必须树立标准化的概念,严格遵守,认真执行国家标准。

国家标准《技术制图》是我国颁布的一项基础技术标准,在内容上具有统一性和通用性,它涵盖了机械、电气、土建、水利等各技术行业。根据科学技术的发展需要,我国分别颁布了各不同技术部门只适用于自身的、更明确和细化的制图标准,如国家标准《机械制图》等。国家标准简称国标,用汉语拼音首字母"GB"表示。国家标准分为强制性标准和推荐性标准,其中推荐性国家标准在"GB"后加"/T",字母后的两组数字分别表示标准的顺序号和该标准颁布的年份。本节将介绍制图中最常用的几项国家标准。

1.1.1 图纸幅面及格式(摘自 GB/T 14689—2008)

1. 图纸幅面

为了方便装订、保管图纸,绘制工程图样时,优先采用基本图纸幅面,具体规格尺寸见表 1-1。必要时可采用加长幅面,这些幅面的尺寸由基本幅面的短边成整数倍增加后得出,规格尺寸可查阅 GB/T 14689—2008。

表 1-1 图纸基本幅面和图框尺寸

幅面代号	A0	A1	A2	A3	A4
$B×L$	841×1 189	594×841	420×594	297×420	210×297
a	25				
c	10			5	
e	20		10		

2. 图框格式

在图纸上,必须用粗实线画出图框,其格式有不留装订边(图 1-1a、b)和留装订边(图 1-1c、d)两种,但同一产品的图样只能采用一种格式,两种图框格式、尺寸见表 1-1。一般情况下宜采用 A3 幅面横装和 A4 幅面竖装。

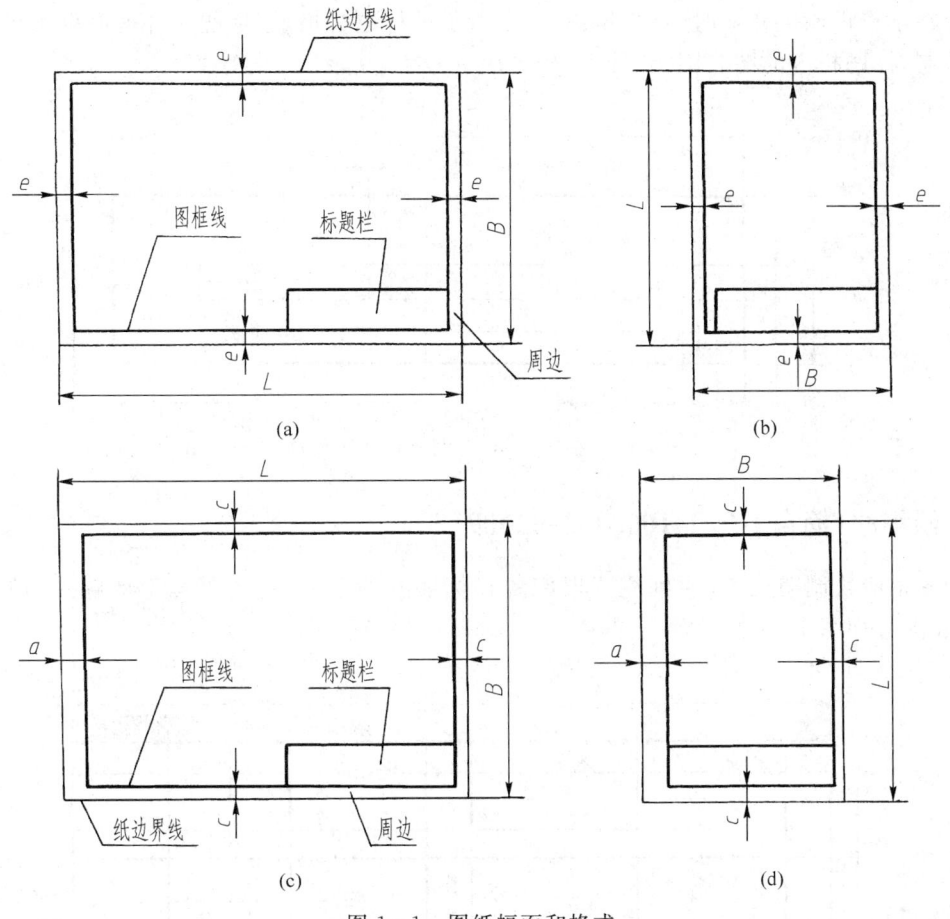

图 1-1 图纸幅面和格式

1.1.2 标题栏(摘自 GB/T 10609.1—2008)

每一张工程图样必须绘制标题栏,其位置一般如图 1-1 所示。标题栏中的文字方向为看图方向。GB/T 10609.1—2008 对标题栏的内容、格式与尺寸作了规定(图 1-2)。

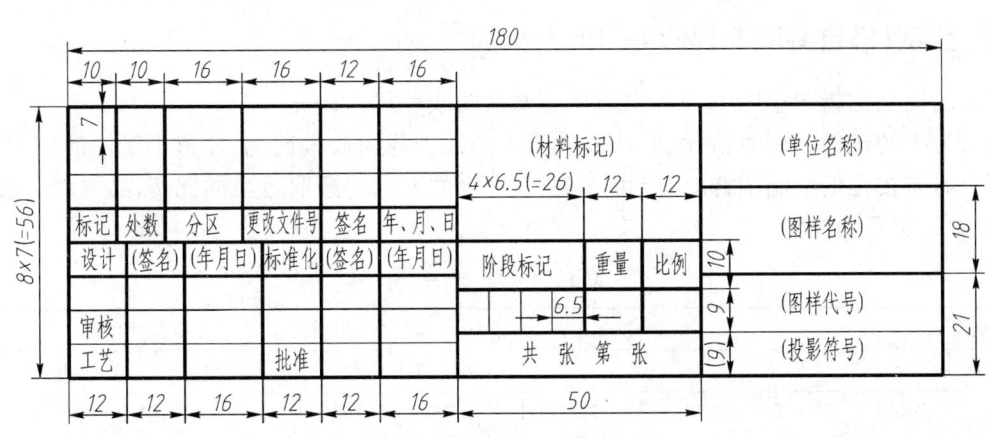

图 1-2 标题栏的格式举例

学生在学校做制图作业时,可采用图1-3所示的标题栏格式,标题栏外框用粗实线、内框用细实线绘制,标题栏内的图名用10号字,校名用7号字,其余用5号字。

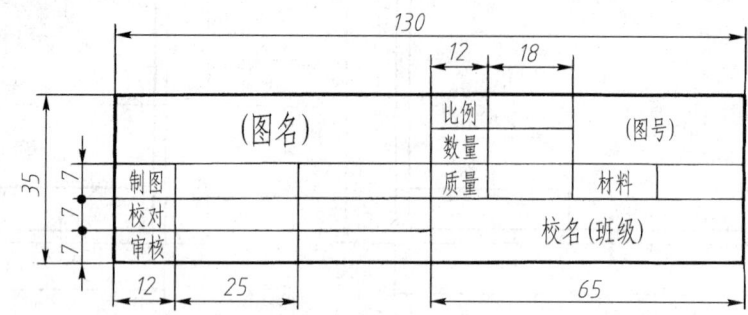

图1-3 标题栏格式(制图作业中使用)

1.1.3 明细栏(摘自GB/T 10609.2—2009)

装配图中应绘制明细栏,明细栏一般配置在标题栏的上方,按由下至上的顺序填写。其格式、尺寸和内容如图1-4所示。

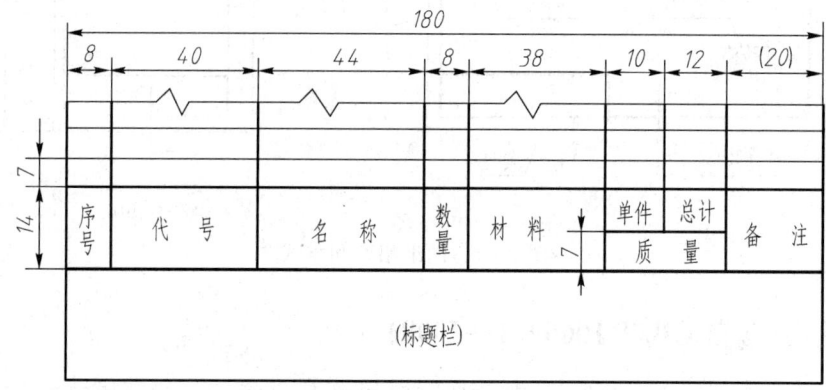

图1-4 明细栏的格式、尺寸和内容

1.1.4 比例(摘自GB/T 14690—1993)

图样的比例是指图中图形与其实物相应要素的线性尺寸之比。

比值为1的比例称为原值比例,比值大于1的比例称为放大比例,比值小于1的比例称为缩小比例。需要按比例绘制图样时,应由表1-2规定的系列中选取适当的比例;必要时,允许选用表1-2中带括号的比例。

表1-2 绘图比例

种类	比例				
原值比例	1:1				
放大比例	2:1 (2.5:1)	5:1 (4:1)	$1\times 10^n:1$ ($2.5\times 10^n:1$)	$2\times 10^n:1$ ($4\times 10^n:1$)	$5\times 10^n:1$

续表

种类	比例				
缩小比例	1:2 (1:1.5) (1:1.5×10^n)	1:5 (1:2.5) (1:2.5×10^n)	1:1×10^n (1:3) (1:3×10^n)	1:2×10^n (1:4) (1:4×10^n)	1:5×10^n (1:6) (1:6×10^n)

注:n 为正整数。

比例符号应以":"表示。比例的表示方法如1:1、1:2、2:1等。

比例一般应填写在标题栏中的比例栏内。必要时,可在视图名称的下方或右侧标注比例,如:

$$\frac{I}{2:1} \quad \frac{A}{1:100} \quad \frac{B-B}{2.5:1} \quad \frac{墙板位置图}{1:200} \quad 平面图1:100$$

为了方便读图,建议尽可能按物体的实际大小用1:1的比例画图,如物体太大或太小,则采用缩小或放大比例画图,不论采用何种比例,图样中标注的尺寸数值必须是物体的实际尺寸,如图1-5所示。

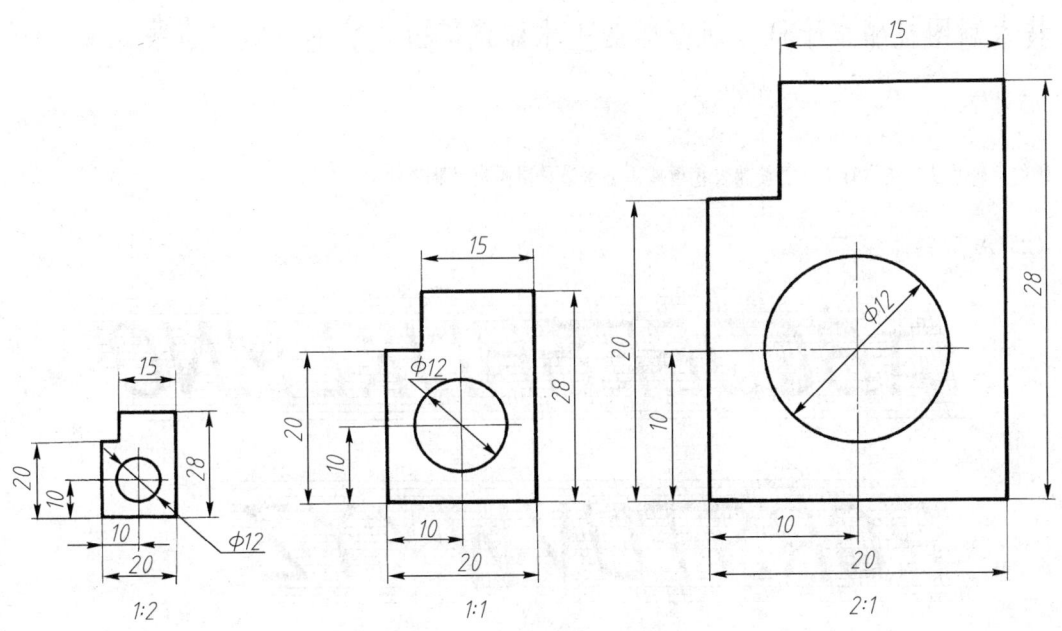

图1-5 图形比例与尺寸数值的标注

1.1.5 字体(摘自 GB/T 14691—1993)

1. 基本要求

图样中书写字体必须做到:字体工整、笔画清楚、间隔均匀、排列整齐。汉字应写成长仿宋体字,并采用国家正式推行的《汉字简化方案》中规定的简化字。

字体高度(用 h 表示)的公称尺寸系列为 1.8 mm,2.5 mm,3.5 mm,5 mm,7 mm,10 mm,14 mm,20 mm。汉字的高度 h 不应小于 3.5 mm,其字宽一般为 $h/\sqrt{2}$。

字母和数字分A型和B型。A型字体的笔画宽度为字高的1/14，B型字体的笔画宽度为字高的1/10，在同一图样上，只允许选用一种形式的字体，字母和数字可写成斜体或直体，斜体字字头向右倾斜，与水平基准线成75°。

2．字体示例

（1）汉字

10号字

字体工整笔画清楚间隔均匀排列整齐

7号字

横平竖直注意起落结构均匀填满方格

5号字

技术制图机械电子汽车航空船舶土木建筑矿山井坑港口纺织服装

3.5号字

螺纹齿轮端子接线飞行指导驾驶舱位挖填施工引水通风闸阀坝棉麻化纤

（2）A型斜体拉丁字母

（3）A型斜体数字

3. 字体的综合应用

字体的综合应用有下述规定：

（1）用做指数、分数、极限偏差、注脚等的数字及字母，一般应采用小一号的字体。

（2）图样中的数学符号、物理量符号、计量单位符号以及其他符号、代号，应分别符合有关国家标准的规定。

其综合示例如下：

$$10^3 \quad S^{-1} \quad D_1 \quad T_d \quad \phi 20^{+0.010}_{-0.023} \quad 7°^{+1°}_{-2°} \quad \frac{3}{5}$$

$$10\,Js5(\pm 0.003) \quad M24\text{-}6h \quad R8 \quad 5\%$$

$$220\,V \quad 380\,kPa \quad 460\,r/min$$

$$\phi 25\,\frac{H6}{m5} \quad \frac{II}{2:1} \quad \frac{\curvearrowright A}{5:1}$$

4. 汉字的书写要领

长仿宋体字的书写要领为横平竖直、注意起落、结构匀称、填满方格。汉字长仿宋体的基本笔画如表1-3所示。

表1-3 汉字基本笔画

名称	点	横	竖	撇	捺	挑	折	勾
基本笔画及运笔法	尖点 垂点 撇点 上挑点	平横 斜横	竖 直撇	平撇 斜撇	斜捺 平捺	平挑 斜挑	左折 右折 斜折 双折	竖勾 左曲勾 右曲勾 平勾 竖弯勾 包勾 横折弯勾 竖折折勾

为了保证字体大小一致、排列整齐,初学时应画格书写,字与字的间隔为字高的1/4左右,行距约为字高的1/3。书写时,笔画要一笔写成,不要勾描。

1.1.6　图线(摘自GB/T 17450—1998、GB/T 4457.4—2002)

图样中的图形是由多种图线组成的,国家标准规定了各种图线的名称、尺寸(宽度、构成)、画法。

1. 线型

国家标准规定的基本线型代码、名称、线型形式及一般应用如表1-4所示。

表1-4　机械图样线型代码、名称、形式及应用

代码	名称	线型	一般应用
01.1	细实线	———————	过渡线; 尺寸线、尺寸界线; 指引线和基准线; 剖面线、投射线; 重合断面的轮廓线; 短中心线; 螺纹牙底线; 表示平面的对角线; 范围线及分界线; 重复要素的表示线,如齿轮的齿根线; ……
01.2	粗实线	———————	可见棱边线; 可见轮廓线; 相贯线; 螺纹牙顶线和螺纹终止线; 齿顶圆(线); 剖切符号用线; ……
	波浪线	～～～～～	断裂处边界线; 视图与剖视图的分界线[①]
	双折线	—/\—/\—	断裂处边界线; 视图与剖视图的分界线[①]
02.1	细虚线	- - - - - (1, 4)	不可见棱边线; 不可见轮廓线
02.2	粗虚线	- - - - -	允许表面处理的表示线
04.1	细点画线	—·—·—·— (15, 3)	轴线; 对称中心线; 分度圆心线; 孔系分布的中心线; 剖切线

续表

代码	名称	线型	一般应用
04.2	粗点画线	—————·—————	限定范围表示线
05.1	细双点画线	(15, 5 间距示意)	相邻辅助零件的轮廓线； 可动零件的极限位置的轮廓线； 重心线； 成形前轮廓线； 剖切面前的结构轮廓线； 轨迹线； ……

① 在一张图样上一般采用一种线型，即采用波浪线或双折线。

2. 线宽

所有线型的线宽 d 应按图样的类型和尺寸大小，在数系 0.13 mm，0.18 mm，0.25 mm，0.35 mm，0.5 mm，0.7 mm，1 mm，1.4 mm，2 mm 中选择。

在同一图样中，同类图线的宽度应一致。应优先采用 0.5 mm 或 0.7 mm 的线宽，并尽量保证在图样中不出现宽度小于 0.18 mm 的图线。

机械图样上采用两种线宽，粗线与细线的比例关系为 2∶1；建筑图样上，可以采用三种线宽的图线，其比例关系为 4∶2∶1。

3. 画图线时的其他规定

(1) 两条平行线之间的最小间隙一般不得小于 0.7 mm。

(2) 细虚线、细点画线和其他图线相交时应适当地相交于画线处，如图 1-6 所示。

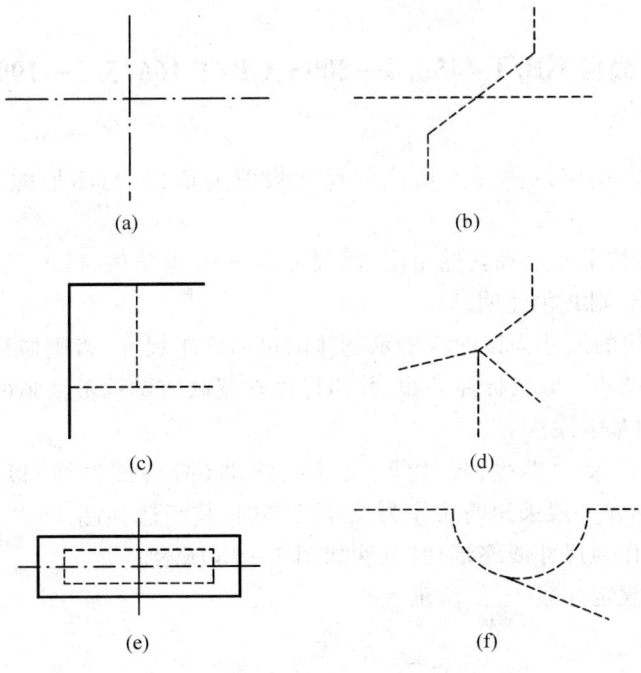

图 1-6　细虚线、细点画线相交画法

(3) 中心线、对称线应超出轮廓线 2～5 mm,如图 1-6e 所示。

4. 图线应用示例

各种线型在机械图样中的应用如图 1-7 所示。

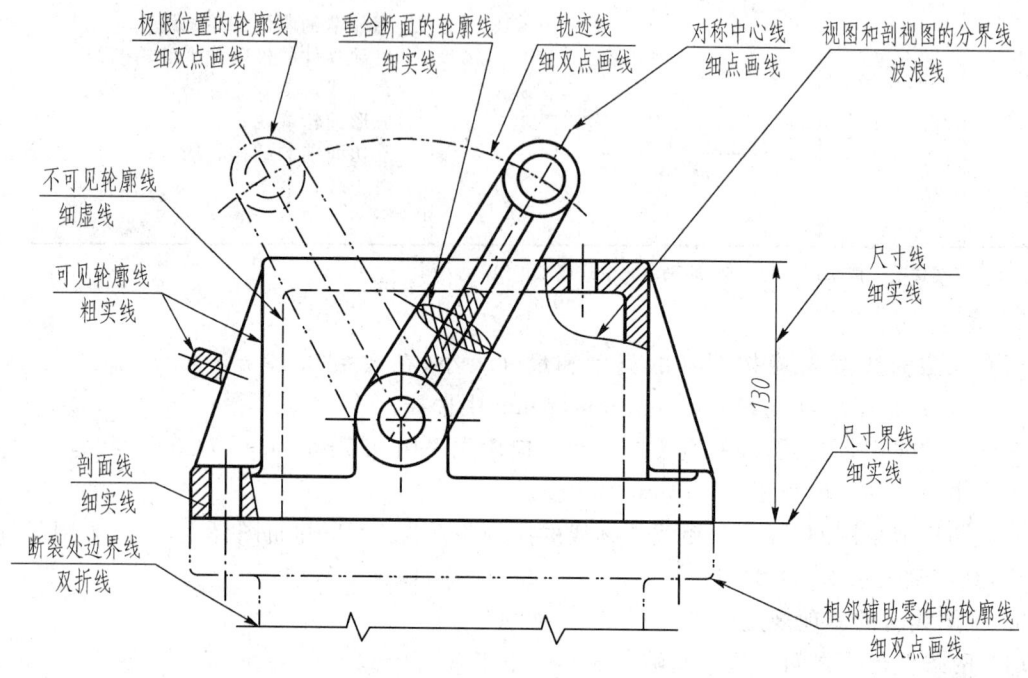

图 1-7 图线应用示例

1.1.7 尺寸注法(摘自 GB/T 4458.4—2003、GB/T 16675.2—1996)

1. 基本规则

(1) 物体的真实大小应以图样上所注的尺寸数值为依据,与图形的大小和绘图的准确度无关。

(2) 图样中(包括技术要求和其他说明)的尺寸以 mm 为单位时,不需要标注单位的符号或名称;如采用其他单位,则必须注明。

(3) 图样中所标注的尺寸为该图样所示物体的最后完工尺寸,否则应另加说明。

(4) 物体的每一尺寸一般只标注一次,并应标注在反映该结构最清晰的图形上。

2. 尺寸的组成和基本注法

一个完整的尺寸由尺寸界线、尺寸线、尺寸线终端(箭头或斜线)以及尺寸数字组成,如图 1-8 所示。机械图样一般采用箭头作为尺寸线终端,其画法如图 1-9a 所示;建筑图上的线性尺寸一般采用斜线作为尺寸线终端,其画法如图 1-9b 所示。

尺寸标注的基本规定如表 1-5 所示。

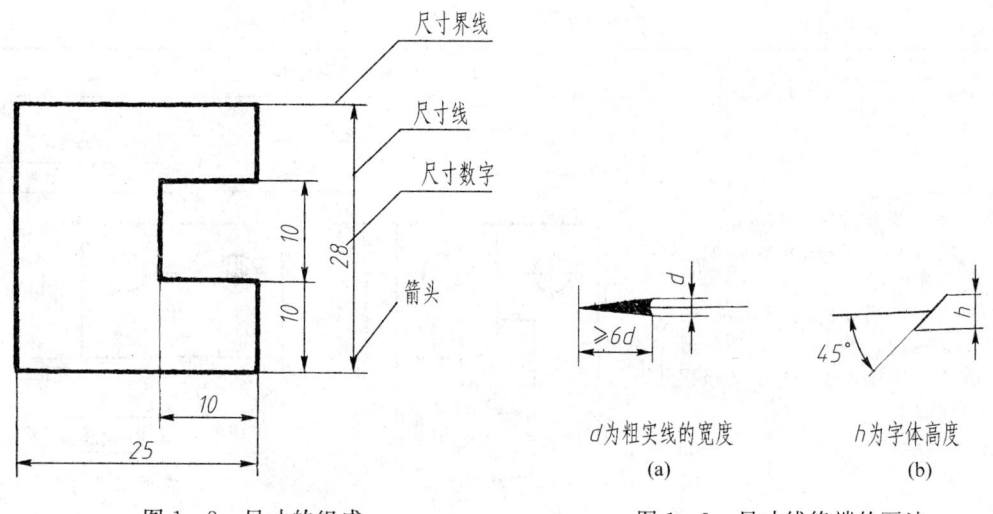

图 1-8 尺寸的组成   图 1-9 尺寸线终端的画法

表 1-5 尺寸标注的基本规定

项目	说明	图例
尺寸界线	尺寸界线用细实线绘制,并应由图形的轮廓线、轴线或对称中心线引出,也可利用轮廓线、轴线或对称中心线作尺寸界线	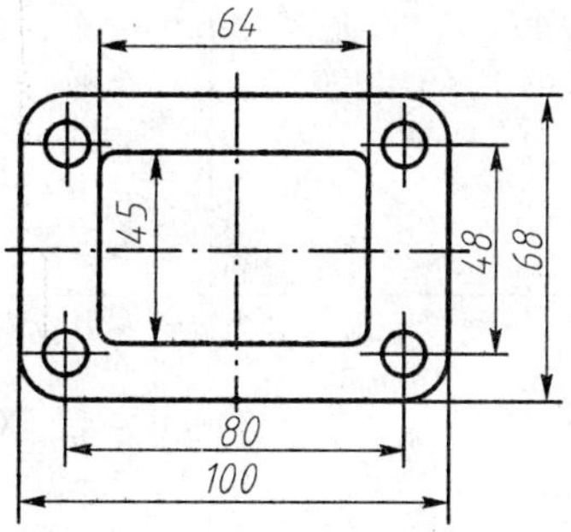
	尺寸界线一般应与尺寸线垂直,必要时才允许倾斜。在光滑过渡处标注尺寸时,必须用细实线将轮廓线延长,从它们的交点引出尺寸界线	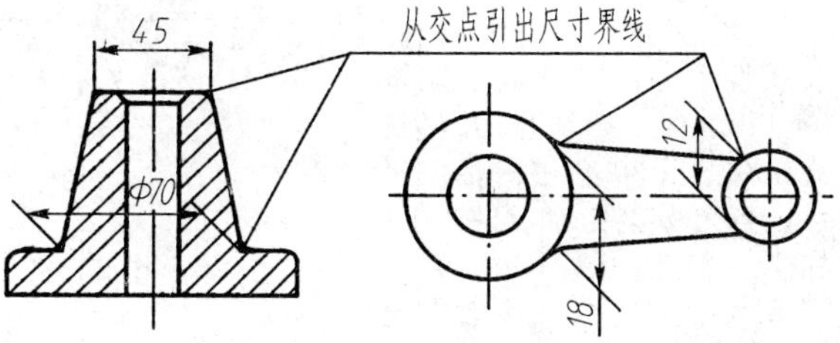
	标注角度的尺寸界线,应沿径向引出。弦长及弧长的尺寸界线,应平行于该弦的垂直平分线和弧所对圆心角的角平分线。当弧度较大时,可沿径向引出;标注弧长时,应在尺寸数字左方加注符号"⌒"	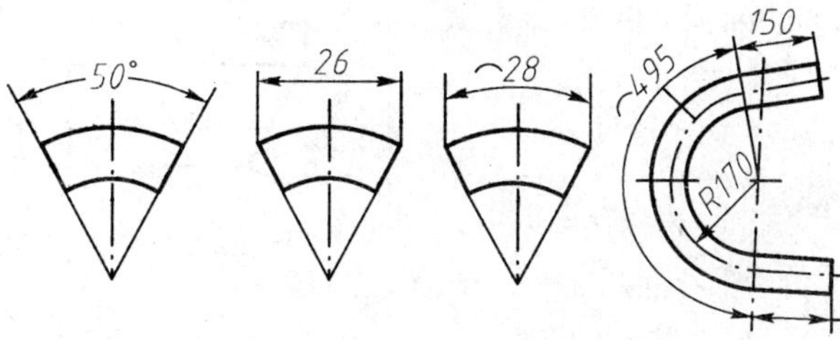

11

续表

项目	说明	图例
尺寸线	尺寸线用细实线绘制。标注线性尺寸时,尺寸线必须与所标注的线段平行(图a)。尺寸线不能用其他图线代替,一般也不得与其他图线重合或画在其延长线上,图b是错误的注法	不能用中心线代替尺寸线 / 不能利用轮廓线作为尺寸线 / 尺寸线应与轮廓线平行 / 尺寸线不能画在轮廓线的延长线上 / 尺寸线不能画在中心线的延长线上 (a) 正确的注法　(b) 错误的注法
尺寸数字	线性尺寸的数字一般应填写在尺寸线的上方,也允许注写在尺寸线的中断处	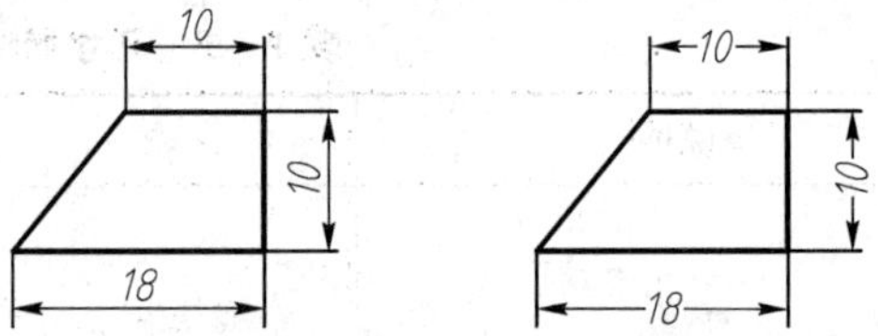 尺寸数字填写在尺寸线上方　尺寸数字填写在尺寸线的中断处
尺寸数字	线性尺寸的尺寸数字应按图a所示的方向填写,并尽量避免在图示30°范围内标注尺寸。当无法避免时,可按图b标注。 非水平方向的尺寸数字允许水平地注写在尺寸线的中断处(图c、d),但在一张图样中应尽可能采用同一种形式	 (a) 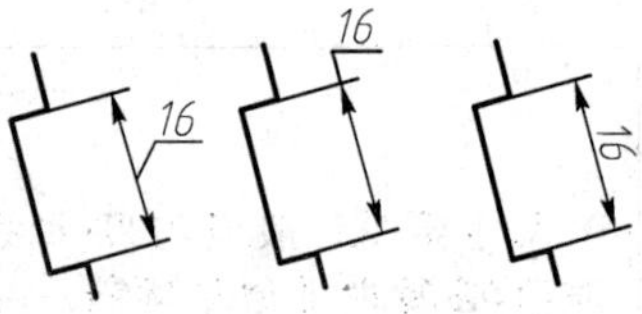　(b) 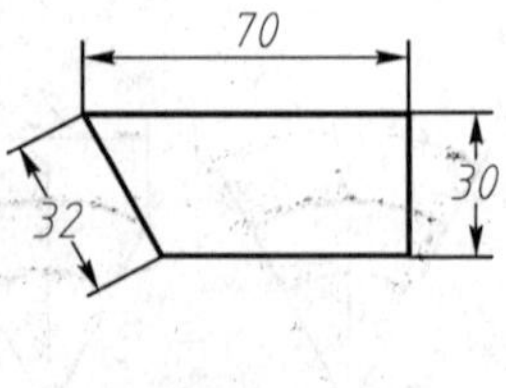　(c) 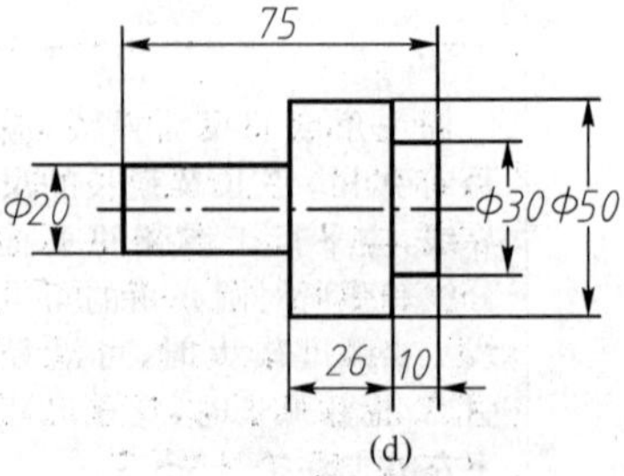　(d)

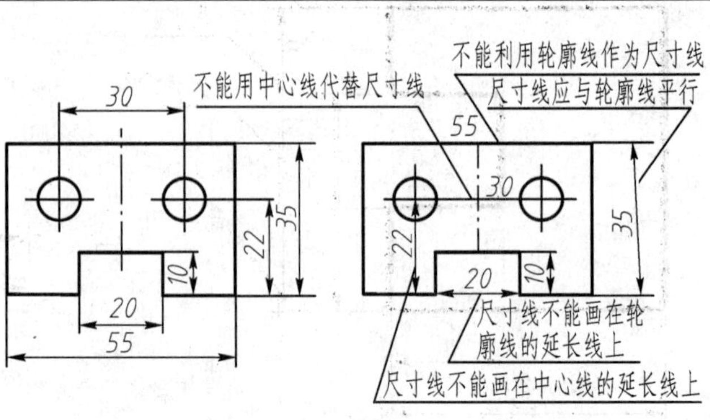

续表

项目	说明	图例
尺寸数字	标注角度的数字一律写成水平方向,一般注写在尺寸线的中断处(图 a)。必要时,也可按图 b 的形式标注	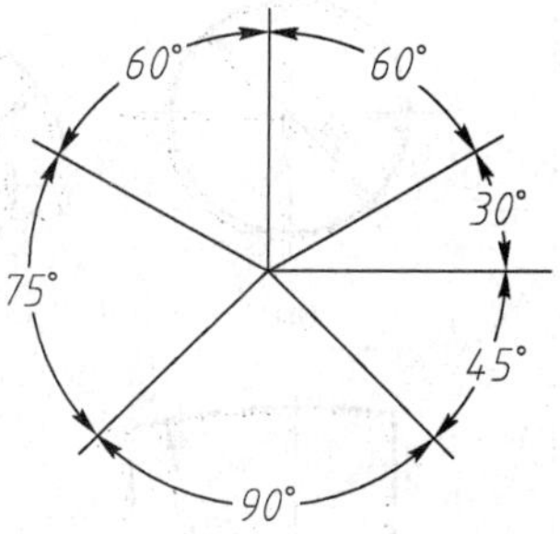 (a) 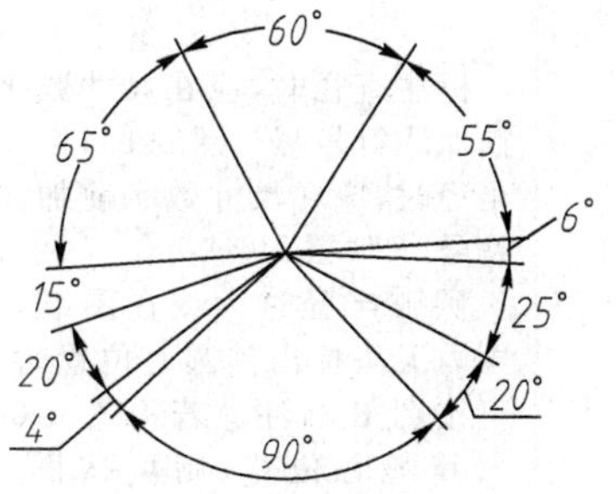 (b)
	尺寸数字不可被任何图线所通过,否则必须将该图线断开	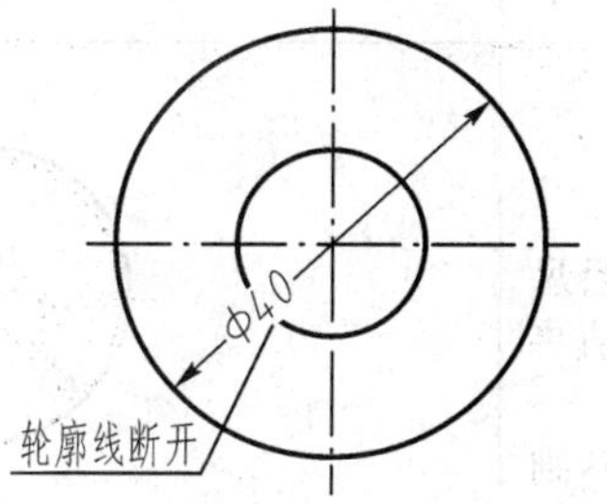 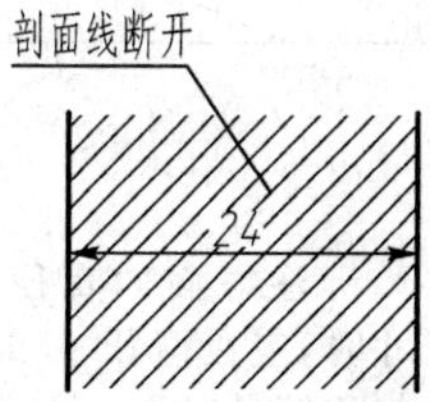
曲线轮廓的尺寸注法	当表示曲线轮廓上各点的坐标时,可将尺寸线或其延长线作为尺寸界线,如右图两例所示	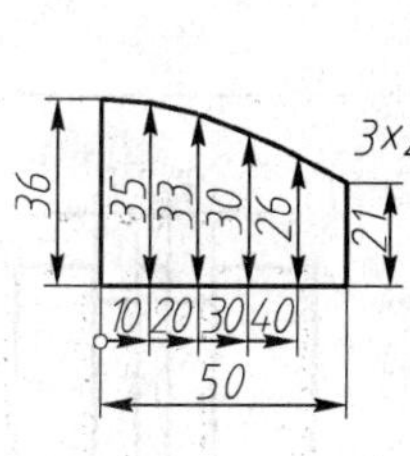 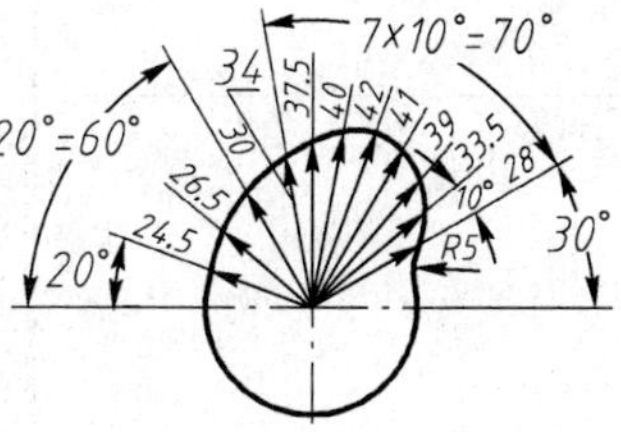
倒角的尺寸注法	45°的倒角可按图 a~c 的形式标注,图中的 C1 表示直角边长度为 1 的 45°倒角,非 45°的倒角则可按图 d、e 的形式标注	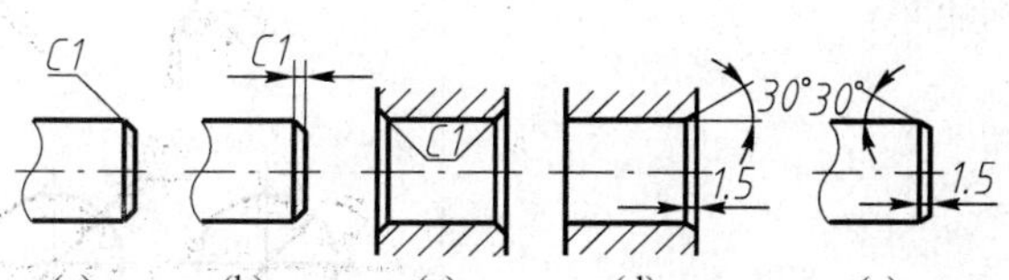 (a) (b) (c) (d) (e)

续表

项目	说明	图例
直径与半径尺寸注法	标注直径时,应在尺寸数字前加注符号"ϕ"(图a、b);标注半径时,应在尺寸数字前加注符号"R"(图c)。 圆弧半径过大或在图纸范围内无法标出其圆心位置时,可按图d标注。若不需要标出其圆心位置,则可按图e标注。 直径、半径尺寸线的终端应画成箭头	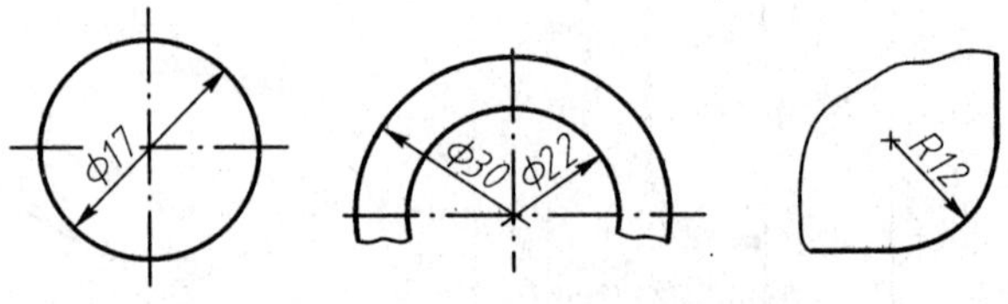 (a) (b) (c) 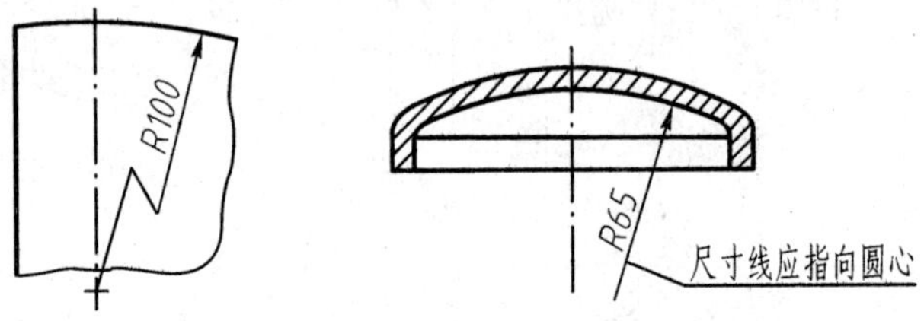 (d) (e)
	标注球面的直径或半径尺寸时,应在符号"ϕ"或"R"前再加注符号"S"。 对于螺钉、铆钉的头部,轴(包括螺杆)的端部以及手柄的端部等,在不致引起误解的情况下,可省略符号"S"	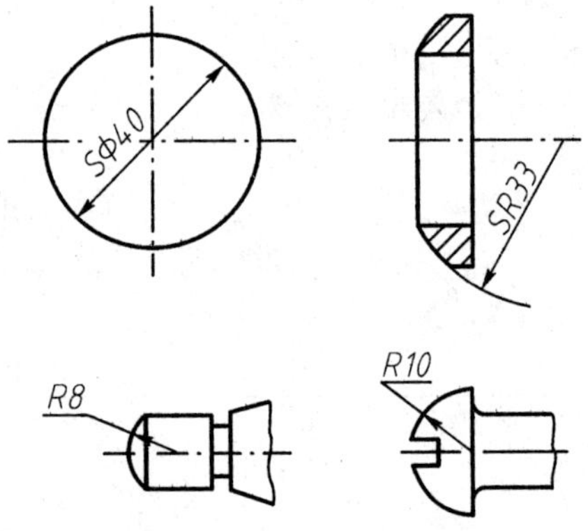
小尺寸的注法	在没有足够的位置画箭头或写数字时,可按右图形式标注	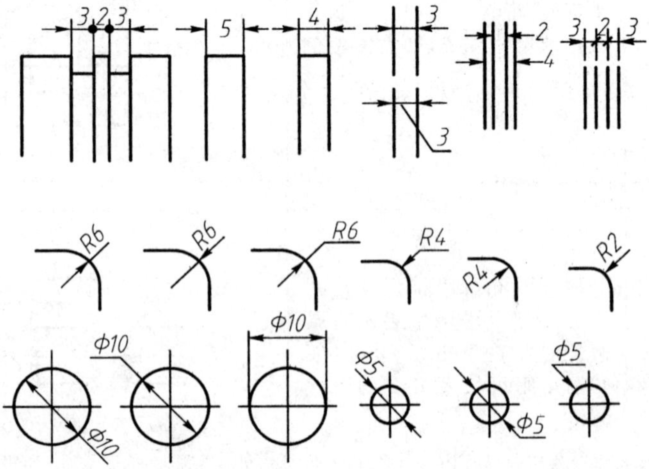

项目	说明	图例
薄板件厚度尺寸注法	标注板状零件的厚度时,可在尺寸数字前加注符号"t",其标注方法见右图	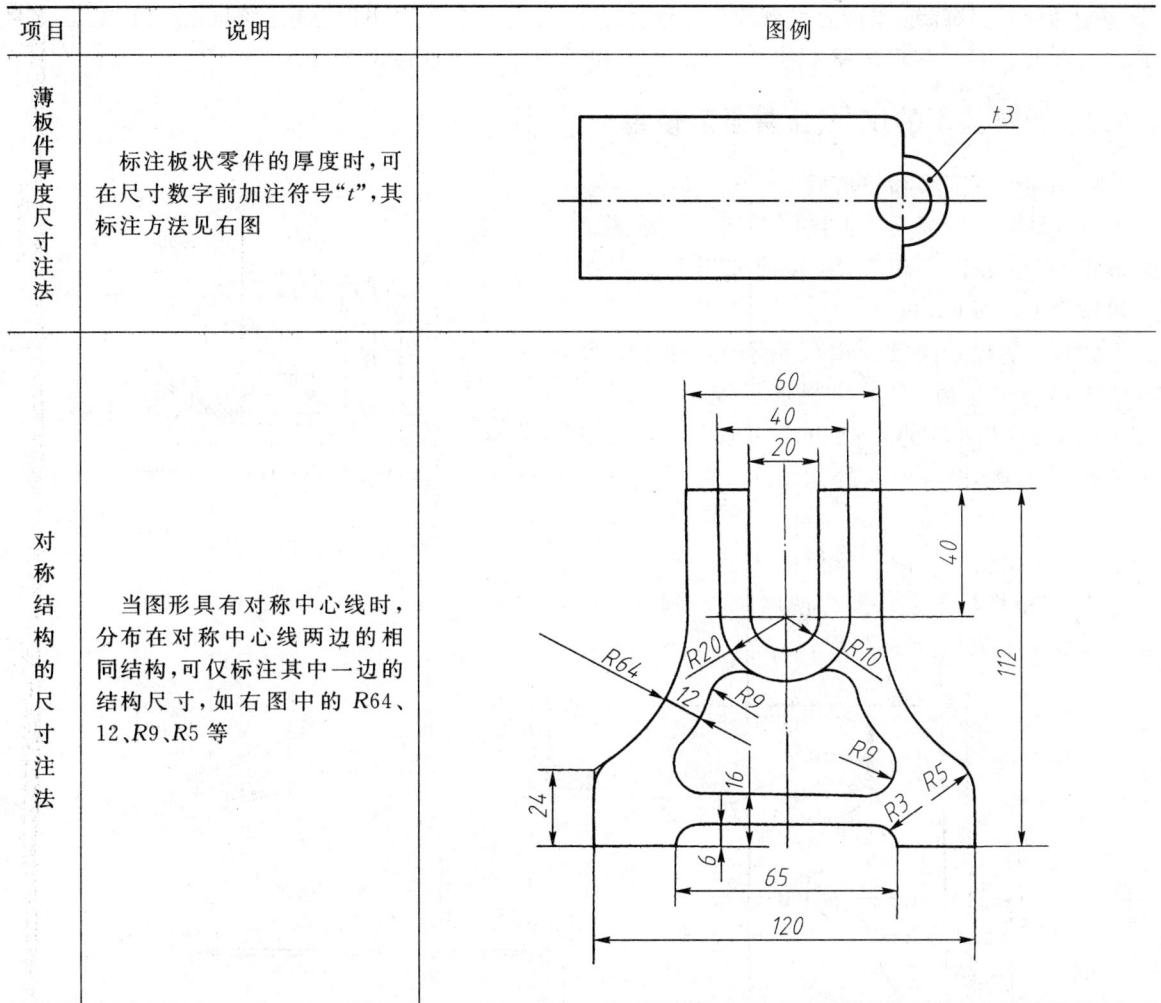
对称结构的尺寸注法	当图形具有对称中心线时,分布在对称中心线两边的相同结构,可仅标注其中一边的结构尺寸,如右图中的 $R64$、12、$R9$、$R5$ 等	

尺寸的简化注法按 GB/T 19096—2003、GB/T 4458.4—2003 标注。

3. 符号和缩写词

标注尺寸时,应尽可能使用符号和缩写词,如表 1-6 所示。

表 1-6 符号和缩写词

名称	直径	半径	球直径	球半径	厚度	正方形	45°倒角	深度	沉孔或锪孔	埋头孔	均布
符号或缩写词	ϕ	R	$S\phi$	SR	t	□	C	↧	⊔	∨	EQS

1.2 尺规绘图

绘制工程图样的方法有三种,即仪器绘图、徒手绘图和计算机绘图。由于仪器绘图需要依靠绘图仪器和工具作图,而最主要的绘图仪器是圆规和分规,主要的绘图工具是丁字尺和三角板等,故人们常将仪器绘图称为尺规绘图。虽然目前工程图样已使用计算机绘制,但尺规绘图仍是工程技术人员必须掌握的基本技能,也是学习和巩固图学理论知识不可缺少的方法。

1.2.1 尺规绘图的仪器、工具及其使用

1. 图板、丁字尺和三角板

(1) 图板 图板是手工绘图时用来铺放图纸的垫板,要求表面平坦光洁,棱边光滑平直,左、右两侧为工作导向边。

(2) 丁字尺 丁字尺由尺头和尺身组成,尺身的上边为工作边,用于绘制水平线,使用时将尺头内侧紧靠图板的左侧边上下移动,沿尺身的上边便可画出一系列的水平线,如图1-10所示。

(3) 三角板 一副三角板由45°和30°-60°两块组成,三角板与丁字尺配合使用时,可画垂直线和与水平线成15°倍角的斜线,如图1-11所示。

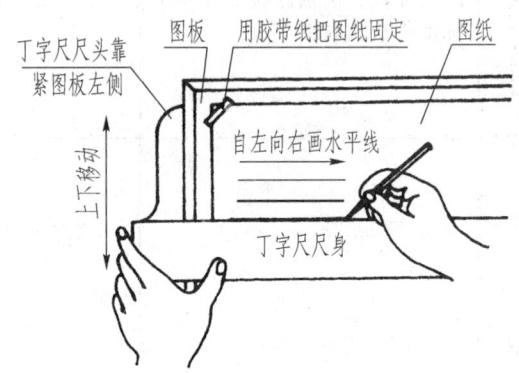

图1-10 利用丁字尺画水平线

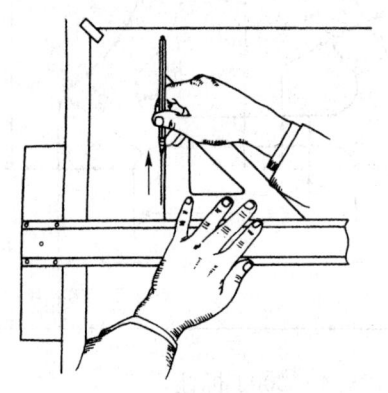

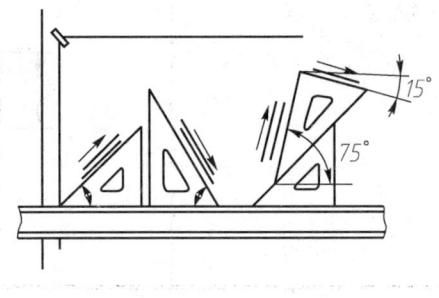

图1-11 用三角板配合丁字尺画垂直线和各种倾斜线

2. 比例尺

比例尺是尺面上刻有不同比例的直尺,常见的形式如图1-12所示。这种比例尺又称三棱尺,在三个棱面上刻有六种不同的比例尺标,如1:100,1:200,…,1:600。绘图时当比例确定以后,即可直接从尺面上量取尺寸来作图。

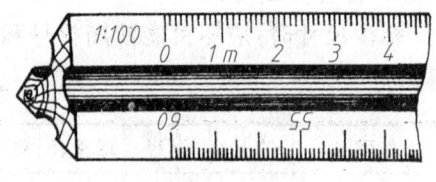

图1-12 比例尺

如在尺面上标记1:100的比例,在制图中可作1:1使用,即每一小格刻度为1 mm(图1-13a);标记1:200的比例,在制图中可作1:2使用,即每一小格刻度为2 mm(图1-13b);比例尺还可以用做放大尺,如以1:500作2:1使用,只要将每格代表的数值缩小至每小格为0.5 mm(图1-13c)。

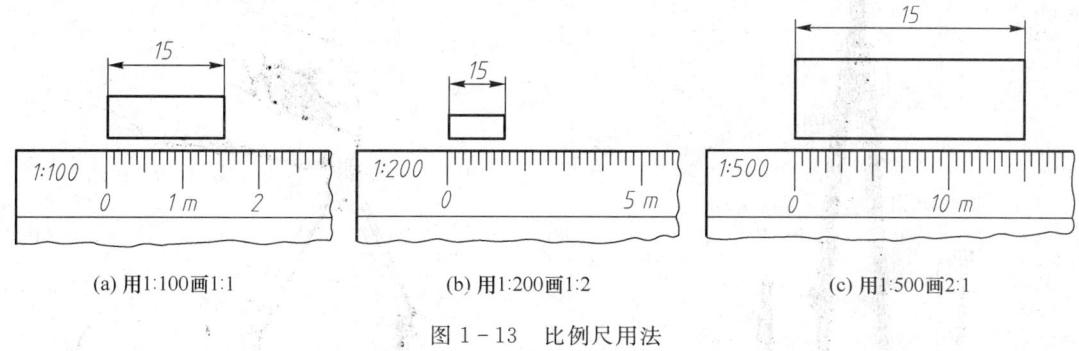

(a) 用1:100画1:1　　　　(b) 用1:200画1:2　　　　(c) 用1:500画2:1

图 1-13　比例尺用法

3. 铅笔

铅笔一般采用木质绘图铅笔,其末端印有铅芯硬度的标号。标号 B,2B,…,6B 表示软铅芯,数字越大表示铅芯越软;标号 H,2H,…,6H 表示硬铅芯,数字越大表示铅芯越硬;标号 HB 表示软硬适中。画图时,应根据需要选用不同软硬的铅笔,一般画底稿用 H 或 2H 铅笔,加深粗实线用 HB 或 B 铅笔,写字、画箭头用 H 或 HB 铅笔,加深圆弧时用的铅芯一般要比画粗实线的铅芯软一些。

铅笔应从没有标号的一端开始使用,以保留铅芯硬度的标号。铅笔尖一般削成圆锥状,画粗实线时应将铅芯磨成楔形或长方形,如图 1-14 所示。

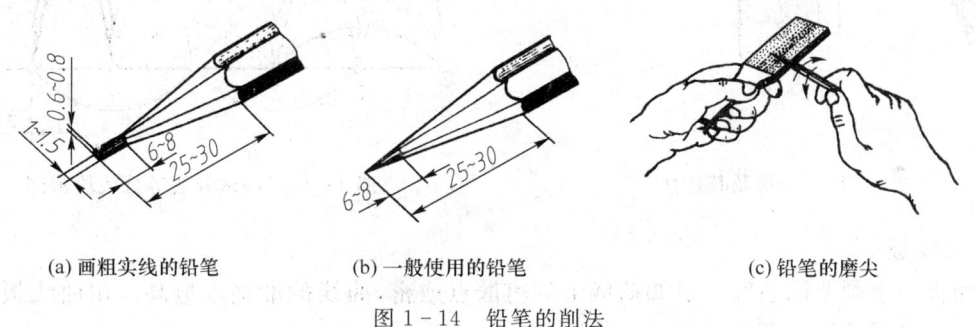

(a) 画粗实线的铅笔　　　　(b) 一般使用的铅笔　　　　(c) 铅笔的磨尖

图 1-14　铅笔的削法

4. 圆规与分规

(1) 圆规　圆规是用来画圆或圆弧的,圆规的一条腿上装有钢针(钢针的一端为圆锥形,另一端是带台阶的针尖),圆规的另一条腿上具有肘关节,可装铅芯插腿、直线笔插腿或分规插腿,这些插腿称为活动腿。使用前应先调整针脚,两腿合拢后使针尖略长于铅芯,如图 1-15 所示。画图时,分开两腿至所需的半径尺寸,然后将带有台阶的一端插入圆心,用拇指与食指捏住圆规顶端手柄,按顺时针方向转动即可画出圆或圆弧,转动时用力或速度都要均匀,使圆规略向转动方向倾斜,并尽可能使钢针和铅芯垂直纸面,如图 1-16 所示。

(2) 分规　分规是用来量取尺寸和分割线段的,为了准确地度量尺寸,分规的两针应平齐(图 1-17a)。用分规在比例尺上量取刻度时,应先将一针尖对准所需要的刻度,再张开两腿,使另一针尖对准"0",如图 1-17b 所示。

用分规等分线段时常采用试分法,如图 1-18 所示。

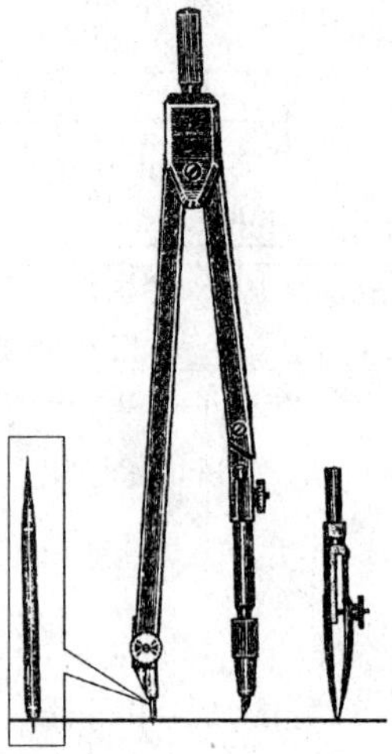

图 1-15 圆规 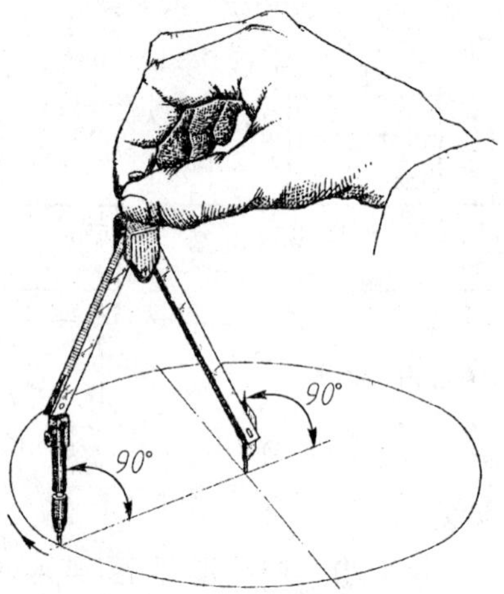　　　　　　　　　　　　图 1-16 圆规的用法

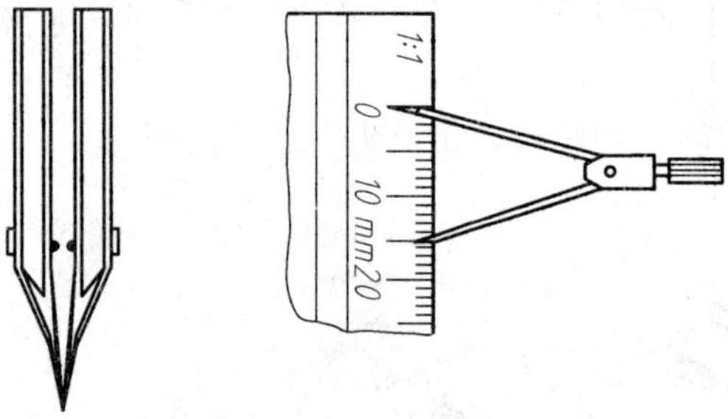

图 1-17 分规及其用法　　　　　　　图 1-18 以试分法等分线段示例

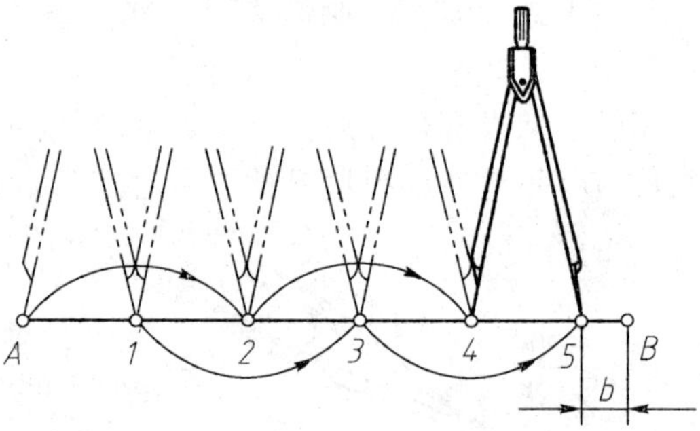

5. 曲线板

曲线板用于画非圆曲线。已知曲线上的离散点愈密，曲线的准确度愈高。用曲线板将这些离散点连成光滑曲线的画法如图 1-19 所示。

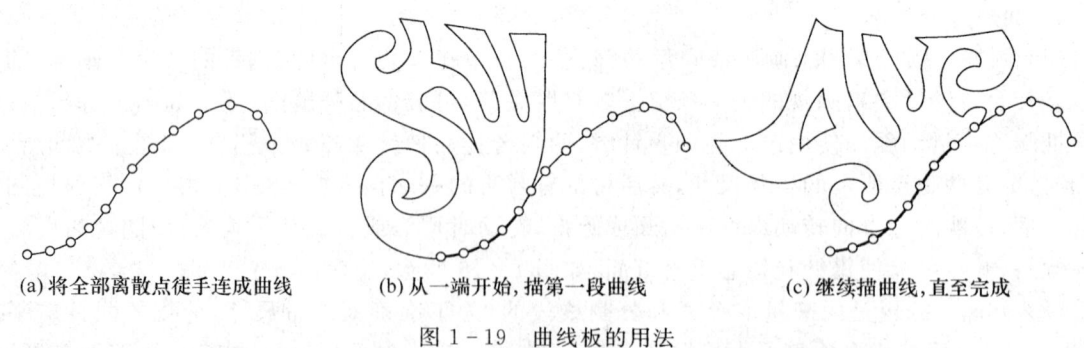

(a) 将全部离散点徒手连成曲线　　(b) 从一端开始，描第一段曲线　　(c) 继续描曲线，直至完成

图 1-19 曲线板的用法

（1）如图 1-19a 所示，先徒手将这些离散点轻轻地用细实线连成曲线。

（2）如图 1-19b 所示，从一端开始，找出曲线板上与所画曲线吻合的一段，需通过四点或四点以上，通过的点愈多愈好，沿吻合的曲线板边连接这些点，但最后两点不连。图 1-19b 中有六点吻合,只能由第一点连到第五点,第五至第六点不连,见图中的粗实线。

(3) 如图 1-19c 所示,从第四点开始,再继续找出曲线板上与后面的曲线相吻合的一段,同样需通过四点或四点以上,仍是通过的点愈多愈好,图中是从第四点吻合到第九点,于是就可继续用粗实线沿板边从第五点连到第八点。

(4) 继续再这样进行下去,同样的,后段曲线的前两点间的曲线要与前段曲线的后两点间的曲线重复,最后两点间不连。继续凑到最后一段,前面仍要通过上段的最后两点,后段则直接画到终点。

6. 其他工具

除了上述绘图工具外,绘图时还要准备削铅笔的小刀、擦去铅笔线和清洁图面的橡皮、固定图纸的透明胶带、磨铅笔的砂纸、清理图纸用的小刷子以及量角器、擦图片等。

1.2.2 尺规绘图的步骤

用尺规绘图时,一般按如下步骤进行。

(1) 绘图前的准备工作

① 擦干净绘图仪器及工具,削好铅笔及圆规里的铅芯。

② 整理好工作地点,将所用的仪器和工具放在固定的位置上。

③ 熟悉所画的内容,选取适合的图形比例,确定图纸幅面。

④ 固定图纸。一般是按对角线方向顺次固定,使图纸平整。当图纸较小时,应将图纸布置在图板的左下方,但要使图板底边与图纸下边的距离大于丁字尺尺身的宽度。

(2) 绘制底稿

用 H 或 2H 铅笔轻画底稿。画底稿的步骤是:先画图框、标题栏;然后画图形的轴线、对称中心线和主要轮廓线;再画图形的细节部分,如孔、槽、圆角等;最后画尺寸线、尺寸界线、剖面线等。底稿画好后,经检查修改并擦去多余的线条。

(3) 描深

用铅笔加深时,要注意图线应符合标准,粗细均匀,连接光滑,图面整洁。

描深的顺序是:

① 按照先画圆、后画直线的顺序描深所有粗实线。画直线时,先从上到下按顺序画出水平线,再从左至右按顺序画出垂直线,最后从上方开始按顺序画出倾斜线。

② 按描深粗实线的步骤加深所有细虚线。

③ 描深细实线。

④ 描深所有细点画线。

⑤ 画箭头、注尺寸、书写文字、填写标题栏(此时也可将图纸取下进行)。

1.3 几何作图

机件的轮廓形状是多种多样的,但它们的图样基本上都是由直线、圆、圆弧和其他一些平面曲线所组成的几何图形,因而在绘制工程图样时常常要运用一些几何作图的方法。许多几何作图的方法读者在中学已经学过,这里只对斜度、锥度、椭圆以及圆弧连接的作图方法加以介绍。

1.3.1 斜度

斜度是指一直线对另一直线或一平面对另一平面的倾斜程度。其大小用它们之间夹角的正切值表示，即斜度$=\tan\alpha=\dfrac{H}{L}$，如图1-20a所示。在图样中，习惯以1∶n的形式标注，在前面加注符号"∠"，如图1-20b所示。斜度符号的画法如图1-20c所示，符号的斜线方向与斜度方向一致。

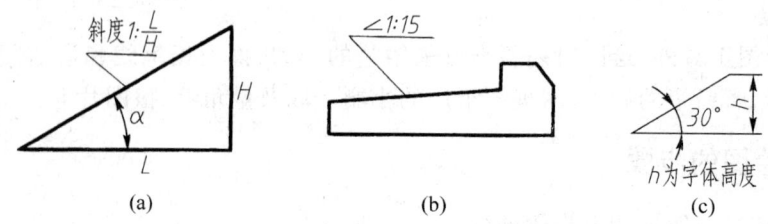

图1-20 斜度的定义、符号及标注

斜度可以直接画出，也可以根据互相平行的直线斜度相同的原理进行作图，如图1-21所示。

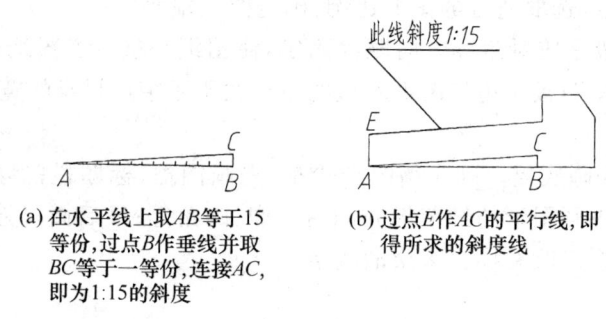

(a) 在水平线上取AB等于15等份，过点B作垂线并取BC等于一等份，连接AC，即为1∶15的斜度

(b) 过点E作AC的平行线，即得所求的斜度线

图1-21 斜度的画法

1.3.2 锥度（摘自GB/T 15754—1995）

锥度是指正圆锥的底圆直径与其高度的比值，对于圆台则应为两底圆直径之差与其高度之比（图1-22a），即

$$锥度=\dfrac{D}{L}$$

或

$$锥度=\dfrac{D-d}{l}=2\tan\alpha$$

在图样上标注锥度时，应以1∶n的形式并在前面加符号"◁"表示，符号画法如图1-22b所示，符号的尖端指向应与锥度方向一致，如图1-23所示。锥度的作图方法如图1-24所示。

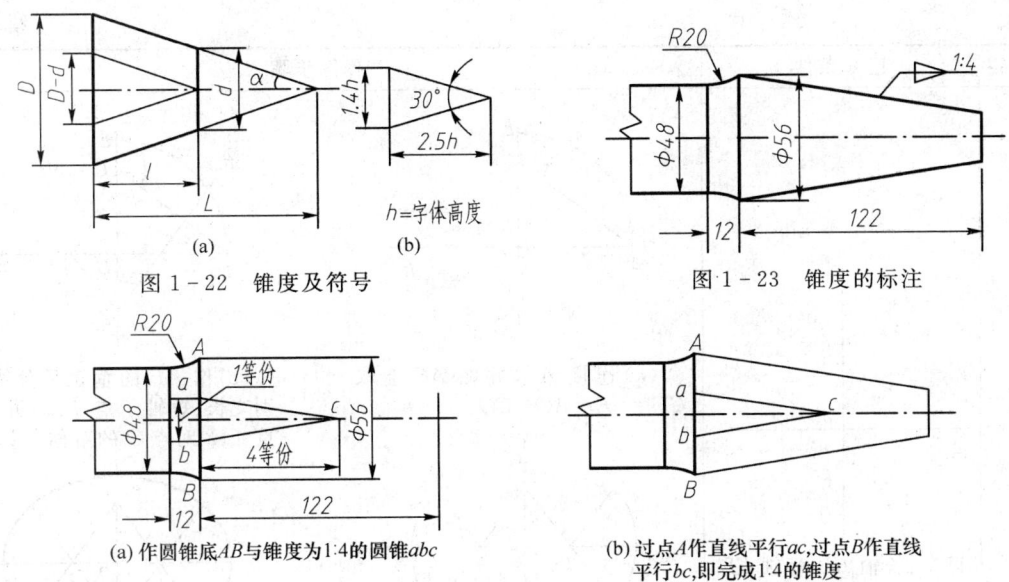

图 1-22 锥度及符号

图 1-23 锥度的标注

(a) 作圆锥底 AB 与锥度为 1:4 的圆锥 abc

(b) 过点 A 作直线平行 ac，过点 B 作直线平行 bc，即完成 1:4 的锥度

图 1-24 锥度的画法

1.3.3 椭圆

椭圆是常见的非圆曲线，表 1-7 给出了用同心圆法和四心法作椭圆的具体步骤。

表 1-7 椭圆的作图方法与步骤

作图内容	已知条件	作图步骤
用同心圆法作椭圆	已知：长轴 AB、短轴 CD	(a) 以点 O 为圆心，分别以 AB、CD 为直径，作两个辅助圆 (b) 过点 O 作若干射线，交大圆于点 E、F、G、…，交小圆于点 1、2、3、… (c) 过 E、F、G、… 各点引 CD 的平行线，过 1、2、3、… 各点引 AB 的平行线，它们的交点即为椭圆上的点 M_1、M_2、M_3、… (d) 用曲线板光滑连接 M_1、M_2、M_3、… 各点，即得椭圆

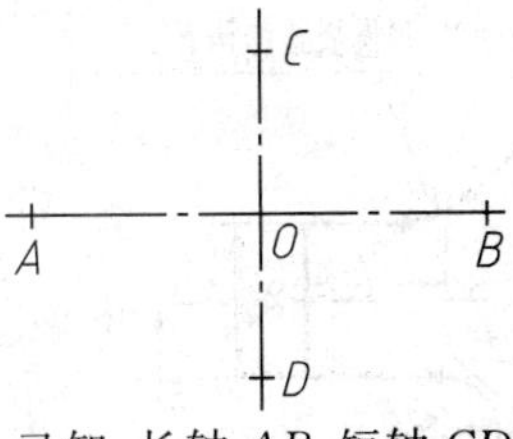

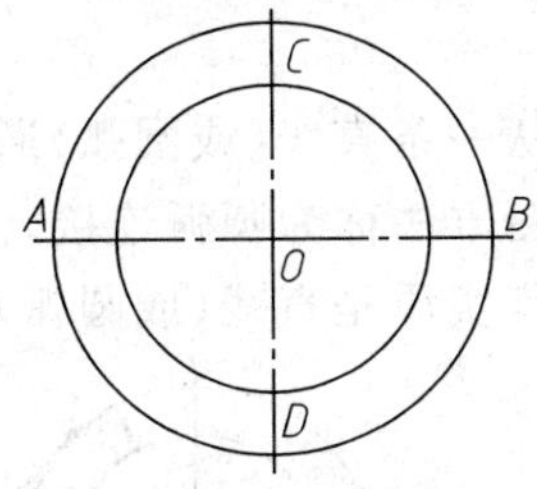

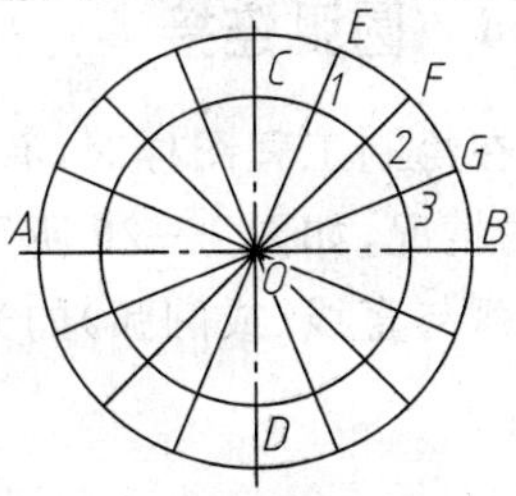

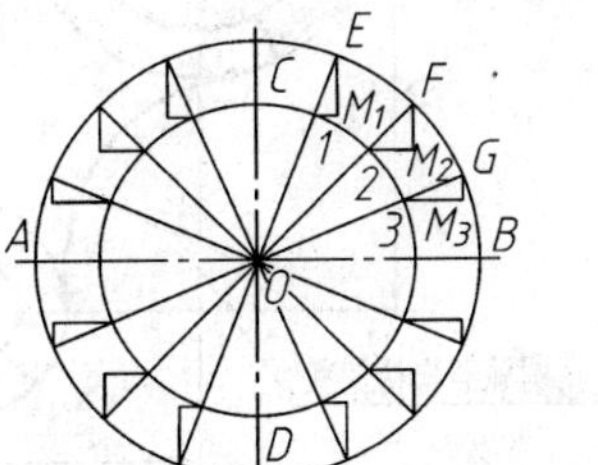

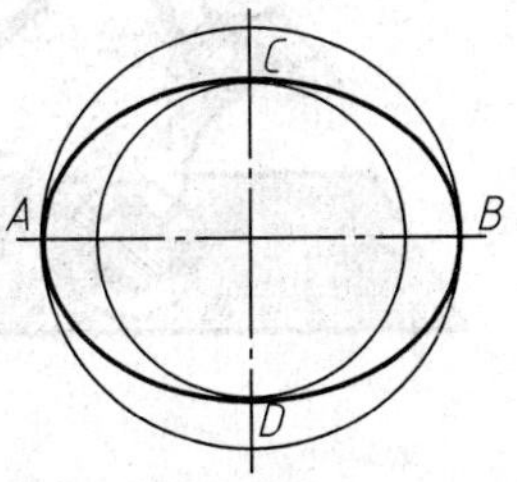

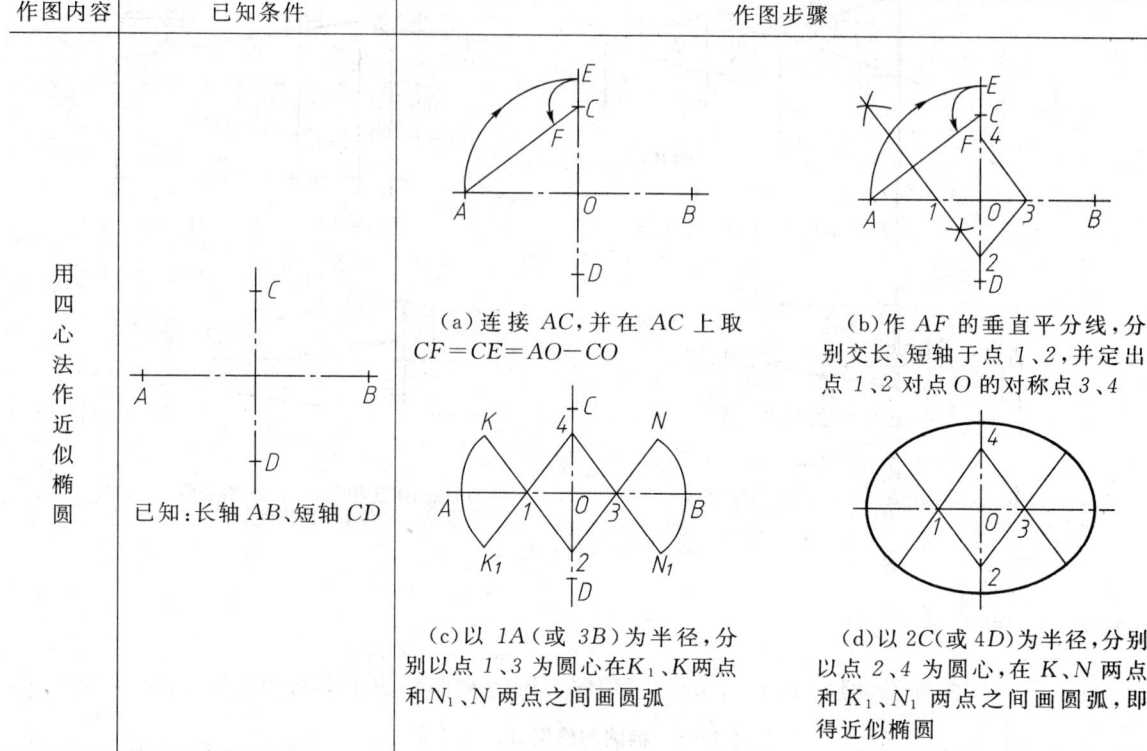

1.3.4 圆弧连接

在绘制工程图样时,有时会遇到从一条直线(或圆弧)通过一圆弧光滑过渡到另一直线(或圆弧)的情况,如图 1-25 所示,这种作图方法称为圆弧连接。起连接作用的圆弧称为连接圆弧,连接圆弧与直线(或圆弧)的光滑过渡,其实质是直线(或圆弧)与圆弧相切,切点即为连接点。

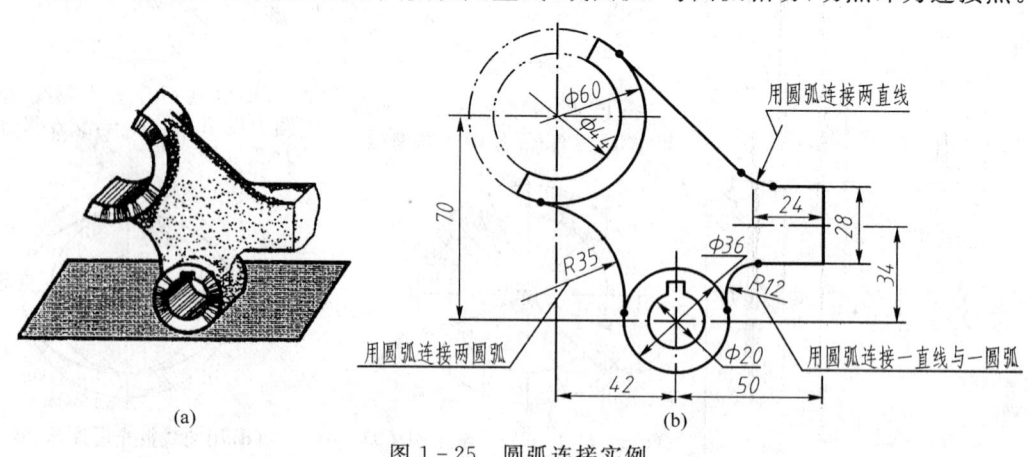

图 1-25 圆弧连接实例

要正确地完成圆弧连接,必须确定:
(1) 连接圆弧的半径;

（2）连接圆弧的圆心；

（3）连接圆弧与已知线段的切点。

圆弧连接的基本原理如表1-8所示。

表1-8 圆弧连接的基本原理

类别	直线与圆弧连接	两圆弧外连接	两圆弧内连接
原理图	$OK \perp AB$ $OK = r$（连接圆弧半径）	$O_1O_2 = r + R$ 切点 K 在 O_1O_2 连心线上	$O_1O_2 = R - r$ 切点 K 在 O_1O_2 连线的延长线上
说明	连接圆弧圆心位于距离等于连接圆弧半径的平行线上； 切点即为连接圆弧圆心向已知直线作垂线的垂足	连接圆弧圆心位于与已知圆同心，并以 $r + R$ 为半径所作的圆周上； 切点即为两圆圆心连线与已知圆的交点	连接圆弧圆心位于与已知圆同心，并以 $R - r$ 为半径所作的圆周上； 切点即为两圆圆心连线与已知圆的交点

几种圆弧连接的作图步骤如表1-9所示。

表1-9 圆弧连接的形式及作图步骤

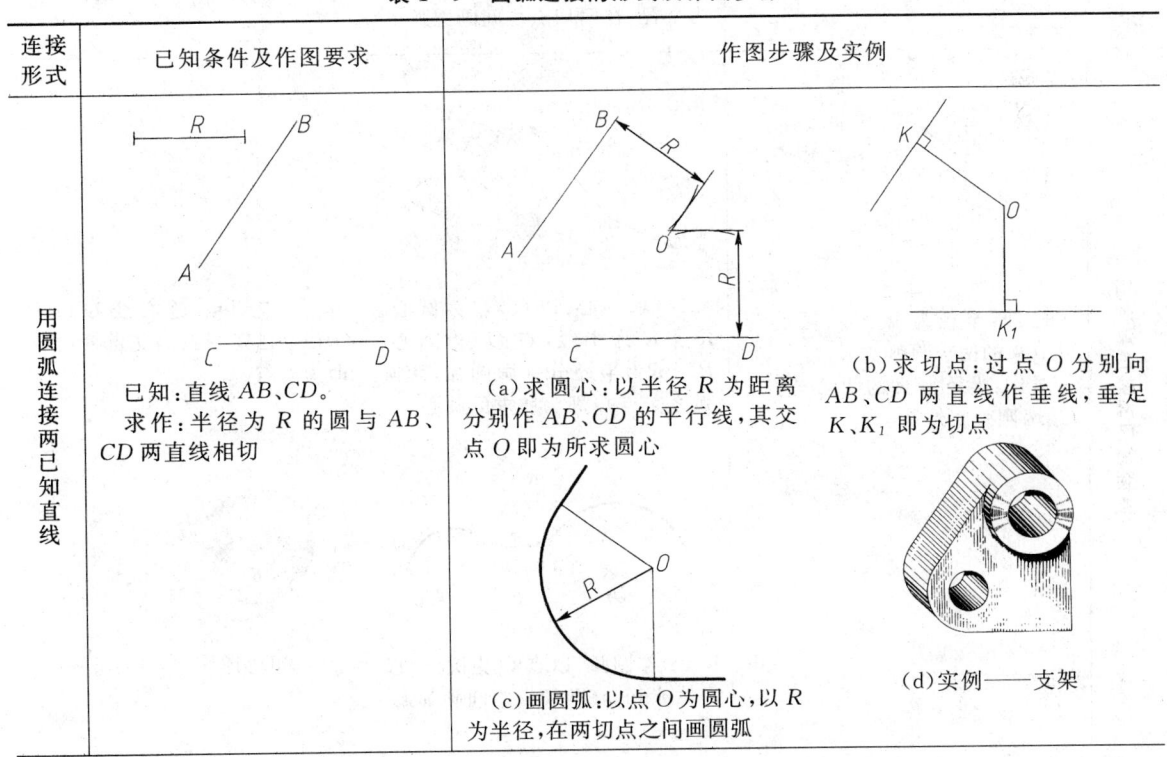

连接形式	已知条件及作图要求	作图步骤及实例
用圆弧连接两已知直线	已知：直线 AB、CD。 求作：半径为 R 的圆与 AB、CD 两直线相切	（a）求圆心：以半径 R 为距离分别作 AB、CD 的平行线，其交点 O 即为所求圆心 （b）求切点：过点 O 分别向 AB、CD 两直线作垂线，垂足 K、K_1 即为切点 （c）画圆弧：以点 O 为圆心，以 R 为半径，在两切点之间画圆弧 （d）实例——支架

连接形式	已知条件及作图要求	作图步骤及实例	
用圆弧连接一已知直线和一已知圆弧	已知：直线 AB 和半径为 R_1、圆心为 O_1 的圆弧。 求作：半径为 R 的圆弧和直线 AB 与圆心为 O_1 的圆弧相切	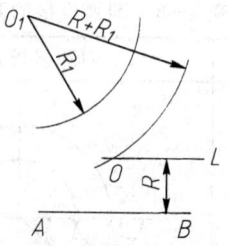 (a)求圆心：作距离 AB 为 R 的平行线 L，以点 O_1 为圆心、$R+R_1$ 为半径，作圆弧交直线 L 于点 O，点 O 即为所求的圆心 (c)作圆弧：以点 O 为圆心、R 为半径，在两切点之间画圆弧	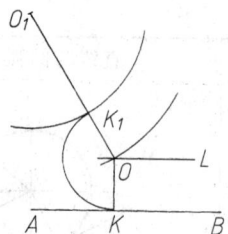 (b)求切点：过点 O 向直线 AB 作垂线，垂足 K 即为切点；O_1O 连线与已知圆弧的交点 K_1 为另一切点 (d)实例——托架
用圆弧连接两已知圆弧	已知：半径为 R_1、R_2，圆心为 O_1、O_2 的两个圆弧。 求作：半径为 R 的圆弧与 O_1、O_2 两圆弧相外切	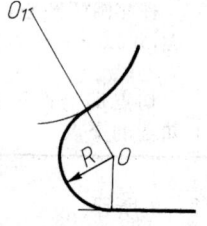 (a)求圆心：以点 O_1 为圆心、R_1+R 为半径，点 O_2 为圆心、R_2+R 为半径分别画圆弧，两圆弧之交点 O 即为所求的圆心 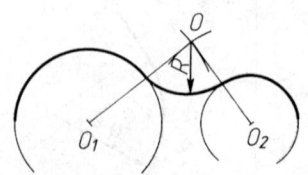 (c)作圆弧：以点 O 为圆心，以 R 为半径，在两切点之间画圆弧	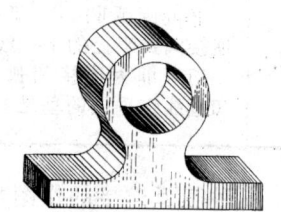 (b)求切点：连心线 O_1O 和 O_2O 与已知圆弧的交点 K_1、K_2 即为切点 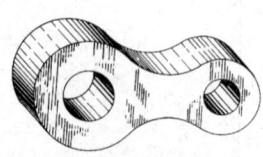 (d)实例——连接板

续表

连接形式	已知条件及作图要求	作图步骤及实例
用圆弧连接两已知圆弧	已知：半径为 R_1、R_2，圆心为 O_1、O_2 的两个圆弧。 求作：半径为 R 的圆弧与 O_1、O_2 圆弧相内切	(a) 求圆心：以点 O_1 为圆心、$R-R_1$ 为半径，以点 O_2 为圆心、$R-R_2$ 为半径分别画圆弧，两圆弧的交点 O 即为所求的圆心 (b) 求切点：将连心线 OO_1、OO_2 延长与已知圆弧相交，交点 K_1、K_2 即为切点 (c) 作圆弧：以点 O 为圆心、R 为半径，在两切点之间画圆弧 (d) 实例——连接板
	已知：半径为 R_1、R_2，圆心为 O_1、O_2 的两个圆弧。 求作：半径为 R 的圆弧与 O_1 圆弧相外切，与 O_2 圆弧相内切	(a) 求圆心：以点 O_1 为圆心、$R+R_1$ 为半径，以点 O_2 为圆心、$R-R_2$ 为半径分别画圆弧，两圆弧的交点 O 即为所求的圆心 (b) 求切点：连心线 OO_1 及 OO_2 的延长线与已知圆弧的交点 K_1、K_2 即为切点 (c) 作圆弧：以点 O 为圆心、R 为半径，在两切点之间画圆弧 (d) 实例——支座

1.4 平面图形分析及绘图

1.4.1 平面图形的尺寸分析

对平面图形的尺寸分析,就是分析图形中每个尺寸所起的作用,以确定绘制图形所需要的尺寸数量,并根据图形所标注的尺寸,确定图形绘制的先后次序,保证绘图过程的顺利进行。

平面图形中所标注的尺寸,按其作用可分为定形尺寸和定位尺寸。

1. 定形尺寸

确定单一几何要素形状和大小的尺寸为定形尺寸。圆的直径、圆弧的半径、线段的长度、角度的大小等都属此类尺寸。如图 1-26 中的圆弧半径 R49、R8,直线尺寸 40、25、7 以及圆的直径 φ8 均为定形尺寸。

2. 定位尺寸

确定平面图形中关联几何要素相对位置的尺寸为定位尺寸。如图 1-26 中的 24、27 均为定位尺寸。

必须指出,有些尺寸并不能截然分属于哪一类尺寸。如图 1-26 中的 25、7,既可属于定形尺寸,又可以属于定位尺寸。

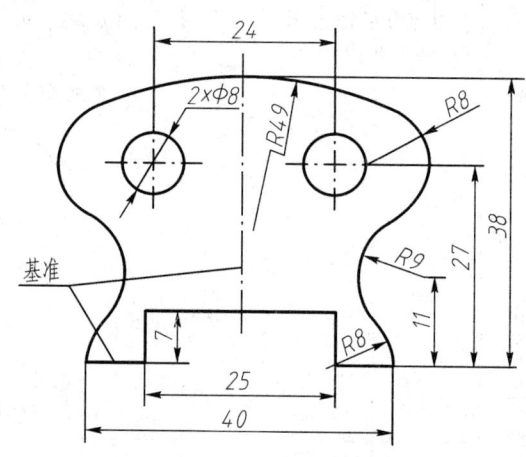

图 1-26 尺寸分析和线段分析

1.4.2 平面图形的线段分析

按所给尺寸数量的多少,平面图形中的线段可分为已知线段、连接线段和中间线段。

1. 已知线段

定形尺寸、定位尺寸齐全,能直接画出的线段称为已知线段,如图 1-26 中的 2×φ8、R49、40 等。

2. 连接线段

只有定形尺寸而无定位尺寸,画图时要利用圆弧连接和相切的几何条件才能画出的线段称为连接线段。如图 1-26 右上方的 R8 圆弧,由于没有给定圆心的定位尺寸,作图时要根据其与 R49 圆弧内切、与 R9 圆弧外切的条件,求出圆心和连接点才能画出,故此圆弧属于连接线段。

3. 中间线段

有定形尺寸但定位尺寸不全,必须依赖附加的一个几何条件才能画出的线段称为中间线段。如图 1-26 中的 R9 圆弧,只有一个定位尺寸 11,另一个定位尺寸必须根据其与右下方的已知 R8 圆弧相切的几何条件求出。

1.4.3 平面图形的绘图步骤

（1）画基准线、定位线，确定平面图形在图幅中的位置。
（2）画已知线段，如图1-27a所示。
（3）画中间线段，如图1-27b所示。
（4）画连接线段，如图1-27c所示。
（5）整理全图，擦除作图线，加深并标注尺寸，如图1-27d所示。

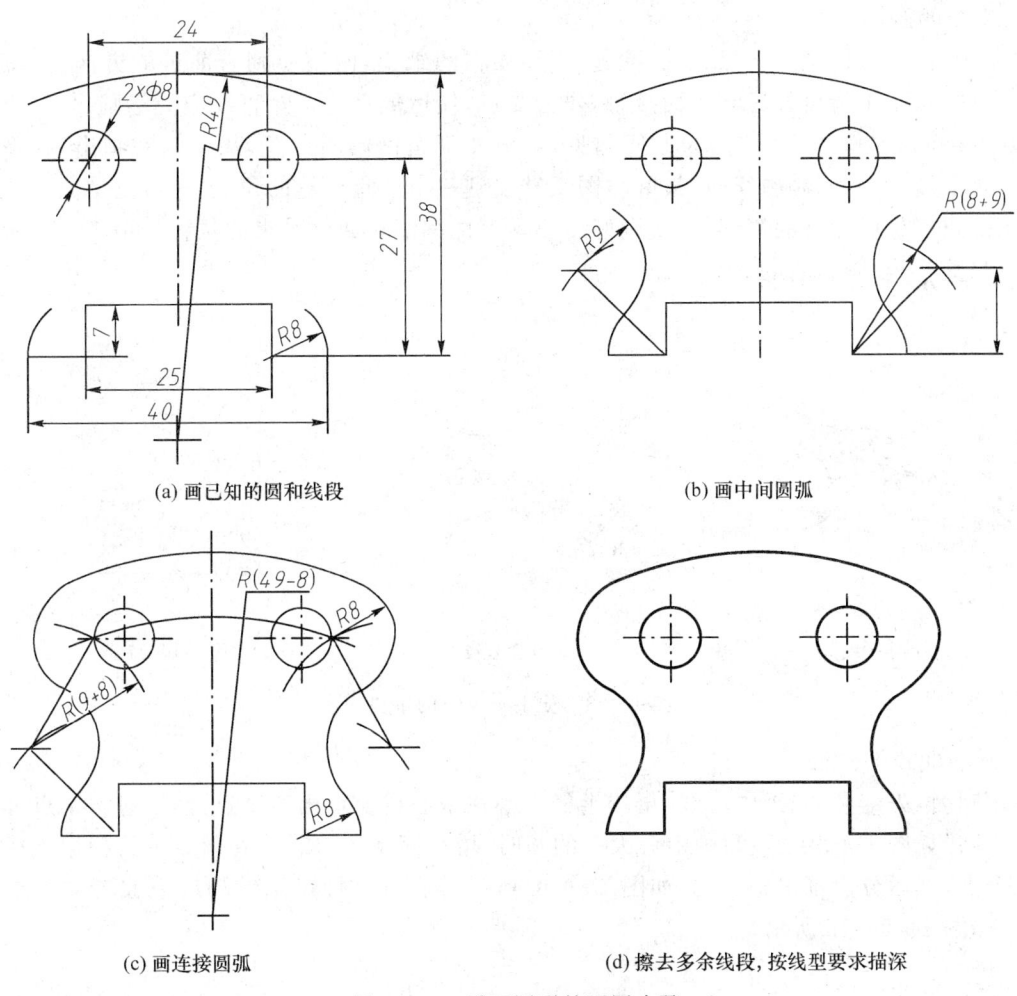

图1-27 平面图形的画图步骤

1.5 徒手绘图技法

1.5.1 徒手绘图的基本概念及应用

徒手图又称草图，是一种不用绘图仪器和工具而按目测比例徒手画出的图样。它在产品设计及现场测绘中应用广泛。如在新产品设计时,常先画出草图以表达设计意图;现场测绘时也是先画草图,以便把需要的资料迅速记录下来。因此,草图是工程技术人员交流、记录、构思、创作的工具,是工程技术人员必须掌握的基本技能。

1.5.2 徒手绘图的基本方法

徒手绘图时应尽量做到图形正确、比例匀称、图线分明、图面整洁、字体工整。

徒手绘图时,一般选用 HB 或 B 型铅笔,铅芯应磨成圆锥形。

1. 直线的画法

徒手画直线时,执笔要自然,手腕抬起,不要靠在图纸上,眼睛应朝着前进的方向,注意画线的终点。同时,小手指可轻轻与纸面接触,作为支点,使运笔平稳。短直线应一笔画出,长直线则可分段相接而成。画水平线时,为方便起见,可将图纸稍微倾斜放置,从左到右画出;画垂直线时,由上至下较为顺手;画斜线时,最好将图纸转动到一个适宜运笔的角度,一般是稍向右上方倾斜,为了防止发生偶然性的笔误,斜线画好后要马上把图纸转回到原来的位置。图 1-28 所示为画水平线、垂直线、倾斜线的手势。

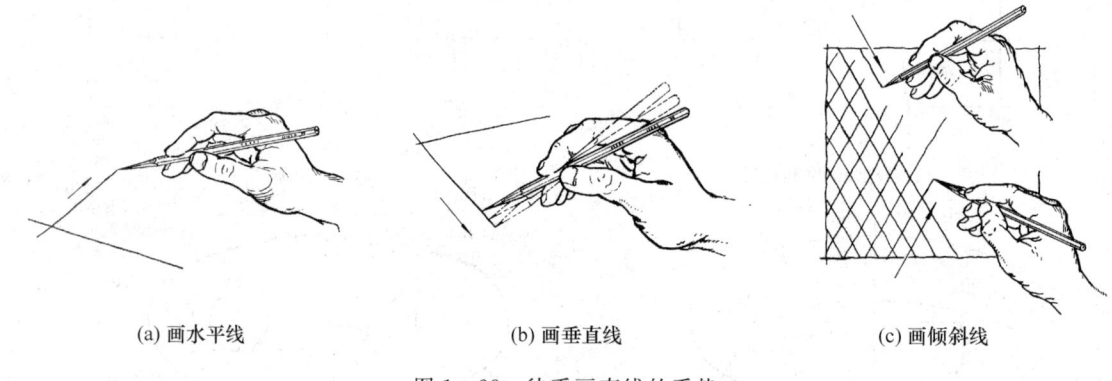

(a) 画水平线　　　　　(b) 画垂直线　　　　　(c) 画倾斜线

图 1-28　徒手画直线的手势

2. 圆和曲线的画法

画小圆时,先定圆心、画中心线,再按半径大小在中心线上定出四个点,然后过四个点分两次画出整个圆,如图 1-29a 所示;画中等大小的圆时,增加两条 45°斜线,在斜线上再根据半径大小定出四个点,然后分段画出整个圆,如图 1-29b 所示;画大圆时,可用转动纸板或转动图纸的方法画出,如图 1-29c、d 所示。

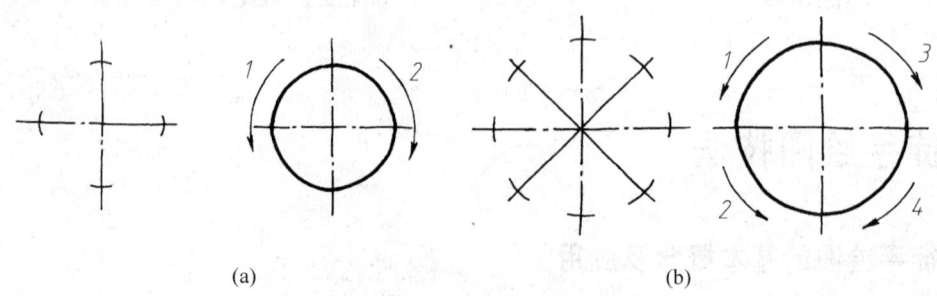

(a)　　　　　　　　　　(b)

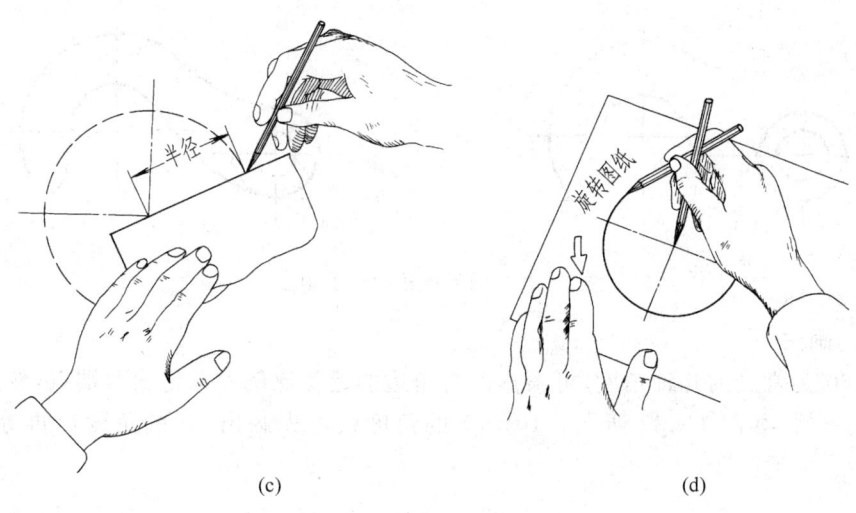

图 1-29 徒手画圆的方法

画圆角时,先将两直线徒手画成相交,然后目测在分角线上定出圆心位置,使它与角两边的距离等于圆角半径的大小,再过圆心向两边引垂线定出圆弧的起点和终点,并在分角线上也定出一圆周点,然后徒手画圆弧把三点连接起来,如图 1-30 所示。

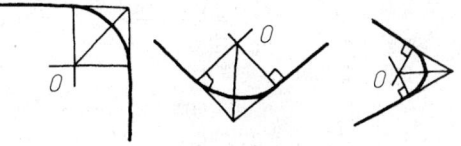

图 1-30 圆角的徒手画法

画椭圆时,先根据长、短轴定出四个端点,过四个端点分别作出长、短轴的平行线,构成一矩形,最后画出与矩形相切的椭圆,如图 1-31a 所示。也可以先画出椭圆的外接菱形,然后画出椭圆,如图 1-31b 所示。

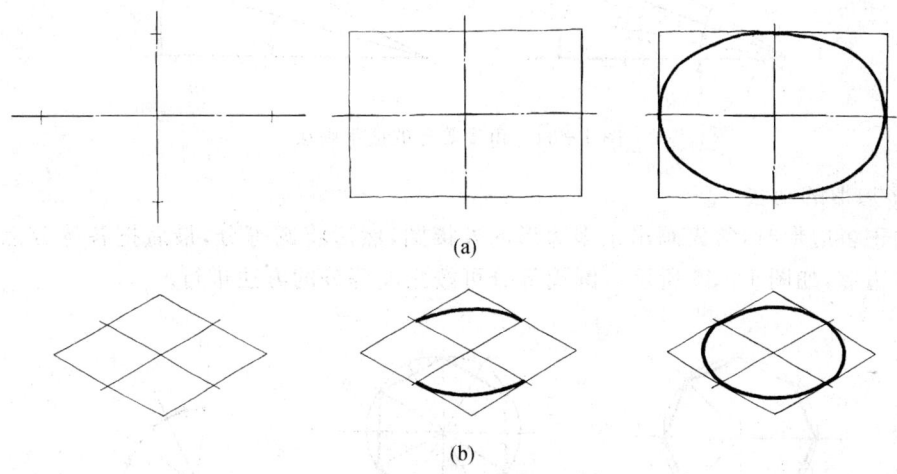

图 1-31 徒手画椭圆的方法

画圆弧连接时,先按目测比例画出已知圆弧,然后按圆弧连接的方法徒手将各连接圆弧与已知圆弧光滑连接,如图 1-32 所示。

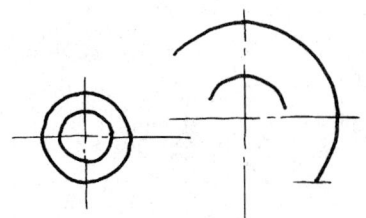 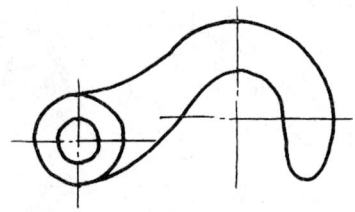

图 1-32 圆弧连接的徒手画法

3. 角度的画法

30°、45°、60°为常见的几种角度,可根据两直角边的近似比例关系定出两端点,然后连接两点即为所画的角度线,如图 1-33 所示。10°、15°的角度线可先画出 30°的角度后再等分求得,如图 1-34 所示。

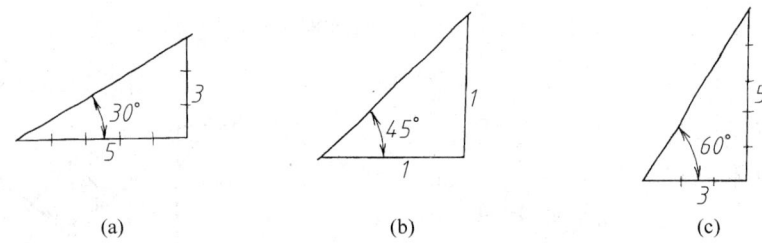

图 1-33 几种常见角度的徒手画法

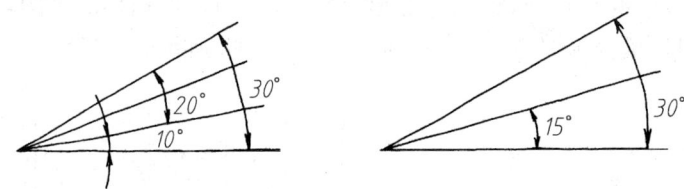

图 1-34 角度等分的徒手画法

4. 正多边形的画法

徒手画正多边形时,常先画出正多边形的外接圆,然后将圆等分,最后把各等分点连接成直线即得正多边形,如图 1-35 所示。圆周等分可按角度等分的方法进行。

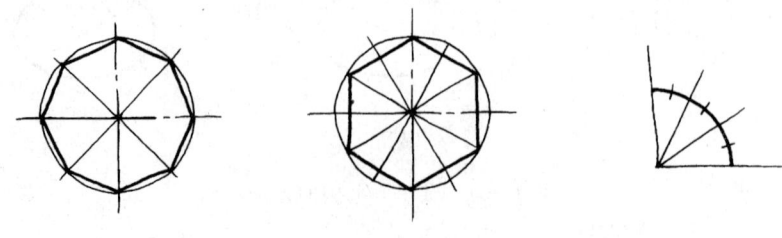

图 1-35 徒手画正多边形

5. 平面图形徒手绘图示例

徒手画平面图形时,应先目测图形总的长宽比例,考虑图形的整体和各组成部分的比例是否协调。初学徒手绘图时,最好先在网格纸上训练,这样图形各部分之间的比例可借助网格数来确定,熟练后可在空白纸上画图。图 1-36 所示为平面图形徒手绘图示例。

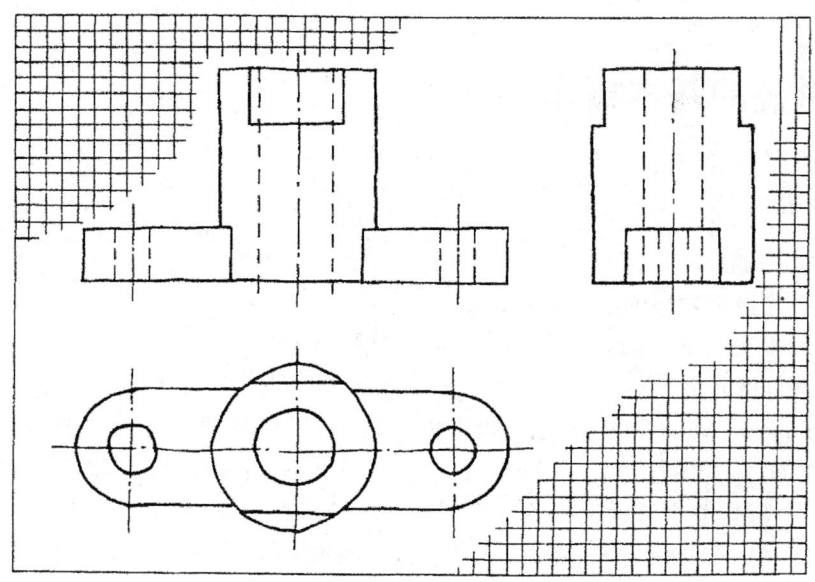

图 1-36　平面图形徒手绘图示例

第 2 章 点、直线和平面的投影

2.1 投影法的基本概念

2.1.1 投影法

1. 投影法的概念

当灯光或日光照射物体时，在地面或墙上会出现物体的影子，这就是人们在日常生活中遇到的投影现象。投影法就是人们根据这一现象抽象总结出来的。

在图 2-1 中，把光源 S 视为一点，称为投射中心，点 S 与物体上任一点的连接直线称为投射线，如图中的 SA、SB、SC。平面 H 称为投影面。延长 SA、SB、SC 与 H 面相交，交点 a、b、c 称为点 A、B、C 在 H 面上的投影。△abc 就是△ABC 在 H 面上的投影。人们把这种投射线通过物体向选定的面投射，并在该面上得到图形（投影）的方法称为投影法。

2. 投影法种类

投影法分中心投影法和平行投影法。

（1）中心投影法

所有的投射线都从投射中心 S 发出的投影法称为中心投影法。用这种方法所得的投影称为中心投影，如图 2-1 所示，△abc 为△ABC 在 H 面上的中心投影。

（2）平行投影法

所有的投射线都相互平行的投影法称为平行投影法。按投射线与投影面是否垂直，平行投影法又分斜投影法和正投影法两种：

① 斜投影法——投射线倾斜于投影面的平行投影法（图 2-2a）；

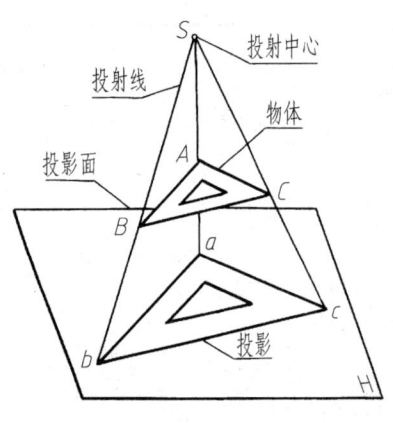

图 2-1 中心投影法

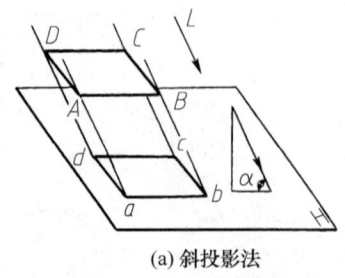

(a) 斜投影法

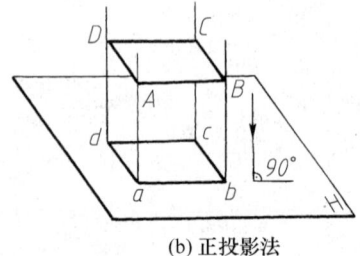

(b) 正投影法

图 2-2 平行投影法

② 正投影法——投射线垂直于投影面的平行投影法(图 2-2b)。

2.1.2 投影法在工程中的应用概述

工程中常利用上述投影法绘制各类投影,在不同的领域表达设计者的意图。

1. 透视投影

透视投影是用中心投影法绘制的单面投影,如图 2-3 所示,这种图形接近于人的视觉印象,故其最大的特点是富有立体感、直观性强。这种图样被广泛应用于建筑设计中,常用来研究建筑物的空间造型和立面处理,以及进行各种设计方案的比较。此外,透视投影还作为艺术造型设计的一种技法,在广告宣传画中用来绘制工业产品艺术造型设计的外观效果图。

透视投影作图烦琐、度量性差,故在应用上受到一定限制。

2. 轴测投影

轴测投影是一种常见的立体图。它是将物体按平行投影法绘制的一种单面投影,这种图能同时反映物体长、宽、高三个方向的形状,如图 2-4 所示。其特点是直观性好、立体感较强,但作图较为复杂、度量性差,故常用于辅助图样,以帮助人们看懂图形或表达设计思想。

图 2-3 透视投影

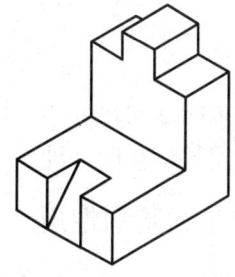
图 2-4 轴测投影

3. 标高投影

标高投影是在物体的水平投影上加注某些特征面、线以及控制点的高程数值和比例绘制的单面正投影,如图 2-5 所示。其中,图 2-5a 为作图原理,图 2-5b 为绘制的标高投影,图中曲线称为等高线。

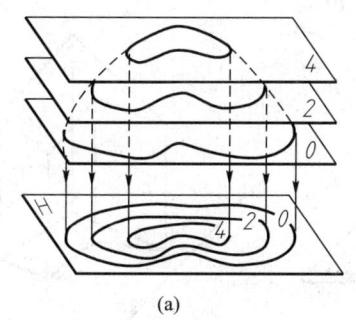
(a)

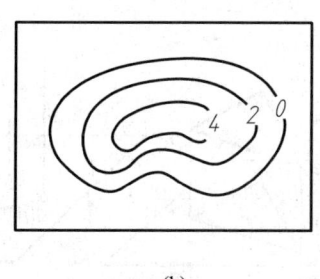
(b)

图 2-5 标高投影

标高投影广泛应用于土建、水利工程中,也常用于绘制地理图、地形图、水文图、航空图、航海图等。

4. 多面正投影

多面正投影是采用正投影法绘制的,它是将空间物体分别投射到相互垂直的两个或多个投影面上得到投影后,按一定规则将这些投影面展开在同一平面上获得的,如图 2-6 所示。其中,图 2-6a 为多面正投影形成的原理,图 2-6b 为展开后获得的有规则配置、相互之间形成对应关系的平面图形,即多面正投影。

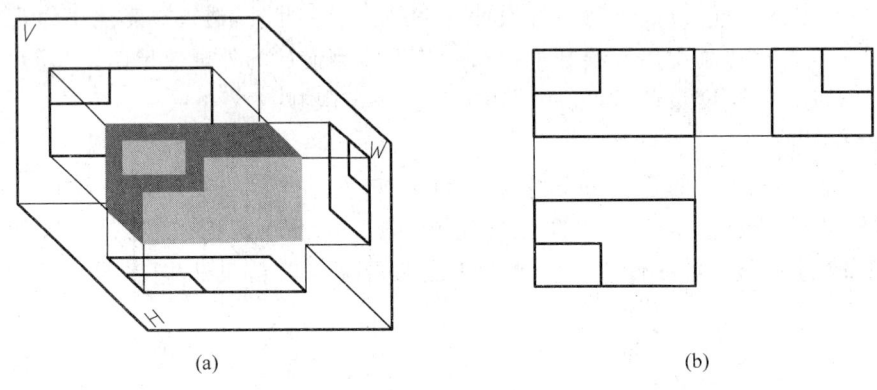

图 2-6 三面正投影

多面正投影能准确地表达物体的几何形状及相对位置,有很好的度量性,且作图简便,所以它是工程中应用最广泛的一种图示法。

2.1.3 正投影的基本性质

正投影是平行投影的一种特例,它具有平行投影的一切投影特性,最基本的投影性质有真实性、积聚性和类似性。

1. 真实性

当直线或平面平行于投影面时,直线的投影反映实长,平面的投影反映实形,这种性质称为真实性。如图 2-7a 所示,直线 AB 与平面 $\triangle CDE$ 均平行于投影面 H,它们在 H 面上的投影 $ab=AB$,$\triangle cde \cong \triangle CDE$。

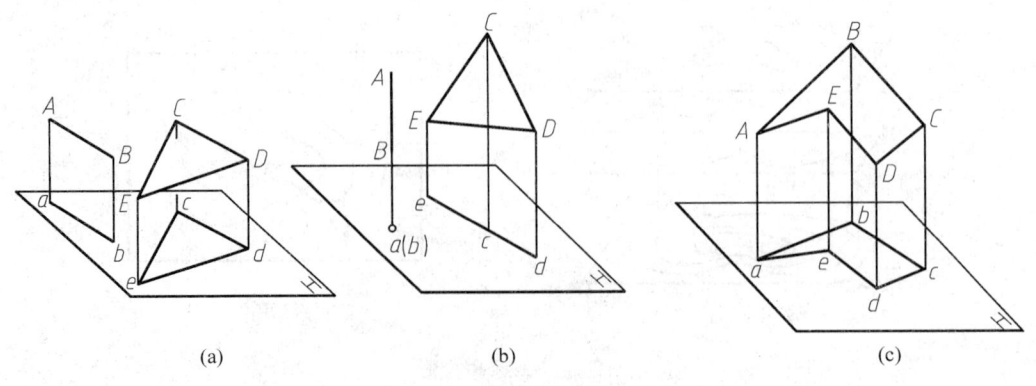

图 2-7 正投影的基本性质

2. 积聚性

当直线或平面垂直于投影面时,其投影分别成为一点或一直线,这种性质称为积聚性。如图 2-7b 所示,直线 AB 和平面 $\triangle CDE$ 均垂直于投影面 H,则它们在 H 面上的投影分别积聚为一点 $a(b)$ 和一直线 dce。

3. 类似性

如图 2-7c 所示,平面五边形与投影面 H 不垂直也不平行,其投影不具有积聚性,投影与原形也不相等。图中原来平行的边,其投影仍保持平行,不平行的边或不同方向平行的边,由于其倾斜程度不同,其投影比值不等,故投影与原形也不相似,仅保持边数相等。这种原形与投影既不相似也不相等,但两者边数、凸凹、曲直、平行关系不变的性质称为类似性。

2.2 物体的正投影

2.2.1 三投影面体系的建立

从图 2-8 可以看出,根据物体的一个投影不能唯一确定一个物体的形状,为此必须建立一个多投影面体系,将物体向几个投影面进行投射,所得的投影相互对照才能唯一确定物体的形状。工程图样中,通常采用与物体的长、宽、高相对应的三个互相垂直的投影面,构建成三面体系来确定物体的形状。如图 2-9a 所示,正对观察者的投影面称为正立投影面,简称正面,用 V 表示;水平放置的投影面称为水平投影面,简称水平面,用 H 表示;另一投影面称为侧立投影面,简称侧面,用 W 表示。两投影面的交线称为投影轴,V、H 面的交线称为 OX 轴,简称 X 轴;H、W 面的交线称为 OY 轴,简称 Y 轴;V、W 面的交线称为 OZ 轴,简称 Z 轴,三轴的交点称为原点 O。

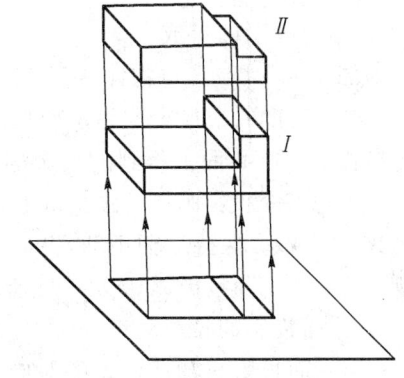

图 2-8 一个投影不能确定物体的形状

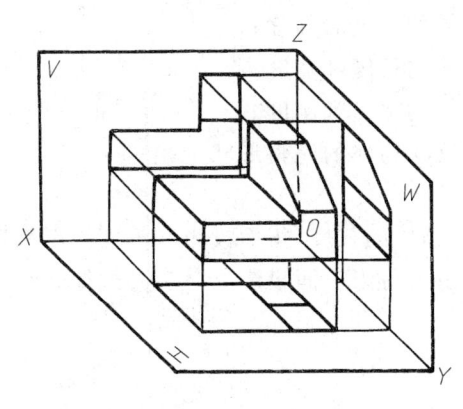

(a) 物体放入三投影面体系中进行投射

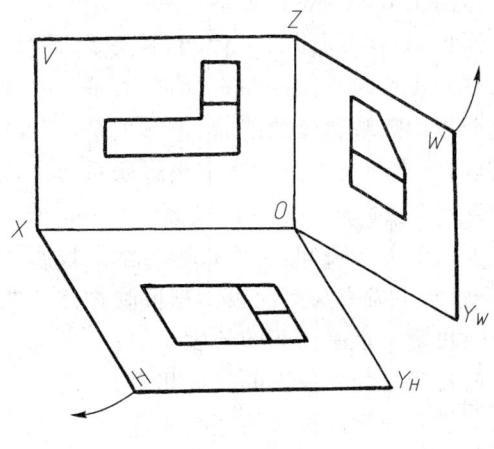

(b) 投影面的展开过程

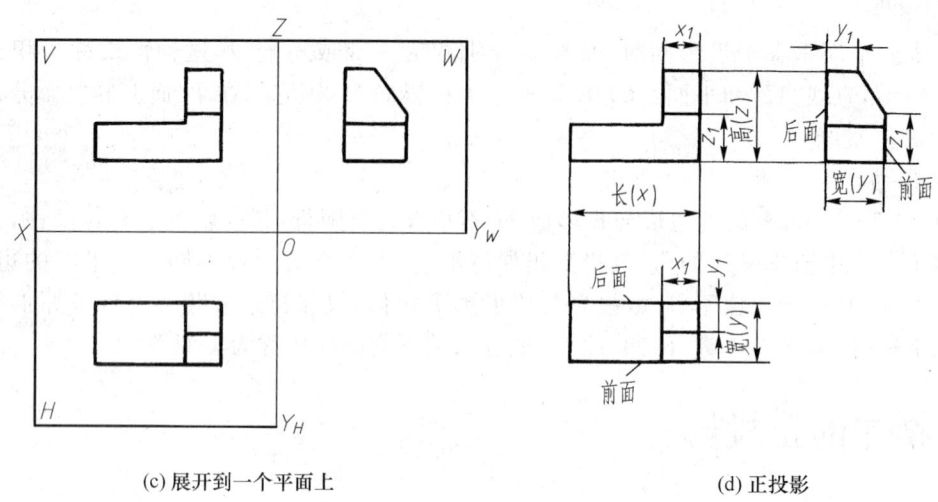

(c) 展开到一个平面上　　　　　　　　(d) 正投影

图 2-9　三面投影的形成及其位置关系

2.2.2 物体的三面投影

1. 三面投影的形成

如图 2-9a 所示，将物体置于三投影面体系中，然后依次向各投影面作正投射，由前向后投射，在 V 面上得到的投影称为正面投影；由上向下投射，在 H 面上得到的投影称为水平投影；从左向右投射，在 W 面上得到的投影称为侧面投影。

为了把三个投影画在一张图纸上，必须将互相垂直的三个投影面展开到一个平面上，展开方法如图 2-9b 所示，保持 V 面不动，将 H 面绕 OX 轴向下旋转 90°、W 面绕 OZ 轴向右旋转 90°，就得到同一平面上的三面投影，如图 2-9c 所示。实际绘图时，应去掉投影面边框，如图 2-9d 所示。

2. 三面投影的投影关系

（1）三面投影与物体位置的对应关系

物体有左、右、前、后、上、下六个方位，分别反映物体的长度、宽度和高度，而每一个投影只能反映物体两个方向的位置关系。从图 2-9d 可以看出：

正面投影反映物体的左右、上下关系，即反映物体的长度和高度；

水平投影反映物体的左右、前后关系，即反映物体的长度和宽度；

侧面投影反映物体的前后、上下关系，即反映物体的宽度和高度。

所以，常常要将两个或三个投影联系起来，才能反映物体的完整形状。

（2）三面投影之间的对应关系

从上面的分析可知，正面投影与水平投影都反映物体的长度，正面投影和侧面投影都反映物体的高度，水平投影与侧面投影都反映物体的宽度，由此得出三面投影的"三等"规律，即

正面投影与水平投影的长度相等；

正面投影与侧面投影的高度相等；

水平投影与侧面投影的宽度相等。

作图时，常用正面投影与水平投影长对正，正面投影与侧面投影高平齐，水平投影与侧面投

影宽相等来描述,简单归纳为"长对正、高平齐、宽相等",如图2-9d所示。

在利用投影关系作图时,要特别注意水平投影与侧面投影的前后对应关系。从三面投影的展开过程可知,以正面投影为基准,在水平投影与侧面投影上,离正面投影远的一边为物体的前面,靠近正面投影的一边为物体的后面。作图时,量取水平投影与侧面投影除了要注意整体宽度对应相等之外,其他相应部分也应相等,同时注意前、后方向要一致。

[例2-1] 根据图2-10a所示的物体,绘制其三面投影。

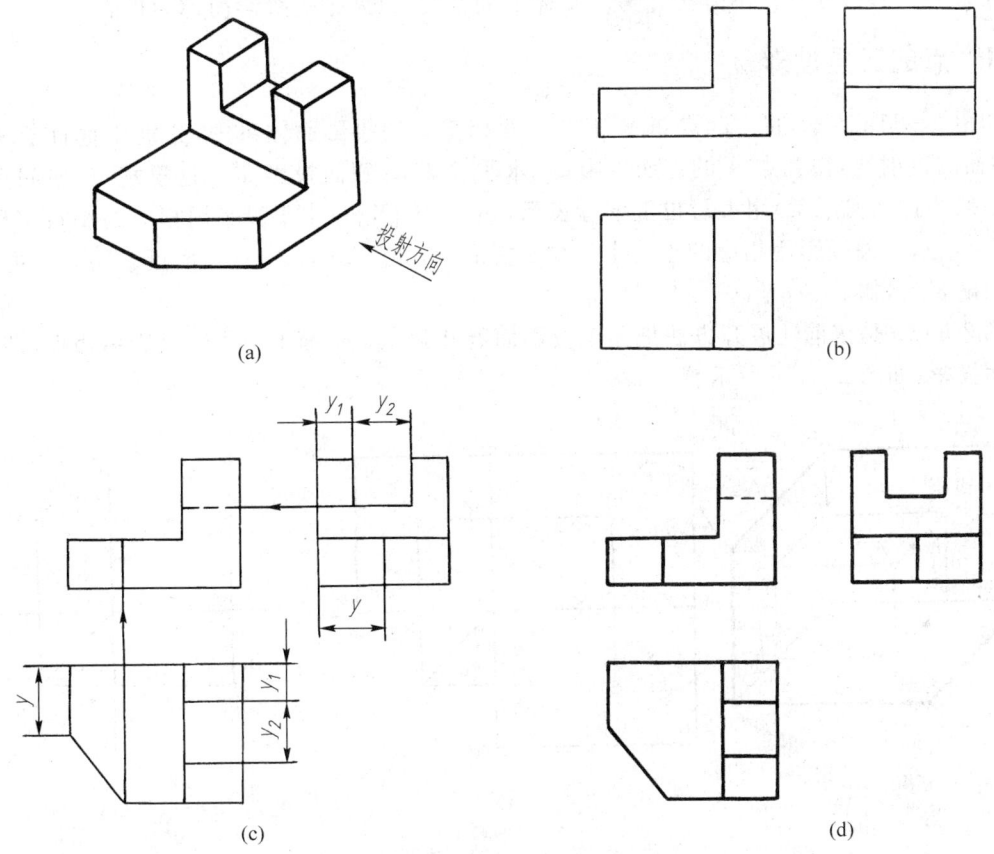

图2-10 物体三面投影的绘制

分析:图中所示物体是直角弯板通过左端切角、右端开槽后形成的,绘制其三面投影时,应使物体的主要表面尽量平行相应的投影面。为便于作图,应先画出反映形状特征的投影,然后再按投影关系画出其他投影。

作图:

(1) 画弯板的三面投影(图2-10b),先画反映弯板形状特征的正面投影,然后再按投影关系画出水平投影和侧面投影。

(2) 画切角和方槽的三面投影(图2-10c)。由于物体被切角后的平面垂直于水平面,故应先画出其水平投影;由于构成方槽的三个平面的侧面投影都积聚成直线,反映方槽的形状特征,故先画出其侧面投影;最后再按投影关系画出切角与方槽的其余投影。

（3）检查无误后再按标准线型加深所有图线，如图 2-10d 所示，图中细虚线为不可见轮廓线。

2.3 点的投影

任何物体的表面都包含点、线、面等几何元素，要正确绘制物体的视图，还需进一步研究这些几何元素的投影特性和作图方法。为了叙述上的方便，以后把正投影简称为投影。

2.3.1 点的三面投影

如图 2-11a 所示，将空间点 A 置于三个互相垂直的投影面体系中，分别作垂直于 V 面、H 面、W 面的投射线，得到点 A 的正面投影 a'、水平投影 a、侧面投影 a''。这里规定：空间点（或后面介绍的各种几何元素）用大写拉丁字母表示，如 $A,B,C,\cdots$；水平投影用相应的小写字母表示，如 $a,b,c,\cdots$；正面投影用相应的小写字母加一撇表示，如 $a',b',c',\cdots$；侧面投影用相应的小写字母加两撇表示，如 $a'',b'',c'',\cdots$。

图 2-11b 是按前述展开方法把三个投影面展开到一个平面上。去除投影面边框，即得点 A 的三面投影，如图 2-11c 所示。

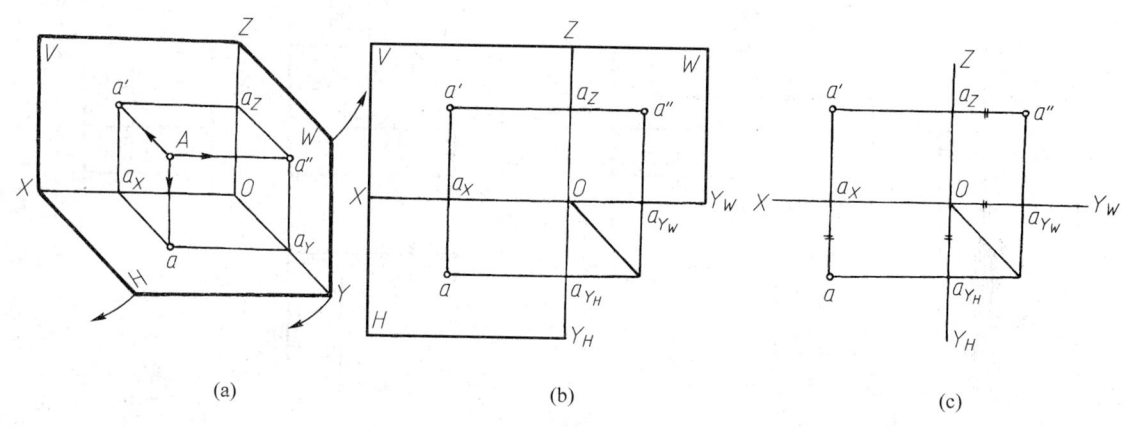

图 2-11 点的三面投影

展开时应注意的是，同一条 OY 轴旋转后出现了两个位置，因为 OY 轴是 H 面和 W 面的交线，也就是两投影面的共有线，所以 OY 轴随着 H 面旋转到 OY_H 的位置，同时又随 W 面旋转到 OY_W 的位置。

从图 2-11a、b 中可以看出，Aa、Aa'、Aa'' 分别为点 A 到 H、V、W 面的距离，而

$$Aa = a'a_X = a''a_Y（即\ a''a_{Y_W}）$$

$$Aa' = aa_X = a''a_Z$$

$$Aa'' = a'a_Z = aa_Y（即\ aa_{Y_H}）$$

上述情况说明：点的投影可以充分反映空间点到各个投影面的距离。因此，若已知点的空间位置，就可作出点的各投影；反之，若已知点的各投影也可唯一地确定该点的空间位置。另外这也说明点的三个投影并不是孤立的，彼此之间有一定的位置关系。

点的三个投影之间的位置关系如下：
$$aa_{Y_H}=a'a_Z \quad 即 \quad a'a \perp OX 轴$$
$$a'a_X=a''a_{Y_W} \quad 即 \quad a'a'' \perp OZ 轴$$
而且
$$aa_X=a''a_Z$$

很明显，三个投影之间这一关系不受空间点位置变化的影响，因此可以概括为普遍性的投影规律：

(1) 点的正面投影和水平投影的连线垂直 OX 轴，即 $a'a \perp OX$ 轴；
(2) 点的正面投影和侧面投影的连线垂直 OZ 轴，即 $a'a'' \perp OZ$ 轴；
(3) 点的水平投影 a 到 OX 轴的距离等于侧面投影 a'' 到 OZ 轴的距离，即 $aa_X=a''a_Z$。

[例 2-2] 已知点 A 的正面投影 a' 和侧面投影 a''（图 2-12a），求作其水平投影 a。

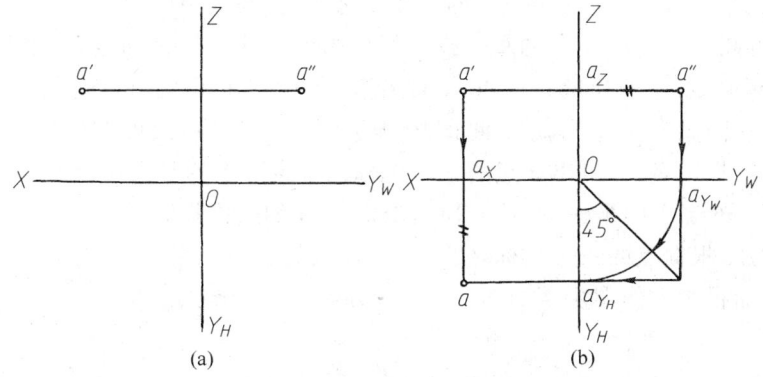

图 2-12 由已知两投影求第三投影

分析：根据点在三投影面体系中的投影规律，已知点的任何两个投影，即可求出它的第三个投影。

作图：如图 2-12b 所示，由于点 a 与点 a' 的连线必垂直 OX 轴，所以过点 a' 作垂直于 OX 轴的直线，点 a 必在此直线上。又由于点 a 到 OX 轴的距离等于点 a'' 到 OZ 轴的距离，截取 $aa_X = a''a_Z$，便得到点 a。

为表明 $aa_X = a''a_Z$ 的关系，常用的作图方法是自点 O 作 45° 辅助线或作圆弧。

2.3.2 点的三面投影与直角坐标

三投影面体系可以看成是空间直角坐标系，投影面 H、V、W 作为坐标面，三个投影轴 OX、OY、OZ 作为坐标轴，三个轴的交点 O 即为坐标原点。规定 X 轴自点 O 向左为正，Y 轴自点 O 向前为正，Z 轴自点 O 向上为正；反之为负。

如图 2-13a 所示，空间点 A 到三个投影面的距离就是空间点到坐标面的距离，也就是点 A 的三个坐标，即

点 A 到 W 面的距离：$Aa'' = aa_Y = a'a_Z = Oa_X = x$；
点 A 到 V 面的距离：$Aa' = aa_X = a''a_Z = Oa_Y = y$；
点 A 到 H 面的距离：$Aa = a'a_X = a''a_Y = Oa_Z = z$。

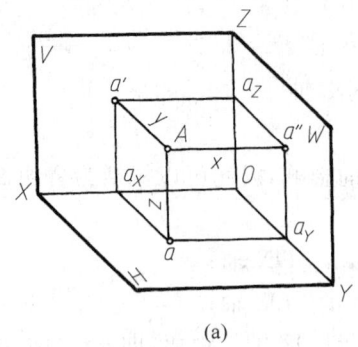
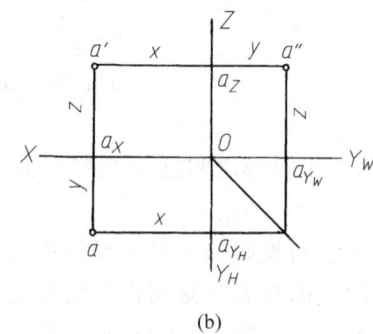

(a)　　　　　　　　　　　　　　(b)

图 2-13　点的三面投影与直角坐标

可见,点 A 在空间的位置可以用该点的三个坐标确定,写成 $A(x,y,z)$ 的形式。

由上述分析可知,点 $A(x,y,z)$ 的每个投影均可由其中两个坐标确定,即水平投影 a 由点 A 的 x 坐标和 y 坐标确定,正面投影 a' 由点 A 的 x 坐标和 z 坐标确定,侧面投影 a'' 由点 A 的 y 坐标和 z 坐标确定,如图 2-13b 所示。因此,若已知点的三个坐标,便可作出该点的三面投影;反之,若已知点的一组投影,便可量出该点的三个坐标以确定该点的空间位置。

[例 2-3]　已知点 A 的坐标(20,10,18),求作点 A 的三面投影。

分析:前面已述,根据点的三个坐标,便可作出该点的三面投影。

作图:点的三面投影的作图步骤如图 2-14 所示。

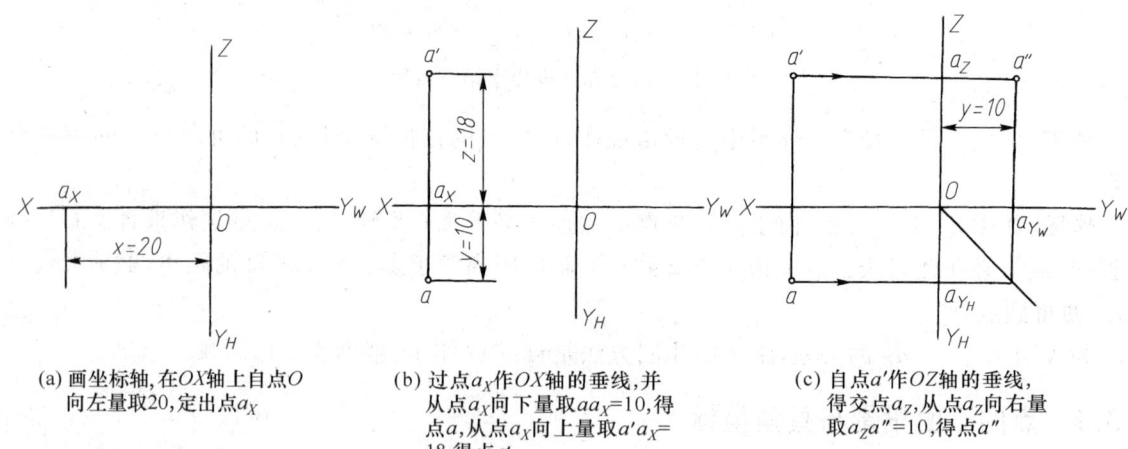

(a) 画坐标轴,在 OX 轴上自点 O 向左量取20,定出点 a_X

(b) 过点 a_X 作 OX 轴的垂线,并从点 a_X 向下量取 $aa_X=10$,得点 a,从点 a_X 向上量取 $a'a_X=18$,得点 a'

(c) 自点 a' 作 OZ 轴的垂线,得交点 a_Z,从点 a_Z 向右量取 $a_Z a''=10$,得点 a''

图 2-14　由点的坐标作点的三面投影

2.3.3　两点的相对位置

空间两点的相对位置是指空间两个点的上下、左右、前后关系,这些关系是以选定其中一点作为基准比较而言的;而在投影中,则是以它们的坐标差来确定的。两点的正面投影反映它们的上下、左右关系,两点的水平投影反映它们的左右、前后关系,两点的侧面投影反映它们的上下、前后关系。

如图 2-15a 所示，A、B 两点的投影已给出，便可根据其在投影中的坐标判断其空间位置。A、B 两点的左右位置是由 x 坐标差确定的，从正面投影或水平投影可以看出 $x_A > x_B$，所以点 A 在点 B 之左。A、B 两点的前后位置是由 y 坐标差确定的，从水平投影或侧面投影可以看出 $y_A < y_B$，所以点 A 在点 B 之后。同理，A、B 两点的上下位置是由 z 坐标差确定的，由于 $z_B > z_A$，所以点 A 在点 B 之下。其空间情况如图 2-15b 所示。

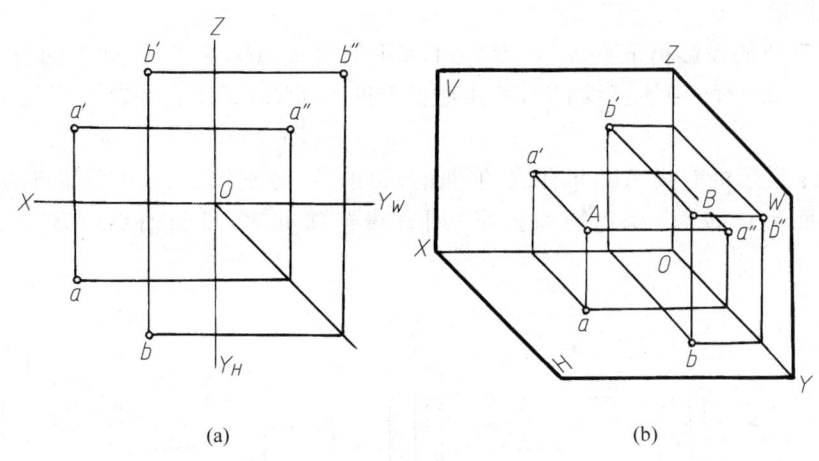

图 2-15　两点的相对位置

当空间两点有一个投影重合时，表明两点的某两个坐标相同，处于同一投射线上，称这两个点是对某投影面的重影点，简称重影点，其重合的投影称为重影。有重影，就需要判别其可见性，即判断两个点中哪个为可见、哪个为不可见。

如图 2-16 所示，C、D 两点的 x、z 坐标相同，处于 Y 轴方向的同一投射线上，其正面投影 c'、d' 重合。由于 $y_C > y_D$，所以从前向后看时，点 C 可见，点 D 被点 C 遮住，为不可见。为了在图上表示可见性，对不可见点的投影，另加括号表示，故写成 $c'(d')$。

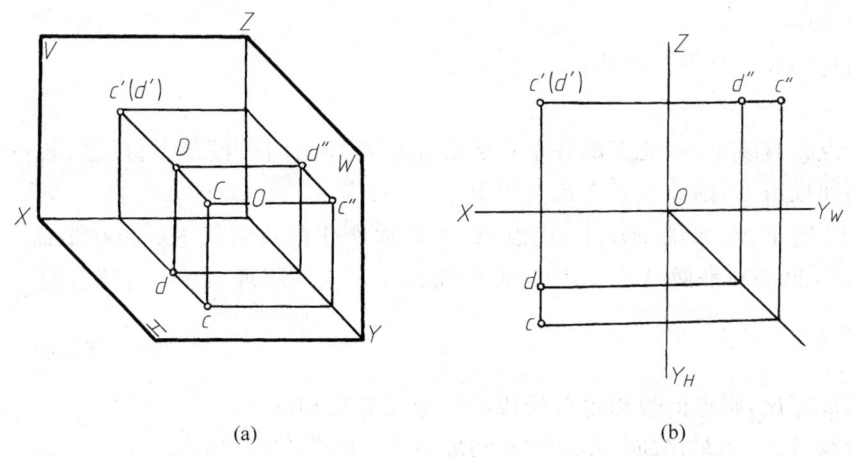

图 2-16　重影点和可见性

所以，重影点可见性的判别方法是从另外的投影上根据其坐标去判断，实际上就是判断两点空间位置的高低、左右、前后关系。而未重合的投影，则不存在可见性的问题。

2.4 直线的投影

2.4.1 直线的投影特性

1. 直线的投影

一般说来,直线的投影仍是直线,如图 2-17a 中的直线 AB,它在 H 面上的投影为直线 ab。特殊情况下,如图 2-17a 中的直线 CD,因其垂直于投影面 H,所以它在该投影面上的投影积聚为一点。

如图 2-17a 所示的直线 AB,求作它的三面投影时,可分别作出 A、B 两端点的三面投影,然后将同一投影面上的投影(简称同面投影)用直线连接起来,即得直线 AB 的三面投影,如图 2-17b、c 所示。

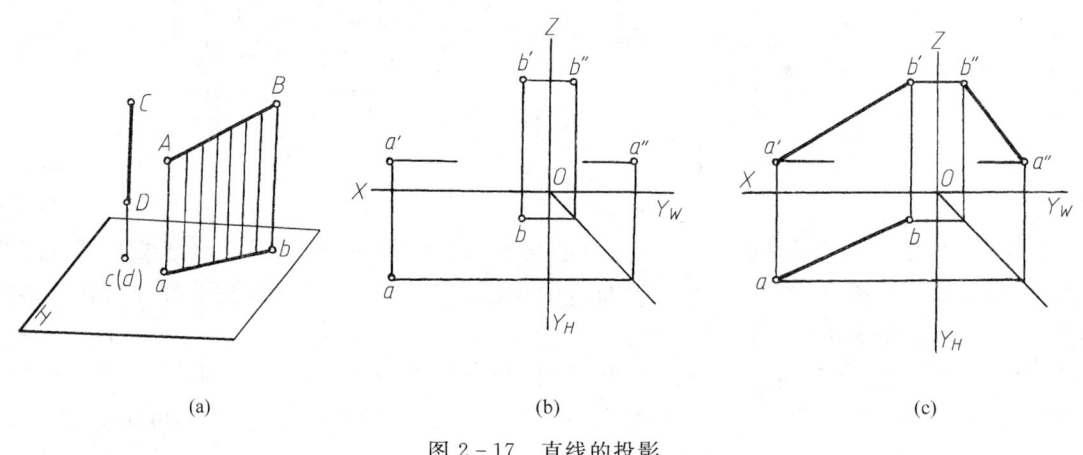

图 2-17 直线的投影

2. 直线上的点

直线上的点的投影有下列性质:

(1) 从属性

如果一个点在直线上,则此点的各个投影必在该直线的同面投影上;反之,若点的各个投影都在直线的同面投影上,则此点必在该直线上。

如图 2-18 所示,点 K 在 AB 上,由点 K 向 V 面所作的投射线 Kk' 必在平面 $ABb'a'$ 上,其与 V 面的交点 k' 也必在平面 $ABb'a'$ 与 V 面的交线 $a'b'$ 上。同理,点 K 的其余两个投影 k、k'' 分别在 ab、$a''b''$ 上。

(2) 定比性

点分线段成定比,则点的投影也分线段的同面投影成相同之比。

由于投射线 $Aa' // Kk' // Bb'$、$Aa // Kk // Bb$、$Aa'' // Kk'' // Bb''$,所以

$$AK:KB = a'k':k'b' = ak:kb = a''k'':k''b''$$

利用定比关系,即可按直线上的点将线段分割成定比的原理作出点的投影。如图 2-19a 所示,线段 AB 上有一点 K 把 AB 分成 $AK:KB=1:2$,求作点 K 的投影时,可过点 a 作任意直线

ab_1,并取 $ak_1:k_1b_1=1:2$,然后连 bb_1,过点 k_1 作 bb_1 的平行线与 ab 相交,即得点 K 的水平投影 k,如图 2-19b 所示。点 k' 可用同样的方法求出,也可由作侧面投影的方法求出,如图 2-19c 所示。

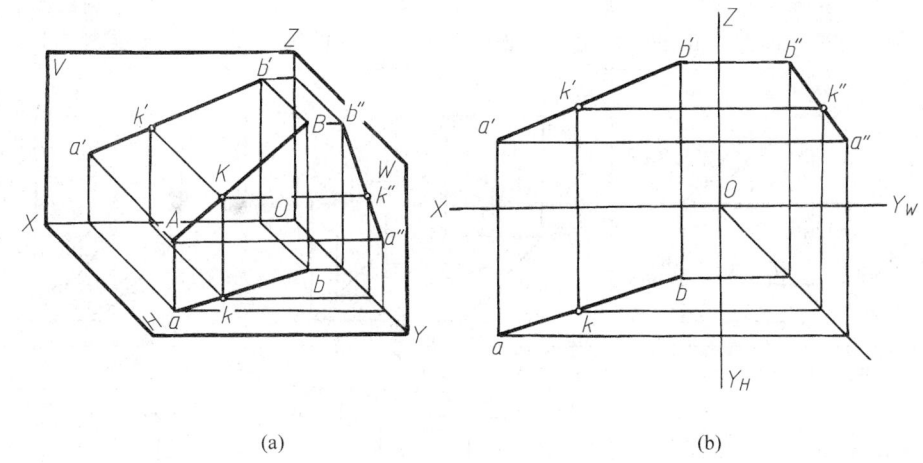

(a)   (b)

图 2-18 直线上的点

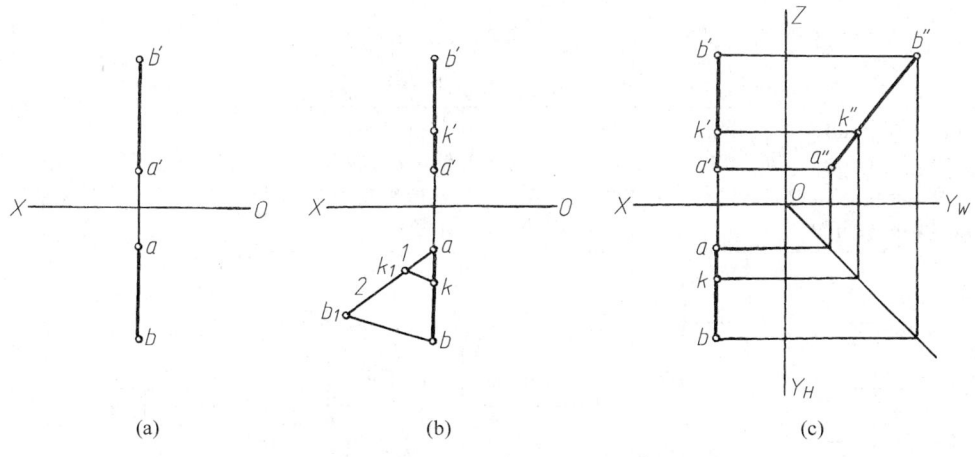

(a)   (b)   (c)

图 2-19 求直线上点的投影

2.4.2 各种位置直线的投影特性

在三投影面体系中,直线按其与投影面的相对位置分为三种情况,即投影面平行线、投影面垂直线和一般位置直线。其中投影面平行线和投影面垂直线统称为特殊位置直线。

1. 投影面平行线

平行于一个投影面并且与另外两个投影面倾斜的直线称为投影面平行线。它可分为以下三种:

(1) 正平线——平行于 V 面且倾斜于 H、W 面的直线。

(2) 水平线——平行于 H 面且倾斜于 V、W 面的直线。

(3) 侧平线——平行于 W 面且倾斜于 H、V 面的直线。

正平线、水平线、侧平线的投影及投影特性如表 2-1 所示(表中 α、β、γ 分别表示直线对 H、

V、W 面的倾角）。

表 2-1 投影面平行线的投影特性

名称	正平线 （//V 面、倾斜于 H 面和 W 面）	水平线 （//H 面、倾斜于 V 面和 W 面）	侧平线 （//W 面、倾斜于 H 面和 V 面）
立体图			
投影			
投影特性	(1) $a'b'=AB$； (2) ab//OX 轴，$a''b''$//OZ 轴； (3) $a'b'$ 与 OX 轴的夹角为 α，$a'b'$ 与 OZ 轴的夹角为 γ	(1) $ab=AB$； (2) $a'b'$//OX 轴，$a''b''$//OY_W 轴； (3) ab 与 OX 轴的夹角为 β，ab 与 OY_H 轴的夹角为 γ	(1) $a''b''=AB$； (2) ab//OY_H 轴，$a'b'$//OZ 轴； (3) $a''b''$ 与 OY_W 轴的夹角为 α，$a''b''$ 与 OZ 轴的夹角为 β
应用举例			

由表 2-1 可知，投影面平行线具有下列投影特性：

(1) 空间直线在其所平行的投影面上的投影反映直线的实长和直线对另外两个投影面的倾角。

(2) 直线对另两个投影面的投影平行于相应的投影轴,且小于实长。

[例 2-4] 过已知点 A 作线段 $AB = 20$ mm,使其平行于 W 面,且与 H 面的倾角 $\alpha = 45°$(图 2-20a)。

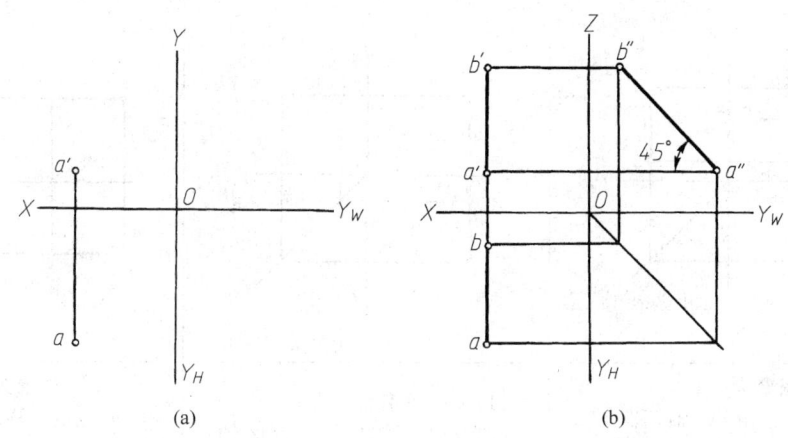

图 2-20 过点 A 作侧平线

分析:过点 A 所作的平行于 W 面的线段 AB 应为侧平线。根据侧平线的投影特性和给定的已知条件,即可作出线段 AB 的三面投影。

作图(图 2-20b):

(1) 先作出点 A 的侧面投影 a'',再过点 a'' 作一条与 OY_W 轴夹角成 $45°$ 的直线,并在该直线上截取 $a''b'' = 20$ mm,$a''b''$ 即为线段 AB 的侧面投影。

(2) 作水平投影和正面投影。按投影规律分别过点 a 和点 a' 作 $ab // OY_H$ 轴、$a'b' // OZ$ 轴,即得线段 AB 的水平投影 ab 和正面投影 $a'b'$(此题有两解,另一解请读者自行完成)。

2. 投影面垂直线

垂直于一个投影面的直线,称为投影面垂直线。它也可分为以下三种:

(1) 正垂线——垂直于 V 面的直线。
(2) 铅垂线——垂直于 H 面的直线。
(3) 侧垂线——垂直于 W 面的直线。

正垂线、铅垂线、侧垂线的投影和投影特性如表 2-2 所示。

表 2-2 投影面垂直线的投影特性

名称	铅垂线 ($\perp H$ 面)	正垂线 ($\perp V$ 面)	侧垂线 ($\perp W$ 面)
立体图			

续表

名称	铅垂线 （⊥H 面）	正垂线 （⊥V 面）	侧垂线 （⊥W 面）
投影			
投影特性	（1）ab 积聚为一点； （2）$a'b' \perp OX$ 轴，$a''b'' \perp OY_W$ 轴； （3）$a'b' = a''b'' = AB$	（1）$a'b'$ 积聚为一点； （2）$ab \perp OX$ 轴，$a''b'' \perp OZ$ 轴； （3）$ab = a''b'' = AB$	（1）$a''b''$ 积聚为一点； （2）$ab \perp OY_H$ 轴，$a'b' \perp OZ$ 轴； （3）$ab = a'b' = AB$
应用举例			

直线垂直一个投影面，必与另外两投影面平行，因此从表 2-2 中可知，投影面垂直线具有下列特性：

（1）直线在其所垂直的投影面上的投影积聚成一点。

（2）直线在另外两个投影面上的投影反映实长，且垂直相应的投影轴。

[**例 2-5**] 过已知点 A 作一长度为 15 mm 的侧垂线 AB（图 2-21a）。

分析：根据侧垂线的投影特性及已给定的条件，即可作出直线段 AB 的投影。

作图（图 2-21b）：

（1）先作出积聚成一点的侧面投影 $a''(b'')$。

（2）过点 a、a' 分别作平行于 OX 轴的直线 ab、$a'b'$，其长度均取为 15 mm，即得侧垂线 AB 的水平投影 ab 和正面投影 a'b'。

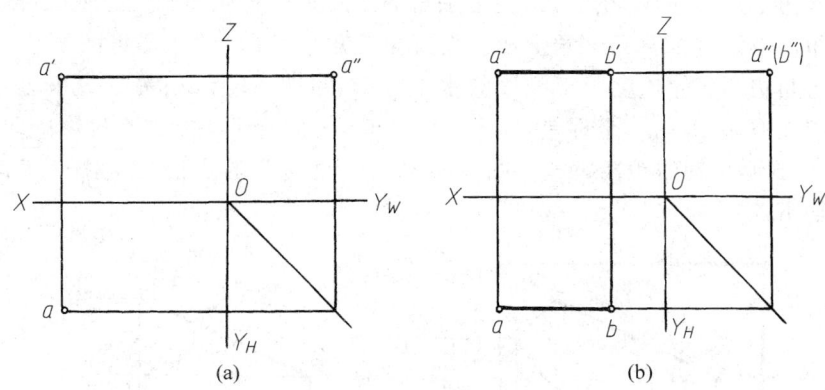

图 2-21 过点 A 作侧垂线

3. 一般位置直线

与三个投影面都处于倾斜位置的直线，称为一般位置直线。

图 2-22 所示的直线 AB 为一般位置直线，它对 H 面、V 面和 W 面的倾角分别为 α、β、γ，直线的实长及其投影与倾角存在如下关系：

$$ab = AB\cos\alpha, \quad a'b' = AB\cos\beta, \quad a''b'' = AB\cos\gamma$$

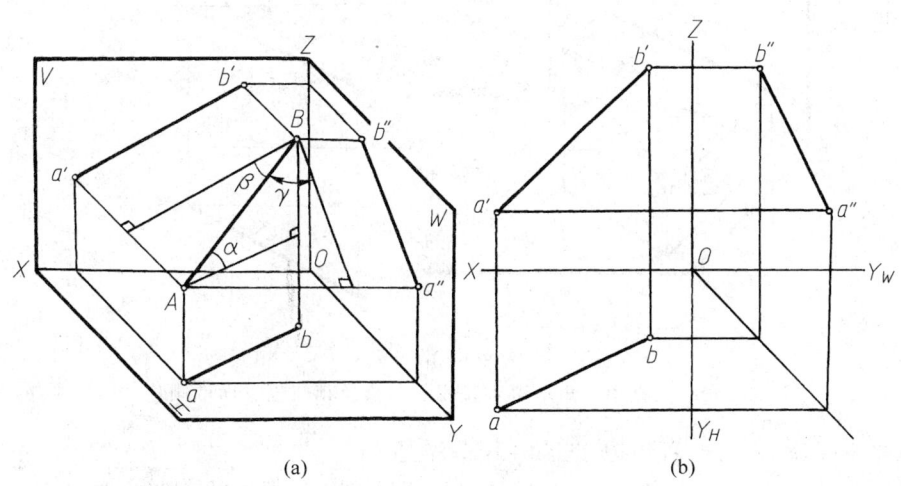

图 2-22 一般位置直线

由此可见，一般位置直线的投影特性为：

(1) 直线的三个投影都与投影轴倾斜，且都小于实长。

(2) 各个投影与投影轴的夹角都不反映直线对各投影面的倾角。

2.4.3 一般位置直线的实长及其对投影面倾角的求法

1. 直角三角形法

如图 2-23a 所示，AB 是一般位置直线。如过点 A 作 AC∥ab，并交 Bb 于点 C，则得一直角

三角形 ABC，它的斜边就是空间线段 AB，AB 与 AC 的夹角即为 AB 对 H 面的倾角 α。因此，只要能画出空间直角三角形 ABC 的实形，便可求得 AB 的实长和倾角 α。这种利用直角三角形求直线实长和倾角的方法称为直角三角形法。而直角三角形 ABC 的实形可由两条直角边的长度来确定。其一直角边 AC 的长度等于线段的水平投影 ab，即 $AC=ab$；另一直角边 BC 的长度等于线段的两个端点 B 和 A 的 z 坐标差，即 $BC=z_B-z_A$。而这个坐标差在投影中即是 B、A 两点的正面投影 b'、a' 到 OX 轴的距离之差。图 2-23b 表示了 AB 的实长及其对 H 面倾角 α 的作图方法。其步骤如下：

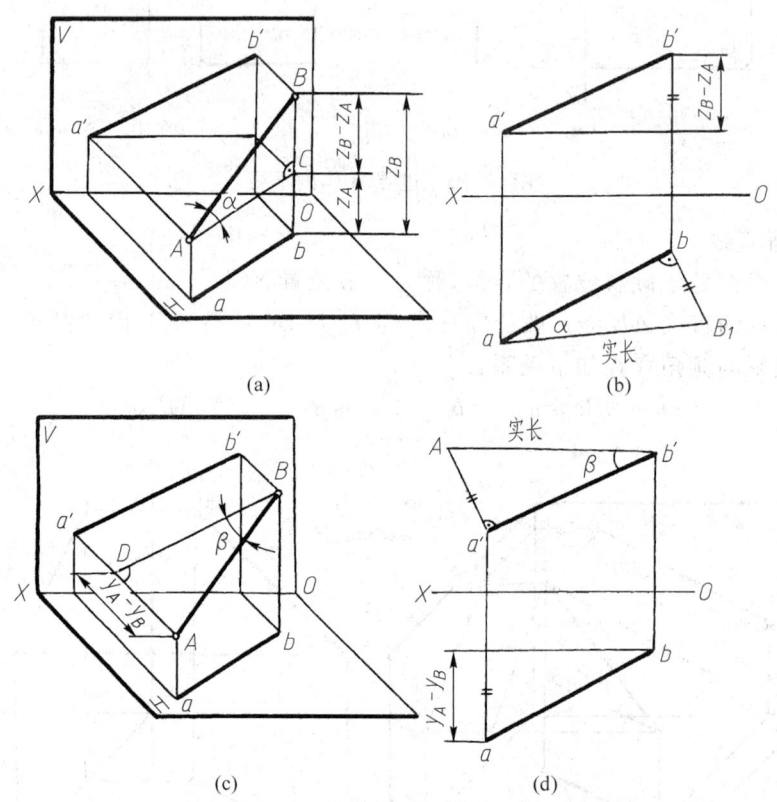

图 2-23 直角三角形法求直线的实长及其与投影面的倾角

(1) 以水平投影 ab 为一直角边，过点 b 作 $bB_1 \perp ab$；
(2) 量取 $bB_1=z_B-z_A$ 定出点 B_1，bB_1 是空间线段 AB 两端点的 z 坐标差；
(3) 连接 aB_1。

直角 $\triangle abB_1$ 即为空间直角 $\triangle ABC$ 的实形，斜边 aB_1 即为线段 AB 的实长，$\angle B_1ab$ 即为 AB 对 H 面的倾角 α。

同样，也可以 $a'b'$ 为一直角边，以 y_A-y_B 为另一直角边，作出直角三角形，从而得到 AB 的实长和 AB 对 V 面的倾角 β，如图 2-23c、d 所示。

应用直角三角形法时要注意，在两个直角边中，一直角边为某个投影的长度，另一直角边的边长等于线段两端点对这个投影面的坐标差，斜边反映实长，斜边与线段投影间的夹角（或坐标差所在的直角边所对的角）反映线段对该投影面的倾角。因此，可以利用列表的形式归纳出上述在三投影面体系中应用直角三角形法所述的内容,见表 2-3。

表 2-3 直角三角形法

某一直角边(投影长)	另一直角边(坐标差)	斜边	斜边与投影长的直角边的夹角 (或坐标差的直角边所对的角)
水平投影 ab	$\|z_A - z_B\|$	实长	α
正面投影 $a'b'$	$\|y_A - y_B\|$	实长	β
侧面投影 $a''b''$	$\|x_A - x_B\|$	实长	γ

对一个直角三角形,在两个直角边、一个斜边及一个夹角的四个要素中,只要给定任两个要素,该直角三角形即可作出,从而可以求得另两个要素。

[例 2-6] 如图 2-24a 所示已知线段 AB 的实长 L 和其两端点的投影 a、a' 及 b',试确定投影 b。

分析:由已知的投影 $a'b'$ 为一直角边及实长 L 为斜边,即可作出该直角三角形,从而求出 β 角和 A、B 两点的 y 坐标差,利用 y 坐标差就可确定点 b 的位置。

作图(图 2-24b):

(1) 过点 a' 作 $a'b'$ 的垂线,以点 b' 为圆心、L 为半径画圆弧与所作垂线交于点 A_1,则 $a'A_1$ 即为 A、B 两点的 y 坐标之差;

(2) 过点 a 作平行于 OX 轴的直线,与过点 b' 所作 OX 轴的垂线相交于点 b_0;

(3) 由点 b_0 向上(或向下)量取 $b_0b = a'A_1$(或 $b_0b_1 = a'A_1$),即得所求点 b 的位置(本题有两解)。

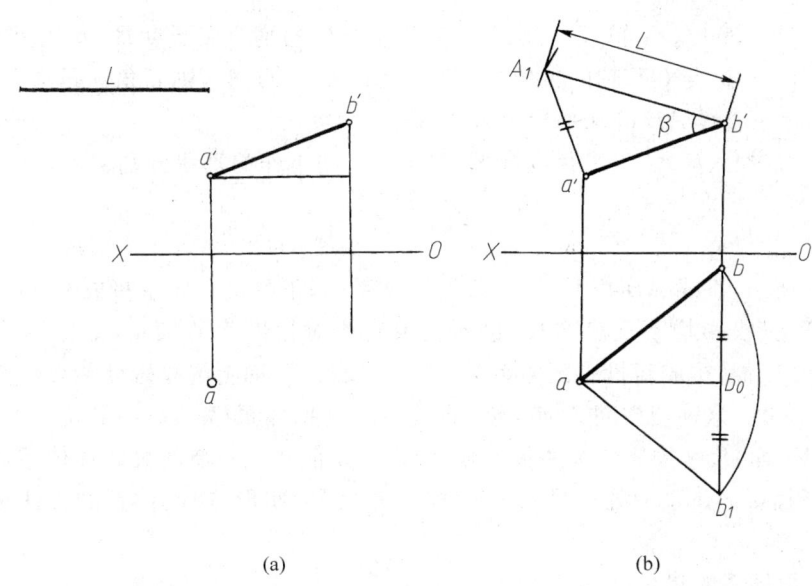

(a)　　　　　　(b)

图 2-24 直角三角形法应用示例(一)

本题也可以根据 $|z_A - z_B|$ 为直角边和以实长 L 为斜边作出直角三角形,求出 AB 的水平投影长度(另一直角边)定出点 b。读者可自行完成。

[例 2-7] 如图 2-25a 所示,已知线段 AB 与 H 面的倾角 $\alpha = 30°$,以及 AB 的正面投影 $a'b'$ 和点 A 的水平投影 a,试完成 AB 的水平投影 ab。

分析:根据 $a'b'$ 即可知坐标差 $z_A - z_B$,以该坐标差为一直角边由已知的 α 即可作出一直角三角形,该三角形另一直角边的长度即等于水平投影 ab 的长度(图 2-25b),从而可定出点 b 的位置。

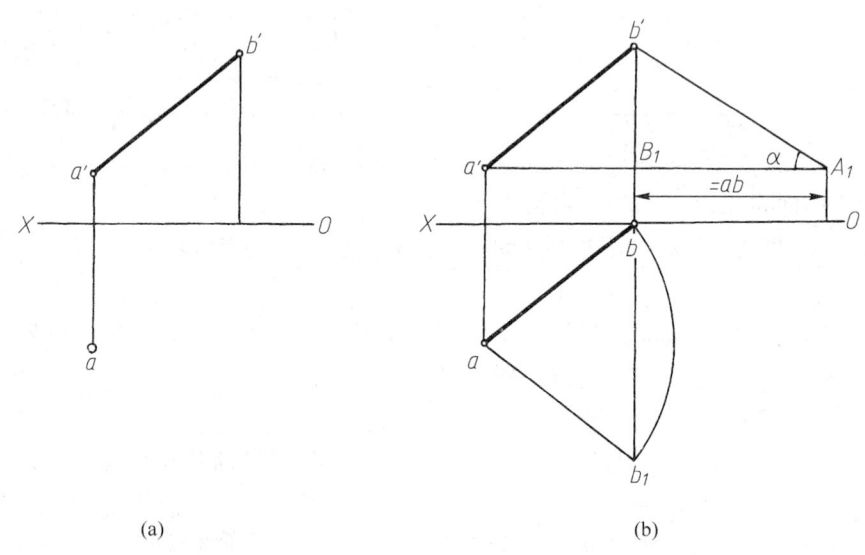

图 2-25 直角三角形法应用示例(二)

作图(图 2-25b):

(1) 过点 a' 作 $a'A_1 \parallel OX$ 轴,与自点 b' 向 OX 轴所作的垂线交于点 B_1,$b'B_1$ 即为 $z_B - z_A$。

(2) 过点 b' 作 $b'A_1$ 与 OX 轴的夹角 $\alpha = 30°$,交 $a'A_1$ 于点 A_1,则直角三角形 $b'B_1A_1$ 的直角边 B_1A_1 之长即等于直线 AB 的水平投影 ab 之长。

(3) 以点 a 为圆心、B_1A_1 为半径画圆弧,与自点 b' 向下作的垂线分别交于 b、b_1 两点,即得本题的两解。

2. 换面法

如图 2-26 所示,直线 AB 在 V、H 两投影面体系(以下将这一体系写成 V/H,称为旧体系)中处于一般位置,其投影均不反映实长,也不反映直线对投影面的倾角,如果用一平行于直线 AB 的 V_1 面替代 V 面,构成新投影面体系 V_1/H,直线在 V_1 面上的投影就能反映直线的实长及直线对 H 面的倾角。这种使空间几何元素(直线 AB)在旧体系(V/H)中的位置保持不动,用一个新的投影面(V_1 面)代替原来的某一投影面(V 面),从而建立一新的投影面体系(V_1/H),使空间几何元素在新投影面体系中处在最利于解题(反映实长、实形等)的位置的方法称为变换投影面法,简称换面法。

(1) 新投影面体系的建立

选择新投影面时,必须满足两个条件:

① 新投影面必须垂直于原有的一个投影面,以构成新投影面体系。

② 新投影面必须使空间几何元素处在最利于解题的位置。

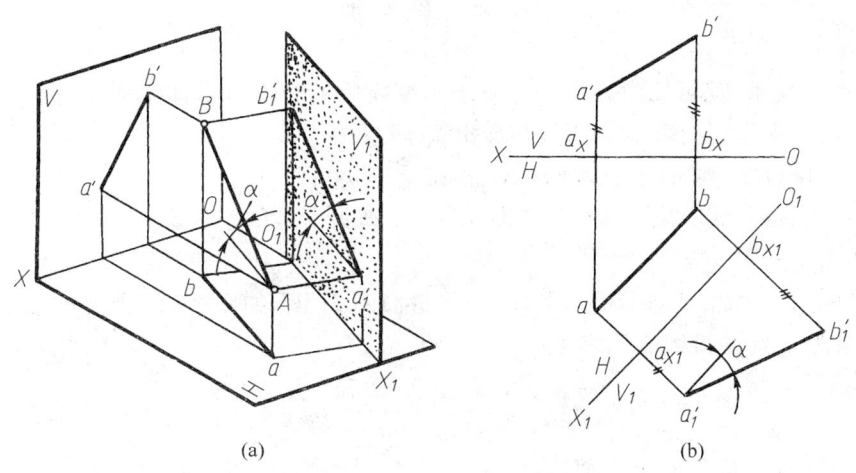

图 2-26　将一般位置直线变换成投影面平行线

(2) 点的投影变换规律

1) 变换 V 面

如图 2-27 所示，点 A 在 V/H 体系中的两个投影为 a 和 a'，若用一个新的投影面 V_1 代替 V 面，则 V_1 面和 H 面便构成新的两投影面体系 V_1/H，O_1X_1 为新投影轴，将点 A 向 V_1 面进行投射，便可得到新的正面投影 a_1'。由于 H 面没有变，所以在新体系中点 A 的水平投影仍然为 a，它是不变的投影。

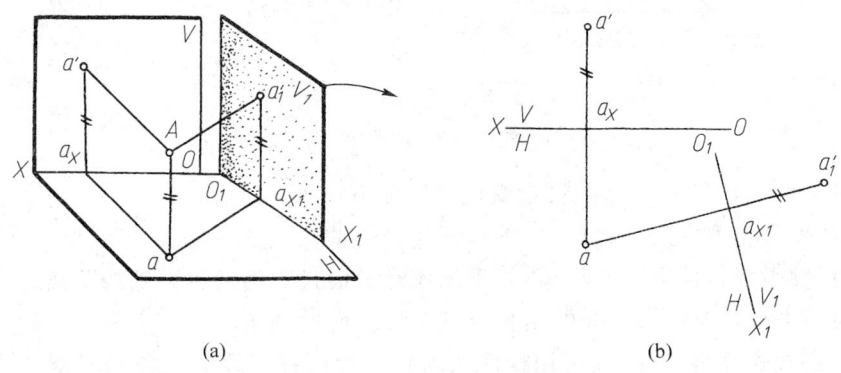

图 2-27　变换 V 面

下面来分析点 A 在新、旧体系中投影之间的关系。

从图 2-27a 可以看出，Aa 为点 A 到 H 面的距离。在 V/H 体系中，$Aa=a'a_X$，而在 V_1/H 体系中，$Aa=a_1'a_{X1}$，故 $a_1'a_{X1}=a'a_X$。当展开投影面时，V/H 体系的投影面仍按原来的方法展开，然后再将新投影面 V_1 按箭头所指的方向绕 O_1X_1 轴旋转到与 H 面重合，便得到如图 2-27b 所示的投影。很明显，这时依然存在着 $a_1'a_{X1}=a'a_X$ 的关系。同时，与 V/H 体系中 $a'a\perp OX$ 轴一样，在新体系 V_1/H 中，a_1' 与 a 的连线也应该垂直于 O_1X_1 轴，即 $a_1'a\perp O_1X_1$ 轴。

综上所述，可知点 A 在 V/H 体系和 V_1/H 体系之间的投影有以下关系：

$$aa_1' \perp O_1X_1 \text{ 轴}$$
$$a_1'a_{X1} = a'a_X$$

根据这两个关系，就可以由原来的投影求出变换后的新投影。具体做法是：
① 在适当位置作新投影轴 O_1X_1，并标出 V_1/H；
② 过点 a 作 O_1X_1 轴的垂线，与 O_1X_1 轴相交于 a_{X1}；
③ 在 aa_{X1} 的延长线上取 $a_1'a_{X1} = a'a_X$，则点 a_1' 即为所求的新投影。

2) 变换 H 面

同样，若保持 V 面不变，而用新的 H_1 面代替旧的 H 面，如图 2-28 所示，则点 A 在 V/H 体系和 V/H_1 体系之间的投影有以下关系：

$$a'a_1 \perp O_1X_1 \text{ 轴}$$
$$a_1a_{X1} = aa_X$$

其作图步骤与变换 V 面时类似。

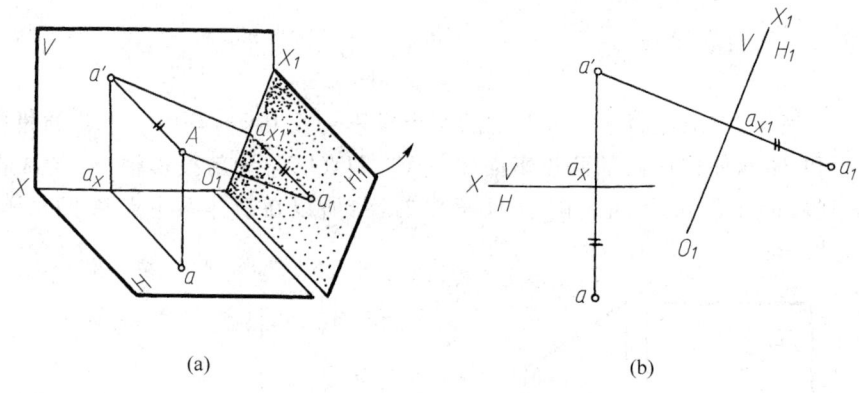

(a)　　　　　　　　　　　　　　(b)

图 2-28　变换 H 面

概括起来，变换投影面时，点的投影变换规律如下：
① 点的新投影与不变投影的连线，垂直于新投影轴；
② 点的新投影到新投影轴的距离，等于被代换的旧投影到旧投影轴的距离。

（3）用换面法求一般位置直线的实长及其对投影面的倾角

掌握了点的投影变换规律，便可用换面法求解一般位置直线的实长及其对投影面的倾角问题。因而对于图 2-26a 所示的情况，便可按点的投影变换规律把线段 AB 的两个端点 A、B 变换到新的投影面上，从而得到反映实长及 α 角的新投影 $a_1'b_1'$。具体作图过程（图 2-26b）如下：
① 在适当位置作新投影轴 $O_1X_1 // ab$，并标出 V_1/H；
② 分别过 a、b 两点作新投影轴 O_1X_1 的垂线 aa_{X1}、bb_{X1}，并在其延长线上分别截取 $a_{X1}a_1' = a_Xa'$、$b_{X1}b_1' = b_Xb'$；
③ 连接 $a_1'b_1'$，即为线段 AB 在 V_1 面上的新投影。

根据投影面平行线的投影特性可知，AB 的新投影 $a_1'b_1'$ 反映线段 AB 的实长，其与 O_1X_1 轴的夹角反映 AB 对 H 面的倾角 α。

对于求一般位置直线段的实长，前面已讲过直角三角形法，这里又介绍了换面法，解题时选用哪种方法更好,可根据具体情况而定。

[例 2-8] 如图 2-29 所示,已知线段 AB 的两面投影 ab 和 $a'b'$,试求线段 AB 的实长及其对 V 面的倾角 β。

分析:由给出的投影可知,AB 在 V/H 体系中是一般位置,若要使它的投影能反映实长及对 V 面的倾角 β,可通过变换 H 面的方法求出。现在用 H_1 面代替 H 面,使 H_1 面垂直于 V 面且平行于 AB,则 AB 在 V/H_1 体系中变成新的投影面 H_1 的平行线,其实长及倾角 β 均可在 AB 的新投影中得到反映。

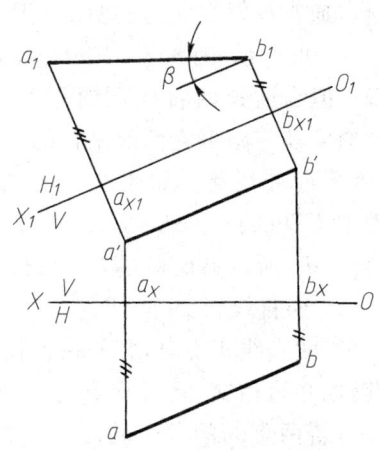

图 2-29 求线段 AB 的实长及倾角 β

作图:
(1) 在适当位置作新投影轴 $O_1X_1 /\!/ a'b'$,并标出 V/H_1;
(2) 分别过点 a'、b' 作 O_1X_1 轴的垂线,并取

$$a_{X1}a_1 = a_X a, \quad b_{X1}b_1 = b_X b$$

(3) 连接 a_1b_1,则 $a_1b_1 = AB$,a_1b_1 与 O_1X_1 轴的夹角即为所求的倾角 β。

由图 2-26 和图 2-29 可知,如要求一般位置直线的实长,通过变换 V 面或者 H 面均可实现。但若要求直线对某一特定投影面的倾角,选择新投影面时,还应考虑所要求的是直线对哪个投影面的倾角,如求 α 时只能变换 V 面,求 β 时只能变换 H 面。

2.4.4 两直线的相对位置

空间两直线的相对位置可分为三种,即两直线平行、两直线相交和两直线交叉。前两种直线称为同面直线,后一种直线称为异面直线。

下面分别介绍它们的投影特点。

1. 两直线平行

若空间两直线相互平行,则其同面投影必然相互平行;反之,如果两直线的各个同面投影相互平行,则此两直线在空间也一定相互平行。

如图 2-30 所示,设 $AB /\!/ CD$,则由其投射线形成的平面 $ABba$、$CDdc$ 也相互平行,所以它们与 H 面的交线也相互平行,即 $ab /\!/ cd$。同理可知,$a'b' /\!/ c'd'$,$a''b'' /\!/ c''d''$。

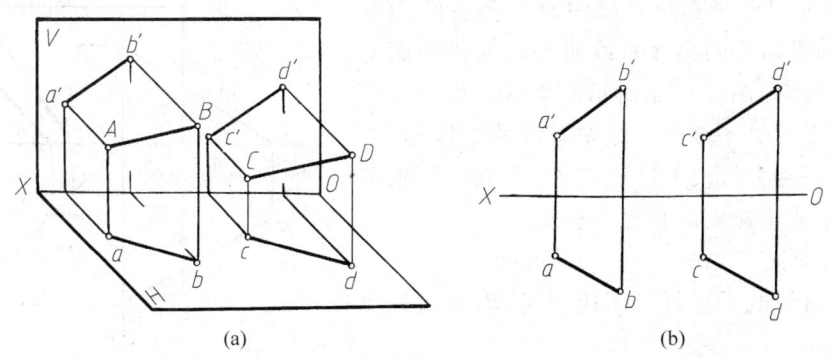

图 2-30 两直线平行

如果要从投影上判断一般位置两直线是否平行,通常只根据它们的两个投影就能确定。如图 2-30b 所示,因 $ab // cd$、$a'b' // c'd'$,所以 $AB //CD$。但当遇到两直线同时平行于一个投影面时,通常还应根据它们所平行的投影面上的投影是否平行来判断。如图 2-31 所示,两侧平线 AB 和 CD 的投影 $ab // cd$、$a'b' // c'd'$,但 $a''b''$ 不平行 $c''d''$,所以 AB 和 CD 不平行。

2. 两直线相交

当两直线相交时,它们在各投影面上的同面投影也必然相交,且其交点符合点的投影规律;反之,若两直线的各个同面投影都相交,且交点的投影符合点的投影规律,则两直线在空间必相交。

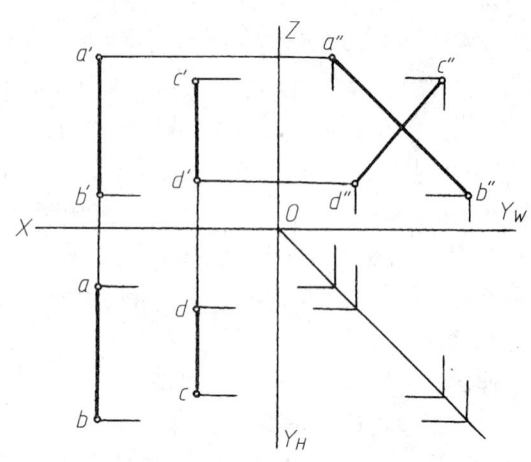

图 2-31 检验两直线是否平行

如图 2-32 所示,AB、CD 两直线相交于点 K,即此点为两直线所公有,所以它们的同面投影 $a'b'$ 与 $c'd'$、ab 与 cd 也必然相交,并且交点 k' 与 k 的连线必然垂直于 OX 轴。

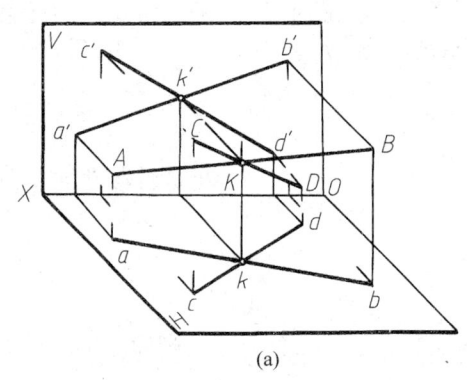

(a)   (b)

图 2-32 两直线相交

一般情况下,只要根据两直线的两个投影就可以确定两直线是否相交。若两直线中有一条直线为投影面平行线,通常需要画出该直线所平行的投影面上的投影进行判断,如图 2-33 所示的直线。也可以用点分线段成定比的方法判断,即先假设两直线相交,然后判断交点是否分线段 CD 成定比,若成定比则两直线相交,若不成定比则两直线不相交。

3. 两直线交叉

当空间两直线既不平行又不相交时,称为两直线交叉(图 2-34a)。

两直线交叉时,其投影既不符合两直线平行时的

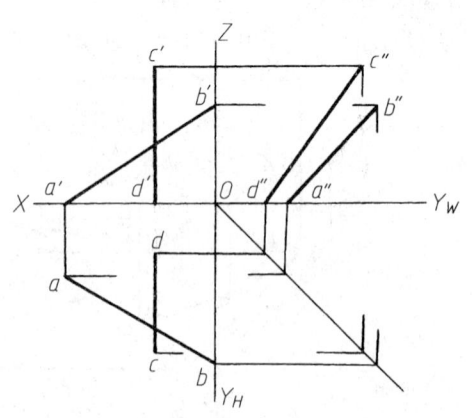

图 2-33 两直线不相交

投影特性,也不符合两直线相交时的投影特性。它们可能有一个、两个同面投影平行(图 2-31);但不可能三个同面投影都相互平行;也可能有一个、两个或三个同面投影相交(图 2-33),但其交点不可能符合点的投影规律。

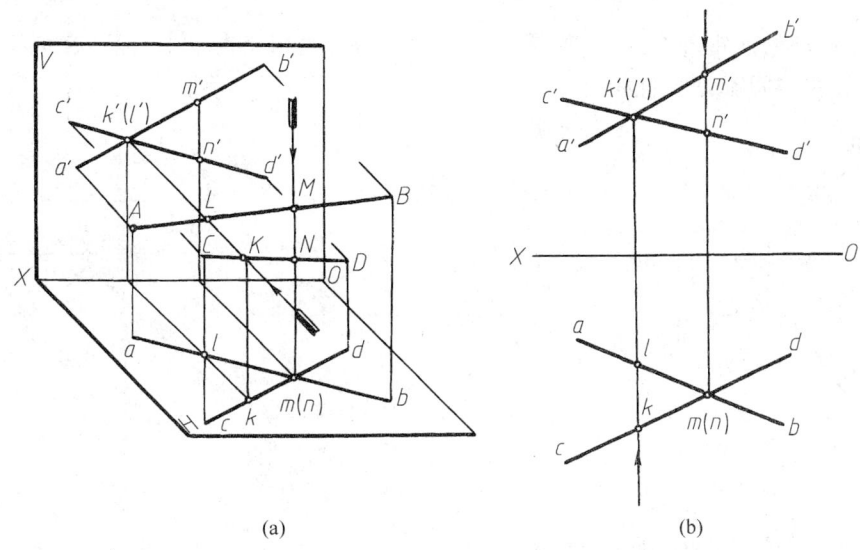

图 2-34　两直线交叉

图 2-34a 所示的两交叉直线的投影如图 2-34b 所示。显然,其正面投影交点与水平投影交点的连线与 OX 轴不垂直,其正面投影的交点实际上是位于直线 CD 上的点 K 与位于直线 AB 上的点 L 相对于 V 面的一对重影点,其水面投影的交点实际上是位于直线 AB 上的点 M 与位于直线 CD 上的点 N 相对于 H 面的一对重影点。这种重影点常用来判别可见性,判别方法见 2.3.3 节。

2.4.5　直角投影定理

一边平行某一投影面的直角在该投影面上的投影仍是直角,这一特性称为直角投影定理。证明如下:

如图 2-35a 所示,相交两直线 $AB \perp BC$,且 $AB // H$ 面。将 AB、BC 向 H 面作投射,得到 ab、bc。

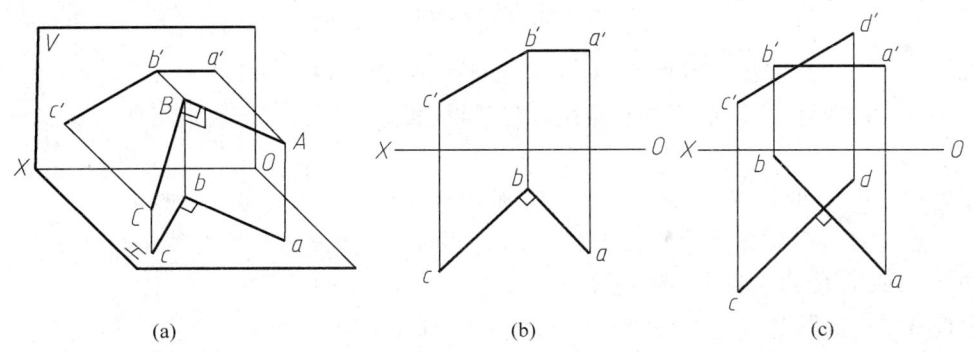

图 2-35　垂直相交两直线的投影

因为 $AB \perp BC$、$AB \perp Bb$，所以 $AB \perp$ 平面 $BCcb$；因为 $AB // H$ 面，所以 $ab // AB$，因此 $ab \perp$ 平面 $BCcb$，从而得出 $ab \perp bc$。其投影如图 2-35b 所示。

直角投影定理同样适合于两直线交叉垂直的情况，读者可自行证明，其投影仍具有上述特性（图 2-35c）。

直角投影定理的逆定理亦成立，如图 2-36 所示的三对相交直线中，根据直角投影定理可判定，这三对直线在空间都是垂直相交的。

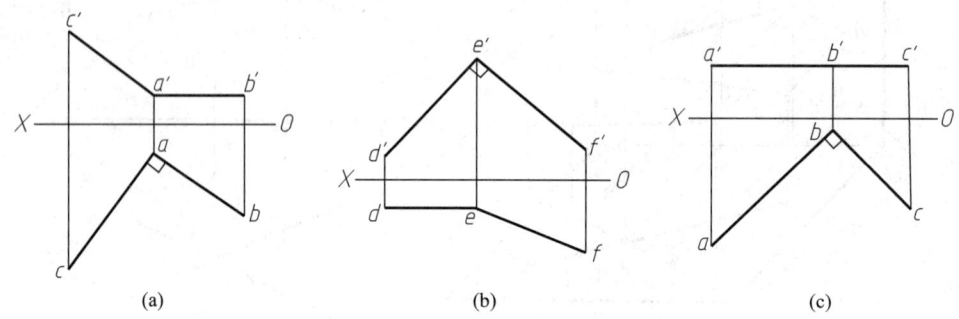

图 2-36　三对垂直相交的直线

[例 2-9]　如图 2-37a 所示，已知长方形 $ABCD$ 中 BC 边的两个投影 bc 及 $b'c'$、AB 边的正面投影 $a'b'$，且 $a'b' // OX$ 轴，试完成长方形 $ABCD$ 的两面投影。

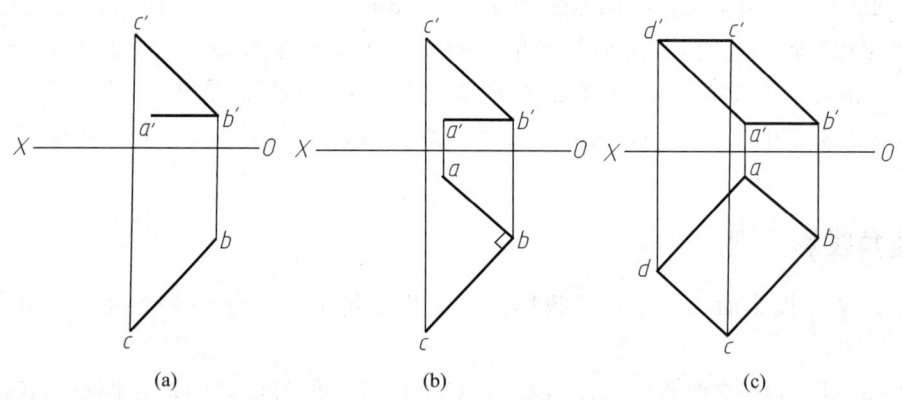

图 2-37　求长方形 $ABCD$ 的投影

分析：长方形的相邻边互相垂直，对边相互平行且相等，据此可知 $\angle ABC$ 为直角，又因为 $a'b' // OX$ 轴，故可知 $AB // H$ 面，根据直角投影定理，其水平投影 $ab \perp bc$，据此可作出长方形的投影。

作图：

(1) 过点 b 作 bc 的垂线，与过点 a' 的 OX 轴的垂线相交于点 a（图 2-37b）。

(2) 过点 a' 和 a 分别作直线平行于 $b'c'$ 和 bc，再过点 c' 和 c 分别作直线平行于 $a'b'$ 和 ab，便完成长方形 $ABCD$ 的两面投影（图 2-37c）。

[例 2-10]　如图 2-38a 所示，求作直线 AB 和 CD 间的最短距离。

分析：直线 AB 和 CD 的最短距离应等于它们公垂线的长度，设公垂线为 EF，如图 2-38b

所示。由于所给直线 AB 为铅垂线,所以与 AB 垂直的公垂线 EF 一定平行于 H 面,又因为 EF⊥CD,根据直角投影定理可知其水平投影反映直角,即 $ef \perp cd$,且 ef 要过点 $a(b)$,$e'f' \parallel OX$ 轴,故可求出 AB、CD 间的最短距离。

作图:

(1) 过点 $a(b)$ 作 $ef \perp cd$,交 cd 于点 f。

(2) 过点 f 作 OX 轴的垂线交 $c'd'$ 于点 f'。

(3) 过点 f' 作 OX 轴的平行线交 $a'b'$ 于点 e',即得 AB、CD 的公垂线 EF 的两面投影,水平投影 ef 反映实长,就是所求的最短距离(图 2-38c)。

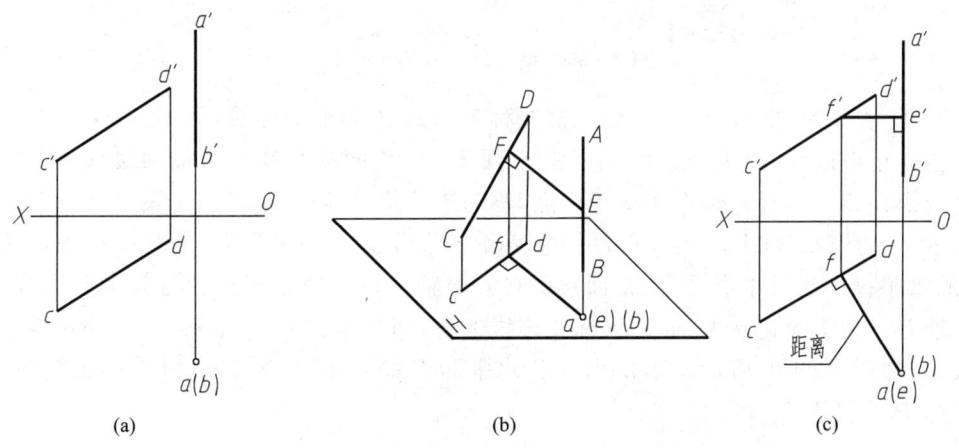

图 2-38 作交叉两直线的公垂线并求其距离

2.5 平面的投影

2.5.1 平面的表示法

1. 用几何元素表示平面

下列任一形式的几何元素都能够确定一个平面,因此它们的投影就能表示一个平面的投影。

(1) 不在同一直线上的三点(图 2-39a)。

(2) 一直线和直线外一点(图 2-39b)。

(3) 相交两直线(图 2-39c)。

(4) 平行两直线(图 2-39d)。

(5) 任意平面图形,如三角形、四边形、圆等(图 2-39e)。

图 2-39 是用各组几何元素表示的同一平面及其投影,各组几何元素是可以互相转化的。从图中的转换关系中可以看出,不在同一直线上的三点是确定平面位置的最基本的几何元素,而实际应用中则常以平面图形表示平面。

2. 用迹线表示平面

平面和投影面的交线称为迹线。迹线也可以用来表示平面,尤其是表示特殊位置平面。

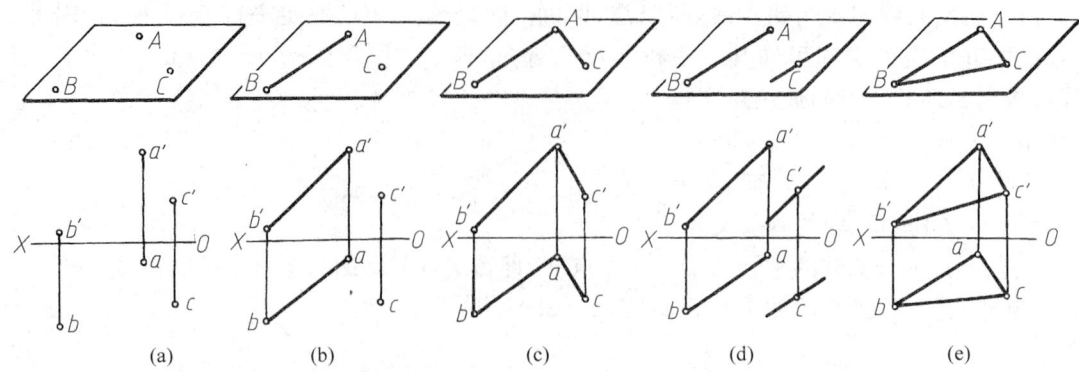

图 2-39 用几何元素确定平面

如在图 2-40a 中，平面 P 与 H 面的交线称为平面 P 的水平迹线，用 P_H 表示；平面 P 与 V 面的交线称为正面迹线，用 P_V 表示。同理，平面 P 与 W 面的交线称为侧面迹线，用 P_W 表示。每两条迹线都在相应的投影轴上相交于一点，称为迹线集合点。如 P_V、P_H 的交点一定在 OX 轴上，为 P_V 和 P_H 在 OX 轴上的集合点，用 P_X 表示。实际上，P_H 和 P_V 也是 P 平面内的两相交直线。P_H 的水平投影和其本身重合，正面投影在 OX 轴上；P_V 的正面投影与其本身重合，水平投影在 OX 轴上。为了简化起见，通常只标注迹线本身，即只标注 P_H、P_V 等，而不再用符号标注它的各个投影，如图 2-40b 所示。图 2-40c 为水平面 P 的立体图，图 2-40d 为用正面迹线 P_V 表示的水平面 P 的投影。

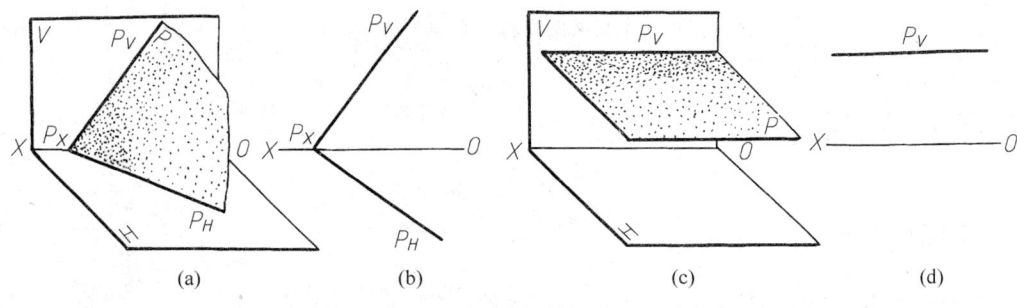

图 2-40 用迹线表示平面

2.5.2 各种位置平面的投影特性

在三投影面体系中，根据平面与投影面的相对位置也分三种情况，即投影面垂直面、投影面平行面和一般位置平面。其中投影面垂直面和投影面平行面统称为特殊位置平面。

1. 投影面垂直面

垂直于一个投影面，而与其余两个投影面都倾斜的平面称为投影面垂直面。

投影面垂直面根据其所垂直的投影面不同而分为三种：

(1) 铅垂面——垂直于 H 面且与 V、W 面倾斜的平面。

(2) 正垂面——垂直于 V 面且与 H、W 面倾斜的平面。

(3) 侧垂面——垂直于 W 面且与 H、V 面倾斜的平面。

表 2-4 分别列出了三种投影面垂直面的立体图、投影、投影特性以及应用实例（表中 α、β、γ 分别表示平面对 H、V、W 面的倾角）。

表 2-4 投影面垂直面的投影特性

名称	铅垂面（$\perp H$ 面）	正垂面（$\perp V$ 面）	侧垂面（$\perp W$ 面）
立体图			
投影			
投影特性	（1）水平投影积聚成一直线； （2）正面投影和侧面投影为类似形； （3）水平投影与 OX 轴的夹角为 β，与 OY_H 轴夹角为 γ，$\alpha=90°$	（1）正面投影积聚成一直线； （2）水平投影和侧面投影为类似形； （3）正面投影与 OX 轴的夹角为 α，与 OZ 轴的夹角为 γ，$\beta=90°$	（1）侧面投影积聚成一直线； （2）水平投影和正面投影为类似形； （3）侧面投影与 OY_W 轴的夹角为 α，与 OZ 轴夹角为 β，$\gamma=90°$
应用举例			

从表 2-4 可以概括出投影面垂直面的投影特性如下：

(1) 在与平面垂直的投影面上的投影积聚成一倾斜直线,此直线与两投影轴的夹角反映了该平面与另外两投影面的倾角。

(2) 在另外两投影面上的投影为小于平面实形的类似形。

因此,根据投影判断平面的空间位置时,在三个投影中只要有一个投影是倾斜直线,则它一定是该投影面的垂直面。

2. 投影面平行面

平行某一投影面的平面称为投影面平行面。因为三投影面体系中的三个投影面是两两互相垂直的,因此平行其中某一投影面的平面,必然与另两投影面垂直。

投影面平行面也可分为三种：

(1) 水平面——平行 H 面的平面。

(2) 正平面——平行 V 面的平面。

(3) 侧平面——平行 W 面的平面。

表 2-5 列出了三种投影面平行面的立体图、投影、投影特性及应用实例。

表 2-5　投影面平行面的投影特性

名称	水平面（∥H 面）	正平面（∥V 面）	侧平面（∥W 面）
立体图			
投影			
投影特性	(1) 水平投影 $abcd$ 反映实形； (2) 正面投影和侧面投影均积聚为直线； (3) 正面投影∥OX 轴,侧面投影∥OY_W 轴	(1) 正面投影 $a'b'c'd'$ 反映实形； (2) 水平投影和侧面投影均积聚为直线； (3) 水平投影∥OX 轴,侧面投影∥OZ 轴	(1) 侧面投影 $a''b''c''d''$ 反映实形； (2) 水平投影和正面投影均积聚为直线； (3) 水平投影∥OY_H 轴,正面投影∥OZ 轴

续表

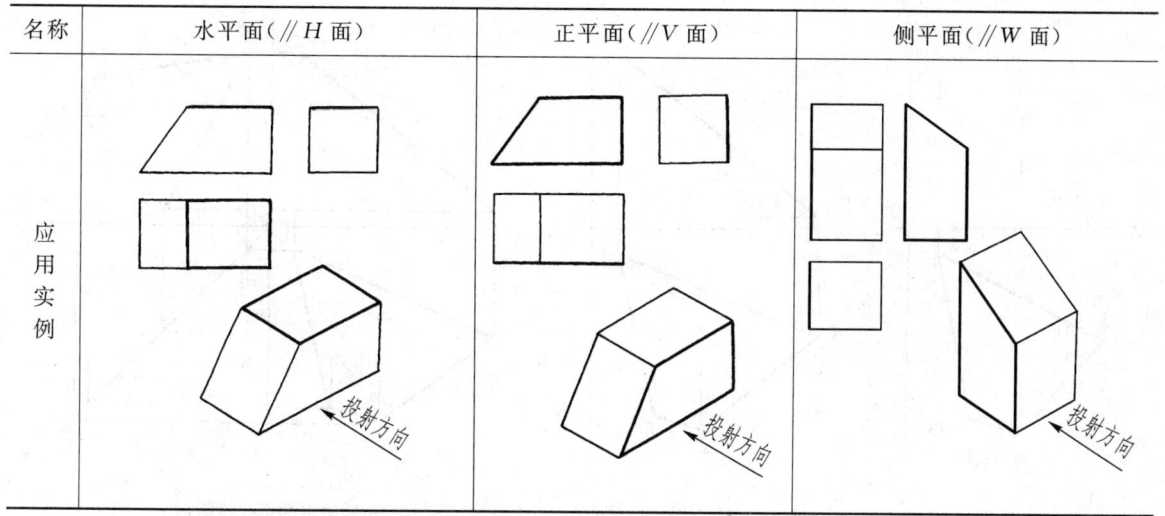

从表 2-5 可概括出投影面平行面的投影特性如下：
（1）在与平面平行的投影面上的投影反映平面的实形。
（2）在另外两投影面上的投影积聚成直线且平行于（或垂直）相应的投影轴。

3. 一般位置平面

对三个投影面都倾斜的平面称为一般位置平面。

图 2-41a 为一正三棱锥的两面投影，棱面 SAB 对于三个投影面都处于倾斜位置。如图 2-41b、c 所示，它的三个投影均为不反映实形的类似形，也不反映平面对投影面的倾角。

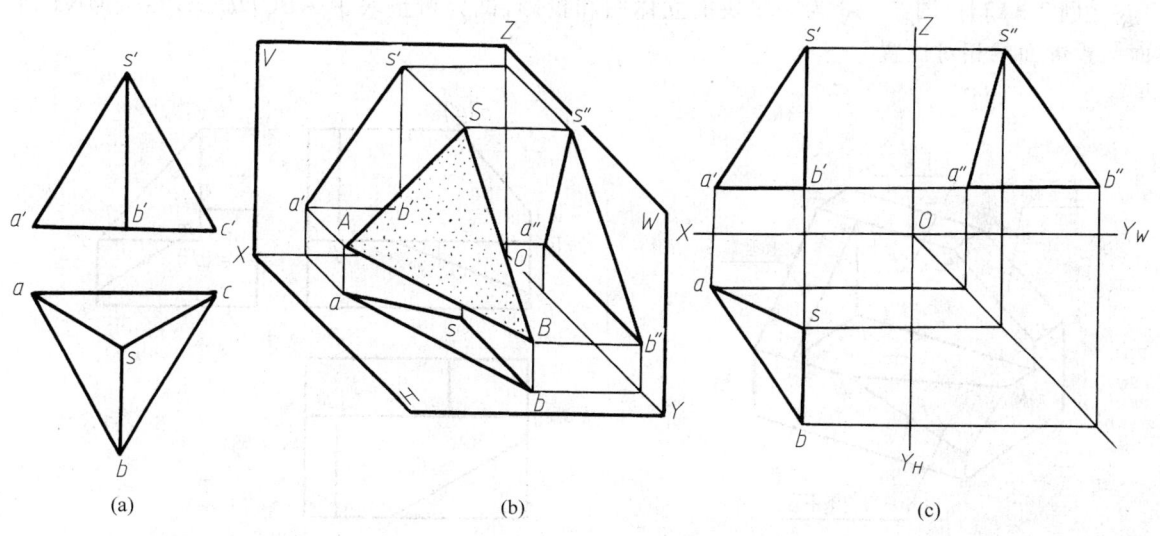

图 2-41　一般位置平面的投影

[例 2-11]　如图 2-42a 所示，已知正垂面四边形 ABCD 的水平投影 abcd 及点 B 的正面投影 b'，$\alpha=45°$，试完成其 V 面投影和 W 面投影。

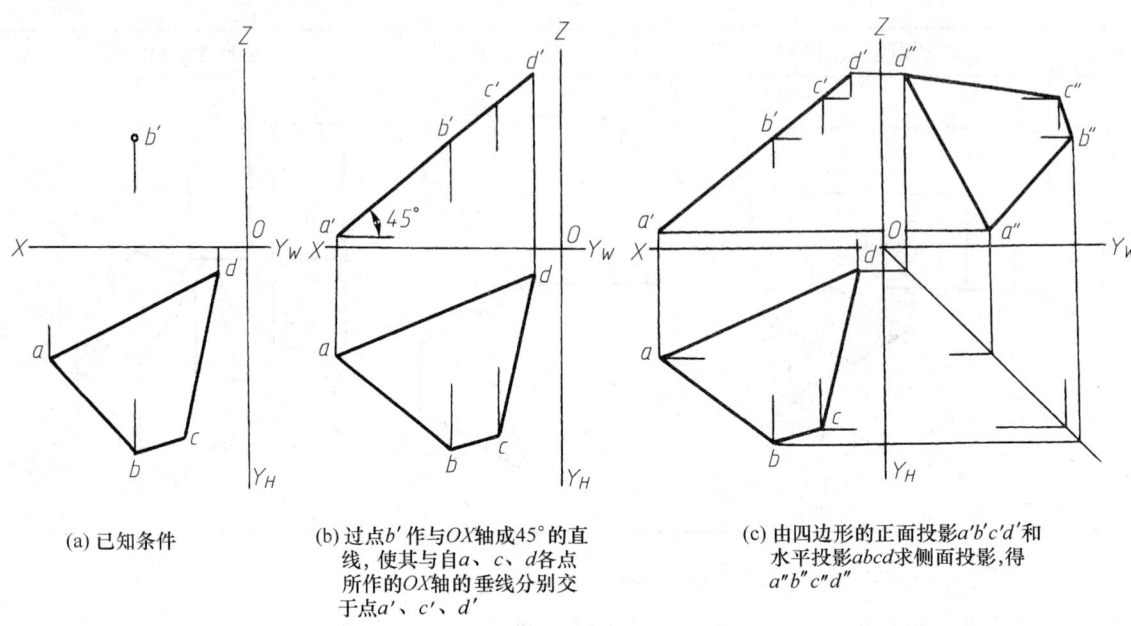

(a) 已知条件　　(b) 过点 b' 作与 OX 轴成 $45°$ 的直线，使其与自 a、c、d 各点所作的 OX 轴的垂线分别交于点 a'、c'、d'　　(c) 由四边形的正面投影 $a'b'c'd'$ 和水平投影 $abcd$ 求侧面投影，得 $a''b''c''d''$

图 2-42　作正垂面 $ABCD$ 的投影

分析：因为四边形 $ABCD$ 为正垂面，其正面投影为一条过 b' 的倾斜直线，该倾斜直线与 OX 轴的夹角 $\alpha=45°$，再根据其水平投影求得正面投影，最后根据水平投影和正面投影求出侧面投影。

作图：具体作图步骤如图 2-42b、c 所示。

本题还有另一解，读者可自行分析。

[**例 2-12**]　图 2-43 为一垫块的立体图和投影，试分析垫块中 $ABCDE$、$ABGF$、MNP 平面与投影面的相对位置。

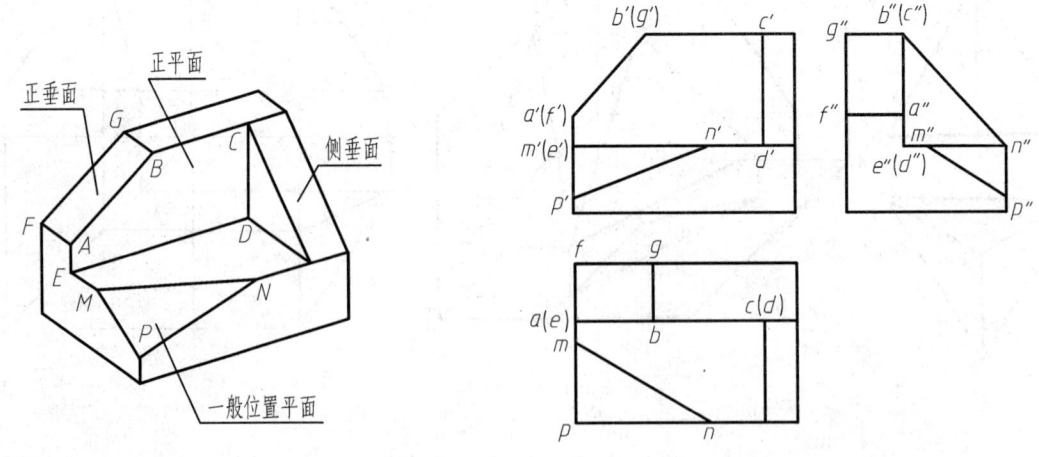

图 2-43　垫块上平面的投影特性分析

分析：对照立体图与投影，找出垫块中这几个平面的投影，便可根据其投影特性得出结论。

$ABCDE$ 平面的水平投影 $abc(d)(e)$ 和侧面投影 $a''b''(c'')(d'')e''$ 均积聚为直线，且分别平行于相应的投影轴,正面投影 $a'b'c'd'(e)'$ 反映实形,所以 ABCDE 平面为正平面。

ABGF 平面的正面投影 $a'b'(g')(f')$ 积聚为一倾斜直线,水平投影 $abgf$ 与侧面投影 $a''b''g''f''$ 均为类似形,所以 ABGF 平面为一正垂面。

MNP 平面的三个投影 mnp、$m'n'p'$、$m''n''p''$ 均为与原形相类似的平面图形,所以 MNP 平面为一般位置平面。

读者也可对垫块上的其他平面进行分析。

2.5.3 投影面垂直面的实形求法

投影面垂直面在与其垂直的投影面上的投影积聚为一倾斜直线,其余两投影为类似形,不反映实形且小于实形,但在工程实践中有时需要求出处于这种位置的平面图形的实形(如截断面的真实形状)。

这里仅介绍换面法。如图 2-44a 所示,△ABC 在 V/H 体系中处于铅垂位置,如要求它的实形,只要把它变换成投影面平行面就可以了,也就是说只要作一个新投影面平行已知平面即可。由于已知平面垂直于投影面 H,因此所作的新投影轴必与已知平面的积聚性投影平行。

具体作法(图 2-44b)如下:
(1) 在适当位置作新轴 $O_1X_1 \parallel a(b)c$;
(2) 按点的投影变换规律,求出 △ABC 各顶点的新投影 a'_1、b'_1、c'_1,并连成 $\triangle a'_1b'_1c'_1$,则 $\triangle a'_1b'_1c'_1$ 即为所求。

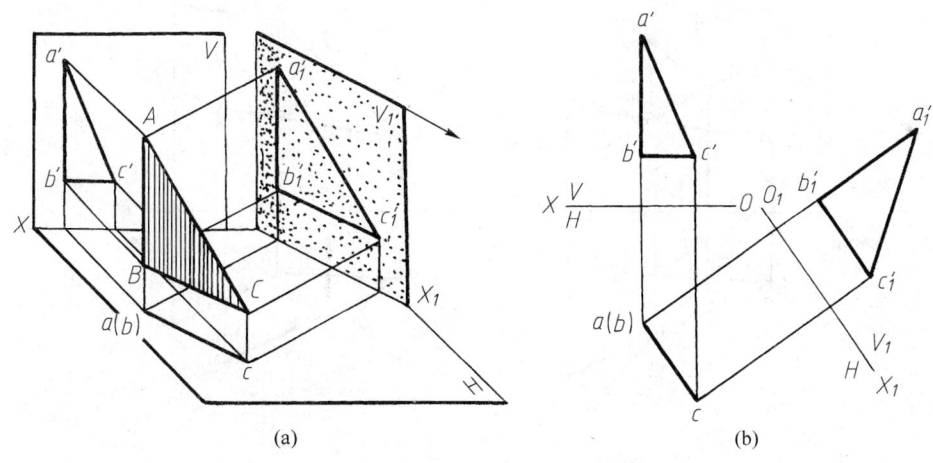

图 2-44 换面法求实形

综上所述,用换面法求投影面垂直面的实形比较方便,具体应变换哪个投影面,要看给定已知平面的情况而定:给定的是铅垂面,则应变换 V 面;给定的是正垂面,则应变换 H 面。

2.5.4 平面上的直线和点

1. 平面上的直线

(1) 一直线若通过平面上的两点,则此直线必在该平面上。

如图 2-45a 所示,由两相交直线 AB 和 BC 确定一平面 P。在 AB 和 BC 上分别取点 D 和

点 E，则过 D、E 两点的直线一定在平面 P 上。

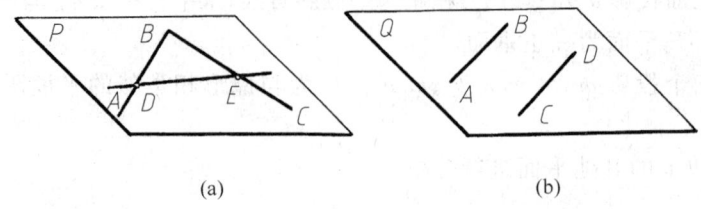

图 2-45　直线在平面上的条件

(2) 一直线若通过平面上的一点，又平行于该平面上的一直线，则此直线必在该平面上。

如图 2-45b 所示，由直线 AB 和点 C 确定一平面 Q，过点 C 作直线 CD 平行于直线 AB，则直线 CD 一定在平面 Q 上。

在投影图中，根据这两个条件之一，就可以在平面上取直线。

如图 2-46 所示，在两相交直线 AB 和 AC 所确定的平面上作任意一直线时，根据上述原理，可有两个方法：第一个方法按上述第一个条件，在 $a'b'$ 上任取点 d'，并在 ab 上得点 d，在 $a'c'$ 上任取点 e'，在 ac 上得点 e，连接 de 和 $d'e'$，则由此两投影所表示的直线 DE 即为所求；第二个方法按上述第二个条件，过点 b 作 bd 平行于 ac，过点 b' 作 $b'd'$ 平行于 $a'c'$，则由此两投影 bd 和 $b'd'$ 所表示的直线 BD 也为所求。

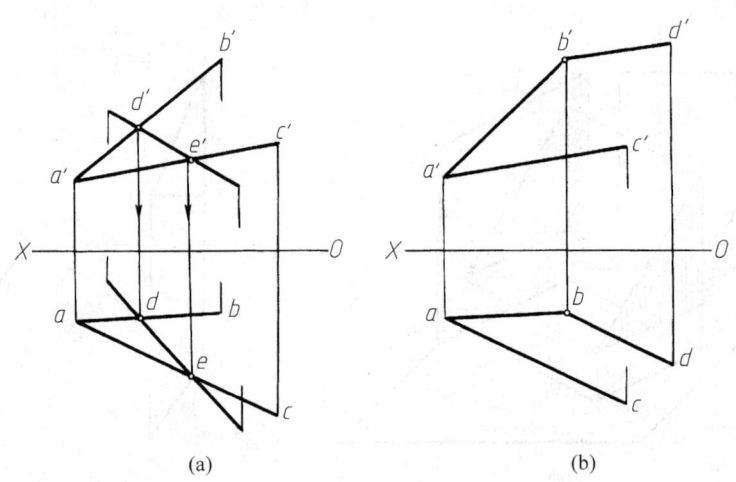

图 2-46　在平面上取直线的方法

2. 平面上的点

点在平面上的几何条件是：如果点位于平面内的任一直线上，则此点必位于该平面内。

因此，若要在平面上取点，必须先在平面上取一直线，然后再在此直线上取点。如图 2-47 所示，在由两相交直线 AB、AC 确定的平面上，取一直线 $MN(m'n',mn)$，再在 MN 上取一点 $E(e',e)$，则点 E 必在此平面上。

[例 2-13]　如图 2-48 所示，已知 △ABC 上点 E 的正面投影 e'，求其水平投影 e。

分析：依据点在平面内的几何条件，点 E 在平面上，它必在平面内的一条直线上。

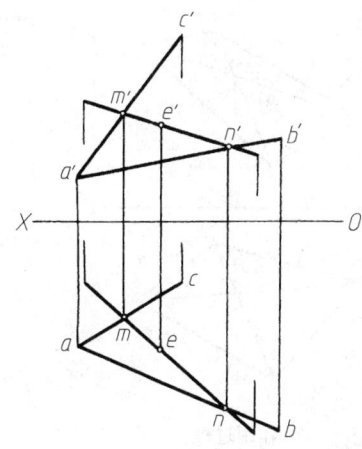

图 2-47 在平面上取点(一)

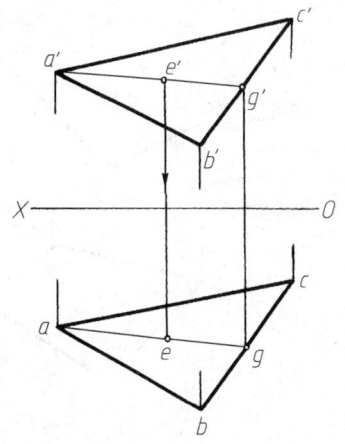

图 2-48 在平面上取点(二)

作图:

(1) 连 $a'e'$ 并延长交 $b'c'$ 于点 g'。

(2) 求出水平投影 ag。

(3) 过点 e' 作投射线与 ag 交于点 e,即为所求。

[**例 2-14**] 如图 2-49 所示,已知点 D 为 △ABC 外的一点,试判断该点是否在 △ABC 平面上。

分析:依据点在平面内的几何条件,点 D 如果在平面上,它必然在平面内的一条直线上,否则不在平面上。

作图:

(1) 连 $a'd'$ 交 $b'c'$ 于点 f'。

(2) 由点 f' 作投射线,利用点的从属关系求出点 f。

(3) 连 af 并延长,因点 d 不在 AF 的水平投影 af 上,即点 D 不在 AF 上,所以点 D 不在 △ABC 平面上。

[**例 2-15**] 如图 2-50a 所示,已知四边形 $ABCD$ 平面的水平投影 $abcd$ 和部分正面投影 $a'b'c'$,试完成四边形 $ABCD$ 的正面投影。

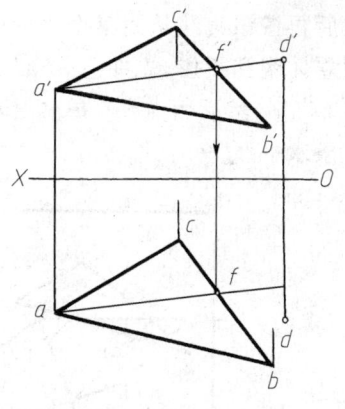

图 2-49 判断点是否在平面上

分析:只要求出点 D 的正面投影 d',即可完成四边形 $ABCD$ 的正面投影。该平面实际上由 A、B、C 三点即可确定,点 D 属于该平面上的一个点,因此可利用面上取点的方法求出。

作图(图 2-50b):

(1) 连 ac 和 bd,得交点 m;

(2) 连 $a'c'$,由点 m 在 $a'c'$ 上定出点 m';

(3) 连 $b'm'$ 并延长;

(4) 由点 d 作 OX 轴的垂线与 $b'm'$ 的延长线交于点 d',点 d' 即为点 D 的正面投影;

(5) 连接 $a'd'$ 和 $c'd'$,即得四边形的正面投影。

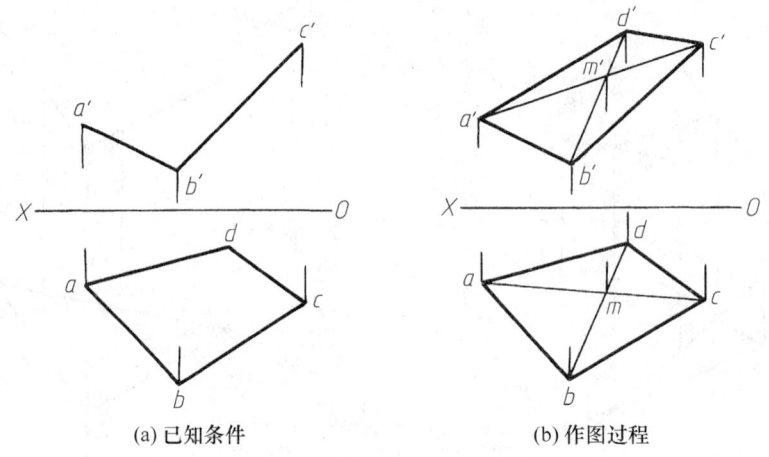

(a) 已知条件　　　　(b) 作图过程

图 2-50　完成四边形的投影

3. 平面上的投影面平行线

平面上平行投影面的直线称为平面上的投影面平行线。平面上的投影面平行线有三种，即水平线、正平线和侧平线。它们的投影应符合投影面平行线的投影特性，且满足直线在平面上的条件。因此，在平面上取这样的平行线时，应先从某一个投影平行相应投影轴的投影特性着手，然后再按该直线从属某个平面的几何条件完成作图。例如，图 2-51 所示为在平面上取水平线的立体图和投影，先在 $\triangle a'b'c'$ 上作平行于 OX 轴的直线，使之与 $\triangle a'b'c'$ 的边 $a'b'$、$b'c'$ 分别交于点 m'、n'，然后由点 m'、n' 求出水平投影 m、n，连接 m、n，则 $MN(mn,m'n')$ 即为在 $\triangle ABC$ 中取的一条水平线。

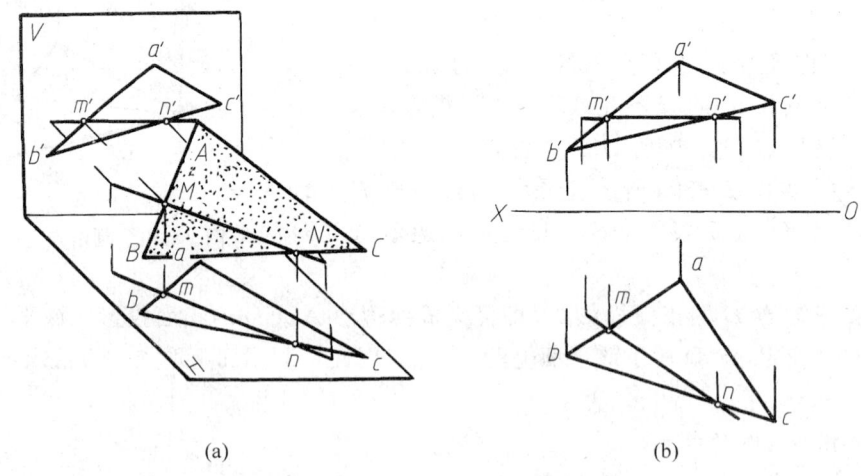

(a)　　　　(b)

图 2-51　平面上的水平线

同理，根据平面上的正平线、侧平线的投影特性，也可在平面上作出正平线与侧平线。

2.6 直线与平面相交和平面与平面相交

2.6.1 直线与平面相交

直线与平面相交的问题,其实质就是求出它们交点的投影问题。

直线与平面相交,其交点是直线和平面的公有点,它既在直线上,同时又在平面上。若直线与平面两者之中有一个垂直于某一投影面,则可利用其积聚性的投影来求交点。

1. 直线与投影面垂直面相交

当直线与投影面垂直面相交时,其交点的一个投影一定在该平面的有积聚性的投影和该直线的同面投影的交点上。

如图 2-52a、b 所示,铅垂面 P 和直线 AB 相交,其交点为 K,点 K 的水平投影 k 一定在 P_H 和 ab 的交点上。正面投影 k' 在 $a'b'$ 上。根据 P_H 与 ab 的相对位置,ak 在前,则 $a'k'$ 为可见,$k'b'$ 为不可见,而交点 k' 即为可见与不可见的分界点。

如图 2-52c 所示,直线 AB 与平面 P 上的 $\triangle CDE$ 相交,其交点 K 的水平投影 k 在 ced 和 ab 的交点上,正面投影 k' 在 $a'b'$ 上。其可见性可利用重影点来判别,从图 2-52c 中可以看出,AB 和 CE 是交叉两直线,$a'b'$ 与 $c'e'$ 的交点 $1'(2')$ 是 AB 上的点 I 和 CE 上的点 II 的重影点,在 ab 和 ce 上求出点 $1、2$ 后可以看出位于 AB 上的点 I 比位于 CE 上的点 II 的 y 坐标大,因此由前往后看,点 $1'$ 可见,点 $2'$ 不可见。而交点 K 的正面投影是可见与不可见的分界点,所以 $1'k'$ 可见,另一部分(细虚线部分)不可见。

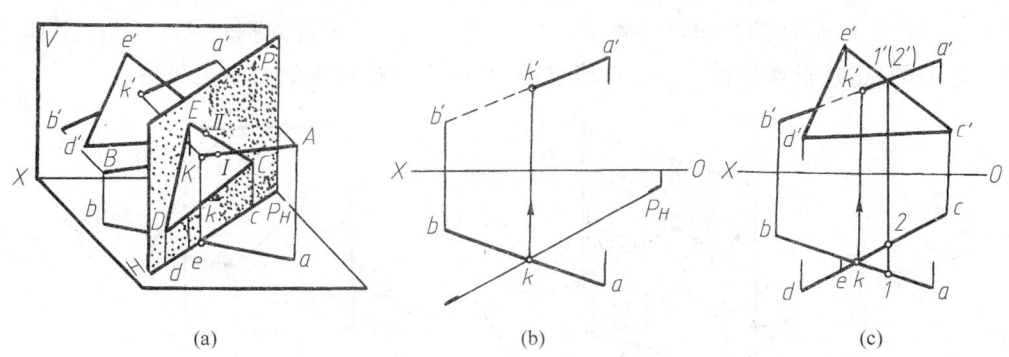

(a)   (b)   (c)

图 2-52 直线与投影面垂直面相交

2. 投影面垂直线与一般位置平面相交

若平面和投影面垂直线相交,其交点是投影面垂直线上的点,所以交点的一个投影一定重合在直线有积聚性的投影上,但交点又是平面上的一个点,所以其另一投影可利用在平面上取点的方法求出。

如图 2-53a 所示,铅垂线 EF 和 $\triangle ABC$ 相交于点 K,交点 K 的水平投影 k 一定重合在直线 EF 有积聚性的投影 $e(f)$ 上,其正面投影 k' 也一定在 $e'f'$ 上。但因直线 EF 的正面投影 $e'f'$ 是铅垂位置,由点 k 不能直接求得点 k',所以要利用在平面上过交点作辅助线的方法去解决。即过点 K

在△ABC上作直线BD，求得BD的正面投影$b'd'$，$b'd'$和$e'f'$的交点k'即为所求交点K的正面投影，具体作图方法见图2-53b。可见性可以利用交叉直线对V面的重影点来判别。

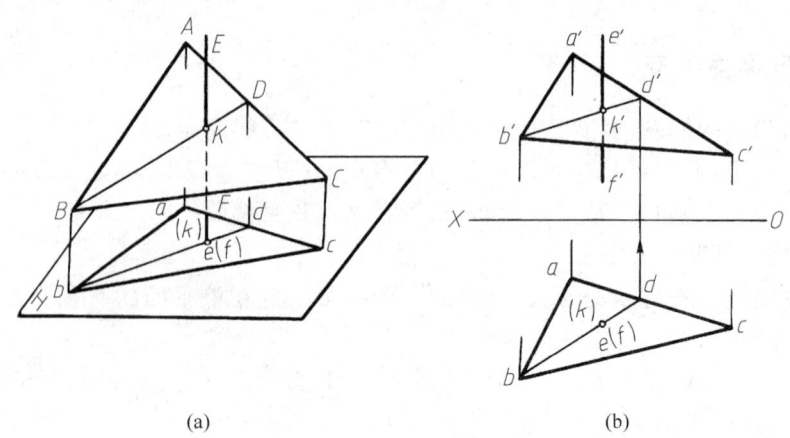

图 2-53 平面与投影面垂直线相交

2.6.2 平面与特殊位置平面相交

两平面不平行就一定相交，其交线是两个平面的一条共有直线。因此，一般求交线时，只要求出两平面的两个公有点或一个公有点和交线的方向，便可确定它们的交线。当两个平面之一是投影面垂直面时，其交线的一个投影一定在投影面垂直面有积聚性的投影上。

如图2-54所示，铅垂面P和△ABC相交，其交线为MN，因平面$P \perp H$面，所以MN的水平投影mn一定在平面P的积聚性投影P_H上。正面投影$m'n'$可根据点M、N是△ABC中BC边和AC边上的点，按投影规律由mn直接求得，然后再通过观察法判别可见性。

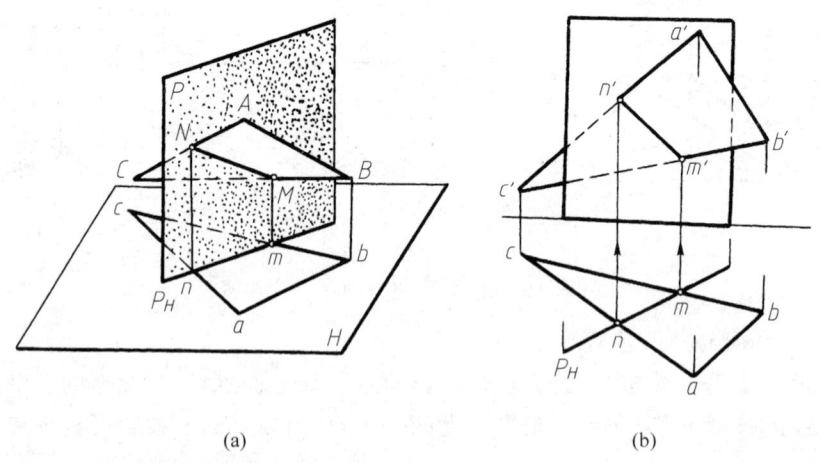

图 2-54 平面与投影面垂直面的交线

[例 2-16] 如图2-55a所示，求作△ABC与△DEF的交线。

分析：从投影可以看出，△DEF为正垂面，所以△ABC和△DEF的交线MN的正面投影

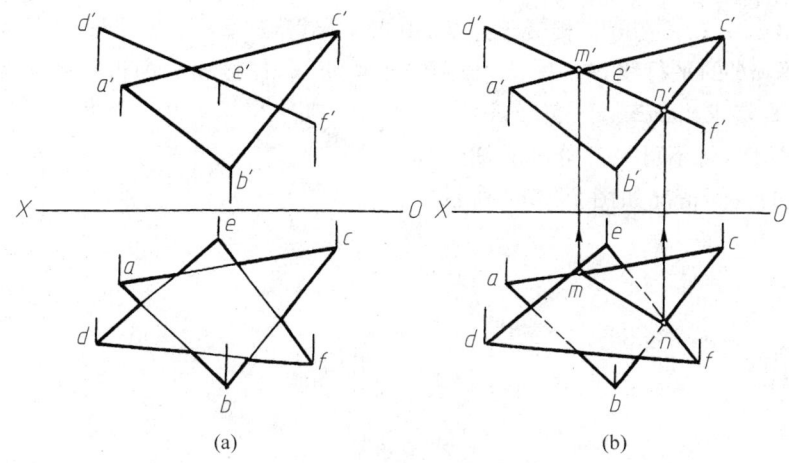

图 2-55 求两平面的交线(一)

$m'n'$ 一定积聚在正垂面 △DEF 的积聚性投影 $d'e'f'$ 上;同时 MN 又是 △ABC 平面内的一条直线,即点 M、N 分别为 △ABC 的 AC、BC 边上的点,因而可求得 MN 的水平投影 mn。

作图(图 2-55b):
(1) 找出 $d'e'f'$ 与 $a'c'$ 的交点 m' 和 $d'e'f'$ 与 $b'c'$ 的交点 n',$m'n'$ 即为交线 MN 的正面投影。
(2) 由 $m'n'$ 作投影连线,分别在 ac、bc 上求得点 m、n,连接 mn,即得交线 MN 的水平投影。
(3) 判别可见性采用观察法,不可见部分画成细虚线。

[**例 2-17**] 如图 2-56a 所示,求作 △ABC 与 □DEFG 的交线。

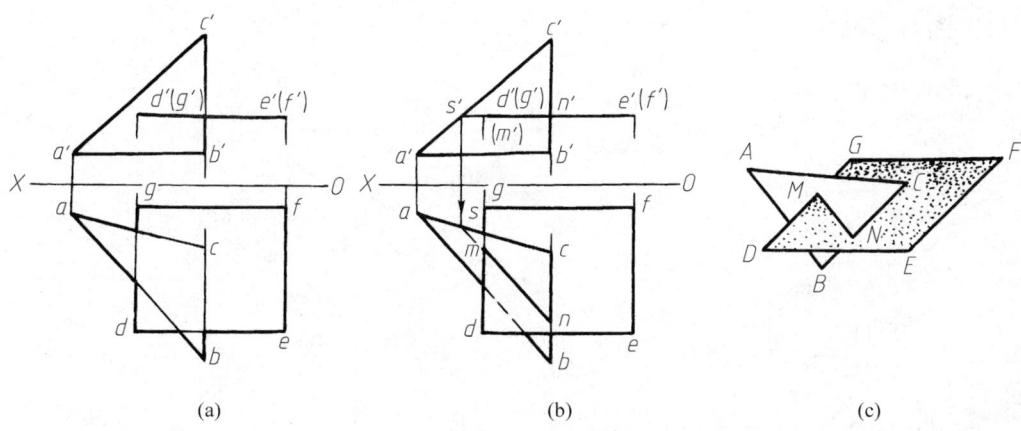

图 2-56 求两平面的交线(二)

分析:从投影可以看出,□DEFG 的正面投影积聚成一平行于 OX 轴的直线 $d'(g')e'(f')$,故此矩形为一水平面。而水平面上的任意直线均是水平线,所以它和 △ABC 的交线也必定是一条水平线。从投影上还可看出,△ABC 的 AB 边也是水平线,而交线也是 △ABC 上的水平线,同一平面的水平线必然互相平行,故知交线的水平投影必平行于 AB 的水平投影,其正面投影积聚在矩形 DEFG 的正面投影上。

作图(图 2-56b)：

(1) 延长 $d'(g')e'(f')$ 与 $a'c'$ 相交于点 s'，由点 s' 求得点 s。

(2) 过点 s 作 ab 的平行线，与 dg、bc 分别交于点 m、n，连接 mn，即得交线 MN 的水平投影。然后利用积聚性直接求出 $m'n'$。

(3) 判别可见性，将不可见部分画成细虚线。

两平面相交的空间情况如图 2-56c 所示。

第3章 立体及其表面交线的投影

3.1 立体的投影

立体由各种表面围成。按其表面的几何性质不同,立体可分为平面立体和曲面立体。
(1) 平面立体。立体的表面均由平面围成,如棱柱、棱锥等。
(2) 曲面立体。立体的表面由曲面或由平面和曲面所围成,如圆柱、圆锥、球、圆环等。

3.1.1 平面立体的投影

因为平面立体的各表面都是平面多边形,因此绘制平面立体的投影,就是画出围成平面立体的各个多边形的投影。而多边形都是由直线段所组成的,直线段又由其两端点确定,于是平面立体的投影又可归结为画多边形的边和各个顶点的投影。绘制投影时,可见轮廓线画成粗实线,不可见轮廓线画成细虚线,当粗实线与细虚线重合时,只画粗实线。

1. 棱柱的投影

[例 3-1] 绘制图 3-1a 所示正五棱柱的三面投影。

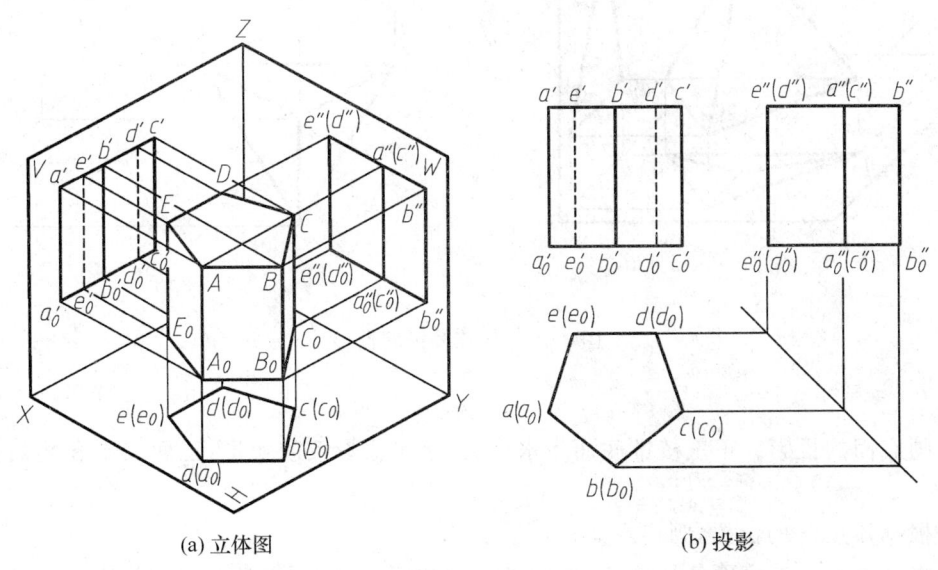

(a) 立体图　　　　　　　　　(b) 投影

图 3-1　正五棱柱的投影

分析:正五棱柱的顶面和底面为水平面,一个侧面为正平面,其余四个侧面为铅垂面,五条棱线均为铅垂线。

作图：

(1) 画顶面和底面的投影。顶面和底面均为水平面，其正面和侧面投影分别积聚为一直线段，水平投影反映正五边形的实形，且顶面和底面的水平投影重合。

(2) 画侧面的投影。侧面 AA_0B_0B、BB_0C_0C、CC_0D_0D、EE_0A_0A 均为铅垂面，水平投影积聚成直线，正面投影和侧面投影为类似形；侧面 DD_0E_0E 为正平面，正面投影反映实形，水平投影和侧面投影积聚成直线。

(3) 判别可见性。前面两个侧面的正面投影可见，画成粗实线；后面三个侧面的正面投影不可见，画成细虚线；顶面和底面的水平投影重合以及左侧面和右侧面的侧面投影重合，故只画粗实线。如图 3-1b 所示。

2. 棱锥的投影

[**例 3-2**] 绘制图 3-2a 所示正三棱锥的三面投影。

分析： 正三棱锥底面为水平面，前面两个侧面为一般位置平面，后侧面为侧垂面。对一般位置平面，作图时应先作出组成平面的各顶点的投影。

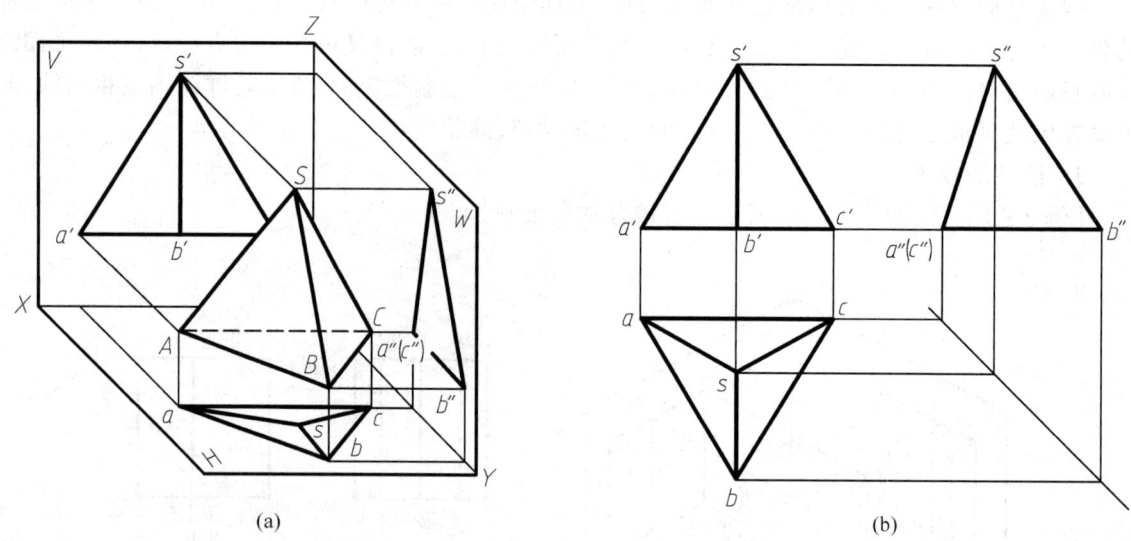

图 3-2 正三棱锥的投影

作图：

(1) 画底面的投影。正三棱锥底面为水平面，水平投影反映实形，正面投影和侧面投影均积聚成直线。

(2) 根据顶点 S 的位置，画出点 s、s'、s''。

(3) 将点 s、s'、s'' 与底面各顶点 A、B、C 的同面投影相连，即得各侧面的投影。

(4) 判别可见性。根据可见性判别原则，可知正三棱锥三面投影的最终结果如图 3-2b 所示。

表 3-1 列出了其他一些基本平面立体的投影。

表 3-1 其他基本平面立体的投影

名称	三面投影和立体图	名称	三面投影和立体图
四棱柱	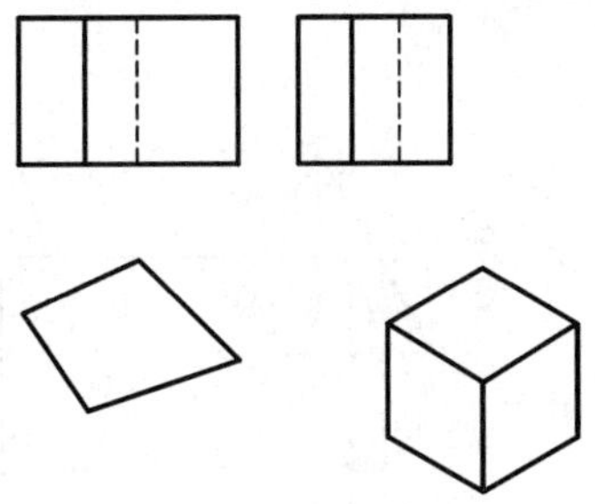	正六棱柱	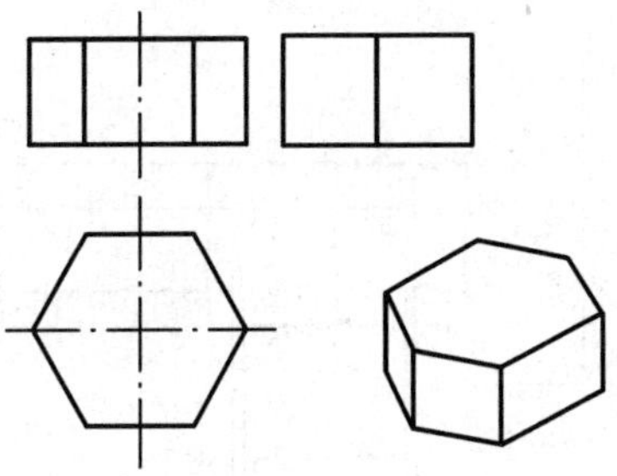
正四棱锥	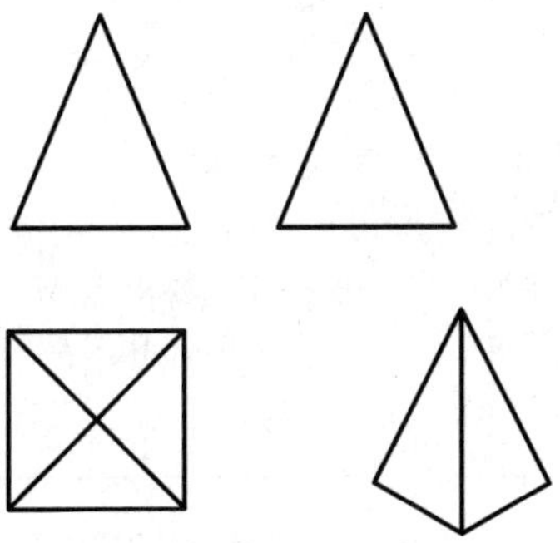	正六棱锥	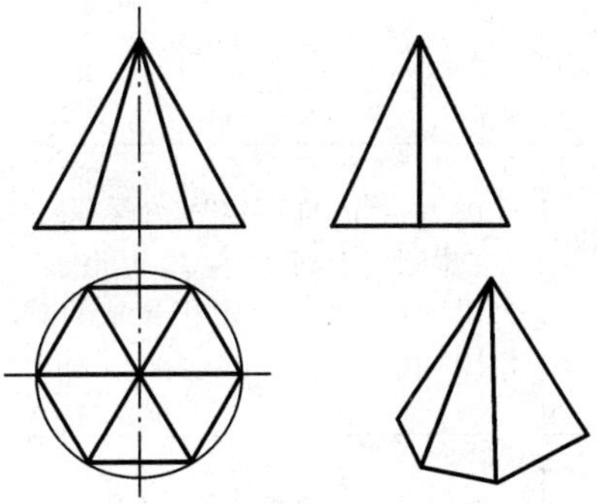

3.1.2 平面立体表面上的点和直线

在平面立体表面上取点和直线，实际上就是在平面上取点和直线。因此，可根据 2.5.4 节所介绍的方法进行作图，通常可按以下步骤进行：

(1) 判断点属于哪个平面。

(2) 判断该平面对投影面的相对位置：

① 如果该平面是特殊位置平面，则利用积聚性作图，即在该平面具有积聚性的投影上作出点的投影，然后再作点的第三个投影；

② 如果该平面是一般位置平面，则利用辅助线作图，即先在平面内作辅助直线，然后再在直线上取点。

(3) 判别可见性。如果点所在平面的投影可见，则点的投影可见；反之，点的投影不可见，不可见的投影必须加括号。

表 3-2 列举了在正五棱柱、正三棱锥表面取点、线的作图方法。

表 3-2 平面立体表面取点、线

条件和要求	已知正五棱柱及其表面上点 M 的正面投影 m′ 和直线的侧面投影 p″n″，完成点和直线的其他投影	已知正三棱锥及其表面上点 M 的正面投影 m′，完成点 M 的其余两投影
投影		
分析	因点 m′ 可见，p″n″ 为细虚线，不可见，则点 M 在左、前侧面上，PN 在右、后侧面上。这两个平面均为铅垂面，水平投影积聚成直线，故可利用积聚性作图	因点 m′ 可见，则点 M 在 SAB 平面上，该平面为一般位置平面。要求点 M 的投影，必须先过点 M 在 SAB 平面上作直线，然后再在直线上取点
作图步骤	1. 作点 M 的投影 (1) 作水平投影 m； (2) 作侧面投影 m″； (3) 点 m 位于左侧面上，故点 m″ 可见。 2. 作直线 PN 的投影 要作直线的投影，只需作出直线上两端点的投影： (1) 作点 P、N 的水平投影 p、n； (2) 作点 P、N 的正面投影 p′、n′； (3) 直线 PN 位于后侧面上，正面投影不可见，将 p′、n′ 用细虚线相连	(1) 连 s′m′ 并延长与 a′b′ 相交于点 d′； (2) 作点 D 的水平投影 d； (3) 连接 sd； (4) 作点 M 的水平投影 m； (5) 由点 m′、m 作点 m″； (6) 点 m、m″ 均可见

3.1.3 回转体的投影

曲面立体由曲面或曲面和平面围成，曲面中最常见的为回转曲面。它是由一定的线段（该线段称为回转曲面的母线）绕空间一直线作定轴旋转运动而形成的光滑曲面，母线在回转面上的任意位置线称为素线。

由回转曲面或回转曲面和平面所围成的立体称为回转体。常见的回转体有圆柱、圆锥、球和圆环等。它们的形成及其投影特性见表 3-3。

表 3-3 常见回转曲面的形成及其投影特性

名称	正圆柱面	正圆锥面
形成	以直线 AA 为母线，以平行直线 OO 为轴线旋转	以直线 SA 为母线，绕 SO 轴线（与母线相交于 S，夹角为 α）旋转
投影		
投影特性	（1）回转轴线的正面及侧面投影用细点画线表示，正交的细点画线的交点为回转轴线的水平投影； （2）水平投影积聚为一圆； （3）正面投影和侧面投影各为两条平行的转向轮廓素线	（1）回转轴线的正面及侧面投影用细点画线表示，正交的细点画线的交点为回转轴线的水平投影； （2）水平投影为一圆，即底面的轮廓线，无积聚性； （3）正面投影和侧面投影各为两条相交的转向轮廓素线

名称	球面	圆环面
形成	以半圆为母线，以圆的直径为轴线旋转	以圆 L 为母线，以与其共面但不过圆心的直线为轴线旋转
投影		
投影特性	（1）正面投影的圆为转向轮廓素线 I 的投影； （2）水平投影的圆为转向轮廓素线 II 的投影； （3）侧面投影的圆为转向轮廓素线 III 的投影。 以上三个圆均无积聚性	（1）水平投影的细点画线圆为母线圆心旋转过程中的运动轨迹，大圆和小圆为上半环和下半环转向轮廓素线的投影； （2）正面和侧面投影的圆分别为母线旋转到反映实形位置的轮廓素线，两圆相切线为环面轮廓；内环面不可见，画成细虚线

3.1.4 回转体表面上的点和直线

在回转体表面取点和线,可利用积聚性和作辅助线的方法进行作图。

1. 在回转体表面取点

在回转体表面取点可按以下步骤进行:

(1) 判断点在哪个面上。

(2) 分析该面的投影特性:

① 若该面的投影具有积聚性,则利用积聚性作图,即先在该面具有积聚性的投影上作出点的投影,然后再作点的第三投影;

② 若该面的投影无积聚性,则需作辅助线,所作的辅助线应是便于作图的直线或圆,然后再在辅助线上取点。

(3) 判别可见性。与平面立体表面上点的可见性判别原则相同。

2. 在回转体表面取线

在回转体表面取线可按以下步骤进行:

(1) 判断线在哪个面上。

(2) 判断线的几何形状:

① 若线的几何形状为直线,则只需按回转体表面取点的方法,作出直线上两端点的投影,然后将其同面投影相连即可;

② 若线的几何形状为曲线,则需按回转体表面取点的方法,作出曲线上若干个点的投影,然后将其同面投影光滑相连。

(3) 判别可见性。线所在的面可见,则线可见;反之,则线不可见。不可见的线用细虚线表示。

[**例 3 - 3**] 如图 3-3 所示,已知圆柱的三面投影及圆柱表面上点 M 的正面投影 m',求点 M 的水平投影 m 和侧面投影 m''。

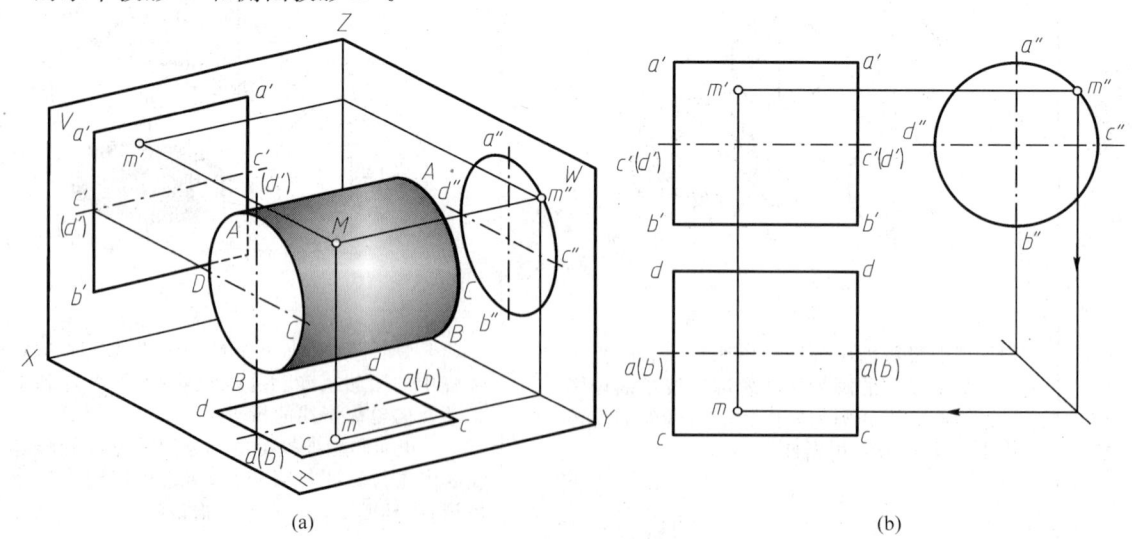

图 3-3 圆柱体表面取点

分析：因点 m' 可见，则点 M 位于前半个圆柱面上。圆柱面的侧面投影具有积聚性，可利用积聚性作图。

作图：

(1) 作点 m''；

(2) 由点 m'、m'' 作点 m；

(3) 因点 m' 位于上半个圆柱面上，则点 m 可见，如图 3-3b 所示。

[**例 3-4**] 如图 3-4 所示，已知圆柱的三面投影及圆柱表面上 BF 线的正面投影 $b'f'$，试完成 BF 线的水平投影 bf 和侧面投影 $b''f''$。

分析：由图 3-4a 可知，$b'f'$ 为与轴线倾斜的直线段且可见，则该线段为一平面曲线，且在前半个圆柱面上。圆柱面的侧面投影积聚为一圆，故线段的侧面投影积聚在圆周上，线段的水平投影为曲线，则需在曲线上取若干个点。利用积聚性，求出各点的水平投影，然后将其光滑相连。

作图：

(1) 作特殊点（端点和转向轮廓素线上的点等）B、D、F。由已知的点 b'、f' 和 $b'f'$ 与轴线的交点 d'，作侧面投影 b''、d''、f''，再由此作出水平投影 b、d、f；

(2) 作一般点 C、E，方法同上；

(3) 作出各点的水平投影后判别可见性，并光滑连接。曲线 BD 位于上半圆柱面上，DF 位于下半圆柱面上，故 bd 可见，df 不可见，如图 3-4a 所示。点 d 为曲线水平投影的可见性分界点，因此作曲线的投影时，转向轮廓素线上的点一定要作出。

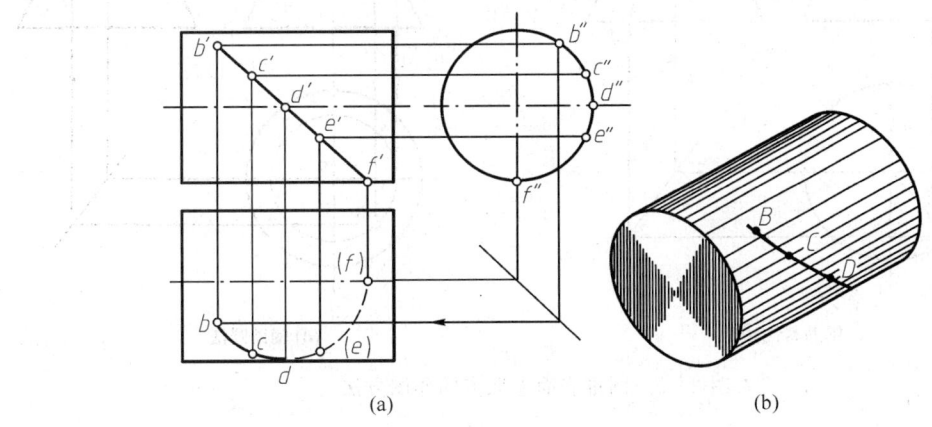

图 3-4 圆柱面上曲线的投影

[**例 3-5**] 如图 3-5b 所示，已知圆锥的三面投影及圆锥表面上点 M 的正面投影 m'，试求出点 M 的水平投影 m 和侧面投影 m''。

分析：由图 3-5b 可知，点 m' 可见，故点 M 位于圆锥前面、左边的 1/4 圆锥面上。由于圆锥面的投影无积聚性，故必须过点 M 在圆锥表面作一辅助线。为了使所作的辅助线方便作图，常在圆锥表面作过锥顶的辅助素线或作垂直于轴线的辅助圆，这两种方法分别称为辅助素线法和辅助圆法。下面分别用这两种方法进行作图。

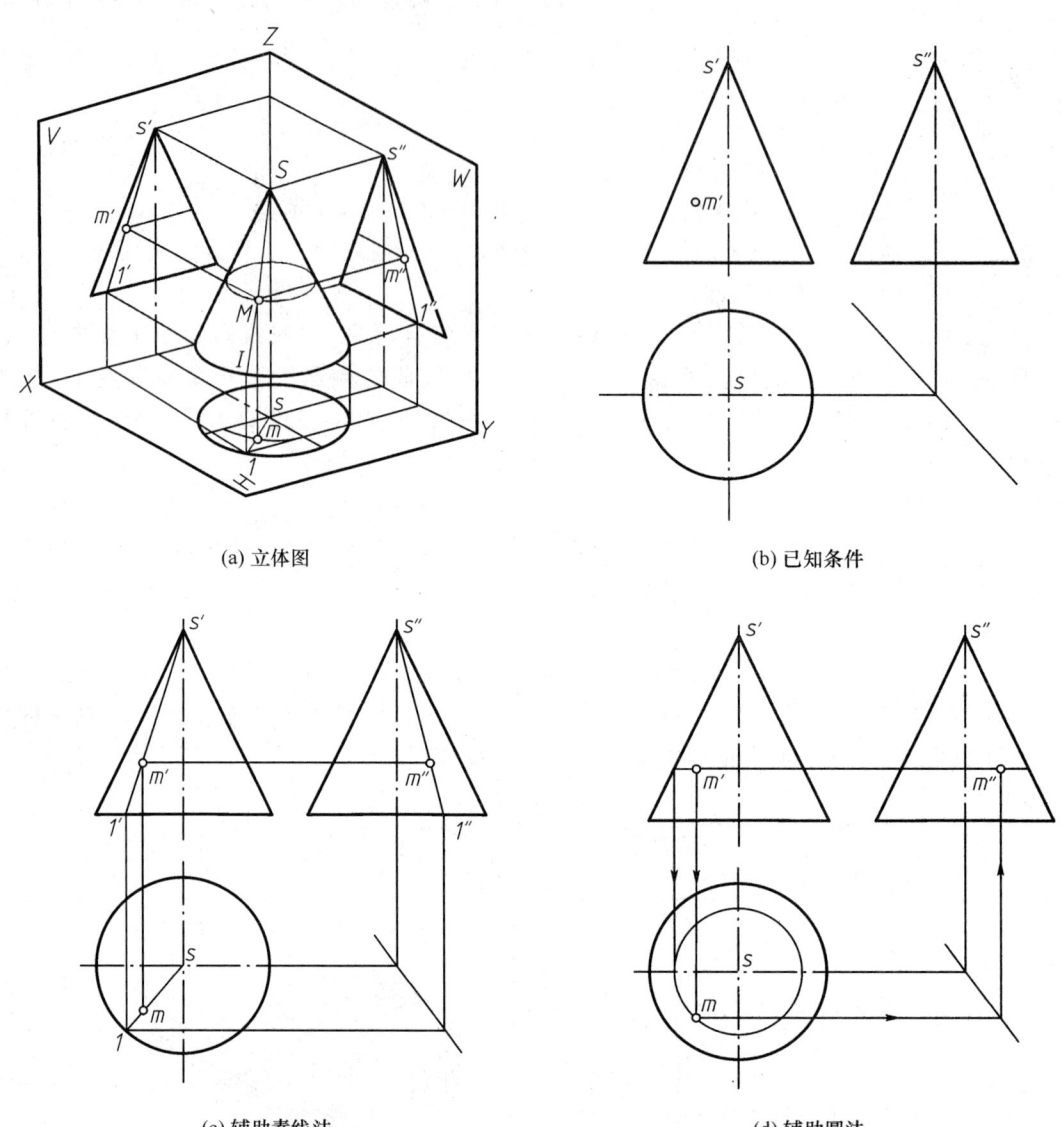

(a) 立体图　　(b) 已知条件

(c) 辅助素线法　　(d) 辅助圆法

图 3-5　圆锥表面上取点的作图方法

作图：

(1) 辅助素线法（图 3-5c）

① 连接 $s'm'$ 并延长使其与底圆相交于点 $1'$、$s'1'$ 即为圆锥面上过点 M 的辅助素线 SI 的正面投影；

② 作点 1、$1''$，连接 $s1$、$s''1''$；

③ 点 M 在辅助线 SI 上，根据点的从属性，即可作出点 m、m''；

④ 判别可见性。圆锥面上任意点的水平投影均可见，故点 m 可见；又点 M 位于左圆锥面上，故点 m'' 可见。

78

(2) 辅助圆法(图 3-5d)

① 过点 m' 作一水平线使其与轮廓线相交,这条线即为过点 M 的辅助圆的正面投影(积聚成直线),夹在两轮廓线之间线段的长度即为辅助圆的直径;

② 作出辅助圆的水平投影(反映圆的实形);

③ 因点 M 在辅助圆上,故点 M 的各投影必定在辅助圆的同面投影上,从而可先作出点 m,再作点 m''。

[**例 3-6**] 如图 3-6b 所示,已知球的三面投影及球面上点 M 的水平投影 m,试作出点 M 的正面投影 m' 和侧面投影 m''。

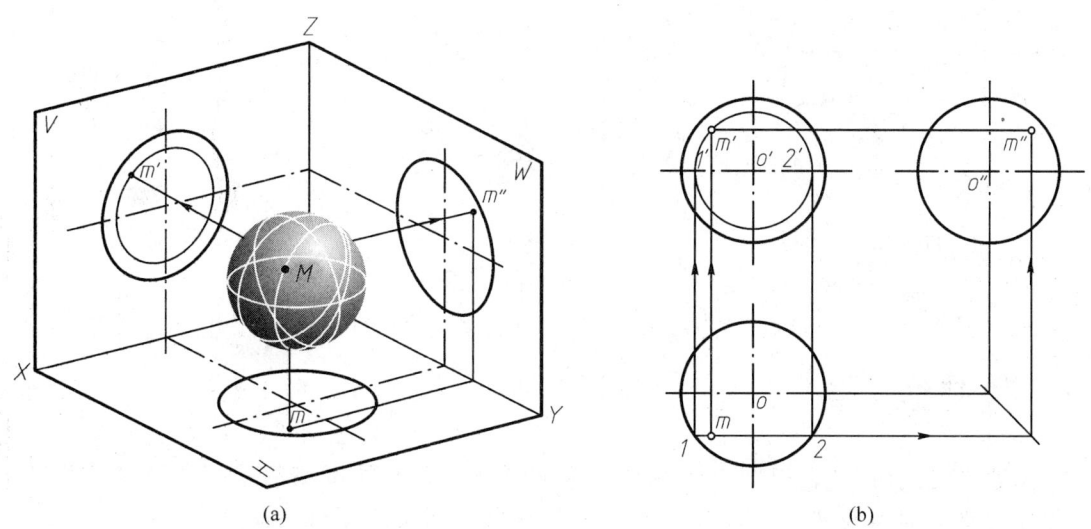

图 3-6 球的表面取点

分析:球面的投影没有积聚性,要在球的表面取点,可过该点在球面上作平行于投影面的辅助圆,图 3-6b 中作的是平行于正面的圆,又因点 m 可见,故点 M 位于左、上、前 1/8 球面上。

作图:

(1) 过点 m 作一水平直线 12,12 即为所作平行于正面的辅助圆的水平投影;

(2) 在正面投影上作以 o' 为圆心、12 为直径的圆,因点 M 在圆周上且位于上方,则可作出点 m';

(3) 由点 m、m' 作出点 m'';

(4) 由点 M 的位置知,点 m'、m'' 均可见。

本例也可过点 M 作平行于水平面或平行于侧面的辅助圆求解,读者可自行分析并作图。

3.1.5 不完整回转体

图 3-7 为工程上常见的不完整回转体的投影。

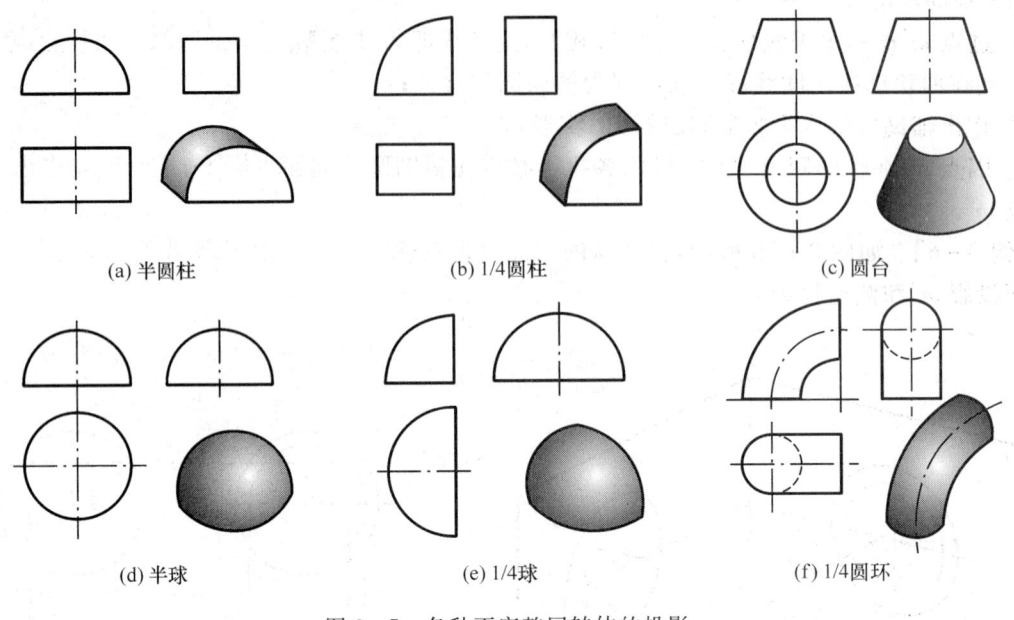

图 3-7 各种不完整回转体的投影

3.2 截交线

立体被平面截切,其表面产生的交线称为截交线。截交线围成的平面图形称为截断面,截切立体的平面称为截平面。图 3-8 所示的錾子和螺母的表面便有平面截切立体而形成的截交线。

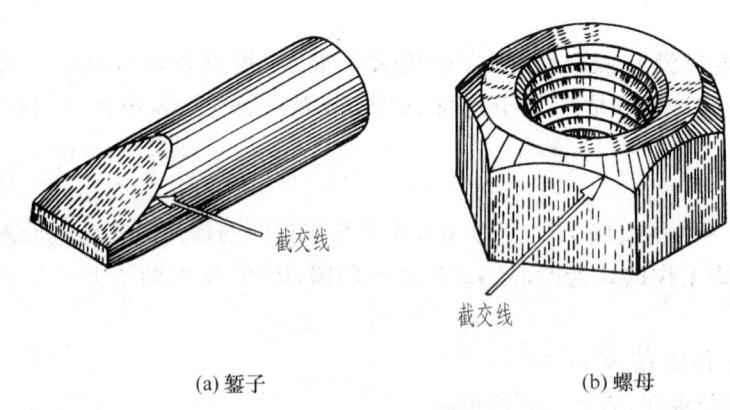

(a) 錾子　　　　　　　　(b) 螺母

图 3-8 立体表面的截交线

由于立体有各种不同的形状,平面与立体相交时又有各种不同的相对位置,因此截交线的形状也各不相同,但都具有下面两个基本性质:

(1) 截交线是截平面和立体的共有线,它既在截平面上又在立体表面上,截交线上的点是截平面与立体表面的共有点。求截交线的实质,就是求平面和立体表面的共有线。

（2）立体是由其表面围成的，所以截交线必然是由一条或多条直线或平面曲线围成的封闭平面图形。

3.2.1 平面立体截交线

平面与平面立体表面的交线，称为平面立体截交线。求平面立体截交线可归结为求平面与平面立体各表面的交线，或平面与平面立体各棱线的交点。

[例 3-7] 根据四棱柱上切口的正面投影（图 3-9a），求作它的其余两个投影。

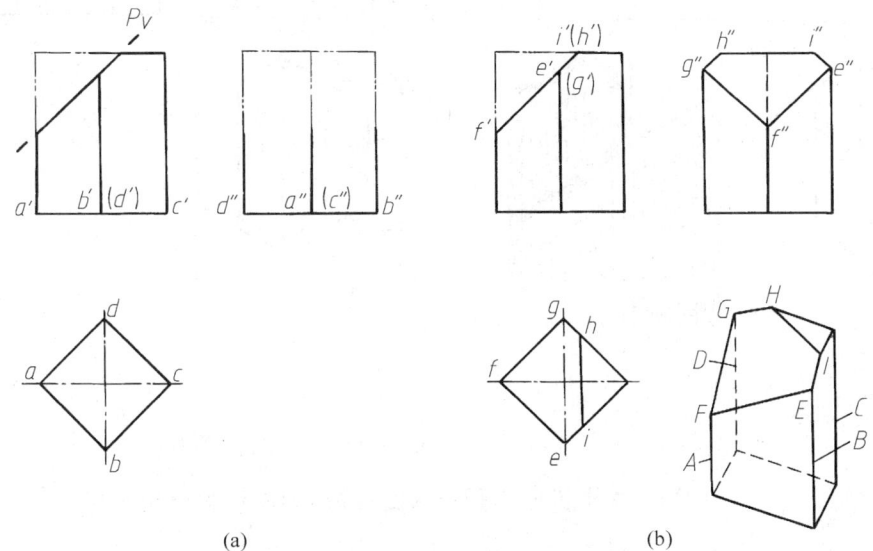

(a)　　　　　　　　　(b)

图 3-9 切口四棱柱的投影

分析：从正面投影可知，切口是由正垂面 P 截切四棱柱所形成的。平面 P 与棱柱体表面的交线形成一多边形，多边形的角点 E、F、G 是棱线 A、B、D 与平面 P 的交点；多边形的边线 HI 则是平面 P 与棱柱顶面的交线。又因截平面 P 的正面投影和四棱柱各侧面的水平投影均具有积聚性，故多边形各顶点的正面投影积聚在 P_V 上，水平投影积聚在四边形各边上，根据投影规律即可求出其侧面投影。

作图：

(1) 根据积聚性直接标出点 e'、f'、g'、h'、i'；
(2) 由点 e'、f'、g'、h'、i' 向下作垂线与相应棱面的水平投影相交得点 e、f、g、h、i，并连接 hi；
(3) 根据投影规律作出点 e''、f''、g''、h''、i''；
(4) 判别可见性，并按水平投影的顺序将各点的侧面投影相连，即得截交线的侧面投影；
(5) 擦去多余的线，补画细虚线，完成整个立体的侧面投影，如图 3-9b 所示。

[例 3-8] 已知图 3-10a 所示立体的正面投影和水平投影，完成其侧面投影。

分析：图 3-10a 所示立体为正中间开槽的正六棱柱，槽是由两个侧平面 P、R 和水平面 Q 组合截切而成的。槽底六边形 Q 是水平面，它的水平投影反映实形，其他两投影积聚为横线段；槽

81

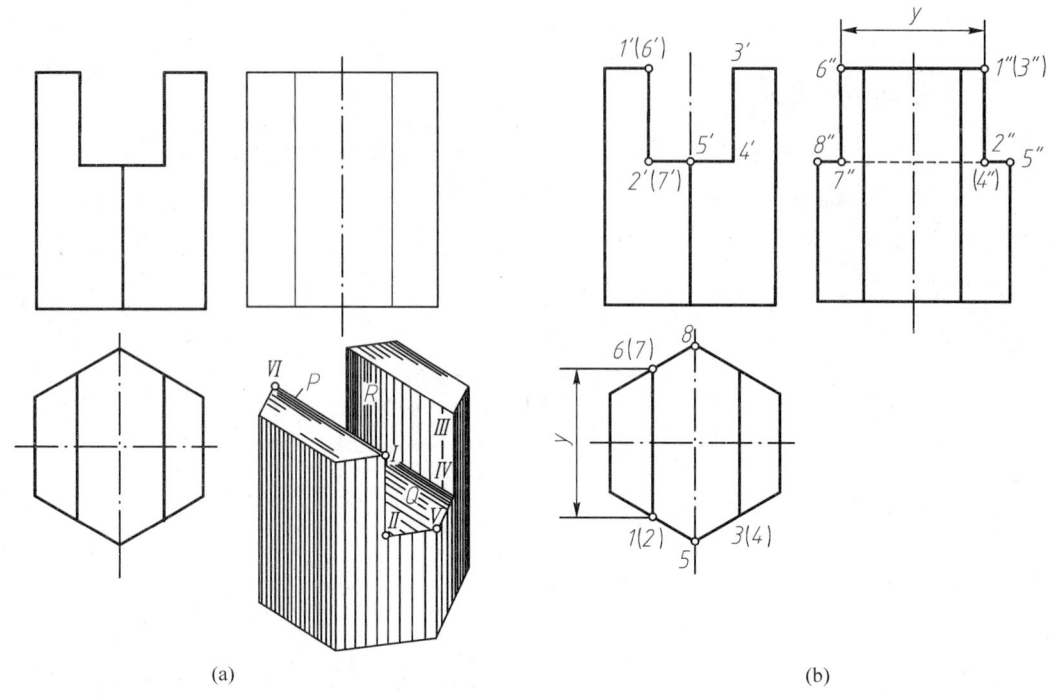

图 3-10 开槽六棱柱

的两侧面均为矩形,它们的正面、水平投影均积聚为竖线段,侧面投影反映实形。

作图:

(1) 用细实线作出未开槽六棱柱的侧面投影,如图 3-10a 所示;

(2) 作出水平面 Q(槽底六边形)的侧面投影(积聚为直线段 $5''8''$)及侧平面 P、R 的侧面投影(矩形 $1''2''7''6''$);

(3) 去掉六棱柱被切去的部分,即完成开槽六棱柱的侧面投影,如图 3-10b 所示。

因为六棱柱中间开槽,故 $2''7''$ 线段不可见,用细虚线画出;六棱柱前、后两条棱线和棱面都被切去了一部分,故在侧面投影中形成两个缺口。

[例 3-9] 如图 3-11 所示,试完成带切口的正四棱锥的水平投影和侧面投影。

分析:从图 3-11b 所示的正面投影可以看出,切口是被两个平面截切四棱锥后形成的,其中平面 EFG 是水平面,平面 FGH 是正垂面,因此这两平面的正面投影均有积聚性。切口的轮廓线 EF、FH、GH、EG 分别是棱锥侧面 SAB、SBC、SCD、SAD 上的线,FG 为切口上两个截面的交线,切口的顶点 E、F、H、G 分别是棱线 SA、SB、SC、SD 上的点。根据上述分析并利用投影关系,即可作出切口的其他投影。

作图:

(1) 在正面投影上直接标出 e'、$f'(g')$、h' 各点;

(2) 根据点在直线上的投影特性及投影规律作出 e、e''、h、h''。对 F、G 两点,应先作出点 f''、g'',再作出点 f、g;

(3) 用直线连接相应各点的同面投影即得切口的投影,如图 3-12 所示。

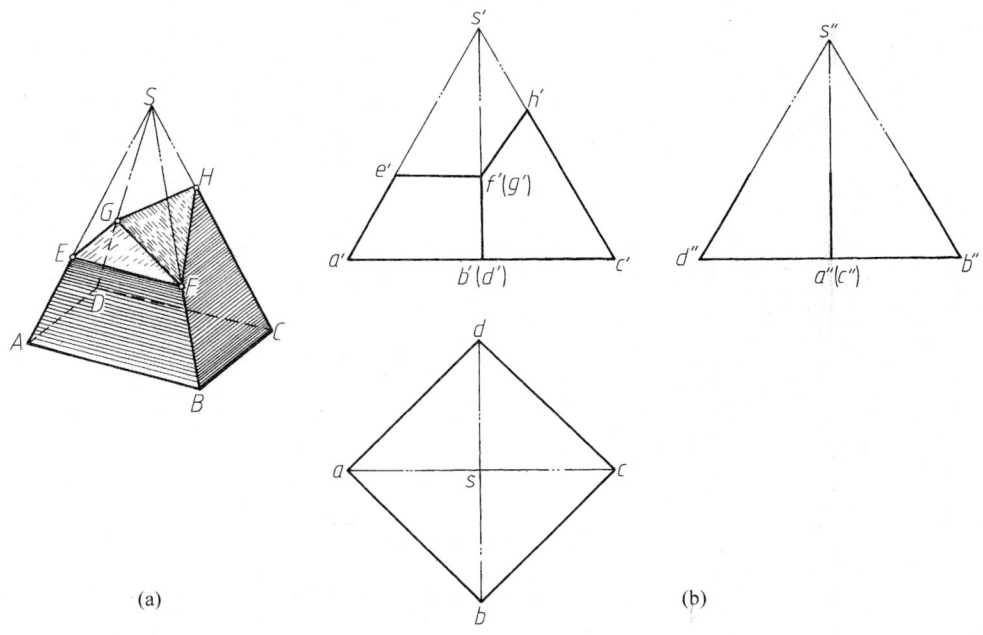

图 3-11 用正垂面及水平面截切四棱锥

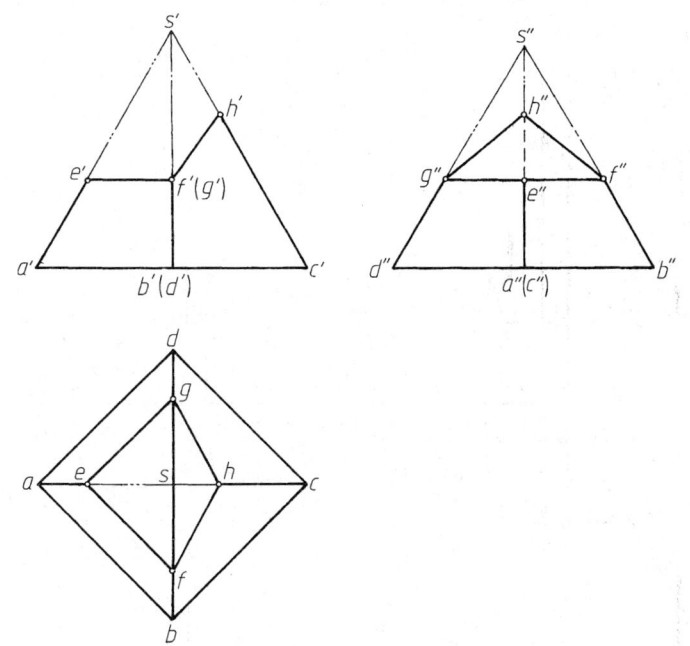

图 3-12 求四棱锥切口的投影

[**例 3-10**] 图 3-13a 所示为带切口三棱台的立体图,已知切口的正面投影,求切口的其他投影。

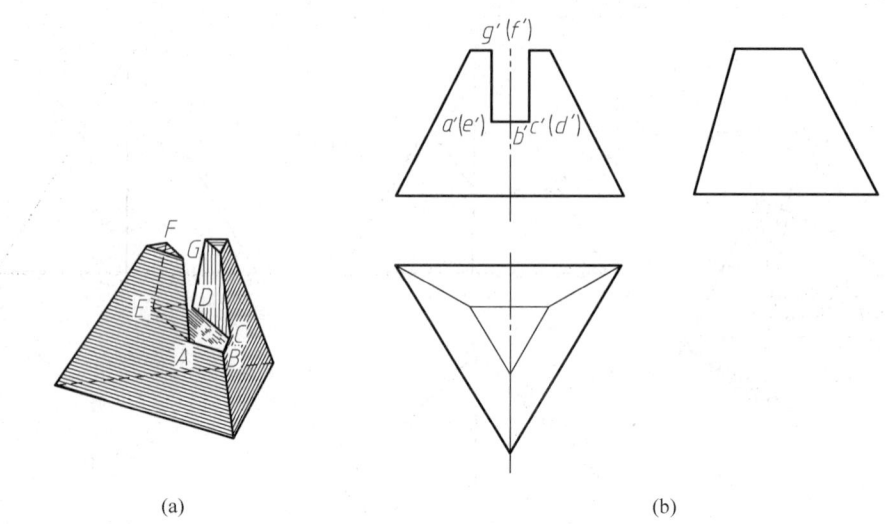

图 3-13 平面截切三棱台

分析：由图 3-13a 可知，切口是由一个水平面和两个对称的侧平面截切而成的。如果用切口底部的水平面把整个三棱台截断，得到的交线应该是和三棱台底面平行的相似三角形，但由于另外两个侧平面的截切，使得水平面成为五边形 ABCDE。左边的侧平面截切三棱台时，分别与其顶面、两个侧面相交于直线 FG、GA 和 FE，与截平面 ABCDE 相交于 AE，这四条线构成一个平行于侧面的梯形 AGFE。由于两个侧平面是对称的，可以断定右边的侧平面截切三棱台后同样得到一个平行于侧面的梯形。

作图：

（1）作水平面（图 3-14a）

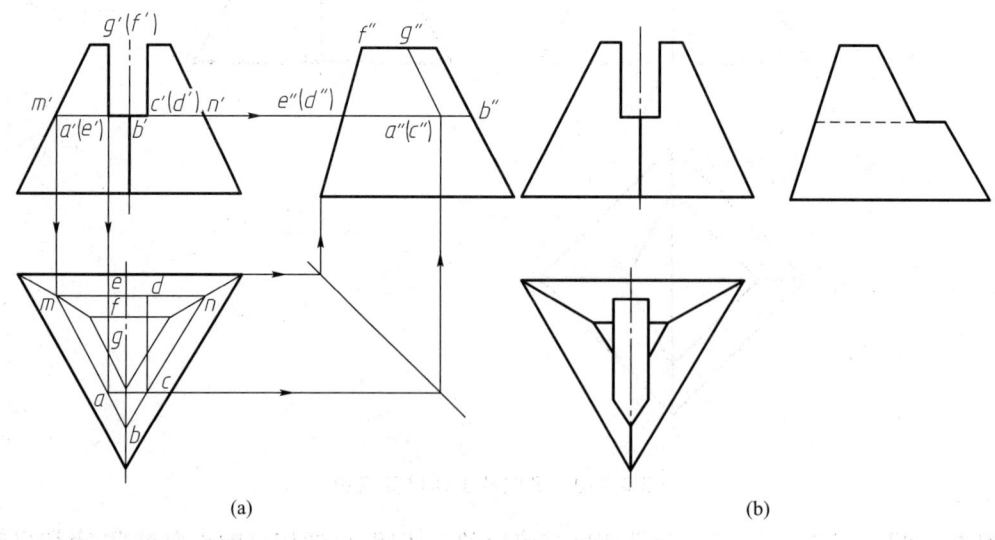

图 3-14 求三棱台切口的投影

① 延长 $a'(e')b'c'(d')$ 与三棱台左边棱线的正面投影相交于点 m'，同时作出其水平投影 m；

② 过点 m 作一个与三棱台底面各边水平投影平行的三角形 mbn，根据投影关系即可作出水平面 $ABCDE$ 的水平投影 $abcde$；

③ 水平面的侧面投影积聚成直线 $b''(d'')e''$，根据水平投影可作出 $a''(c'')$。

(2) 作侧平面（图 3-14a）

侧平面的水平投影积聚成直线 ae，GF 在顶面上，根据投影关系即可作出其水平投影 gf，从而可作出侧面投影 $g''f''$；或者，因 AG 平行于三棱台最前的棱线，则可过点 a'' 作此棱线侧面投影的平行线 $a''g''$。四边形 $a''g''f''e''$ 即为侧平面的侧面投影。由于切口左右对称，故切口右边侧平面的侧面投影与之重合。

因在中间开槽，故 $a''(c'')e''(d'')$ 不可见，画成细虚线；最前的棱线被截掉一部分，侧面投影应将其去掉。完成后的图形如图 3-14b 所示。

3.2.2 回转体表面的截交线

回转体截交线一般为封闭的平面曲线，也可能得到由直线与平面曲线组成的截交线，或者完全是由直线段组成的截交线，其几何形状取决于截平面与回转体轴线的相对位置。求回转体截交线，就是求截平面与回转体表面的共有点，这些点可利用回转体表面取点的方法求得。

1. 圆柱体截交线

根据截平面相对于圆柱轴线的位置不同，截交线有三种，即圆、椭圆或椭圆弧加直线和矩形，见表 3-4。下面举例说明其作图方法。

表 3-4 圆柱体的各种截交线

截平面的位置	垂直于圆柱的轴线	倾斜于圆柱的轴线	平行于圆柱的轴线
截交线	圆	椭圆或椭圆弧加直线	矩形
立体图	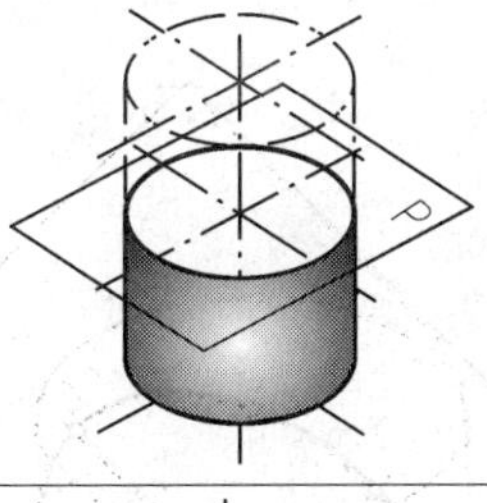	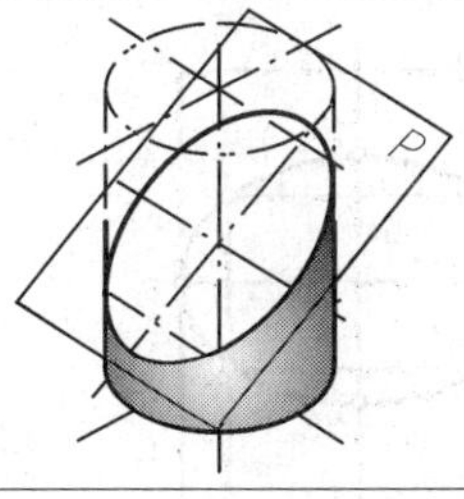	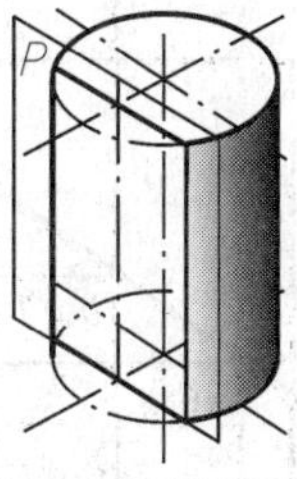
投影	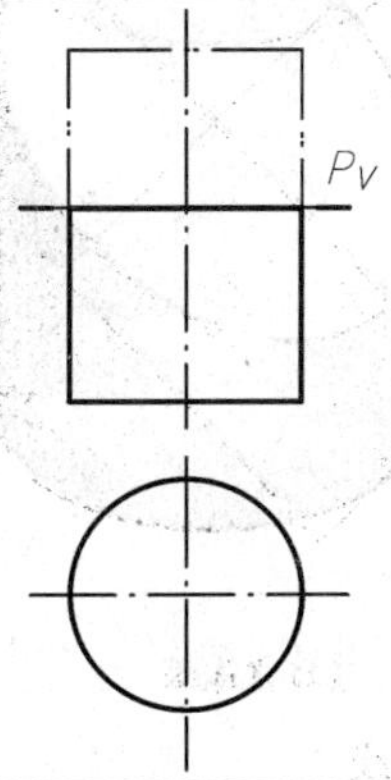	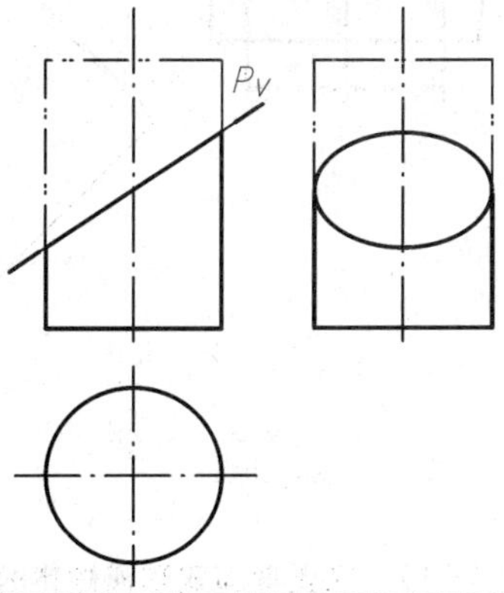	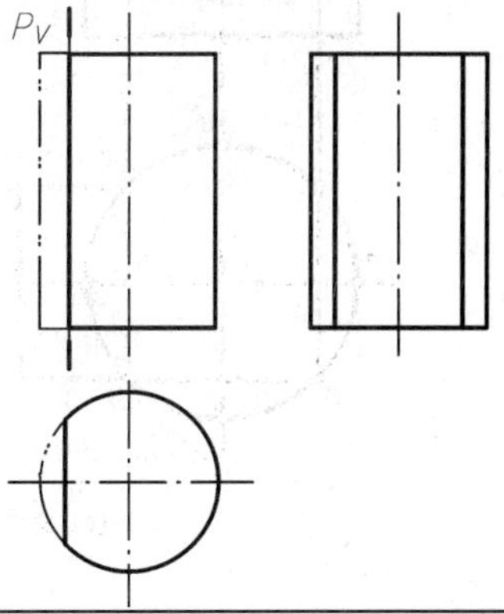

[例 3-11] 求正垂面 P 截切圆柱体的截交线(图 3-15a)。

分析: 因截平面与圆柱体轴线倾斜,故截交线为一椭圆。又因截平面的正面投影和圆柱面的水平投影均具有积聚性,故截交线的正面投影积聚在 P_V 上,水平投影积聚在圆周上,因此只需求截交线的侧面投影。侧面投影可利用积聚性进行作图。

作图:

(1) 作出完整圆柱的侧面投影,如图 3-15b 所示。

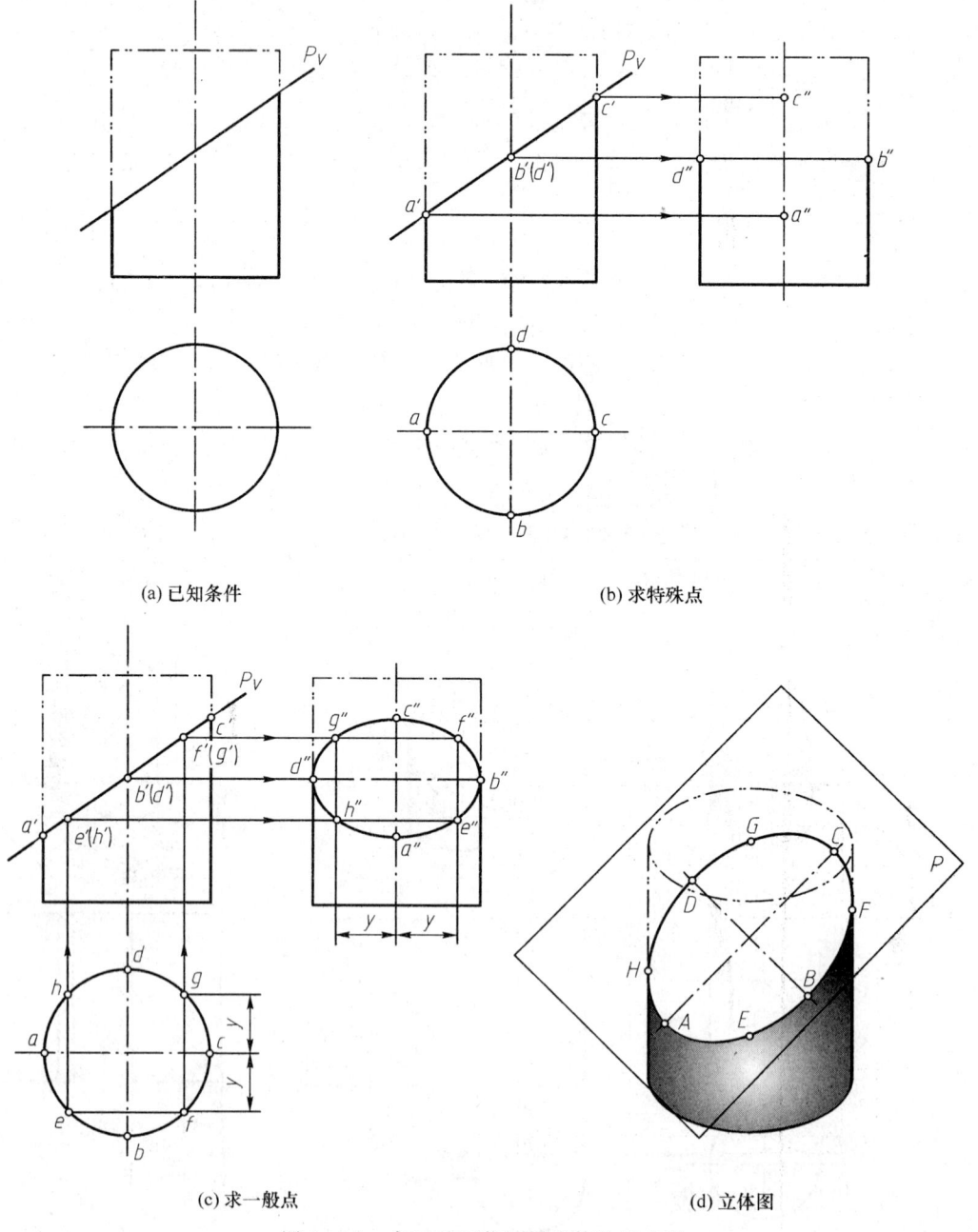

图 3-15 求正垂面截切圆柱体的截交线

(2) 求特殊点。特殊点是指截交线上能确定其大致范围和形状的点,包括曲面投影转向轮廓素线上的点,对称轴的顶点以及最高、最低、最前、最后、最左、最右点等。在图 3-15b 中,由正面投影可定出最低点 A 和最高点 C,由水平投影可定出最前点 B 和最后点 D,这四点也正是椭圆长、短轴的端点。由投影规律即可作出各点的三面投影,如图 3-15b 所示。

(3) 求一般点。为了准确地作出椭圆,还必须适当地作出一些一般点。如图 3-15c 所示,先在水平投影上取对称于水平中心线的点 e、h,在正面投影上即可得到点 $e'(h')$,再求出点 e''、h''。用同样的方法还可作出其他若干点。

(4) 依次光滑连接各点并判别可见性,即得截交线的侧面投影,如图 3-15c 所示。

[**例 3-12**] 如图 3-16a 所示,完成圆柱被截切后的水平投影和侧面投影。

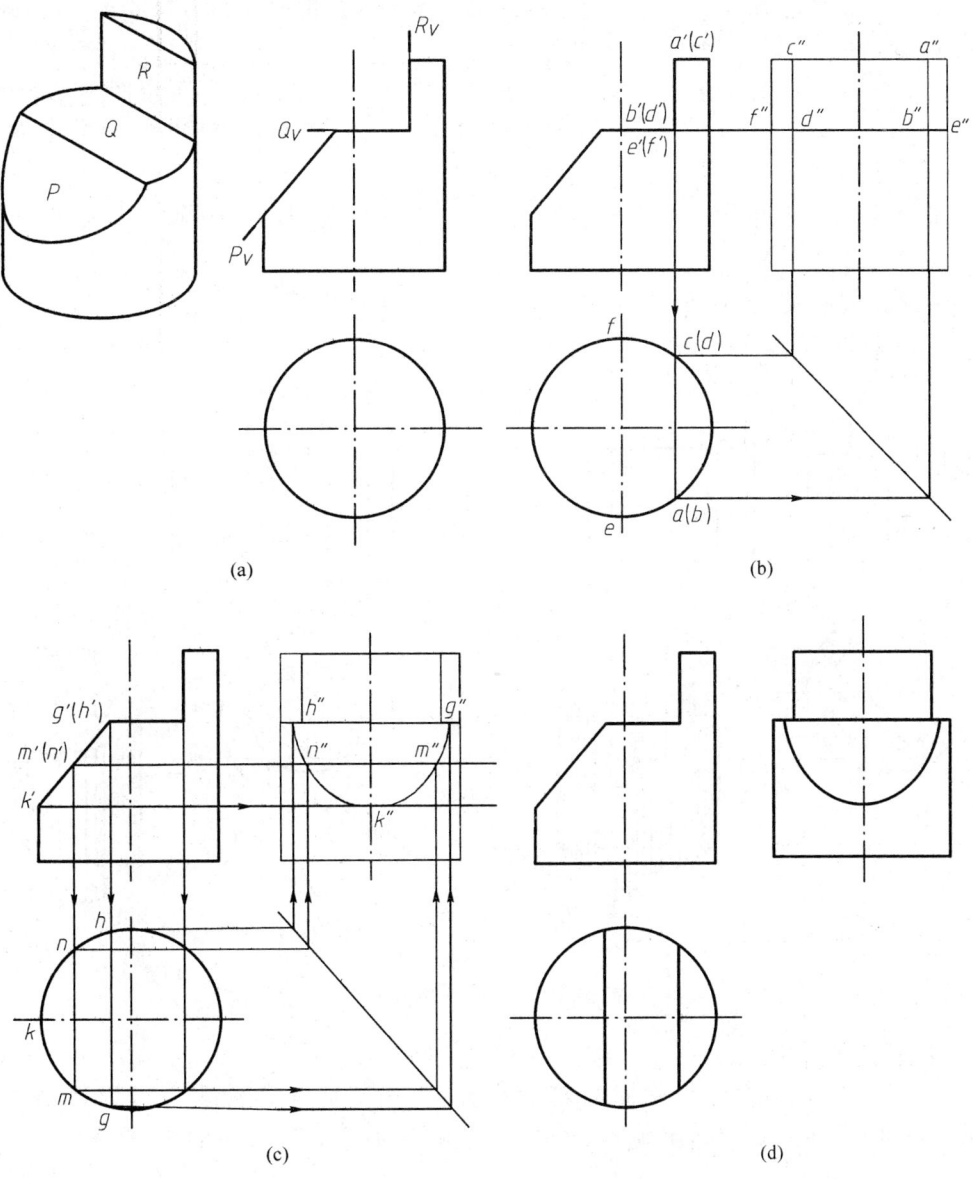

图 3-16 圆柱被三个平面截切

分析：由图 3-16a 可知，该立体由正垂面 P、水平面 Q、侧平面 R 截切而成。因各截平面的正面投影及圆柱面的水平投影均具有积聚性，故各截交线的正面投影分别积聚在 P_V、Q_V 及 R_V 上，水平投影积聚在圆周上。由表 3-4 可知，侧平面 R 与圆柱面的交线为两平行直线，侧面投影反映实形；水平面 Q 与圆柱面的交线为圆，侧面投影积聚成直线；正垂面 P 与圆柱面的交线为椭圆的一部分，侧面投影反映椭圆的类似形。

作图：

（1）作完整圆柱的侧面投影，如图 3-16b 所示。

（2）作侧平面 R 与圆柱面的交线。侧平面的水平投影积聚成直线，该直线与圆周的交点 $a(b)$、$c(d)$ 为截交线的水平投影，根据投影规律可求出其侧面投影，如图 3-16b 所示。

（3）作水平面 Q 与圆柱面的交线（图 3-16b）。水平面的侧面投影积聚成直线，则截交线的侧面投影积聚在 $e''f''$ 上，水平投影积聚在圆周上。

（4）作正垂面 P 与圆柱面的交线。正垂面 P 与圆柱面交线的投影可按例 3-11 的方法进行作图，先作最上点 G、H 和最下点 K，再作一般点 M、N，然后光滑连接各点，如图 3-16c 所示。

（5）作 P、Q 面交线的水平投影，去掉被截切的轮廓线，校对后描深，结果如图 3-16d 所示。

图 3-17 是圆筒截交线的画法，请注意圆柱体轮廓线及截交线的变化。

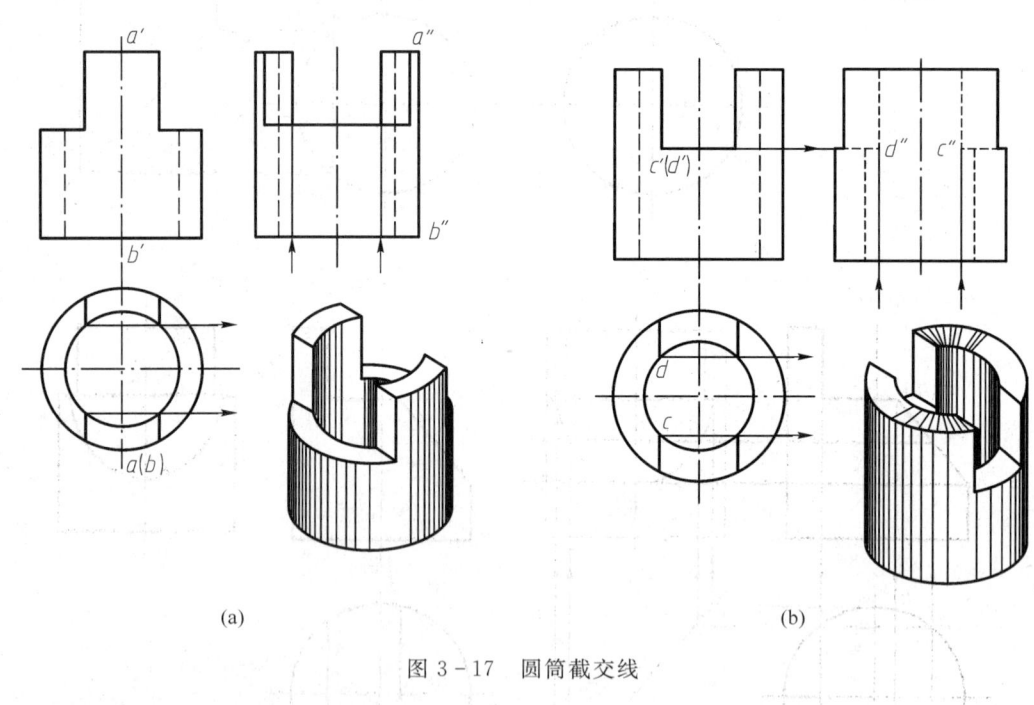

图 3-17 圆筒截交线

2. 圆锥截交线

当截平面与圆锥轴线处于不同的相对位置时，截平面与圆锥表面可以得到五种截交线，即圆、等腰三角形、椭圆或椭圆弧加直线、抛物线加直线以及双曲线加直线，如表 3-5 所示。

表 3-5 圆锥的各种截交线

截平面的位置	与轴线垂直 $\theta=90°$	与轴线倾斜 $\theta>\alpha$	与一条素线平行 $\theta=\alpha$	与轴线平行 $\theta=0°$	过锥顶
截交线	圆	椭圆或椭圆弧加直线	抛物线加直线	双曲线加直线	等腰三角形
立体图					
投影					

[例 3-13] 求侧平面截切圆锥的截交线(图 3-18)。

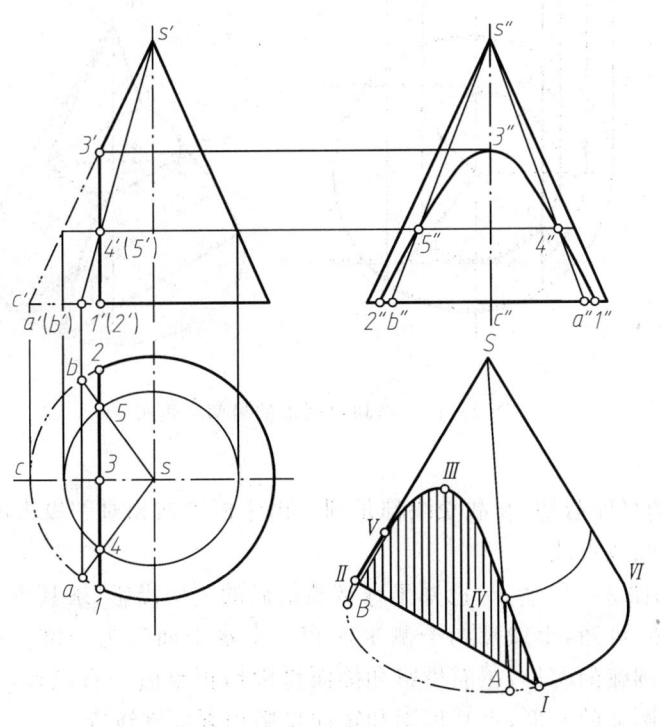

图 3-18 圆锥的截交线

89

分析：截平面为侧平面，与圆锥轴线平行，与圆锥表面的截交线为双曲线。截交线的正面投影和水平投影都积聚为直线段，侧面投影反映双曲线的实形，可根据圆锥表面取点的方法求出。

作图：

(1) 求特殊点。最高点 III，在圆锥最左的素线 SC 上，可直接作出 $3、3''$；最低点 $I、II$，也是最前、最后点，在圆锥底面圆上，可先作出水平投影 $1、2$，再作侧面投影 $1''、2''$。

(2) 求一般点。在最高点和最低点之间适当位置取两点 $IV、V$，先确定其正面投影 $4'、5'$，再利用辅助圆或辅助素线（$SA、SB$）求出其水平投影 $4、5$，最后求出侧面投影 $4''、5''$。用同样的方法求出一定数量的一般点。

(3) 判别可见性，光滑连接所求出各点的侧面投影，即得截交线的侧面投影，如图 3-18 所示。

图 3-19 为一圆锥被三个平面截切后的三面投影和立体图，请读者自行分析其作图方法。

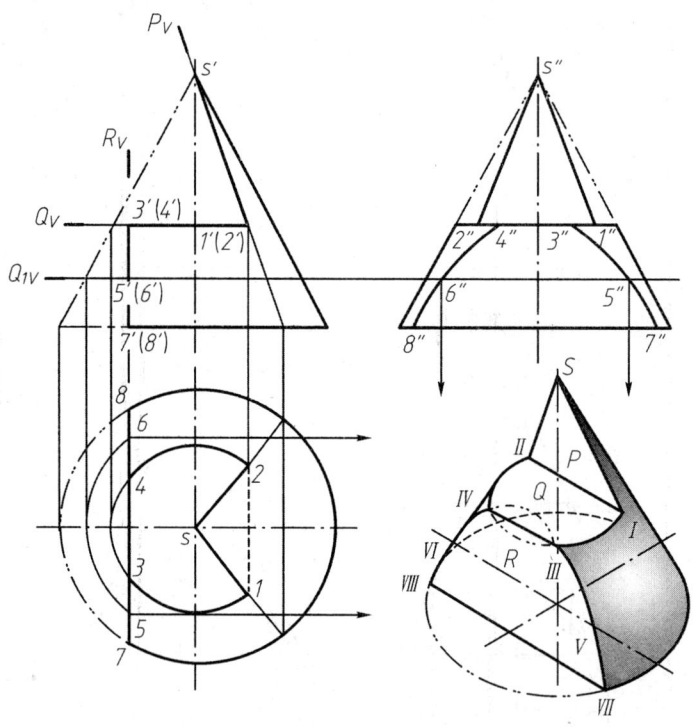

图 3-19 求缺口圆锥的另两个投影

3. 球截交线

球被任何位置的平面截切，其截交线都是圆。由于截平面相对于投影面的位置不同，截交线的投影可能是圆、椭圆或直线。

[**例 3-14**] 如图 3-20 所示，已知半球被截切后的正面投影，求其水平投影和侧面投影。

分析：由图 3-20 可知，半球被两个侧平面和一个水平面切去一槽。被水平面截切的截交线，其水平投影反映圆弧的实形，正面投影和侧面投影均积聚成一直线段；被侧平面截切的截交线，其侧面投影反映圆弧的实形，水平投影和正面投影积聚成直线段。

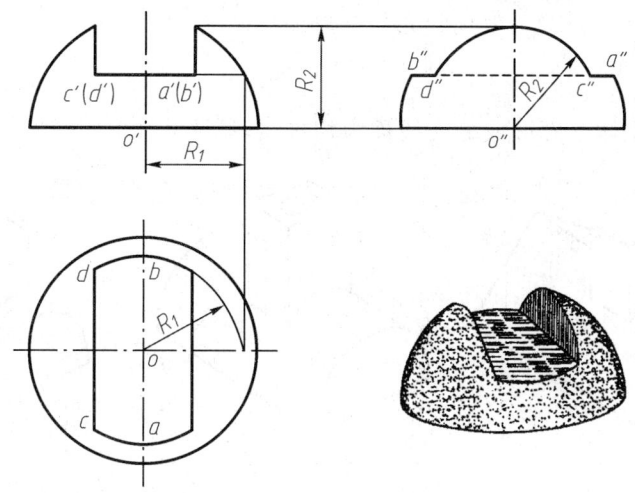

图 3-20 半球开槽

作图:

(1) 用细实线作出完整半球的水平投影和侧面投影。

(2) 作水平面与球的交线。以点 o 为圆心、R_1 为半径,在水平投影上画圆弧,在侧面投影上作直线 $a''b''$。

(3) 作侧平面与球的交线。以点 o'' 为圆心、R_2 为半径在侧面投影上画圆弧,与直线 $a''b''$ 相交于点 c''、d'',在水平投影上作竖直线至与半径为 R_1 的圆弧相交。

(4) 判别可见性。两平面的交线 $c''d''$ 被球面挡住,应画成细虚线。

(5) 去掉被截切的轮廓线,校对后描深,结果如图 3-20 所示。

图 3-21 为球被一正垂面截切后的三面投影和立体图。截交线的正面投影积聚成直线,水平投影和侧面投影为椭圆。可用辅助圆法求出椭圆上的若干点(先求特殊点,再求一般点),然后光滑相连。请读者自行分析作图方法。

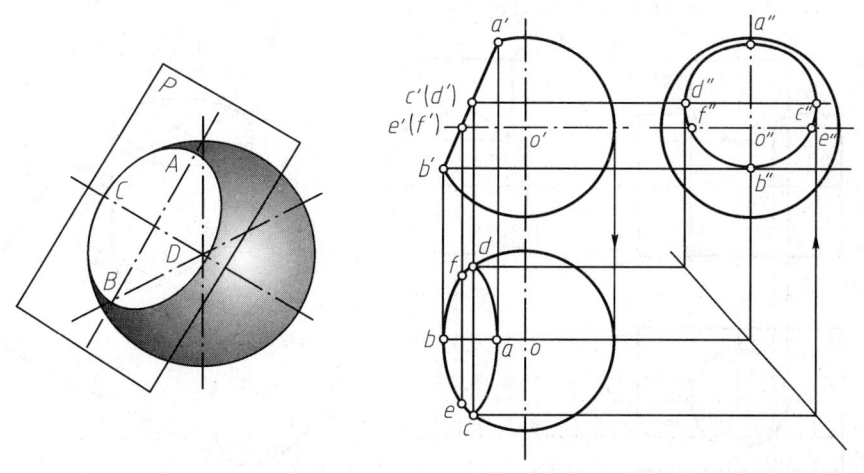

图 3-21 正垂面与球截交

3.3 相贯线

两立体相交,在立体表面形成的交线称为相贯线,见图3-22。

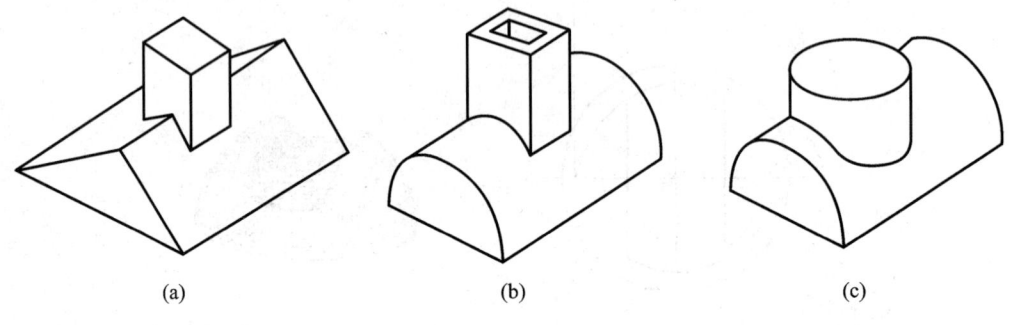

图 3-22 相贯线

相贯线具有以下性质:
(1) 相贯线是两立体表面的共有线,也是两立体表面的分界线。
(2) 相贯线一般情况下是空间曲线或折线,特殊情况下为平面曲线或直线。

两立体相交通常可分为两平面立体相交、平面立体与曲面立体相交以及两曲面立体相交,见图 3-22。本节主要讨论两回转体表面的相贯线。

3.3.1 回转体表面相贯线的作图方法

两回转体表面的相贯线,常用辅助平面法求解。但当回转体中有一回转体为圆柱,且圆柱轴线垂直某一投影面时,可利用积聚性进行求解;或者当相贯线是圆、椭圆、直线而其投影为圆、直线时,可直接作出相贯线的投影。

1. 利用积聚性求相贯线

[例 3-15] 试求两圆柱的相贯线(图 3-23)。

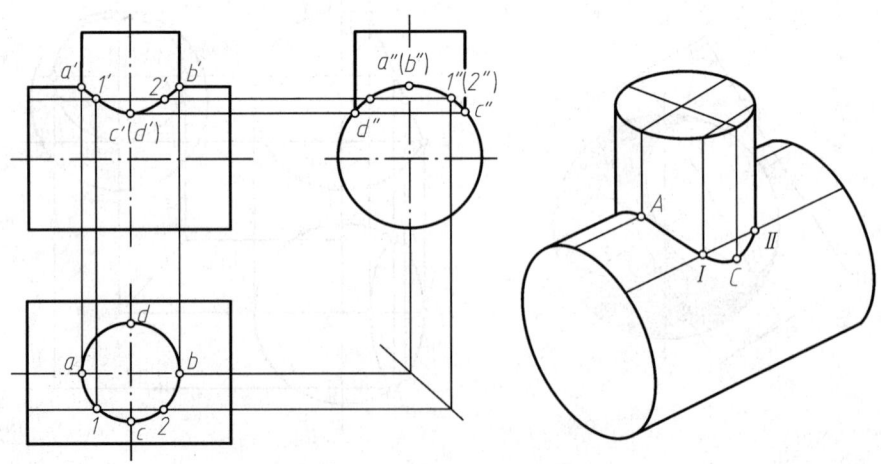

图 3-23 利用积聚性求相贯线

分析：由图 3-23 可知，直立圆柱和水平圆柱的轴线正交（轴线垂直相交），相贯线为前后、左右都对称的封闭空间曲线。由于直立圆柱的水平投影和水平圆柱的侧面投影都具有积聚性，所以相贯线的水平投影积聚在整个圆周上，侧面投影积聚在两圆柱的一段公共圆弧上。因此，相贯线的水平投影和侧面投影均已知，仅需求正面投影。

作图：

(1) 求特殊点。先在相贯线的水平投影上定出最左点 A、最右点 B 以及最前点 C、最后点 D 的水平投影 a、b、c、d，再在相贯线的侧面投影上作出点 a''、b''、c''、d''，最后作出点 a'、b'、c'、d'。

(2) 求一般点。在侧面投影上取点 $1''$，根据投影关系在水平投影的圆周上作出点 1，再由点 1、$1''$ 求出点 $1'$。同理可作出点 $2'$。

(3) 判别可见性并连曲线。两立体的投影均可见，相贯线才可见。本例中相贯线前后对称，其可见与不可见部分的投影重合，故只需用光滑的粗实线连接各点的正面投影，即得相贯线的正面投影，如图 3-23 所示。

工程上两圆柱正交的情况最为常见，通常有图 3-24 所示的三种形式。

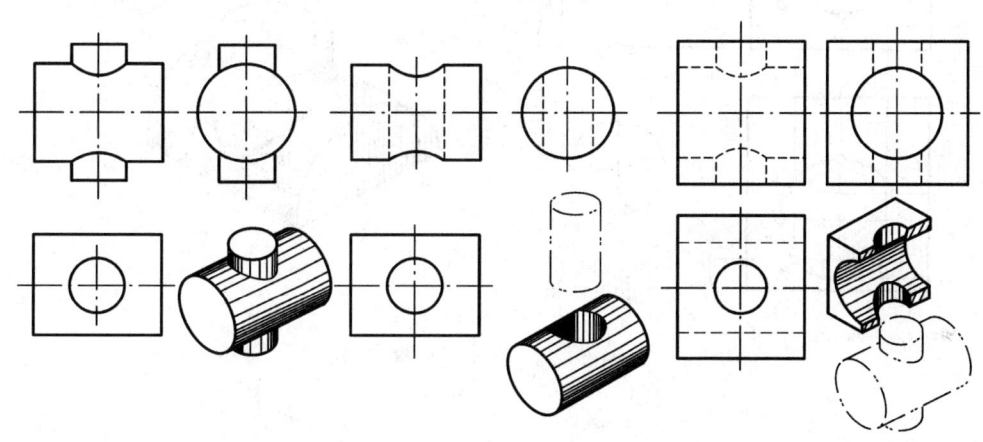

图 3-24 两圆柱正交的三种形式

(1) 两实体圆柱正交。
(2) 实体圆柱与圆柱孔正交。
(3) 两圆柱孔正交。它们的相贯线的求法与上例相同。

从以上图例可以看出，相贯线总是向大圆柱的轴线靠拢。

图 3-25 是两圆柱偏交（两圆柱轴线交叉）的情况。相贯线的水平投影和侧面投影具有积聚性，同样可利用积聚性求相贯线的正面投影。读者在分析作图过程时，应注意图中重影点以及轮廓线上交点的位置，并与正交时相贯线的求法相比较，分析其异同。

2. 用辅助平面法求相贯线

两曲面立体相交（图 3-26），其相贯线不能用积聚性直接求出时，可用辅助平面法求解。

辅助平面法是利用三面共点原理求作相贯线的一种方法。即假想用一辅助平面截切两相交曲面立体，截平面与两立体交线的交点就是相贯线上的点，该点既在平面上又在两相交曲面立体表面上。

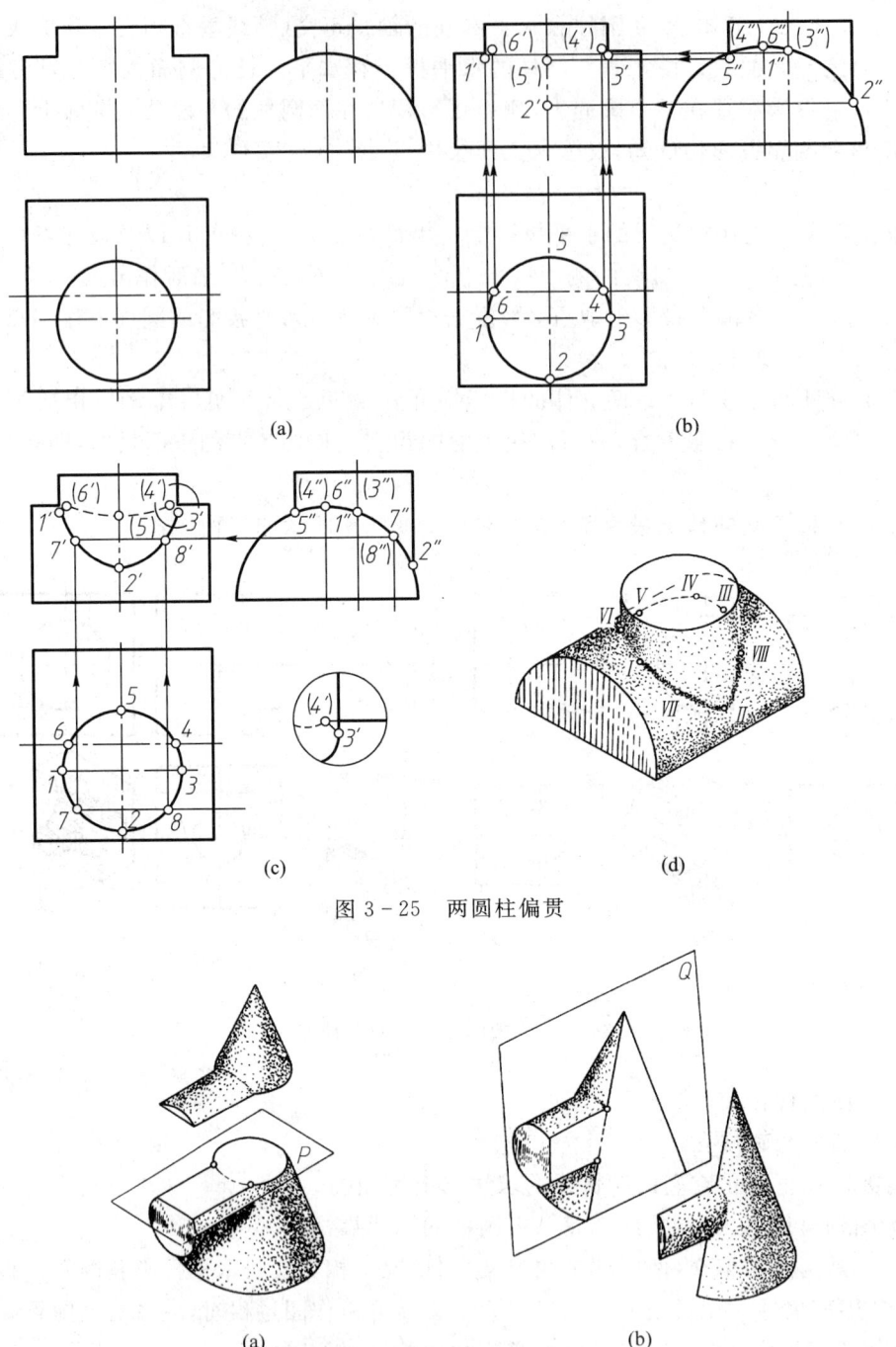

图 3-25 两圆柱偏贯

图 3-26 求轴线正交的圆柱与圆锥相贯时辅助平面的选择

选择辅助平面的原则：

（1）所选辅助平面与两曲面立体表面的交线应是便于作图的直线和圆，常选用特殊位置平面作为辅助平面。

（2）辅助平面应位于两曲面立体的共有区域内，否则得不到共有点。

[例3-16] 求图3-27所示的轴线正交的圆柱与圆锥的相贯线。

分析：从图3-27可以看出，圆柱全部穿入圆锥，且它们有公共的前后对称面，所以相贯线是一条前后对称的封闭空间曲线，其侧面投影已知，积聚在圆柱体的侧面投影上，正面投影和水平投影待求，可利用辅助平面法求解。根据辅助平面选择的原则，本例可采用水平面和过锥顶的正平面作为辅助平面。

作图：

(1) 求特殊点。

① 最高、最低点（图3-28b）。过锥顶作正平面Q，它与圆柱相交于最高、最低两素线，与圆锥相交于最左、最右两素线，它们正面投影的交点a'、d'即为相贯线上最高、最低点的正面投影，从而可求出它们的水平投影a、d。

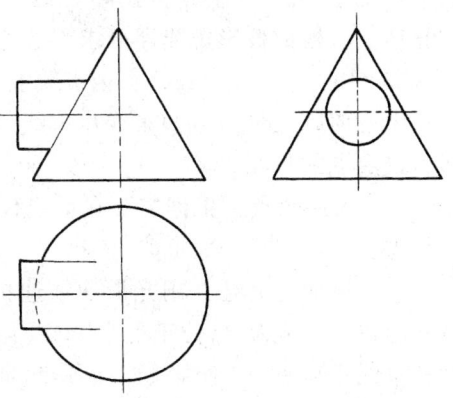

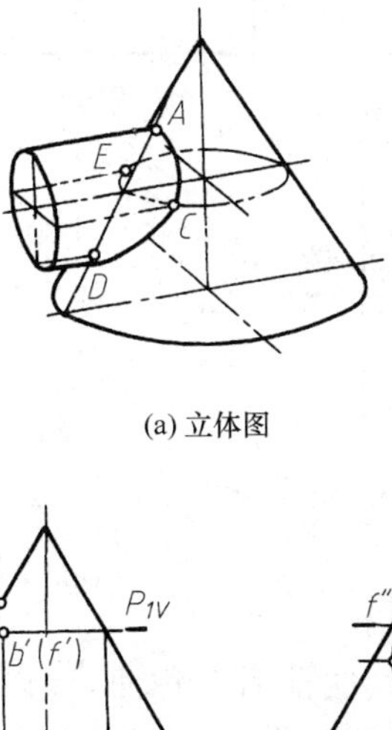

图3-27 轴线正交的圆柱与圆锥相贯

(a) 立体图 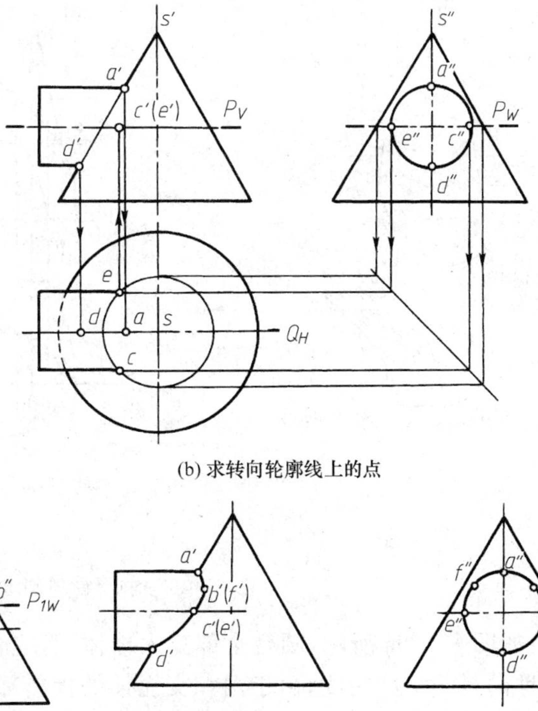　　(b) 求转向轮廓线上的点

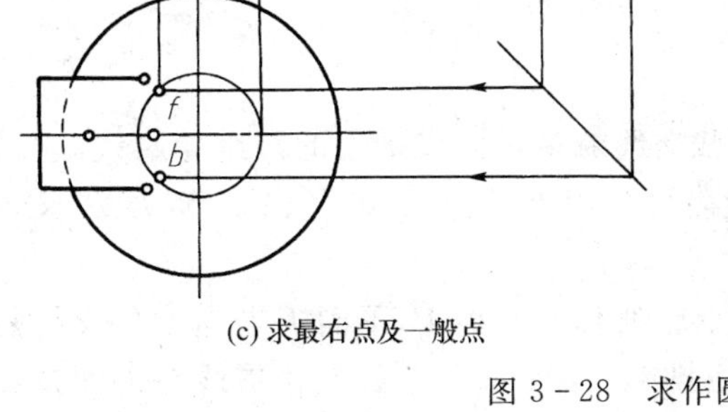

(c) 求最右点及一般点 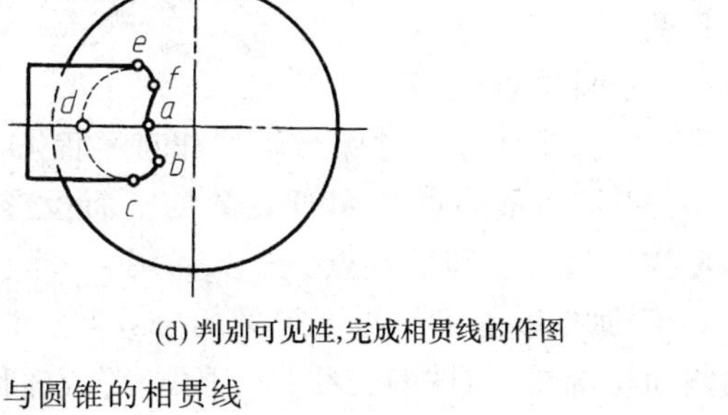　　(d) 判别可见性，完成相贯线的作图

图3-28 求作圆柱与圆锥的相贯线

② 最前、最后点（图3-28b）。过圆柱轴线作水平面 P，它与圆柱相交于最前、最后素线，与圆锥相交于一圆，它们水平投影的交点 c、e 即为相贯线上最前、最后点的水平投影，正面投影 c'、e' 在 P_V 上，根据投影规律即可求得。

③ 最右点（图3-28c）。相贯线上的最右点可用辅助平面法近似求出，即在侧面投影中，从圆的中心向圆锥最前（后）素线作垂线与圆相交，过交点作水平面 P_1，所求出的点 B、F 的各投影即为最右点的投影。

（2）求一般点。根据需要在适当位置再作一些水平面作为辅助平面，求出相贯线上的一些一般点。

（3）判别可见性并用光滑曲线连接各点。正面投影上，相贯线前后重合，画成粗实线；水平投影上以点 c、e 为界，位于上半圆柱面上的相贯线可见，用粗实线连接各点，位于下半圆柱面上的相贯线不可见，用细虚线连接各点，如图3-28d所示。

[例3-17] 求作图3-29所示圆台与球相贯线的投影。

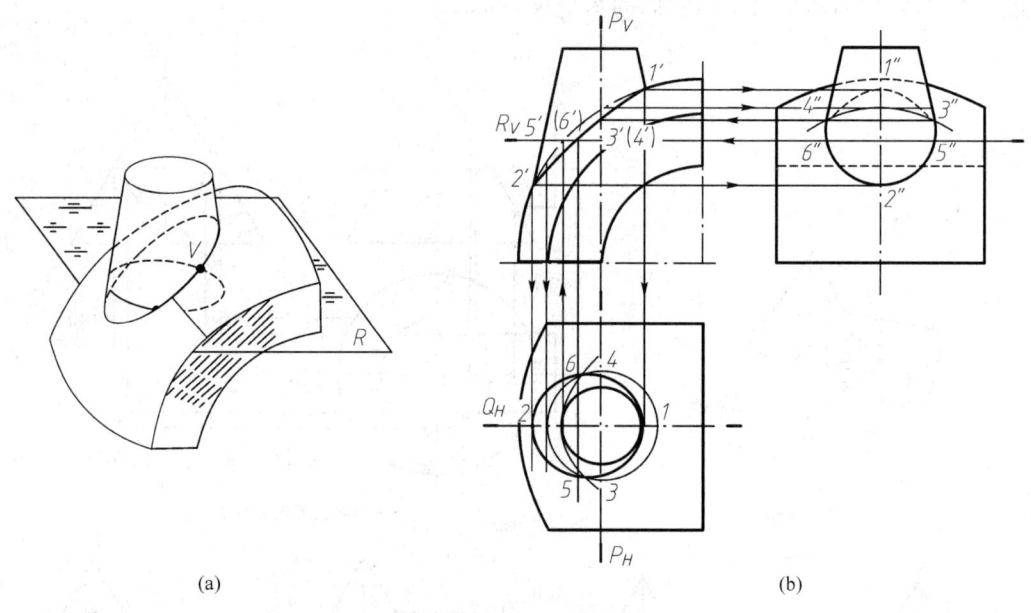

图3-29 求圆台与圆球的相贯线

分析：如图3-29a所示，圆台全部穿入球体，且它们有公共的前后对称面，所以相贯线是一条前后对称的封闭空间曲线，由于两相交立体的投影都没有积聚性，所以必须用辅助平面法求相贯线。本例中，辅助平面应采用水平面以及过圆台轴线的正平面和侧平面。

作图：

（1）求特殊点。

① 最高、最低点。过圆台轴线作正平面 Q，其截交线就是正面投影上的两组轮廓线，它们的交点 $1'$、$2'$ 即为最高点 I、最低点 II 的正面投影，从而可求得点 1、2 及点 $1''$、$2''$。点 I、II 又分别是相贯线的最右点和最左点。

② 侧面投影上可见与不可见的分界点。过圆台轴线作侧平面 P，平面 P 与圆台的交线是圆台的侧面轮廓线，与球的交线是一段圆弧，它们侧面投影的交点 $3''$、$4''$ 就是相贯线在侧面投影上

可见与不可见的分界点,点Ⅲ、Ⅳ的正面投影和水平投影分别在 P_V、P_H 上。

(2) 求一般点。在最高点与最低点之间任作一水平面 R,它与圆台的交线为圆,与球的交线为圆弧,两交线的交点 Ⅴ、Ⅵ 就是相贯线上的点。可先求出其水平投影 5、6,然后在 R_V、R_W 上求出它们的正面投影 5′、6′ 和侧面投影 5″、6″。用类似的方法再求出一些一般点。

(3) 判别可见性,并将各点的同面投影光滑相连,结果如图 3-29b 所示。

3.3.2 回转体表面相贯线的特殊情况

两曲面体相交时,相贯线一般是封闭的空间曲线,但在特殊情况下,相贯线是平面曲线或直线。

(1) 公切于一球面的两个回转体相交,它们的交线均为平面曲线——椭圆,如图 3-30 所示,其正面投影为两相交直线。

(2) 轴线互相平行的两圆柱相交,其交线为两条平行的直线,如图 3-31 所示。

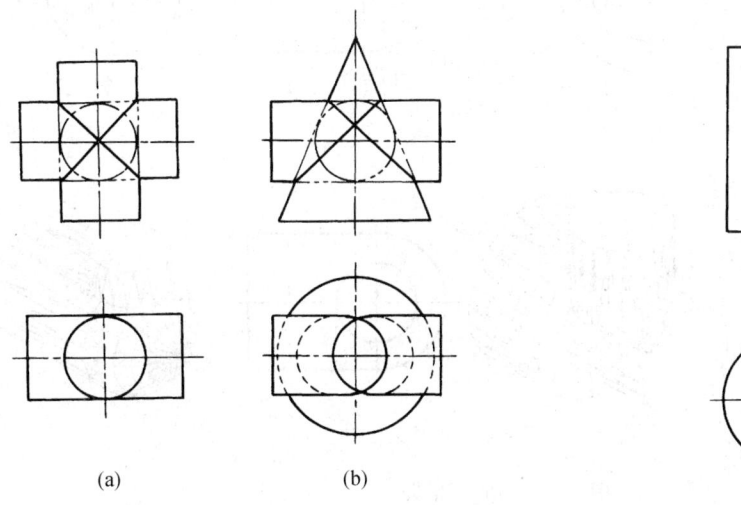

图 3-30 外切于同一球面的回转体相交

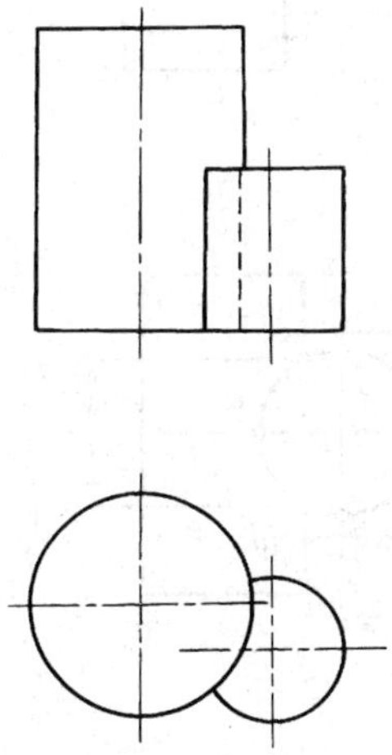

图 3-31 相贯线为直线

(3) 同轴回转体相交,它们的相贯线为一垂直于回转体轴线的圆,如图 3-32 所示。

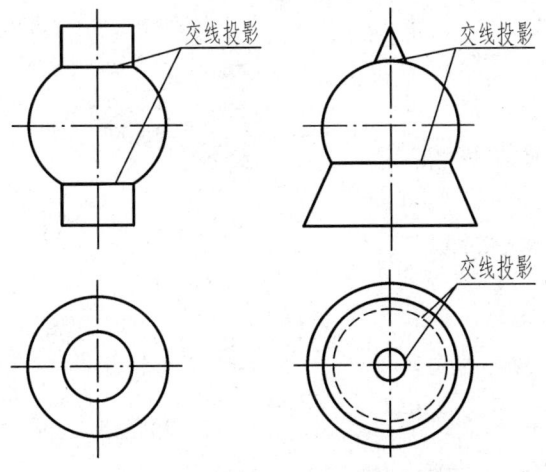

图 3-32 同轴回转体的相贯线

3.3.3 组合相贯线的画法

某一立体和两个立体相贯时,应分别求出前者与后者各表面的交线。如图 3-33a 中小圆柱 Ⅲ 与圆柱 Ⅰ、Ⅱ 都正交,故相贯线分别向圆柱 Ⅰ、Ⅱ 的轴线方向弯曲;又由于圆柱 Ⅱ 的端面 A 与圆柱 Ⅲ 的轴线平行,故交线是两条直线,它们的投影可按前面所介绍的方法求出。图 3-33b 中的直立圆柱与相切的球、圆柱相贯,两段相贯线是光滑连接的。注意圆柱与球相贯时,其轴线通过球心,故相贯线的正面投影和侧面投影为垂直圆柱轴线的直线。

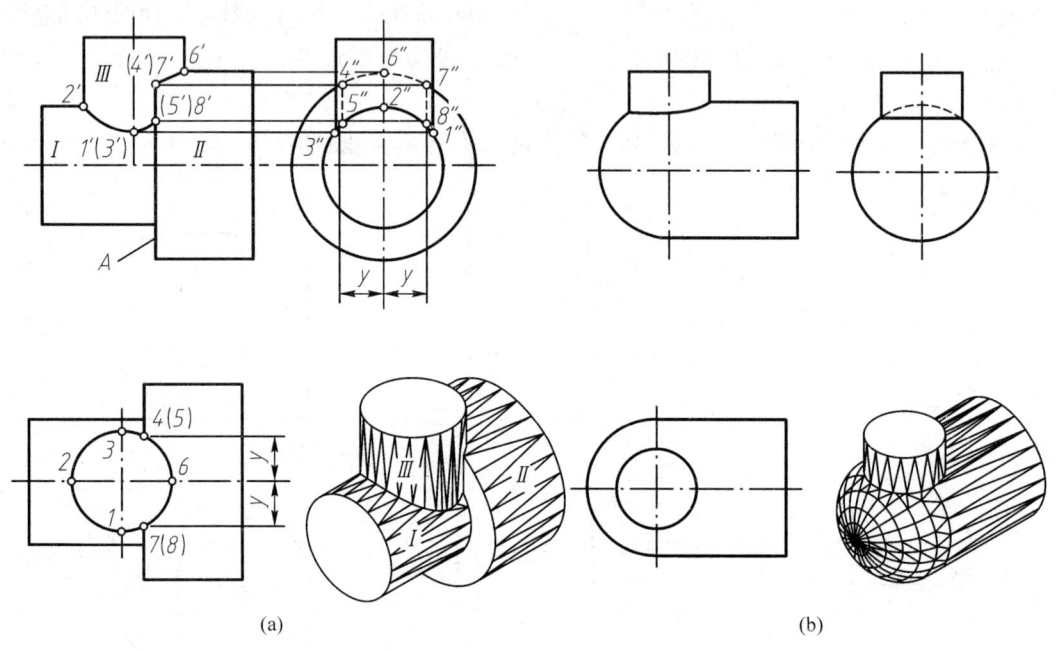

图 3-33 组合相贯

第4章 组 合 体

4.1 组合体的构成和形体分析法

4.1.1 组合体的构成方式

任何复杂的物体,从形体角度看,都可认为是由一些基本形体(柱、锥、球、环)所构成的。如图 4-1 所示的轴承座,它由四棱柱、三棱柱及圆柱等构成。这些由两个或两个以上的基本形体构成的物体称为组合体。

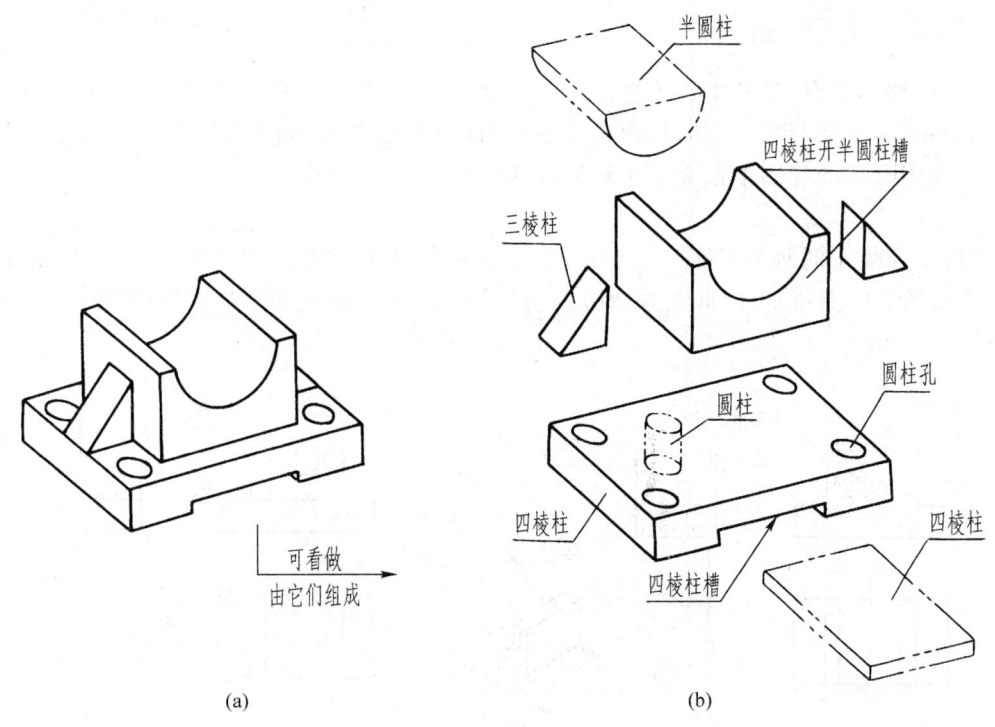

图 4-1 轴承座的形体分析

组合体的构成方式通常可分为叠加型和切割型两种。叠加型组合体主要是由一些基本形体叠加而成或有部分切割,如图 4-1 所示的轴承座。图 4-2 所示的压块为切割型组合体,可以看做在四棱柱的上方左、右两角各切去一个三棱柱,上前方切去一个四棱柱,下部从前到后挖去一个圆柱而形成的。

在许多情况下,叠加型和切割型并无严格的界限,同一物体既可按叠加型进行分析,也可以从切割型去理解,这时应根据具体情况,以便于作图和易于理解为准。

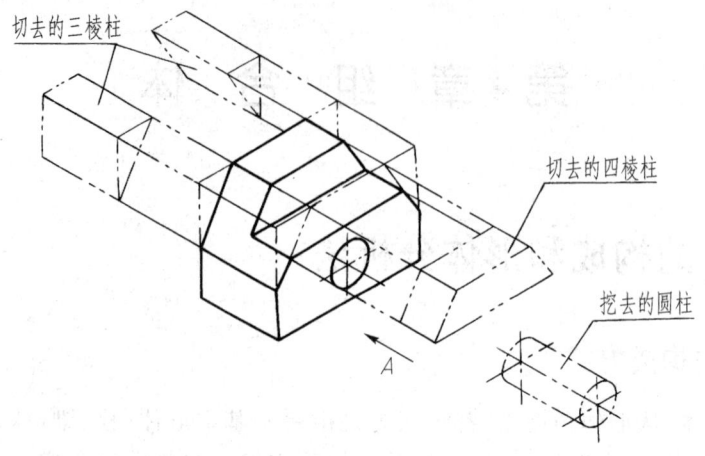

图 4-2 压块的形体分析

4.1.2 形体表面的连接关系

就组合体整体来看,各基本形体之间都有一定的相对位置,而各形体之间的表面也存在着一定的连接关系,如平面与平面之间共面还是不共面,平面与平面、曲面与曲面之间是相切还是相交等,这些在组合体的视图上都必须正确地反映出来。

1. 共面

如果两个形体上的两个平面互相平齐,连接成一个平面,它们在连接部分就不存在分界线,如图 4-3 中的立体图所示,因此在画图时,主视图的上、下形体之间不应画线(图 4-3a),否则是错误的(图 4-3b)。

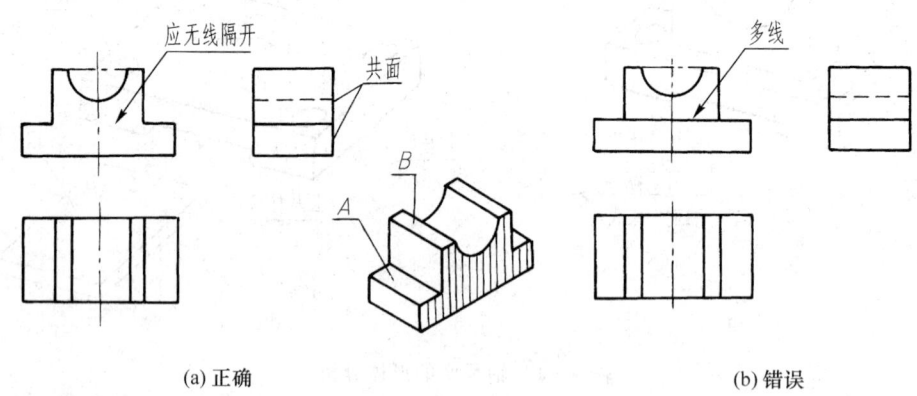

(a) 正确　　　　　　　　　　　　　　(b) 错误

图 4-3 形体表面共面时的投影

2. 不共面

如图 4-4 中立体图所示的物体,其上、下两形体不平齐,形体 A 与形体 B 前方画有阴影线的两表面为前后两个不共面的平行面,所以画图时上、下形体的投影之间应有线隔开(图 4-4a),不画线是错误的(图 4-4b)。

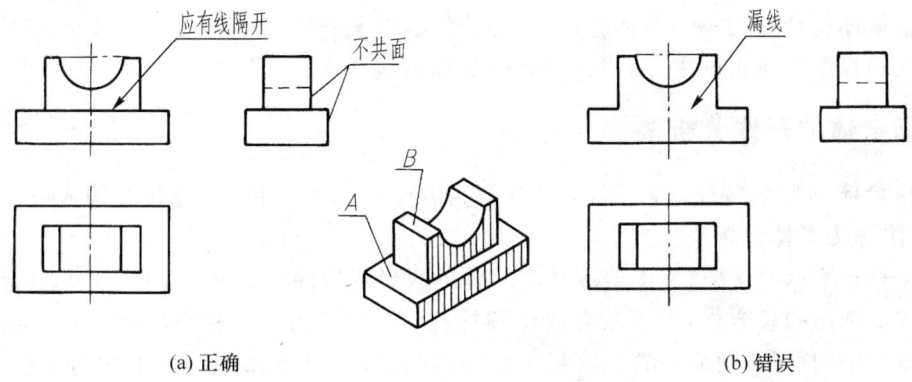

(a) 正确 (b) 错误

图 4-4　形体表面不共面时的投影

3. 相交

两形体表面相交，交线是两形体表面的分界线。如图 4-5 中立体图所示的物体，画图时，应按投影关系画出交线的投影，如图 4-5a 所示，不按投影关系画出的交线是错误的（图 4-5b）。

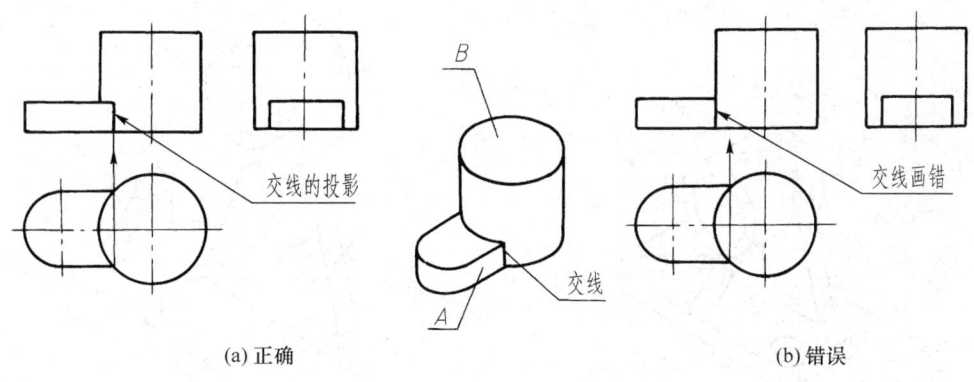

(a) 正确 (b) 错误

图 4-5　形体表面相交时的投影

4. 相切

两形体表面相切，在相切处两表面是圆滑过渡，没有交线，如图 4-6 中立体图所示。画图时在相切处不应画线，形体 A 顶面在主、左视图上的投影画到相切处为止，画法如图 4-6a 所示。图 4-6b 所示的画法是错误的。

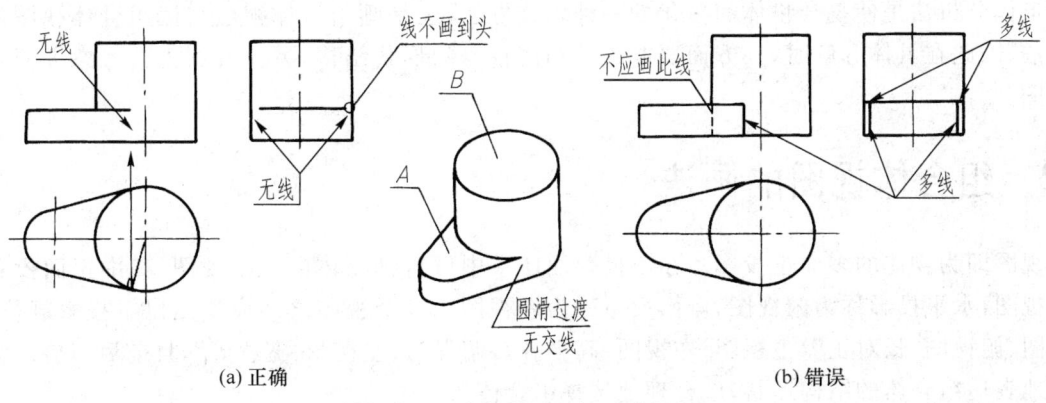

(a) 正确 (b) 错误

图 4-6　形体表面相切时的投影

当两个形体接合成为一个整体时,接合部分的表面及其轮廓不再存在。因此,形体接合部分转向轮廓线的投影不应再画出,如图 4-6b 中的细虚线所示。

4.1.3 组合体的形体分析法

根据组合体的形状特征,假想地将其分解为若干个基本形体,并分析其构成方式及相对位置,这种方法称为形体分析法。

如图 4-7a 所示的支架,该支架按基本形体可假想分为四个部分(图 4-7b):① 底板为有两个侧棱倒成了圆角的长方体,上面钻有两个圆柱孔;② 圆筒为一圆柱体,中间有一圆柱孔,它位于底板上方的中间部位,前后位置以底板为准向后凸出;③ 支承板是一个上方为圆柱面的平板,它与底板的后侧面平齐,并对称分布在底板之上,上方圆柱面与圆筒相接合,其倾斜的两个侧面与圆筒的外表面相切;④ 肋为一块带圆柱面的多边形平板,它位于底板上方,左右对称分布在底板上,其后侧面与支承板平齐,圆柱面与圆筒叠合,左、右两侧面与圆筒相交。

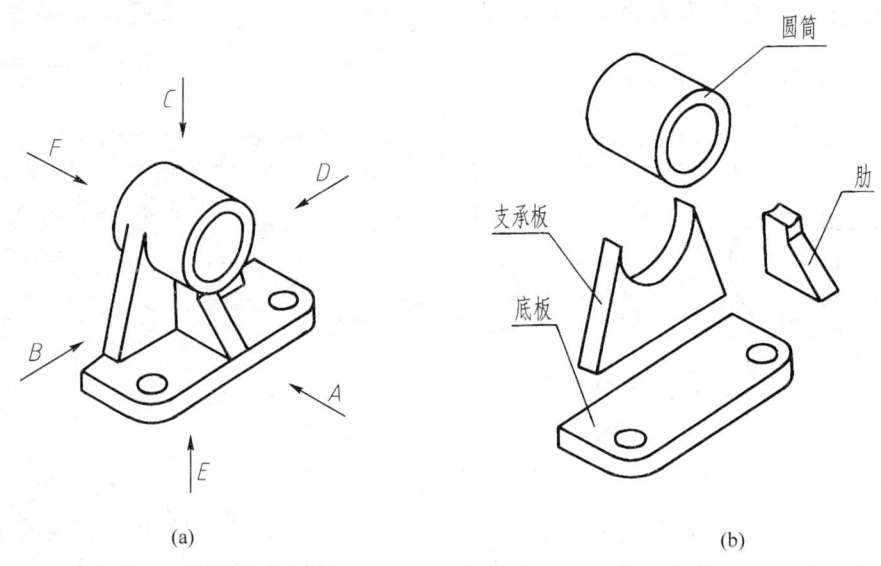

图 4-7 支架的形体分析

形体分析法是使复杂物体简单化的一种思维方法,也是画组合体视图与读组合体视图的基本方法,因此在具体分解时,一方面要取决于物体自身的形状结构,另一方面也要考虑方便画图与读图。

4.2 组合体视图的画法

视图即为物体的多面正投影。在三投影面体系中可得到物体的三个视图,其中正面投影称为主视图,水平投影称为俯视图,侧面投影称为左视图。三个视图之间应遵循以下投影规律,即主视图、俯视图"长对正",主视图、左视图"高平齐",俯视图、左视图"宽相等",且前后对应。为了清晰地表达组合体的结构形状,应合理地选择组合体的视图。

4.2.1 组合体的视图选择

视图选择的内容包含主视图的选择及视图数目的确定。

1. 主视图的选择

主视图是表达组合体的一组视图中最重要的视图,选择时应考虑下面几个问题:

(1) 安放位置。一般按自然稳定或画图方便的位置放置,常将组合体的主要平面水平放置。

(2) 投射方向。选择最能反映组合体的形状特征的方向作为投射方向。

(3) 可见性好。尽量减少其他视图中的细虚线。如图 4-7 所示的支架,按其自然位置放置,使其底平面平行水平投影面;确定投射方向时,常要将几个方向加以比较后确定,显然按 C、E、F 三个方向投射,会使组合体的某个视图有较多的结构被挡住,细虚线太多,不宜作为主视图,B、D 两方向反映物体形状特征相同,但若取 B 向视图为主视图,则画左视图时会出现较多的细虚线、影响图形的清晰性,故也不宜作为主视图的投射方向。

A、D 向比较,在表达形体特征方面各有特点,都可以作为主视图的投射方向,从对称性考虑,这里选用 A 向作为主视图的投射方向。

2. 视图数目的确定

视图数目的确定应以完整、清晰地表达出各形体的真实形状和相对位置为原则。如图 4-7 所示的支架,主视图按 A 向确定后,还要画出俯视图表达底板的形状和两孔的中心位置,画出左视图表达肋的形状,因此要完整表达出该支架的形状,必须画出主、俯、左三个视图。

4.2.2 画组合体视图的步骤

1. 用形体分析的方法画组合体的视图

对于叠加型组合体,一般采用形体分析的方法绘制其视图。

下面以图 4-7a 所示的支架为例说明画组合体视图的一般步骤:

(1) 形体分析

如前所述,此处略。

(2) 选择视图

前面已述,选 A 向作为主视图的投射方向,用主、左、俯三个视图表达。

(3) 选比例,确定图幅

画图时应尽量选用原值比例,物体太小或太大则采用放大或缩小比例画图,一旦比例确定,便可估算出所需的图幅尺寸,选用标准图幅。

(4) 画底稿

先以中心线、对称线、轴线及基线(大形体的端面定位线)等作为画图的基准线,定出各视图的位置,接着用细实线逐个画出组合体上各组成部分视图的底稿。画图时,可先画物体上大的、主要的部分,然后再画细节,作图过程如图 4-8a~f 所示。

(5) 检查并描深,完成支架视图

底稿画完后,要按照画图顺序仔细校核,改正错误并补全遗漏的图线,擦去多余的线条,然后按照标准线型描深,如图 4-8g 所示。

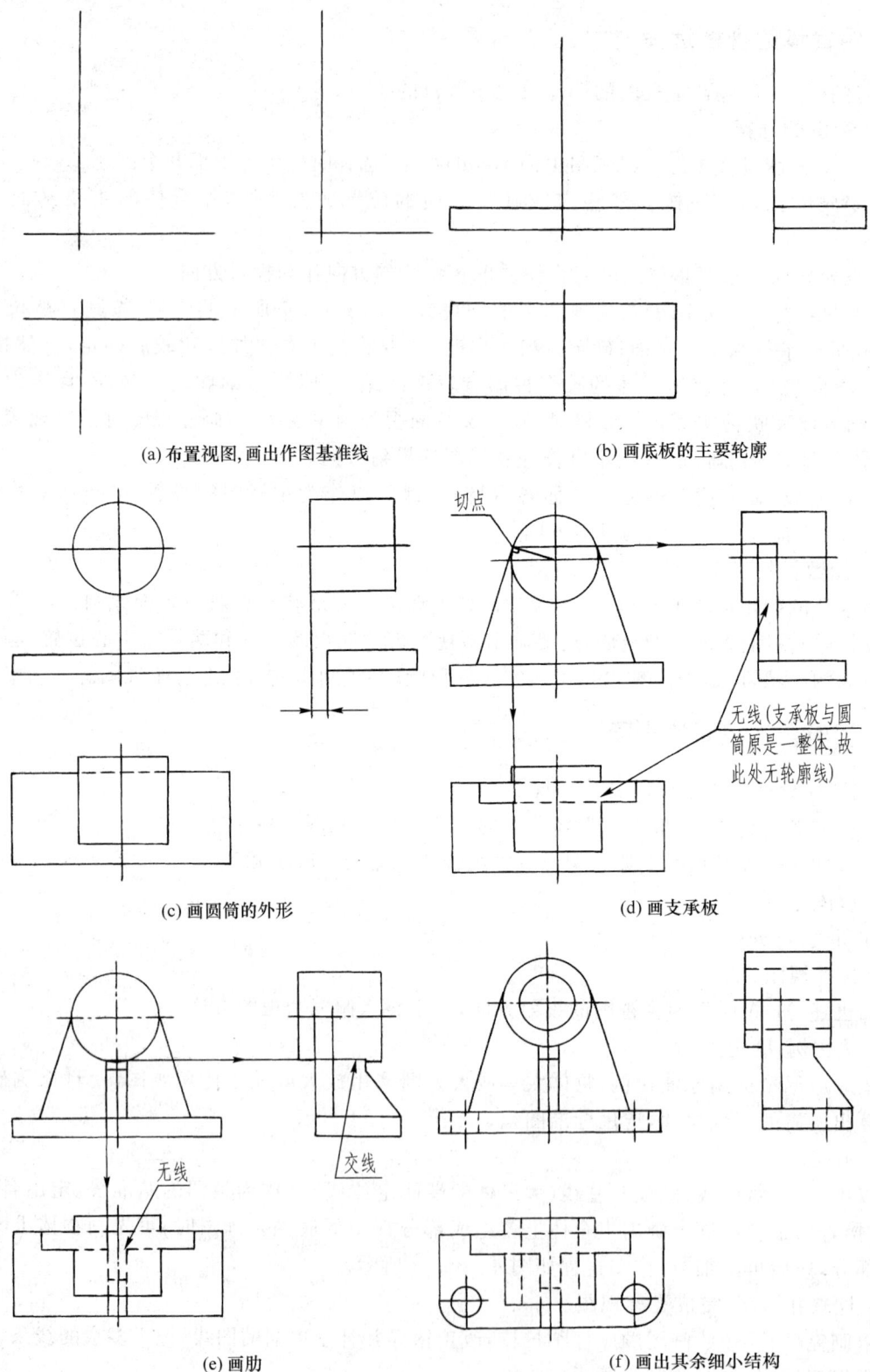

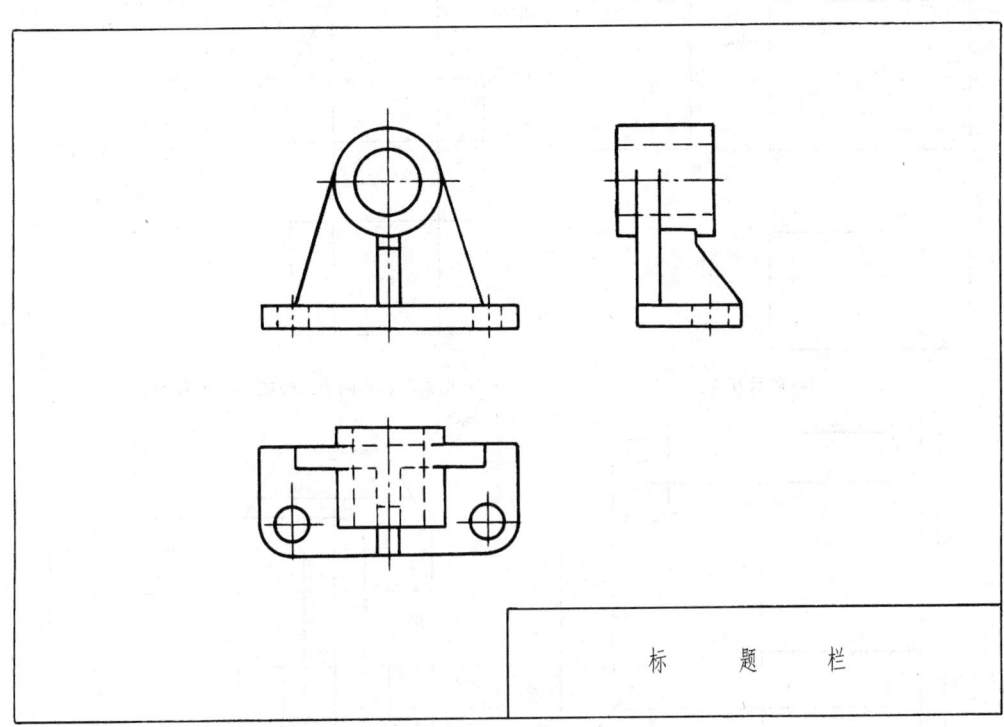

(g) 检查并描深,完成支架视图

图 4-8　支架的画图过程

画组合体的三视图时应注意：

(1) 同一基本形体的三视图应按投影关系同时画出,而不是先画完组合体的一个完整的视图后再画另一个视图,这样既能保证各基本形体之间的相对位置和投影关系,又能提高绘图速度。

(2) 画每一个基本形体时,通常应先画反映该部分形状特征的视图,然后再画其他视图,如圆筒和支承板应先画其主视图。但有相交、相切的情形时,应先画能确定相交、相切位置的视图,再画其他视图。如肋的左视图反映其形状特征,但它与圆筒交线的位置由主视图确定,所以画肋时,应先画主视图。

2. 按切割顺序画组合体的视图

对于切割型组合体,一般按切割顺序绘制其视图。

下面以图 4-2 所示的压块为例介绍绘图方法。

(1) 视图选择。以 A 向作为主视图的投射方向(图 4-2)。

(2) 选比例,定图幅。

(3) 画各视图的底稿。画图时可从压块的基本轮廓画起,即先画出长方体的三视图,再依次画出被切去部分的视图。画被切去的基本形体时,应先从反映各基本几何体特征的那个视图画起,然后再画其他视图。绘图过程如图 4-9a～d 所示。

(4) 检查并描深,完成压块视图,如图 4-9e 所示。

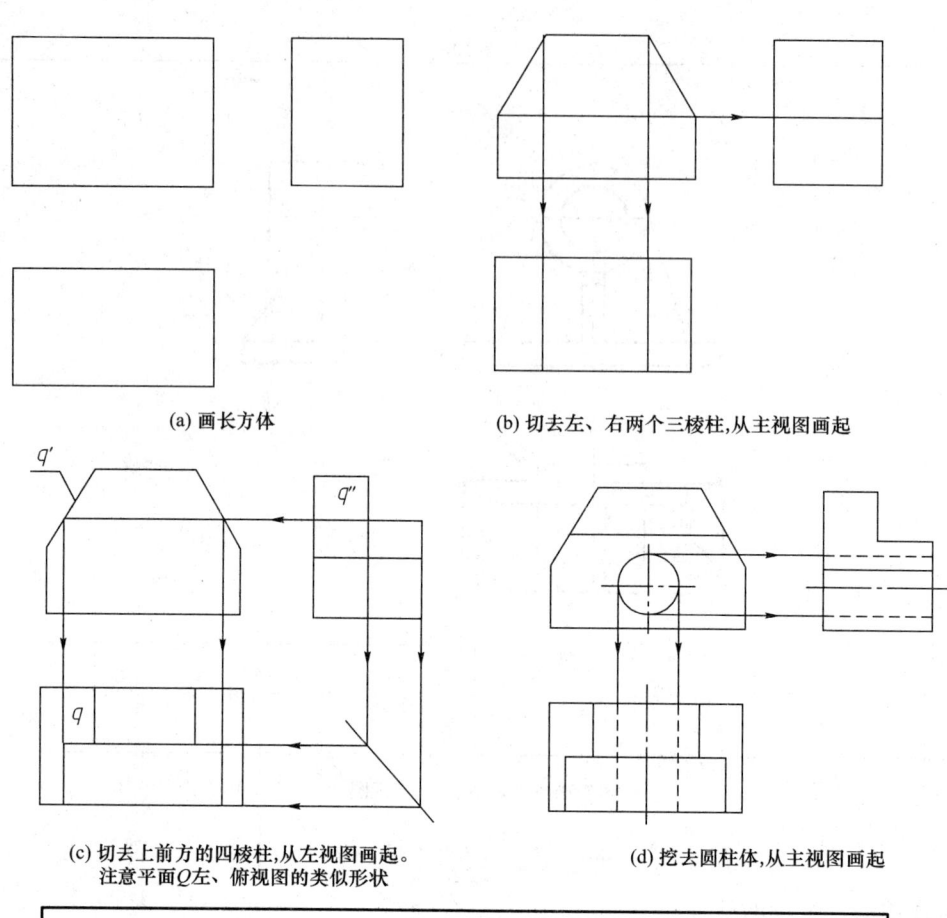

(a) 画长方体　　(b) 切去左、右两个三棱柱,从主视图画起

(c) 切去上前方的四棱柱,从左视图画起。
注意平面Q左、俯视图的类似形状　　(d) 挖去圆柱体,从主视图画起

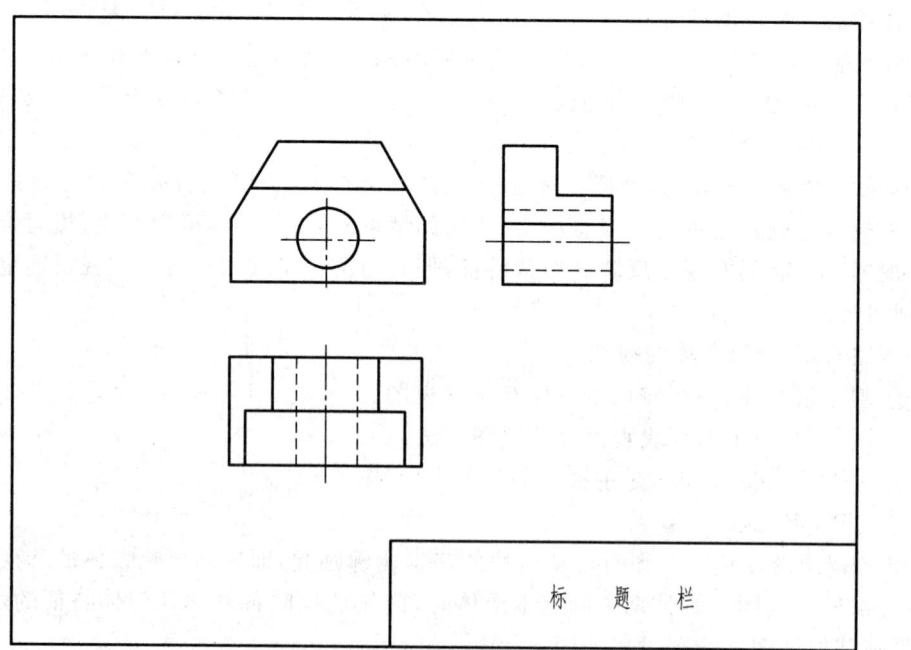

(e) 检查并描深,完成压块视图

图 4-9　压块的作图步骤

4.3 组合体的尺寸标注

组合体的视图只表达了它的形状,而其真实大小及各形体之间的相对位置要通过标注尺寸来确定。

1. 组合体尺寸标注的基本要求

(1) 正确。要严格遵守国家标准 GB/T 4458.4—2003 规定的基本规则和方法。

(2) 完整。尺寸必须齐全,不多余,不遗漏,不重复。

(3) 清晰。尺寸要标注在反映该结构形状特征的视图上,排列恰当,便于读图。

2. 尺寸基准

在组合体中,确定尺寸位置的点、直线和平面等称为尺寸基准,简称基准。

在长、宽、高三个方向都存在基准,且在同一方向上根据需要可以有若干个基准,其中一个为主要基准,其余为辅助基准,主要基准与辅助基准之间应有尺寸联系。

通常选择交点(圆心、球心等)、轴线、对称中心线、对称面、安装面、大的端面等作为尺寸基准。

如图 4-10 所示的组合体,选取对称面作为长度方向的尺寸基准、安装底面作为高度方向的尺寸基准、大的端面(背面)作为宽度方向的尺寸基准。

注意:以对称面作为基准标注尺寸时,尺寸必须注在两端,而不可以只注一侧,如图 4-10 所示的两孔中心距 40。

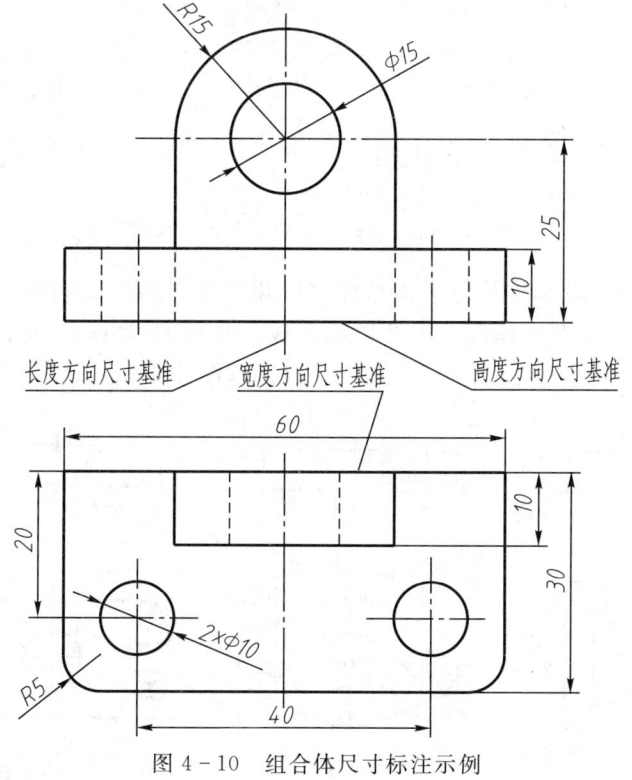

图 4-10 组合体尺寸标注示例

3. 尺寸的种类

(1) 定形尺寸。确定各形体形状及大小的尺寸称为定形尺寸。图 4-10 中确定底板长、宽、高的尺寸 60、30、10 就是定形尺寸。图 4-11 所示为要确定各基本形体的形状和大小应标注的尺寸。

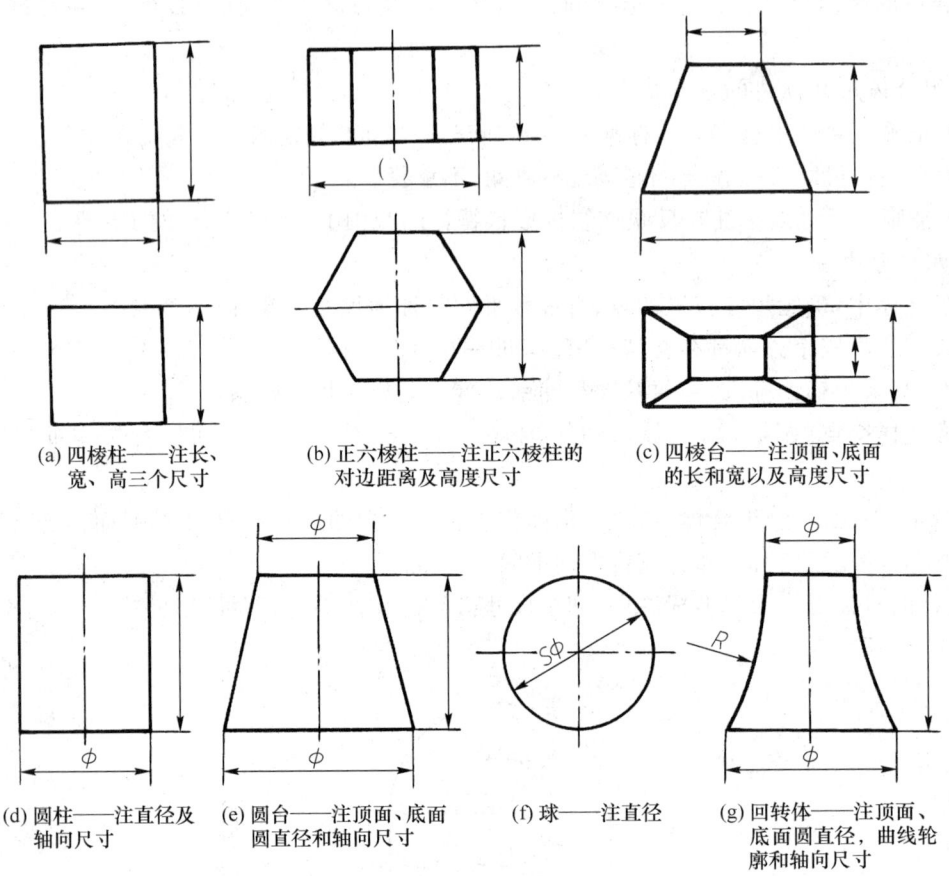

图 4-11 常见基本形体的尺寸标注

(2) 定位尺寸。确定各基本形体或简单体之间相对位置的尺寸称为定位尺寸。图 4-10 中 40、20、25 就是定位尺寸。在标注图 4-12 所示底板和凸缘的尺寸时,除了应注出直径(φ)、半径(R)及长、宽、高各定形尺寸外,还应注出孔的定位尺寸(图中带"△"的尺寸)。

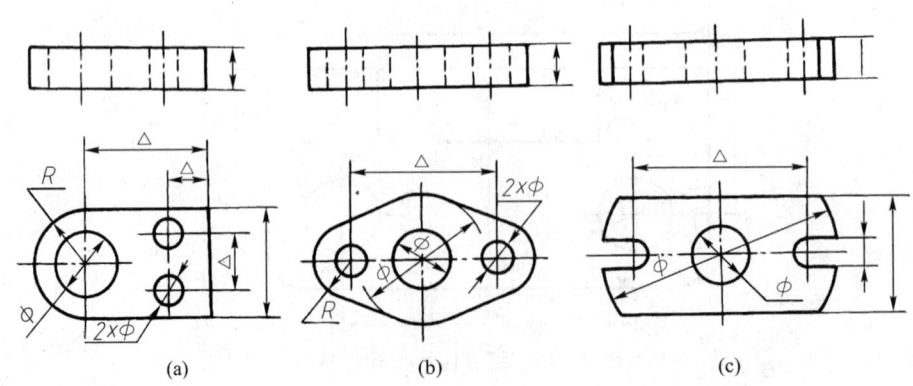

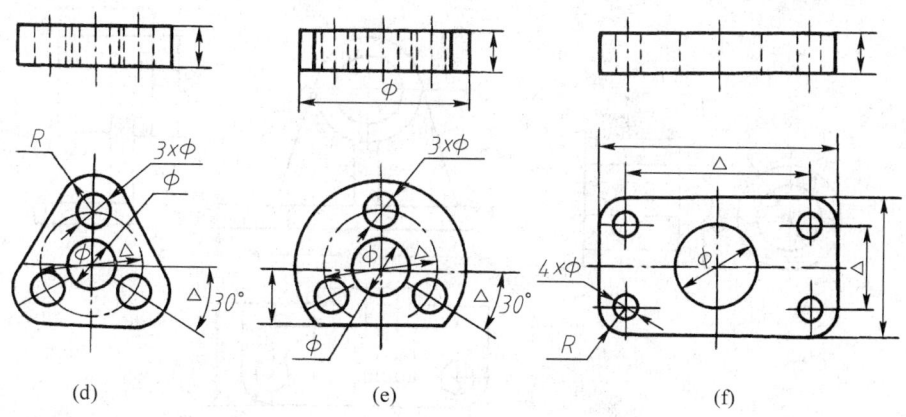

图 4-12 常见底板和凸缘的尺寸标注

(3) 总体尺寸。表示组合体总长、总宽和总高的尺寸称为总体尺寸。图 4-10 中 60、30 就是该组合体的总长和总宽尺寸。有些物体为了考虑制作方便,需要标注圆柱轴线间的定位尺寸和回转体半径(或直径)的定形尺寸,而不需注整体尺寸。如图 4-10 中不需注总高尺寸,图 4-12a~d 所示的底板不需注总长尺寸。

4. 尺寸标注的方法及步骤

对于叠加型的组合体,标注尺寸时仍按形体分析法。下面以支架为例,说明标注组合体尺寸的步骤。

(1) 形体分析注定形尺寸。对支架进行形体分析,注出各形体的定形尺寸,如图 4-13 所示。

采用形体分析法标注尺寸时,为了避免重复标注,各形体的公有尺寸只需标注一次。如圆筒外径 φ28、支承板的圆弧直径 φ28 及肋的圆弧半径 R14 都是公有尺寸,所以在图 4-13b~d 中,只注了一个 φ28。

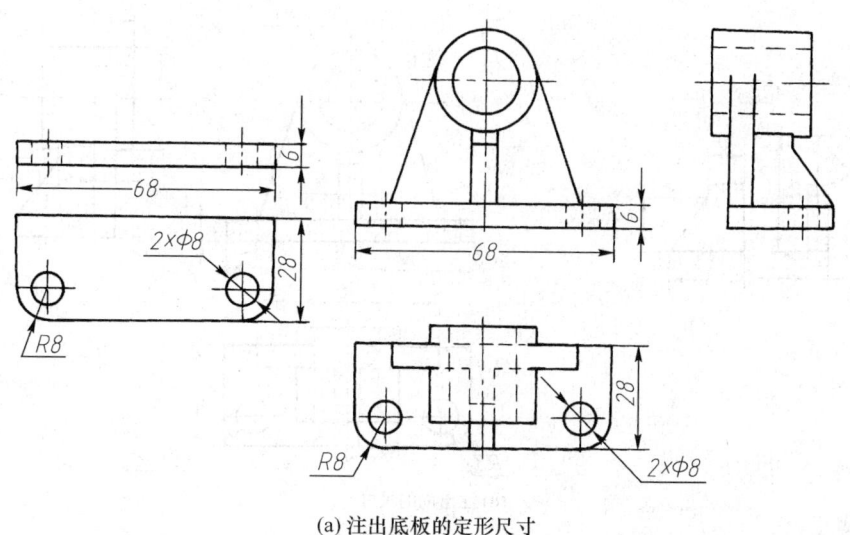

(a) 注出底板的定形尺寸

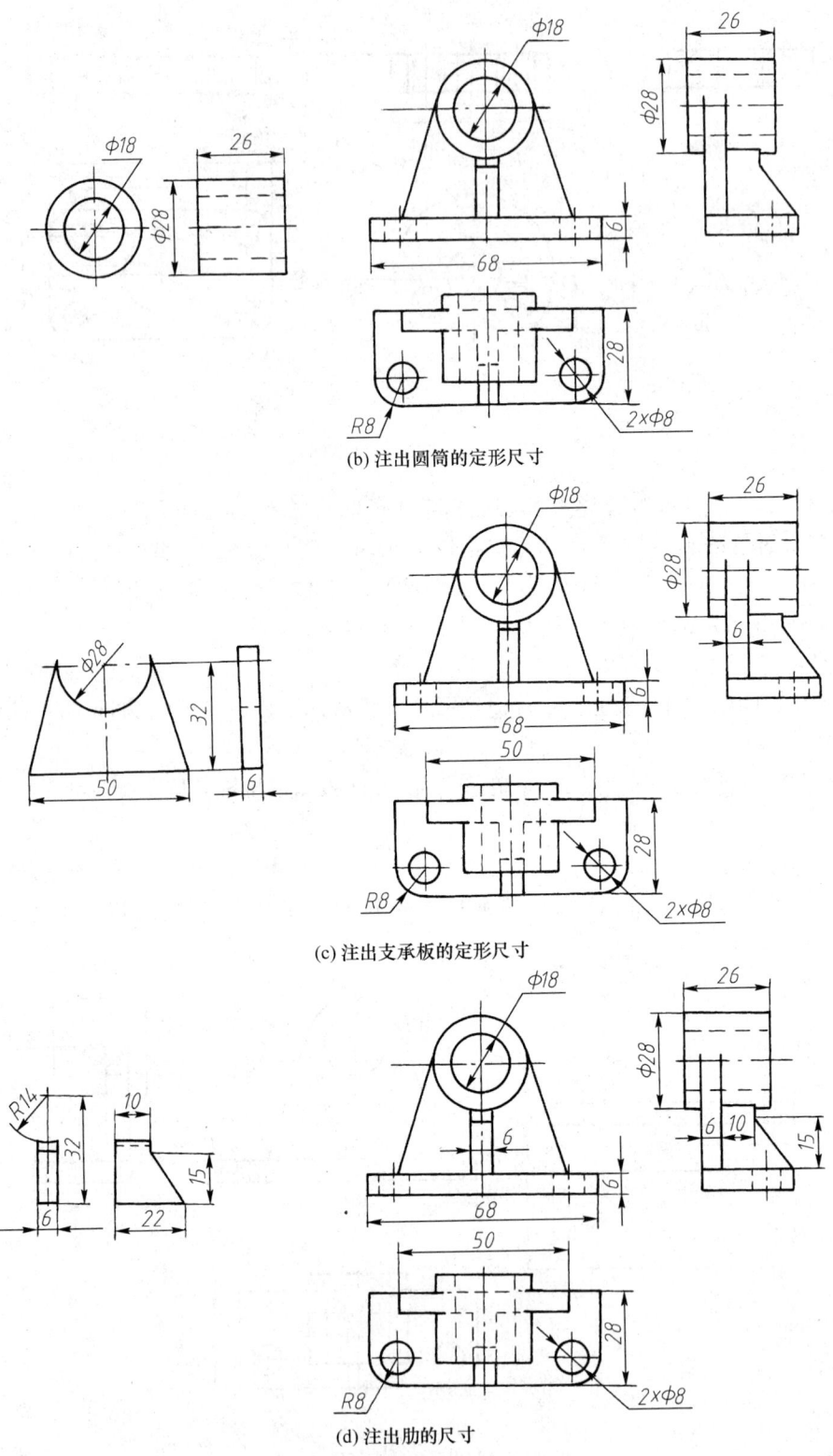

(b) 注出圆筒的定形尺寸

(c) 注出支承板的定形尺寸

(d) 注出肋的尺寸

图 4-13 支架定形尺寸的标注

(2) 选择基准注定位尺寸。根据支架的特点,选择其左右对称面、支承板背面、底面分别为长、宽、高三个方向上的主要尺寸基准,如图 4-14a 所示。

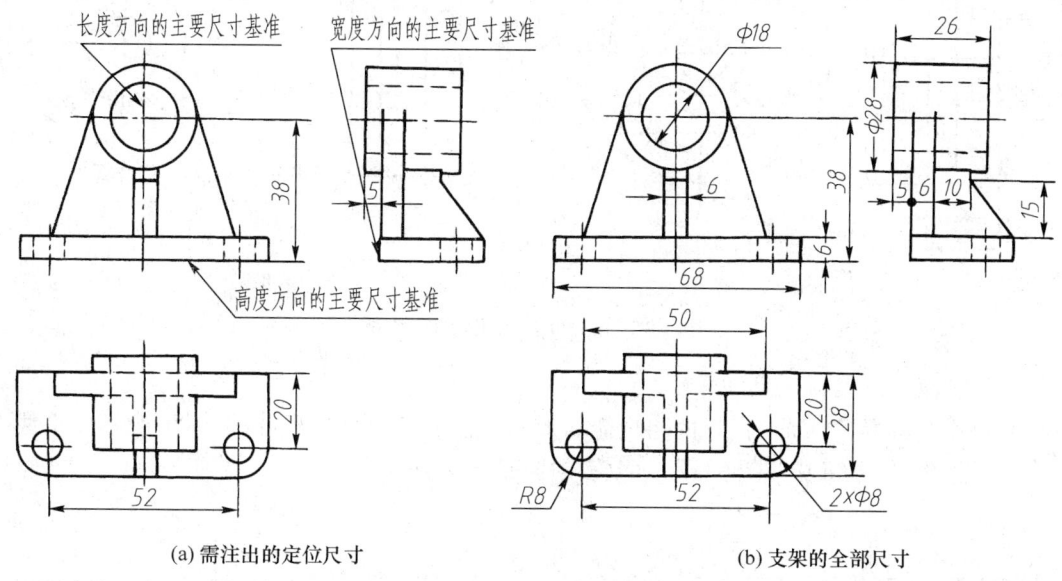

(a) 需注出的定位尺寸　　　　(b) 支架的全部尺寸

图 4-14　注定位尺寸完成全部尺寸

(3) 注整体尺寸。支架的总长尺寸即底板长 68 已注出,不再重复标注。支架的总宽尺寸应为底板宽 28 与圆筒伸出底板的长度 5 之和(28+5=33),若将此总宽尺寸注出,则又将出现重复尺寸,因此根据尺寸的重要程度,将总宽尺寸省略不注。支架的总高尺寸前面已经介绍,不需注出。

(4) 校核并调整。按形体分析法对所注的尺寸进行全面的校核检查,修正错误,完成后的全部尺寸如图 4-14b 所示。

5. 标注尺寸时应注意的问题

(1) 应清晰地标注尺寸

要使尺寸标注清晰,应注意以下几点:

① 尺寸应注在形体特征最明显的视图上。在图 4-14b 中,底板圆角的形状注在俯视图上,而不要注在主视图或左视图上。

② 同一形体的定形、定位尺寸应尽量集中标注。如图 4-14b 所示,底板上两个圆孔的定形尺寸 2×φ8 和定位尺寸 52、20 都注在俯视图上。

③ 标注同一方向的尺寸时,应排列整齐、清晰。排列尺寸时,应将大尺寸排在小尺寸之外,避免尺寸线和其他尺寸的尺寸界线相交,以保持图面清晰,如图 4-15 所示。

④ 尺寸尽量注在视图外部,且配置在两个视图之间,如图 4-14b 所示。

⑤ 同轴回转体的直径应尽量注在非圆的视图上,即避免在同心圆较多的视图上标注过多的直径尺寸而影响清晰程度,如图 4-15a 所示。

⑥ 尽量避免在细虚线上标注尺寸。如图 4-15a 所示的 4 个小孔的直径注在左视图为圆的视图上,而不注在主视图的细虚线上。

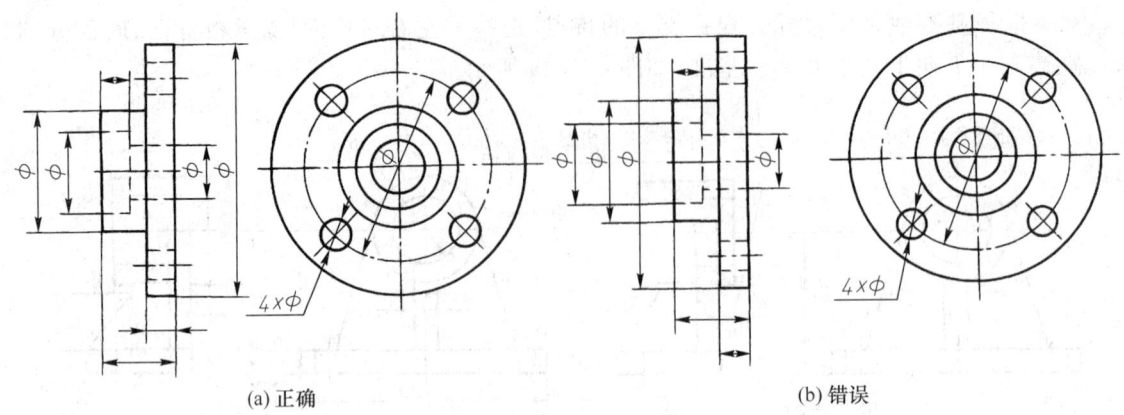

(a) 正确　　　　　　　　　　　　　　(b) 错误

图 4-15　尺寸排列要整齐、清晰

(2) 不能在交线上标注尺寸

交线是由形体相交生成的,它由相交体的形状尺寸和相对位置尺寸确定,一般不在交线上直接标注尺寸。图 4-16a 中,未注写尺寸数字的为错误的标注方式。

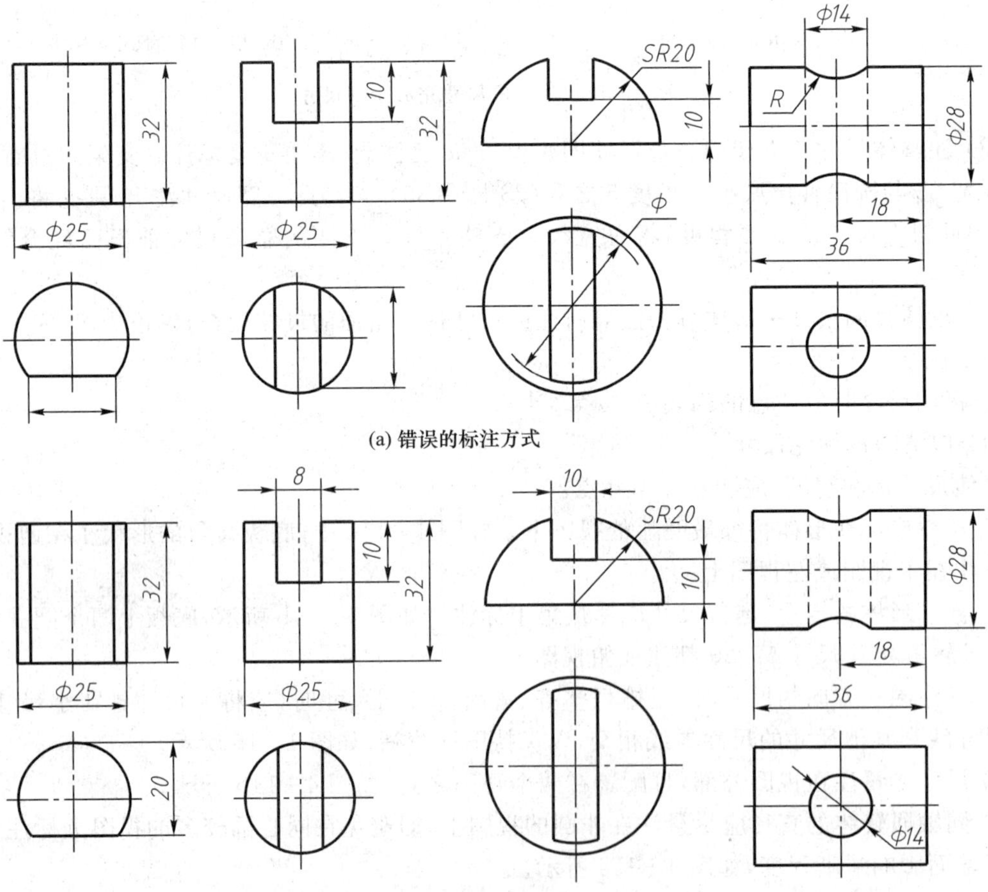

(a) 错误的标注方式

(b) 正确的标注方式

图 4-16　带切口形体及相贯体的尺寸标注

（3）不能注成封闭的尺寸链

如图 4-17 所示的标注方式就构成了封闭的尺寸链,这是不允许的,因此必须去掉尺寸 22 和 32。

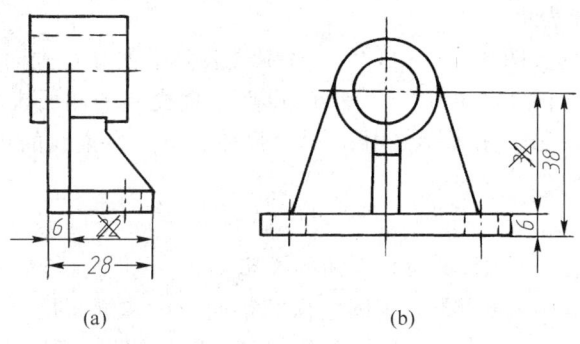

图 4-17　不能注成封闭的尺寸链

（4）尺寸标注应便于测量

这部分内容将在 7.3 节零件图的尺寸标注部分加以介绍。

4.4　组合体视图的读图方法

根据物体的一组视图,经过投影分析及空间分析,想象该物体空间形状的过程称为读图(或称看图)。

4.4.1　读图的基本要领

1. 几个视图联系起来看

一个视图不能确定物体的形状,如图 4-18 所示。有时两个视图也不能确定物体的形状,如图 4-19 所示的三个物体,虽然它们的主、左视图均相同,但却是不同形状物体的投影。因此,读图时,必须几个视图联系起来进行分析、构思才能想象出物体的空间形状。

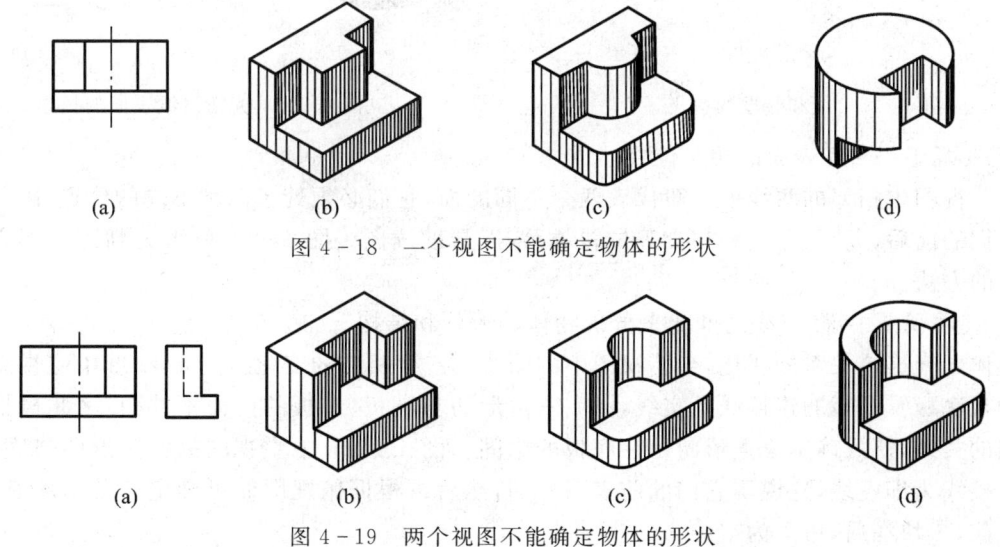

图 4-18　一个视图不能确定物体的形状

图 4-19　两个视图不能确定物体的形状

113

2. 弄清视图中的图线与线框的含义

(1) 视图中图线的含义

视图上各种图线可能表示：

① 表面的积聚性投影。图 4-20 中，p'、q' 分别代表侧平面和正垂面的积聚性投影。

② 表面交线的投影。图 4-20 中，$a''b''$ 为 P、Q 两平面交线的侧面投影。

③ 曲面轮廓素线的投影。图 4-20 中，$c'd'$ 为圆柱面上最左素线的正面投影。

(2) 视图上线框的含义

视图上的线框可能表示：

① 平面的投影。图 4-20 中，p'' 为侧平面的投影。

② 曲面的投影。图 4-20 中，r'、r'' 为圆柱面的正面投影和侧面投影。

③ 孔的投影。图 4-20 中，s'、s'' 为圆柱孔的正面投影和侧面投影。

④ 光滑过渡表面的投影。图 4-21 中的主视图只有一个线框，它是平面和圆柱面相切的投影。

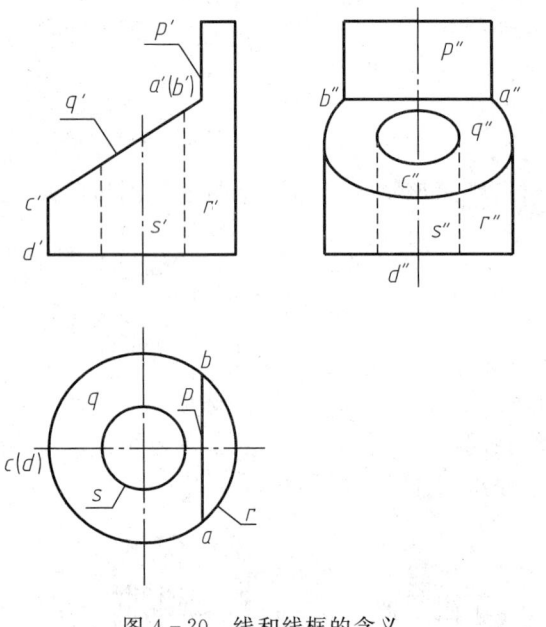

图 4-20 线和线框的含义

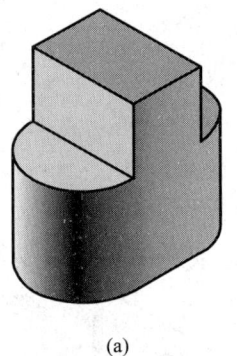

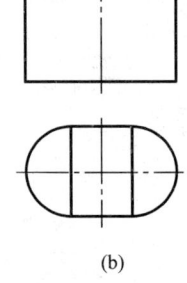

(a)　　　　　(b)

图 4-21 光滑过渡表面的投影

3. 要善于判断各表面的相对位置

某一视图中相邻的两线框一般代表两个不同的面，它们必须处于两种不同的位置，因此要区分出它们的前后、上下、左右和相交等位置关系，以帮助读图。图 4-22 所示为判别表面之间相互位置的方法。

4. 利用视图中虚、实线的变化来分析物体的形状和结构

形体之间连接关系的变化，会使视图中的图线也产生相应的变化。图 4-23a 中主视图的三角形肋与底板及侧板的连接线是实线，说明三角形肋与底板、侧板的前面不共面，因此再根据其他视图的关系，便可确定三角形肋是在底板的中间。图 4-23b 中主视图的三角形肋与底板、侧板的连接线为细虚线，这说明它们的前表面共面，然后再根据俯视图便可确定三角形肋有两块，一块在前，一块在后，中间为空腔。

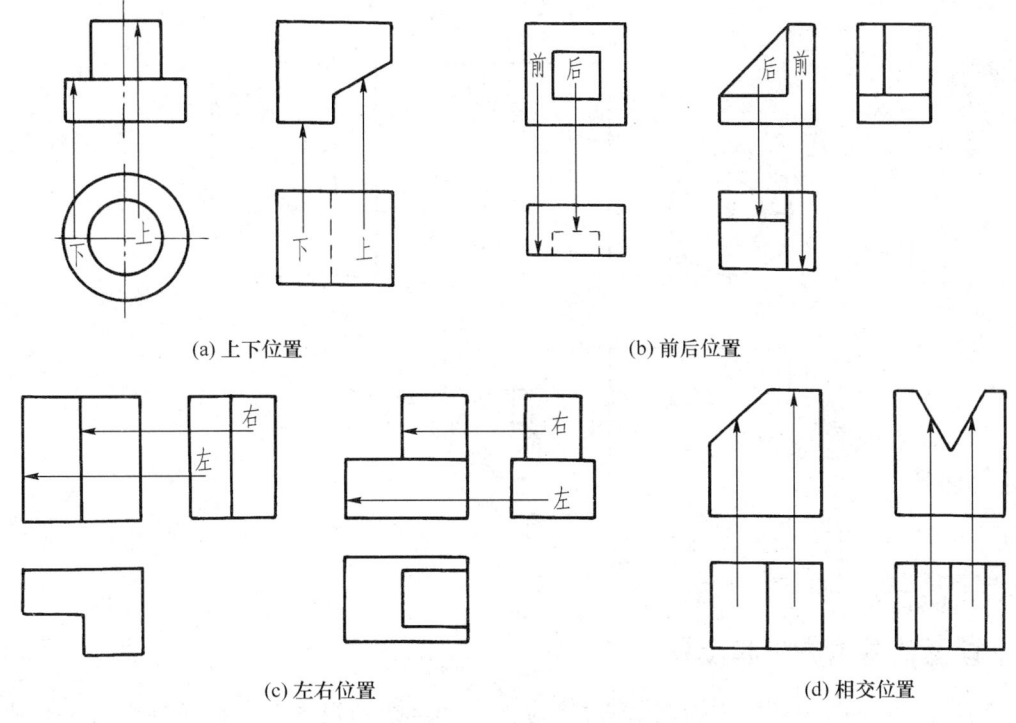

图 4-22 判别表面之间相互位置的方法

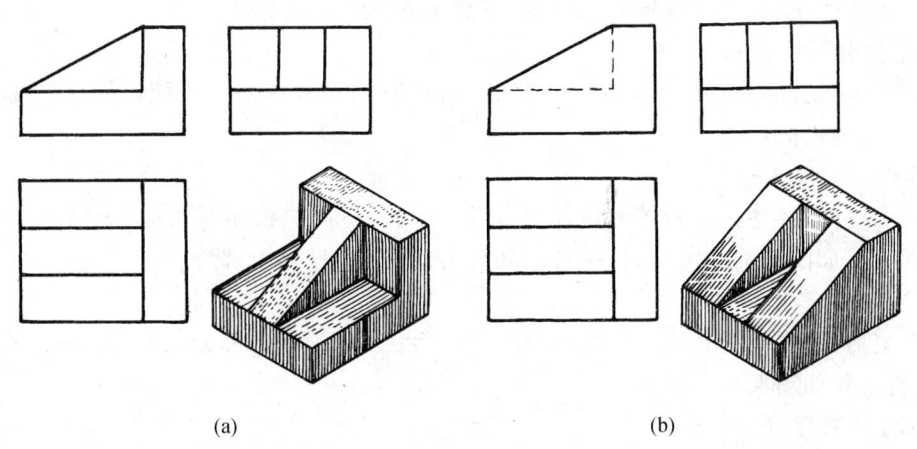

图 4-23 从视图中虚、实线的变化来分析物体的结构

5. 要从最能反映形状特征的视图入手

组合体的主视图通常反映物体的主要形状特征,所以读图一般都从主视图入手。但是,组合体的各基本形体的形状特征并不能全部集中在主视图上,如图 4-24 所示的物体,其中基本形体 C 的形状应联系左视图分析,因为左视图反映了它的形状特征,而形体 D 的形状则要联系俯视图来确定,同样是因为俯视图反映了它的形状特征。因此,读图时要善于找出最能反映各形体特征的那个视图,以加快读图的速度。

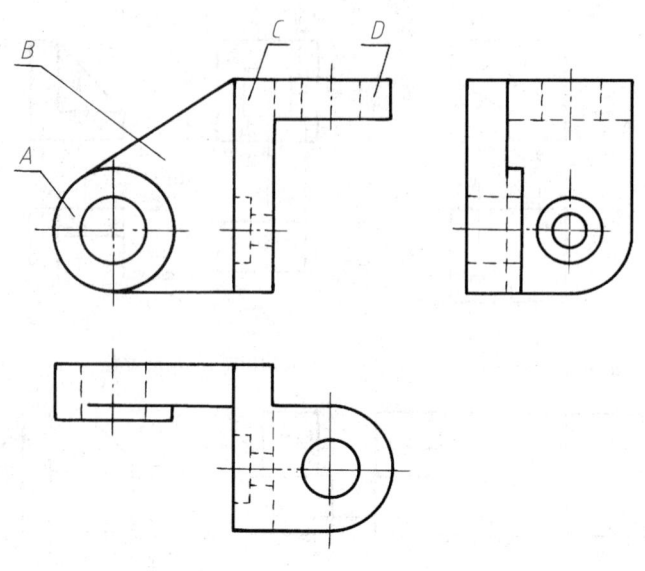

图 4-24 读图实例

4.4.2 读图的基本方法和步骤

读图时，仍以形体分析法作为基本方法，对于一些复杂的视图可用线面分析法作为辅助手段，读切割型组合体就是以线面分析法为主。所谓线面分析法，就是根据视图上的图线和线框，分析它们所表达的线、面的空间形状和位置，以想象立体形状的方法。

1. 用形体分析法读图

对于叠加型组合体，主要采用形体分析法进行读图和补画视图。下面以图 4-24 所示物体为例，说明读图的一般步骤。

（1）分析视图划线框

从主视图着手，抓住其他视图的特征部分进行分析，将反映物体形状特征的主视图按线框划分成几个部分。如图 4-24 所示，将主视图划分为 A、B、C、D 四个部分。

（2）对照投影辨形体

线框划定后，根据投影关系，借助三角板、分规等工具，找出各部分的其余投影，想象各形体的形状，分析过程如图 4-25 所示。

（3）综合起来想整体

在读懂每部分形体的基础上，根据物体的三视图，进一步研究它们之间的相对位置和连接关系，想象出组合体的整体形状。

由图 4-24 所示的组合体视图可以看出：在主视图中，形体 B 在形体 C 的左方，右边与形体 C 叠合，高度与形体 C 平齐，左边与形体 A 叠合，其上表面与圆柱斜切，下表面与圆柱平切。从俯视图中可看出这三部分的后端面是共面的，这样形体 A、B、C 在空间的相对位置便可确定，即形体 B 在形体 C 的左后方，形体 A 在形体 C 的左下方。形体 D 在形体 C 的右上方，投影平齐，说明形体 D 的上表面与形体 C 的上表面共面，前端面与形体 C 也共面，下表面和后端面与形体 C 相交，不共面。通过这样的综合想象，便构思出了图 4-26 所示的物体。

2. 用线面分析法读图

对于切割型组合体，通常根据切割方式和线面分析法读图。即分析切割方式以确定该组合体是如何被截切而成的，再通过线面分析进一步了解截切后各表面的形状，以便于更好地读懂该组合体，或者通过线面分析补画第三个视图。下面以图 4-27 所示的压块为例加以说明。

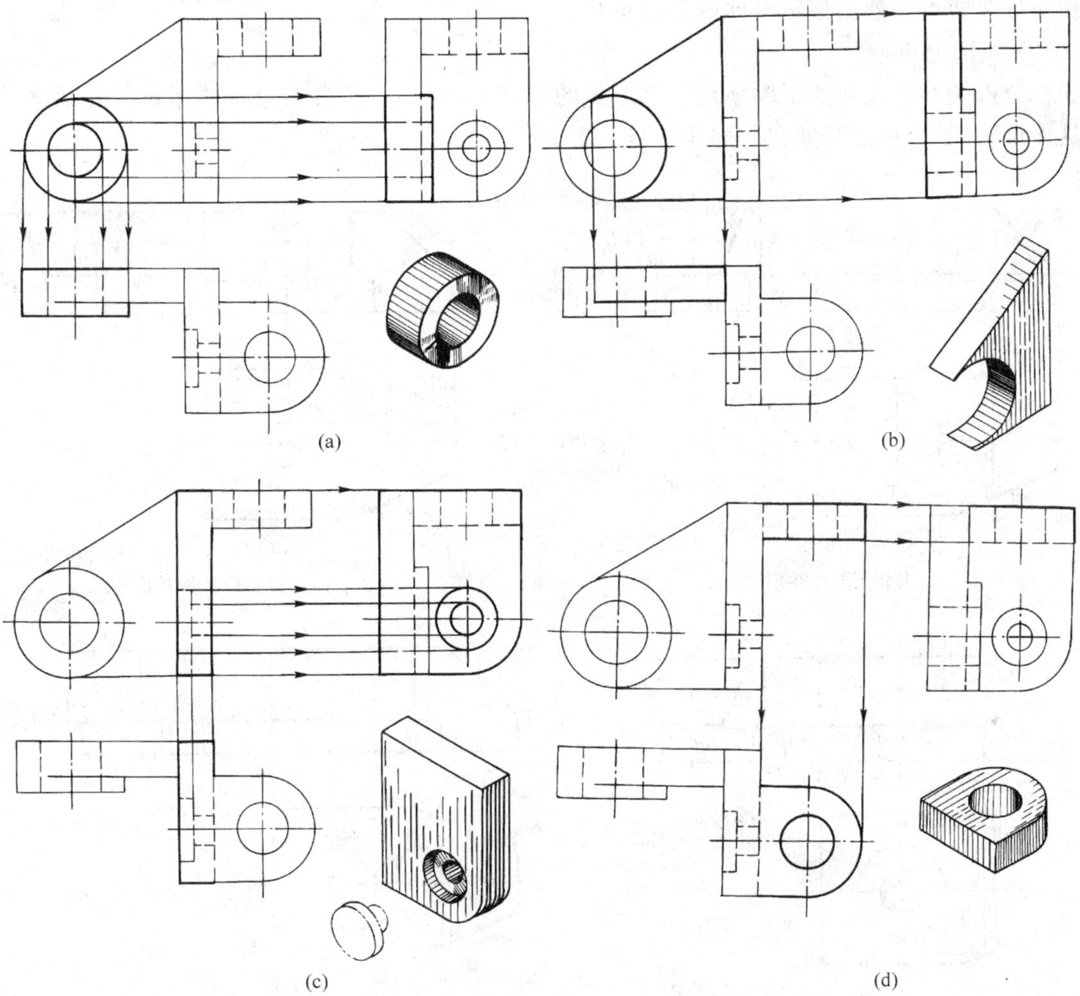

图 4-25 读图过程的形体分析

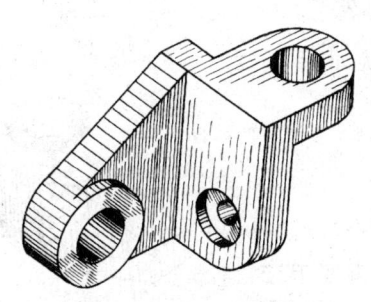

图 4-26 想象出的物体形状

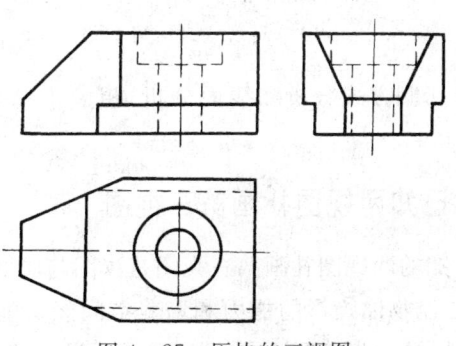

图 4-27 压块的三视图

(1) 分析切割方式

根据图 4-27 所示的三视图可以将该组合体想象成一个四棱柱被若干平面截切后形成的。从主视图可知,该四棱柱左上角被一正垂面截切;从俯视图可知,该四棱柱左边前、后各被一铅垂面截切;从左视图可知,该四棱柱下边前、后各被一水平面和正平面截切。根据各切平面和它们的相对位置即可想象出该组合体的大致形状。

(2) 线面分析

在分析切割方式初步了解该组合体形状的基础上,再用线面分析进一步了解截切后各表面的具体形状,其分析过程如图 4-28 所示。

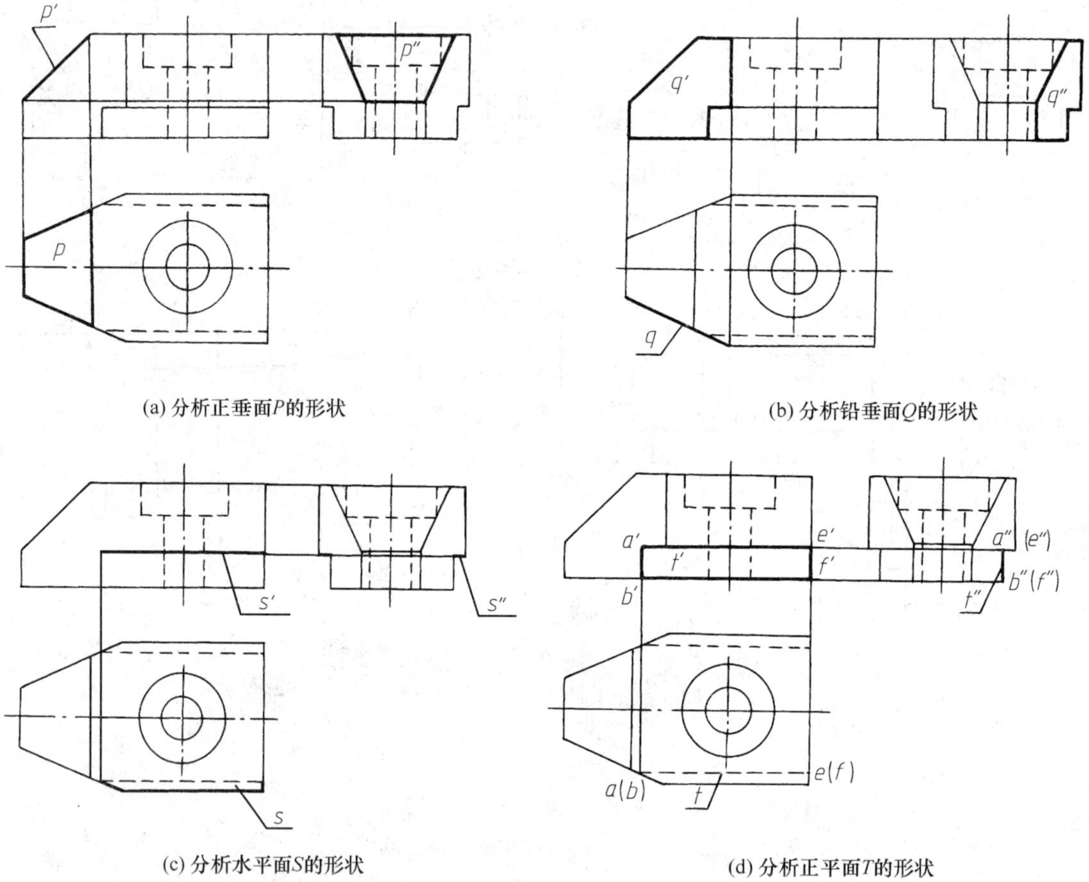

(a) 分析正垂面P的形状　　　　　　(b) 分析铅垂面Q的形状

(c) 分析水平面S的形状　　　　　　(d) 分析正平面T的形状

图 4-28　读图过程的线面分析

通过切割方式分析和线面分析,想象出该压块的形状如图 4-29 所示。

4.4.3　已知两视图补画第三视图

由已知的两视图补画第三视图是读图与画图的一种综合训练,是提高阅读、绘制物体投影的能力和培养空间想象能力的一个重要手段,通过它还可以进一步验证读图的效果,下面通过实例说明其方法与步骤。

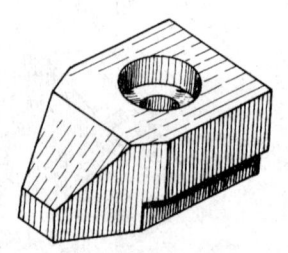

图 4-29　压块的立体图

[例 4-1] 读懂图 4-30a 所示物体的视图，并补画俯视图。

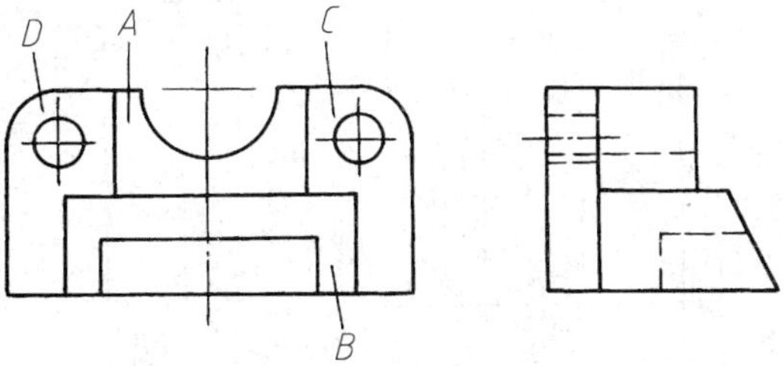

(a) 物体的视图

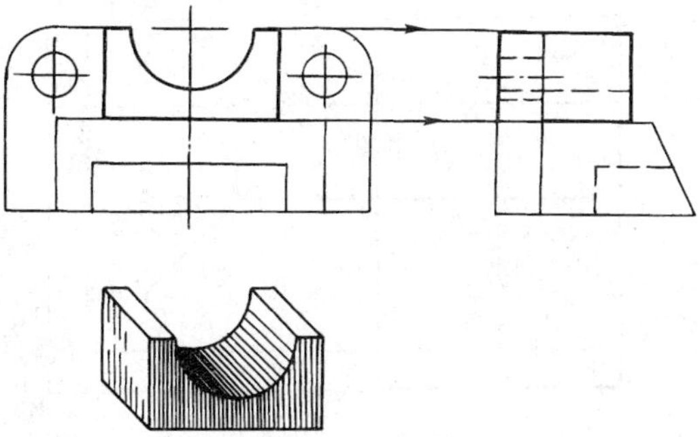

(b) 形体 A 为一长方体，并挖去一半圆柱槽

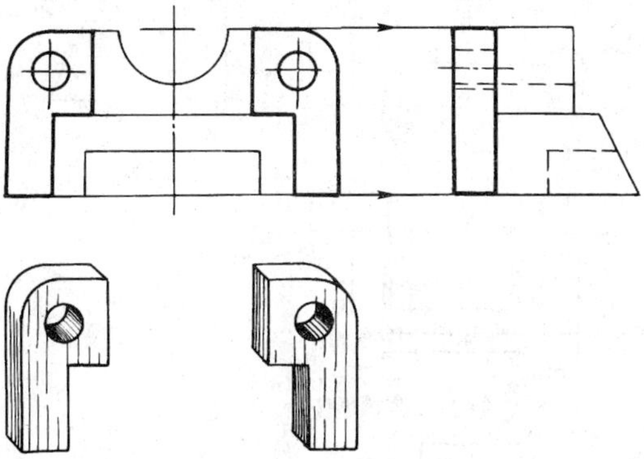

(c) 形体 C、D 为带圆角和小圆孔的形状相对称的两块平板

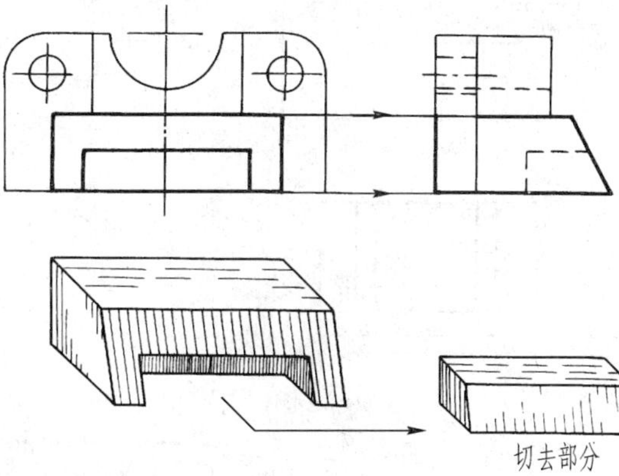

(d) 形体 B 为一四棱柱，并在前方挖去一四棱柱的槽

图 4-30 用形体分析法读图

从图 4-30a 可知，该形体是以叠加为主的组合体，所以主要采用形体分析法读图和画图。其步骤如下：

（1）读懂物体的主、左视图，想象物体的空间形状

从主视图着手，对照左视图，将主视图的封闭实线线框划分为 A、B、C、D 四个部分，再由主、左视图的对应关系，想象各部分的形状，其分析过程如图 4-30b～d 所示。

再从主、左视图上可看出，形体 A 位于形体 B 的上方中间靠后，形体 C、D 则分居形体 A、B 的两侧，且 A、B、C、D 后侧面共面。通过这样的综合分析，即可想象出如图 4-31 所示的空间形状。

（2）补画俯视图

在读懂已知视图、想象出组合体空间形状的基础上，用形体分析法依次画出各形体的俯视图，最后完成整个组合体的视图。画图的顺序如图 4-32a～d 所示。

图 4-32e 为按照各形体之间的表面连接关系，经整理、检查后绘出的俯视图。

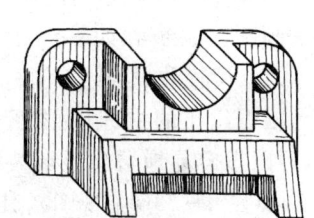

图 4-31 想象出的物体形状

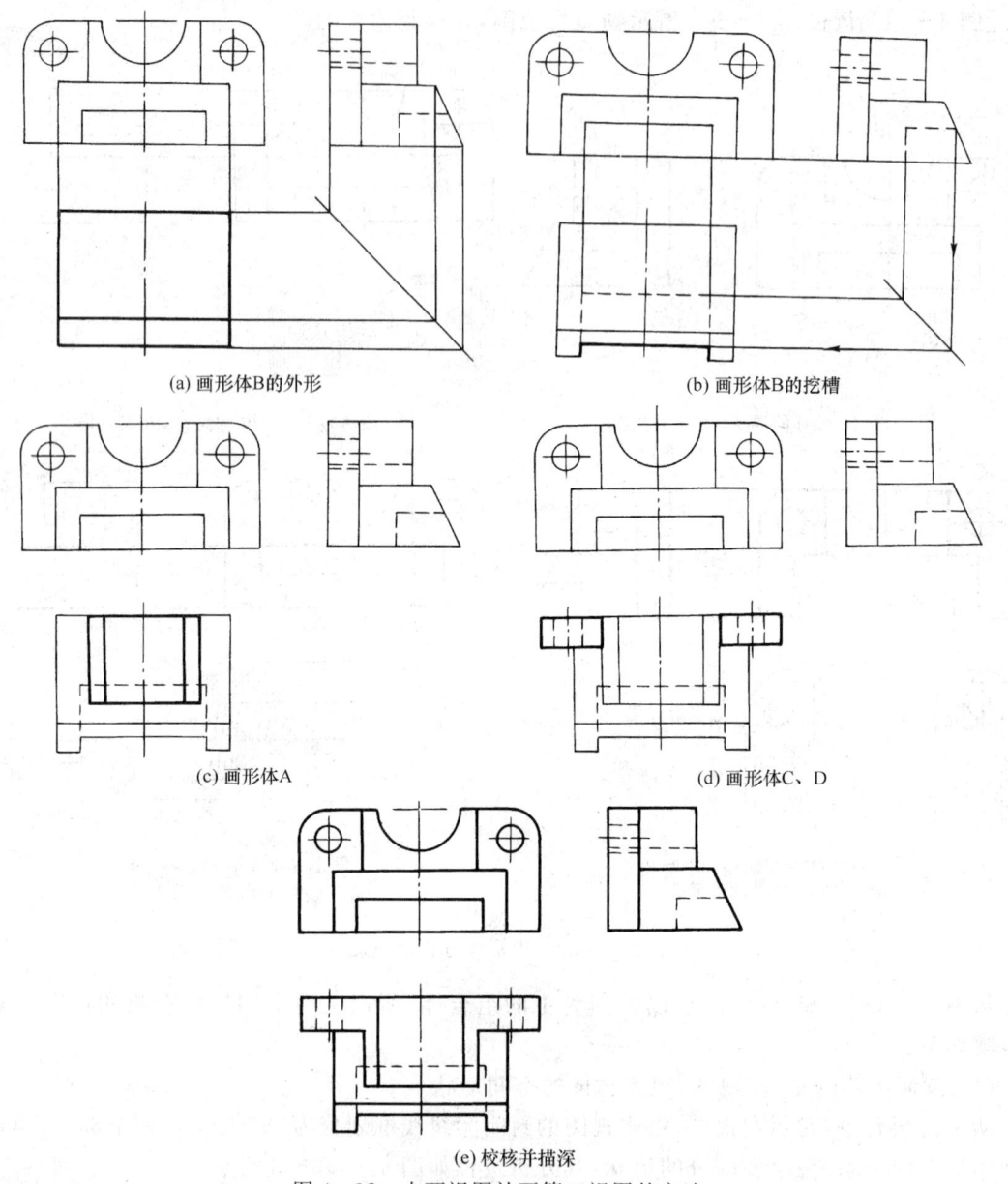

(a) 画形体B的外形
(b) 画形体B的挖槽
(c) 画形体A
(d) 画形体C、D
(e) 校核并描深

图 4-32 由两视图补画第三视图的方法

[例 4-2] 读懂 4-33a 所示物体的视图,并补画左视图。

图 4-33a 所示物体为一切割型组合体,所以可根据切割方式和线面分析法读图,用线面分析法画图。其步骤如下:

(1) 读懂物体的主、俯视图,想象物体的形状

根据给出的主、俯视图可将该组合体看成是一四棱柱被若干平面截切而成的,分析其切割方式,可以很容易地看出该四棱柱左上角被一正垂面 P 截切(图 4-33b 主视图),左前角被一铅垂面 Q 截切(图 4-33b 俯视图),其他截切面位置不明显,只能通过线面分析加以确定。如图 4-33b 所示,主视图上有一包含细虚线的梯形线框 s',而在俯视图上没有类似形线框与其对应,则它只可

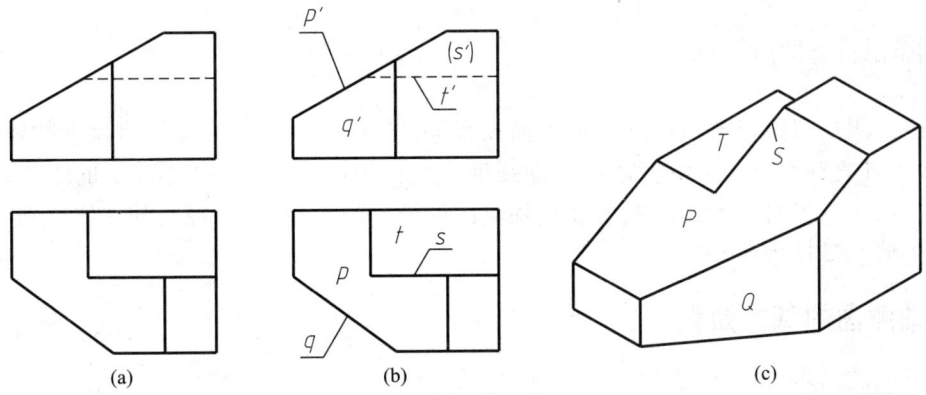

图 4-33 根据切割方式和线面分析法读图

能对应于直线 s，因此 S 是一个正平面；同样的，俯视图上的线框 t 只可能对应于主视图上的直线 t'，因此 T 是一个水平面。通过综合分析可知，该四棱柱后、右上角被一正平面和一水平面切了一个缺口。其余的线框是该四棱柱被这些平面截切后留下的，读者可用同样的方法进行分析。通过切割方式和线面分析，想象出该组合体的整体形状如图 4-33c 所示。

(2) 补画左视图

在读懂该组合体的基础上，用线面分析法画出左视图，作图步骤如图 4-34 所示。

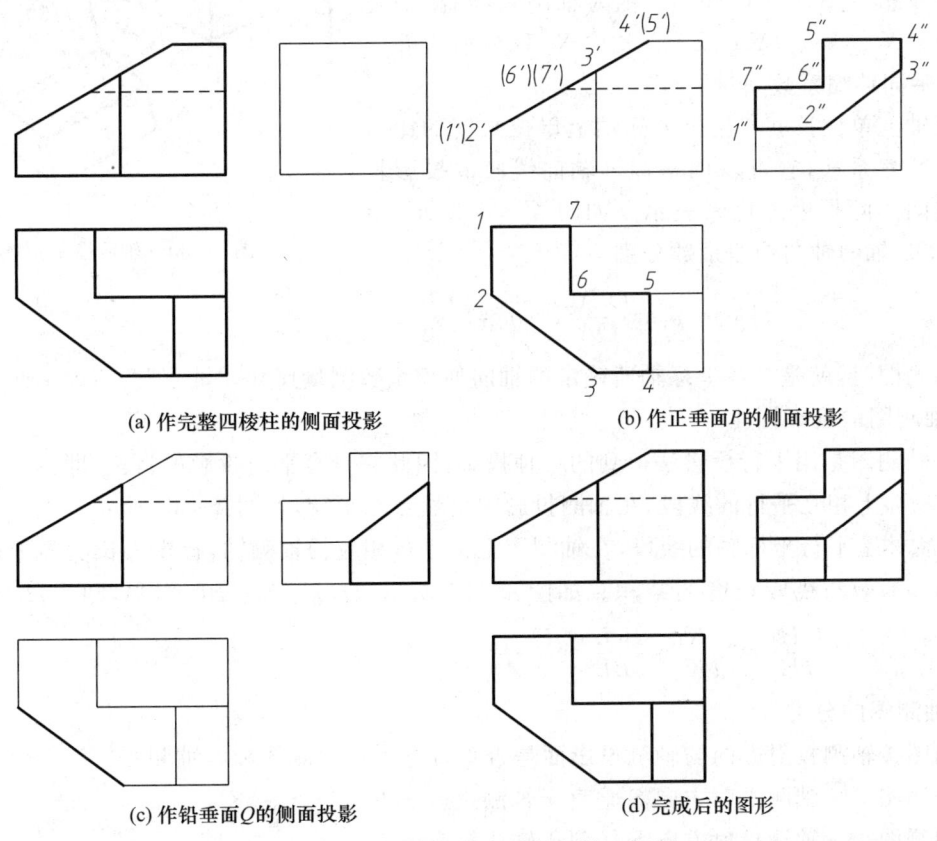

图 4-34 用线面分析法补画第三视图

4.5 轴测图的画法

轴测图是用平行投影法绘制的一种单面投影,如图 4-35 所示,它能同时反映物体三个方向的形状,由于其直观性好、立体感强,所以能帮助人们读图。但其作图复杂、度量性差,故常用做辅助图样。由于计算机技术的不断发展使轴测图的绘制越来越容易,加之其立体感强,因此轴测图也常用于概念设计中。

4.5.1 轴测图的基本知识

1. 轴测图的形成

如图 4-35 所示,将物体连同其参考直角坐标系,沿不平行于任一坐标面的方向,用平行投影法投射到单一投影面上所得到的图形称为轴测投影,简称轴测图。设置的投影面称为轴测投影面,选定的投射方向称为轴测投射方向。

2. 轴间角和轴向伸缩系数

(1) 轴间角

图 4-35 中,空间直角坐标轴 OX、OY、OZ 在轴测投影面上的投影 O_1X_1、O_1Y_1、O_1Z_1 称为轴测轴,轴测轴之间的夹角 $\angle X_1O_1Y_1$、$\angle Y_1O_1Z_1$、$\angle Z_1O_1X_1$ 称为轴间角。

(2) 轴向伸缩系数

轴测轴上单位长度与相应坐标轴上单位长度的比值称为轴向伸缩系数,它可以用坐标轴向线段的投影长度与其空间实际长度之比来表示。如图 4-35 所示,沿 OX、OY、OZ 轴的轴向伸缩系数分别为

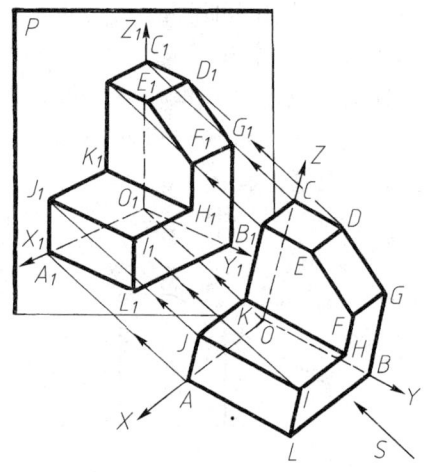

图 4-35 轴测图的形成

$$p_1 = \frac{O_1A_1}{OA}, \quad q_1 = \frac{O_1B_1}{OB}, \quad r_1 = \frac{O_1C_1}{OC}$$

画轴测图时,就是按各坐标轴所确定的轴向伸缩系数测量尺寸,"轴测"两字即由此而来。

3. 轴测图的投影特性

由于轴测图是用平行投影法得到的一种投影,因此它具有平行投影的特性,即:

(1) 物体上相互平行的线段,在轴测投影中仍然互相平行,如图 4-35 所示。

(2) 物体上平行坐标轴的线段,在轴测图上仍平行相应的轴测轴,且投影长度等于该坐标轴的轴向伸缩系数与线段长度的乘积。如图 4-35 所示,$IH // JK // BL // OA$,则 $I_1H_1 // J_1K_1 // B_1L_1 // O_1A_1$,并且 $\dfrac{I_1H_1}{IH} = \dfrac{J_1K_1}{JK} = \dfrac{B_1L_1}{BL} = \dfrac{O_1A_1}{OA} = p_1$。

4. 轴测图的分类

轴测图按轴测投射方向与轴测投影面是否垂直分为正轴测图和斜轴测图。

正轴测图——轴测投射方向 S 垂直于轴测投影面 P。

斜轴测图——轴测投射方向 S 倾斜于轴测投影面 P。

正轴测图和斜轴测图根据其轴向伸缩系数不同又可分为：

正(斜)等轴测图($p_1=q_1=r_1$)，简称正(斜)等测。

正(斜)二轴测图($p_1=q_1\neq r_1$ 或 $p_1=r_1\neq q_1$ 或 $p_1\neq q_1=r_1$)，简称正(斜)二测。

正(斜)三轴测图($p_1\neq q_1\neq r_1$)，简称正(斜)三测。

工程中用得较多的是正等测和斜二测。

4.5.2 正等轴测图

1. 正等轴测图的轴间角和轴向伸缩系数

如图 4-36 所示，设确定物体的空间直角坐标轴 OX、OY、OZ 对投影面 P 的倾角相等，用正投影法将物体连同其坐标轴一起投射到 P 面上，所得到的轴测图称为正等轴测图，简称正等测。

在正等测中，三个轴向伸缩系数均相等，即

$$p_1=q_1=r_1\approx 0.82$$

三个轴间角也相等(图 4-37)，即

$$\angle X_1O_1Y_1=\angle Y_1O_1Z_1=\angle Z_1O_1X_1=120°$$

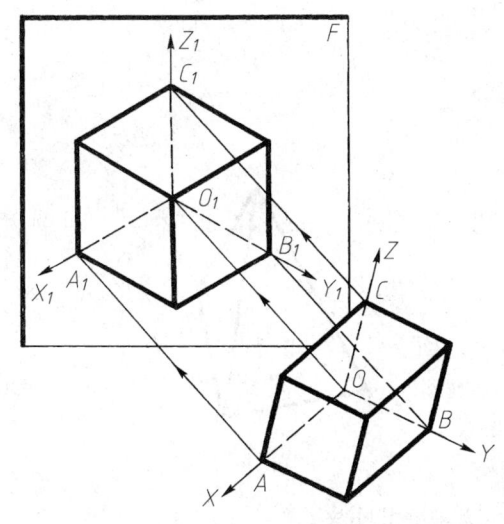 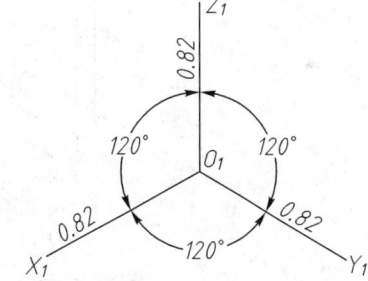

图 4-36 正等轴测图的形成　　　　图 4-37 正等轴测图的轴间角与轴向伸缩系数

实际画图时，如按 0.82 这个轴向伸缩系数作图，物体上的每个轴向线段都要乘以 0.82 才能确定其投影的长度，比较麻烦。为了作图方便，一般采用简化轴向伸缩系数，即 $p=q=r=1$。这样，画轴测图时，凡平行于轴测轴的线段，直接按物体上相应线段的实际长度作图，不需换算。显然，这样画出的轴测图比按乘 0.82 画出的正等轴测图放大了，放大率为 1/0.82=1.22，但图形没有改变。

作图时，一般将 O_1Z_1 画成铅垂位置(图 4-37)。

2. 平面立体的正等轴测图画法

画轴测图常用的方法是坐标法。作图时，首先定出空间直角坐标系，画出轴测轴，然后再按立体表面上各顶点或线段的端点坐标画出其轴测投影，最后分别连线，完成轴测图。为简化作图步骤，应充分利用轴测投影的平行性。

[例 4-3] 作三棱锥的正等轴测图(图 4-38)。

分析:如图 4-38a 所示的三棱锥,它的三条棱线都是一般位置直线,三个底边中,AB 边为侧垂线。从方便作图考虑,在确定空间直角坐标系时,使 OX 轴与 AB 重合,坐标原点与棱锥底面三角形的顶点 B 重合。

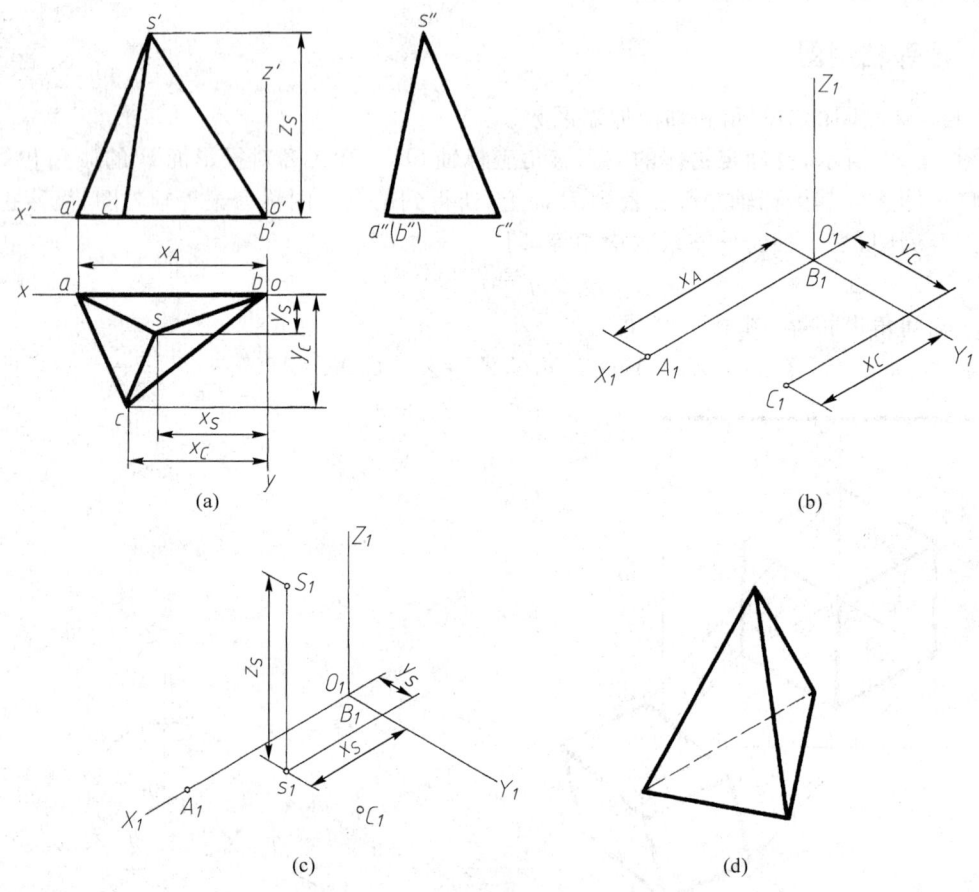

图 4-38 三棱锥的正等轴测图画法

作图:

(1) 定出直角坐标的原点及坐标轴(图 4-38a)。

(2) 作出正等轴测图的轴测轴 O_1X_1、O_1Y_1、O_1Z_1。

(3) 根据 A、B、C 三点的坐标值,按 1:1 定出点 A_1、B_1、C_1,如图 4-38b 所示。

(4) 根据顶点 S 的坐标 x_S、y_S,在轴测投影中定出点 s_1;自点 s_1 作 O_1Z_1 轴的平行线,以 z_S 定出点 S_1,如图 4-38c 所示。

(5) 用直线连接各点,并擦去多余的作图线,加深后即得三棱锥的正等轴测图(图 4-38d)。

[例 4-4] 作正六棱柱的正等轴测图(图 4-39)。

分析:如图 4-39a 所示的正六棱柱,其前后、左右对称,故将坐标原点定在顶面六边形的中心。这样做便于直接定出顶面六边形各顶点的坐标,从顶面开始画图。由于轴测图中不可见的轮廓线一般不要求画出,因此作图时只画看得见的轮廓线,看不见的轮廓线不画,以简化作图。

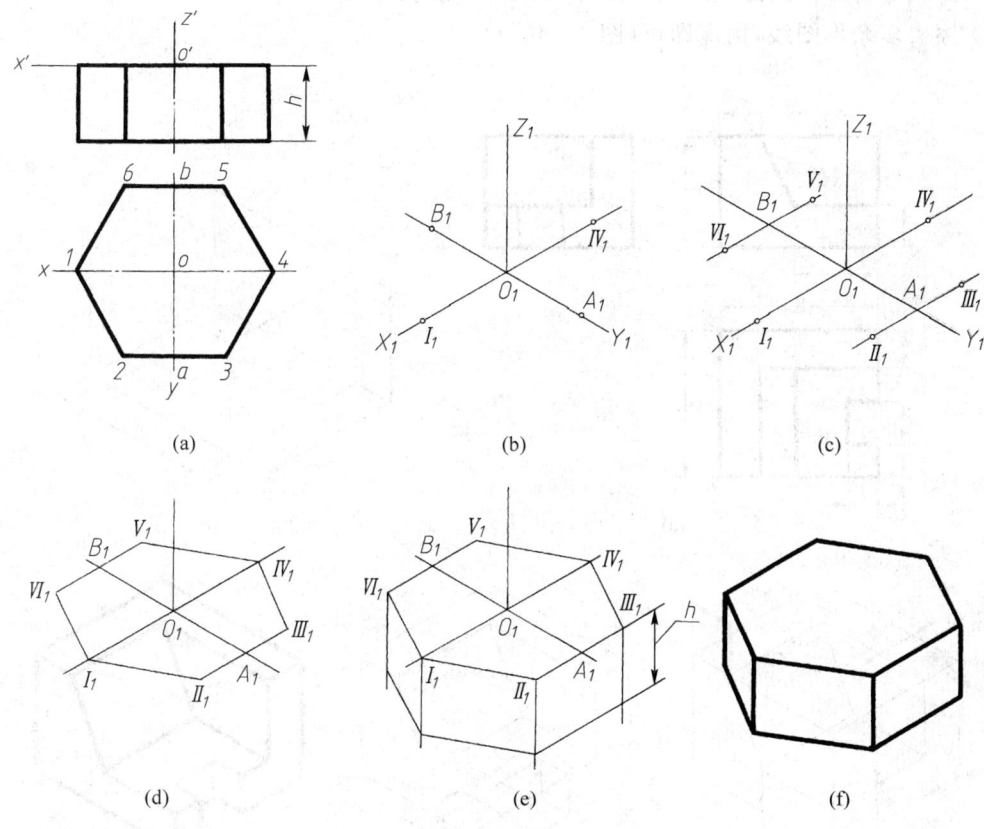

图 4-39 正六棱柱的正等测画法

作图:

(1) 定出直角坐标的原点及坐标轴(图 4-39a)。

(2) 画出正等轴测图的轴测轴,并且以 O_1 为中点,在 O_1X_1 轴上取 $I_1IV_1=14$,在 O_1Y_1 轴上取 $A_1B_1=ab$(图 4-39b)。

(3) 过点 A_1、B_1 作 O_1X_1 轴的平行线,分别以 A_1、B_1 为中点,在所作的平行线上取 $II_1III_1=23$,$V_1VI_1=56$(图 4-39c)。

(4) 用直线顺次连接各顶点,即得顶面六边形 $I_1II_1III_1IV_1V_1VI_1$ 的轴测图(图 4-39d)。

(5) 过 VI_1、I_1、II_1、III_1 各点向下作 O_1Z_1 轴的平行线,并在各平行线上按尺寸 h 取点,然后再依次连线(图 4-39e)。

(6) 擦去多余的作图线并加深图线,即完成正六棱柱的正等轴测图(图 4-39f)。

[例 4-5] 作出图 4-40a 所示的平面立体的正等轴测图。

分析: 通过形体分析可以看出,该平面立体是由一长方体切去一楔形块,另外再开一矩形缺口而成,其轴测图可用切割法作图。先作出整体,再逐步截切而成。

作图:

(1) 选定原点和坐标轴,按尺寸 a、b、h 作出长方体的正等轴测图(图 4-40b)。

(2) 按尺寸 c、d、e、f 画出被截切的楔形块部分(图 4-40c)。

(3) 按尺寸 g、k、l 画出矩形缺口部分(图 4-40d)。

(4) 擦去多余作图线,描深即可(图 4-40e)。

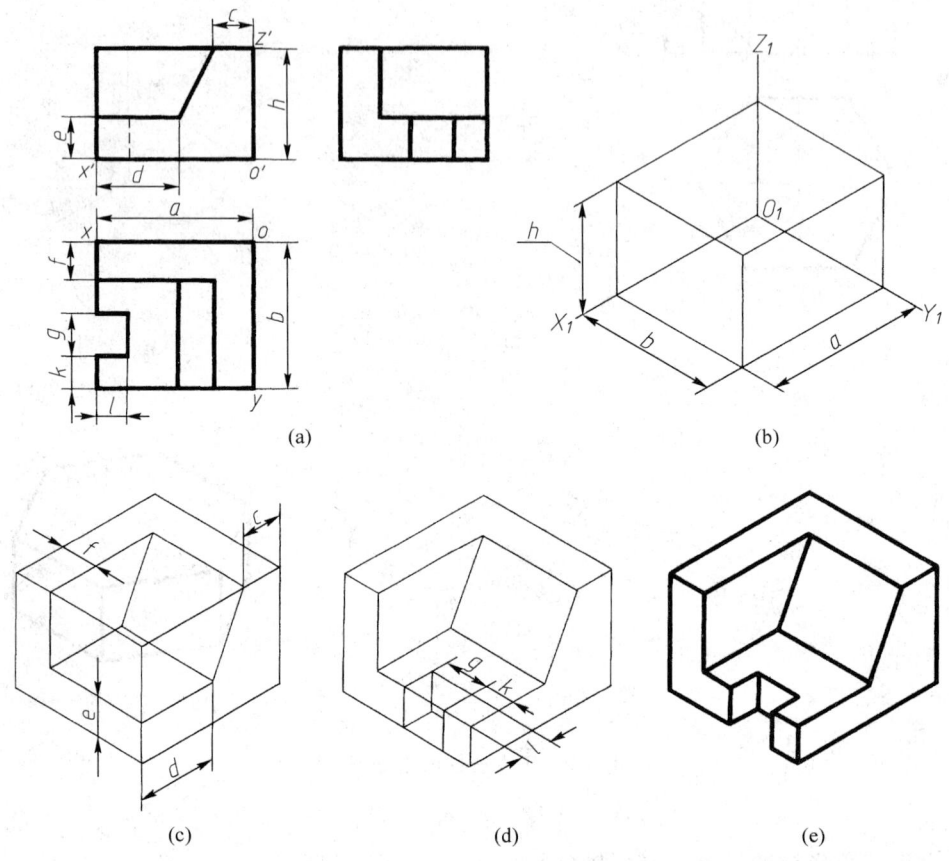

图 4-40 用切割法作正等轴测图

3. 曲面立体的正等轴测图画法

要掌握曲面立体的正等轴测图画法,首先要掌握圆的正等轴测图画法。

(1) 平行于坐标面的圆的正等轴测图画法

平行于坐标面的圆,其正等轴测图是椭圆,为了简化作图,其椭圆可采用近似画法(四心法)。

图 4-41a 所示为一水平圆的正投影,其正等轴测图的近似画法如下:

① 定出直角坐标系的原点及坐标轴,然后作圆的外切正方形 ⅠⅡⅢⅣ,与圆相切于 A、B、C、D 四点(图 4-41b)。

② 画轴测轴,并在 O_1X_1、O_1Y_1 轴上截取 $O_1A_1=O_1C_1=O_1B_1=O_1D_1=R$,得 A_1、B_1、C_1、D_1 四点(图 4-41c)。

③ 过 A_1、B_1、C_1、D_1 四点分别作 O_1X_1、O_1Y_1 轴的平行线,得菱形 $Ⅰ_1Ⅱ_1Ⅲ_1Ⅳ_1$(图 4-41d)。

④ 连 $Ⅰ_1C_1$、$Ⅲ_1A_1$,分别与 $Ⅱ_1Ⅳ_1$ 相交于点 O_2、O_3(图 4-41e)。

⑤ 分别以点 I_1、III_1 为圆心，I_1C_1、III_1A_1 为半径画圆弧 $\widehat{A_1B_1}$、$\widehat{C_1D_1}$；再分别以点 O_2、O_3 为圆心，O_2C_1、O_3A_1 为半径，画圆弧 $\widehat{B_1C_1}$、$\widehat{A_1D_1}$；四段圆弧光滑相接，即为近似椭圆（图 4-41f）。

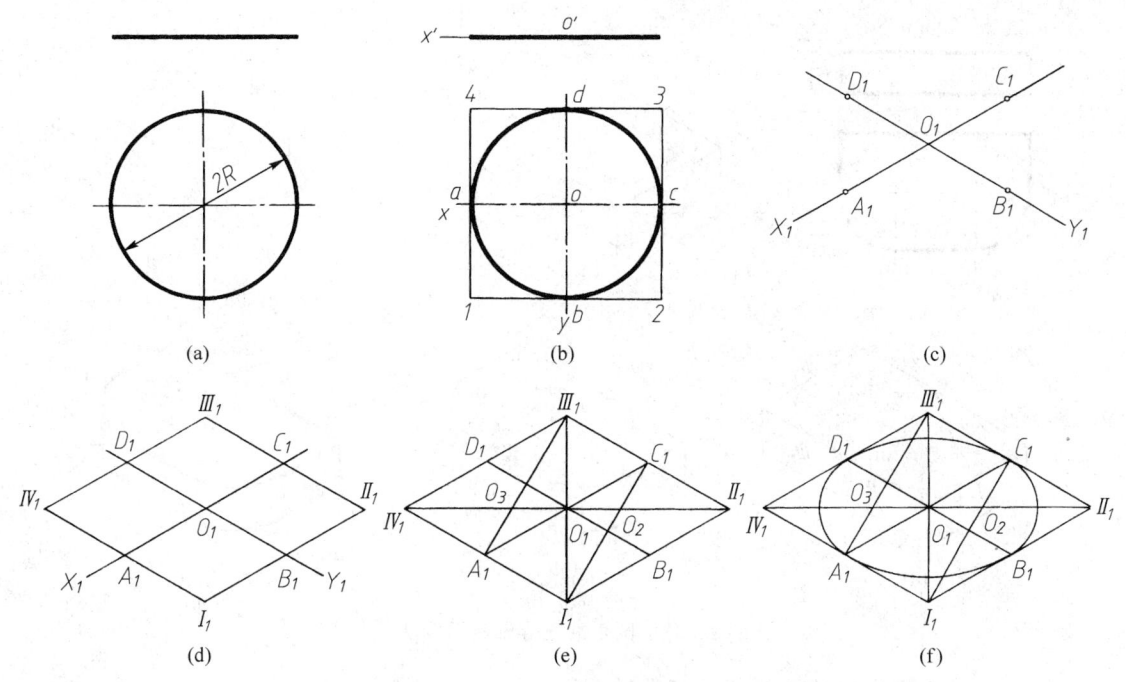

图 4-41 正等测椭圆的近似画法

平行于其他两个坐标面的圆，其正等轴测图的画法与此相同，只是菱形的方位，亦即椭圆的长、短轴方向不同，图 4-42 所示为平行于三个坐标面的圆的正等轴测图。从图中可以看出，三个圆的正等轴测图均为椭圆，椭圆长轴的方向与其外切菱形长对角线方向一致，短轴的方向与菱形短对角线方向一致。

（2）圆角的正等轴测图

平行于坐标面的圆角，实质上是平行于坐标面的圆的一部分，因此其轴测图是椭圆的一部分。特别是常见的 1/4 圆周的圆角，其正等轴测图恰好是上述近似椭圆四段圆弧中的一段。

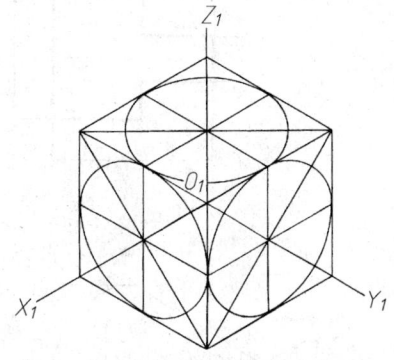

图 4-42 平行于三个坐标面的圆的正等轴测图

下面以图 4-43a 所示的平板为例，说明圆角的简化画法：

① 画出平板的轴测图，并根据圆角的半径 R，在平板顶面相应的棱线上找出切点 I_1、II_1 和 III_1、IV_1（图 4-43b）。

② 过切点 I_1、II_1 分别作其相应棱线的垂线，得交点 O_1。同样的，过切点 III_1、IV_1 作相应棱线的垂线得交点 O_2（图 4-43c）。

③ 以点 O_1 为圆心、O_1I_1 为半径作圆弧 $\widehat{I_1II_1}$，以点 O_2 为圆心、O_2III_1 为半径作圆弧 $\widehat{III_1IV_1}$，即得平板顶面圆角的轴测图（图 4-43d）。

④ 将圆心 O_1、O_2 下移平板的厚度 h，再用与顶面圆弧相同的半径分别画圆弧，即得平板底

面圆角的轴测图(图4-43e)。

⑤ 在右端作上、下小圆弧的公切线,擦去多余的作图线并加深图线,即得带圆角的平板轴测图(图4-43f)。

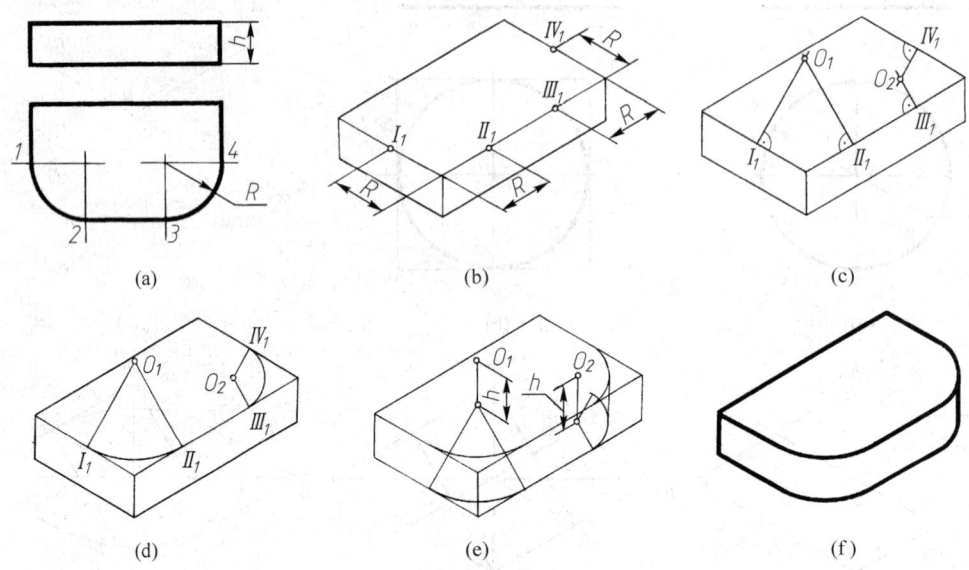

图4-43 圆角的正等轴测图画法

[例4-6] 作带切口的圆柱体的正等轴测图(图4-44)。

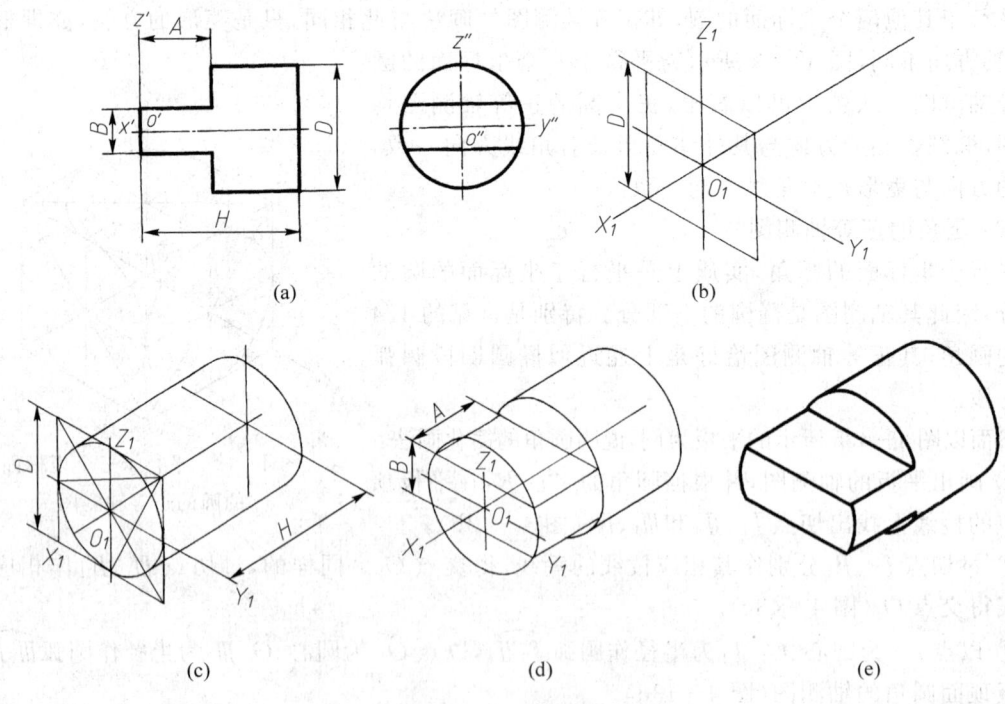

图4-44 带切口圆柱体的正等轴测图画法

128

分析：图 4-44a 所示为一圆柱体，在其一端的两侧被对称地切去两块。画图时，按切割法作图，即先画出整个圆柱体，然后再按切割的方法画出切口部分。为了便于切口部分的作图，把坐标原点定在带切口一端底面的中心，使 OX 轴与圆柱轴线重合。

作图：

（1）按上面的分析定出原点和坐标轴（图 4-44a）。

（2）作出正等测的轴测轴 O_1X_1、O_1Y_1、O_1Z_1，并以圆柱直径 D 为边长作菱形（图 4-44b）。

（3）按图 4-41 的方法作出左端面的近似椭圆，将该椭圆的四个圆心沿 O_1X_1 轴右移 H，定出右端面椭圆的四个圆心，作出右端面椭圆，作两椭圆的公切线，擦去不可见的图线（图 4-44c）。

（4）将圆柱左端面椭圆沿 O_1X_1 轴向右平移距离 A，再按尺寸 B 画出切口部分，与椭圆相交得轴肩椭圆（图 4-44d）；

（5）擦去多余的作图线并加深图线，结果如图 4-44e 所示。

4. 组合体的正等轴测图的画法

画组合体的正等轴测图时，仍采用形体分析法，对于切割型组合体用切割法，对于叠加型组合体用叠加法，有时也可两种方法并用。画图时要注意组合体各组成部分的相对位置及由于切割或叠加而出现的交线。下面通过具体实例讲述组合体正等轴测图的作图方法与步骤。

[**例 4-7**] 作支架的正等轴测图（图 4-45）。

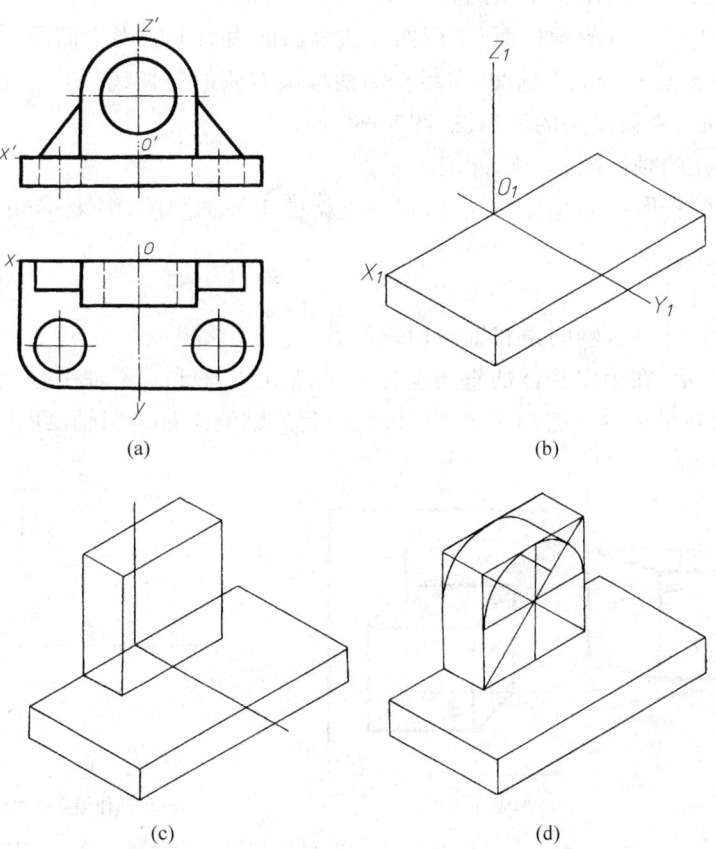

(a)　　　　(b)

(c)　　　　(d)

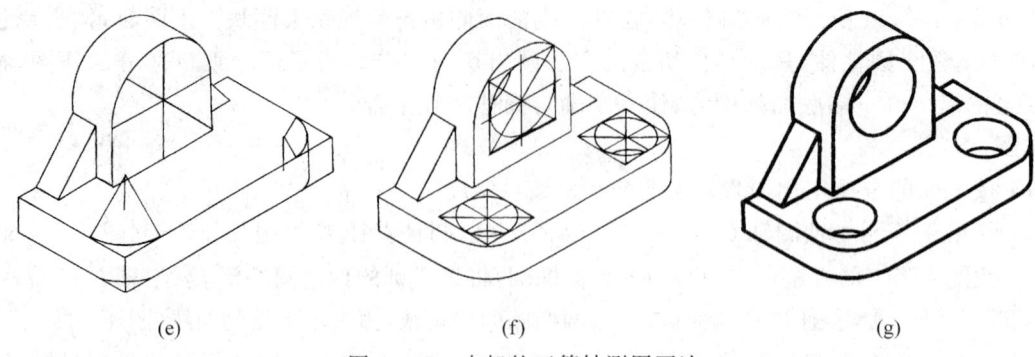

(e)　　　　　　　　　(f)　　　　　　　　　(g)

图 4-45　支架的正等轴测图画法

分析：由形体分析法可以看出，图 4-45a 所示的支架是由底板、支承座及两个三角形肋叠加而成的。底板为长方体，有两个圆角并挖有两个圆形通孔；支承座的上半部为半圆柱面，下半部为长方体，中间有一通孔；左、右两个三角形肋为三棱柱。可采用叠加法进行作图。因支架左右对称，三部分的后表面共面，三部分均以底板顶面为接合面，故坐标原点选在底板顶面与后端面交线的中点处（图 4-45a）。

作图：

(1) 选定原点作正等轴测图的轴测轴，并按完整的长方体画出底板的轴测图（图 4-45b）。

(2) 按整体的长方体画出支承座的轴测图（图 4-45c）。

(3) 画支承座上半部分的圆柱面，先用四心法画出前表面上的半个椭圆，再沿 O_1Y_1 方向，向后移动圆心画出后表面上的半个椭圆，然后作出两椭圆右侧的公切线（图 4-45d）。

(4) 画三角形肋、底板圆角的轴测图（图 4-45e）。

(5) 画三个圆孔的轴测图（图 4-45f）。

(6) 擦去多余的作图线并加深图线，即得到支架的正等轴测图（图 4-45g）。

4.5.3　斜二轴测图

1. 斜二轴测图的形成，轴间角和轴向伸缩系数

如图 4-46a 所示，在确定物体的直角坐标系时，使 OX 轴和 OZ 轴平行轴测投影面 P，用斜投影法将物体连同其坐标轴一起向 P 面投射，所得到的轴测图称为斜轴测图。

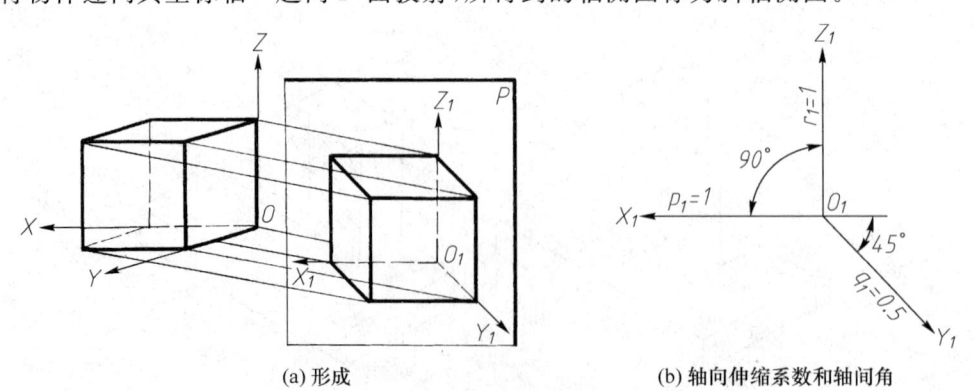

(a) 形成　　　　　　　　　(b) 轴向伸缩系数和轴间角

图 4-46　斜二轴测图的形成，轴向伸缩系数和轴间角

由于 XOZ 坐标面与 P 面平行,因此该坐标面与该坐标面平行的平面在 P 面上的投影反映实形,所以 OX、OZ 轴的轴向伸缩系数相等,且 $p_1=r_1=1$。轴间角 $\angle X_1O_1Z_1=90°$,OY 轴的轴向伸缩系数和 O_1Y_1 轴与 O_1X_1、O_1Z_1 轴所成的轴间角,都随着投射方向的不同而不同,可以任意选定,但为了绘图简便,国家标准 GB/T 14692—2008 规定,选取轴间角 $\angle X_1O_1Y_1=\angle Y_1O_1Z_1=135°$,选取 $q_1=0.5$(图 4-46b)。按照这些规定绘制出来的斜轴测图称为斜二轴测图,简称斜二测。

2. 斜二轴测图的画法

斜轴测图的特点是物体上与轴测投影面平行的表面在轴测投影中反映实形,因此利用这一特点,绘制轴测图时应尽量使物体上形状复杂(主要是出现较多的圆)的面与轴测投影面平行。

斜二轴测图的具体画法与正等轴测图的画法相似,但它们的轴间角及轴向伸缩系数均不同,而且由于斜二轴测图的轴向伸缩系数 $q_1=0.5$,所以在画斜二轴测图时,沿 O_1Y_1 轴方向的长度应取物体上相应长度的一半,如图 4-47 所示。

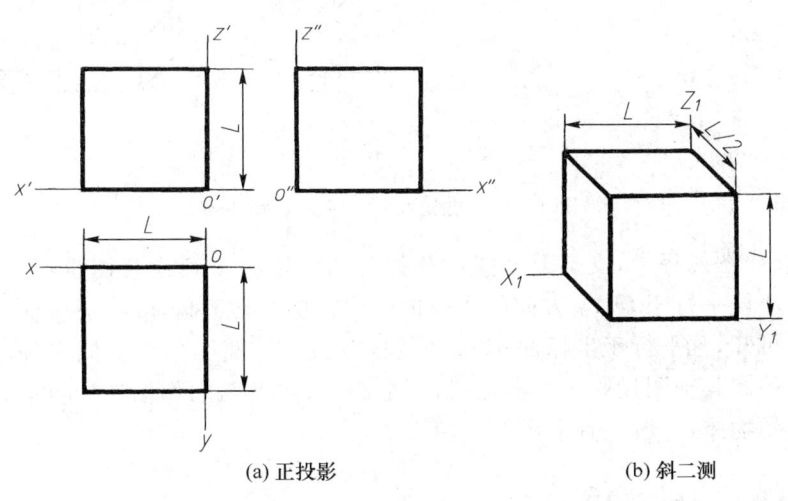

(a) 正投影　　　　　　　　　　(b) 斜二测

图 4-47　立方体的斜二测

[例 4-8]　作支架的斜二轴测图(图 4-48)

分析:图 4-48a 所示的支架,其表面上的圆均平行于正平面,确定直角坐标系时,使坐标轴 OY 与圆孔轴线重合,坐标原点与前表面圆的中心重合,使坐标面 XOZ 与正平面平行,选择正平面作为轴测投影面,这样物体上所有的圆和半圆,其轴测投影均反映实形,因此作图较为简便。

作图:

(1) 在正投影上定出坐标原点和直角坐标轴(图 4-48a)。

(2) 作轴测轴(图 4-48b)。

(3) 以点 O_1 为圆心,以 O_1Z_1 轴为对称线,画出图 4-48a 的正面投影,即为支架前表面的轴测图(图 4-48c)。

(4) 在 O_1Y_1 轴上距 O_1 点 L/2 处取一点作为圆心,重复上一步的作法,作出支架后表面的轴测图,并画出上部圆右侧的公切线以及 O_1Y_1 轴方向的轮廓线(图 4-48d)。

(5) 擦去不可见的轮廓线和作图线,加深图线后即得支架的斜二轴测图(图 4-48e)。

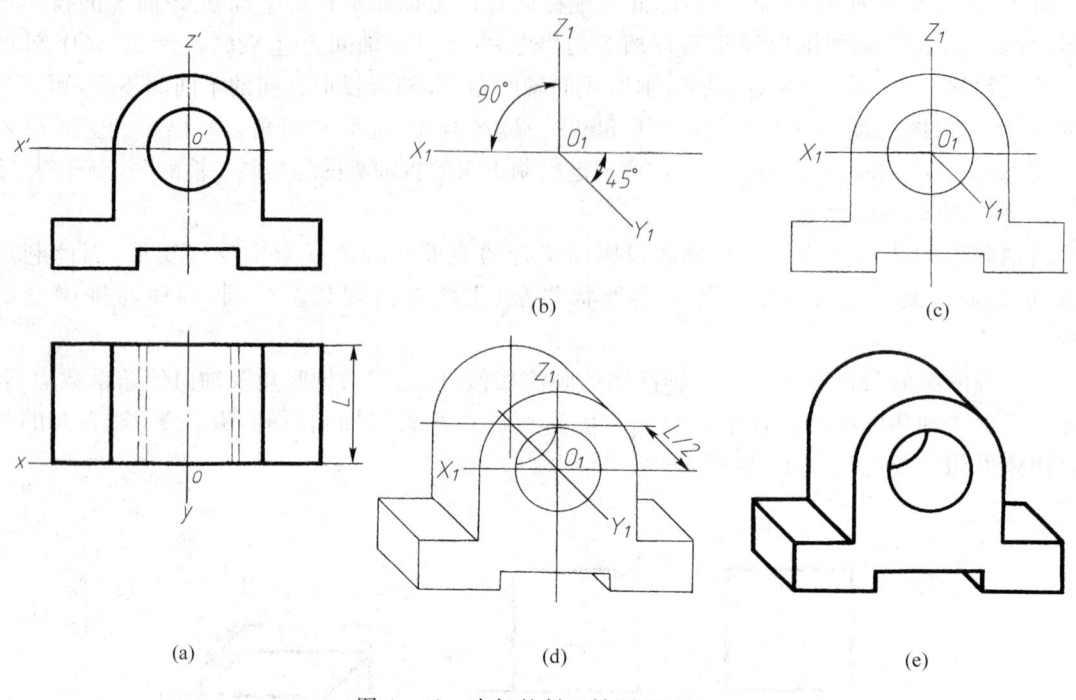

图 4-48 支架的斜二轴测图画法

必须指出,在作图过程中,支架上部圆右侧的公切线往往漏画或公切线不平行于 O_1Y_1 轴,底部槽子右侧一小段平行于 O_1Y_1 方向的线段也往往容易忽略不画,应特别注意。

由上面例子可知,凡平行于坐标面 XOZ 的圆,在斜二轴测图中仍为同半径的圆,但平行于另外两个坐标面的圆其轴测投影则不再是圆,而是椭圆,且椭圆的作图比较复杂,因此对于三个坐标面上都有圆的物体,一般不宜采用斜二轴测图。

4.6 组合体的构型设计

组合体的构型设计实质上是一个占有三维空间的立体构成,目的是为了把空间想象、形体构思和表达这三者结合起来,促进画图、读图,发展空间想象力,提高对形体构思的能力。

4.6.1 组合体的构型原则

1. 功能原则

组合体是各种零件的抽象与简化,因此构型设计出的组合体应尽可能体现工程产品或零部件的结构形状和功能,如要求两配合零件作相对旋转,设计时,其形状一般应为圆柱形,旋转运动则需要由回转面的形状与之相适应,显然为了满足旋转运动而不能去设计方形。因此,功能原则是构型的目标,它有利于培养观察、分析、综合能力。

2. 工艺性原则

构思出的物体要经过加工才能予以实现,因此构型设计出的物体必须满足加工工艺的要求,既要考虑加工的可能性,又要考虑加工的经济性,避免设计出不能加工或加工极为困难的物体,如不能出现线、面接触的情况(图4-49a、b),也不能出现不便于成形的封闭式内腔(图4-49c)。如需要用到曲面设计,则应尽可能用回转面而不要用任意曲面,这固然是从加工方法考虑,实质上是考虑加工的经济性。

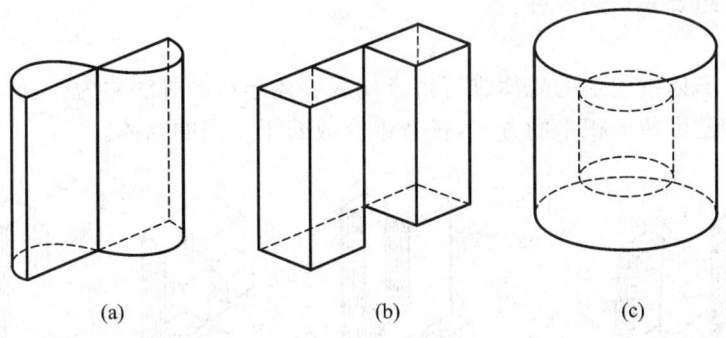

图4-49 不合理和不易成形的构型

3. 美学原则

物体构型要具有稳定、协调、美观及款式新颖等特点,体现平、稳、动、静等构型的艺术法则。如要使组合体具有平衡、稳定的效果,常设计成对称的结构(图4-50a)。非对称的组合体应注意形体的分布,以获得力学与视觉上的稳定和平衡感(图4-50b)。静态环境不要设计成动态构型,如家电产品的外形设计成流线型,显然与家庭宁静的氛围不协调。流线型的外形只有在动态环境下才相适应。如图4-50c所示的火箭构型,线条流畅,富有美感,静中有动,有一触即发的感觉。

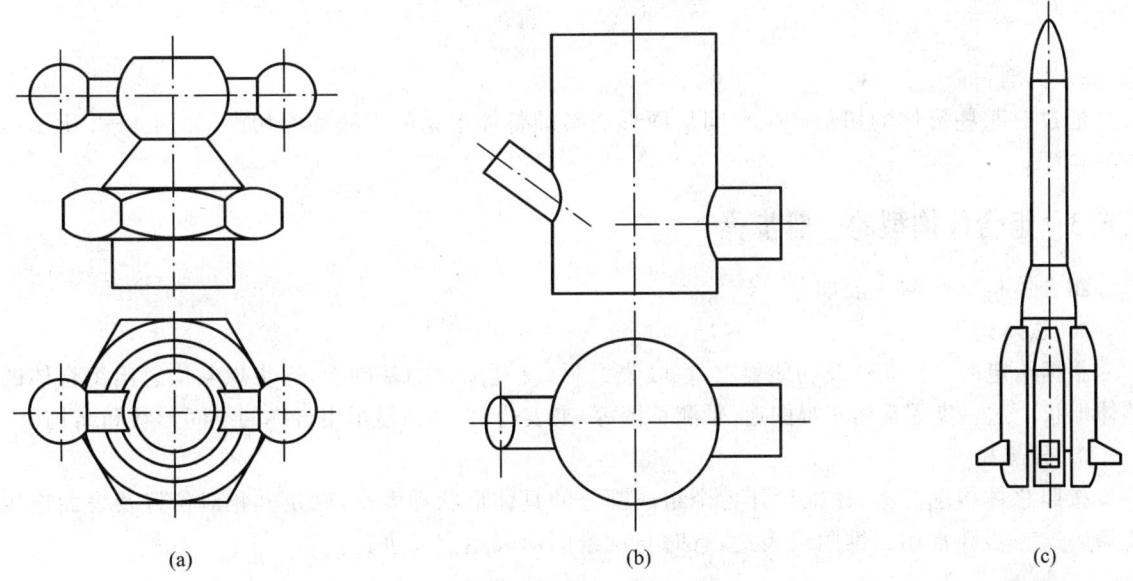

图4-50 构型应体现平、稳、动、静等造型艺术法则

4.6.2 构型设计的基本方法

构型设计的重点在于构型,实际上是把具有一定功能的单一形体进行组合,构成新的整体形

状。可见，单一形体是构型的基础。

组合体作为一种模型，还不能完全工程化，在不违背构型基本原则的前提下，可以凭自己的想象，将单一形体通过一定的构型方法构思各种不同的组合体，以利于开拓思维，培养创造力。构型的基本方法有组合和切割两种。

1. 组合

将若干个基本形体按一定的规律进行拼合构成整体形状的方法称为组合。图 4-51 所示几组形体的分体图就是模仿堆积木的方式，任意组合成若干不同的物体。

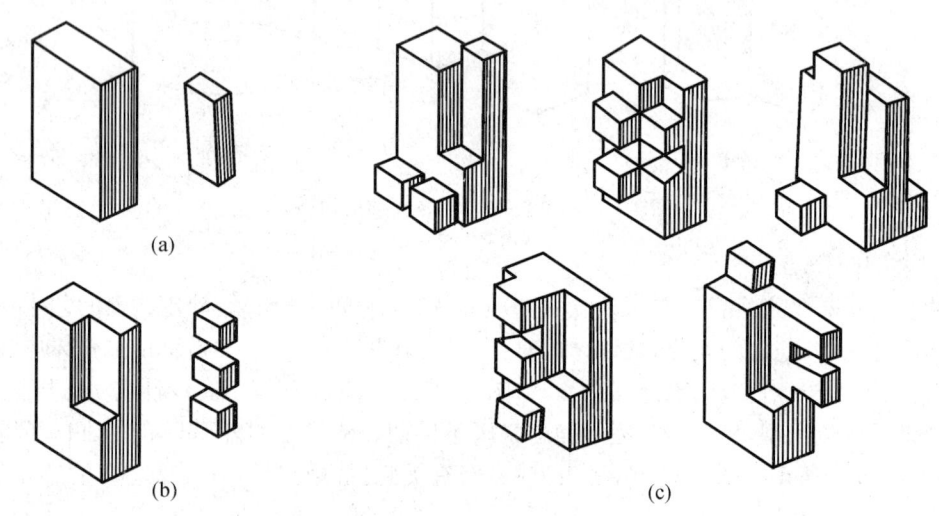

图 4-51 组合

2. 切割

通过对某些形体的切割产生空间从而形成新的整体形状的方法称为切割，如图 4-2 所示压块的构型。

4.6.3 组合体构型的一般步骤

组合体构型步骤一般如下：

1. 总体构思

根据给定的已知条件及功能要求，在收集素材、反复酝酿的基础上，逐步想象构思出组合体的整体形状。这一步骤常用三维图形(轴测草图等)来表达，直观地显示组合体的空间形状和结构。

2. 分部构型

按照总体构思方案，详细设计各个组成部分的具体形状和大小，确定其相对位置及表面连接关系。这一步骤常用二维图形表达，有时与三维图形表达交叉进行。

4.6.4 组合体构型设计举例

1. 根据给定的若干视图，构型设计组合体

前面已述，给定一个视图不能确定物体的形状(图 4-18)，它只反映物体在某个投影方向上的形状，有时给定两个视图也不能确定物体的形状(图 4-19)，它没有给出反映物体形状特征的

视图或者没有给出各组成部分相对位置的特征图,所以物体的形状仍不能确定,实际上这属于多解的问题。正是由于它的不定、多解,所以利用它可以充分拓宽思路、活跃思想,达到开拓思维的目的。

[**例 4-9**] 根据图 4-52 所给定的俯视图构型设计平面立体,画出主视图及轴测图。

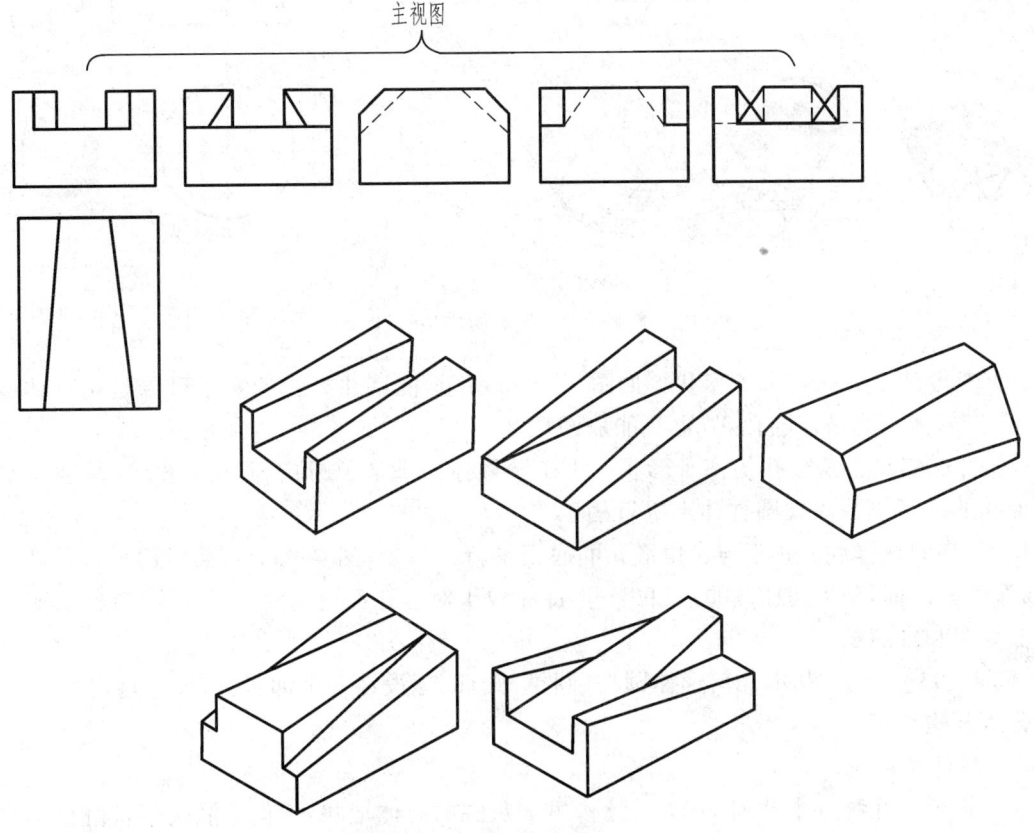

图 4-52 根据俯视图构思新物体

分析:俯视图为一矩形,中间为两条对称的斜线,将矩形分成三个线框,若将三个相邻线框想象成凹凸、平斜、虚实的差别,根据限定的条件构思平面立体,可想象出这是一个长方体通过平面切割而构成不同的物体。

构型:图 4-52 给出了五种平面立体,读者可继续构思,且不限条件。

2. 给定某些条件进行组合体的构型设计

[**例 4-10**] 试设计一个塞子,使其分别堵住图 4-53a 所示长方形板上的三个孔而不漏光。三个孔分别为圆孔、正方形孔与等腰三角形孔。其中,圆孔的直径、等腰三角形的高和底边与正方形的边长相等。

分析:根据题目的要求,所设计的塞子对三孔通用,即能分别堵住不同形状的三孔,且尺寸应完全与之相等,设计这种塞子的构思过程如下:

(1) 首先考虑满足圆孔的塞子形状。如图 4-53b 所示,能堵住圆孔的塞子可以是圆柱体或球体等,但球堵不住方孔,显然只能取圆柱体。

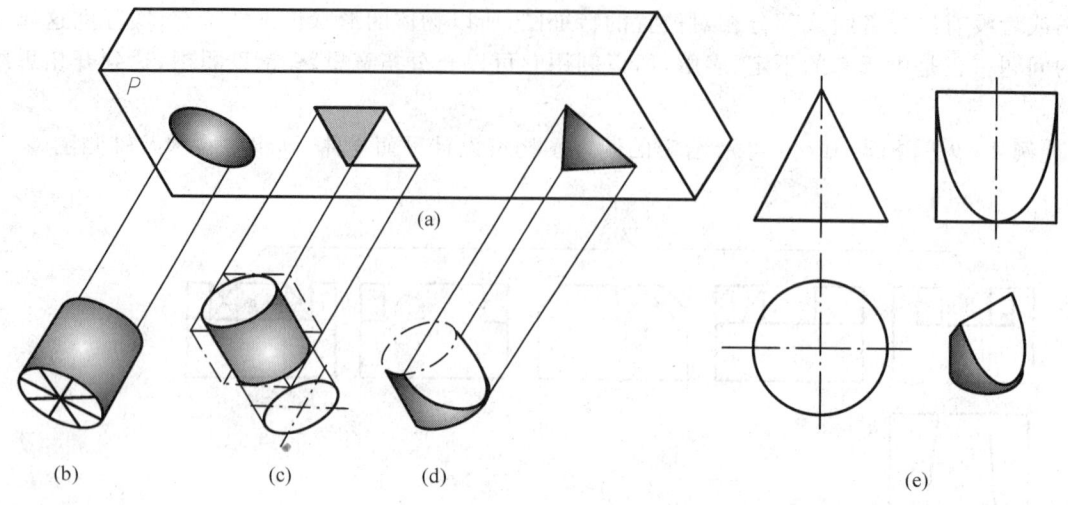

图 4-53 塞子的构型设计

(2) 考虑满足方孔的塞子形状。如图 4-53c 所示，能堵住方孔的塞子可以是正方体或圆柱体等，但正方体不能堵住圆孔，故也只能取圆柱体。

(3) 考虑满足三角形孔的塞子形状。由于圆柱体已满足了圆孔、方孔的要求，故要满足堵住三角形孔的塞子也只能在圆柱体上进行构思。

构型：将圆柱体底面置于与三角形孔的底面平行的位置（图 4-53d），然后用平行于两腰面的平面（垂直于 P 面）截去圆柱体的左、右部分，即完成了对三孔都通用的塞子的构型设计，图 4-53e 为其三视图和轴测图。

[**例 4-11**] 试由基本几何形体圆柱、圆锥、圆环、球设计一个烟灰缸，尺寸自定。

分析及构型：

(1) 总体构思选定方案

根据给定的几种基本几何形体，设计构思烟灰缸的总体形状：不但应满足烟灰缸盛烟灰的容纳功能要求，而且弹灰方便、省力，同时它又应是一件精美的装饰品。画出各种设计方案的轴测草图，如图 4-54 所示。经比较评定后，选择图 4-54c 所示的方案。

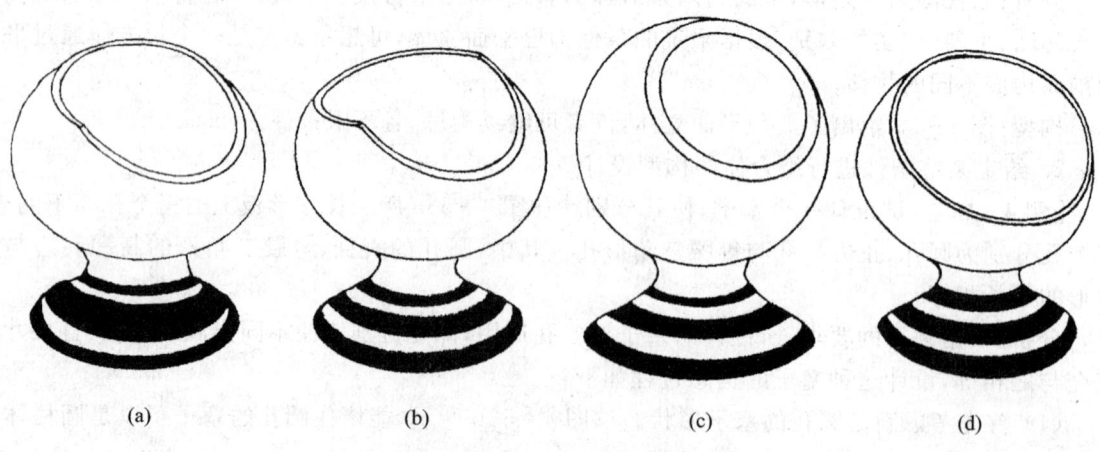

图 4-54 设计方案草图

（2）分部构型

烟灰缸由三部分组成，即上部盛烟灰的工作部分、下面的底座部分和中间的连接部分，进行分部构型。

工作部分：选球体作为这部分的主体，将其内挖成球面空腔，作容纳烟灰之用；开一斜口便于弹烟灰，特别是在伏案工作时抬手方便、省力，并一扫通常开平口的呆板气息。

底座部分：要求整个烟灰缸放置要平稳，即其重心必须下移，故采用圆锥与圆柱叠加构成。

连接部分：由于上部为球面，底座上部为锥面，不能直接用锥顶顶住球面底部来连接，因为这样形成点接触是错误的，为使连接牢固且美观，采用圆环面（内环面）将其光滑连接，然后定出烟灰缸的全部尺寸。

在构型过程中按给定条件进行，并满足其功能要求。整个外形的构型不俗，若表面加上色彩，并在球面上配以恰当的图案，显然它又是一件精美的装饰品。

为使构型更完美，先按设计给定的尺寸画出投影草图，若不合适则随时修改，然后画出正规仪器图，并标注尺寸，如图4-55所示。由于本烟灰缸都是由同轴回转体构成的，加上标注尺寸后只需用一个视图表达即可。

当然，读者还可以用圆柱或圆环等作为主体进行构型设计，得出更多更好的方案。

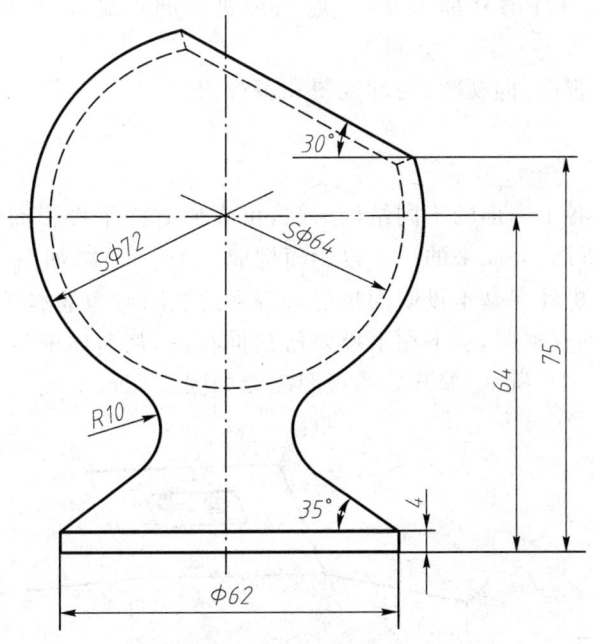

图4-55 烟灰缸的构型设计

第5章 机件常用的表达方法

在生产实践中,零件的结构形状多种多样,为了将机件的内、外结构形状完整、清晰地表达出来,《机械制图 图样画法 视图》(GB/T 4458.1—2002)、《机械制图 图样画法 剖视图和断面图》(GB/T 4458.6—2002)和《技术制图 图样画法 视图》(GB/T 17451—1998)、《技术制图 图样画法 剖视图和断面图》(GB/T 17452—1998)、《技术制图 图样画法 剖面区域的表示法》(GB/T 17453—2005)以及《技术制图 简化表示法 第1部分:图样画法》(GB/T 16675.1—1996)等国家标准规定了绘制图样的各种方法,本章讨论怎样根据机件的结构特点,恰当地选用这些表达方法。

5.1 视图

视图主要用于表达机件的外部形状,一般只画机件的可见部分,必要时才画出其不可见部分。

常用的视图有基本视图、向视图、局部视图和斜视图。

5.1.1 基本视图

为了清楚表达机件各个方面的不同结构形状,可在原有三个投影面的基础上,在机件的左、前、上方各增加一个投影面,与原来的三个投影面构成一个六面体,如图 5-1a 所示,这六个投影面称为基本投影面。将机件向基本投影面投射所得到的视图称为基本视图。除主、俯、左三个视图外,从右向左投射得到右视图,从下往上投射得到仰视图,从后向前投射得到后视图。六个投影面的展开方法如图 5-1b 所示,展开后的视图配置如图 5-1c 所示。

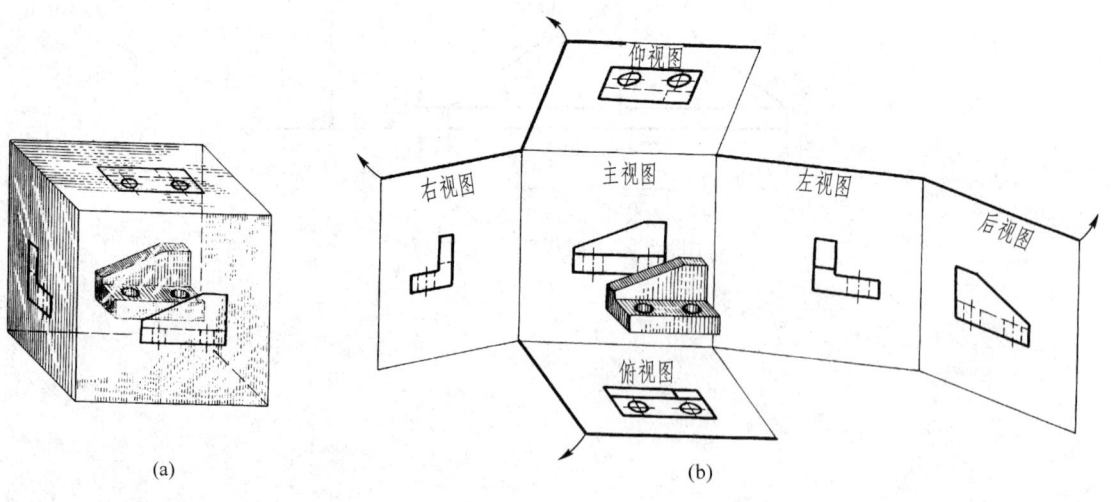

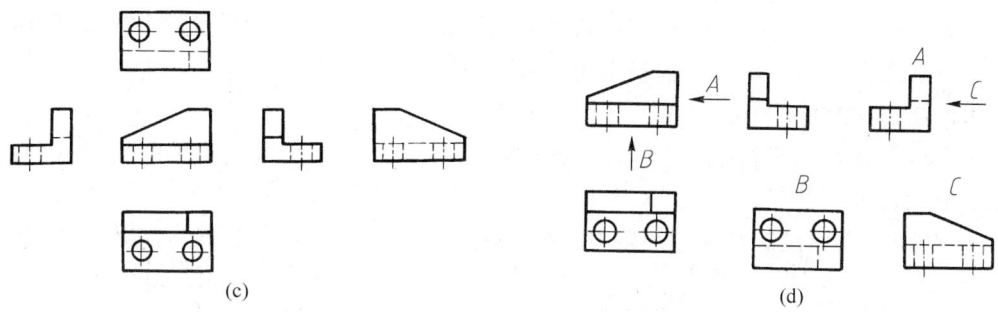

图 5-1 六个基本视图的形成和配置

在同一张图纸中,六个基本视图按图 5-1c 配置时,一律不注视图名称。六个基本视图仍保持与三视图相同的投影规律,即主、俯、仰三个视图"长对正",主、左、右、后四个视图"高平齐",俯、左、仰、右四个视图"宽相等",且在这四个视图中,远离主视图的一侧为物体的前面。主、后视图表达的左右关系正好相反。

值得注意的是,六个基本视图中,一般优先采用主、俯、左三个视图。任何机件的表达都必须有主视图。

5.1.2 向视图

向视图是可自由配置的基本视图,可根据需要将某个方向的视图配置在图纸的任何位置,表达时,在向视图的上方标出"×"(×为大写拉丁字母),在相应视图附近用箭头指明投射方向,并注上同样的字母,如图 5-1d 所示。

5.1.3 局部视图

如图 5-2a 所示的支架,如采用主、俯、左、右四个基本视图,虽完整表达了机件四个方向的形状,但部分投影重复。而图 5-2b 采用了主、俯两个基本视图,然后再画出 A 向视图和 B 向视图

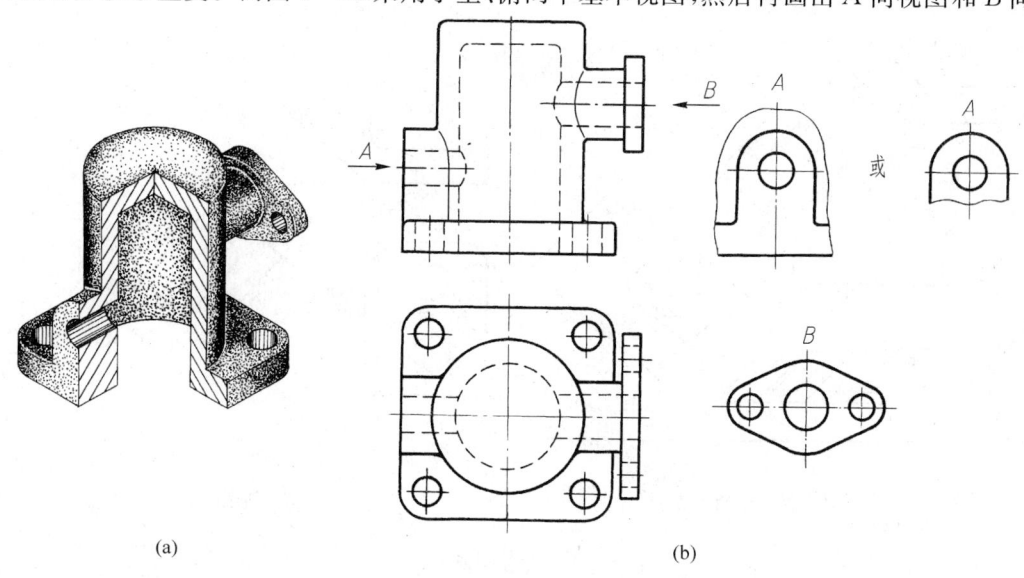

图 5-2 局部视图的画法

的局部图形,补充尚未表达清楚的部分,这样重点突出、清晰明了,作图也很简便。这种将物体的某一部分向基本投影面投射所得的视图称为局部视图。

采用局部视图时应注意:

(1) 局部视图可按基本视图的形式配置,如图5-4b中处于俯视图位置的局部视图;也可按向视图的形式配置并标注,如图5-2b中的A向视图和B向视图。按基本视图配置的局部视图,如果两个视图之间没有其他图形隔开,则不用标注(图5-4b);如有图形隔开,则需按向视图的方法标注。

(2) 局部视图断裂处的边界线用波浪线绘制(图5-2中的A向视图),也可以用双折线绘制。当所表达的局部结构是完整的且外形轮廓线封闭时,波浪线可省略不画,如图5-2b中的B向视图。

5.1.4 斜视图

如图5-3所示的机件,有部分结构是倾斜的、不平行任何基本投影面,在基本视图中均不能把该部分的真实形状表达清楚,既给绘图和看图带来困难,又不便于标注尺寸。为了表达倾斜部分的真实形状,可利用变换投影面的原理,选择一个与机件倾斜部分平行并垂直于一个基本投影面的平面作为辅助投影面,将该部分的结构形状向辅助投影面投射,所得的视图便可反映倾斜部分的真实形状(图5-4a)。这种将物体向不平行任何一个基本投影面的平面投射所得的视图称为斜视图。

斜视图通常按向视图的形式配置与标注,为了保持斜视图与基本视图的投影关系,一般用带字母的箭头指明投射部位与方向,将斜视图配置在箭头所指的方向上,如图5-4b所示。

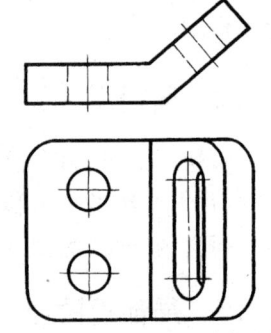

图5-3 机件的基本视图

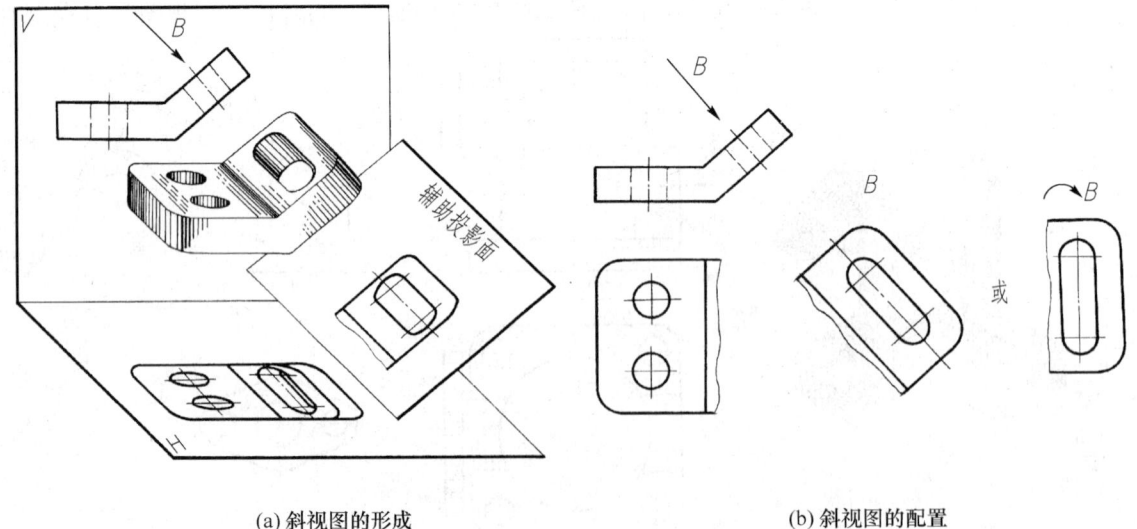

(a) 斜视图的形成　　　　　　　　　(b) 斜视图的配置

图5-4 斜视图画法(一)

必要时,允许将斜视图旋转配置,这样配置时表示该视图名称的大写拉丁字母应靠近旋转符号的箭头端(图5-4b)。也允许将旋转角度注写在字母后(图5-5)。

旋转符号的尺寸和比例如图5-6所示,其中h为符号与字体高度,$h=R$,符号笔画宽度为$h/10$或$h/14$。

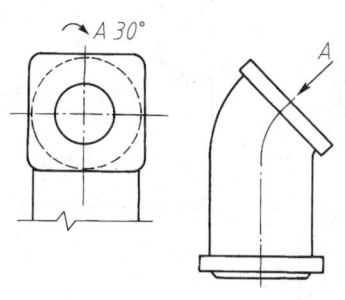
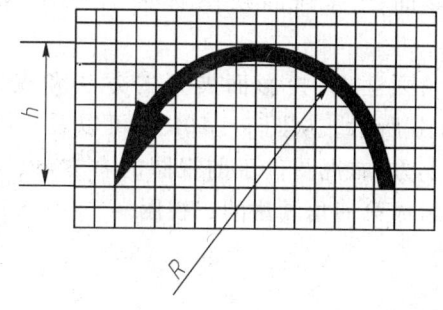

图5-5 斜视图画法(二)   图5-6 旋转符号的尺寸和比例

斜视图的投影面应按箭头所指方向旋转展开(图5-7)。

斜视图通常用来表达机件倾斜部分的实形,其他部分不必全部画出而用波浪线或双折线断开,如图5-4b的B向视图和图5-5的A向视图。当所表达的结构形状完整且外轮廓又是封闭图形时,波浪线可省略不画,如图5-7a的A向视图。

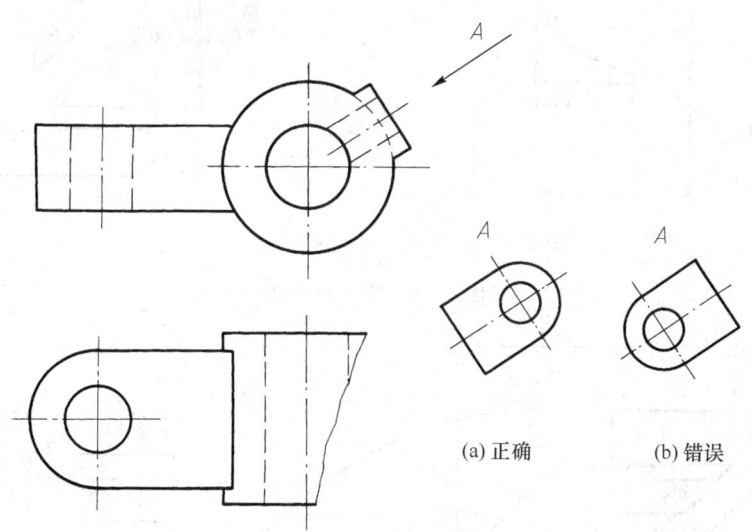

图5-7 斜视图的画法(三)

5.1.5 第三角画法简介

两个互相垂直的投影面将空间分成四个分角,如图5-8所示。将物体置于第一分角内进行投射,画出表达物体图形的方法称为第一角画法。我国采用第一角画法。将物体置于第三分角内进行投射,画出表达物体图形的方法称为第三角画法。美国、日本等国家采用第三角画法。为了适应国际科学技术交流的要求,应该对第三角画法有所了解。

第三角画法是将投影面放置在观察者和物体之间,并假定投影面是透明的,如图 5-9a 所示。在观察物体时规定:由前向后看,在投影面上得到的视图称为前视图,由上往下看,在投影面上得到的视图称为顶视图,由右往左看,在投影面上得到的视图称为右视图,如图 5-9b 所示。

第三角画法中,投影面展开的方法和视图的配置如图 5-10a、b 所示。从图 5-10b 中可以看出,顶视图位于前视图的上方,右视图位于前视图的右方,顶视图、前视图和右视图组成第三角画法的三视图。

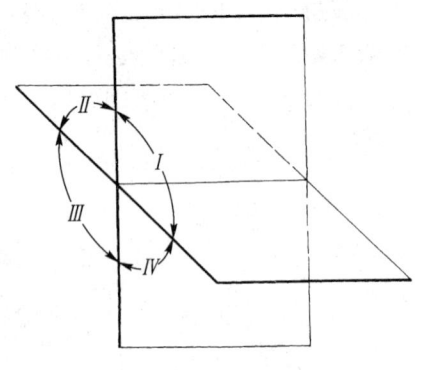

图 5-8 四个分角

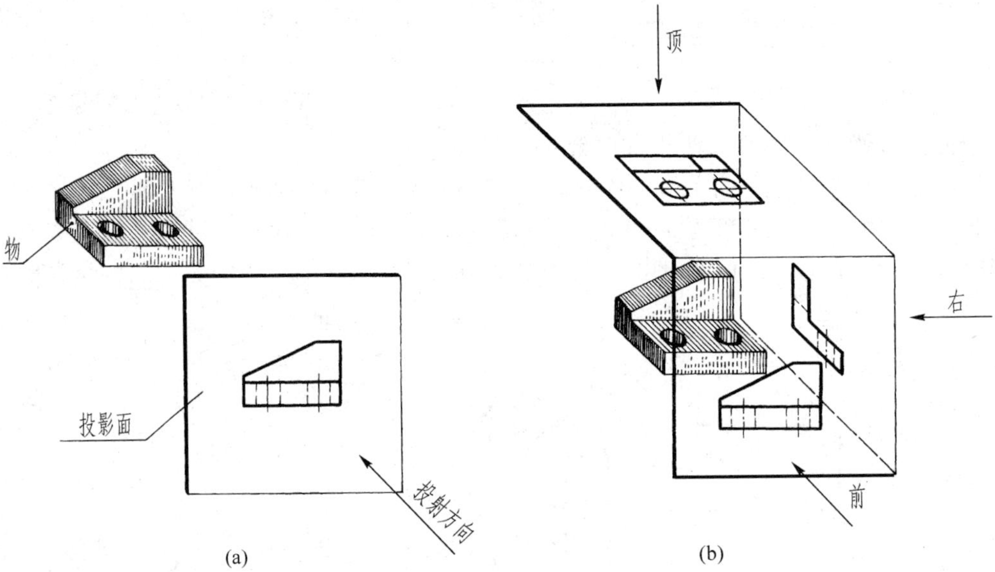

图 5-9 第三角画法

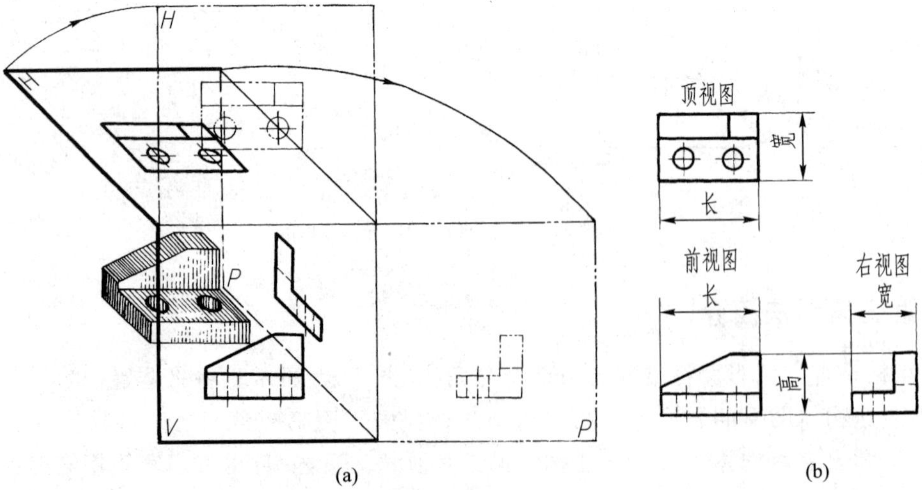

图 5-10 投影面的展开和视图配置

第三角画法中六个基本视图的配置如图 5-11 所示。

采用第三角画法时,必须在图样标题栏中专设的格内用规定的识别符号(图 5-12)表示。

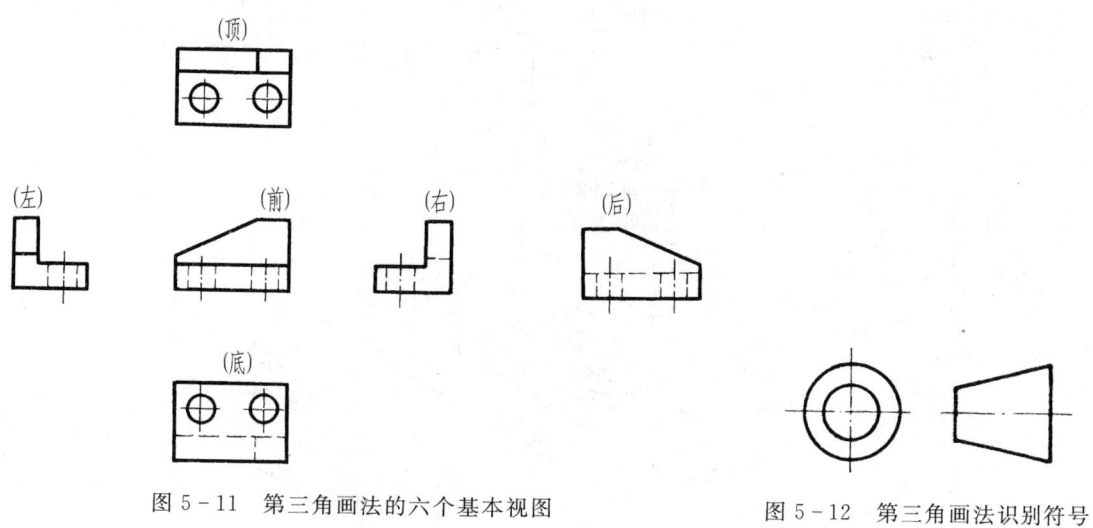

图 5-11　第三角画法的六个基本视图　　　　图 5-12　第三角画法识别符号

5.2　剖视图

当物体内部结构较复杂时,视图中就会出现较多的细虚线,这些细虚线往往会与表示外形轮廓线的粗实线交错重叠在一起,影响图形的清晰性,不便于看图也不利于标注尺寸。因此,为了清楚地表达物体的内部结构形状,国家标准规定了剖视图的画法。

5.2.1　剖视图的概念和画法

1. 剖视图的概念

假想用剖切面剖开物体,将处在观察者与剖切面之间的部分移去,而将剩余部分向投影面投射所得的图形称为剖视图(简称剖视)如图 5-13 所示。

2. 剖视图的画法

画剖视图一般按下列方法和步骤(图 5-14)进行:

(1) 确定剖切平面的位置。剖切平面通常应平行于投影面,且通过机件的对称面或孔的轴线,以便能反映出机件内部孔、槽等结构的真实形状。图 5-14 中应采用通过机件前后对称面的正平面。

(2) 画剖视图。移出剖切平面前的部分,画出剖切平面后所有可见部分的投影(图 5-14b)。

(3) 在剖面区域内画上剖面符号(图 5-14c)。剖面区域是指剖切平面与机件接触的实体部分。当不需要表示材料的类别时,剖面符号可用通用剖面线表示。通用剖面线一般以适当角度的平行细实线绘制,最好与主要轮廓线或剖面区域的对称线成 45°,如图 5-15 所示。同一机件的通用剖面线应方向相同,间隔相等。

如需要在剖面区域内表示材料的类别,则应采用特定的剖面符号表示。国家标准规定的剖面符号见表 5-1。

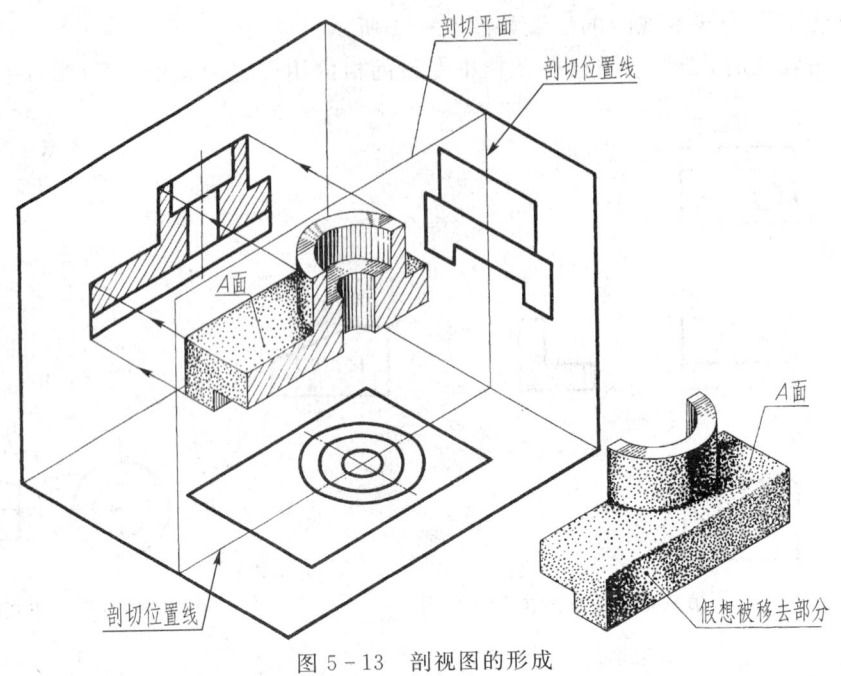

图 5-13 剖视图的形成

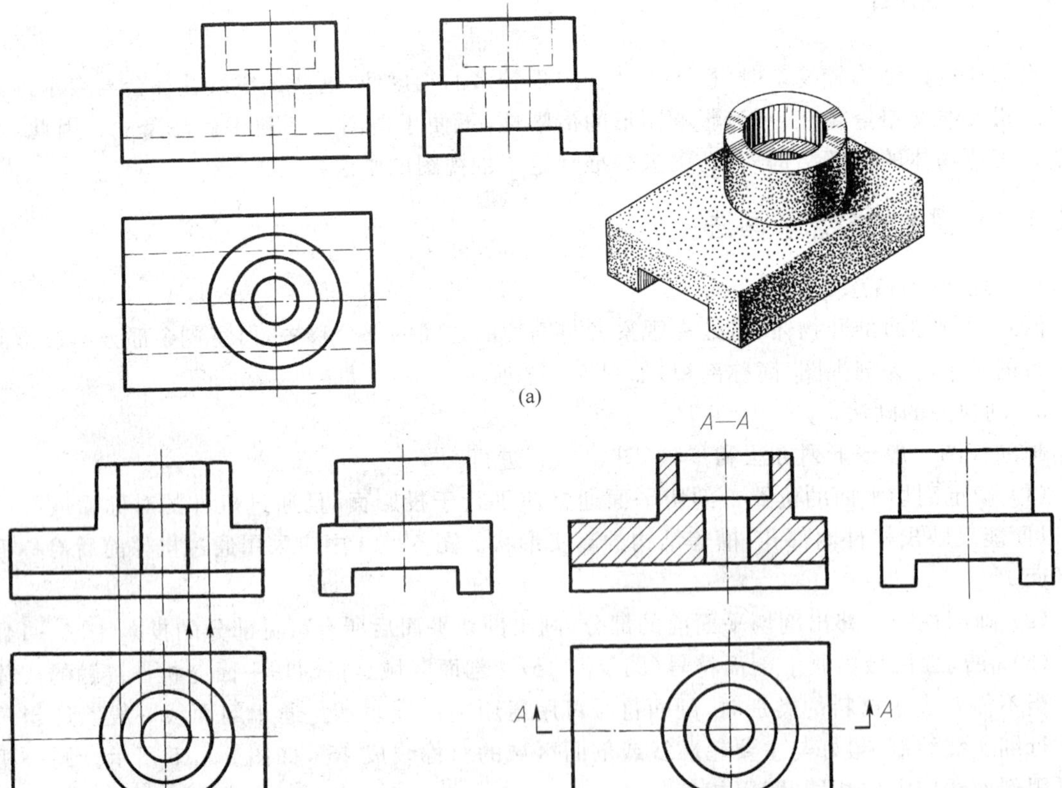

图 5-14 剖视图的画法

144

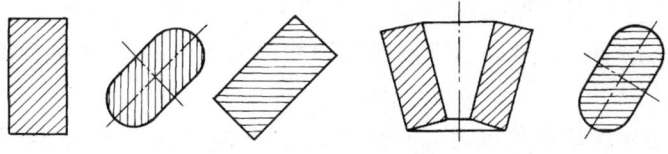

图 5-15 通用剖面线的画法

表 5-1 剖面符号

材料名称	符号	材料名称	符号
金属材料（已有规定剖面符号者除外）		基础周围的泥土	
线圈绕组元件		混凝土	
转子、电枢、变压器和电抗器等的迭钢片		钢筋混凝土	
非金属材料（已有规定剖面符号者除外）		型砂、填砂、粉末冶金、砂轮、陶瓷刀片、硬质合金刀片等	
本质胶合板（不分层数）		玻璃及供观察用的其他透明材料	
木材 纵剖面		格网（筛网、过滤网等）	
木材 横剖面		液体	
砖			

注：剖面符号仅表示材料的类别，材料的名称和代号必须另行注明。

（4）标注。按规定对剖视图进行标注。

3．剖视图的标注

为了便于判断剖切位置、剖切后的投射方向以及剖视图和其他视图之间的对应关系，对剖视图应进行标注，具体要求如下：

(1) 在剖视图上方标注剖视图名称"×—×",如图 5-14c 中的 A—A。
(2) 在相应的视图用剖切符号表示出剖切位置和投射方向,并注上同样的字母,如图 5-14c 俯视图中的 A、A。

剖切符号是用来指示剖切面的起、讫、转折位置(用粗短画线表示)及投射方向(用箭头表示)的符号。标注时,表示剖切位置的粗短画线尽量不要与图形的轮廓线相交,箭头标注在起、讫剖切位置处的粗短画线的两端。

如果在同一张图纸上有几个剖视图,则其名称应按字母顺序排列,不得重复,如图 5-16c 所示。

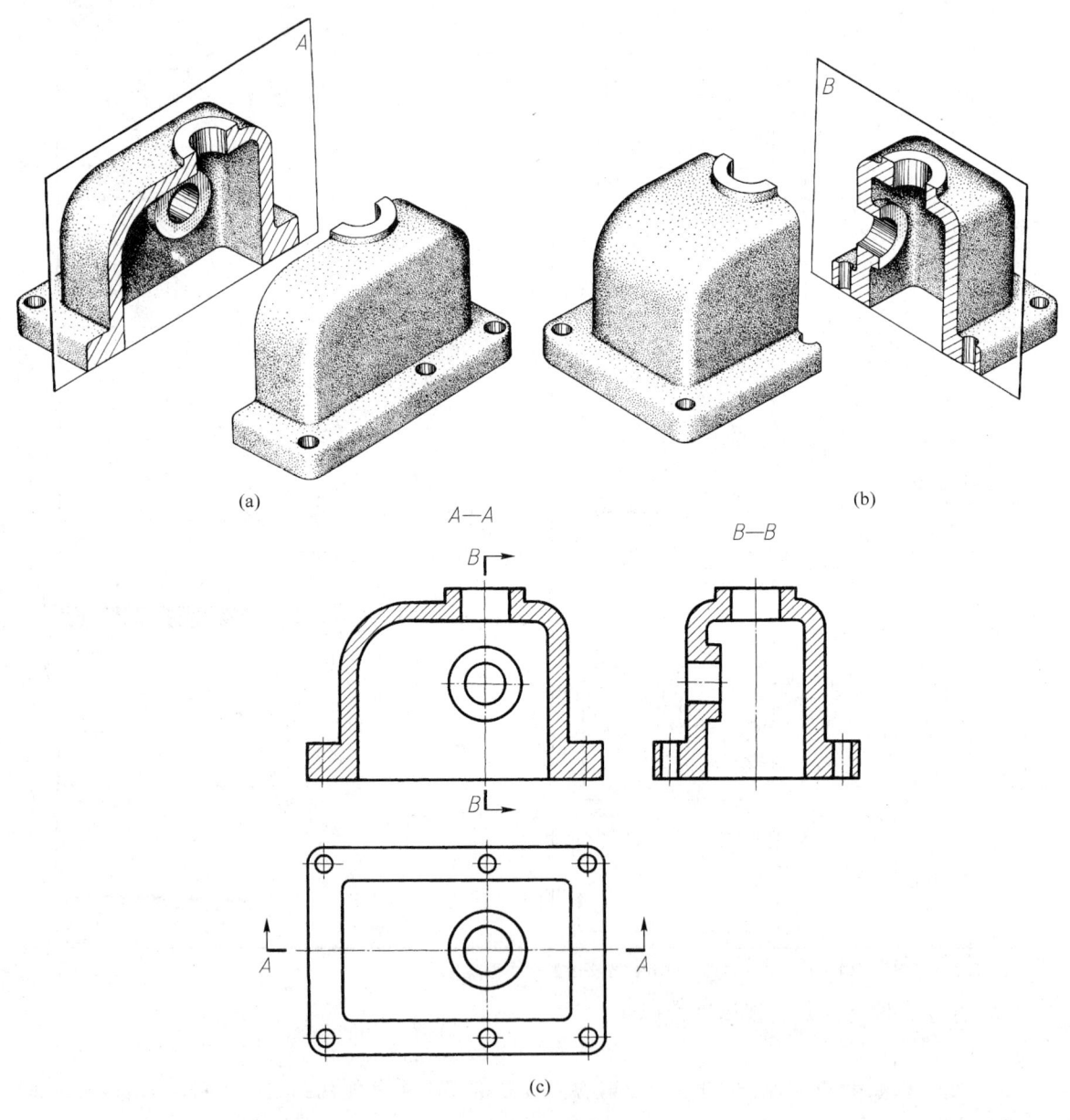

图 5-16 机件的全剖视图

下列情况,剖视图的标注可简化或省略:

(1) 当剖视图按基本视图位置配置,中间又没有其他图形隔开时,投射方向已经明确,可以省略箭头,所以图 5-16c 中的箭头实际上可以省去。

(2) 当剖视图按基本视图位置配置、中间又没有其他图形隔开,且剖切平面与机件的对称平面重合时,可以省略标注,故图 5-14c 是可以省略标注的。图 5-16c 中的 A—A、B—B 剖视图,因机件不对称,没有对称平面,故只能省略箭头,剖切位置和名称还必须标注出。

4. 画剖视图应注意的问题

(1) 剖视图是假想切开机件画出的,其他视图必须按原来的整体形状画出,如图 5-14c 所示。

(2) 画剖视图时,机件在剖切平面后的可见部分应全部画出,不得漏画或错画,如图 5-17 所示。

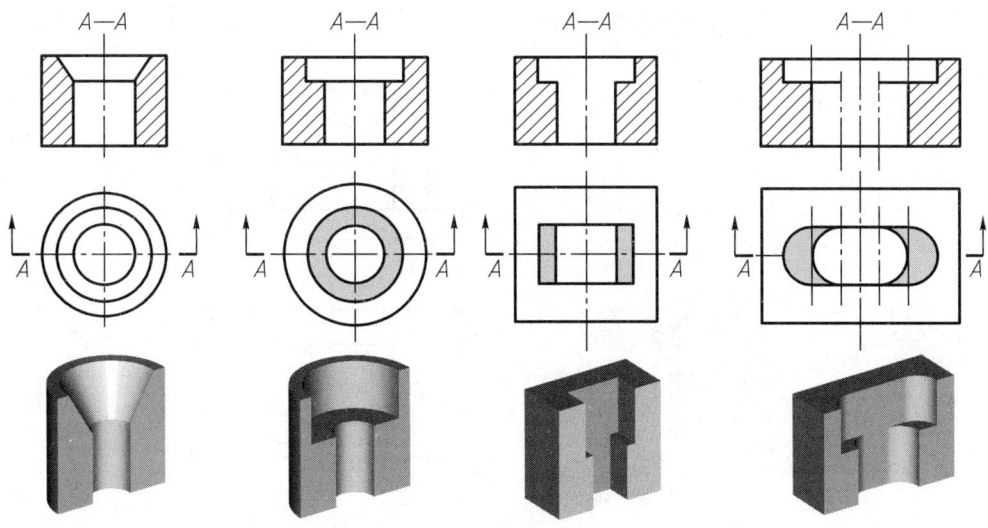

图 5-17 几种孔槽的剖视图

(3) 在剖视图中,不可见轮廓线一般不画出,但结构尚未表达清楚时则必须画出细虚线。

5.2.2 剖视图的种类

按剖开机件的范围,可将剖视图分为全剖视图、半剖视图和局部剖视图。

1. 全剖视图

用剖切平面完全地剖开机件所得到的剖视图称为全剖视图(简称全剖视),如图 5-14c 所示。

全剖视图主要用于表达内部形状结构复杂、外形简单或外形虽复杂而可用另外的视图表达清楚的机件。

下面以图 5-16 所示的机件为例,进一步说明全剖视图的画法。从图 5-16a 可以看出,机件的外形简单而内部结构复杂,为显示机件内腔形状和内壁上凸台的情况,采用一个通过机件顶部圆柱孔轴线的剖切平面 A 将机件剖开,将主视图画成全剖视;而机件的其他结构,如内壁上凸台处的圆孔及底板上六个小孔的贯通情况，还需用另外的剖视图表示。因此，如图 5-16b 所示，需用剖切平面 B 通过这些孔的轴线把机件剖开，在左视图上画出另一个全剖视图，如图 5-16c 所示。

2. 半剖视图

当机件具有对称平面时，向垂直于对称平面的投影面进行投射所得到的图形，以对称线为分界线，一半画成剖视图，另一半画成视图，这种组合的视图称为半剖视图，简称半剖视。

如图 5-18a、b 所示的机件，它的前方有一圆柱形凸台，若将其主视图画成全剖视，如图 5-18c 所示，虽然中间部位的方孔和底板上的凹槽都表示得比较清楚，但前面的圆柱形凸台被剖掉，影响了机件外形凸台的表达。为了能将机件的内、外形状同时在一个视图上表示出来，可根据该机件左右对称的特点，将主视图画成半剖视图，即一半画成剖视图，另一半画成视图，如图 5-18d 所示。

显然，半剖视图主要用于表达对称机件的内、外形状，如图 5-18 所示。而对于接近对称，其不对称部分已有另外视图表达清楚的机件，也可用半剖视图表达，如图 5-19 所示。

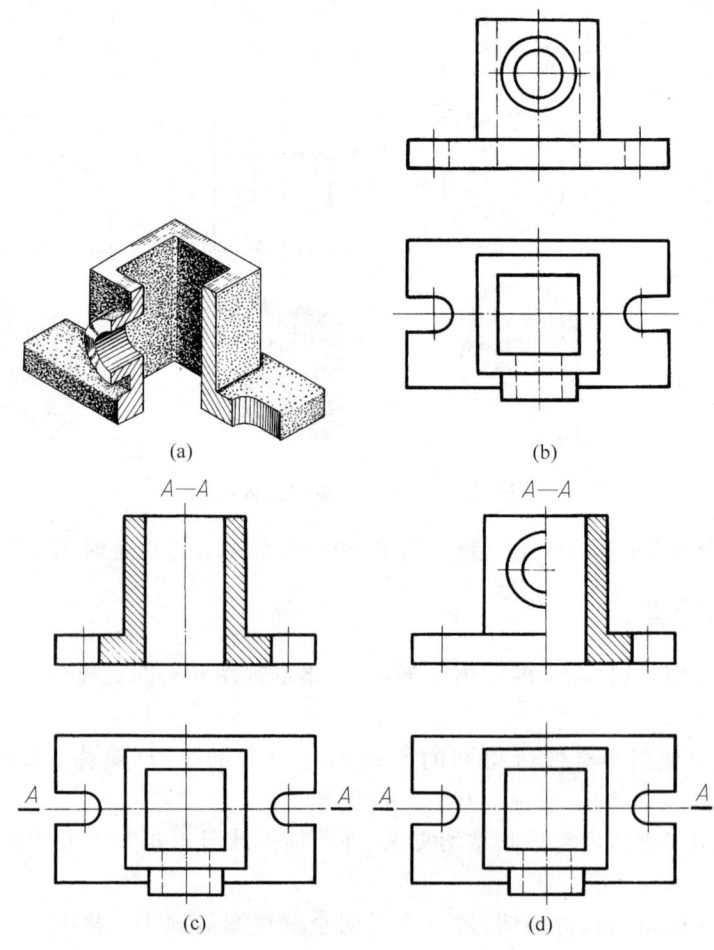

图 5-18　机件的半剖视图

值得注意的是,在图 5-19 中,剖切平面剖到了肋,国家标准规定,如纵向剖切肋,其范围内不画剖面线,且用粗实线将其与邻接部分分开。

对于外形简单的对称机件,特别是回转体机件,为使图形清晰和便于标注尺寸,常画成全剖视图,而不画成半剖视图,如图 5-20 所示。

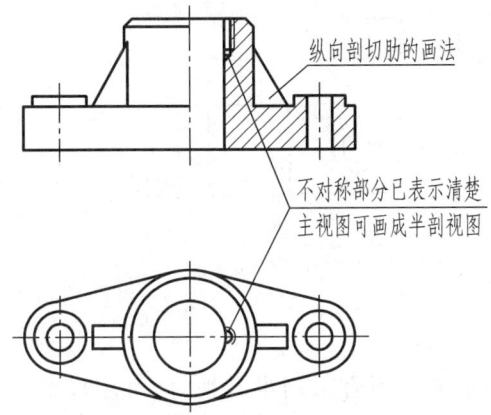

图 5-19 局部不对称的半剖视图

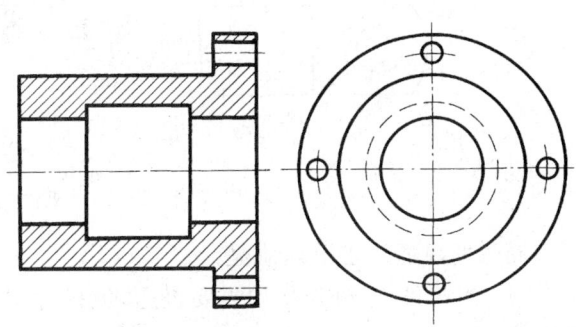

图 5-20 对称的回转体机件采用全剖视

画半剖视图时应注意:
(1) 在半剖视图中,半个剖视和半个视图的分界线规定以细点画线画出。
(2) 在半剖视图中,半个视图部分不应再画已剖内部结构的细虚线。
(3) 半剖视图的标注与全剖视图的标注相同。图 5-21 为半剖视图标注的正误对比。

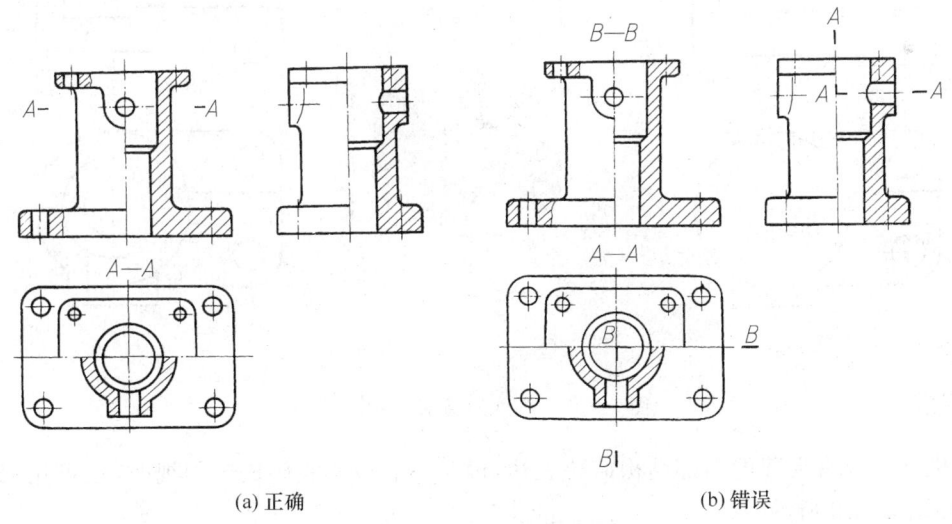

(a) 正确　　　　　　　　　　　　　　　(b) 错误

图 5-21 半剖视图的标注

3. 局部剖视图

如图 5-22a、b 所示的机件,在主视图上只有左端的阶梯孔要表达,没必要采用全剖,此时可假想用一个通过左端阶梯孔轴线的正平面(图 5-22b)将机件切开一部分,将这部分画成剖视图,另一部分画的仍然是需要保留外形的视图,其剖视和视图用波浪线分界,如图 5-22c 所示。

这种用剖切平面局部剖开机件后得到的剖视图称为局部剖视图,简称局部剖视。
如图 5-22 所示的俯视图,同样可以用局部剖视表示水平方向圆柱孔的内部形状。

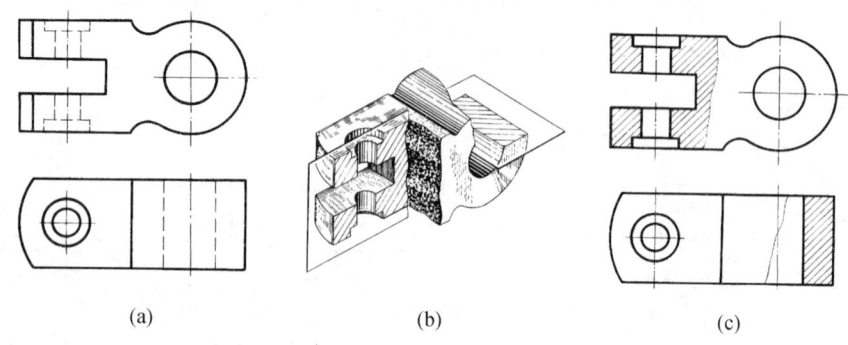

图 5-22　机件的局部剖视(一)

局部剖视适用于下列情况:

(1) 当机件内、外形状均需要表达,但机件不对称而不能或不宜采用半剖视时,可用局部剖视表达(图 5-23)。

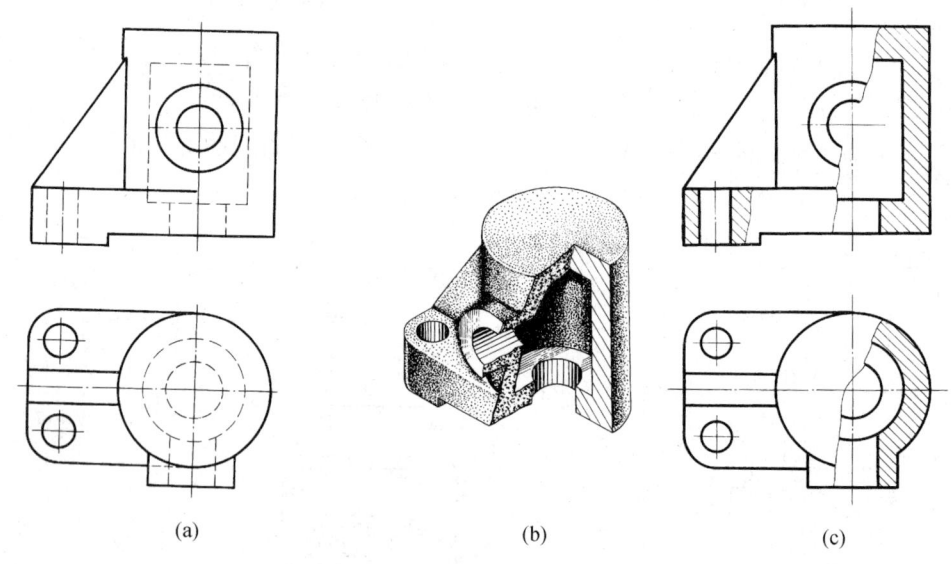

图 5-23　机件的局部剖视(二)

(2) 机件上只有局部的内部结构需要表达,但又不必或不宜画成全剖视时,也可用局部剖视来表达,如图 5-22 所示。

(3) 当机件对称但又不宜采用半剖视时,可用局部剖视来表达其内部结构,如图 5-24d 所示的半剖视图的画法是错误的,分界线不能画成粗实线,而宜用局部剖视表达,如图 5-24a~c 所示。

局部剖视的标注与全剖视图的标注基本相同,剖切位置明显时一般都不必标注,如图 5-22、图 5-23 所示。

局部剖视图与视图一般用波浪线分界,也可以用双折线分界(图5-25),当被剖切结构为回转体时,也允许将该结构的轴线作为分界线,如图5-26所示。

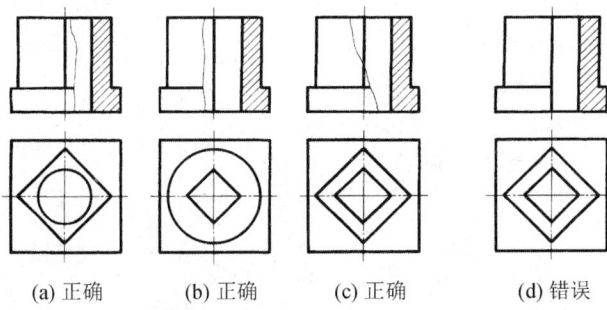

(a) 正确　　(b) 正确　　(c) 正确　　(d) 错误

图 5-24　机件的局部剖视(三)

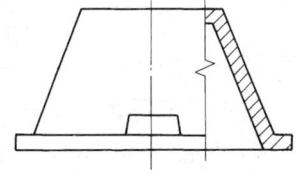

图 5-25　双折线替代波浪线

画局部剖视的波浪线时应注意:

(1) 波浪线只能画在机件表面的实体部分,不得穿空而过,也不要超出视图之外,如图5-27所示。

(2) 波浪线不要与其他图线重合或画在其他图线的延长线上,如图5-27所示。

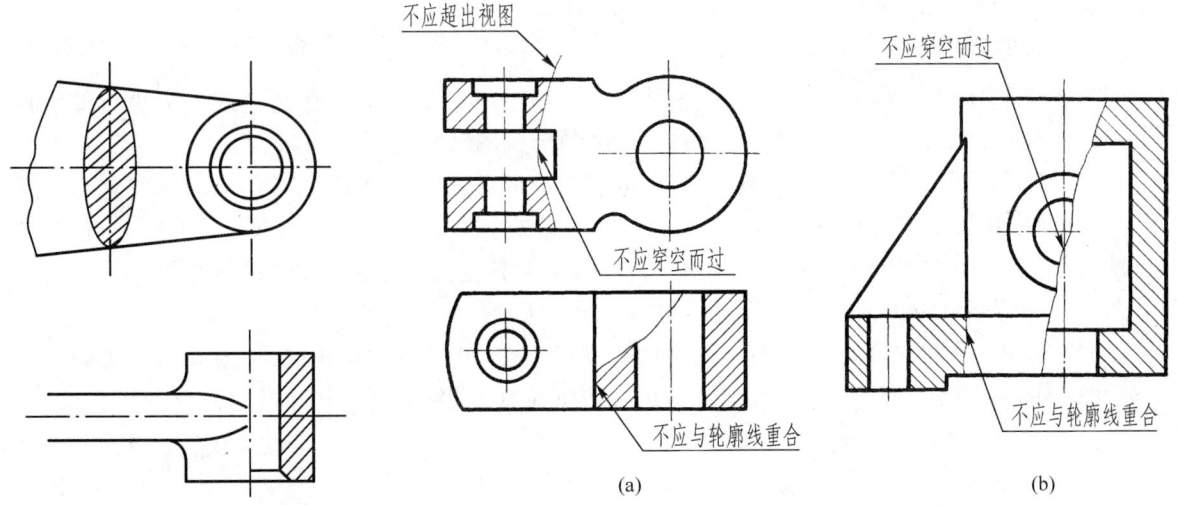

图 5-26　局部剖视图　　　　图 5-27　画局部剖视的波浪线时应避免的错误

5.2.3　剖切面的种类和剖切方法

画剖视图时,根据机件的结构特点,国家标准规定可选择的剖切面有单一剖切面、几个平行的剖切平面和几个相交的剖切面。用这些种类的剖切面剖开机件,便产生了相应的剖切方法。

1. 单一剖切面

(1) 用平行于某一基本投影面的平面剖切

前面所介绍的全剖视图、半剖视图和局部剖视图,都是用平行于某一基本投影面的平面剖开机件后所得出的,这是一种最常用的剖切方法。

(2) 用不平行于任何基本投影面的平面剖切

如图 5-28 所示的机件，其上部凸台有通孔，为了表达这部分的内部结构及上部方板形状，假想用通过该孔轴线的正垂面剖开机件。

这种剖切方法适用于表达机件倾斜部分的内部结构形状。采用这种剖切方法画剖视图时应注意：

① 剖切平面应与倾斜结构平行，剖开后向与剖切平面垂直的方向投射，并将其旋转到与基本投影面重合后再画出，如图 5-28a 所示。

② 剖视图最好配置在箭头所指的方向上，如图 5-28a 所示。必要时，也可配置在其他适当的位置或旋转摆正画出，如图 5-28b、c 所示。

③ 剖视图一般需要标注，其标注方法如图 5-28 所示。注意，标注时字母一律水平书写。

2. 几个平行的剖切平面

如图 5-29 所示的机件，各孔的轴线分布在几个互相平行的平面内，若只用一个剖切平面显然不可能把不同孔的情况显示出来，因此需采用几个互相平行的剖切平面剖开机件。

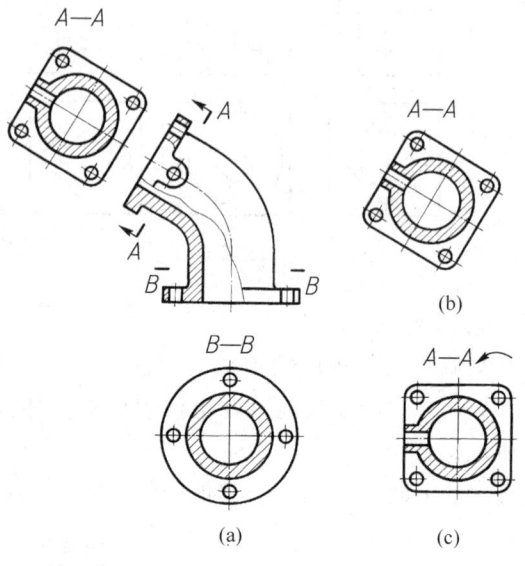

图 5-28　不平行于基本投影面的平面剖切机件

当机件上有较多的内部结构，且这种结构中的轴线或对称面又处在两个或多个平行的平面内时，常采用这种剖切方法。采用这种剖切方法画剖视图时应注意：

（1）剖视图必须标注，即在剖切位置的起、讫、转折处注写剖切符号，标上同一字母（在不致引起误解时，转折处字母可省略，如图 5-29a 中转折处字母 A 可省略），并在起、讫处画上箭头表示投射方向（当剖视图按基本视图位置配置、中间又无其他图形隔开时，可省略箭头），在剖视图上方用相同的字母标出剖视图的名称，如图 5-29a 所示。

（2）剖切平面的转折处不应与视图中的轮廓线重合，并尽量避免相交，如图 5-29c 所示。

（3）在剖视图中，两个剖切平面转折处的投影不应画出，图 5-29c 中主视图的画法是错误的。

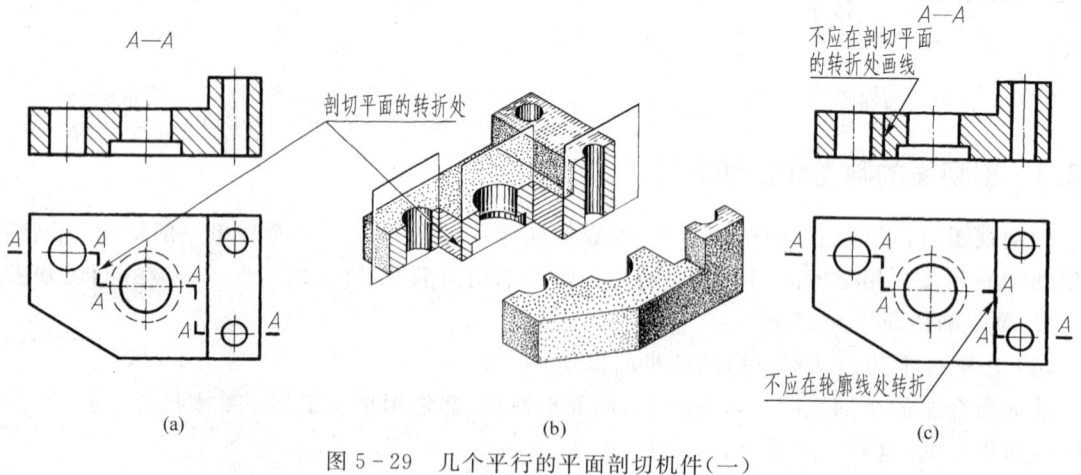

图 5-29　几个平行的平面剖切机件（一）

（4）应避免出现不完整的结构要素。如图 5-30 中所示的机件，选择 B—B 剖切面时将出现不完整要素。

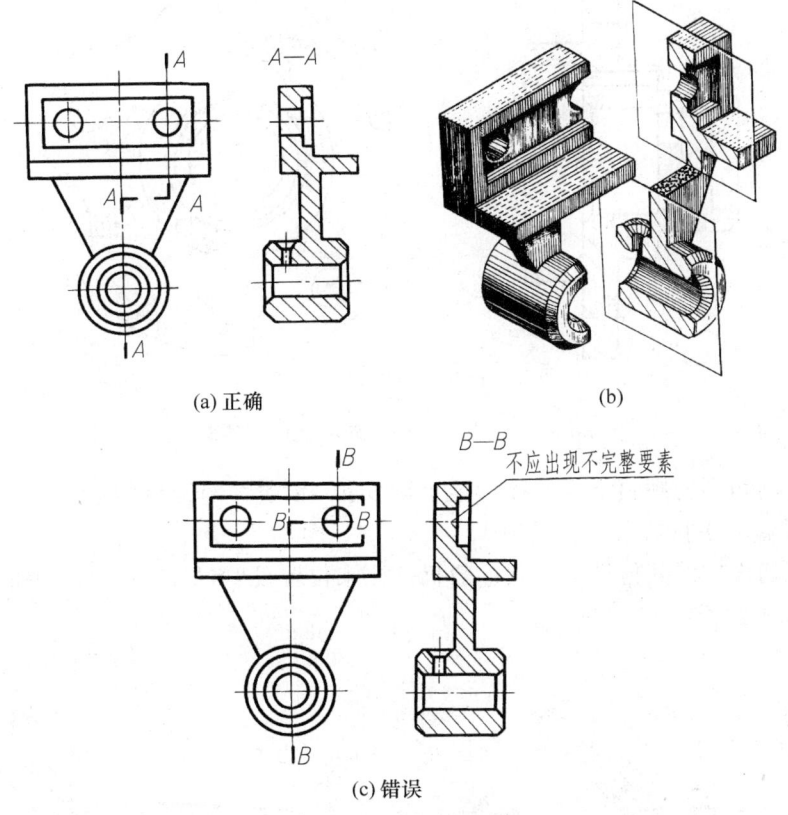

图 5-30 几个平行的平面剖切机件（二）

3. 几个相交的剖切面（交线垂直于某一投影面）

图 5-31、图 5-32 分别为两个和几个相交的剖切面剖开机件后所得的全剖视图。采用这种剖切方法画剖视图时应注意：

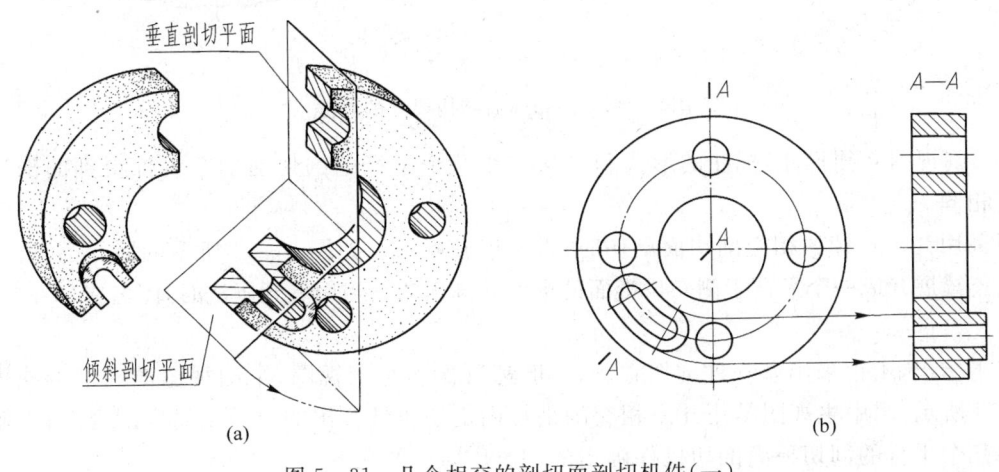

图 5-31 几个相交的剖切面剖切机件（一）

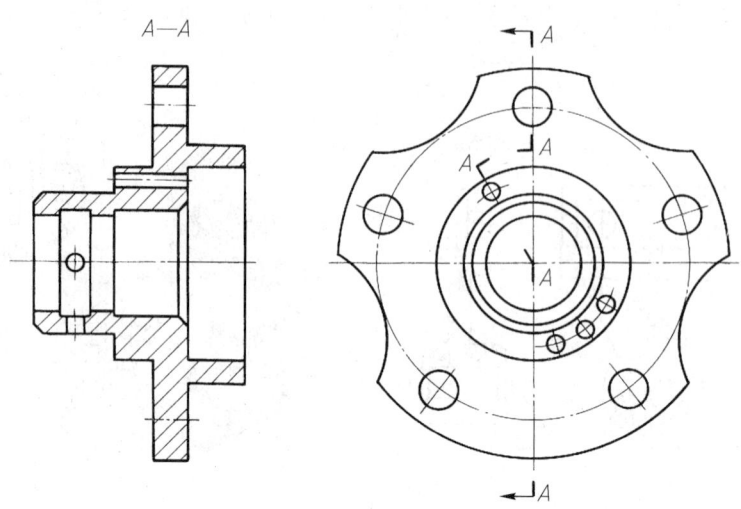

图 5-32 几个相交的剖切面剖切机件(二)

(1) 为了使剖切到的倾斜结构的投影能反映实形,必须将剖开后的倾斜结构绕公共轴线旋转到与选定的投影面平行后再进行投射。

(2) 位于剖切面后的其他结构要素一般仍按原来位置投射,如图 5-33b 中的小孔在俯视图上的投影仍画成椭圆。

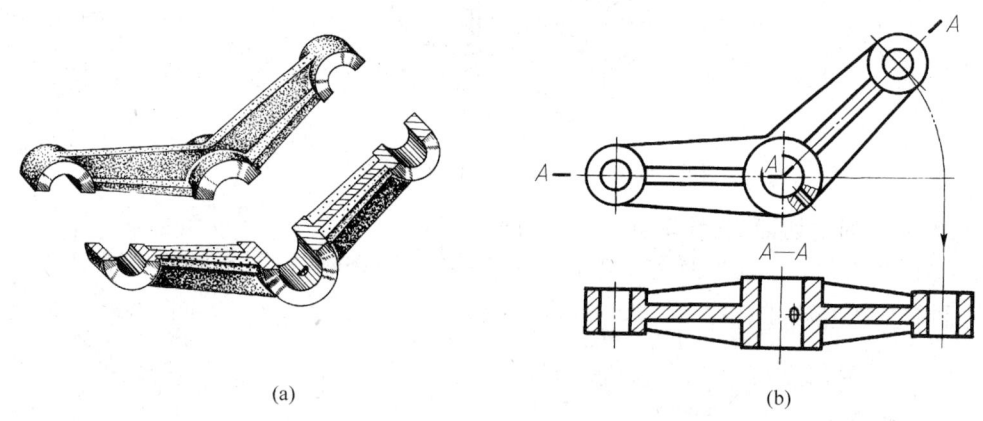

(a)   (b)

图 5-33 剖切面后结构要素的画法

(3) 剖视图必须标注,标注的形式和方法与用几个平行的剖切面剖开机件得到的剖视图标注方法相同。

当采用几个连续的相交剖切面剖切时,常用展开画法。如图 5-34 所示的展开图,就是用展开画法连续展开成一个平行于侧立投影面的平面后画出的。当用展开画法时,图名应标注"×—× 展开"。

应当指出,不论采用哪一种剖切方法,一般都可作出全剖视图、半剖视图或局部剖视图。如图 5-35 所示,图中主视图是用几个相交的剖切面剖切机件画出的 A—A 局部剖视图,而俯视图则是用几个平行的剖切平面剖切机件画出的 B—B 局部剖视图。

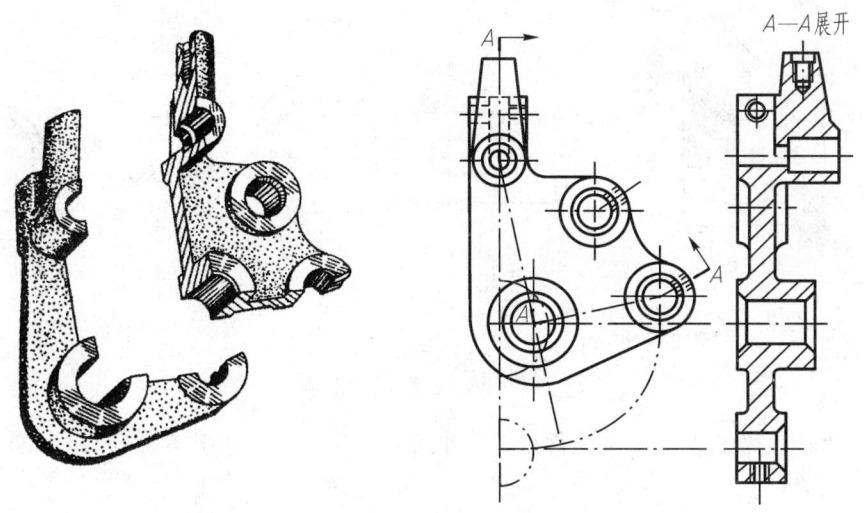

图 5-34 几个相交剖切面剖切后的展开画法

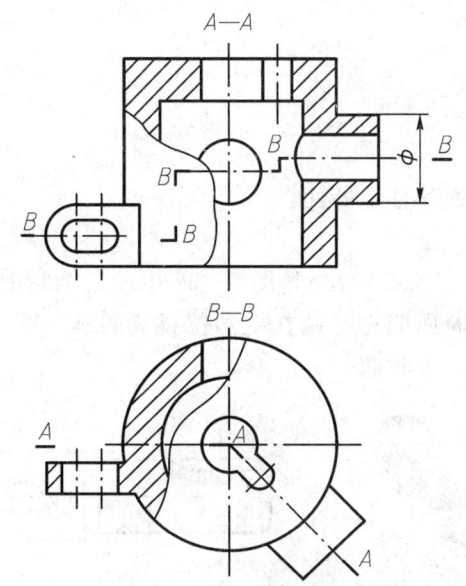

图 5-35 用平行和相交剖切面剖切得到的局部剖视图

5.3 断面图

5.3.1 断面图的概念

如图 5-36a 所示的小轴,为了表示出键槽的深度和宽度,而假想在键槽处用垂直于轴线的剖切面将轴切断,只画出断面的形状,并且在断面上画出剖面符号,如图 5-36b 所示。这种假想用剖切面将机件的某处切断,仅画出断面的图形称为断面图,简称断面。

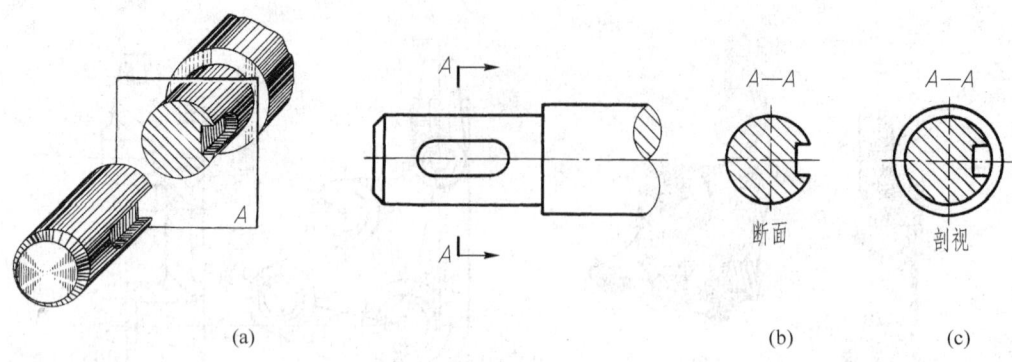

图 5-36 断面图的形成

在生产实践中,为了表示一些机件(如吊钩、手柄、拨叉及机件上各种肋等)的断面形状,往往采用断面图。

断面图与剖视图的区别在于:断面图只画机件被剖切后的断面形状,而剖视图除画出断面形状之外,还必须画出机件上剖切面后方结构的投影。图 5-36b 为 A—A 断面图,图 5-36c 为 A—A 剖视图。

5.3.2 断面图的种类

1. 移出断面

画在视图轮廓线外的断面称移出断面。

(1) 移出断面的画法与配置

① 移出断面的轮廓线用粗实线画出,如图 5-37 中的三个断面图的轮廓线。

② 为了便于看图,移出断面应尽量画在剖切位置线的延长线上,必要时也可配置在其他适当位置,如图 5-37b 中的 A—A 断面。

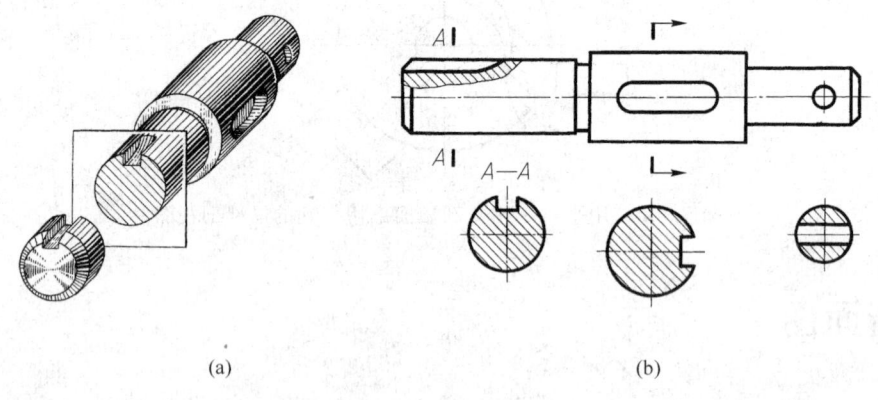

图 5-37 移出断面的画法(一)

③ 当断面图形对称时,也可画在视图的中断处,如图 5-38 所示。

④ 剖切面应与被剖切部分的主要轮廓线垂直,如图 5-39a 所示;若由相交的两个剖切面切出的断面,则其断面图形中间应用波浪线断开,如图 5-39b 所示。

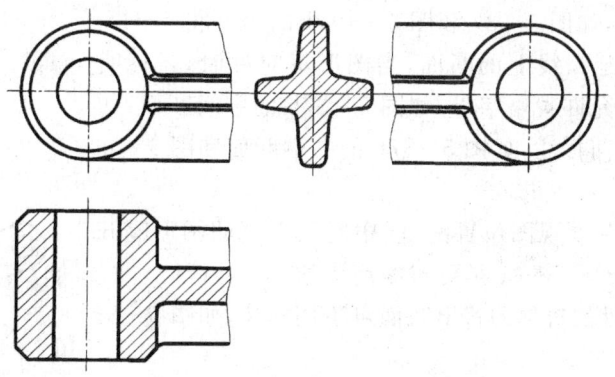

图 5-38 移出断面的画法(二)

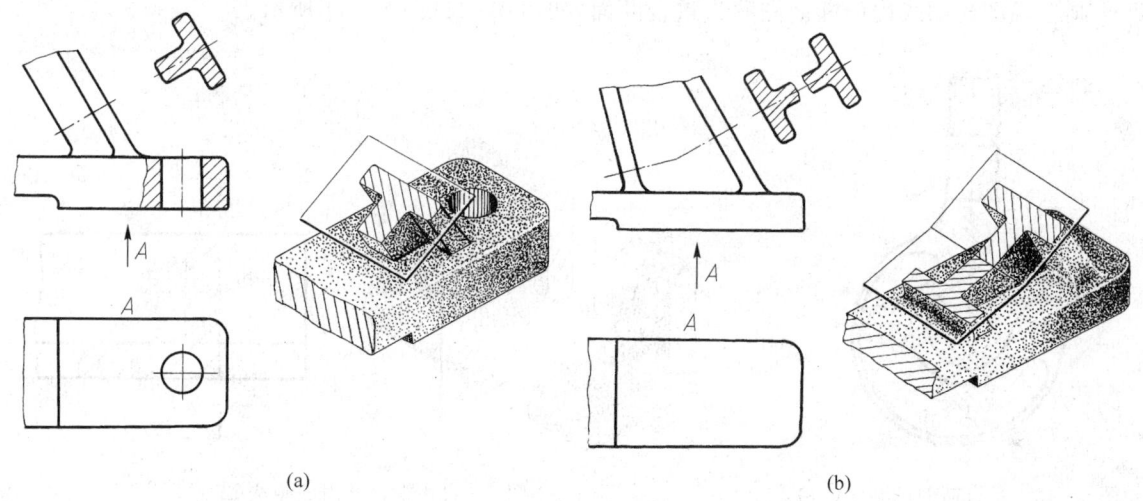

(a)   (b)

图 5-39 移出断面的画法(三)

⑤ 当剖切面通过由回转面形成的孔或凹坑的轴线时，则这些结构一律按剖视绘制，如图 5-40、图 5-41 所示。

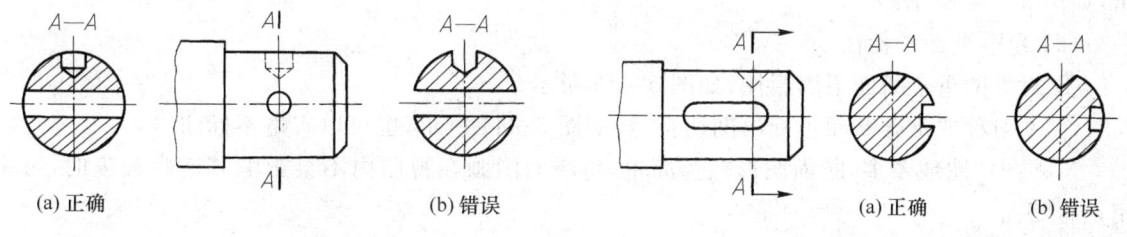

(a) 正确   (b) 错误   (a) 正确   (b) 错误

图 5-40 移出断面的画法(四)   图 5-41 移出断面的画法(五)

⑥ 当剖切面通过非圆孔而导致出现完全分开的两个断面时，则这些结构应按剖视绘制，如图 5-42 所示。

(2) 移出断面的标注

① 未画在剖切位置延长线上的断面，当图形不对称(相对剖切位置线而言)时，要用字母和剖切符号标明剖切位置和投射方向，并在断面的上方注出"×—×"，如图 5-41a 所示；如图形是

对称的,则可省略箭头,如图 5-37 和图 5-40 中的 $A—A$。

② 画在剖切位置延长线上的断面,当图形不对称时,需标明剖切位置和投射方向,允许省略字母,如图 5-37b 的中间断面;如果图形对称,可不加任何标注,如图 5-37b 的右端断面和图 5-39 所示的断面。

③ 当移出断面按基本视图位置配置、中间又无别的图形隔开时,可省略箭头,实际上图 5-41 是可省略箭头的。

④ 画在视图中断处的对称的移出断面可不用标注,如图 5-38 所示。

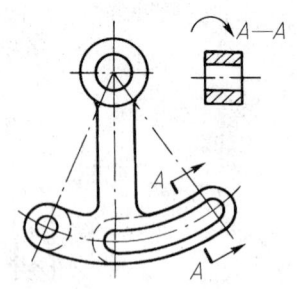

图 5-42 移出断面的画法(六)

2. 重合断面

画在视图轮廓线内的断面图称为重合断面,如图 5-43、图 5-44 所示。

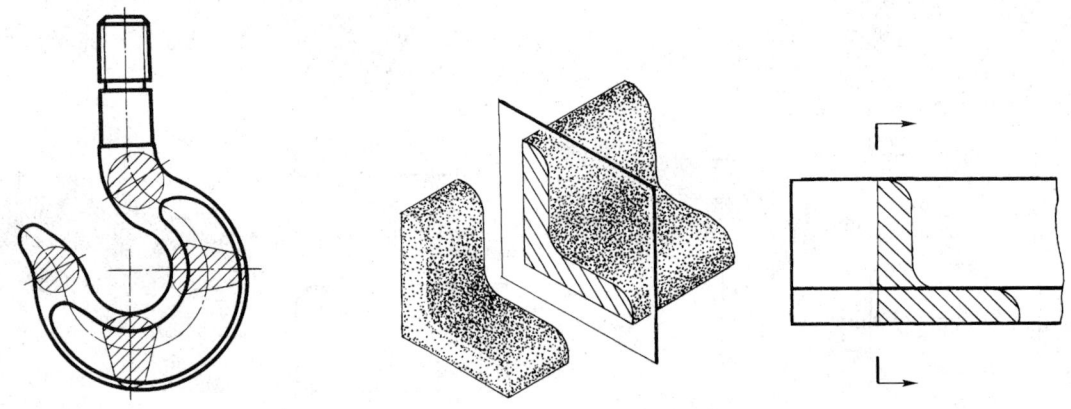

图 5-43 重合断面的画法(一)　　　　图 5-44 重合断面的画法(二)

(1) 重合断面的画法

① 重合断面的轮廓线用细实线绘制,以便与视图的轮廓线相区别。

② 当视图中的轮廓线与重合断面的轮廓线重叠时,视图中的轮廓线不得中断,仍应连续画出,如图 5-44 所示。

(2) 重合断面的标注

① 对称的重合断面不用标注,如图 5-43 所示。

② 不对称的重合断面可标出剖切符号,如图 5-44 所示,也可以省略不标注。

当视图中图线不多,断面图形较为简单,将断面图画在视图内不会影响其清晰程度时,可采用重合断面。

5.4 其他表达方法

5.4.1 局部放大图

机件上的一些细小结构,如图 5-45 所示机件的螺纹退刀槽和挡圈槽,在视图上常由于图形过小而表达不清或难于标注尺寸,这时可用大于原图形所采用的比例,放大画出这些结构的图形。这样的图形,称为局部放大图。

局部放大图可以画成视图、剖视图和断面图。如图5-45所示,Ⅰ部分的放大图为断面图,Ⅱ部分的放大图为视图;图5-46中的放大图为剖视图。局部放大图与被放大部位的表达方法无关。

局部放大图应尽量配置在被放大部位的附近,以便于对照阅读。绘图时,应按图5-45、图5-46所示用细实线圈出被放大的部位。当一机件上有几个需要放大的部位时,必须用罗马数字依次标明放大的部位,并在局部放大图的上方注出相应的罗马数字和所采用的比例,如图5-45所示。当机件上仅有一个放大部位时,在局部放大图的上方只需注明所采用的比例,如图5-46所示。

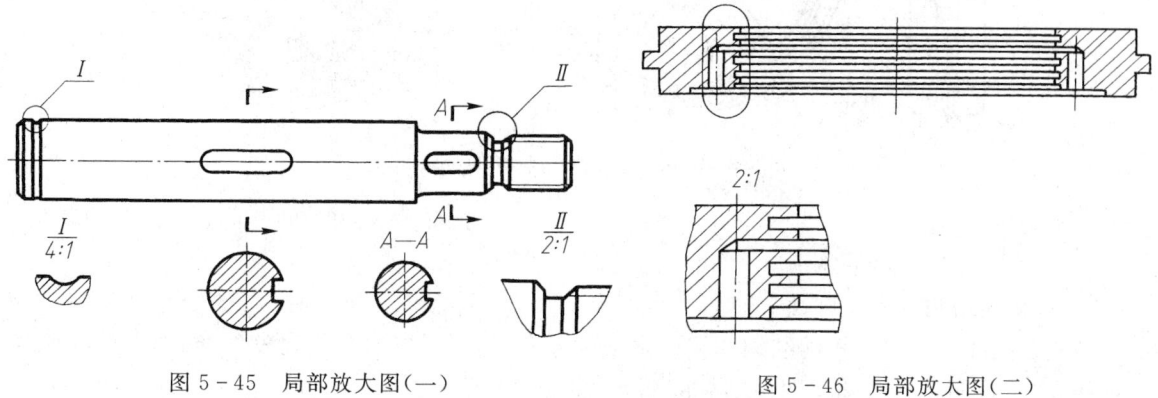

图5-45　局部放大图(一)　　　　　图5-46　局部放大图(二)

5.4.2　规定画法

国家标准规定,在画剖视图时,对于机件上的肋、轮辐及薄壁等,若按纵向通过这些结构的对称面剖切,这些结构都不画剖面符号,而用粗实线将它们与邻接部分分开。如图5-47所示,当

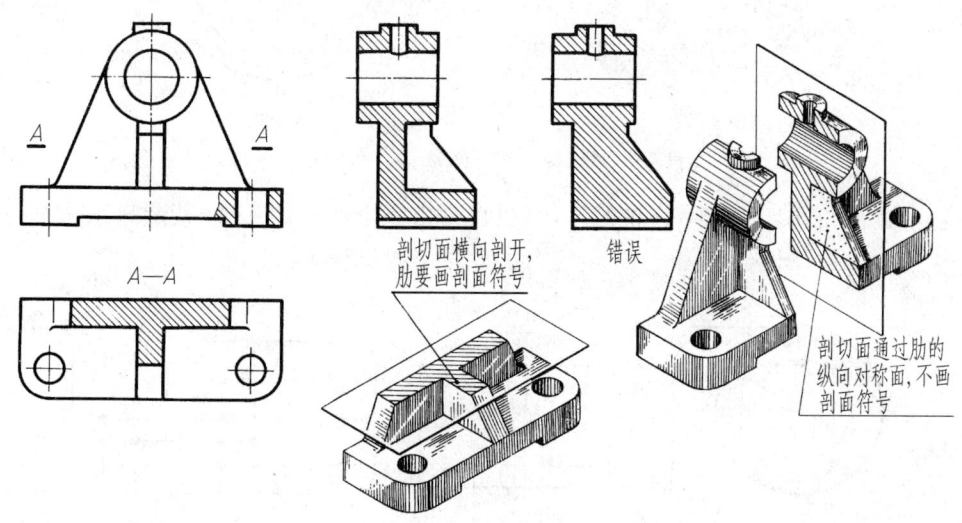

图5-47　剖视图中肋的画法示例

左视图全剖时,剖切平面通过中间肋的纵向对称面,所以在肋的范围内不画剖面符号。肋与上部圆筒、后面的支承板之间的分界处均用粗实线画出。

图 5-47 中的 A—A 剖视图,因为剖切面垂直肋和支承板(即横向剖切),所以仍要画出剖面符号。

图 5-48 所示为一带轮,当剖切平面通过轮辐的基本轴线(即纵向)时,剖视图中轮辐部分不画剖面符号,且不论轮辐数量是奇数还是偶数,剖视图中总是画成对称的。

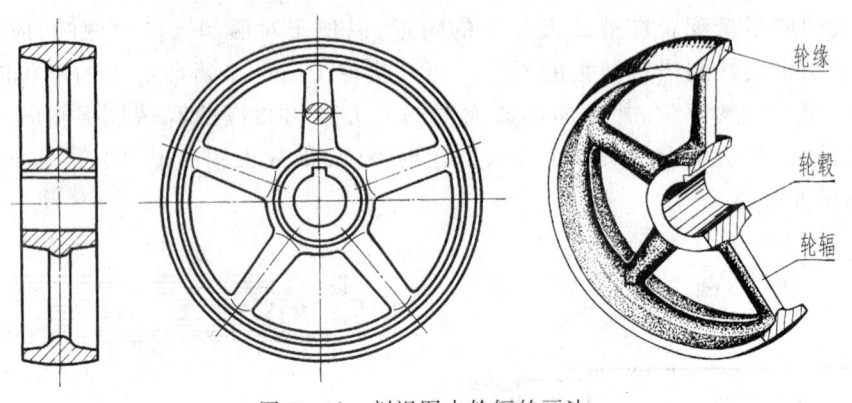

图 5-48 剖视图中轮辐的画法

5.4.3 简化画法

1. 对相同结构的简化画法

(1) 当机件具有若干相同结构并按一定规律分布时,只需画出几个完整的结构,其余用细实线连接,在零件图中则必须注明该结构的总数(图 5-49)。

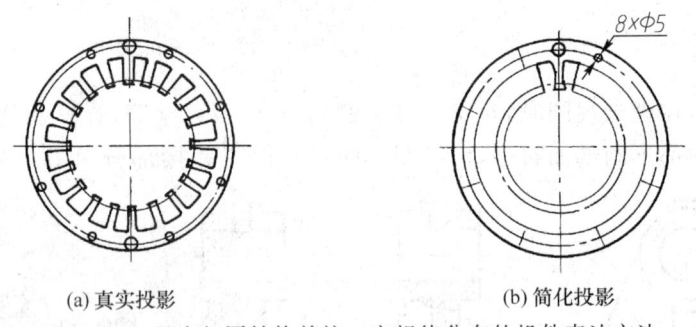

(a) 真实投影　　　　　　　　(b) 简化投影

图 5-49 具有相同结构并按一定规律分布的机件表达方法

(2) 若干直径相同且成规律分布的孔,可以仅画出一个或少量几个,其余只须用细点画线或"+"表示其中心位置(图 5-50)。

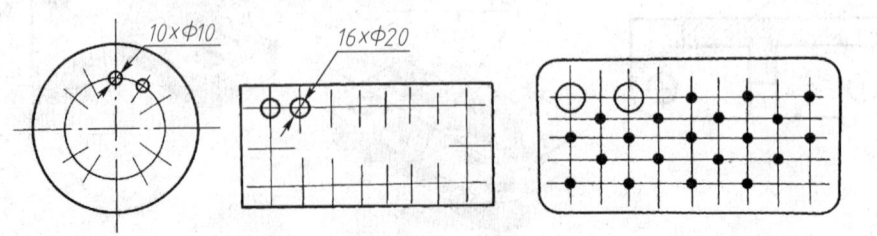

图 5-50 相同直径的孔的表达方法

2. 对称机件视图的简化画法

为了节省绘图的时间和图幅,对称物体(或零件)可只画一半或四分之一,并在对称中心线的两端画出两条与其垂直的平行细实线,如图 5-51 所示。

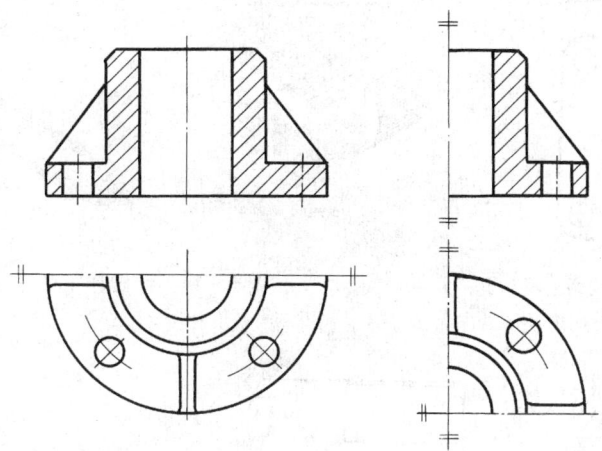

图 5-51 对称机件视图的简化画法

3. 对一些投影的简化画法

(1) 画剖视图时,当机件回转体上均匀分布的肋、轮辐、孔等结构不处于剖切面上时,可将这些结构旋转到剖切面上画出(图 5-52)。

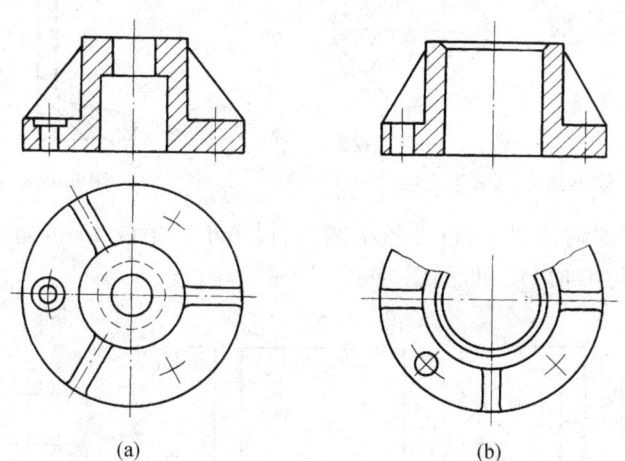

图 5-52 呈辐射状均匀分布的肋、孔的表达方法

(2) 与投影面倾斜角度≤30°的圆或圆弧,其投影可用圆或圆弧代替椭圆或椭圆弧(图 5-53)。

(3) 当回转体零件上的平面在图形中不能充分表达时,可用两条相交的细实线表示这些平面,如图 5-54 所示。

4. 较小结构的简化画法

(1) 当机件上较小的结构及斜度已在一个视图中表达清楚时,其他图形可以简化(图 5-55)或按小端画出(图 5-56)。

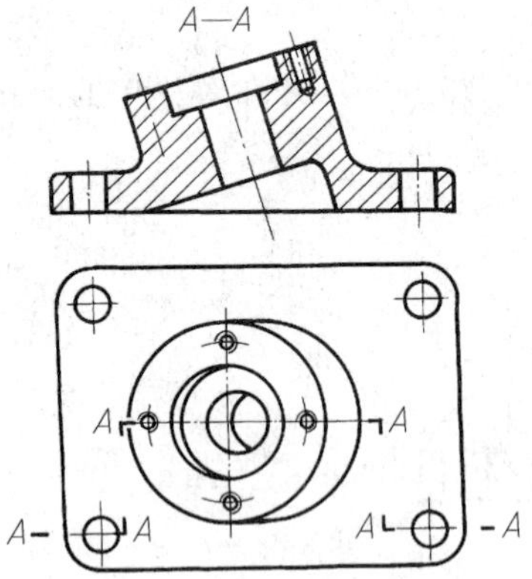

图 5-53　与投影面倾斜角度≤30°的圆或圆弧的表达方法

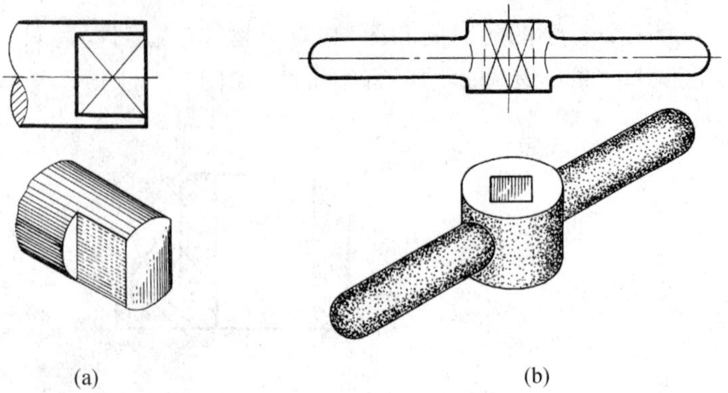

(a)　(b)

图 5-54　回转体上的平面表示法

(a) 简化投影　(b) 真实投影

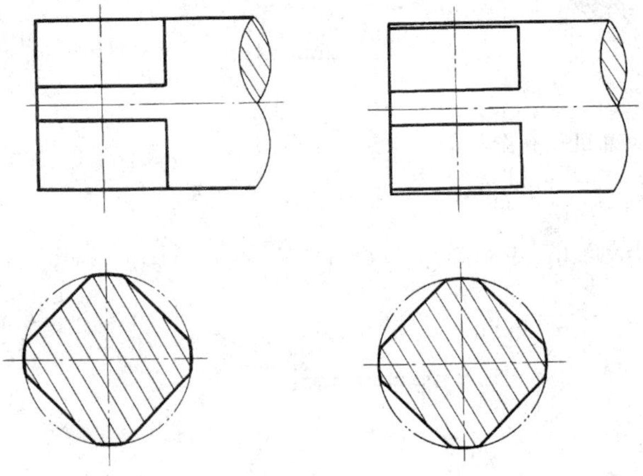

图 5-55　较小结构的简化画法(一)

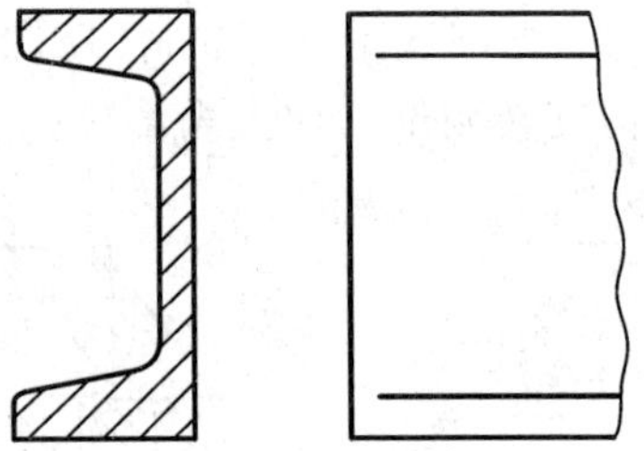

图 5-56　按小端简化画法

(2) 在不致引起误解的情况下,机件的小圆角、锐边小倒角或 45°倒角允许省略不画,但必须注明尺寸或在技术要求中加以说明,如图 5-57 所示。

(a)　(b)　(c)

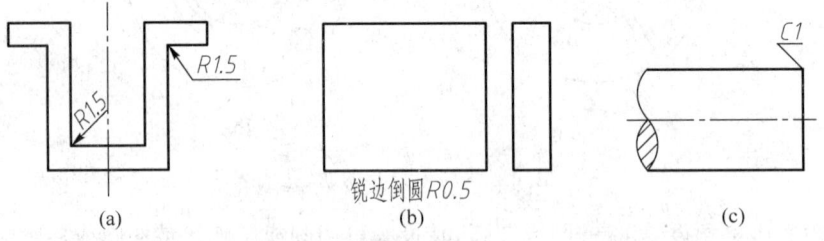

图 5-57　较小结构的简化画法(二)

5. 其他简化画法

(1) 在不致引起误解的情况下,图形中的相贯线、过渡线可以简化,如用直线或圆弧代替非圆曲线,如图 5-58a、b 所示。

(2) 圆柱形法兰和类似零件上沿圆周均匀分布的孔,可按图 5-58c 所示的方法绘制。

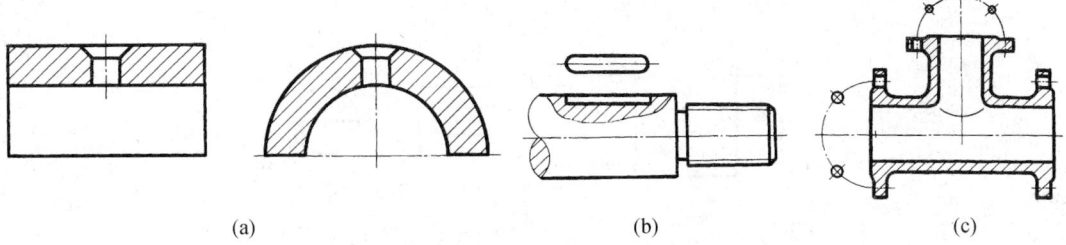

图 5-58 相贯线、过渡线的简化画法

(3) 在剖视图中的剖面区域内可再作一次局部剖视。采用这种方法表达时,两个剖面区域的通用剖面线应同方向、同间隔,但要互相错开,并用引出线标注出其名称,如图 5-59 所示。

(4) 零件上对称结构的局部视图,可采用图 5-60 所示的方法绘制。

(5) 基本对称的零件仍可按对称零件的方法绘制,但应对其中不对称的部分加注说明(图 5-61)。

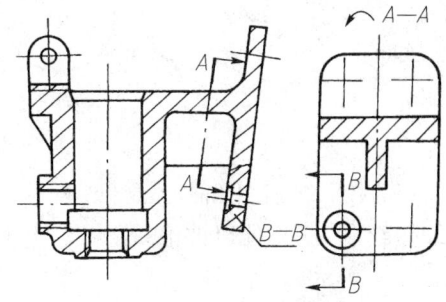

图 5-59 剖中剖

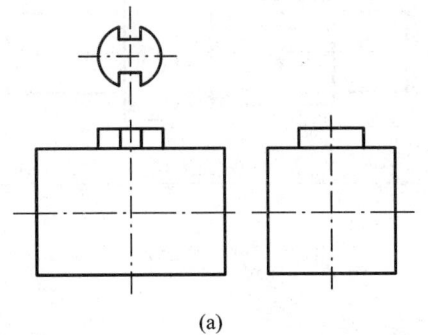

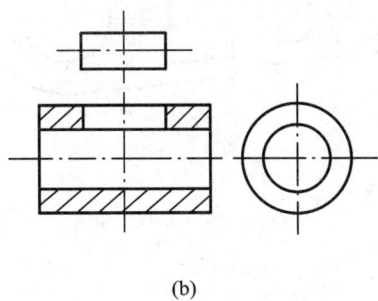

图 5-60 对称结构的局部视图

(6) 在零件图中,可以用涂色代替剖面符号(图 5-62)。在不致引起误解的情况下,剖面符号可省略(图 5-63)。

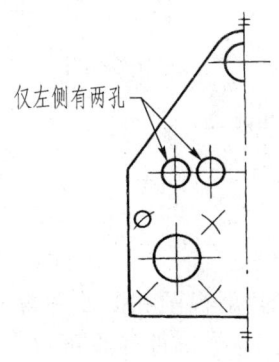

图 5-61 基本对称的零件表示

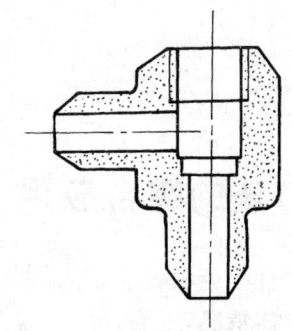

图 5-62 涂色代替剖面符号

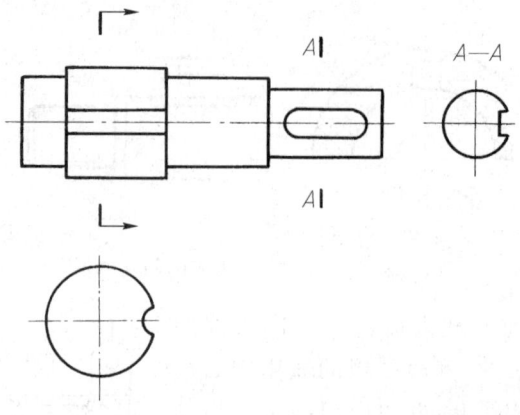

图 5-63 剖面符号的省略

(7) 较长的杆件(轴、型材、连杆等)沿长度方向的形状一致或按一定规律变化时,允许断开后缩短绘制,断裂处以波浪线画出。机件中断后,图上的长度尺寸仍按机件的实际长度标注,如图 5-64 所示。

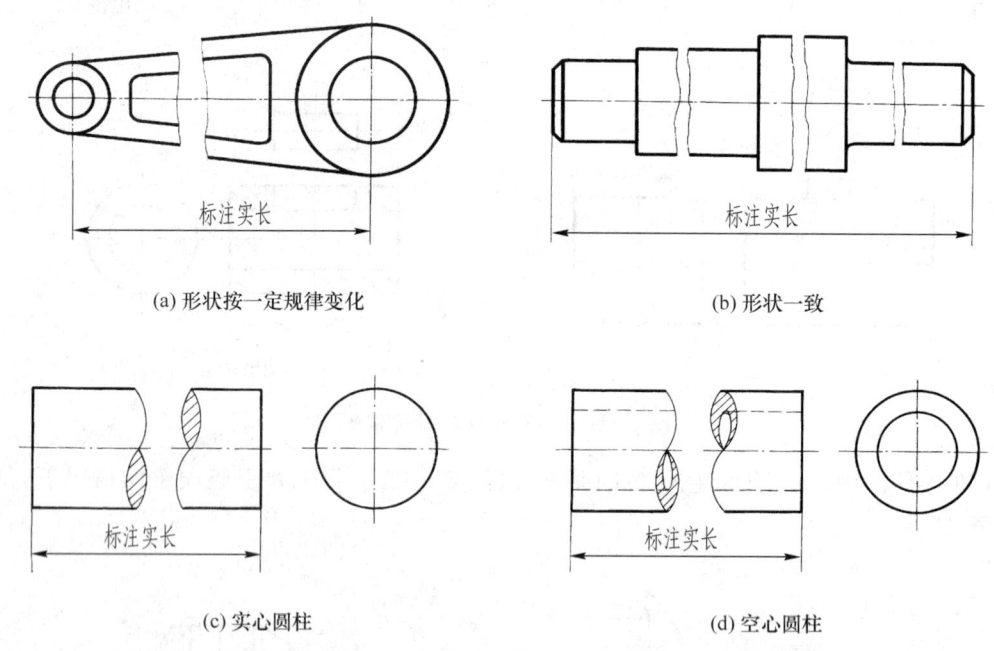

(a) 形状按一定规律变化　　　　　　(b) 形状一致

(c) 实心圆柱　　　　　　(d) 空心圆柱

图 5-64 较长机件的简化画法

5.5　表达方法的综合应用

前面讨论了机件的各种表达方法,包括各种基本视图、剖视图和断面图等的画法,画图时要根据不同机件的具体情况,正确、灵活、综合地选择使用。一个机件往往可以选用几种不同的表达方案。视图选择的好坏,首先看其所画图形是否把机件的结构形状表达得完整、正确和清晰,同时力求做到画图简单和读图方便。下面以支架和箱体的表达方法为例加以说明。

[例 5-1] 试分析图 5-65a 所示支架的表达方法。

分析：支架由水平圆筒、十字形肋和倾斜底板三部分组成，综合前面所学过的表达方法，可拟订几种表达方案，经过比较即可得出较好的一种。

解：为了表达支架的内、外形状，主视图采用局部剖视，这样既可表达水平圆筒、十字形肋和倾斜底板的外部形状与相对位置，又可表达水平圆筒和倾斜底板上四个小孔的内部结构；为了表达水平圆筒和十字形肋的连接关系，在左视图位置上采用局部视图；为了表达倾斜底板的实形及小孔的分布情况，采用 A 向斜视图；为了表达十字形肋的断面形状，采用一个移出断面。这样，仅用了四个图形（图 5-65b）就可完整、清晰地表达出支架的外形和内部结构。

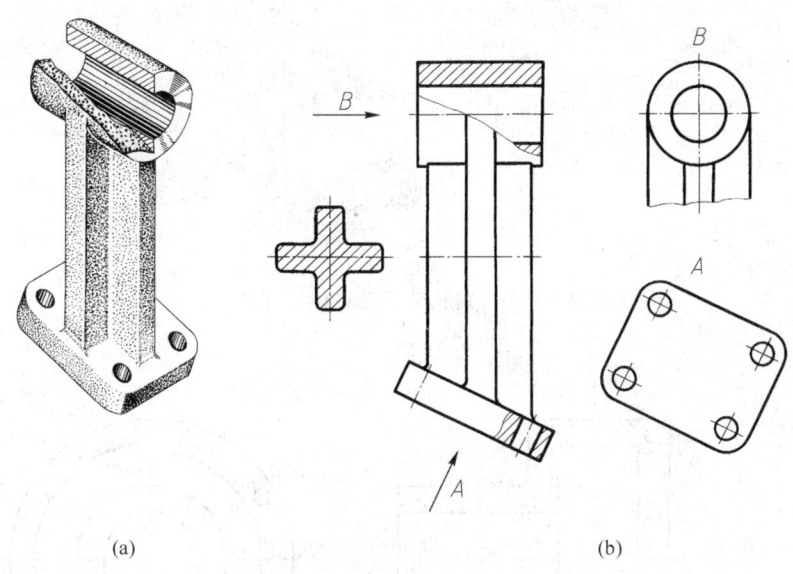

图 5-65 支架的表达方案

[例 5-2] 试确定图 5-66 所示蜗轮减速箱箱体的表达方案。

分析：整个箱体由左上部分的壳体、壳体右侧的圆筒、圆筒下面的支承肋以及底板组成，内腔较为复杂，必须综合应用各种表达方法才能完整、清晰地表达出它的内、外结构形状。

解：通过综合分析比较，拟采用图 5-67 所示的表达方案。

箱体采用主、俯、左三个基本视图和三个局部视图表达；主视图采用通过箱体前后对称面的单一剖切面的全剖视图；左视图采用单一剖切面的半剖视图和局部剖视图。

主、左视图可表达箱体壳体部分的拱门状外形及与外形相类似的内腔，即壳体左侧的圆柱形凸缘及凸缘上分布的六个小孔及孔深、凸缘下方的出油孔、壳体内腔前后部位凸出的方形凸台及凸台中间的圆柱形轴孔。

底板的形状及六个通孔，底板左端上面的圆弧形凹槽及底板下面凹槽的长、宽、深度在主、俯、左视图中已表达。

壳体右侧的圆筒及其上的圆柱形凸台、凸台上面开的小孔通过主、俯视图表达清楚。

圆筒下方肋的形状通过主视图表达清楚。

三个局部视图各表达什么内容，请读者自行分析。

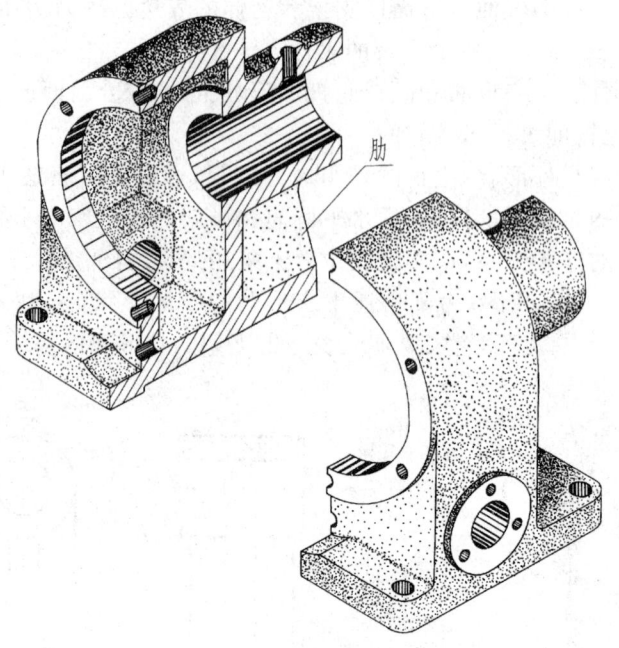

图 5-66 蜗轮减速箱箱体轴测图

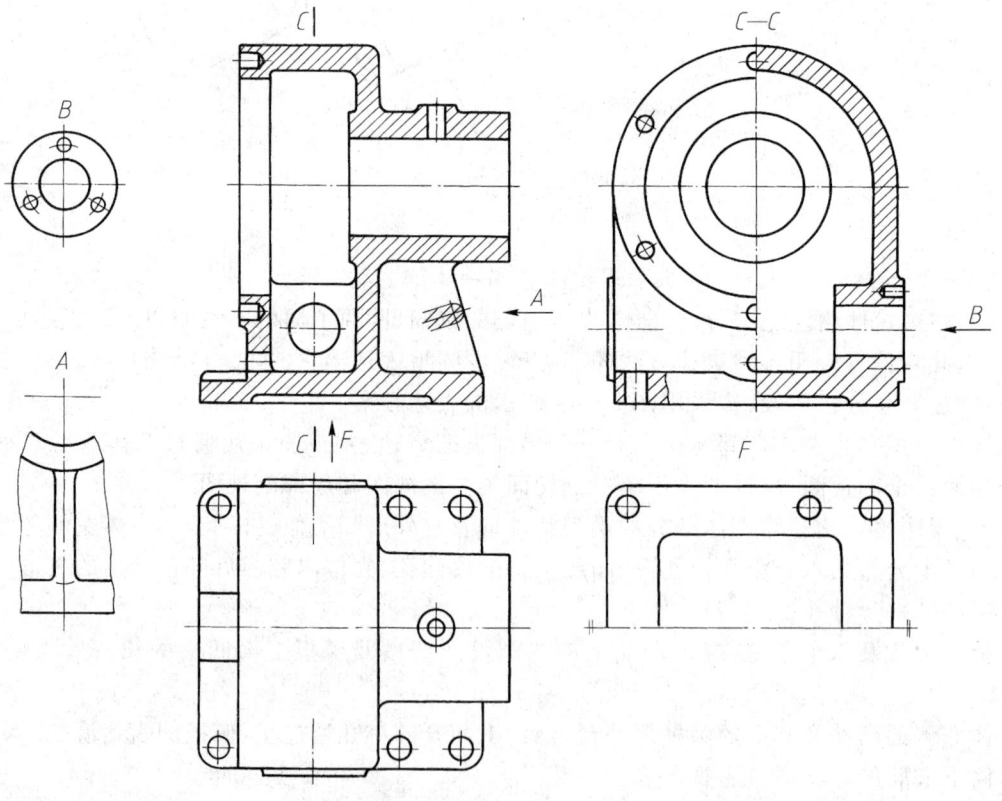

图 5-67 蜗轮减速箱箱体的表达方案

5.6 剖视图的轴测表达

为表达内部结构,在轴测图中常用假想平面将物体剖开。

1. 画轴测剖视图的规定

(1) 剖切平面应通过机件内部结构的主要轴线或对称平面且平行于坐标面。
(2) 剖切时,为避免破坏机件的外形,常采用两个相互垂直的剖切平面将机件切开。
(3) 剖面线用细实线绘制,剖面线方向如图 5-68 所示。

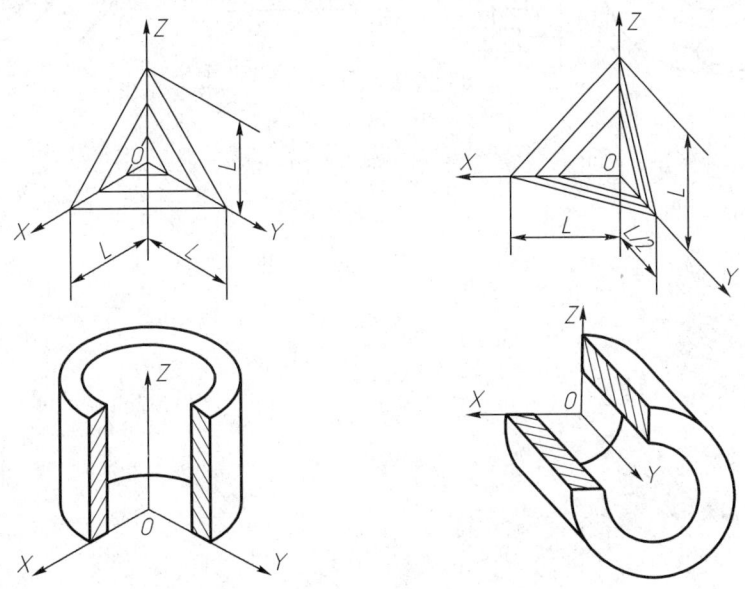

图 5-68 轴测图剖面线的画法

(4) 当剖切平面沿肋的厚度方向剖切时,肋不画剖面线,并用粗实线与相邻部分分开。

2. 轴测剖视图的画法

轴测剖视图通常有两种画法。

方法一:先画机件的完整轴测图,然后按所选定的剖切位置画出断面轮廓,将被剖去的部分擦掉,在截断面上画出剖面线,如图 5-69 所示。

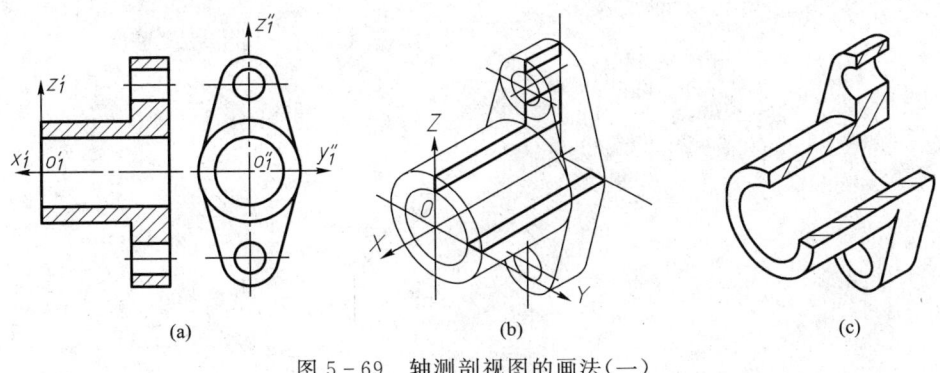

图 5-69 轴测剖视图的画法(一)

方法二：先画出截断面图形的轴测投影，然后画出内部、外部可见部分的轴测投影，如图5-70所示。

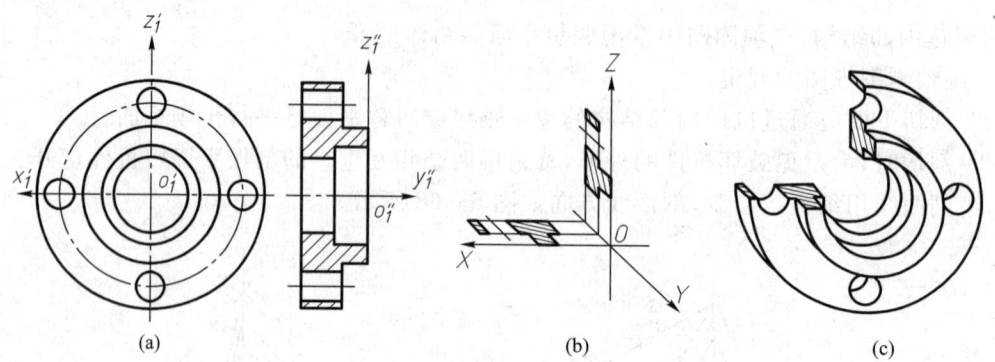

图5-70 轴测剖视图的画法（二）

第6章 标准件与常用件

任何机器或部件都是由若干个零件按一定的装配关系和技术要求装配而成的。机器的功能不同,其零件的组成数量、种类、形状等均不相同。

图6-1所示为齿轮油泵的轴测分解图,由图可看出,齿轮油泵由泵体、端盖、传动齿轮轴等十多个零件组成,其中像螺钉、螺母、键、销之类的零件,不但在该部件应用,在其他机器或部件中也广泛应用。为此,国家对这类零件的结构、尺寸和技术要求实行了标准化,这类零件称为标准件;而像传动齿轮之类的零件,在机器中也被大量使用,国家对这类零件的部分结构、重要参数也实行了标准化、系列化,这类零件称为常用件。其余像泵体、端盖之类的零件为一般零件。本章主要介绍标准件和常用件的基本知识、规定画法、简化画法及其他一些表示法。

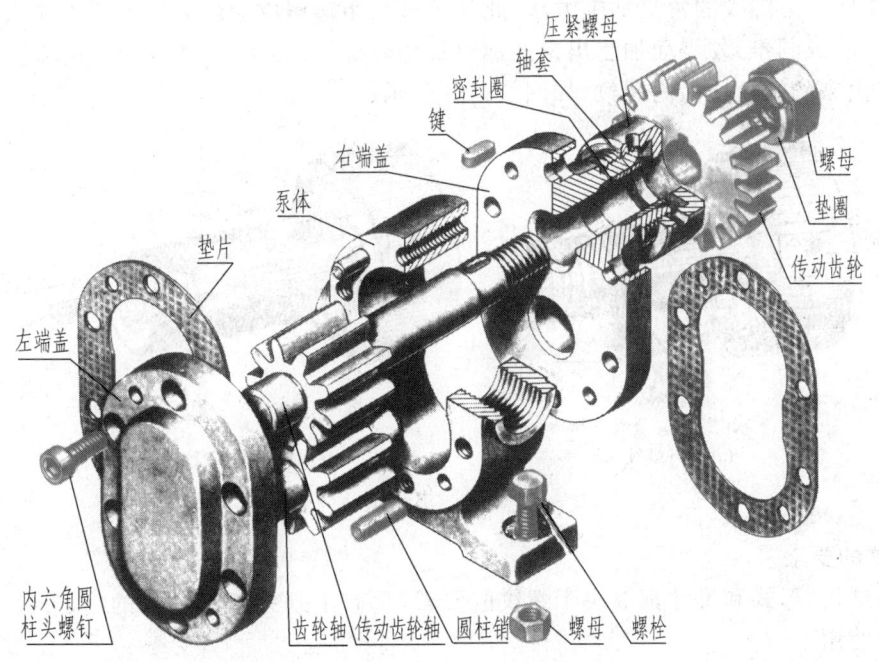

图6-1 齿轮油泵中的标准件和常用件

6.1 螺纹及螺纹紧固件

6.1.1 螺纹

1. 螺纹的形成

若动点沿正圆柱的直母线作等速直线运动的同时,又绕圆柱轴线作等速回转运动,则点在圆柱表面上的合成运动轨迹称为圆柱螺旋线,如图6-2所示。当一个与轴线共面的平面图形,如图6-3所示的三角形 ABC,沿着圆柱螺旋线运动时形成的螺旋体就是螺纹。

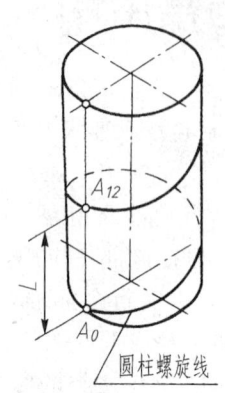

图6-2 螺旋线的形成

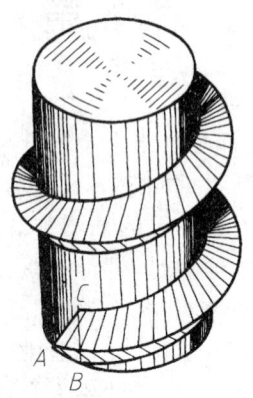

图6-3 螺纹的形成

图6-4所示为螺纹的常见加工方法,此外还可利用辗压成形的方法和手工加工的方法加工螺纹。在圆柱(或圆锥)外表面加工出来的螺纹称为外螺纹,如图6-4a所示;在圆柱(或圆锥)孔内表面加工出来的螺纹称为内螺纹,如图6-4b所示。

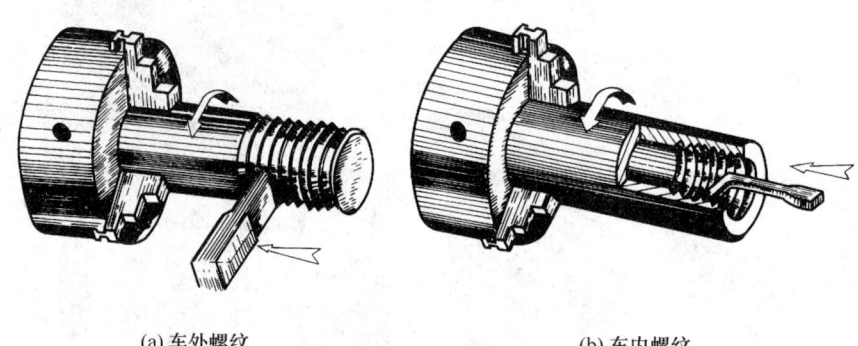

(a) 车外螺纹　　　　　　　　　　　　(b) 车内螺纹

图6-4 车削螺纹

2. 螺纹的要素

螺纹的结构、形式和尺寸都取决于螺纹的要素,只有下列要素都相同的内、外螺纹才能旋合在一起成对使用。

(1) 牙型

螺纹牙型是指通过螺纹轴线的剖面上螺纹的轮廓形状,即用以形成螺纹的平面图形的实形。常见的螺纹牙型有三角形、梯形、锯齿形、矩形等,如图6-5所示。

(2) 螺纹直径

螺纹直径有大径、中径、小径之分。

大径　指与外螺纹牙顶或内螺纹牙底相重合的假想圆柱的直径,内、外螺纹的大径分别用 D、d 表示,如图6-6所示。螺纹的大径也称为螺纹的公称直径。

小径　指与外螺纹牙底或内螺纹牙顶相重合的假想圆柱的直径,内、外螺纹的小径分别用 D_1、d_1 表示,如图6-6所示。

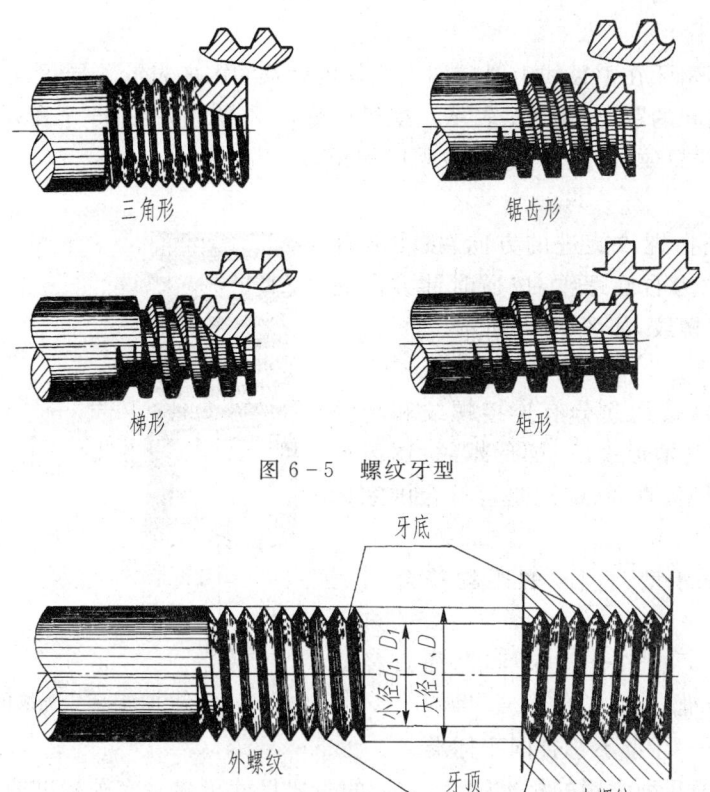

图 6-5 螺纹牙型

图 6-6 螺纹的大径和小径

中径　为一假想圆柱直径,该假想圆柱的母线通过牙型上的沟槽和凸起宽度相等的地方。此假想圆柱称为中径圆柱,中径圆柱的母线称为中径线,内、外螺纹的中径分别用 D_2、d_2 表示,如图 6-7 所示。

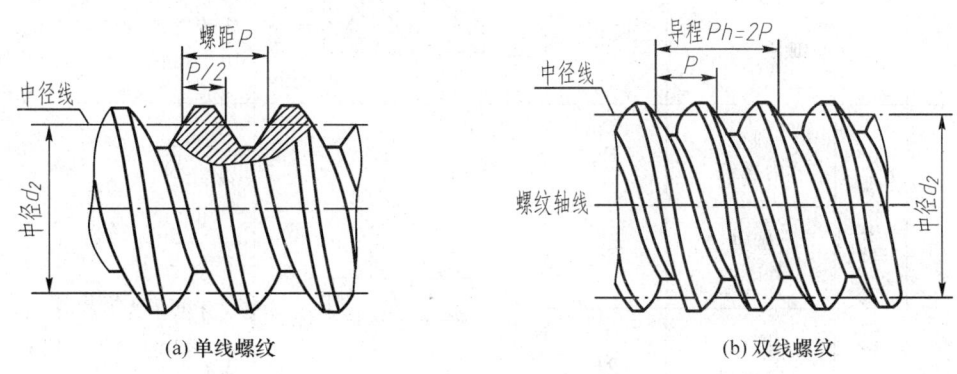

(a) 单线螺纹　　　　　　　　(b) 双线螺纹

图 6-7 螺纹的中径、螺距、导程、线数

(3) 线数

螺纹线数是指同一圆柱表面形成螺纹的条数,用 n 表示,如图 6-7 所示。螺纹有单线和多线之分,当圆柱表面只有一条螺纹时,称为单线螺纹,如果同时有两条或两条以上的螺纹,则称为多线螺纹。

（4）螺距和导程

螺距是指相邻两牙在中径线上对应两点之间的距离，用 P 表示。导程是指同一条螺纹上相邻两牙在对应点之间的距离，用 Ph 表示。螺纹的螺距和导程如图 6-7 所示，显然单线螺纹的螺距等于导程，多线螺纹的导程等于线数乘以螺距，即 $Ph=nP$。

（5）旋向

螺纹的旋向是指螺纹旋进的方向，按顺时针方向旋进的螺纹称为右旋螺纹，按逆时针方向旋进的螺纹称为左旋螺纹，如图 6-8 所示。

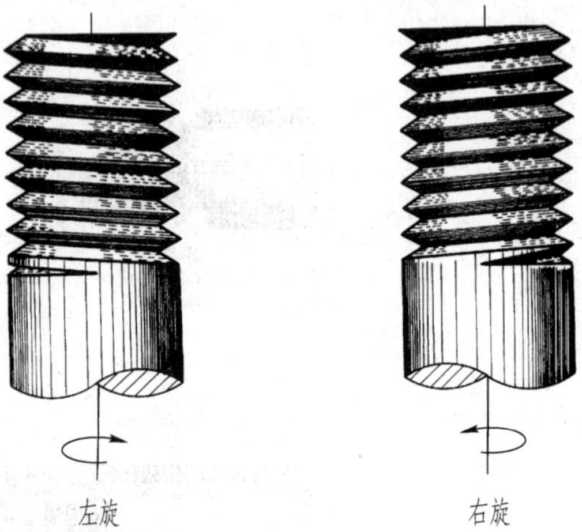

3. 螺纹的种类

螺纹种类很多，按用途分有连接螺纹和传动螺纹，按牙型分有三角形螺纹、梯形螺纹、锯齿形螺纹等。按螺纹牙型、直径、螺距是否符合国家标准，螺纹又可分为：

标准螺纹——牙型、直径、螺距均符合国家标准；

特殊螺纹——牙型符合国家标准，而直径或螺距不符合国家标准；

非标准螺纹——牙型不符合国家标准。

图 6-8 螺纹的旋向

表 6-1 列出了几种常用的标准螺纹，它们的主要尺寸可参看有关标准或附表1～附表3。

表 6-1 常用的标准螺纹

螺纹的种类			特征代号	牙型放大图	说明
连接螺纹	普通螺纹	粗牙	M	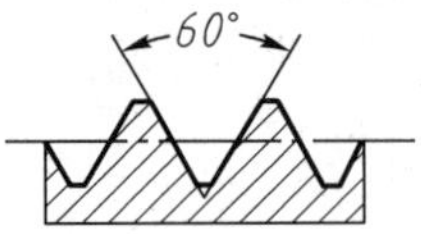 60°	牙型为等边三角形，牙型角为60°，牙顶、牙底均削平。粗牙普通螺纹用于一般机件的连接，细牙普通螺纹的螺距比粗牙的小，用于连接细小、精密及薄壁零件
		细牙			
	管螺纹	用螺纹密封的管螺纹	圆锥内螺纹	Rc	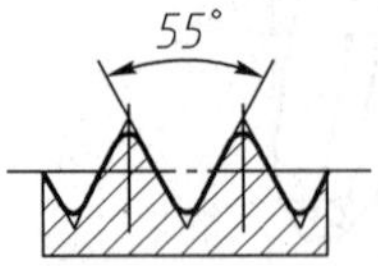 55°	牙型角为55°，牙顶、牙底为圆弧，适用于水管、油管、煤气管等薄壁零件上
			圆锥外螺纹	R		
			圆柱内螺纹	Rp		
		非螺纹密封的管螺纹		G	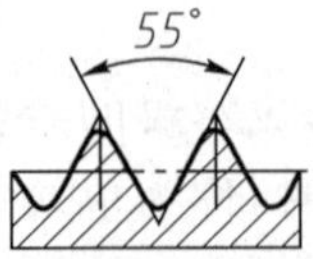 55°	

续表

螺纹的种类		特征代号	牙型放大图	说明
传动螺纹	梯形螺纹	Tr	30°	牙型为梯形，牙型角为30°，用于承受两个方向轴向力的传动，如车床丝杠
	锯齿形螺纹	B	3° 30°	牙型为锯齿形，用于承受单向轴向力的传动，如千斤顶丝杠

4．螺纹的规定画法

螺纹的真实投影比较复杂，实际上也没有必要将其投影如实画出，为了简化作图，国家标准 GB/T 4459.1—1995 给定了螺纹的规定画法。

（1）外螺纹

如图 6-9 所示，外螺纹的大径用粗实线表示，小径用细实线表示，螺纹终止线用粗实线表示。螺纹端部如有倒角，表示螺纹牙底的细实线应画入倒角部分，如图 6-9a 所示。在垂直于螺纹轴线的投影面视图中，大径画成粗实线圆，表示小径的细实线圆只画约 3/4 圈，此时轴上的倒角圆省去不画。当外螺纹被剖切后，螺纹终止线按图 6-9b 所示的画法画出。

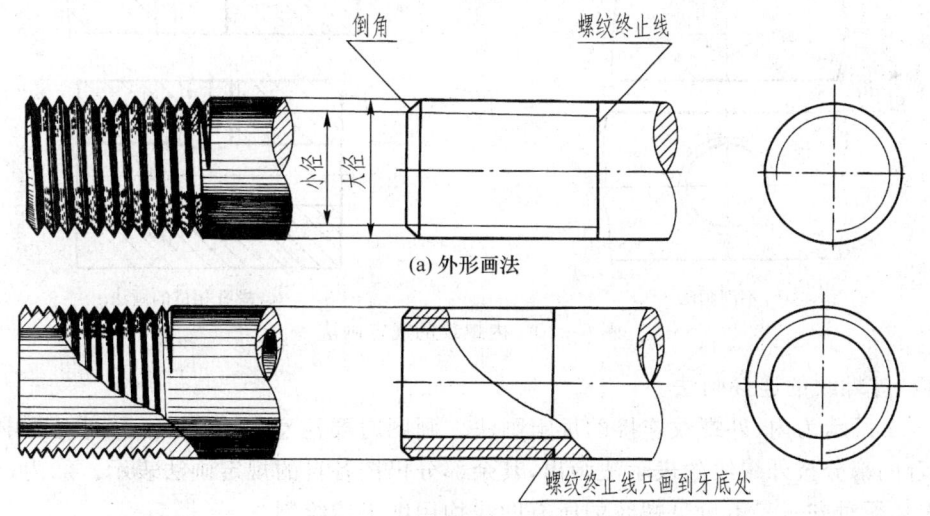

图 6-9　外螺纹的规定画法

（2）内螺纹

在剖视图中，内螺纹的小径用粗实线绘制，大径用细实线绘制，螺纹终止线用粗实线绘制，剖面线画到表示螺纹小径的粗实线处，如图 6-10a 所示。在垂直于螺纹轴线的投影面视图中，小径画成粗实线圆，表示大径的细实线圆仍画约 3/4 圈，倒角圆省去不画，如图 6-10a 所示。

对于不通螺孔,应将钻孔深度和螺纹深度分别画出,注意钻孔顶端的圆锥孔顶角应画成120°,如图6-10a所示。

当螺孔不剖切时,螺纹牙顶、牙底及螺纹终止线均用细虚线画出,如图6-10b所示。

图6-10c为螺孔相贯时的画法。

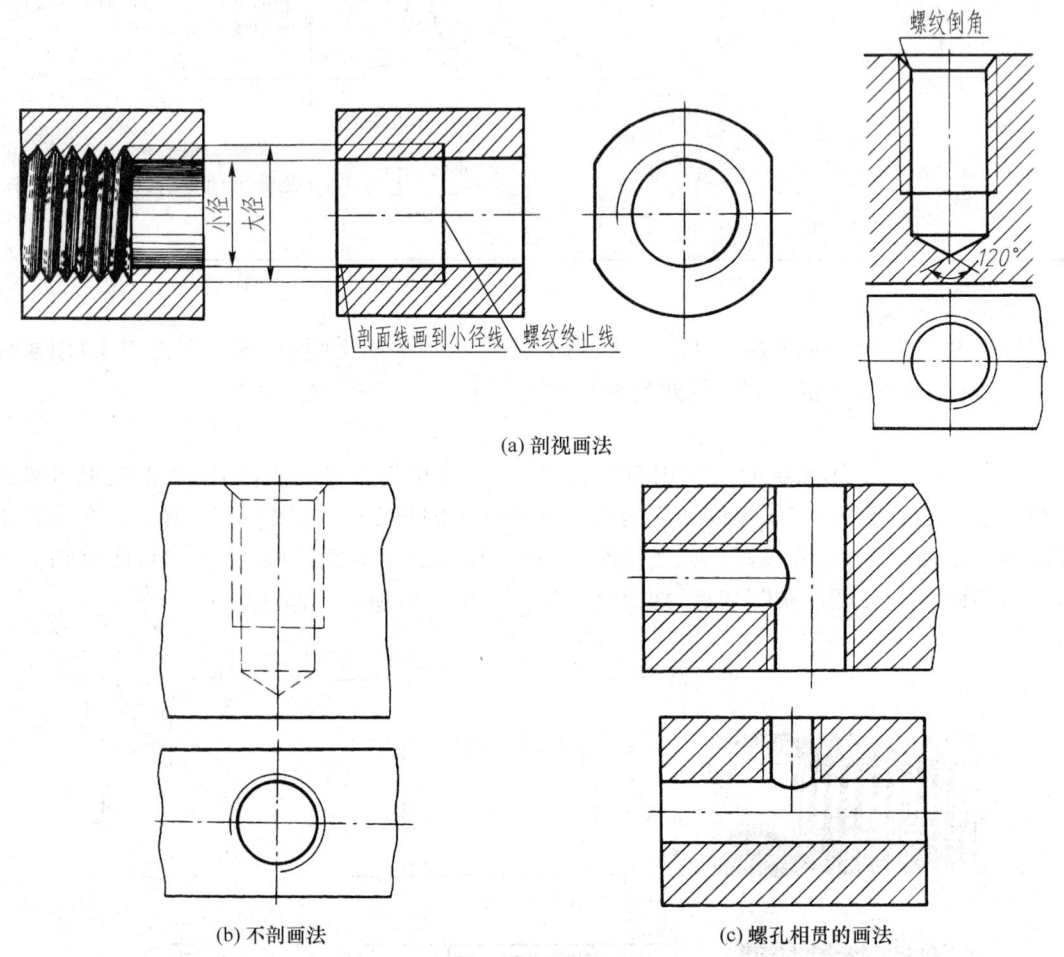

图 6-10　内螺纹的规定画法

(3) 内、外螺纹的连接画法

图6-11所示为内、外螺纹连接的规定画法。画图时要注意以下几点:①剖视图中内、外螺纹相互旋合的部分按外螺纹的表示法画出,其余部分仍按各自的规定画法表示。②内、外螺纹的大、小径线必须对齐。③不可见螺纹的所有图线均用细虚线绘制。

(4) 螺纹牙型的表示法

对于梯形和锯齿形等传动螺纹,除按上述规定画法画出外,当需要表示牙型时,应采用局部剖视或局部放大图表示几个牙型,如图6-12所示。

5. 螺纹的标注

按规定画法画出的螺纹只表示了螺纹的大径和小径,螺纹的种类和其他要素则要通过标注才能加以区别。

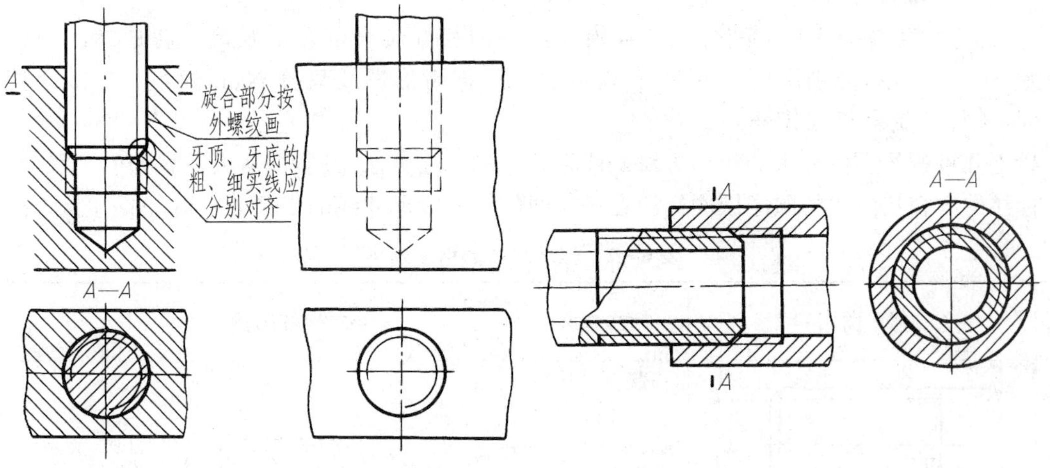

(a) 剖视画法　　(b) 不剖画法　　(c) 管螺纹的剖视画法

图 6-11　内、外螺纹连接画法

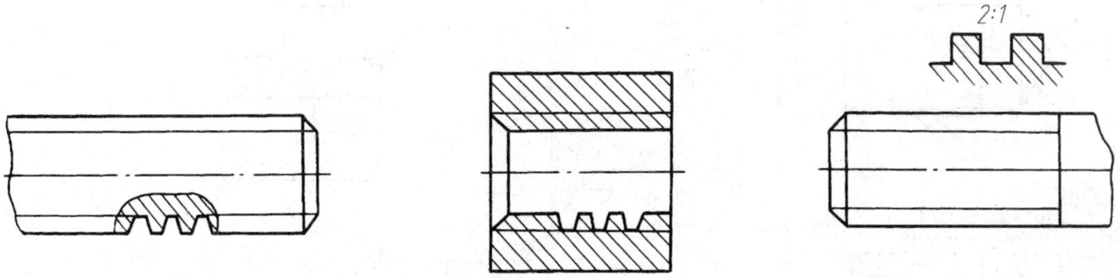

(a) 梯形外螺纹　　(b) 梯形内螺纹　　(c) 矩形外螺纹

图 6-12　螺纹牙型的表示

(1) 普通螺纹、梯形螺纹、锯齿形螺纹的标注

普通螺纹、梯形螺纹、锯齿形螺纹的标注由以下内容组成：

[螺纹特征代号] [公称直径] × { [螺距](单线螺纹) / [Ph 导程] [P 螺距](多线普通螺纹) / [导程]([P 螺距])(多线梯形、锯齿形螺纹) } [旋向] - [公差带代号] - [旋合长度代号]

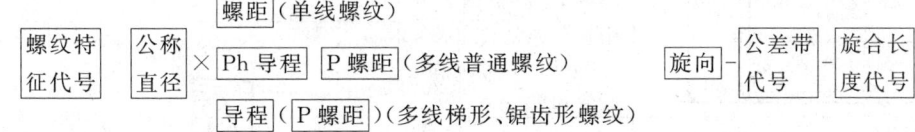

标注时注意几点：

① 螺纹特征代号见表 6-1。

② 公称直径是指螺纹大径。

③ 粗牙普通螺纹的螺距不标注。

④ 右旋螺纹的旋向省略不注，左旋螺纹的旋向标注“LH”。

⑤ 公差带代号是由表示公差带大小的标准公差等级数字与表示公差带位置的基本偏差的拉丁字母(内螺纹用大写字母，外螺纹用小写字母)组成，如 6H、7e 等。

⑥ 普通螺纹要分别标注中径公差带代号和顶径公差带代号(顶径是指外螺纹的大径和内螺纹的小径)，如中径公差带与顶径公差带代号相同，则只标注一个代号。梯形螺纹、锯齿形螺纹只

标注中径公差带代号。

⑦ 旋合长度是指两相互配合的螺纹沿螺纹轴向相互旋合部分的长度。普通螺纹的旋合长度分短、中、长三组,分别用代号 S、N、L 表示;梯形、锯齿形螺纹只分 N、L 两组。当旋合长度为 N 组时,不标注旋合长度代号。

以上几种螺纹在图样上的标注方法与线性尺寸的标注方法相同,即从大径线处引出尺寸界线,将要标注的内容按前述的顺序依次标注在尺寸线的上方或尺寸线的中断处,其标注示例见表 6-2。

表 6-2 标准螺纹的标注示例

螺纹种类	标注图例	标注含义	螺纹种类	标注图例	标注含义
普通螺纹	M20-6h	粗牙,大径 20,右旋,中径、顶径公差带代号为 6h,中等旋合长度	非螺纹密封的管螺纹	G$\frac{1}{2}$A-LH	管螺纹外螺纹,A 级,左旋,尺寸代号为 $\frac{1}{2}$
	M10×1-6H	细牙,大径 10,螺距 1,右旋,中径、顶径公差带代号为 6H,中等旋合长度		G1$\frac{1}{2}$	管螺纹内螺纹,右旋,尺寸代号 1$\frac{1}{2}$
	M16×Ph3P1.5 LH-5g6g-S	细牙,大径 16,螺距 1.5,导程 3,左旋,中径公差带代号为 5g,顶径公差带代号为 6g,短旋合长度	用螺纹密封的管螺纹	Rc1$\frac{1}{2}$	圆锥管螺纹内螺纹,右旋,尺寸代号为 1$\frac{1}{2}$
梯形螺纹	Tr32×12(P6)-7e	双线,大径 32,导程 12,螺距 6,右旋,中径公差带代号为 7e,中等旋合长度		R1$\frac{1}{2}$	圆锥管螺纹外螺纹,右旋,尺寸代号为 1$\frac{1}{2}$
	Tr40×7-7H	单线,大径 40,螺距 7,右旋,中径公差带代号为 7H,中等旋合长度		Rp1$\frac{1}{2}$-LH	与圆锥外螺纹相匹配的圆柱内螺纹,左旋,尺寸代号为 1$\frac{1}{2}$
锯齿形螺纹	B40×14(P7) LH-8c-L	双线,大径 40,导程 14,螺距 7,左旋,中径公差带代号为 8c,长旋合长度			

（2）管螺纹的标注

管螺纹分非螺纹密封与用螺纹密封两种。

非螺纹密封的管螺纹按下列格式标注：

$$\boxed{\text{螺纹特征代号}}\ \boxed{\text{尺寸代号}}\ \boxed{\text{公差等级代号}}\text{-}\boxed{\text{旋向}}$$

用螺纹密封的管螺纹的标注为：

$$\boxed{\text{螺纹特征代号}}\ \boxed{\text{尺寸代号}}\text{-}\boxed{\text{旋向}}$$

标注时应注意：

① 特征代号见表 6-1。

② 公差等级代号中，只有外螺纹分 A、B 两级标注，内螺纹不用标注。

③ 尺寸代号用英制尺寸表示，它是指管子内径（通径）的数值，不是螺纹大径，螺纹大、小径的数值应根据尺寸代号由附表 3 查出。

④ 右旋螺纹的旋向不标注，左旋螺纹则标注"LH"。

管螺纹在图样上的标注方法一般是从螺纹大径处用指引线引出标注，其标注示例见表 6-2。

6.1.2 螺纹紧固件

利用螺纹的旋紧作用，将两个或两个以上的零件连接在一起的有关零件称为螺纹紧固件。螺纹紧固件是标准件，常用的螺纹紧固件有螺栓、螺柱、螺钉、螺母、垫圈，如图 6-13 所示。

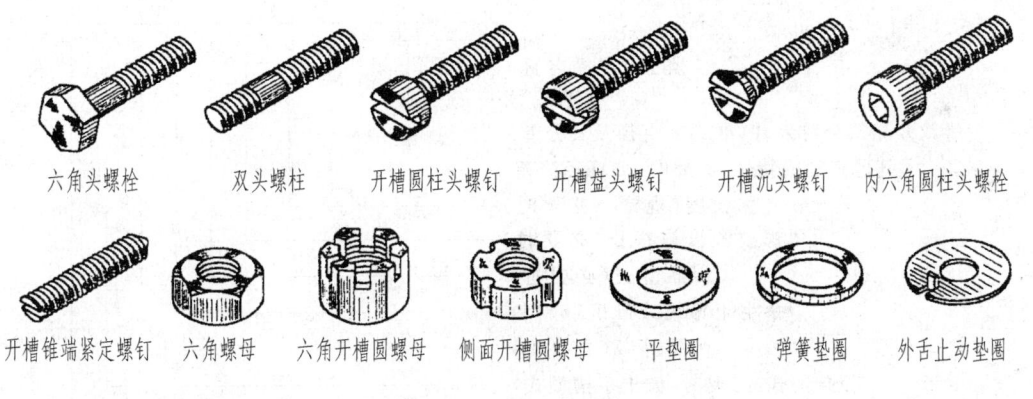

图 6-13　螺纹紧固件

1. 螺纹紧固件的画法

（1）查表画法

螺纹紧固件一般不需要画其零件图，当需要用图形表达时，可根据其规定标记从相应的标准查出各部分尺寸，再按尺寸画出其图形。

（2）比例画法

为了画图的方便，在绘制螺纹紧固件的装配图时常采用比例画法。即以螺栓、螺柱或螺钉的螺纹大径 d 为基数，按一定比例关系确定其他部分的尺寸及与之相配的螺母、垫圈的主要尺寸。图 6-14 为螺母、螺栓、垫圈的比例画法。

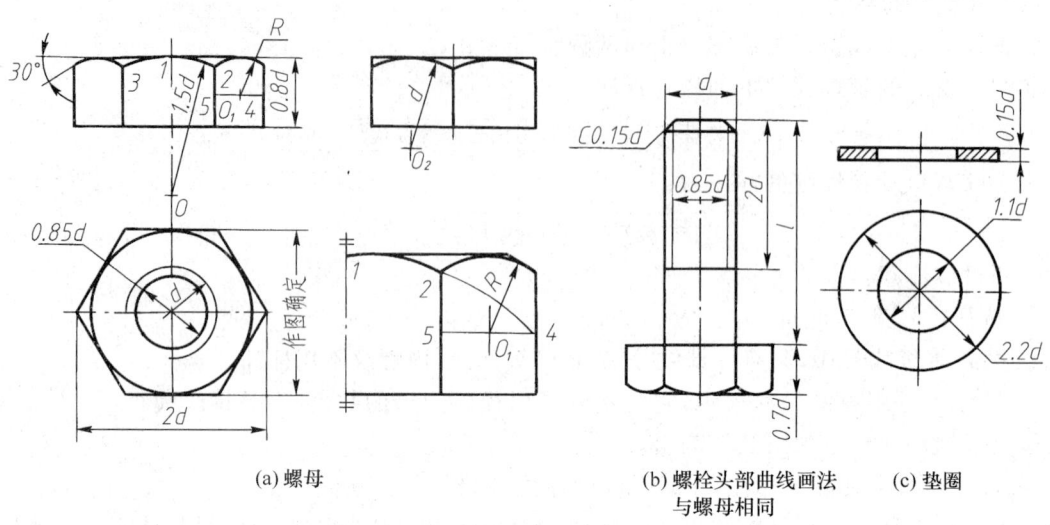

(a) 螺母　　　　　(b) 螺栓头部曲线画法　(c) 垫圈
　　　　　　　　　　　与螺母相同

图 6-14　螺母、螺栓、垫圈的比例画法

2．螺纹紧固件的标记

（1）完整标记

紧固件一般为标准件，其结构型式、尺寸和技术要求均要用规定标记表示，其完整的规定标记内容与格式如下：

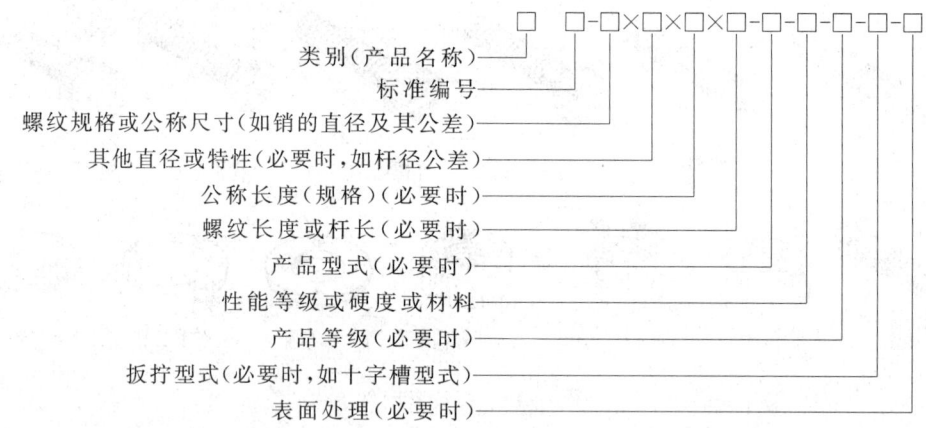

例如，螺纹规格 $d=M10$，公称长度 $l=100$，性能等级为 10.9 级，表面氧化、产品等级 A 级的六角头螺栓的标记为：

螺栓　GB/T 5782—2000 - M10×100 - 10.9 - A - O

（2）简化标记

标记简化的原则：

① 类别（名称）、标准年代号及其前面的"—"，允许全部或部分省略。省略年代号的标准应以现行标准为准。

② 标记中的"-"允许全部或部分省略；标记中的"其他直径或特性"前面的"×"允许省

略。但省略后不应导致对标记的误解,一般以空格代替。

③ 当产品标准中只规定一种产品型式、性能等级或硬度或材料、产品等级、扳拧型式及表面处理时,允许全部或部分省略。

④ 当产品标准中规定两种及其以上的产品型式、性能等级或硬度或材料、产品等级、扳拧型式及表面处理时,应规定可以省略其中的一种,并在产品标准的标记示例中给出省略后的简化标记。

上例标记可简化为:

螺栓　GB/T 5782 - M10×100

常用螺纹紧固件标记见附录中的标记示例。

3. 螺纹紧固件的连接画法

螺纹紧固件的连接形式通常有三种,即螺栓连接、双头螺柱连接与螺钉连接,如图6-15所示。

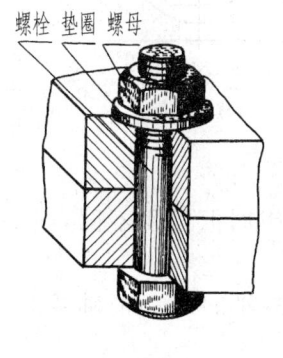
(a) 螺栓连接

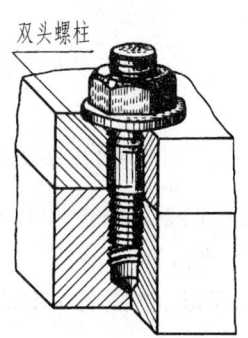
(b) 双头螺柱连接

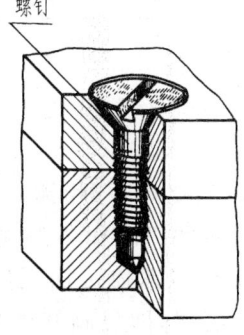
(c) 螺钉连接

图6-15　螺纹紧固件的连接形式

(1) 螺栓连接

当被连接的零件较薄时常采用螺栓连接。连接时,将螺栓杆穿过被连接件的通孔,在制有螺纹的一端套上垫圈,并用螺母拧紧,如图6-15a所示。绘制螺栓连接图时,首先应按其连接形式、公称直径从有关的标准中查出它们的尺寸。螺栓公称长度l(图6-16),应根据被连接件的厚度、螺母及垫圈的厚度按下式计算确定:

$$l \geqslant \delta_1 + \delta_2 + m + h + a$$

式中:δ_1、δ_2为被连接件的厚度,h为垫圈厚度,m为螺母厚度,a为螺栓伸出螺母顶面的高度(按$0.2d \sim 0.3d$取值)。按上式计算出l值后,还须在相关标准中选取与l相近的标准长度。

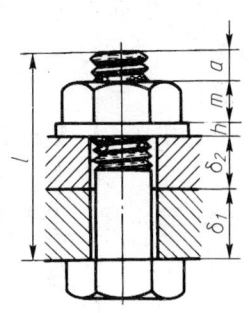

图6-16　螺栓公称长度的计算

所有尺寸确定之后,即可画出螺栓连接装配图(图6-17a),根据规定,装配图中允许采用简化画法(图6-17b)。

画螺栓连接图时,除应遵照前述有关的规定画法外,还应符合装配画法的有关规定:

① 相邻两零件表面接触时画一条粗实线,不接触时画两条粗实线。

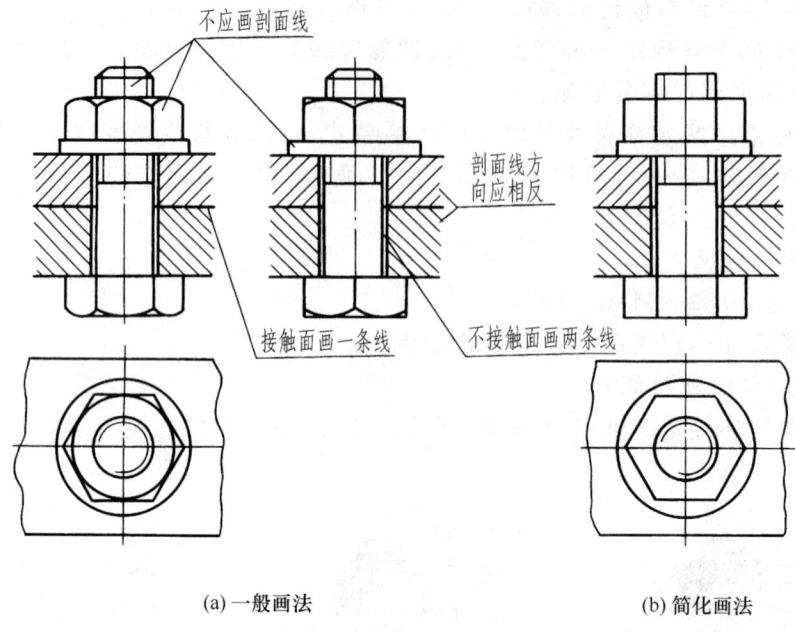

图 6-17 螺栓连接图

② 在剖视图中,相邻两零件的剖面线方向应相反或方向相同但间隔不同,同一零件的剖面线方向和间隔在各剖视图中应一致。

③ 剖切平面通过标准件(螺栓、螺母、垫圈等)和实心零件(轴、球等)的轴线时,这些零件按不剖绘制,即仍画其外形。

[例 6-1] 用 M10 的六角头螺栓(GB/T 5782—2000)连接两个零件,被连接件的厚度分别为 $\delta_1 = 10$ mm、$\delta_2 = 15$ mm,并选用六角螺母(GB/T 6170—2000)和平垫圈(GB/T 97.1—2002),试画出该螺栓连接图。

分析:根据给定的条件,可从相关标准查出有关尺寸,然后按有关画法即可画出螺栓连接图。

解:
(1) 按 1∶1 确定被连接零件的孔径:
$$孔径 = 1.1 \times 10 \text{ mm} = 11 \text{ mm}$$

(2) 确定螺栓公称长度 l:
$$l \geqslant \delta_1 + \delta_2 + m + h + a$$
$$= (10 + 15 + 8.4 + 2 + 3) \text{ mm} = 38.4 \text{ mm}$$

式中:m、h 分别由附表 11、附表 12 查出,a 取 $0.3d$。在附表 7 中,l 的标准长度系列取略长于 38.4 mm 的标准值 40 mm。

(3) 按图 6-14 中的比例确定各紧固件的其余尺寸。

(4) 按各紧固件尺寸进行作图,作图步骤如图 6-18 所示。

(2) 双头螺柱连接

将双头螺柱的旋入端旋入被连接件的螺孔内,紧固端穿过另一被连接件的通孔,加上

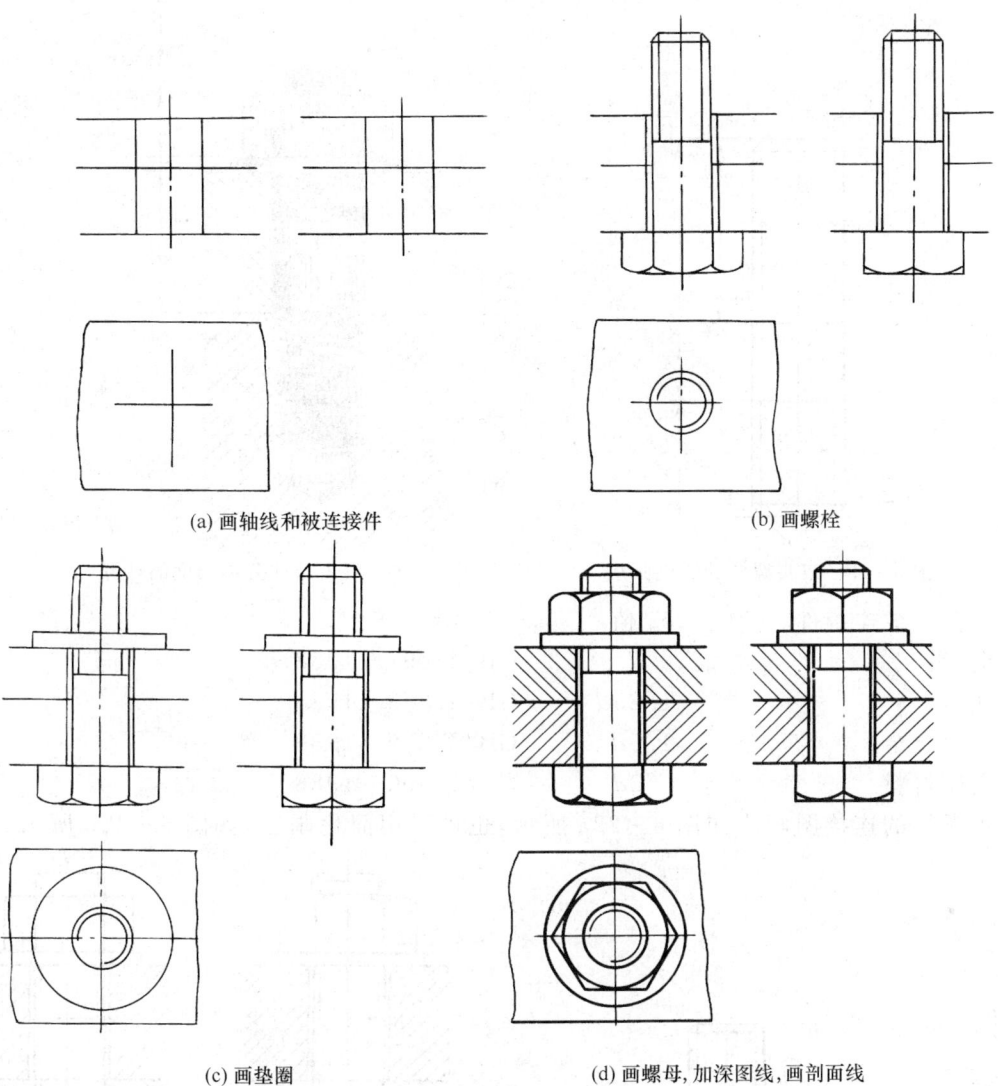

图 6-18 螺栓连接图的作图步骤

垫圈并拧紧螺母,即为双头螺柱连接,如图 6-15b 所示。双头螺柱常用于被连接件之一太厚,不宜或不允许钻成通孔的情况。

绘制双头螺柱连接图时,同样需要先确定螺柱、螺母、垫圈的形式及公称直径,从相关标准中查出它们的尺寸(或按比例画法确定)。双头螺柱的比例画法如图 6-19 所示,其公称长度 l(图 6-20)按下式计算确定。

$$l \geqslant \delta + m + h + a$$

然后对照标准确定其标准长度。

为了保证连接可靠,旋入端 b_m 应全部旋入螺孔内,所以螺纹终止线应与被连接件的表面重合,如图 6-21b 所示。作图时,钻孔深度与螺孔深度按 $H_1 = b_m + d$、$h_1 = b_m + 0.5d$ 考虑(图6-21a),而 b_m 的值与螺孔材料有关,一般按下列情况选取:

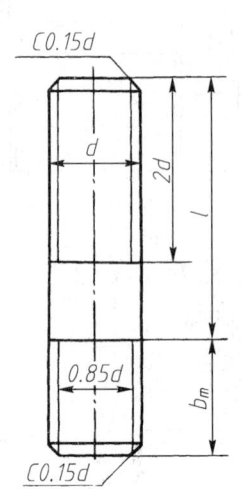

图 6-19 双头螺柱的比例画法

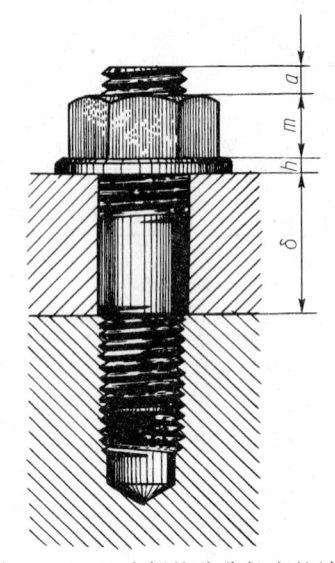

图 6-20 双头螺柱公称长度的计算

带螺孔的被连接件	b_m 值	标　准
青铜、钢	d	GB/T 897—1988
铸铁	$1.25d$	GB/T 898—1988
铝及铝合金	$1.5d$	GB/T 899—1988
非金属材料	$2d$	GB/T 900—1988

双头螺柱的连接图画法如图 6-22a 所示,也可采用简化画法,如图 6-22b 所示。

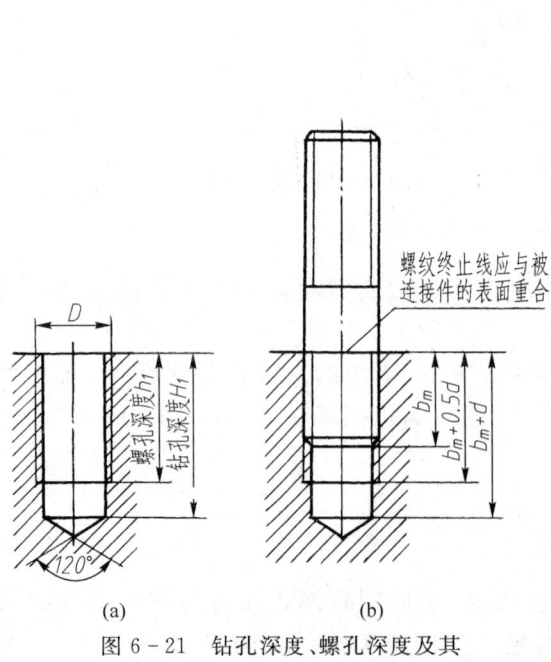

图 6-21 钻孔深度、螺孔深度及其
与双头螺栓 b_m 的关系

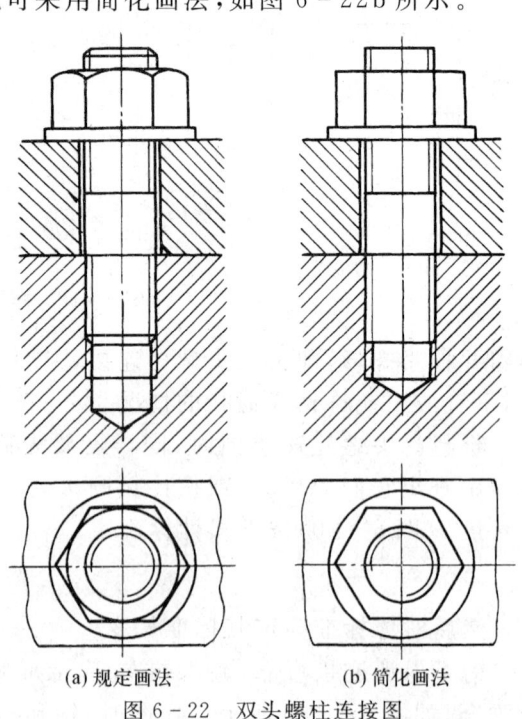

图 6-22 双头螺柱连接图

[例 6-2] 已知两端均为粗牙普通螺纹的 A 型双头螺柱，$d=12$ mm，带螺孔的被连接件的材料为铸铁，另一被连接件的厚度 $\delta=10$ mm，使用六角螺母和平垫圈，试写出螺母、垫圈、双头螺柱的规定标记，并画出连接图。

分析：根据给定的条件，可从相关标准中查出有关的尺寸，或根据螺柱的公称直径按比例画法近似确定出有关的尺寸，即可画出连接图。

解：
(1) 查国家标准（附表 11、附表 12）可知螺母、垫圈的规定标记是：

　　　　　　　　螺母　GB/T 6170 M12

　　　　　　　　垫圈　GB/T 97.1 12

螺母厚度尺寸 $m=10.8$ mm，垫圈高度尺寸 $h=2.5$ mm。

(2) 计算双头螺柱的公称长度 l：

$$l=\delta+m+h+a=(10+10.8+2.5+3.6)\text{ mm}=26.9\text{ mm}$$

查国家标准（附表 8）双头螺柱标准长度系列，取 $l=30$ mm。

该双头螺柱的规定标记应为：

　　　　　　　　螺柱　GB/T 898 AM12×30

(3) 根据图 6-14、图 6-19 和图 6-21 定出各连接件的其余尺寸。

(4) 画连接图，作图步骤见图 6-23。

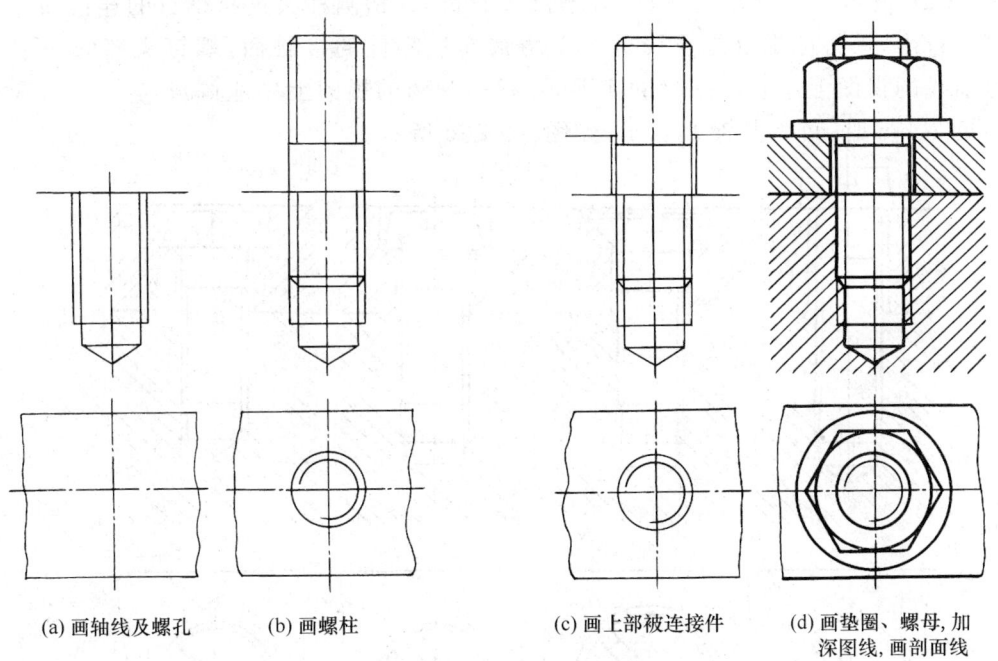

(a) 画轴线及螺孔　　(b) 画螺柱　　(c) 画上部被连接件　　(d) 画垫圈、螺母，加深图线，画剖面线

图 6-23　双头螺柱连接图的作图步骤

(3) 螺钉连接

螺钉连接是将螺钉穿过一被连接件的通孔后直接拧入另一被连接件螺孔中的连接，如图 6-15c 所示。

螺钉按用途分连接螺钉和紧定螺钉。连接螺钉用于连接不经常拆卸且受力不大的零件,而紧定螺钉则用于固定两个零件的相对位置,使它们不产生相对运动。

螺钉的规定标记见附表9、附表10的标记示例,其规格尺寸为螺纹大径 d 及公称长度 l。l 的长度(图6-24)可按下式计算确定后按标准系列选取:

$$l \geqslant \delta + b_m$$

式中:b_m 为螺钉的旋入长度,其确定方法与双头螺柱相同。

绘制螺钉连接图时,螺钉头部尺寸可查表得出,也可按比例画法近似得出,如图6-25所示。

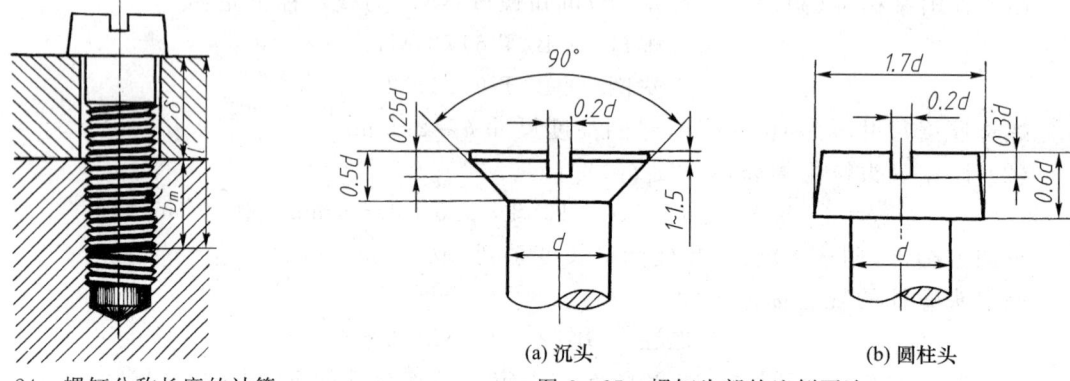

图6-24 螺钉公称长度的计算　　图6-25 螺钉头部的比例画法

图6-26所示为开槽盘头螺钉、开槽沉头螺钉、开槽圆柱头连接螺钉的连接图画法。从图中可以看出,螺钉的螺纹终止线应高于两被连接零件的接触面,螺钉头部的一字槽在反映螺钉轴线的视图上应画出槽口的实形,在投影为圆的视图上则应画成与中心线倾斜45°。槽宽不足2 mm时,可将其涂黑表示,如图6-26d所示。

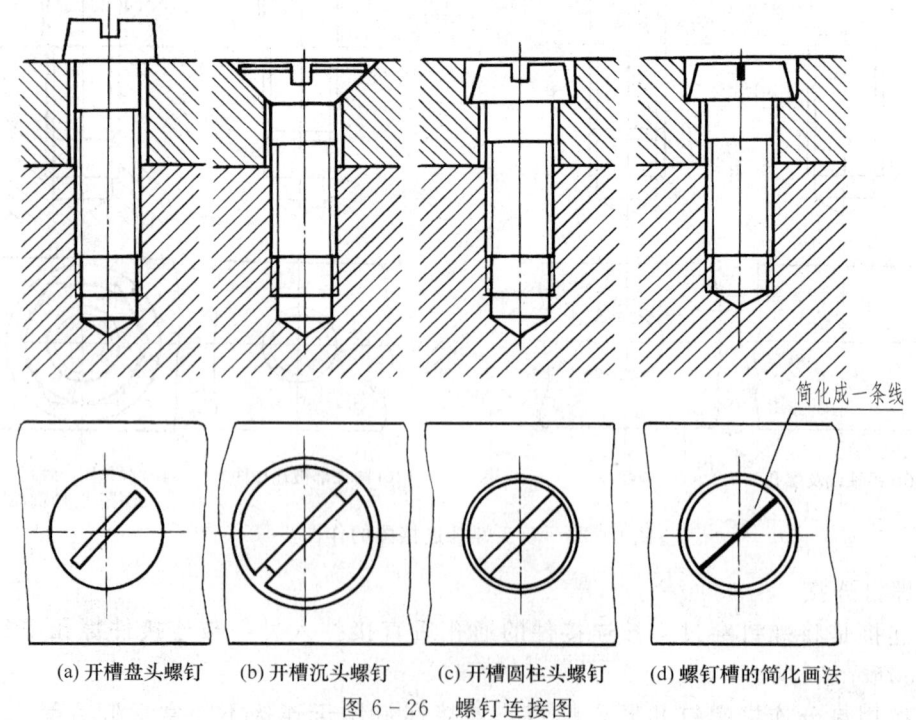

图6-26 螺钉连接图

紧定螺钉的连接情况及连接画法如图6-27所示。

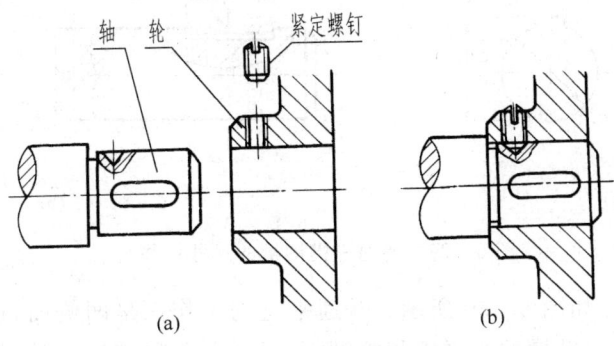

图6-27 紧定螺钉连接

6.2 键、销连接

6.2.1 键连接

键是用来连接轴和轴上的传动件(如齿轮、带轮等),并通过它来传递转矩的一种零件,如图6-28所示。

键是一种标准件,常用的键有普通平键与半圆键,其型式及规定标记如表6-3所示。

图6-28 键连接

表6-3 常用键的型式及规定标记

名称	图例	规定标记
普通平键		GB/T 1096 键 $b \times h \times L$
半圆键		GB/T 1099.1 键 $b \times h \times D$

1. 普通平键

普通平键有 A、B、C 三种型式(见附表14图),其中以 A 型键应用最多。

普通平键的尺寸可从国家标准(附表14)中查得,键的高度 h 和宽度 b 根据被连接轴的直径选取,而长度 L 则按轮毂长度并参照标准长度系列确定。另外,从附表14中还可以查出与键相配的键槽尺寸,键槽的尺寸标注如图6-29所示。

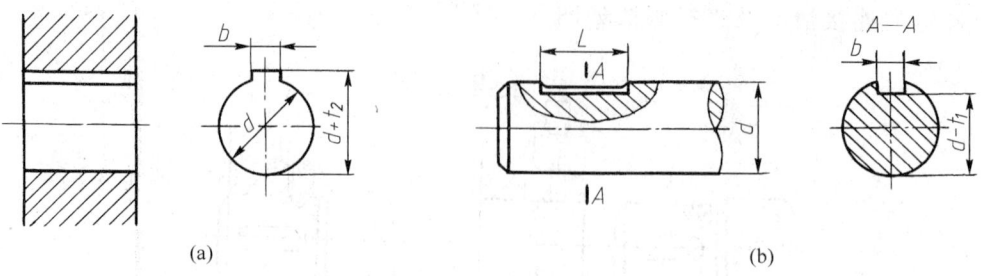

图 6-29 普通平键键槽的尺寸标注

普通平键的连接画法如图 6-30 所示。普通平键的工作面是两侧面,这两侧面与键槽两侧面相接触,键的底面与轴上键槽的底平面相接触,所以画一条粗实线;键的顶面与轮毂上键槽的顶面不接触,有一定的间隙量,故要画两条线。

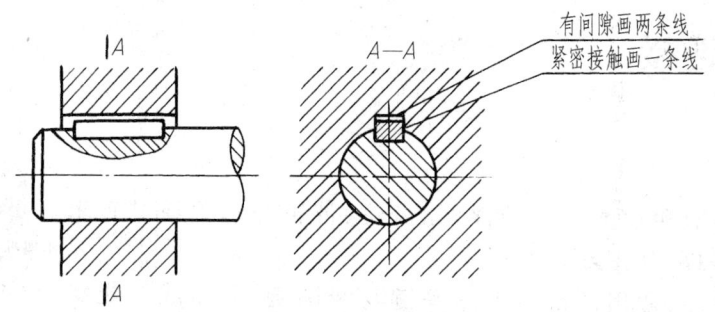

图 6-30 普通平键连接画法

2. 半圆键

半圆键具有自动调位的优点,主要用于锥形轴与轴轻载时的连接上。

半圆键及其键槽的尺寸,可根据轴的直径在国家标准 GB/T 1098—2003、GB/T 1099.1—2003 中查得。

半圆键的工作面也是两侧面,其连接画法与普通平键的连接画法相似,如图 6-31 所示。

[**例 6-3**] 选用 A 型普通平键连接轴与轮毂,被连接轴的直径 $d=60$ mm,轮毂宽度为 95 mm,试查表确定键及键槽的尺寸,写出键的规定标记。

分析:键的型式确定后,即可根据被连接轴的直径从国家标准(附表14)中查出键与键槽的尺寸。

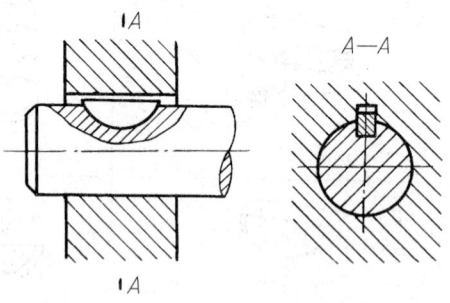

图 6-31 半圆键连接画法

解:

(1) 根据轴径 $d=60$ mm,由附表 14 可查得键宽 $b=18$ mm,键高 $h=11$ mm,$t_1=7$ mm,$t_2=4.4$ mm。

键槽的宽度与键宽相一致,即为 18 mm。

键槽的深度:
$$d-t_1=(60-7)\text{mm}=53\text{ mm}$$
$$d+t_2=(60+4.4)\text{mm}=64.4\text{ mm}$$

(2) 根据轮毂宽度 95 mm，在附表 14 中查键的长度系列，选取 $L=90$ mm（其长度略短于轮毂宽度较为合适）。

(3) 键的规定标记为：

$$\text{GB/T 1096 键 } 18\times 11\times 90$$

6.2.2 销连接

销也是一种标准件，一般用于零件之间的连接或在装配时作定位用。常用的销有圆柱销、圆锥销和开口销，其形式及规定标注见表 6-4。

表 6-4 常用销的形式及标注

名称	标准编号	图例	标记示例
圆锥销	GB/T 117—2000	（图例）	公称直径 $d=10$ mm，公称长度 $l=60$ mm，材料为 35 钢，热处理硬度为 28～38 HRC，表面氧化处理的 A 型圆锥销： 销 GB/T 117 A10×60
圆柱销	GB/T 119.1—2000	（图例）	公称直径 $d=10$ mm，长度 $l=30$ mm，材料为 35 钢，热处理硬度为 28～38 HRC，表面氧化处理的圆柱销： 销 GB/T 119.1 10×30
开口销	GB/T 91—2000	（图例）	公称直径 $d=5$ mm，长度 $l=50$ mm，材料为低碳钢，不经表面处理的开口销： 销 GB/T 91 5×50

销连接画法如图 6-32 所示。

用销连接或定位的两个零件，它们的销孔是一起加工的，以保证相互位置的准确性，所以零件图上的销孔除了注明销孔的尺寸外，还要说明加工时的情况，如图 6-33 所示。

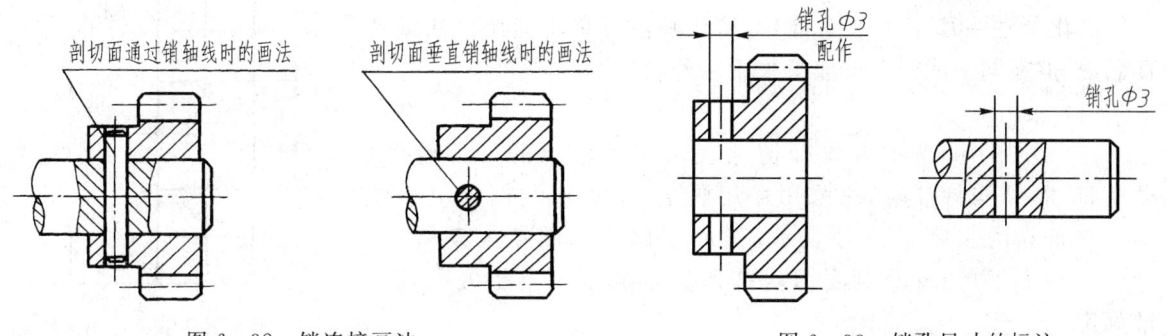

图 6-32 销连接画法　　　　　　　　图 6-33 销孔尺寸的标注

6.3 滚动轴承

6.3.1 滚动轴承的结构和种类

1. 滚动轴承的结构

滚动轴承是支承旋转轴的标准组件,它具有摩擦阻力小、效率高、结构紧凑、维护简单等优点,因此在机器中得到广泛的应用。

滚动轴承的结构一般由内圈、外圈、滚动体和保持架组成,如图 6-34 所示。

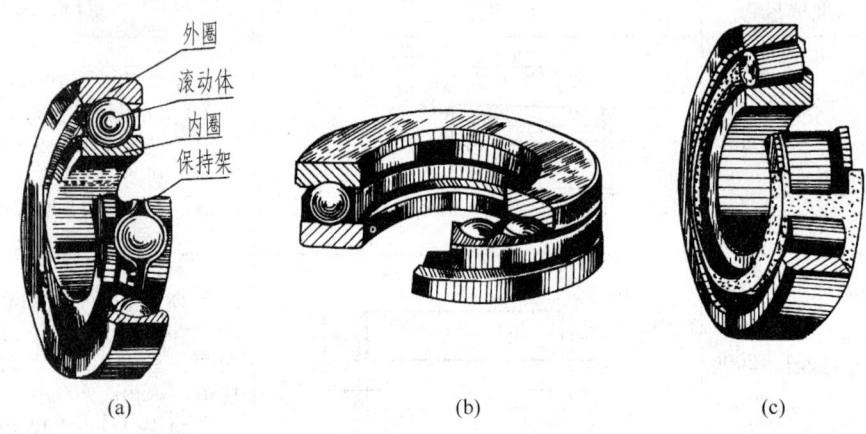

图 6-34 滚动轴承的结构

2. 滚动轴承的种类

滚动轴承的种类很多,一般按其承受载荷的方向或公称接触角的不同分为两类:

(1) 向心轴承——主要用于承受径向载荷,公称接触角为 0°~45°。

(2) 推力轴承——主要用于承受轴向载荷,公称接触角为 45°~90°。

6.3.2 滚动轴承的画法

在剖视图中,滚动轴承采用简化画法或规定画法。

1. 简化画法

简化画法一律不画剖面符号,简化画法可采用通用画法或特征画法,但在同一图样中一般只采用一种画法。

(1) 通用画法

在剖视图中,当不需要确切地表示滚动轴承的外形轮廓、载荷特性、结构特征时,可采用通用画法,用矩形线框及位于线框中央正立的十字形符号表示,其尺寸比例如图 6-35 所示。图中外径 D、内径 d 及宽度 B 等按所选定的轴承查相关国家标准确定。

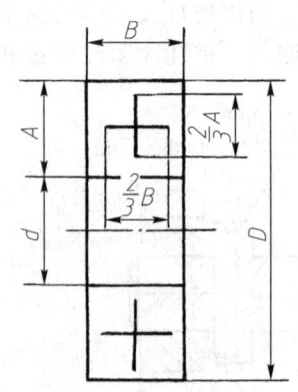

图 6-35 滚动轴承通用画法

（2）特征画法

在剖视图中，需较形象地表示滚动轴承的结构特征时，可采用在矩形线框内画出其结构要素符号的方法表示，见表 6-5 所示。

表 6-5　特征画法及规定画法的尺寸比例示例

序号 尺寸比例	特征画法	规定画法
径向和轴向单列滚动轴承	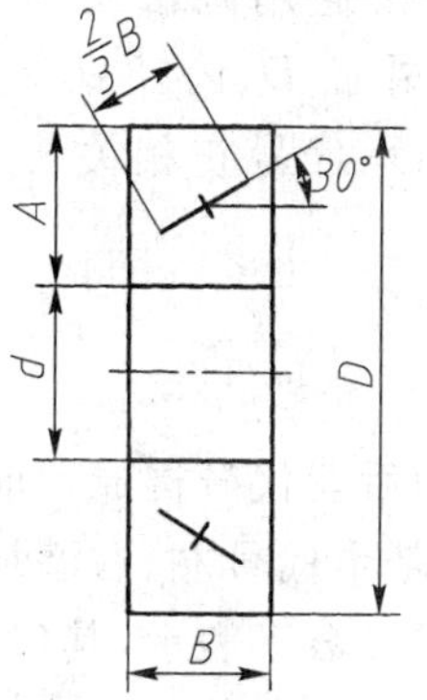	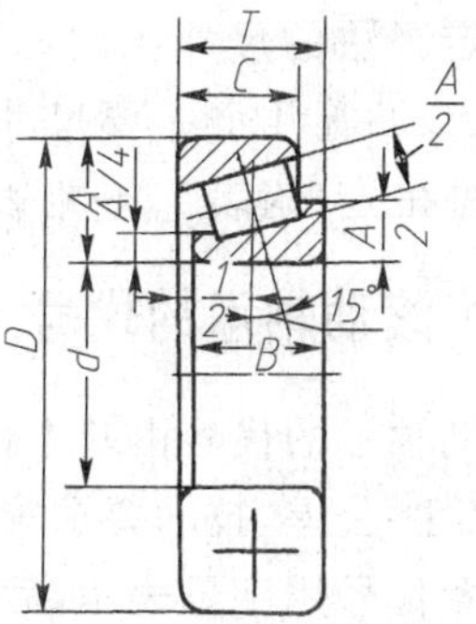
径向单列滚动轴承	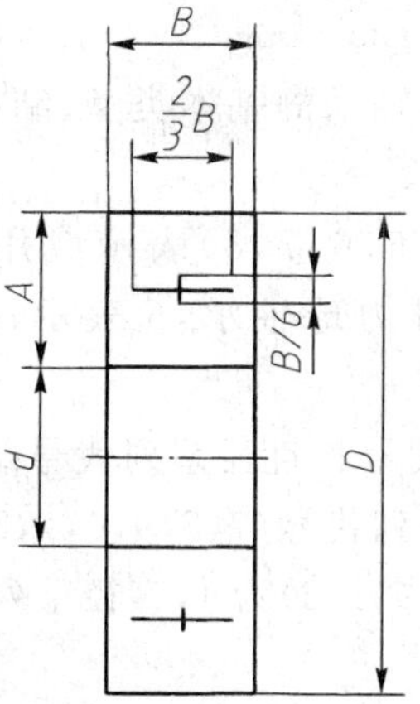	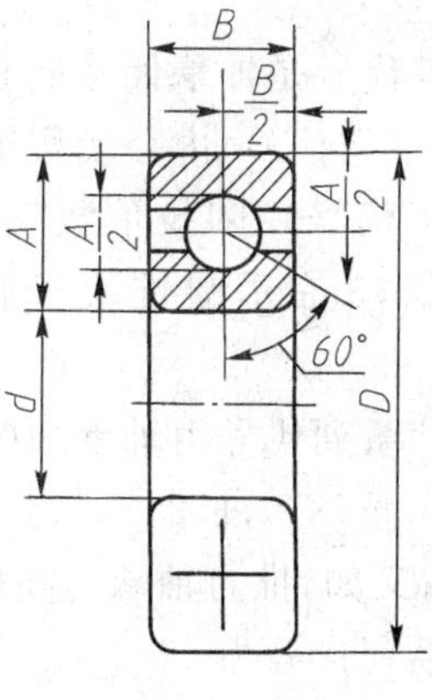
轴向单列滚动轴承	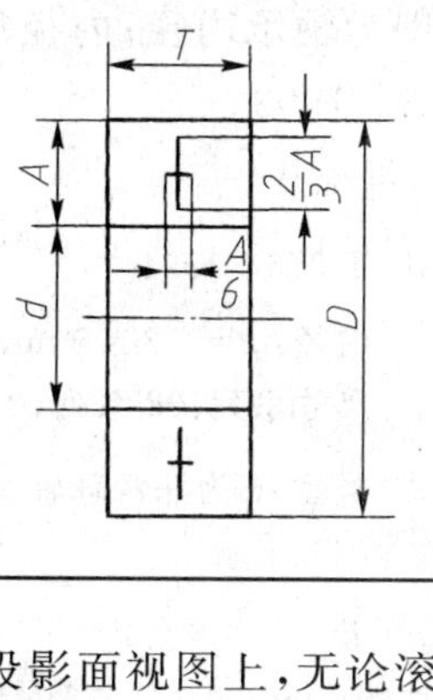	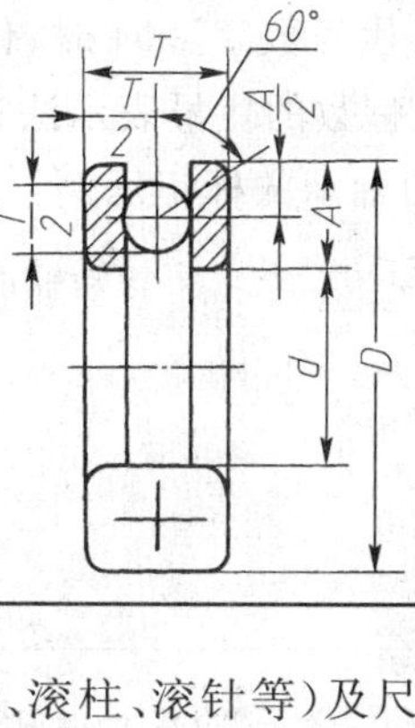

在垂直于滚动轴承轴线的投影面视图上，无论滚动体的形状（球、滚柱、滚针等）及尺寸如何，均可按图 6-36 所示的方法绘制。

2. 规定画法

必要时,在滚动轴承的产品图样、产品样本、产品标准、用户手册和使用说明书中采用规定画法绘制滚动轴承。采用规定画法绘制滚动轴承的剖视图时,轴承的滚动体不画剖面线,其各套圈可画成方向和间隔相同的通用剖面线。

规定画法一般绘制在轴的一侧,另一侧按通用画法画出。规定画法的尺寸比例见表 6-5,表中的外径 D、内径 d 及宽度 B、T 等几个主要尺寸,按所选定的轴承代号查相关国家标准确定(附表 17~附表 19)。

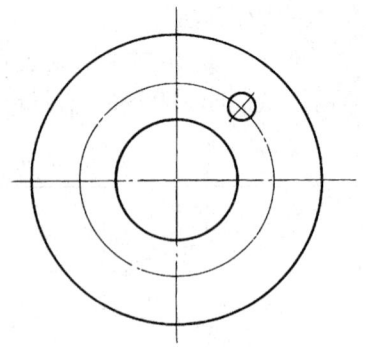

图 6-36　滚动轴承线垂直于投影面的特征画法

6.3.3 滚动轴承的代号

滚动轴承的代号由基本代号、前置代号和后置代号构成。前置代号、后置代号是轴承在结构形状、尺寸、公差、技术要求等有改变时,在其基本代号左、右添加的补充代号。

前置代号用字母表示,后置代号用字母或加数字表示,其代号及其含义、编制规则请查阅国家标准 GB/T 272—1993。如果轴承的结构、尺寸、公差、技术要求等没有特殊要求,则只标记基本代号。

基本代号是轴承代号的基础,用来表示轴承的基本类型、结构和尺寸。基本代号由类型代号、尺寸系列代号、内径代号组成。

类型代号用阿拉伯数字(0,1,2,3,4,5,6,7,8)表示或用大写拉丁字母(N,V,QJ)表示。例如,3 表示圆锥滚子轴承,5 表示推力球轴承,6 表示深沟球轴承,N 表示圆柱滚子轴承。

尺寸系列代号由轴承的(高)宽度系列代号和直径系列代号组合而成。例如,向心轴承的宽度系列代号(8,0,1,2,3,4,5,6)为 2,直径系列代号(7,8,9,0,1,2,3,4)为 9,则整个尺寸系列代号为 29;又如,推力轴承的高度系列代号(7,9,1,2)为 1,直径系列代号(0,1,2,3,4,5)为 1,则整个尺寸系列代号为 11。

内径代号一般由两位数字构成,其中 00,01,02,03 分别表示内径 $d=10,12,15,17$(单位 mm);代号数字 $\geqslant 04$ 时,代号数字乘以 5 即为轴承内径;内径从 0.6 到 10 的非整数及内径从 1 到 9 的整数的代号表示法请查阅 GB/T 272—1993。

滚动轴承的标记示例:

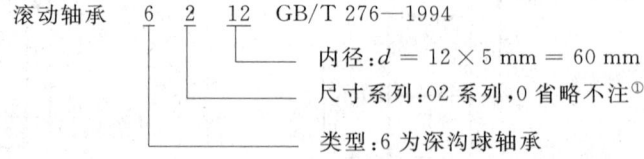

---

① GB/T 272—1993 规定:深沟球轴承的尺寸系列代号 00,01,02,03,04 与类型代号 6 组合时,常把宽度系列代号(第一个数字)省略不注。

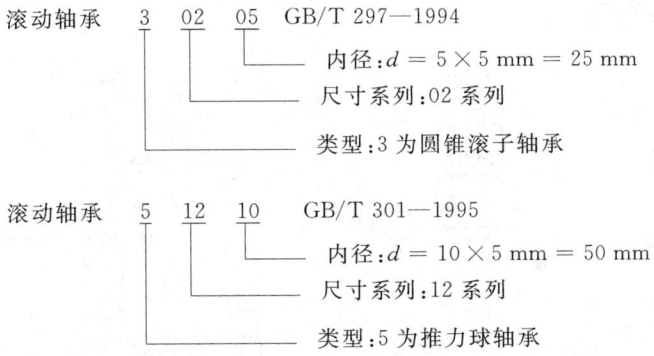

6.4 弹簧

弹簧是机器、车辆、仪表和电器中常用到的零件,其作用为减振、储能、夹紧和测力等。

弹簧的种类较多,本节只介绍应用最广的圆柱螺旋压缩弹簧的画法,其他种类的弹簧画法可查阅有关标准。

1. 圆柱螺旋压缩弹簧各部分名称及尺寸关系(图 6-37)

(1) 材料直径 d——弹簧钢丝的直径。

(2) 弹簧外径 D_2——弹簧的最大直径。

(3) 弹簧内径 D_1——弹簧的最小直径,$D_1 = D_2 - 2d$。

(4) 弹簧中径 D——弹簧的平均直径,$D = (D_2 + D_1)/2 = D_2 - d = D_1 + d$。

(5) 节距 t——除支承圈外,相邻两圈的轴向距离。

(6) 支承圈 n_z——为使压缩弹簧支承平稳,制造时需将弹簧两端并紧磨平,这部分圈数仅起支承作用,故称为支承圈。一般支承圈数有 1.5 圈、2 圈、2.5 圈三种,其中较常见的是 2.5 圈。

(7) 有效圈数 n——除支承圈外,保证相等节距的圈数。

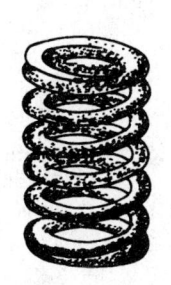
(a)

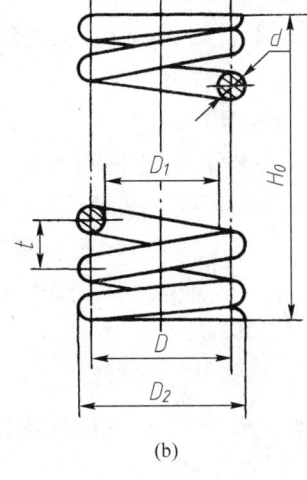
(b)

图 6-37 圆柱螺旋压缩弹簧

总圈数:$n_1 = n + n_z$。

(8) 自由高度 H_0——弹簧在不受外力作用时的高度,$H_0 = nt + (n_z - 0.5)d$。

(9) 弹簧展开长度 L——簧丝展直后的长度,$L = n_1 \sqrt{(\pi D)^2 + t^2}$。

2. 圆柱螺旋压缩弹簧的规定画法(GB/T 4459.4—2003)

(1) 螺旋弹簧在平行于轴线的投影面上所得的图形可画成视图(图 6-37b),也可画成剖视图(图 6-38a),其各圈的轮廓线应画成直线。

(2) 右旋弹簧以及旋向不作规定的均应画成右旋;左旋弹簧可画成左旋或右旋,但无论画成

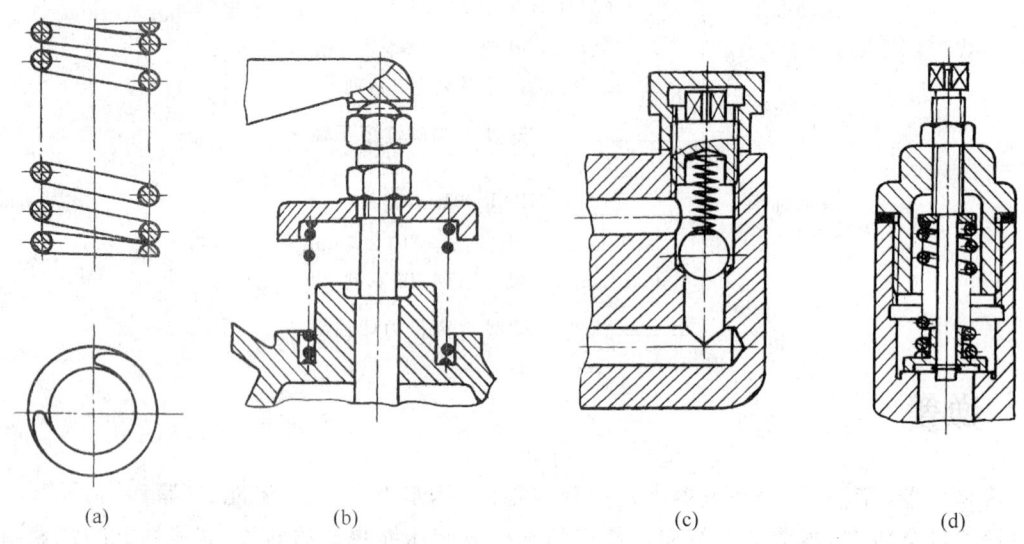

(a)　　　　　　　(b)　　　　　　　(c)　　　　　　　(d)

图 6-38　弹簧的规定画法

左旋还是右旋，一律要注出旋向"左"字。

(3) 当要求弹簧两端并紧磨平时，无论支承圈数多少和末端紧贴情况如何，均按图 6-38a 所示的形式绘制，必要时也可按支承圈的实际结构绘制。

(4) 有效圈数在 4 圈以上时，中间各圈可省略，省略后允许适当压缩图形长度，其画法如图 6-38a 所示。

(5) 在装配图中，弹簧被剖切时，材料直径在图形上等于或小于 2 mm 的剖面可用涂黑表示 (图 6-38b)，亦可采用示意画法(图 6-38c)。

(6) 在装配图中，被弹簧遮挡的结构按不可见处理，可见轮廓线只画到弹簧的外轮廓线或画到弹簧钢丝剖面的中心线为止，如图 6-38d 所示。

3. 弹簧的画图步骤

圆柱螺旋压缩弹簧的具体画图步骤通过下面例题加以说明。

[例 6-4]　已知圆柱螺旋压缩弹簧的材料直径 $d=5$ mm，弹簧中径 $D=35$ mm，节距 $t=10$ mm，有效圈数 $n=8$，支承圈数 $n_z=2.5$，右旋，试作出此弹簧图。

分析：根据题目给定的已知条件，即可按前述的有关公式计算出画图所需的尺寸，这样就可按有关的规定画法画出弹簧图。

解：

(1) 计算自由高度 H_0：

$H_0 = nt + (n_z - 0.5)d = 8 \times 10 \text{ mm} + (2.5 - 0.5) \times 5 \text{ mm} = 90 \text{ mm}$（90 mm 符合国家标准尺寸系列）

(2) 作图：步骤如图 6-39 所示。

4. 弹簧零件工作图示例

在弹簧零件工作图上，除了画出图形外，还要注出全部尺寸及技术要求，当需要表明弹簧的力学性能时，必须用图解表示，如图 6-40 所示。

 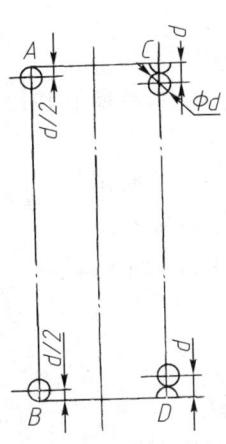 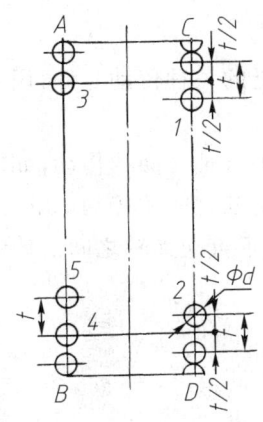 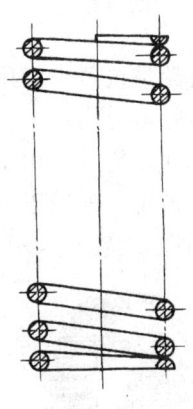

(a) 以自由高度H_0和弹簧中径D作矩形$ABCD$
(b) 画出支承圈部分与簧丝材料直径相等的圆和半圆
(c) 根据节距t作圆1、2，并以$t/2$的位置作水平线交于圆3、4，由圆4作出圆5
(d) 按右旋方向作相应的簧丝剖面的切线。检查，擦去多余线条并加深图线，画剖面线

图 6-39 弹簧的画图步骤

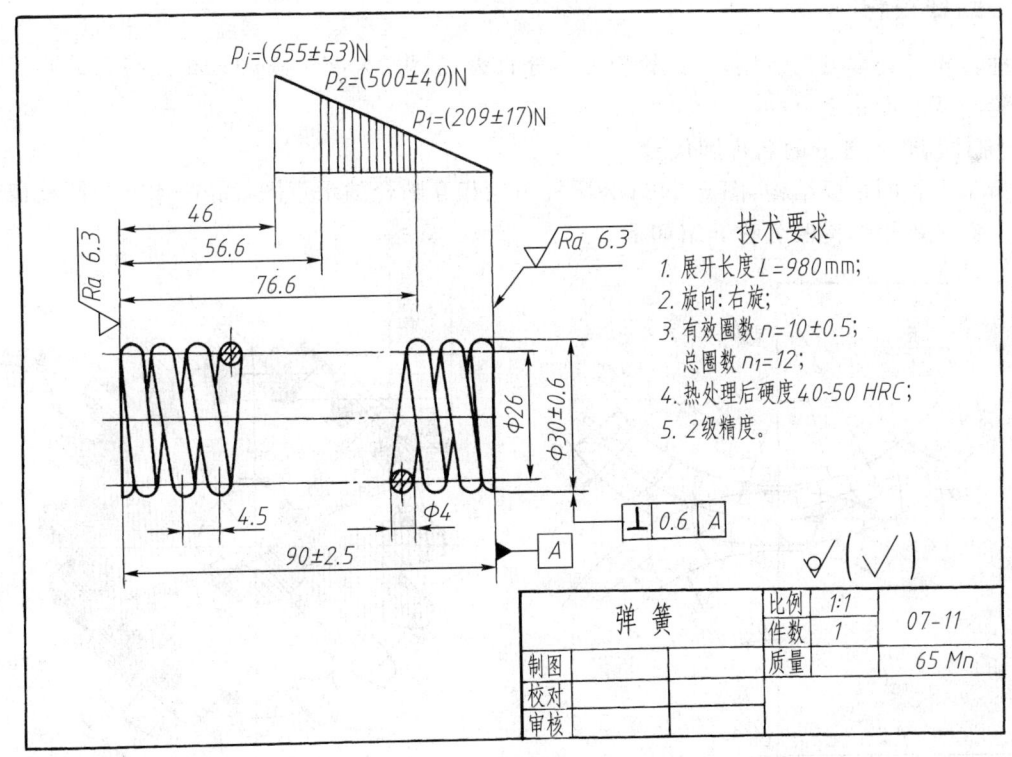

图 6-40 圆柱螺旋压缩弹簧零件图示例

6.5 齿轮

齿轮是机器中应用广泛的一种传动零件,用来传递动力,改变旋转速度和旋转方向。
齿轮可分为:
圆柱齿轮——用于两平行轴之间的传动,如图 6-41a、b 所示。
锥齿轮——用于两相交轴之间的传动,如图 6-41c 所示。
蜗杆、蜗轮——用于两垂直交叉轴之间的传动,如图 6-41d 所示。

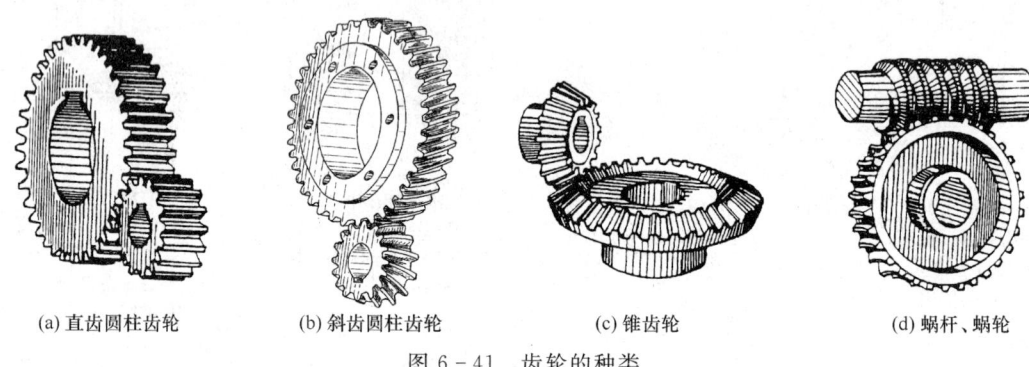

(a) 直齿圆柱齿轮　　(b) 斜齿圆柱齿轮　　(c) 锥齿轮　　(d) 蜗杆、蜗轮

图 6-41 齿轮的种类

6.5.1 圆柱齿轮

圆柱齿轮是最常见的齿轮,按其轮齿方向分直齿、斜齿、人字齿三种。相互啮合的两齿轮有主动齿轮与从动齿轮之分。

1. 圆柱齿轮各部分的名称和代号

轮齿是齿轮的主要结构,图 6-42a 为圆柱齿轮相互啮合的示意图,图 6-42b 为圆柱齿轮的立体图。有关齿轮结构的名称介绍如下:

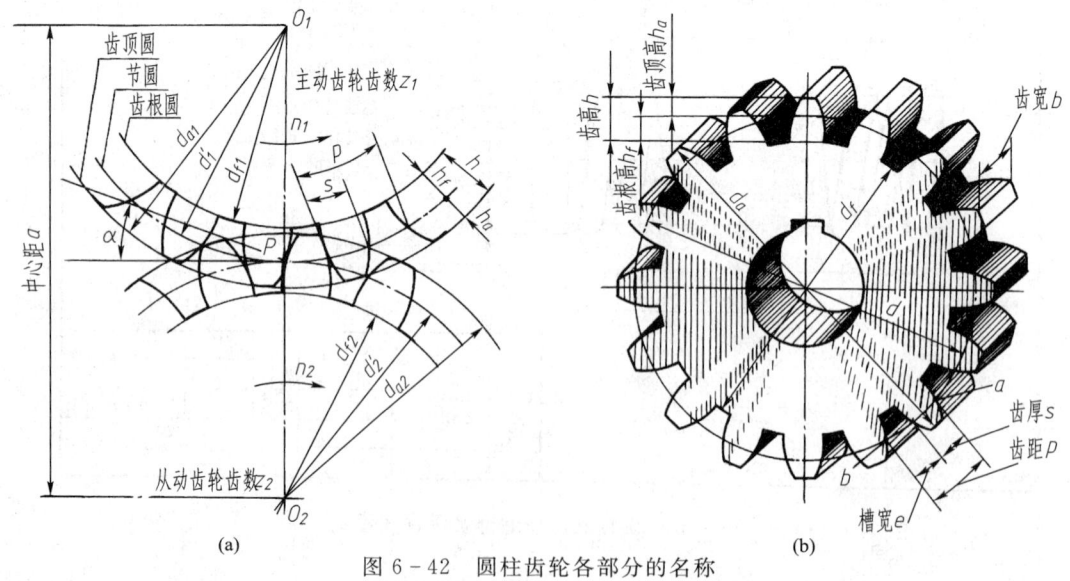

图 6-42 圆柱齿轮各部分的名称

(1) 齿顶圆　通过轮齿顶部的圆，其直径用 d_a 表示。

(2) 齿根圆　通过轮齿根部的圆，其直径用 d_f 表示。

(3) 节圆与分度圆　两齿轮啮合时，轮齿的接触点 P 将两轮的中心连线 O_1O_2 分为 O_1P、O_2P 两段，分别以 O_1P、O_2P 为半径画圆，此两圆分别称为两齿轮节圆，其直径用 d' 表示。设计、加工一个齿轮时，为进行尺寸计算和方便分齿而设定的一个基准圆，称为分度圆，其直径用 d 表示。一对正确安装的标准齿轮，其分度圆与节圆重合，即 $d=d'$。

(4) 齿距　分度圆上，相邻两齿对应点之间的弧长称为齿距，用 p 表示。

(5) 齿厚　每个轮齿在分度圆上的弧长称为齿厚，用 s 表示。

(6) 槽宽　两轮齿间的槽在分度圆上的弧长称为槽宽，用 e 表示。

在标准齿轮的分度圆周上，齿厚与槽宽是相等的，即 $e=s$。

(7) 齿顶高　齿顶圆与分度圆之间的径向距离称为齿顶高，用 h_a 表示，$h_a=(d_a-d)/2$。

(8) 齿根高　齿根圆与分度圆之间的径向距离称为齿根高，用 h_f 表示，$h_f=(d-d_f)/2$。

(9) 齿高　齿顶圆与齿根圆之间的径向距离称为齿高，用 h 表示，$h=(d_a-d_f)/2=h_a+h_f$。

(10) 中心距　两啮合齿轮中心之间的距离称为中心距，用 a 表示，$a=(d_1+d_2)/2$。

(11) 齿宽　轮齿的宽度称为齿宽，用 b 表示。

2. 圆柱齿轮的主要参数

(1) 齿数　轮齿个数，用 z 表示。

(2) 模数　用 m 表示，因分度圆周长与齿距之和相等，即 $\pi d=pz$，进而得到 $d=\dfrac{p}{\pi}z$，令 $\dfrac{p}{\pi}=m$（m 即为模数），则 $d=mz$。

为便于齿轮的设计与制造，模数已标准化，其标准值见表 6-6。

表 6-6　通用机械和重型机械圆柱齿轮标准模数（摘自 GB/T 1357—2008）　　mm

第一系列	1,1.25,1.5,2,2.5,3,4,5,6,8,10,12,16,20,25,32,40,50
第二系列	1.125,1.375,1.75,2.25,2.75,3.5,4.5,5.5,(6.5),7,9,11,14,18,22,28,35,45

注：优先选用第一系列，其次选用第二系列，括号内的模数尽可能不用。

(3) 压力角　图 6-42a 中，在节点 P 处，齿廓受力方向与齿轮瞬时运动方向的夹角 α 称为压力角，分度圆上的压力角又称齿形角，常取 $\alpha=20°$。

相互啮合的两齿轮，模数和压力角必须相等。

(4) 速比　速比又称传动比，用 i 表示。它是指主动齿轮的转速 n_1 与从动齿轮的转数 n_2 之比，由于转速 n 与齿数 z 成反比，因此速比也等于从动齿轮的齿数 z_2 与主动齿轮的齿数 z_1 之比，即 $i=n_1/n_2=z_2/z_1$。

3. 圆柱齿轮各部分的尺寸计算

当确定了模数 m、齿数 z 这两个参数后，直齿圆柱齿轮就可按下列各式计算出各部分尺寸：

齿顶高　　　$h_a=m$

齿根高　　　$h_f=1.25m$

齿高　　　　$h=h_a+h_f=2.25m$

分度圆直径　　　$d = mz$
齿顶圆直径　　　$d_a = d + 2h_a = mz + 2m = m(z+2)$
齿根圆直径　　　$d_f = d - 2h_f = mz - 2.5m = m(z-2.5)$
中心距　　　　　$a = (d_1 + d_2)/2 = (mz_1 + mz_2)/2 = m(z_1 + z_2)/2$

4. 圆柱齿轮的规定画法

(1) 单个圆柱齿轮的画法

国家标准只对齿轮的轮齿部分作了规定画法，其余结构按齿轮轮廓的真实投影绘制。规定画法如下：

在外形视图上，齿顶圆与齿顶线用粗实线绘制，分度圆与分度线用细点画线绘制，齿根圆与齿根线用细实线绘制，如图 6-43b 所示。齿根圆、齿根线也可省去不画，如图 6-43c 所示。

非圆视图画成剖视图时，规定轮齿部分按不剖绘制，齿根线用粗实线绘制，如图 6-43a 所示。

斜齿、人字齿圆柱齿轮，除计算公式(可参考机械设计资料)不一样外，画法与直齿圆柱齿轮基本相同，只是在需要表示轮齿方向时，常将其画成半剖视图，并在外形上画出三条平行齿向的细实线，如图 6-43a 所示。

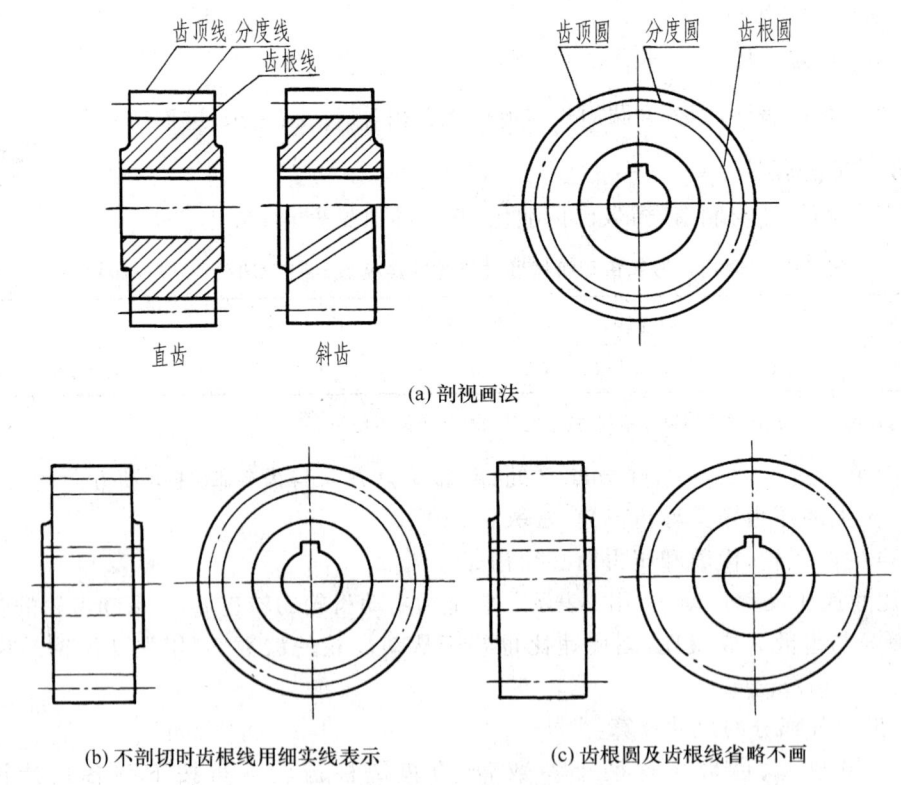

(a) 剖视画法

(b) 不剖切时齿根线用细实线表示　　(c) 齿根圆及齿根线省略不画

图 6-43　圆柱齿轮的规定画法

(2) 齿轮啮合画法

在投影为圆的视图上，齿轮两节圆画成相切，其余部分按单个齿轮的规定画法绘制(图 6-44a)，齿根圆及啮合区内的齿顶圆也可省略不画(图 6-44b)。

在非圆的视图上,齿顶线与齿根线在啮合区内不必画出,而节线用粗实线绘制(图6-44c、d)。

在非圆的剖视图上,啮合区内两节线重合,用细点画线画出,将主动齿轮的齿顶线、齿根线及从动齿轮的齿根线画成粗实线,从动齿轮的轮齿被遮挡的部分(齿顶线)画成细虚线(或省略不画),如图6-44a所示。当剖切平面不通过轴线时,齿轮一律按不剖画出。

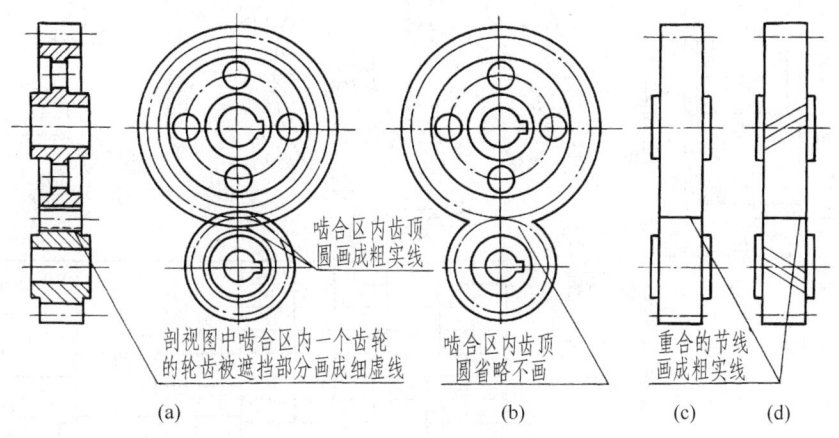

图6-44 圆柱齿轮副的啮合画法

5. 齿轮齿条的啮合画法

齿条可以看成直径无穷大的齿轮,这时齿顶圆、分度圆、齿根圆和齿廓曲线都变成直线,如图6-45a所示。其啮合画法如图6-45b所示,在齿轮投影为圆的视图上,齿条的节线与齿轮的节圆相切,在非圆视图中,应将啮合区内的一条齿顶线画成粗实线,另一齿顶线画成细虚线(或省略不画)。

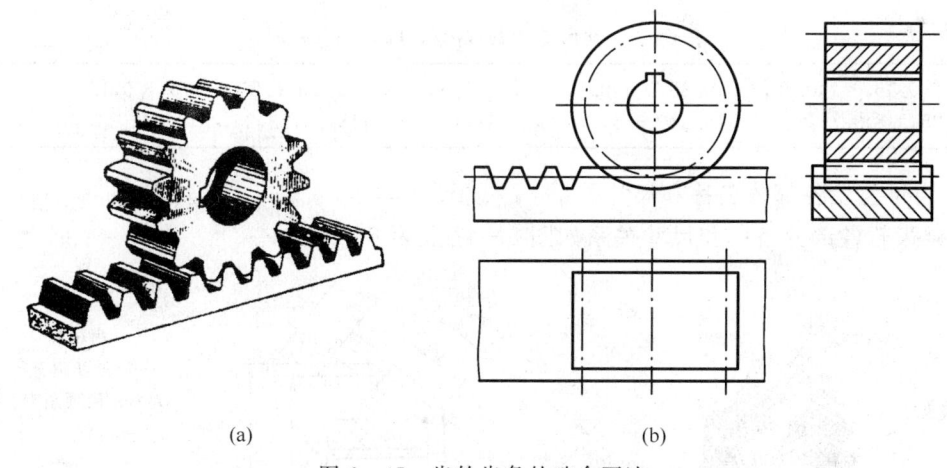

图6-45 齿轮齿条的啮合画法

对于斜齿轮与斜齿条,可在俯视图中用三条平行细实线表示其齿向,齿条上的齿形终止线在俯视图中用粗实线表示。

6. 齿轮零件图示例

在圆柱齿轮零件工作图中,除了需表示零件的结构形状、尺寸和技术要求外,还要列出制造齿轮所需的参数,如图6-46所示。

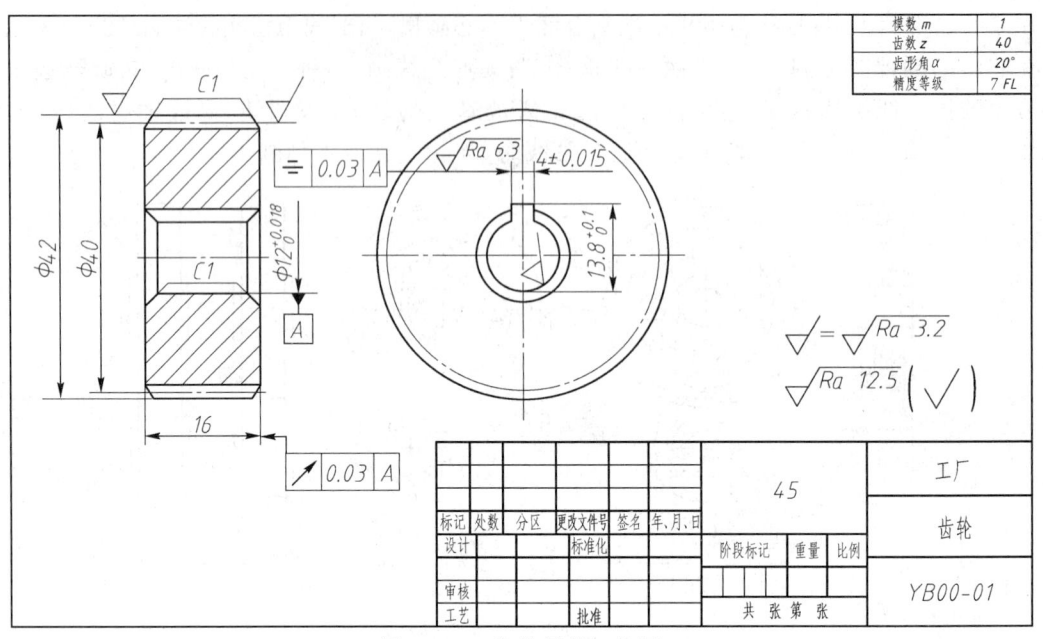

图 6-46 齿轮零件工作图

6.5.2 锥齿轮

锥齿轮的轮齿位于圆锥面上,所以轮齿的宽度、高度都沿着齿宽方向逐渐变化,模数、直径也逐渐变化。为了设计与制造方便,国家标准规定,根据大端端面模数来确定各部分的尺寸,大端端面模数按锥齿轮的标准模数选取,见表 6-7。

表 6-7　锥齿轮模数(GB/T 12368—1990)　　　　　　　　　　　　　　　mm

0.1,0.12,0.15,0.2,0.25,0.3,0.35,0.4,0.5,0.6,0.7,0.8,0.9,1,1.125,1.25,1.375,1.5,1.75,2,2.25,2.5,2.75,3,3.25,3.5,3.75,4,4.5,5,5.5,6,6.5,7,8,9,10,11,12,14,16,18,20,22,25,28,30,32,36,40,45,50

1. 直齿锥齿轮各部分名称和尺寸关系

直齿锥齿轮各部分名称和尺寸关系如图 6-47 及表 6-8 所示。

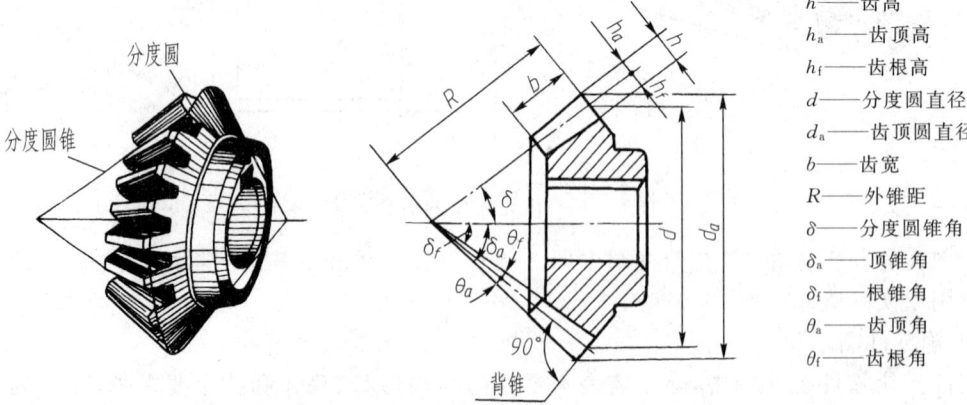

图 6-47　直齿锥齿轮各部分名称

表 6-8 标准直齿锥齿轮的尺寸计算公式

名称	代号	计算公式	名称	代号	计算公式
分度圆锥角	δ	$\tan\delta_1 = z_1/z_2$, $\tan\delta_2 = z_2/z_1$	分度圆直径	d	$d = mz$
齿顶高	h_a	$h_a = m$	齿根高	h_f	$h_f = 1.2m$
齿高	h	$h = h_a + h_f = 2.2m$	齿顶圆直径	d_a	$d_a = m(z + 2\cos\delta)$
齿顶角	θ_a	$\tan\theta_a = 2\sin\delta/z$	齿根角	θ_f	$\tan\theta_f = 2.4\sin\delta/z$
顶锥角	δ_a	$\delta_a = \delta + \theta_a$	根锥角	δ_f	$\delta_f = \delta - \theta_f$
外锥距	R	$R = mz/2\sin\delta$	齿宽	b	$b \leqslant R/3$

2. 锥齿轮的画法

单个锥齿轮的画法如图 6-48 所示，投影为非圆的主视图常画成全剖视图，轮齿部分仍按不剖绘制；投影为圆的左视图中用粗实线画出齿轮大端和小端的齿顶圆，用细点画线画出大端的分度圆，齿根圆不必画出。

锥齿轮的啮合画法如图 6-49 所示，主视图画成全剖视图，啮合部分的画法与圆柱齿轮的画法相同，左视图画外形视图。

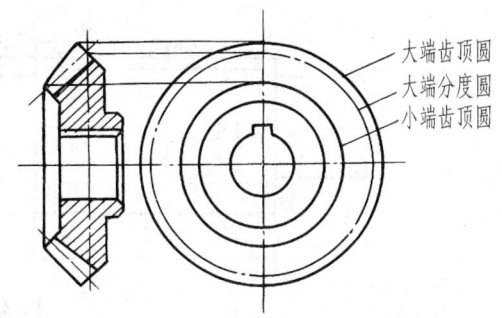

图 6-48 锥齿轮的规定画法

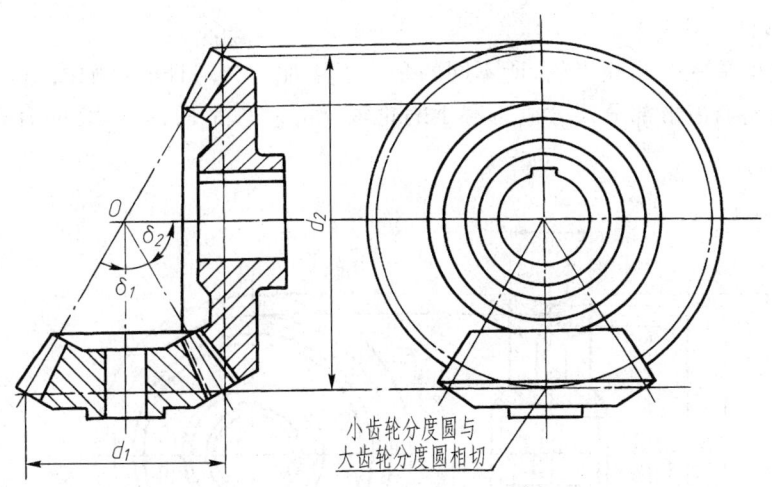

图 6-49 锥齿轮副的啮合画法

6.5.3 蜗杆、蜗轮

1. 蜗杆的画法

蜗杆实质上是一个圆柱斜齿轮，只是齿数很少，其齿数等于螺纹线数。蜗杆一般制成单线或双线，其齿形部分的尺寸以纵向剖面上的尺寸为准，齿形部分的有关名称及画法如图 6-50 所示。

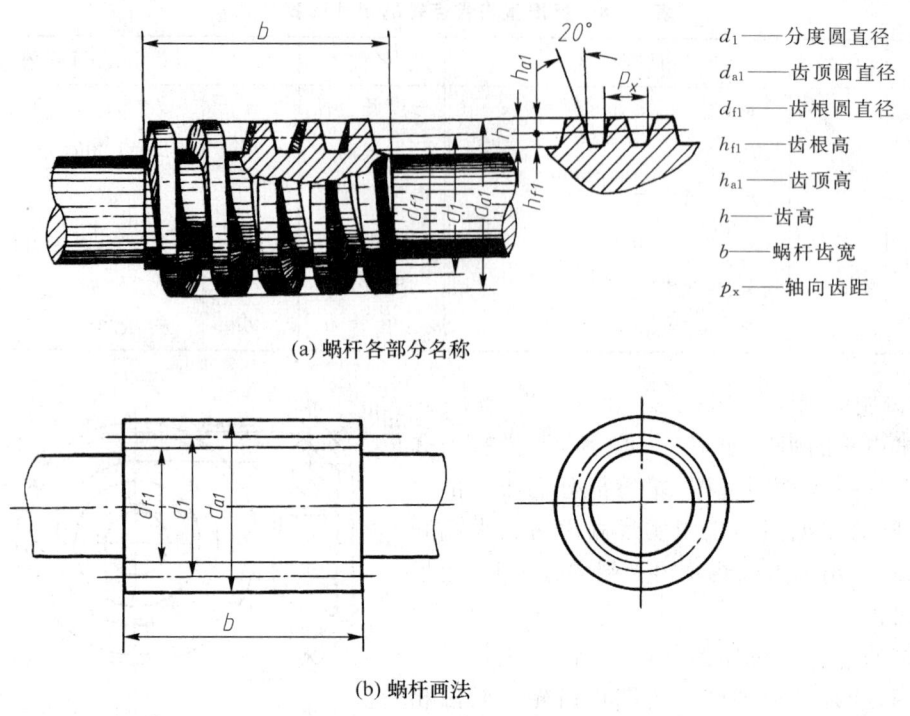

图 6-50　蜗杆各部分名称及画法

2. 蜗轮的画法

蜗轮实质上也是一个圆柱齿轮,所不同的是为了增加它与蜗杆的接触面积,将蜗轮外表面做成环面形状。蜗轮的齿形部分尺寸以垂直于蜗轮轴线的对称平面为准,它的有关名称及画法如图 6-51 所示。

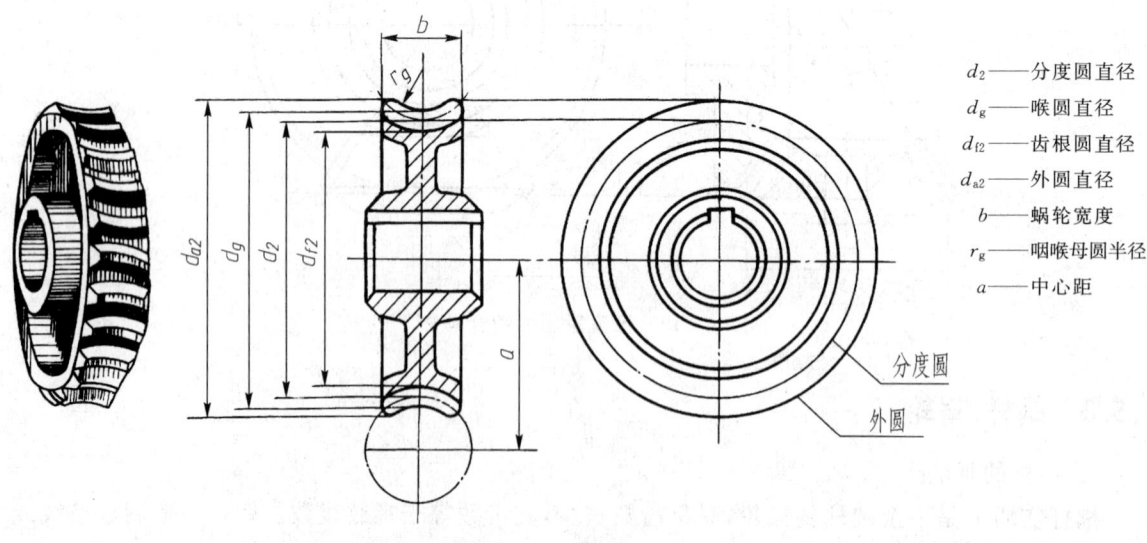

图 6-51　蜗轮各部分名称及画法

3. 蜗杆、蜗轮的啮合画法

蜗杆蜗轮的啮合画法如图6-52所示。剖视画法(图6-52a)中,往往在蜗杆为圆的视图上取全剖视,啮合区内的蜗轮外圆、齿顶圆均不画出,蜗轮的齿根圆和蜗杆的齿顶圆、齿根圆均用粗实线绘制。在蜗轮为圆的视图上,常在啮合区内取局部剖视,蜗杆齿顶画至蜗轮齿顶相交处,蜗杆的节线与蜗轮的节圆相切,用细点画线画出。齿根圆、齿根线用粗实线绘制。

外形画法中,在蜗杆为圆的视图上,蜗轮被蜗杆遮住的部分不必画出,在蜗轮为圆的视图上,蜗杆节线与蜗轮节圆相切,其余按各自的规定画法绘制,如图6-52b所示。

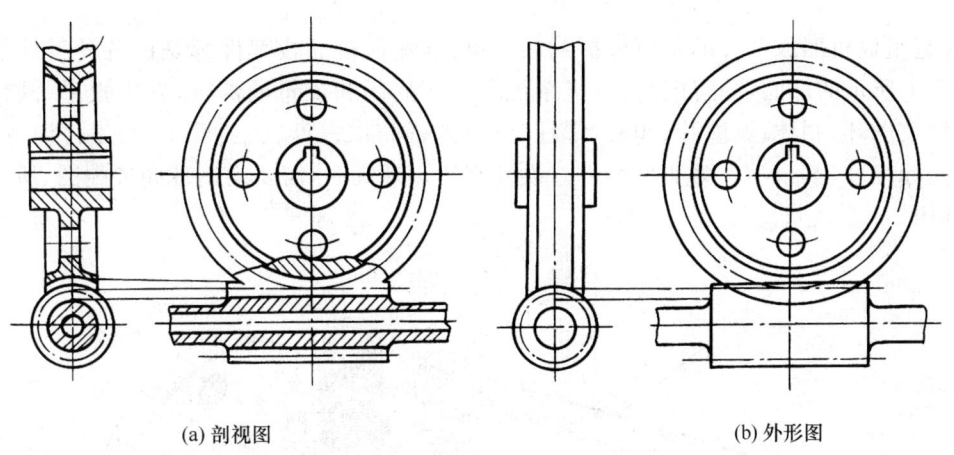

(a) 剖视图　　　　　　　　　　　　(b) 外形图

图6-52　圆柱蜗杆副的啮合画法

第7章 零件图

7.1 零件和零件图概述

零件是组成机器或部件的不可分拆的最小单元,任何机器或部件都是由各种零件装配而成的。图7-1所示的球阀(分解图)是管道系统中控制启闭和流量的部件,它由扳手、阀杆、垫环、密封环、螺纹压环、阀体、调整片、阀芯、螺柱、密封圈、阀盖、螺母、法兰共13种零件组成,其中螺母、螺柱是标准件,其余零件为非标准件。设计制造该球阀时,需要绘制球阀装配图、所有非标准件的零件图。

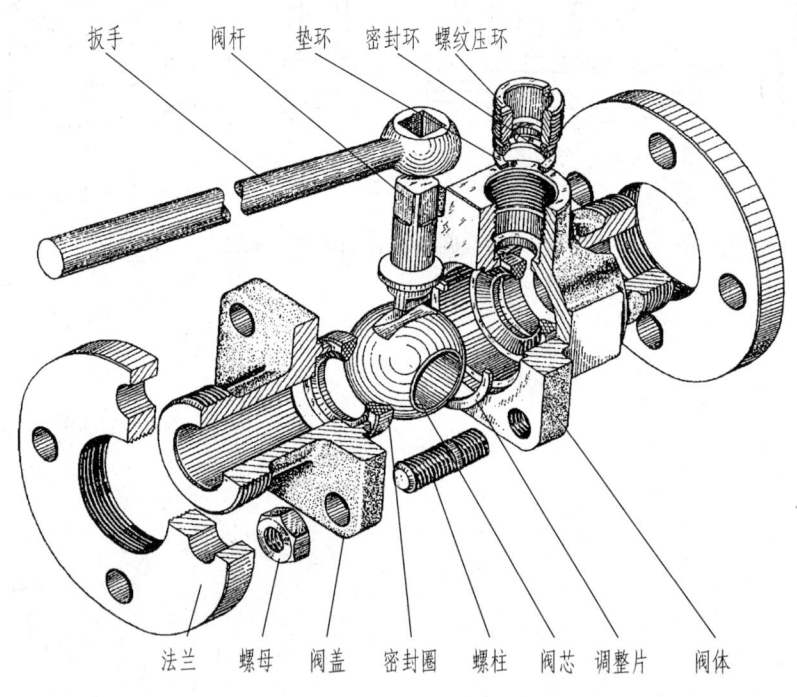

图7-1 球阀部件及其零件组成

零件图表示零件的结构形状、大小和有关技术要求。零件结构是指零件的各组成部分及其相互关系,技术要求是指为保证零件功能在制造过程中应达到的质量要求。零件图是制造和检验零件的依据,是直接用于指导生产的重要技术文件。

装配图表示机器或部件的工作原理、零件间的装配关系和技术要求。装配图是装配、调整、检验、安装、使用和维修时需要的重要技术文件。

产品在设计过程中,一般先画装配图,然后再根据装配图绘制零件图。

一张完整的零件图应包括如下基本内容:

(1) 一组视图

用一组视图（包括机件常用表达方法中所讲述的视图、剖视图、断面图、局部放大图等）完整、清晰地表达出零件各部分的结构形状。

(2) 完整的尺寸

正确、完整、清晰、合理地标注零件在制造和检验时所需的全部尺寸，以确定零件的形状、大小和相对位置。

(3) 技术要求

用规定的符号、代号、标记和简要的文字表达出零件制造和检验时所应达到的各项技术指标和要求，如表面结构、尺寸公差、材料热处理等。

(4) 标题栏

在标题栏中应填写出零件的名称、材料、数量、图号、作图比例以及设计、审核人员签名及日期等。

图 7-2 是球阀中的阀芯零件图。

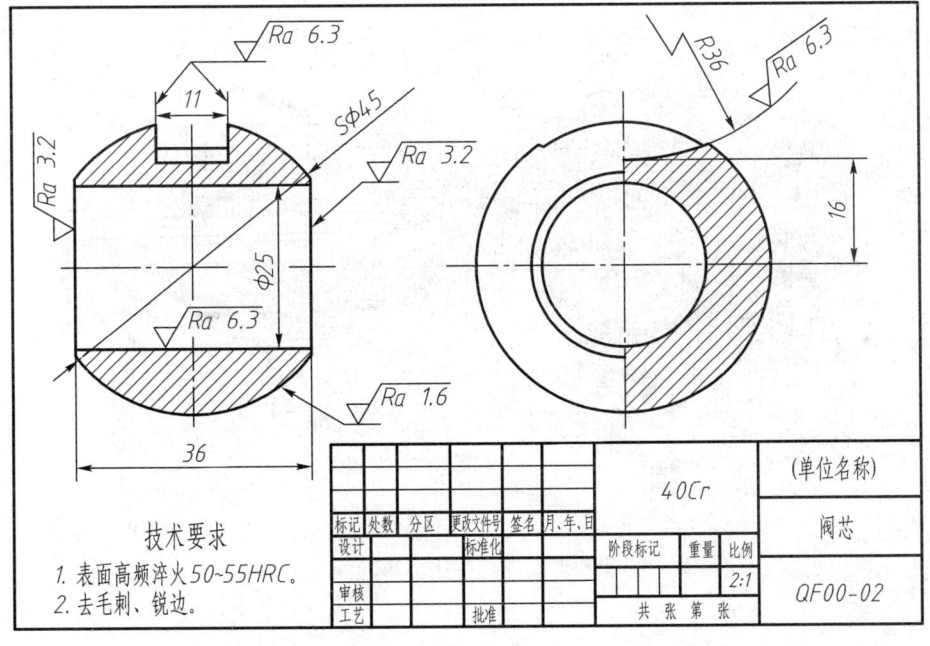

图 7-2 阀芯零件图

7.2 零件表达方案的选择

零件的结构形状多种多样，各不相同。零件图要求将零件的结构完整、清晰地表达出来。要满足这些要求，首先应对零件进行结构分析，并尽可能了解零件在机器或部件中的位置和作用，在此基础上确定表达方案。零件表达方案包括主视图的选择、视图数量的确定及表达方法的选择。

7.2.1 主视图的选择

主视图是一组视图的核心,是表示零件信息量最多的视图。选择主视图时应先确定零件的安放位置,再确定主视图的投射方向。

1. 确定零件的安放位置

零件的安放位置应使主视图尽可能反映零件的主要加工位置或在机器中的工作位置。

(1) 符合零件的加工位置

加工位置是零件在主要加工工序中的装夹位置。零件图的主要功用是为了制造零件,因此主视图与加工位置一致是为了方便制造者对照图样进行加工、生产和测量。如轴、套、轮盘等零件的主要加工工序是在车床或磨床上进行的,因此这类零件的主视图应将其轴线水平放置。

图 7-3 是一个轴类零件在车床上装夹加工的示意图,其轴线水平放置。图 7-4 是球阀中阀杆的零件图视图表达,主视图是按加工位置而不是按工作位置放置确定的,即轴线水平放置。图 7-5 是阀杆在球阀部件中的工作位置。

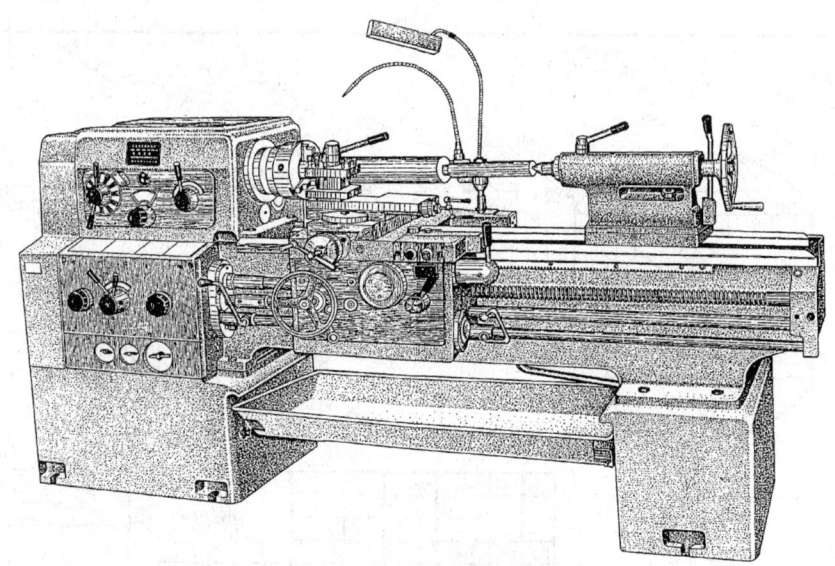

图 7-3 轴类零件在车床上装夹加工示意图

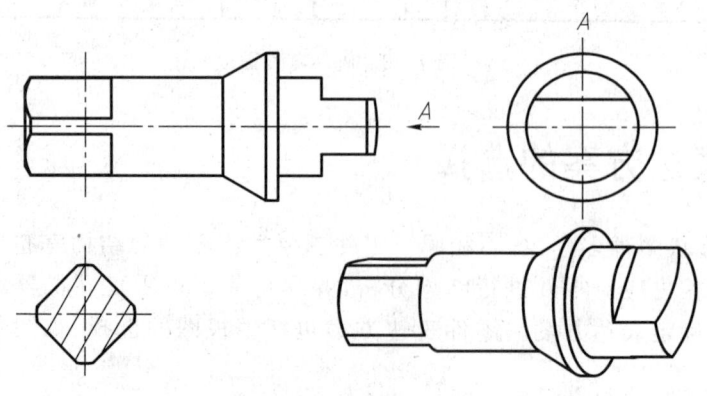

图 7-4 阀杆视图选择

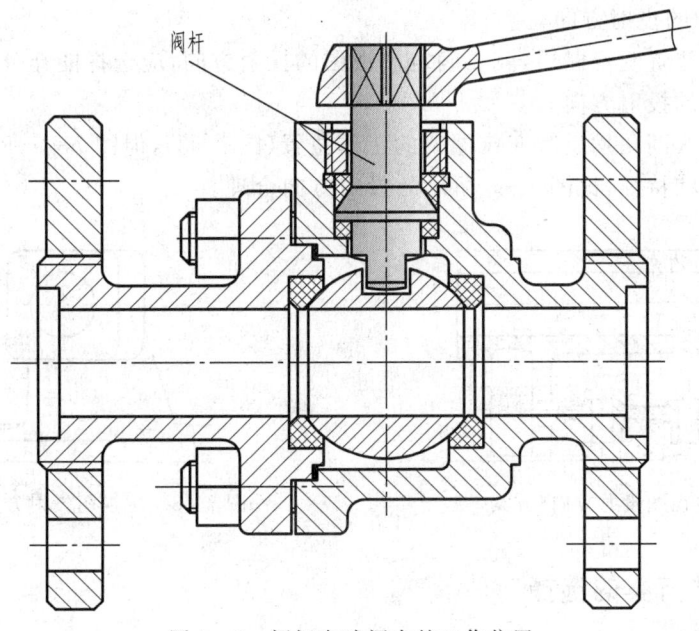

图 7-5 阀杆在球阀中的工作位置

(2) 符合零件的工作位置

工作位置是零件在机器或部件中工作时的位置。有些零件,如支座、箱壳等,结构形状复杂,加工工序较多,要在各种不同的机床上加工,加工时的装夹位置经常变化,这时主视图应按其在机器中的工作位置画出,以便于与装配图对照,利于机器或部件的装配工作。图 7-6 所示为齿轮油泵泵体的视图表达,主视图是按工作位置(图 8-19)确定的。

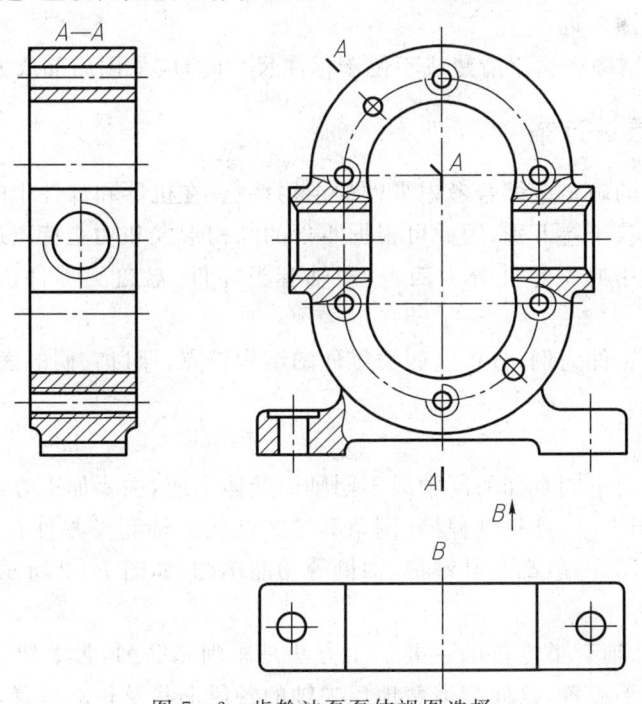

图 7-6 齿轮油泵泵体视图选择

2. 确定主视图的投射方向

当零件的安放位置确定以后,就要确定主视图的投射方向,应选择能充分反映零件形状特征的方向作为主视图的投射方向。

图7-7、图7-8两图均反映车床尾架的工作位置(图7-3),但图7-7所示的投射方向能更多地反映零件的形状特征,比图7-8所示的投射方向合理。

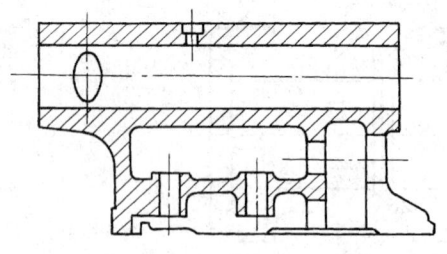
图7-7 主视图投射方向(方案一)

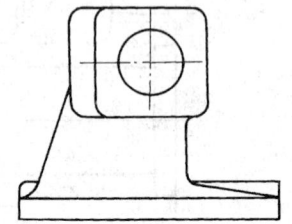
图7-8 主视图投射方向(方案二)

7.2.2 视图表达方案的选择

主视图确定后,要根据零件的结构形状考虑选用所需的其他视图,每个视图都要有表达的侧重点,相互配合而又不重复,以完整、清晰地表达零件的结构形状且方便读图为基本原则,确定视图的数量。具体选择时应考虑下面几点:

(1) 零件的主要结构应优先选用基本视图,并在基本视图上做适当的剖视、断面来表达。

(2) 零件的次要结构和局部形状用局部视图、向视图、斜(剖)视图表达,表达时应尽量按投影关系配置在相关视图附近。

(3) 当一些局部结构表达不清楚或不便于标注尺寸时,应采用局部放大图表达。

7.2.3 典型零件表达方案

零件图表达方案的确定应综合考虑零件的结构特点、在机器和部件中的功能、加工和安装位置等。零件的结构形状千差万别,因此可根据零件的结构形式和功能特点进行分类,归纳出典型零件的表达方案。常用典型零件分为四类,即轴套类零件、盘盖类零件、叉架类零件及箱壳类零件。

下面以几个典型零件为例,分析这四类零件的结构特点,探讨它们的表达方法。

1. 轴套类零件

(1) 结构分析

轴套类零件一般由不同直径的同轴或不同轴回转体组成,主要加工方法是车削与磨削,为了加工方便,常设计有退刀槽、砂轮越程槽、倒角等工艺结构。轴套类零件在机器或部件中通常起支承与传递扭矩的作用,一般都制有键槽、油槽等功能结构,如图7-9所示的传动齿轮轴。

(2) 表达方案

① 主视图选择 轴套类零件的主要加工方法是车削和磨削,为了便于工人对照图样加工,主视图一般将轴线水平放置,这样能清楚地反映轴的各段形状及相对位置,也能反映轴上各种局

部结构的轴向位置。

② 其他视图的选择 由于轴的各段形体基本上为回转体,其直径在标注尺寸时加注"ϕ"表示,所以不必画其他基本视图,轴上的局部结构通过局部剖视图、断面图、局部放大图来表达。退刀槽、砂轮越程槽、倒角、键槽等结构的尺寸需查阅有关国家标准。

图7-9所示为齿轮油泵中的传动齿轮轴零件图。

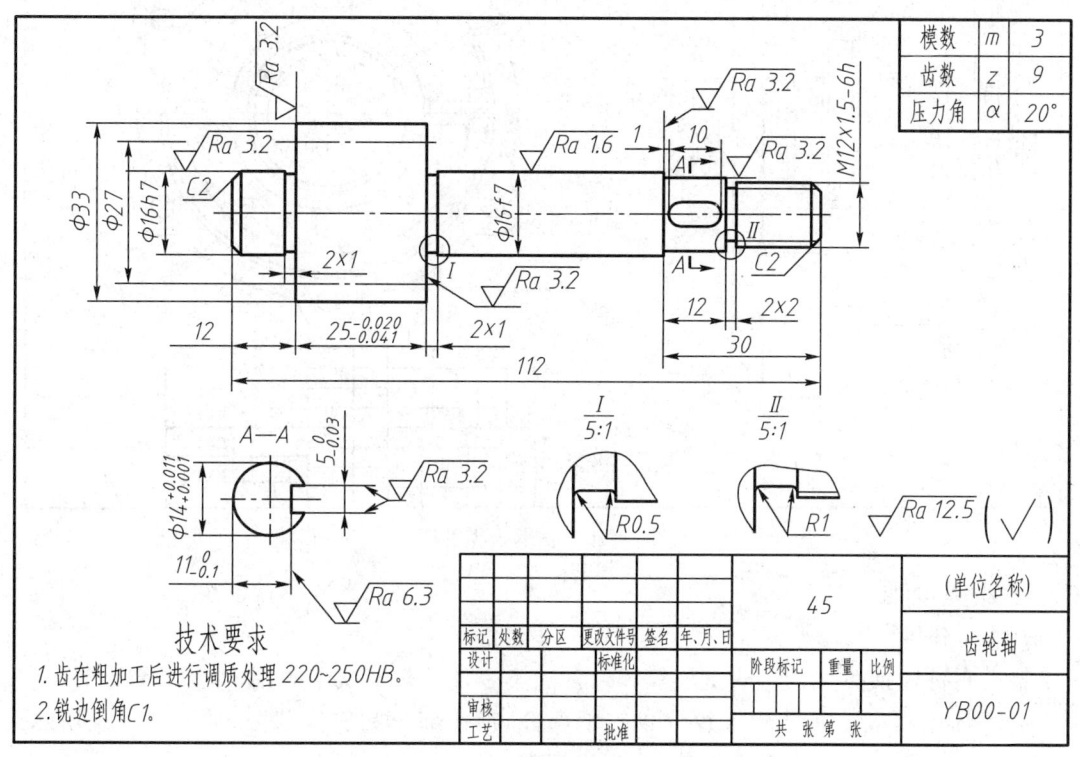

图7-9 传动齿轮轴零件图

2. 盘盖类零件

(1) 结构分析

盘盖类零件的基本形状是扁平的盘状体,主体部分一般为回转体,大部分是铸件,主要在车床上加工,如各种齿轮、带轮、手轮、端盖、法兰盘等都属于这类零件。盘盖类零件在机器中通常起传递动力和扭矩、连接、轴向定位、密封等作用,常带有键槽、螺孔、销孔、凸台、凹孔等结构。

(2) 表达方案

① 主视图的选择 大部分盘盖类零件的主要加工方法是车削,所以主视图一般也是将轴线水平放置,用垂直于轴线的方向作为主视图的投射方向,为了表达内部结构,主视图常采用剖视图。

② 其他视图的选择 盘盖类零件一般用两个基本视图表达,除了主视图外,还增加一个左视图或右视图,用来表达零件的外形轮廓和其他各组成部分的相对位置。

图7-10所示为轴承盖零件图。

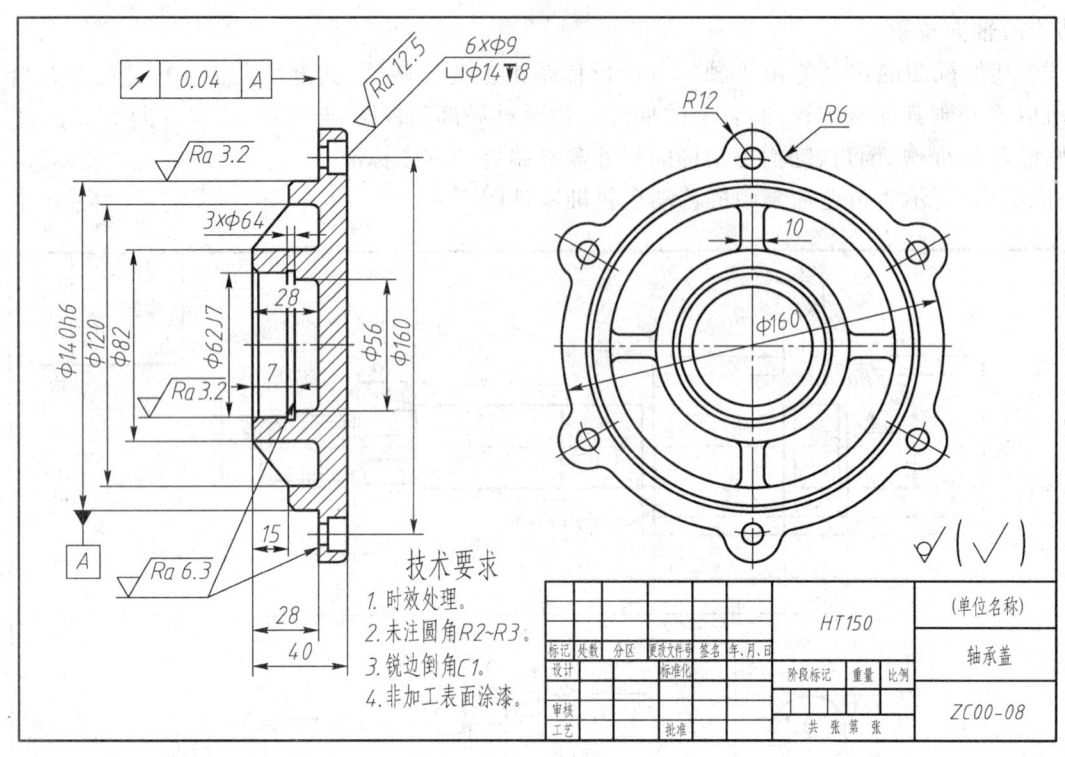

图 7-10 轴承盖零件图

3. 叉架类零件

（1）结构分析

叉架类零件包括拨叉、连杆、支架等零件。这类零件多数形状不规则，结构较复杂，多为铸件经多道工序加工而成。其结构大致分成支承部分、工作部分和连接部分，如图 7-11 所示的拨叉，圆筒为支承部分，叉架为工作部分，肋为连接部分。

（2）表达方案

① 主视图的选择 由于叉架类零件的加工工序较多，加工位置多变，因此选择主视图时，常按工作位置安放，按形状特征确定投射方向。

② 其他视图的选择 叉架类零件一般需要两个或两个以上的基本视图才能表达清楚其主体结构形状，对于零件上的弯曲、倾斜结构，还需要用斜视图、斜剖图、断面图、局部视图等表达方法。

图 7-12 所示为拨叉零件图。

4. 箱壳类零件

（1）结构分析

箱壳类零件是组成机器或部件的主要零件，主要起支承、包容其他零件的作用。这类零件结构复杂，一般先制成铸件毛坯或锻件毛坯，再进行金属切削加工、热处理等工序。常用薄壁构成不同形状的内腔，有轴承孔、凸台、肋，此外还有安装底板、安装孔等结构。如图 7-13 所示的蜗轮减速箱箱体，其内部要容纳一对轴向垂直交叉的蜗杆轴和蜗轮轴

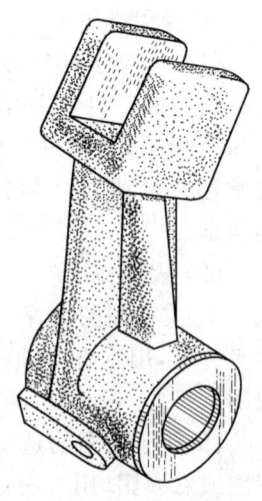

图 7-11 拨叉轴测图

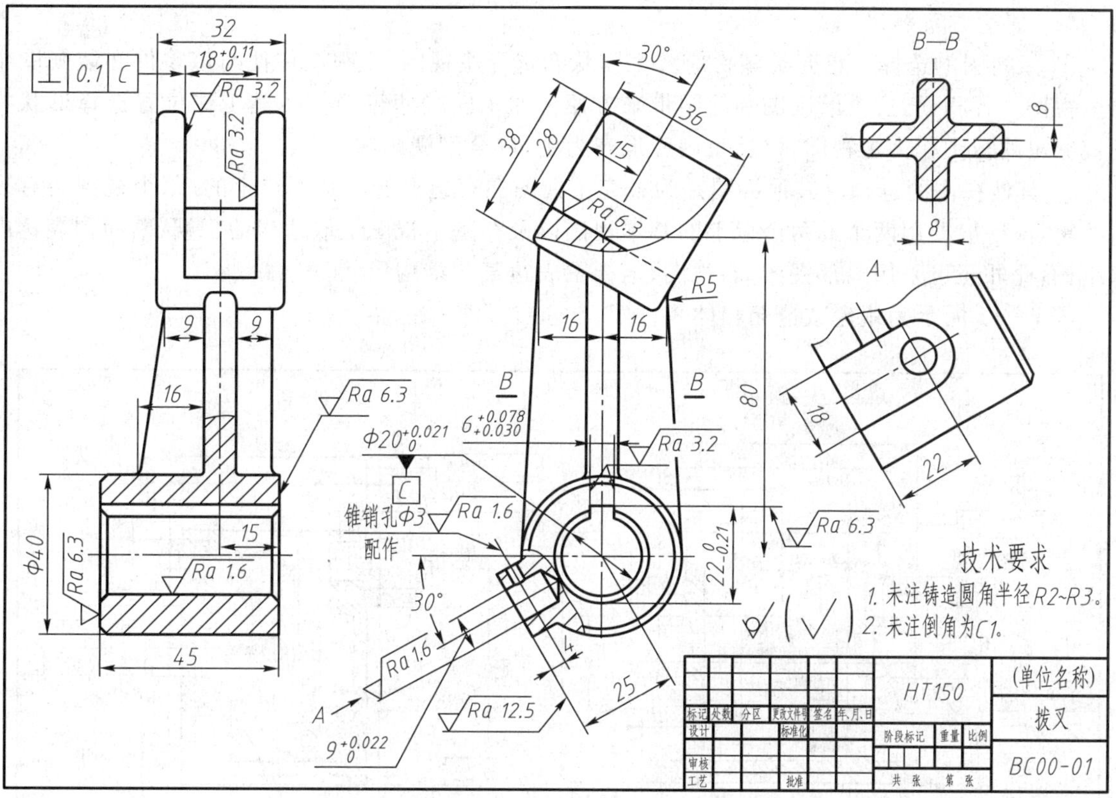

图 7-12 拨叉零件图

（图 7-14），要满足润滑、冷却、密封的需要，还要能与相邻零件定位、连接或安装。

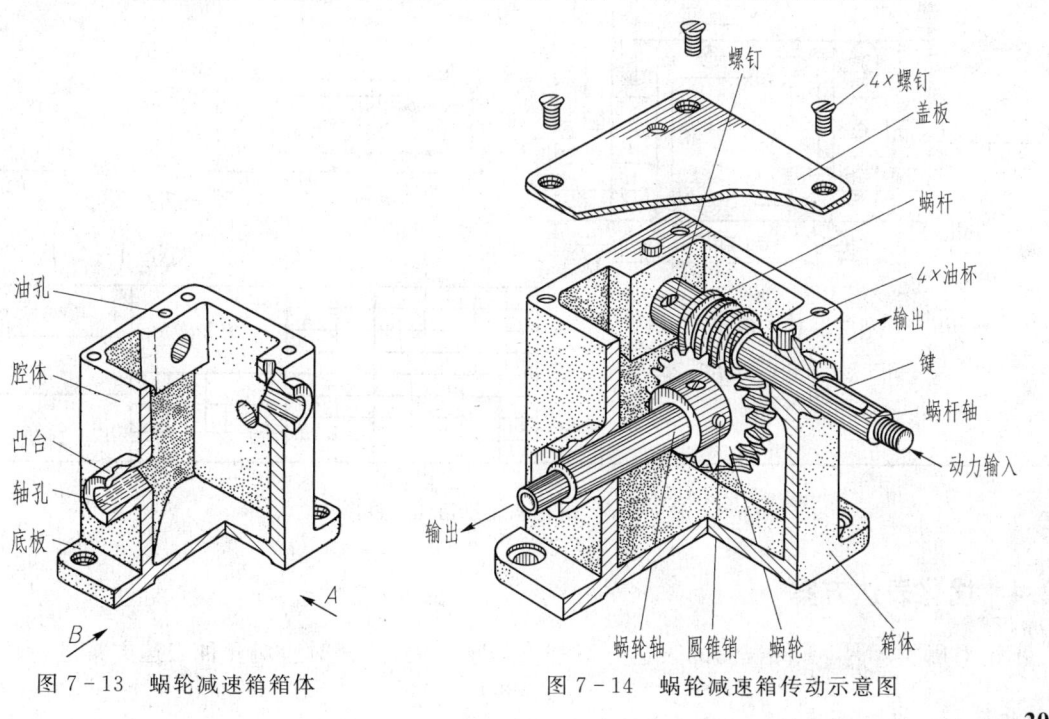

图 7-13 蜗轮减速箱箱体　　　　图 7-14 蜗轮减速箱传动示意图

(2) 表达方案

① 主视图的选择 箱壳类零件应按工作状态选择主视图,主视图往往与该零件在装配图中的主视图位置相同,这会给读图和绘图带来方便。如蜗轮减速箱箱体按其工作位置选择形状特征较突出的视图作为主视图,以反映内腔形态为主,取全剖视画法。

② 其他视图的选择 其他视图是为补充主视图在表达上的不足而选定的,每个视图要有表达的重点,一般要用两个或两个以上的基本视图以及在基本视图上取适当的剖视、断面图表达内部结构,此外还可采用局部视图、斜视图、向视图表达某些结构形状。

图 7-15 所示为蜗轮减速箱箱体零件图。

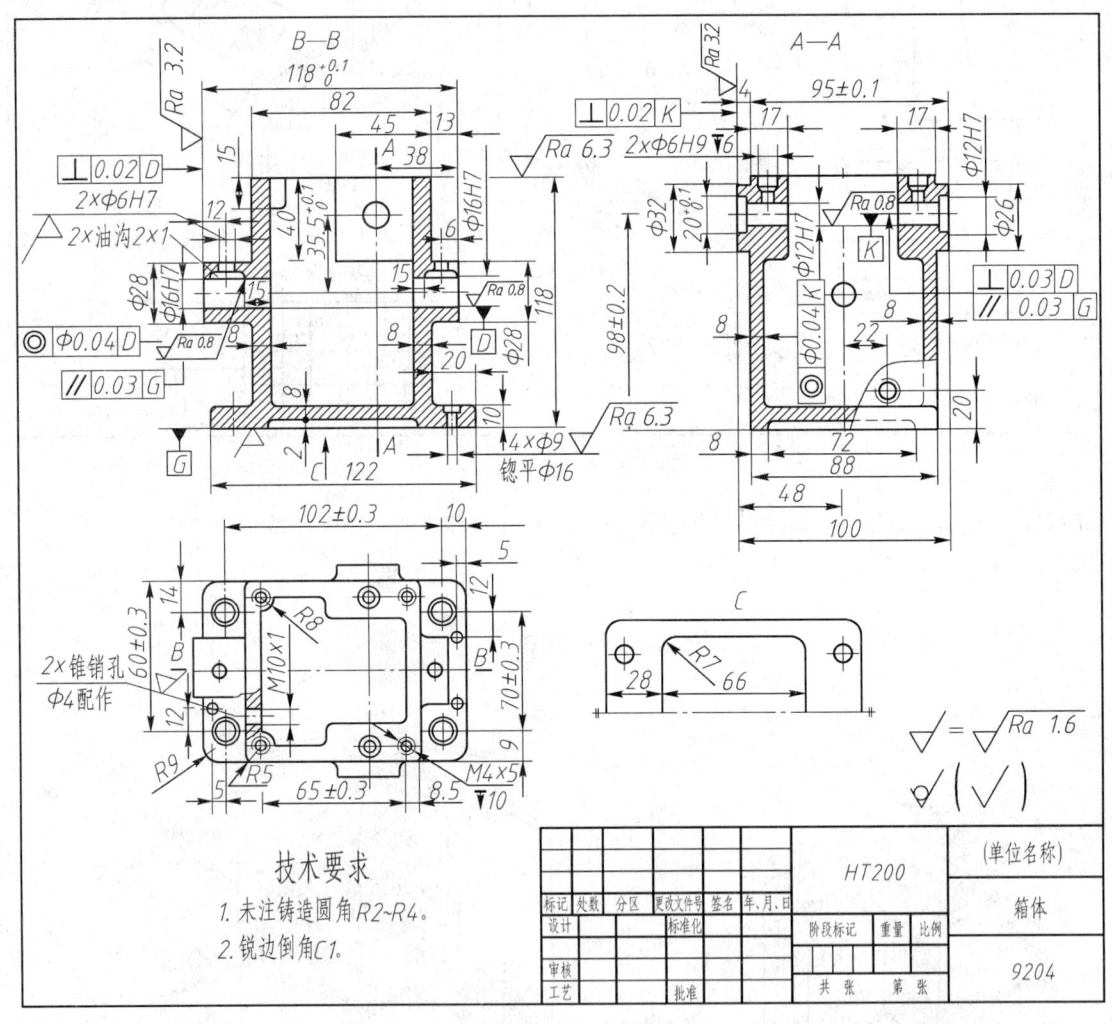

图 7-15 蜗轮减速箱箱体零件图

7.2.4 优化表达方案

不论对哪类零件,零件视图的表达方案都不是唯一的,选择时应对几种表达方案进行比较和优化,选出最佳方案。下面讨论表达方案优化时的几个要点。

1. 零件内形与外形表达的方案优化

(1) 若零件外形复杂,内形简单,则以表达外形为主,采用视图表达。

(2) 若零件内形复杂,外形简单,则以表达内形为主,采用剖视图表达。

(3) 若零件内、外形都较复杂,且视图对称,则内、外形采用半剖视图一起表达。

(4) 若零件内、外形都较复杂,又无对称面,且在同一视图上的投影不重叠,则采用局部剖视图表达。

(5) 若零件的内、外形都较复杂,在同一视图上的投影重叠而不能内外兼顾时,则在同一方向上既画剖视图又画外形视图,如图 7-16 所示蜗轮箱体主视图所作的 $B-B$ 剖视图和为表示外形所作的 A 向视图。

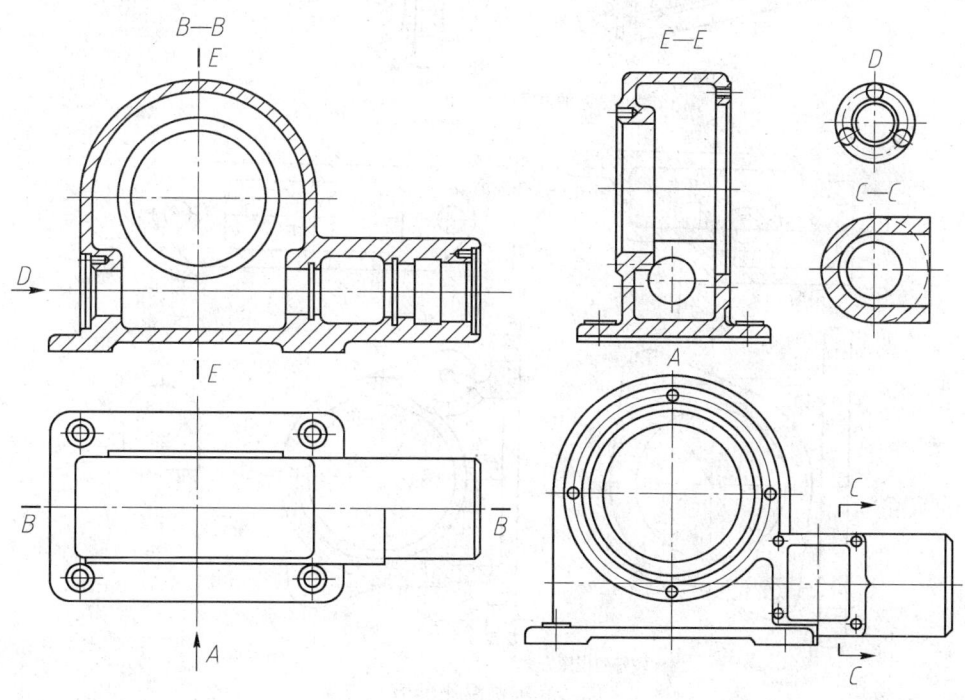

图 7-16 蜗轮箱体视图表达

2. 集中表达、分散表达与视图数量的方案优化

把零件的各部分形状集中于少数几个视图表达还是分散在许多单独的图形上表达,主要应从读图方便出发,要便于想象出零件的整体形状,且每个视图侧重表达的内容要选择合理,不勉强集中,以避免图形繁杂混乱。

图 7-17 所示为汽车调温座的两种表达方案。图 7-17a 所示方案要表达的内容过于集中,给读图带来不便;图 7-17b 所示方案虽然视图数量增加,但各个视图表达的重点突出、明确,表达更清晰、合理。

同时,不要过多地使用局部视图和局部剖视图,以免使整体形状支离破碎。例如,在表达图 7-18 所示的摇臂座时,图 7-19 所示的方案虽表达完整、清晰,但过于分散且多处重复,很

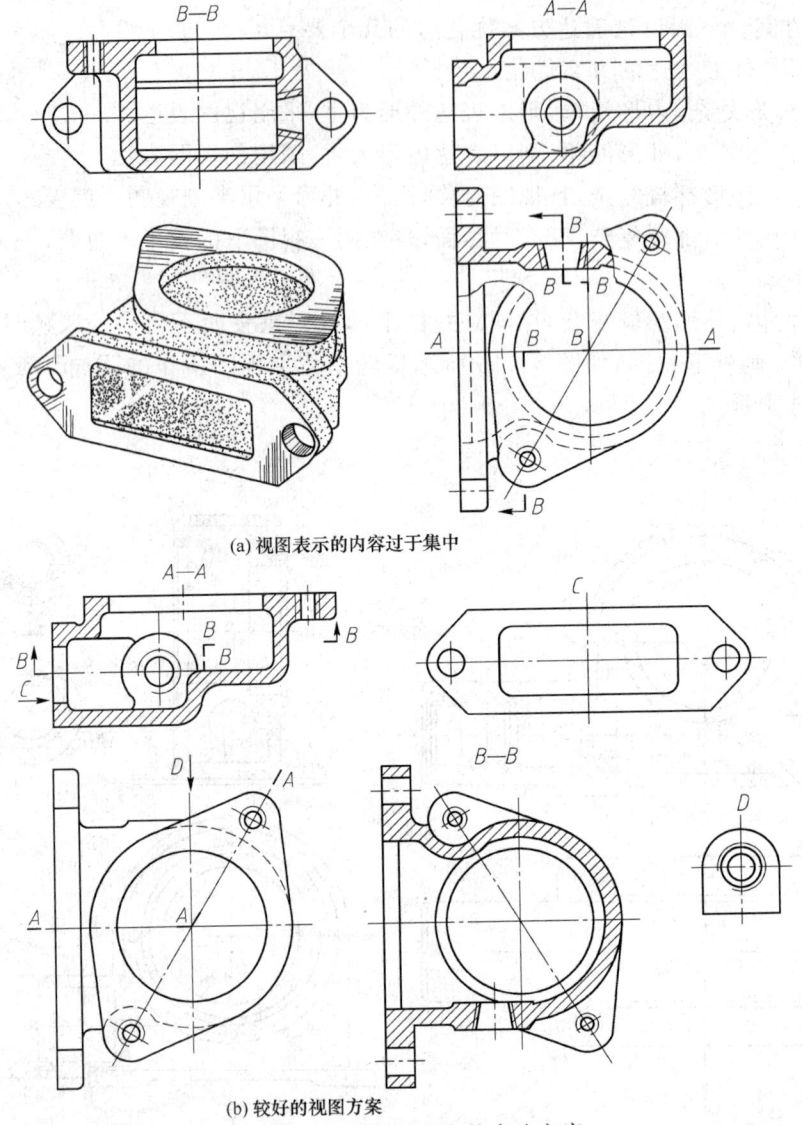

(a) 视图表示的内容过于集中

(b) 较好的视图方案

图 7-17 汽车调温座的表达方案

不精练；而图 7-20 所示的表达方案只在主、俯视图上采取了适当的剖视，就把该零件的形状结构表达得既完整又清晰，与图 7-19 所示方案相比，省去了 4 个图形，较为精练。

3. 使用细虚线表达与视图数量的方案优化

由于细虚线表达层次不清，给读图造成一定的困难，故一般情况下不采用细虚线表达物体的形状。但如果零件上某些部分结构大小已定，仅形状没有表达完全，画了细虚线以后不影响视图的清晰，甚至还可以省略另一个视图，这时可以考虑采用细虚线，如图 7-16 中的 C—C 剖视图。

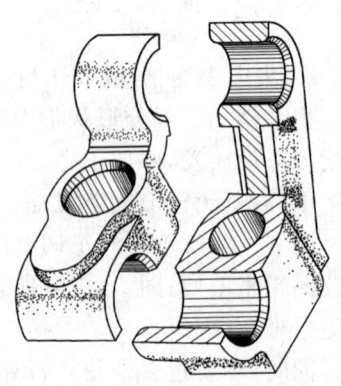

图 7-18 摇臂座轴测剖视图

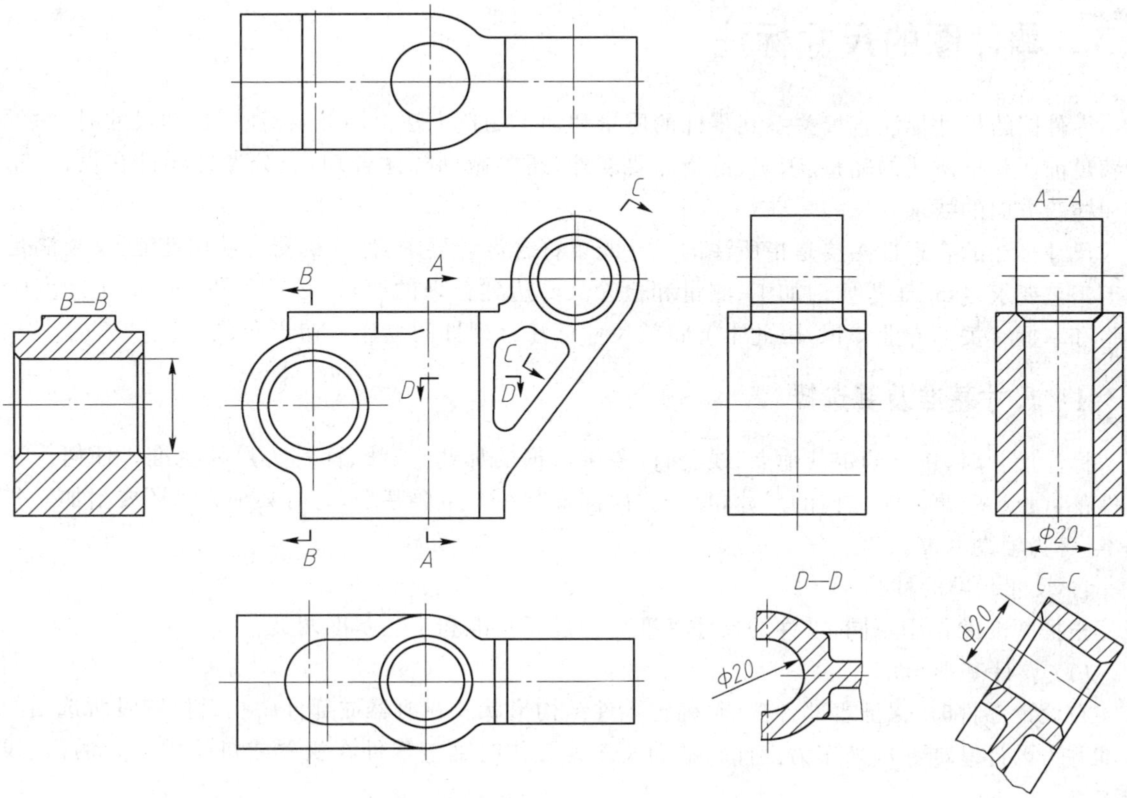

图 7-19 摇臂座表达方案一

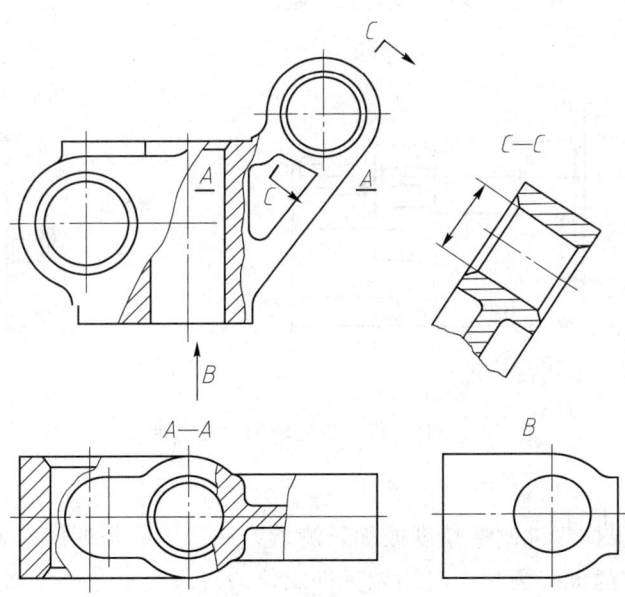

图 7-20 摇臂座表达方案二

7.3 零件图的尺寸标注

零件图的尺寸标注直接关系到零件的质量和加工制造方法。因此,标注零件图尺寸时,除了要满足前面几章所述的完整、正确、清晰的要求外,还要做到标注合理,充分考虑零件在设计、制造和检验方面的要求。

尺寸标注的合理性主要是指所注的尺寸既要符合设计要求,保证机器的使用性能,又要满足加工工艺要求,以便于零件的加工、测量和检验。要达到合理的要求,必须具备一定的生产实际经验和掌握有关的专业知识,因此本节将就尺寸标注合理性问题作一初步介绍。

7.3.1 尺寸基准及其选择

标注尺寸时,用于确定其他点、线、面位置所依据的那些点、线、面称为尺寸基准。任何一个零件都有长、宽、高三个方向的尺寸,每个方向都要有一个主要基准,有时某个方向还要附加一些基准,称为辅助基准。

1. 尺寸基准的种类

根据基准的作用不同,零件的尺寸基准分为设计基准和工艺基准两类。

(1) 设计基准

在设计零件时,保证零部件功能、确定零件结构形状及在机器或部件中相对位置时所选用的基准称为设计基准。用来作为设计基准的大多为工作时确定零件在机器或机构中位置的面、线或点。

如图 7-21a 所示的传动齿轮轴,为了保证其在齿轮油泵中的准确位置(图 7-21b),齿轮左侧面 E 为轴向设计基准,其轴线 B 为径向设计基准。

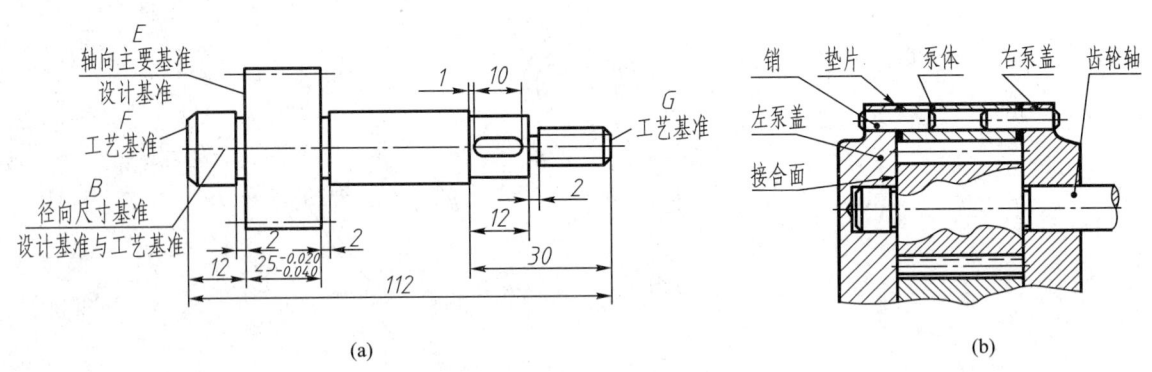

图 7-21 传动齿轮轴的尺寸基准

(2) 工艺基准

在加工零件时,为保证零件制造精度或加工测量方便使用的基准称为工艺基准。

用来作为工艺基准的大多为加工时用做零件定位的对刀起点及测量起点的面、线或点。

如图 7-21 所示的传动齿轮轴,若轴向尺寸均以设计基准即齿轮左侧面为起点标注,加工、测量都不方便。而以轴的左端面 F 为起点标注 112、以轴的右端面 G 为起点标注尺寸 30,则符合轴在车床上的加工情况,方便测量,因此以 F、G 面为齿轮轴的轴向工艺基准。轴线则是测量径向尺寸的工艺基准。

当某个方向有几个基准时,主要基准和辅助基准之间应有尺寸联系。如图 7-21 所示的传动齿轮轴,其轴向(长度方向)的主要基准为设计基准(即齿轮左侧面),辅助基准为工艺基准(即轴的左端面),主要基准和辅助基准的联系尺寸为 12。

2. 基准的选择

由设计基准引出的尺寸,可以直接反映设计要求,从而保证零件在机器中的正确位置,达到较好的装配精度,使机器的性能达到设计要求。由工艺基准引出的尺寸,便于加工和测量,从而保证加工和测量质量。

选择基准时,原则上应尽可能使两种基准重合。

如图 7-9 所示的传动齿轮轴,其轴线是高度与宽度方向的尺寸基准,即径向尺寸的基准,为了使轴转动平稳,轮齿啮合正确,几个主要径向尺寸 $\phi 33$、$\phi 16$ 要求在同一轴线上,所以设计基准就是轴线;又由于加工时,两端用顶针支承,因此轴线也是工艺基准。工艺基准与设计基准重合时,加工后的尺寸容易达到设计要求。

如果设计基准与工艺基准无法重合,则将对产品质量影响最大的主要尺寸由设计基准引出,其他尺寸由工艺基准引出。所以,要通过分析零件在机器中的作用和装配定位关系确定设计基准,通过分析零件的加工过程确定工艺基准。

一般来说,零件上主要回转面的轴线、装配中的定位面和支承面、主要加工面和对称面可选作基准。

7.3.2 尺寸标注形式

零件图的尺寸标注形式通常有链状式、坐标式和综合式三种,如图 7-22 所示。

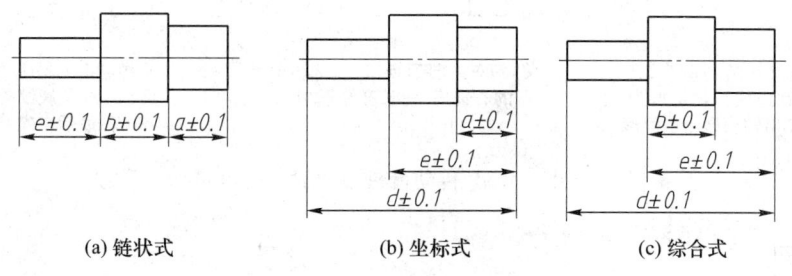

图 7-22 尺寸标注形式

1. 链状式

链状式又称串联式,将同一方向的一组尺寸逐段连续标注(图 7-22a)。这时,各段尺寸的基准均不相同,前一段尺寸的终止处就是后一段尺寸的尺寸基准。图中任意一段尺寸的加工误差都不会影响其他任一段尺寸的精度。但各段尺寸的加工误差将累积成为总尺寸的误差。所以,只有在零件上要求保证一系列孔的中心距时,才采用这种标注形式。

2. 坐标式

坐标式又称并联式,将同一方向的尺寸从选定的同一基准出发进行标注(图 7-22b),这样标注的尺寸,其中任意一段尺寸的加工精度只取决于该段加工时的加工误差,而不受其他尺寸误差的影响。所以,只有当需要从一个基准定出一组精确的尺寸时,才采用这种标注形式。

3. 综合式

综合式是链状式与坐标式的综合,如图7-22c所示。这种标注形式具有上述两种形式的优点,最能适应零件的设计与工艺要求,是最常用的一种尺寸标注形式。

7.3.3 合理标注尺寸的原则

1. 功能尺寸应从设计基准出发直接注出

功能尺寸是指直接影响机器或部件的工作性能、精度以及确定零件位置和配合关系的尺寸。这些尺寸应从设计基准出发直接注出,而不是从其他尺寸推算出来,如图7-9中的齿轮宽度尺寸 $25_{-0.041}^{-0.020}$。

2. 应尽量符合加工顺序

(1) 尺寸标注必须考虑加工顺序。图7-23为图7-9所示传动齿轮轴在车床上的加工过程,该轴的轴向尺寸标注如图7-24a所示,而不应如图7-24b所示。

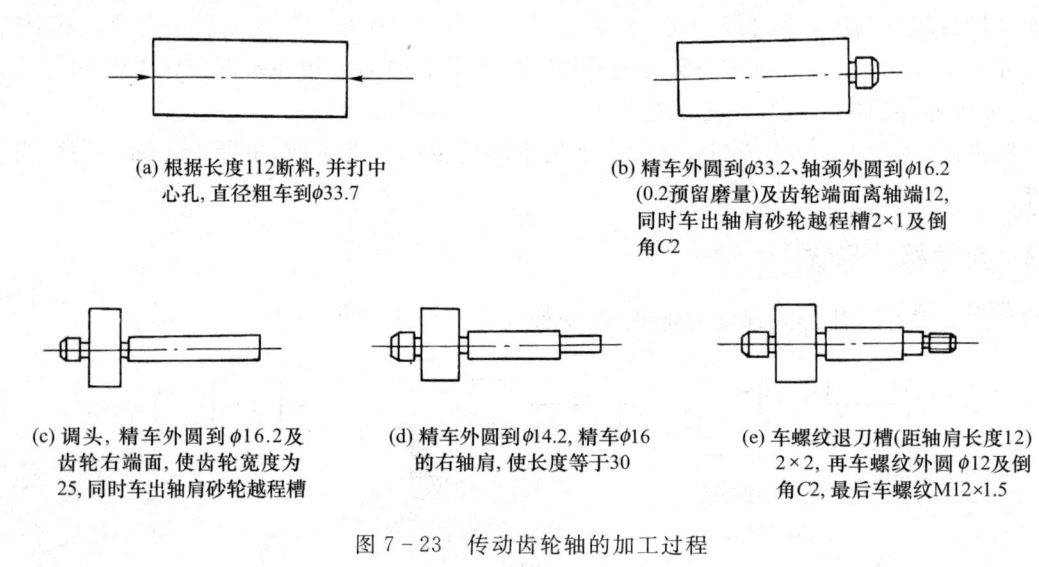

(a) 根据长度112断料,并打中心孔,直径粗车到φ33.7

(b) 精车外圆到φ33.2、轴颈外圆到φ16.2 (0.2预留磨量)及齿轮端面离轴端12,同时车出轴肩砂轮越程槽2×1及倒角C2

(c) 调头,精车外圆到φ16.2及齿轮右端面,使齿轮宽度为25,同时车出轴肩砂轮越程槽

(d) 精车外圆到φ14.2,精车φ16的右轴肩,使长度等于30

(e) 车螺纹退刀槽(距轴肩长度12) 2×2,再车螺纹外圆φ12及倒角C2,最后车螺纹M12×1.5

图7-23 传动齿轮轴的加工过程

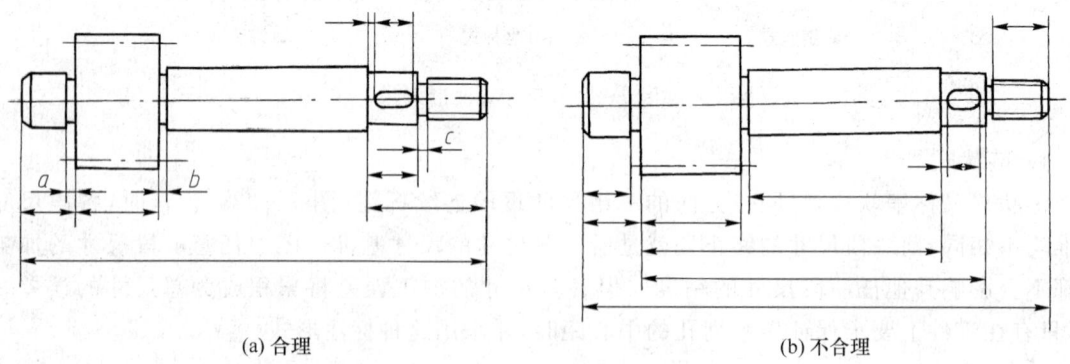

(a) 合理   (b) 不合理

图7-24 尺寸标注应符合加工顺序

(2) 同一工序用到的尺寸应集中标注,不同工序中用到的尺寸应分开标注。如图 7-24a 所示,车工用的尺寸注在下面,铣工用的尺寸注在上面。

(3) 为了便于选择切槽的刀具,退刀槽、砂轮越程槽的槽宽应直接注出,如图 7-24a 所示尺寸 a、b、c。

3. 应尽量方便加工和测量

标注尺寸应考虑测量方便,尽量做到使用普通量具就能测量,以减少专用量具的设计与制造。

如图 7-25a 所示的套筒,尺寸 A 的测量比较困难,若改为图 7-25b 所示的标注方式,则测量起来就方便多了。

图 7-26 所示的零件是用冲压的方法弯制而成的,为了便于设计压模及检验,尺寸标注时应该直接标注出其实际表面的尺寸,而不应标注中心线的尺寸。

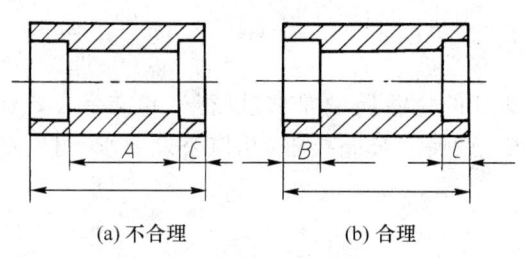

(a) 不合理　　　　(b) 合理

图 7-25　套筒的尺寸标注

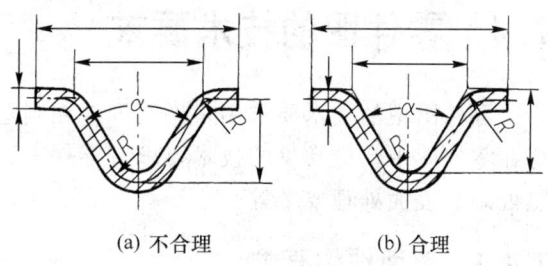

(a) 不合理　　　　(b) 合理

图 7-26　冲压件的尺寸标注

4. 避免出现封闭的尺寸链

如图 7-27 所示的阶梯轴,长度方向的尺寸 A_1、A_2、A_3、N 首尾相连,顺序排列,绕成一个环,且有 $A_2+A_3+N=A_1$ 的关系,称为封闭尺寸链。A_1、A_2、A_3、N 全部标注出来,就意味着都要控制误差范围,这种情况应该避免。因为尺寸 A_1 为尺寸 A_2、A_3、N 之和,而尺寸 A_1 有一定的精度要求,但在加工时尺寸 A_2、A_3、N 都会产生误差,这样所有的误差便会累积到尺寸 A_1 上,若要保证尺寸 A_1 的精度要求,就要提高尺寸 A_2、A_3、N 每一段尺寸的精度,这将给加工带来困难,并增加成本。

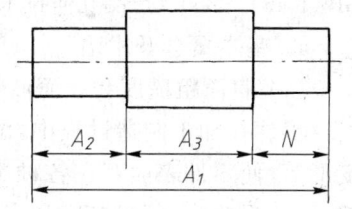

图 7-27　避免出现封闭尺寸链

当几个尺寸构成封闭尺寸链时,应当在尺寸链中挑选一个最不重要的尺寸空出不注,这样所有注出尺寸的误差均累积到该尺寸上,如图 7-27 中的尺寸 N 可以不标注。若因某种需要必须将其注出时,应将此尺寸数值用圆括号括起,称为参考尺寸。参考尺寸不是确定零件形状和相对位置所必需的尺寸,加工后不需检验。

5. 毛坯面的尺寸标注

标注零件上各毛坯面的尺寸时,在同一方向上,例如高度方向,最好只有一个毛坯面以加工面定位,其他毛坯面只与该毛坯面建立尺寸联系。因为铸造的误差较大,加工面不可能保证对两个以上毛坯面的尺寸要求。图 7-28a 所示尺寸合理,而图 7-28b 所示尺寸不合理。

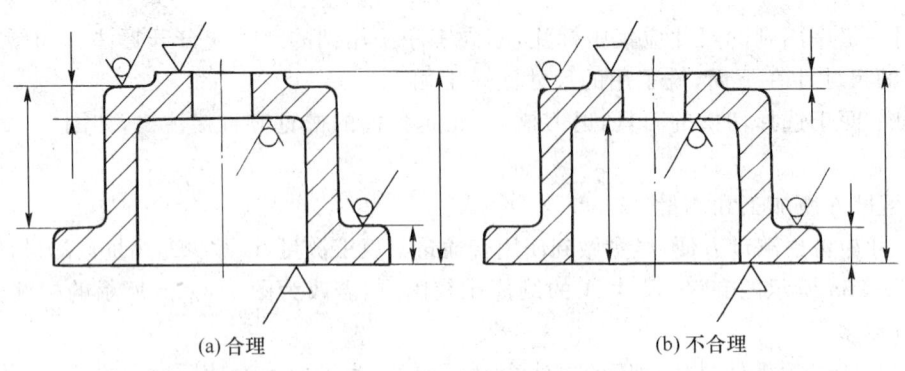

(a)合理　　　　　　　　　(b)不合理

图 7-28　毛坯面的尺寸标注

7.4　零件图的技术要求

零件图中的技术要求用来说明零件在制造时应达到的一些质量要求,以符号和文字方式注写在零件图中。最常见的技术要求有零件表面结构要求、尺寸公差要求、几何公差要求、材料的热处理和表面处理要求等。

7.4.1　表面结构要求

在零件图上,为保证零件装配后的使用要求,除了对零件各部分结构给出尺寸公差、几何公差的要求外,还要根据功能需要对零件的表面质量即表面结构给出要求。表面结构是表面粗糙度、表面波纹度、表面缺陷、表面纹理和表面几何形状的总称。表面结构和各项要求在图样上的表示法在 GB/T 131—2006《产品几何技术规范(GPS)　技术产品文件中表面结构的表示法》中均有具体规定。

1. 基本概念及术语

(1) 表面粗糙度和表面波纹度

零件在加工制造过程中,由于受到各种因素的影响,如刀具的刀痕及切削金属时表面的塑性变形等,使零件表面存在各种类型的不规则状态,形成工件的几何特征。几何特征包括尺寸误差、形状误差、表面粗糙度和表面波纹度等,其中表面粗糙度和表面波纹度属于微观几何误差,表面波纹度是间距大于表面粗糙度但小于形状误差的表面几何不平度。它们严重影响产品的质量和使用寿命,在技术产品文件中必须对微观表面特征提出要求。

(2) 表面结构

对实际表面微观几何特征的研究是用轮廓法进行的。平面与实际表面相交的交线为零件的实际表面轮廓,也称为实际轮廓。实际轮廓是由无数大小不同的波形叠加在一起形成的复杂曲线。从实际轮廓中分离出粗糙度轮廓、波纹度轮廓和形状轮廓,如图 7-29 所示。

粗糙度轮廓、波纹度轮廓和原始轮廓构成零件的表面特征,称为表面结构。国家标准以这三种轮廓为基础建立了一系列参数,定量地描述对表面结构的要求,并能用仪器检测有关参数值,以评定实际表面是否合格。

(3) 评定表面结构常用的轮廓参数

对于零件表面结构的状态,可由三类参数加以评定,即轮廓参数(GB/T 3505—2000)、图形参数

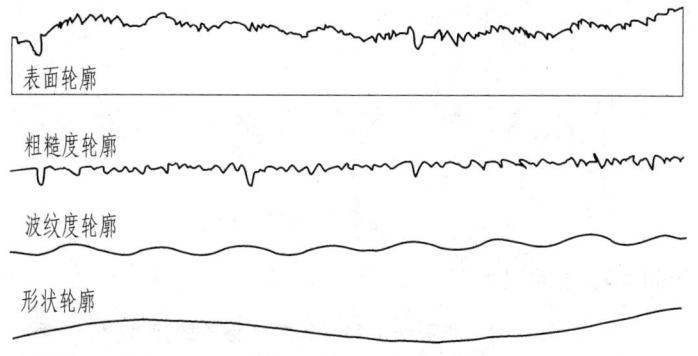

图 7-29 表面轮廓的构成

(GB/T 18618—2002)和支承率曲线参数(GB/T 18778.2—2003),其中轮廓参数是我国机械图样中最常用的评定参数。本文仅介绍轮廓参数中评定粗糙度轮廓(R 轮廓)的两个高度参数 Ra 和 Rz。

① 轮廓算术平均偏差 Ra 指在取样长度 lr 内,被测轮廓上各点到基准线距离绝对值的算术平均值(图 7-30),即纵坐标 $Z(X)$ 的绝对值的算术平均值:

$$Ra = \frac{1}{lr}\int |Z(X)| dX \quad \text{或} \quad Ra \approx \frac{1}{n}\sum_{i=1}^{n} |Z_i|$$

式中:Z 为轮廓偏距;n 为补测点数;lr 为取样长度。

② 轮廓最大高度 Rz 在一个取样长度内,最大轮廓峰高和最大轮廓谷深之和的高度,如图 7-30 所示。

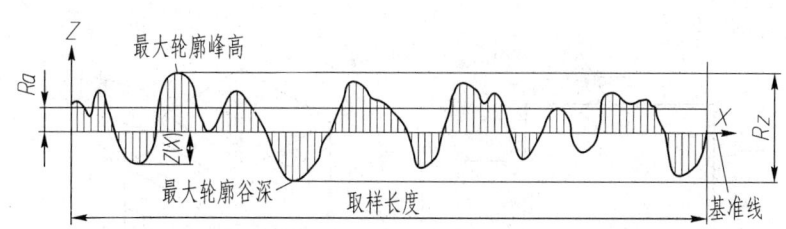

图 7-30 轮廓算术平均偏差 Ra 和轮廓最大高度 Rz

2. 标注表面结构的图形符号

标注表面结构要求的图形符号及含义见表 7-1。

表 7-1 标注表面结构要求的图形符号及含义

符号名称	符号	含义
基本图形符号	∨	未指定工艺方法的表面,当通过一个注释解释时可单独使用
扩展图形符号	∇	用去除材料方法获得的表面,仅当其含义是"被加工表面"时可单独使用
扩展图形符号	∇○	不去除材料的表面,也可用于保持上道工序形成的表面,不管这种状况是通过去除或不去除材料形成的
完整图形符号	√ ∇ ∇○	在以上各种符号的长边上加一横线,以便注写对表面结构的各种要求

表面结构符号的画法如图7-31所示。

图7-31 表面结构符号画法

表面结构符号和附加标注的尺寸见表7-2。

表7-2 表面结构符号和附加标注的尺寸　　　　　　　　　　mm

数字和字母高度 h	2.5	3.5	5	7	10	14	20
符号线宽 d'	0.25	0.35	0.5	0.7	1	1.4	2
字母线宽							
高度 H_1	3.5	5	7	10	14	20	28
高度 H_2(最小值)①	7.5	10.5	15	21	30	42	60

① H_2 取决于注写内容。

另外,当图样中某个视图上构成封闭轮廓的各表面有相同的表面结构要求时,在完整图形符号上加一圆圈,标注在封闭轮廓线上,如图7-32所示,图中的表面结构符号是指对图形中封闭轮廓的6个面的共同要求(不包括前、后面)。

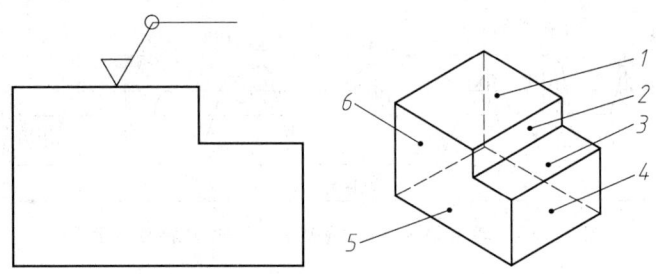

图7-32 对周边各面有相同表面结构要求的注法

3. 表面结构要求在图形符号中的注写位置

为了明确表面结构要求,除了标注表面结构参数和数值外,必要时应标注补充要求,包括取样长度、加工工艺、表面纹理及方向、加工余量等。这些要求在图形符号中的注写位置如图7-33所示。

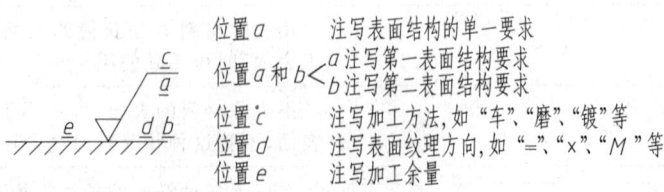

图7-33 补充要求的注写位置

4. 表面结构代号

表面结构符号中注写了具体参数代号及参数值等要求后,称为表面结构代号。表面结构代号及含义示例见表7-3。

表7-3 表面结构代号及含义示例

序号	代号	含义、解释
1	√Ra 6.3	表示去除材料,单向上限值(默认),"传输带"(默认),R 轮廓,算术平均偏差极限值为 6.3 μm,评定长度为 5 个取样长度(默认),16% 规则(默认)
2	√Rzmax 0.2	表示去除材料,单向上限值(默认),"传输带"(默认),R 轮廓,轮廓最大高度的最大值为 0.2 μm,评定长度为 5 个取样长度(默认),最大规则
3	√Ra3 3.2	表示去除材料,单向上限值(默认),"传输带"(默认),R 轮廓,算术平均偏差极限值为 3.2 μm,评定长度为 3 个取样长度,16% 规则(默认)

注:① 传输带——测量轮廓参数值时所用轮廓滤波器的限定波长范围。

② 16% 规则——测量某个表面结构参数的数值时,所有实测值中超过极限值的个数少于 16% 为合格。

③ 最大规则——测量某个表面结构参数的数值时,所有实测值不超过极限值。

5. 表面结构要求在图样中的注法

表面结构的标注方法应符合 GB/T 131—2006 的规定。

(1) 表面结构要求对每一表面一般只注一次,并尽可能注在相应尺寸及其公差的同一视图上。除非另有说明,所标注的表面结构要求是对完工零件表面的要求。

(2) 表面结构的注写和读取方向与尺寸的注写和读取方向一致。表面结构要求可标在可见轮廓线上,其符号从材料外指向并接触表面(图7-34a),必要时表面结构也可用带箭头或黑点的指引线引出标注(图7-34a、图7-34b)。

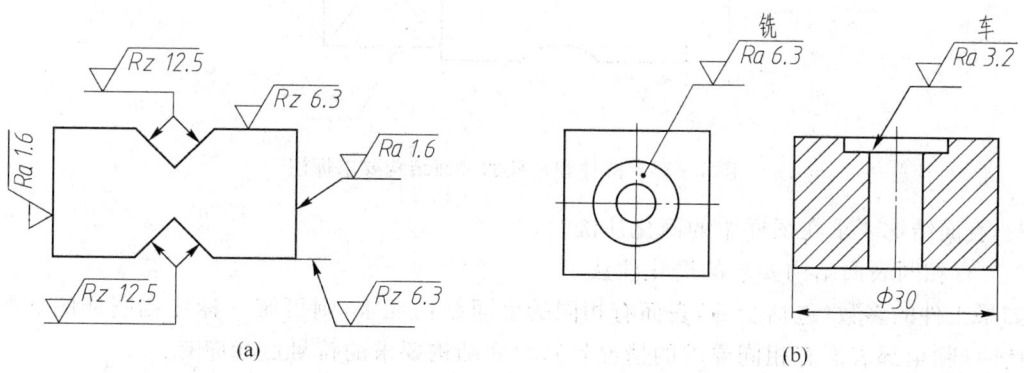

图7-34 表面结构要求在轮廓线上的标注及用指引线引出标注

(3) 在不致引起误解时,表面结构要求可以标注在给定的尺寸线上,如图7-35所示。

(4) 表面结构要求可标注在几何公差框格的上方,如图7-36所示。

(5) 圆柱和棱柱表面结构要求只标注一次,可标注在圆柱特征的延长线上,如图7-37所示。如果棱柱表面有不同的表面结构要求,则应分别单独标注,如图7-38所示。

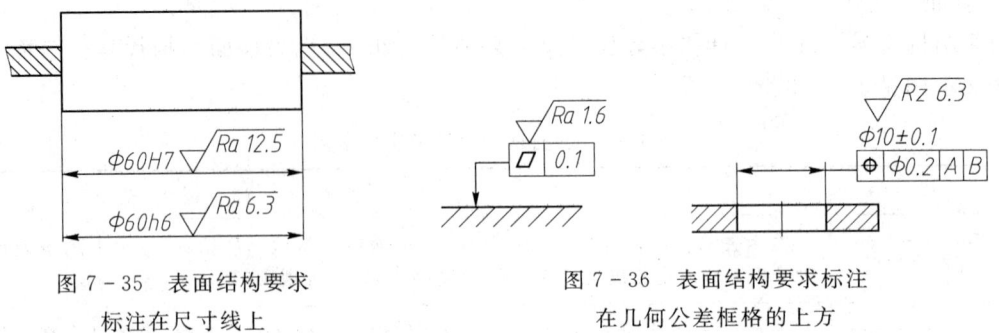

图7-35 表面结构要求
标注在尺寸线上

图7-36 表面结构要求标注
在几何公差框格的上方

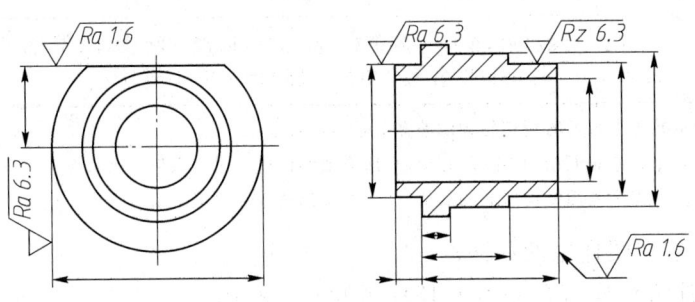

图7-37 圆柱的表面结构要求标注

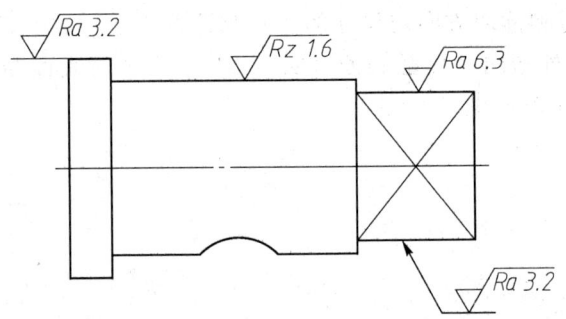

图7-38 圆柱和棱柱的表面结构要求标注

6. 表面结构要求在图样中的简化注法

(1) 有相同表面结构要求的简化注法

如果工件的多数(包括全部)表面有相同的表面结构要求,则可统一标注在图样的标题栏附近。此时(除全部表面有相同要求的情况外),表面结构要求的符号后面应有:

① 在圆括号内给出无任何其他标注的基本符号,如图7-39a所示。

② 在圆括号内给出不同的表面结构要求,如图7-39b所示。

(2) 多个表面有共同要求或者图纸空间有限时的简化注法

① 用带字母的完整符号的简化注法 在图形或标题栏附近,可以用带字母的完整符号以等式的形式,对有相同表面结构要求的表面进行简化标注,如图7-40所示。

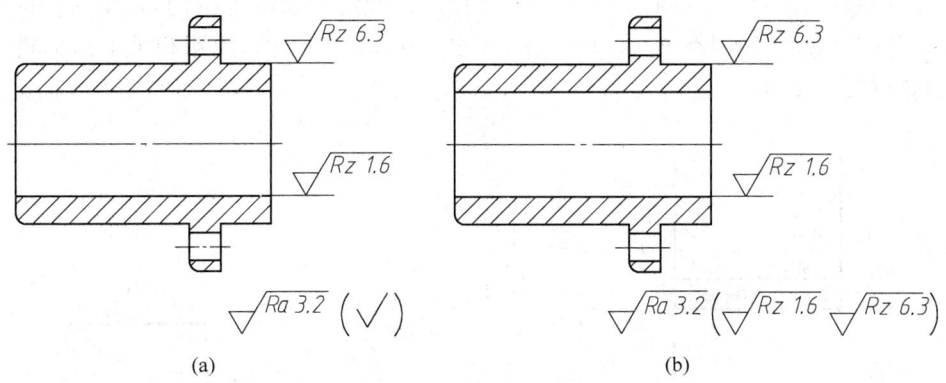

图 7-39 大多数表面有相同表面结构要求的简化注法

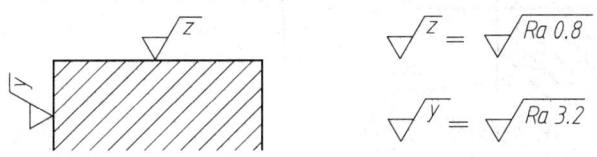

图 7-40 多个表面结构有共同要求的简化注法之一

② 只用表面结构符号的简化注法 如图 7-41 所示,用表面结构符号以等式的形式给出多个表面共同的表面结构要求。图中的这三个简化注法,分别表示未指定工艺方法、要求去除材料和不允许去除材料的表面结构代号。

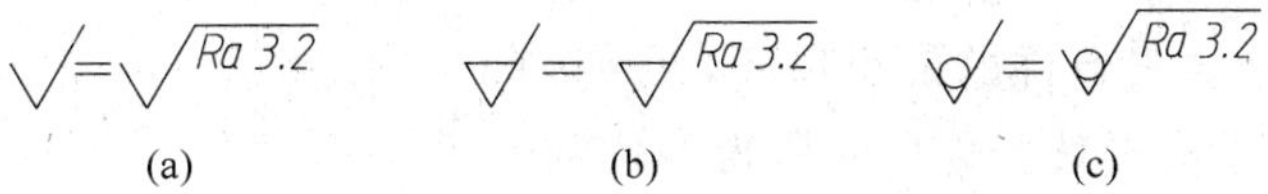

图 7-41 多个表面结构有共同要求的简化注法之二

7.4.2 极限与配合

对零件功能尺寸的精度控制是重要的技术要求。控制的方法是限制功能尺寸不超过设定的最大极限值和最小极限值。相配合的零件(如孔和轴)各自达到技术要求后,装配在一起就能满足所设计的松紧程度和工作精度要求,保证实现功能并保证互换性。

零件的互换性是指从一批规格相同的零件中任选一件,不经任何修配,就能装到机器或部件上去,并能满足使用要求。零件具有互换性,不仅给机器的装配、维修带来方便,而且能满足生产部门广泛的协作要求,为大批量和专门化生产创造条件,从而缩短生产周期,提高劳动效率和经济效益。

国家标准 GB/T 1800.1—2009、GB/T 1800.2—2009 等对尺寸极限与配合分别作了基本规定。

1. 极限与配合的基本概念

(1) 尺寸公差

零件在制造过程中,由于加工或测量等因素的影响,完工后的尺寸与公称尺寸总存在一定的误差。为保证零件的互换性,必须将零件的尺寸控制在允许变动的范围内,这个允许的尺寸变动量称为尺寸公差。以图7-42a所示圆柱孔的尺寸 $\phi20\pm0.01$ 为例,说明相关术语的概念及含义(变动范围进行夸大处理)。

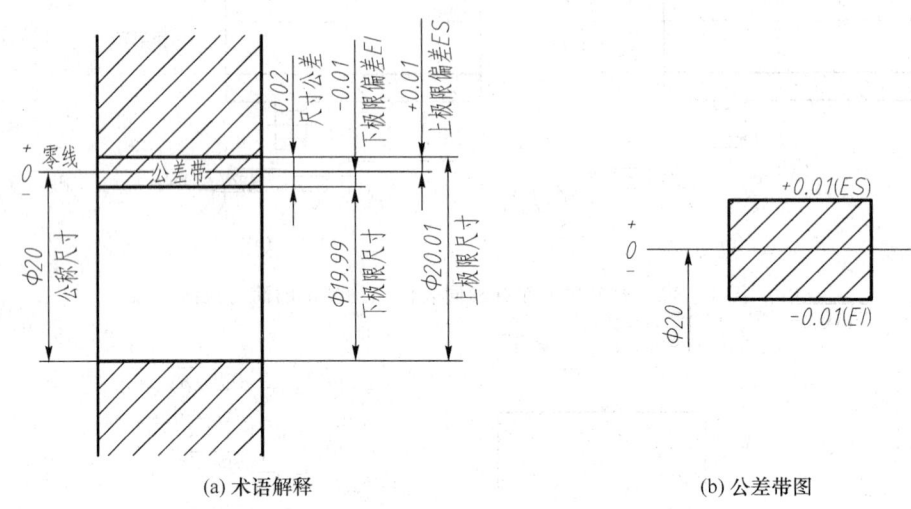

(a) 术语解释　　　　　(b) 公差带图

图7-42　极限与配合制中的一些术语解释及公差带图

① 公称尺寸　由图样规范确定的理想形状要素的尺寸,为 $\phi20$。

② 极限尺寸　尺寸要素允许的尺寸的两个极端,分为上极限尺寸和下极限尺寸。提取组成要素的局部尺寸应位于其中,也可达到极限尺寸。

上极限尺寸　尺寸要素允许的最大尺寸,$20+0.01=20.01$。

下极限尺寸　尺寸要素允许的最小尺寸,$20-0.01=19.99$。

③ 偏差　某一尺寸减去其公称尺寸所得的代数差。

④ 极限偏差　极限尺寸减去公称尺寸所得的代数差,分为上极限偏差和下极限偏差。

上极限偏差　上极限尺寸减去公称尺寸所得的代数差,$ES=20.01-20=+0.01$。

下极限偏差　下极限尺寸减去公称尺寸所得的代数差,$EI=19.99-20=-0.01$。

孔的上、下极限偏差代号分别用大写字母 ES 和 EI 表示;轴的上、下极限偏差代号分别用小写字母 es 和 ei 表示。

⑤ 尺寸公差　允许尺寸的变动量,即上极限尺寸减去下极限尺寸,也等于上极限偏差减去下极限偏差。尺寸公差是一个绝对值,即 $20.01-19.99=0.02$ 或者 $|0.01-(-0.01)|=0.02$。

⑥ 零线　在极限与配合图解中表示公称尺寸的一条直线,以其为基准确定偏差和公差。

⑦ 公差带、公差带图　公差带是表示公差大小和相对零线位置的一个区域。为简化起见,一般只画出上、下极限偏差围成的矩形框简图,称为公差带图,如图7-42b所示。通常,零线沿水平方向绘制,正偏差位于其上,负偏差位于其下。

⑧ 极限制　经标准化的公差与偏差制度。

[例7-1]　已知轴的公称尺寸为 $\phi60$,其上极限尺寸为 $\phi60.030$,下极限尺寸为 $\phi59.966$,求它的上、下极限偏差和公差。

分析:根据上、下极限偏差和公差的定义,由给定的上极限尺寸、下极限尺寸和公称尺寸便可以求解。

解：

上极限偏差＝上极限尺寸－公称尺寸＝60.030－60＝+0.030

下极限偏差＝下极限尺寸－公称尺寸＝59.966－60＝－0.034

公差＝上极限尺寸－下极限尺寸＝60.030－59.966＝0.064 或公差＝上极限偏差－下极限偏差＝+0.030－(－0.034)＝0.064

从上例可以看出，偏差可以为正值，也可以为负值，还可以为零；而公差是没有正负的绝对值。

(2) 配合

公称尺寸相同、相互接合的孔与轴公差带之间的关系称为配合。由于制造完工后的零件的孔和轴的实际尺寸不同，配合后会产生间隙或过盈。当孔的尺寸减去相配合的轴的尺寸之差为正值时称为间隙，为负值时称为过盈，如图7-43所示。

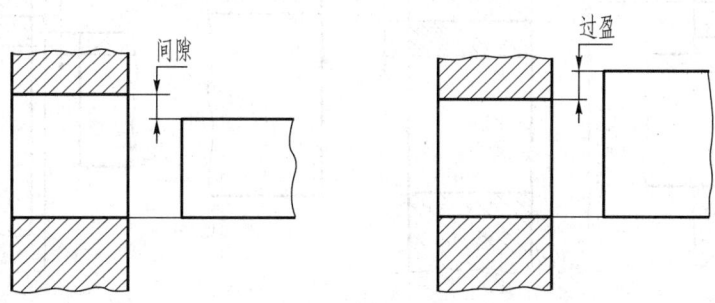

图7-43 间隙与过盈示意图

根据相配合的孔、轴间产生间隙或过盈的情况，配合可分为三种：

① 间隙配合 具有间隙（包括间隙为零）的配合称为间隙配合。此时，孔的公差带位于轴的公差带之上，如图7-44a所示。当孔与轴处于间隙配合时，通常轴在孔中能作相对运动。

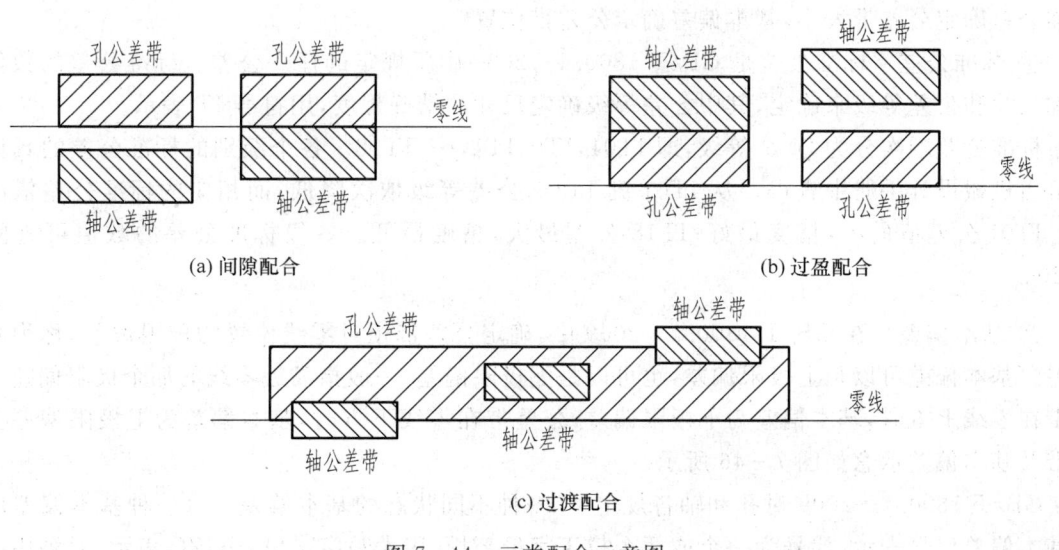

图7-44 三类配合示意图

② 过盈配合 具有过盈(包括过盈为零)的配合称为过盈配合。此时,孔的公差带位于轴的公差带之下,如图7-44b所示。当孔与轴处于过盈配合时,通常需要一定的外力或把带孔的零件加热膨胀后才能将轴装入孔中,所以轴与孔装配后不能作相对运动。

③ 过渡配合 可能具有间隙或过盈的配合称为过渡配合。此时,孔的公差带与轴的公差带相互交叠,如图7-44c所示。

在间隙配合中,孔的下极限尺寸与轴的上极限尺寸之差称为最小间隙,孔的上极限尺寸与轴的下极限尺寸之差称为最大间隙。在过盈配合中,孔的上极限尺寸与轴的下极限尺寸之差称为最小过盈,孔的下极限尺寸与轴的上极限尺寸之差称为最大过盈。图7-45所示为三种配合中的最大间隙、最小间隙、最大过盈、最小过盈示意图。

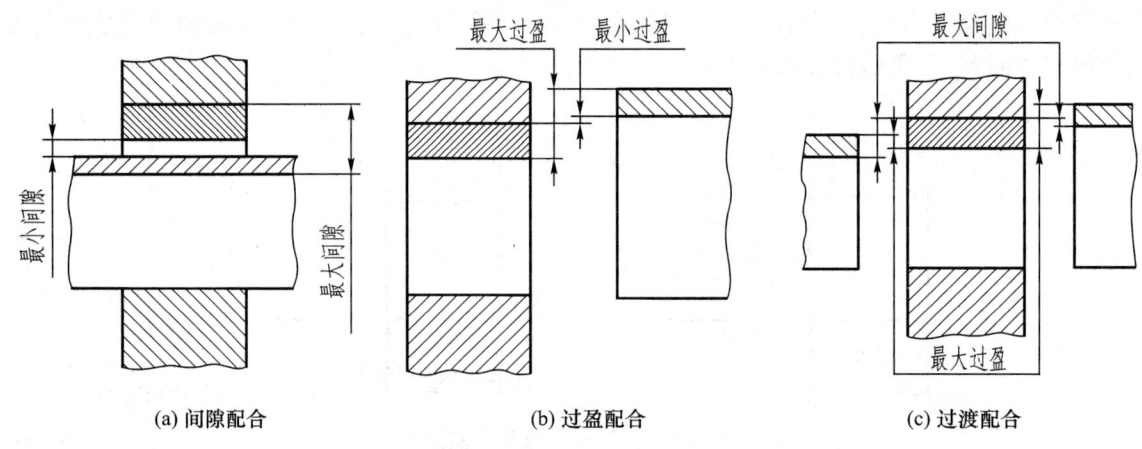

(a) 间隙配合　　　　　(b) 过盈配合　　　　　(c) 过渡配合

图7-45 三类配合中的最大间隙、最小间隙和最大过盈、最小过盈示意图

（3）标准公差与基本偏差

为满足不同的配合要求,国家标准规定孔、轴公差带由标准公差和基本偏差两个要素组成,标准公差确定公差带大小,基本偏差确定公差带位置。

① 标准公差 标准公差是GB/T 1800.1—2009中所规定的任一公差。标准公差的数值由公称尺寸和公差等级来确定,其中公差等级确定尺寸的精确程度,用符号IT表示。

标准公差顺次分为20个等级,即IT01,IT0,IT1,…,IT18。各个级别的标准公差的具体数值可由机械设计手册中查得。从IT01到IT18,公差等级依次降低,而相应的标准公差依次增大。IT01公差值最小,精度最好;IT18公差最大,精度最低。各级标准公差的数值可查阅附表20。

② 基本偏差 在GB/T 1800.1—2009中,确定公差带相对零线位置的极限偏差,称为基本偏差。基本偏差可以是上极限偏差,也可以是下极限偏差,一般指靠近零线的那个极限偏差。公差带在零线上方时,基本偏差为下极限偏差;公差带在零线下方时,基本偏差为上极限偏差。公差带及基本偏差示意如图7-46所示。

GB/T 1800.1—2009对孔和轴各规定了28种不同状态的基本偏差。每一种基本偏差用一个基本偏差代号表示,代号为一个或两个拉丁字母,对孔用大写字母A,…,ZC表示,对轴用小写

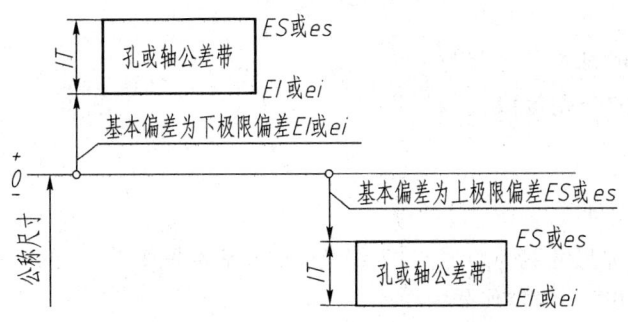

图 7-46 公差带及基本偏差示意图

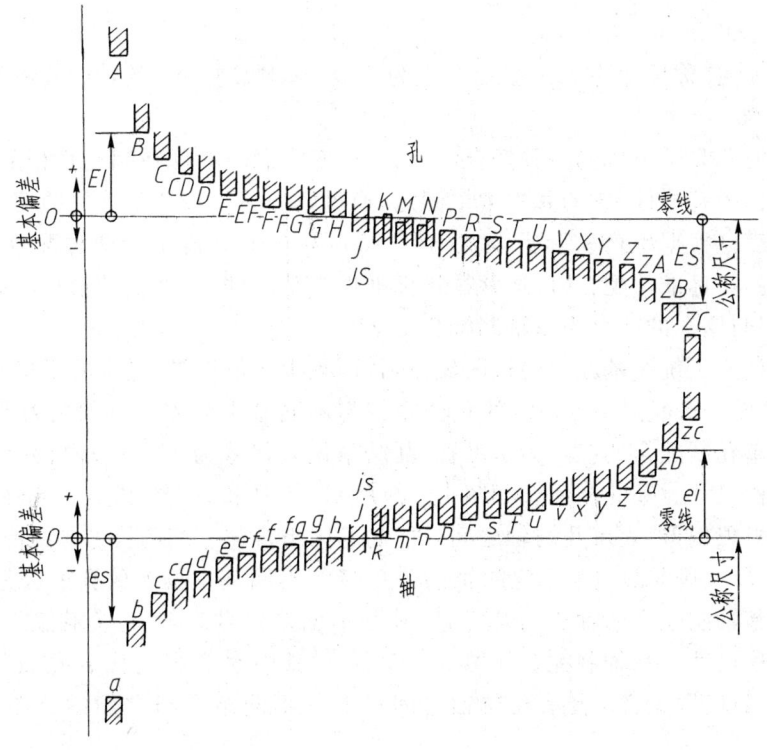

图 7-47 基本偏差系列示意图

字母 a,…,zc 表示。这 28 种基本偏差系列如图 7-47 所示。基本偏差系列示意图只表示公差带的位置,不表示公差带的大小,因此只画出了公差带属于基本偏差的一端,另一端是开口的,取决于各级标准公差的大小,可以根据基本偏差和公差求出:

$$ES=EI+IT \quad 或 \quad EI=ES-IT$$
$$es=ei+IT \quad 或 \quad ei=es-IT$$

轴和孔的公差带由基本偏差代号与公差等级数字表示。

[例 7-2] 说明 $\phi60H8$、$\phi60f7$ 的含义。

解：

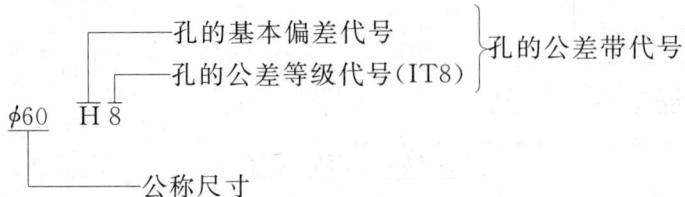

其全部含义为：公称尺寸为 φ60、公差等级为 8 级、基本偏差为 H 的孔的公差带。

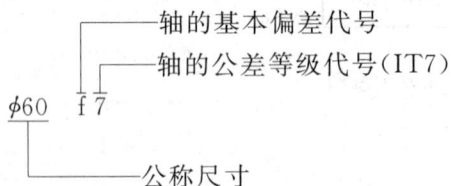

其全部含义为：公称尺寸为 φ60、公差等级为 7 级、基本偏差为 f 的轴的公差带。

(4) 配合制

同一极限制的孔和轴组成的一种配合制度，称为配合制。亦即在制造互相配合的零件时，使用其中一种零件作为基准件，它的基本偏差固定，通过改变另一种非基准件的偏差来获得各种不同性质的配合制度。根据生产实际需要，GB/T 1800.1—2009 规定了两种配合制，即基孔制配合和基轴制配合。与标准件配合时，通常选择标准件为基准件，例如滚动轴承内圈与轴的配合为基孔制配合，外圈与座孔的配合为基轴制配合。

采用配合制是为了统一基准件的极限偏差，从而减少定值刀具、量具的规格和数量。

① 基孔制配合　基本偏差为一定的孔公差带与不同基本偏差的轴的公差带形成的各种配合的一种制度。基孔制配合的孔称为基准孔，其基本偏差代号为 H，下极限偏差为零，即它的下极限尺寸等于公称尺寸。基孔制配合如图 7-48 所示，其中水平实线代表孔或轴的基本偏差，细虚线代表另一个极限偏差，表示孔与轴之间可能的不同组合与它们的公差等级有关。

② 基轴制配合　基本偏差为一定的轴的公差带与不同基本偏差的孔的公差带形成各种配合的一种制度。基轴制配合的轴称为基准轴，其基本偏差代号为 h，上极限偏差为零，即它的上极限尺寸等于公称尺寸。基轴制配合如图 7-49 所示，其中水平实线代表孔或轴的基本偏差，细虚线代表另一个极限偏差，表示孔与轴之间可能的不同组合与它们的公差等级有关。

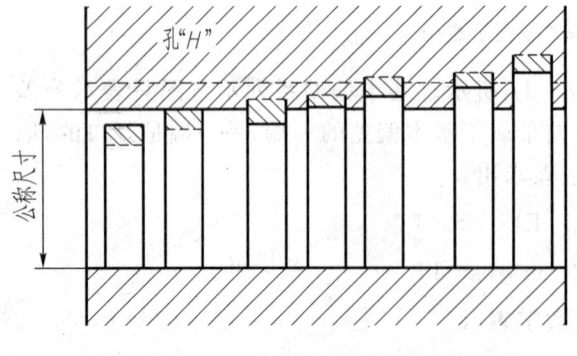

图 7-48　基孔制配合示意图

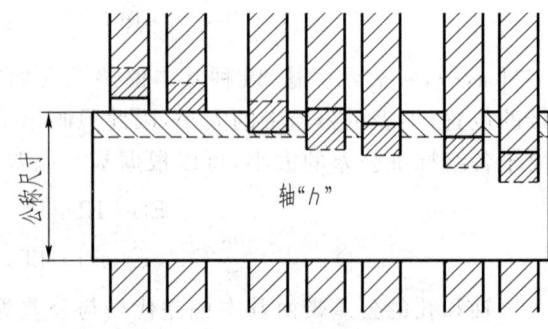

图 7-49　基轴制配合示意图

2. 极限与配合在图样上的标注方法及查表

(1) 极限与配合在图样上的标注

在进行设计时,一般先绘制装配图,然后根据功能需求,选定配合基准制和配合种类,确定轴、孔公差带,在装配图中进行配合标注。装配图绘好后,再"拆画"零件图,进行极限标注。

① 在装配图上的标注。

极限与配合在装配图上的标注是在公称尺寸后标出配合代号。配合代号由两个相配合的孔与轴公差带代号组成,写成分数形式,分子为孔的公差带代号,分母为轴的公差带代号,标注的形式如下:

$$公称尺寸 \frac{孔的公差带代号}{轴的公差带代号}$$

在配合代号中,分子含有 H 的为基孔制配合,分母含有 h 的为基轴制配合,若分子中的代号为 H,同时分母中的代号也为 h,则既可视为基孔制配合,也可视为基轴制配合。

图 7-50a 所示为装配图标注极限与配合的实例,图中尺寸 $\phi 18 \frac{H7}{p6}$ 的含义如下:

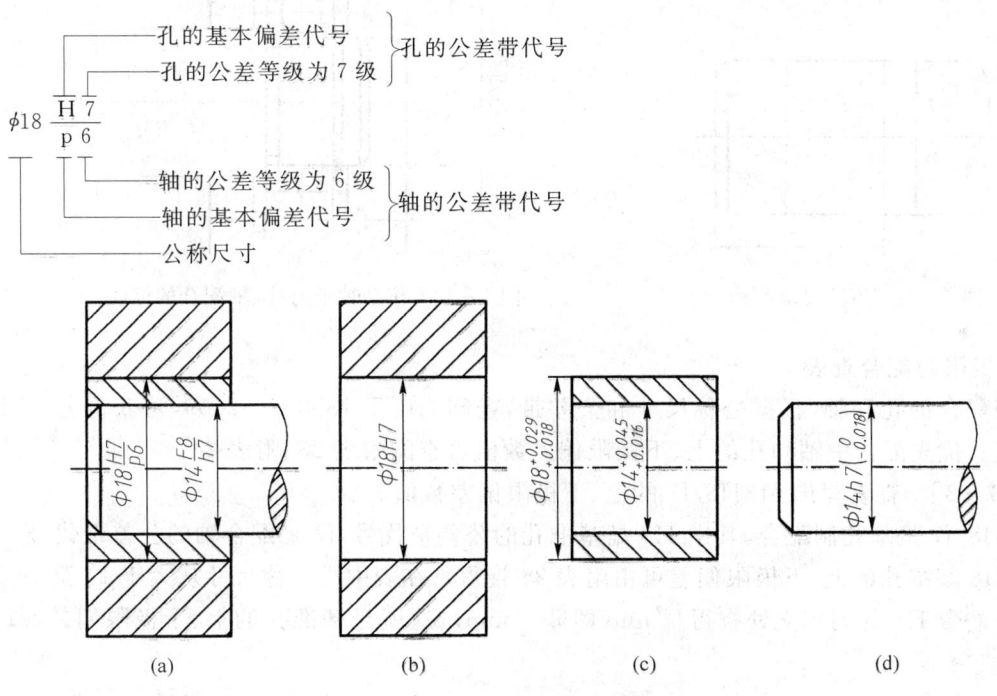

图 7-50 图样上公差与配合的标注

② 在零件图上的标注。

极限与配合在零件图上的标注有三种常用的形式:

a. 在公称尺寸后面标注公差代号,如图 7-50b 所示。这种标注方法常用于大批量生产中。

b. 在公称尺寸后标注极限偏差数值,如图 7-50c 所示。上极限偏差注写在公称尺寸的右上方,下极限偏差注写在公称尺寸的同一底线上,偏差值的字体比公称尺寸数字的字体小一号。这种标注方法主要用于小批量或单件生产中。

c. 在公称尺寸后同时标注公差带代号和极限偏差数值,如图 7-50d 所示。

同一零件的尺寸公差要求在装配图和零件图中应一致,如图 7-50 所示。

同一公称尺寸的表面具有不同的极限偏差要求时,应用细实线分开,将分段界线标注清楚,各段分别标注极限偏差,如图 7-51 所示。

③ 标准件与孔、轴配合的标注。

标注与标准件、外购件相配合的代号时,可仅标注相配零件的公差代号,如与滚动轴承相配合的孔、轴的标注。

滚动轴承是由专业厂家生产的标准件,其内圈(孔)和外圈(轴)的公差带已经标准化,在装配图中只需标出本部门设计、生产的零件中与之相配合的轴和孔的公差带代号即可,如图 7-52 所示。

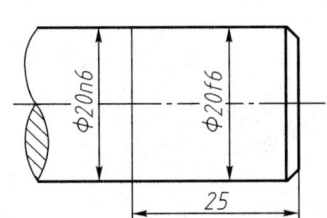

图 7-51 不同要求的标注

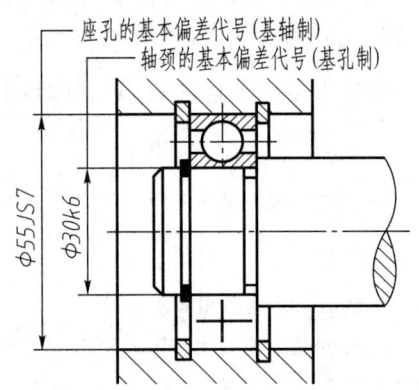

图 7-52 滚动轴承与孔、轴配合的标注

(2) 极限与配合查表

互相配合的孔和轴,根据公称尺寸和公差带,查阅 GB/T 1800.2—2009,可获得上、下极限偏差数值。优先配合中轴和孔的上、下极限偏差数值可查阅附表 23、附表 24。

[例 7-3] 查表写出 $\phi 18H8/f7$ 的上、下极限偏差数值。

解:H8/f7 是基孔制配合,其中 H8 是基准孔的公差带代号,f7 是配合轴的公差带代号。

$\phi 18H8$ 基准孔的上、下极限偏差可由附表 24 查得。在表中由公称尺寸从大于 14 至 18 的行和孔的公差带 H8 的列相交处查得 $^{+27}_{\ 0}\mu m$(即 $^{+0.027}_{\ 0}$ mm),这就是基准孔的上、下极限偏差,$\phi 18H8$ 可写成 $\phi 18^{+0.027}_{\ 0}$。

$\phi 18f7$ 配合轴的上、下极限偏差,可由附表 23 查得。在表中由公称尺寸从大于 14 至 18 的行和轴的公差带 f7 的列相交处查得 $^{-16}_{-34}\mu m$(即 $^{-0.016}_{-0.034}$ mm),这就是配合轴的上、下极限偏差,$\phi 18f8$ 可写成 $\phi 18^{-0.016}_{-0.034}$。

7.4.3 几何公差

1. 几何公差的概念

图 7-53a 所示为轴与箱座上孔的正确装配情况(即理想状况),但零件经加工后,不仅会产生尺寸误差,也会产生形状、位置等几何误差,如图 7-53b、c 所示。

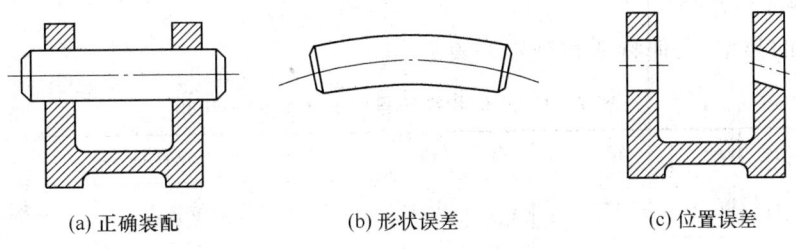

(a) 正确装配　　　(b) 形状误差　　　(c) 位置误差

图 7-53　几何误差示意图

零件表面的几何形状误差、表面之间的相互位置误差等几何误差的存在,直接影响产品的使用性能和寿命。例如,在间隙配合中,圆柱面的形状误差会导致间隙分布不匀,造成磨损,引起配合性质的改变;在过盈配合中,圆柱面的形状误差会导致各处过盈量不一样,影响连接强度。

因此,机器中某些精确度要求较高的零件,不仅需要保证其尺寸公差,还要保证其几何公差。在图样上除了标注尺寸和尺寸公差外,还要标注几何公差。但对一般的精确度要求不高的零件来说,它的几何公差可由尺寸公差、加工机床的精度等加以保证,图样上不予注出。

为了保证机器的质量,要限制零件对几何误差的最大变动量,称为几何公差,允许变动量的值称为公差值。

《产品几何技术规范(GPS)几何公差 形状、方向、位置和跳动公差标注》(GB/T 1182—2008)规定了工件几何公差标注的基本要求和方法。零件的几何特征是零件的实际要素对其几何理想要素的偏离情况,它是决定零件功能的因素之一,几何误差包括形状、方向、位置和跳动误差。

图 7-54 所示为几何公差示例。图 7-54a 所示的滚柱,为了保证其工作质量,除了标注直径的尺寸公差外,还需要标注滚柱轴线的形状公差,图中的形状公差代号表示滚柱实际轴线与理想轴线之间的变动量(直线度)必须保证在 φ0.006 mm 的圆柱面内。图 7-54b 所示箱体上的两个孔是用来安装锥齿轮轴的,如果两孔轴线歪斜太大,就会影响锥齿轮的啮合传动。为了保证锥齿轮的正常啮合,应该使两孔轴线保持一定的垂直方向,所以要注上方向公差,即垂直度。图中的方向公差代号说明水平孔的轴线必须位于距离为 0.05 mm 且垂直于铅垂孔的轴线的两个平行平面之间,A 为基准符号字母。

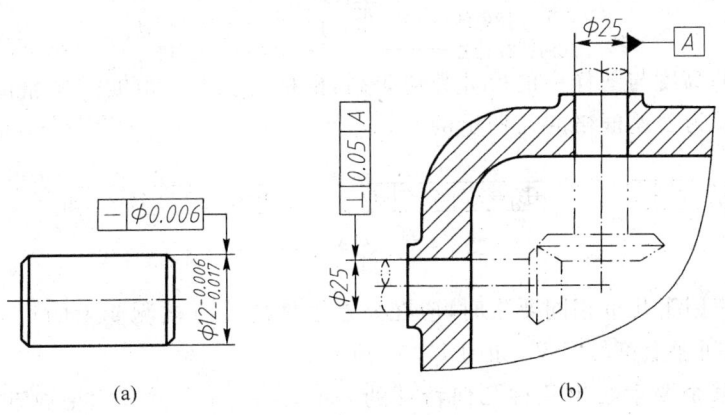

图 7-54　几何公差要求示例

2. 几何特征和符号

几何公差的类型、几何特征和符号见表 7-4。

表 7-4　几何特征符号(GB/T 1182—2008)

公差类型	几何特征	符号	有无基准	公差类型	几何特征	符号	有无基准
形状公差	直线度	—	无	位置公差	位置度	⌖	有或无
	平面度	▱			同心度（用于中心线）	◎	有
	圆度	○			同轴度（用于轴线）		
	圆柱度	⌭			对称度	⌯	
	线轮廓度	⌒			线轮廓度	⌒	
	面轮廓度	⌓			面轮廓度	⌓	
方向公差	平行度	//	有	跳动公差	圆跳动	↗	
	垂直度	⊥			全跳动	⌰	
	倾斜度	∠					
	线轮廓度	⌒	无				
	面轮廓度	⌓					

3. 附加符号及其标注

本节仅简要说明 GB/T 1182—2008 中标注被测要素几何公差的附加符号，即公差框格、基准要素的附加符号。其他未说明的附加符号可查阅该国家标准。

(1) 公差框格

公差框格用细实线画出，分成两格或多格。框格内从左至右依次填写的内容如下：

⊥ 0.05 A
指引线
几何特征符号
基准字母
公差值

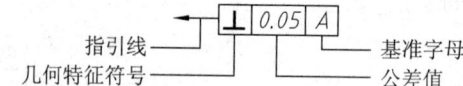

框格内字体的高度与图样中的尺寸数值等高，框格的长度可根据需要加长。

图 7-55 所示为公差框格的几种示例。

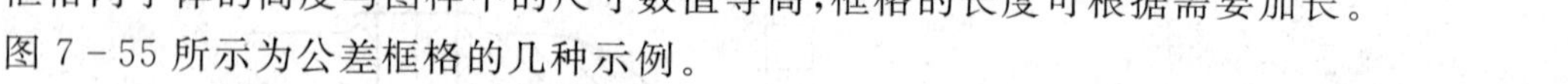

— 0.1
// 0.1 A
⌖ Φ0.1 A C B
⌖ SΦ0.1 A B C
◎ Φ0.1 A—B

图 7-55　公差框格示例

当某项公差应用于几个相同要素时，应在公差框格的上方被测要素的尺寸之前注明要素的个数，并在两者之间加上符号“×”，如图 7-56 所示。

如果需要就某个要素给出几种几何特征的公差，可将一个公差框格放在另一个的下面，如图 7-57 所示。

6×			6×φ12±0.02			—	0.01	
▱	0.2		⌖	φ0.1		∥	0.06	B

图 7-56　应用于几个相同要素的公差框格示例 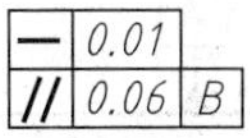　　　图 7-57　某个要素给出几种几何特征公差要求的公差框格示例

（2）被测要素

按下列方式之一用指引线连接被测要素和公差框格。指引线引自框格的任意一侧，终端带一箭头。

① 当公差涉及轮廓线或轮廓面时，箭头指向该要素的轮廓线或其延长线（应与尺寸线明显错开），如图 7-58a、b 所示；箭头也可指向引出线的水平线，引出线引自被测面（线框），如图 7-58c 所示。

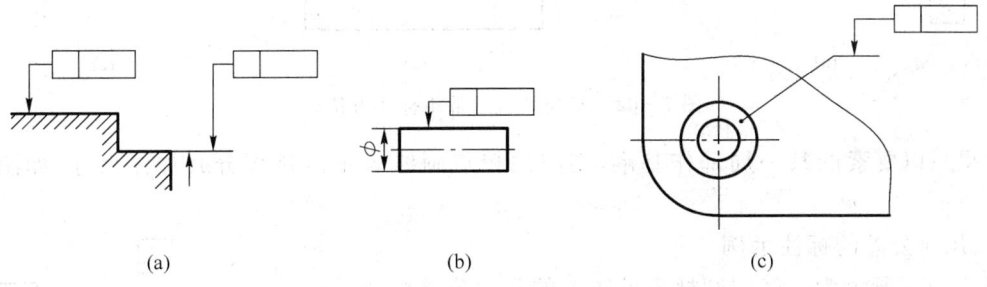

图 7-58　被测要素的标注方法（一）

② 当公差涉及要素的中心线、中心面或中心点时，箭头应位于相应尺寸线的延长线上，如图 7-59 所示。

（3）基准

① 与被测要素相关的基准用一个大写字母表示。字母标注在基准方格内，与一个涂黑或空白的三角形相连以表示基准，如图 7-60 所示。涂黑的和空白的基准三角形含义相同。

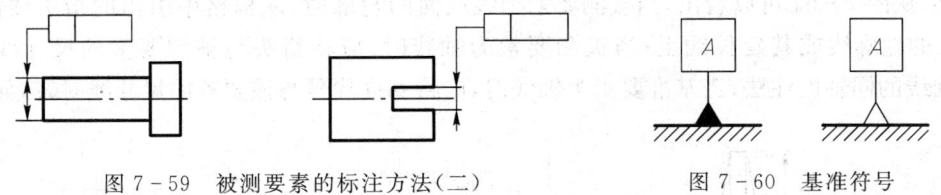

图 7-59　被测要素的标注方法（二）　　　图 7-60　基准符号

② 带基准的基准三角形应按如下规定放置：

当基准要素是轮廓线或轮廓面时，基准三角形放置在要素的轮廓线或其延长线上（与尺寸线明显错开），如图 7-61a 所示；基准三角形也可放置在该轮廓面引出线的水平线上，如图 7-61b 所示。

当基准是尺寸要素确定的轴线、中心平面或中心点时，基准三角形应放置在该尺寸线的延长线上，如图 7-62 所示。如果没有足够的位置标注基准要素尺寸的两个箭头，则其中一个箭头可用基准三角形代替，如图 7-62b、c 所示。

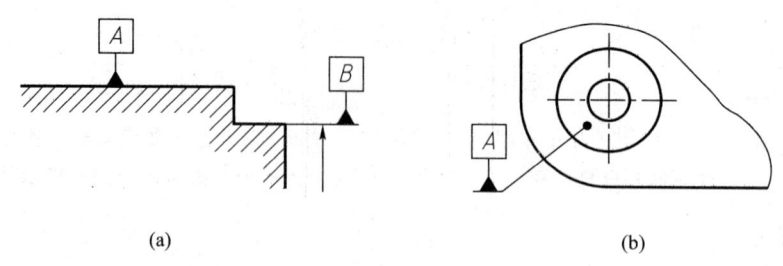

图 7-61 基准要素的常用标注方法（一）

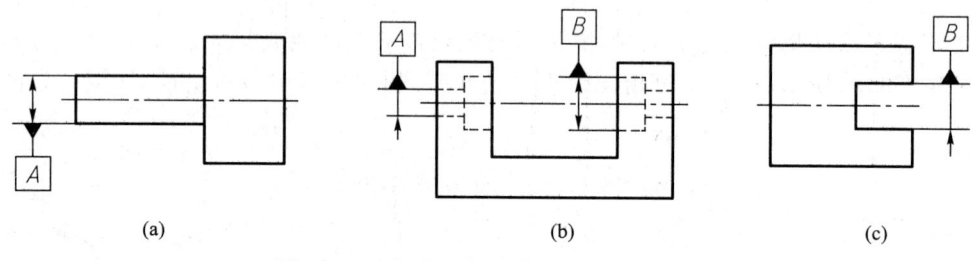

图 7-62 基准要素的常用标注方法（二）

如果只以要素的某一局部作基准，则应用粗点画线表示出该部分并加注尺寸，如图 7-63 所示。

4. 几何公差的标注示例

图 7-64 所示为一气门阀杆零件图上的几何公差标注示例，可供设计绘图时参考。从图中几何公差标注可知：

① $SR150$ 的球面对于 $\phi16$ 轴线的圆跳动公差是 0.003。

② 阀杆杆身 $\phi16$ 的圆柱度公差为 0.005。

③ $M8\times1$ 的螺孔轴线对于 $\phi16$ 轴线的同轴度公差是 $\phi0.1$。

④ 右端面对于 $\phi16$ 轴线的圆跳动公差是 0.1。

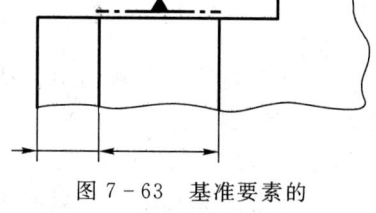

图 7-63 基准要素的常用标注方法（三）

另外，从图 7-64 可以看出，当被测要素为线或面的轮廓时，从框格中引出的指引线箭头应指向该要素的轮廓线或其延长线上；当被测要素为轴线时，应将箭头与被测要素的尺寸线对齐，如 $M8\times1$ 轴线的同轴度注法；当基准要素为轴线时，应将基准代号与该要素的尺寸线对齐，如基准 A。

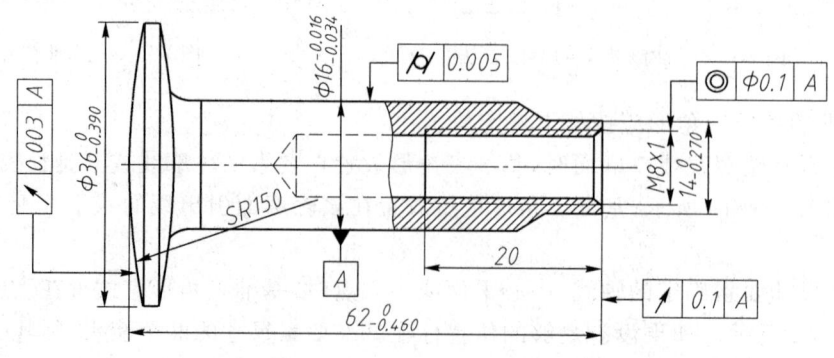

图 7-64 几何公差标注示例

7.5 零件结构的工艺性简介

零件的结构形状主要是根据其在机器或部件中的作用决定的,而制造工艺对零件的结构也有某些要求。因此,在设计零件时,既要使零件的结构满足使用要求,又要考虑制造过程的工艺要求,使零件具有良好的结构工艺性。本节将介绍一些零件上常见的工艺结构的画法和尺寸注法。

7.5.1 铸造工艺对零件结构的要求

1. 起模斜度

铸造零件时,为了方便起模,铸件的内、外壁沿起模方向应设计出起模斜度,如图 7-65a 所示。

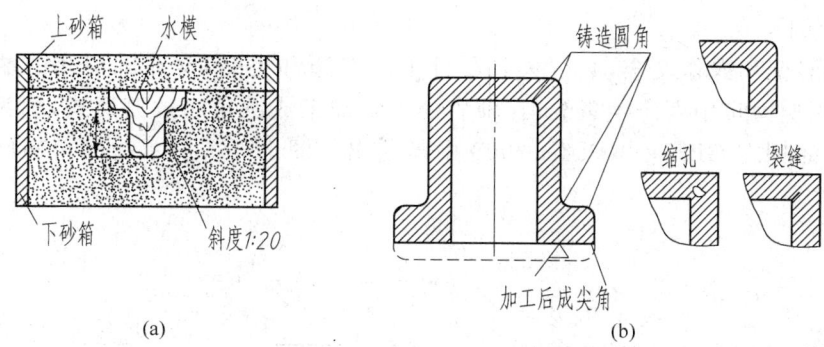

图 7-65 铸件的起模斜度和铸造圆角

木模的起模斜度取 1°～3°。对于金属模,用手工造型时起模斜度取 1°～2°,用机械造型时起模斜度取 0.5°～1°。

在画零件图时,起模斜度一般不必画出,也可以不予标注,必要时可在技术要求中用文字说明。

2. 铸造圆角

铸件各表面相交处不能做成尖角,因为尖角在起模和铸造过程中容易造成落砂或被浇注的铁水冲坏,冷却时尖角处易出现收缩裂纹,所以铸件各表面转角处必须做成圆角。铸件毛坯经过切削加工后,铸造圆角不再存在,画图时相交处应画成尖角,如图 7-65b 所示。

铸造圆角的半径一般取壁厚的 0.2～0.4 倍,同一铸件圆角半径大小的种类应尽可能少,半径大小一般也不在图上直接注出,而是在技术要求中统一注明,如"未注圆角半径为 $R2～R4$"。

3. 铸件壁厚

铸件中各处壁厚要均匀或逐渐变化,防止突变或局部肥大。如果壁厚不均匀,则会因为铁水冷却速度不同而产生缩孔和裂纹,如图 7-66a 所示。为了避免厚度减小对强度的影响,可用加强肋来补偿,如图 7-66b 所示。

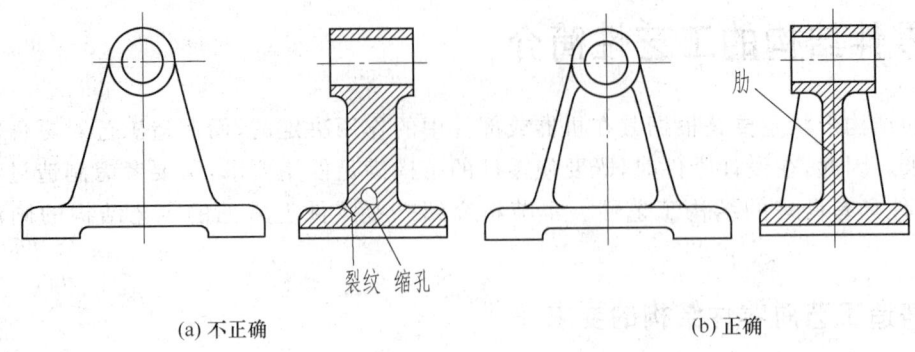

(a) 不正确　　　　　　　　　　　　　　(b) 正确

图 7-66　铸件壁厚的选择

7.5.2　机械加工工艺结构

1. 倒角与倒圆

为了便于装配和操作安全，必须去除零件上的锐边和毛刺，常在轴与孔的端部加工出倒角；为了避免因应力集中而产生裂纹，在轴肩处通常加工成圆角的过渡形式，称为倒圆。倒角和倒圆的尺寸系列在 GB/T 6403.4—2008 中已给出。图 7-67 所示为倒角和倒圆的尺寸注法示例。

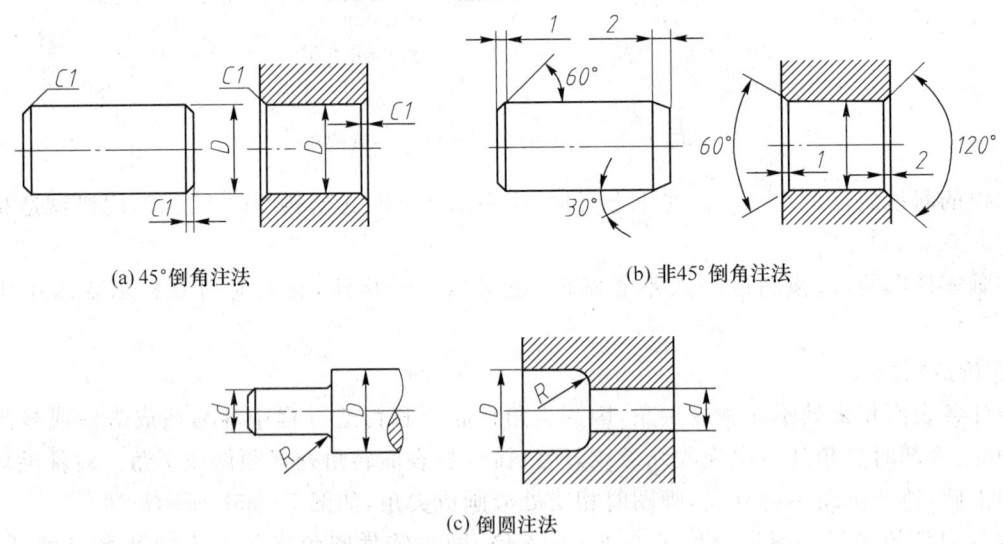

(a) 45°倒角注法　　　　　　　　　　　(b) 非45°倒角注法

(c) 倒圆注法

图 7-67　倒角和倒圆的尺寸注法示例

2. 螺纹退刀槽与砂轮越程槽

在切削加工中，特别是在车螺纹和磨削时，为了便于退出刀具或使砂轮可以稍稍越过加工面，在零件待加工面末端两表面交接处，预先加工出螺纹退刀槽和砂轮越程槽，如图 7-68 所示。螺纹退刀槽和砂轮越程槽的结构尺寸系列在相应国家标准中作了规定。图 7-69 所示为螺纹退刀槽的尺寸注法，图 7-70 所示为砂轮越程槽的尺寸注法。

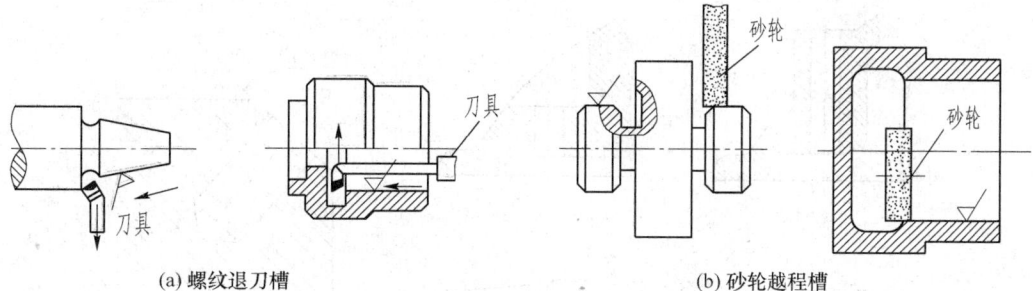

图 7-68 螺纹退刀槽与砂轮越程槽

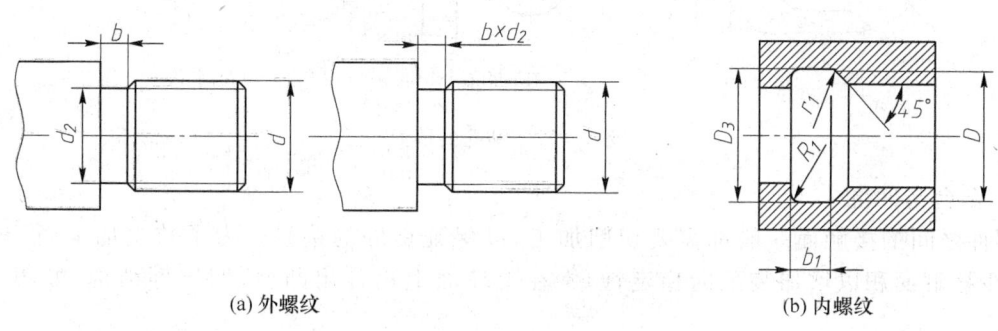

图 7-69 螺纹退刀槽的尺寸注法

3. 钻孔

零件上常见的各种孔一般都是用钻头加工的。用钻头钻盲孔时,孔的末端由钻头顶部形成圆锥孔,锥角画成120°,不需要标注,钻孔深度是指圆柱孔部分的深度,如图 7-71a 所示。对于阶梯孔的钻孔,在直径变化的过渡处也应画成120°的圆台,如图 7-71b 所示。

用钻头钻孔时,应使钻头的轴线垂直于被钻孔的表面,以保证钻孔的准确和避免钻头折断。在斜面上钻孔时,常设计出凸台、凹坑和斜面,如图 7-72 所示。

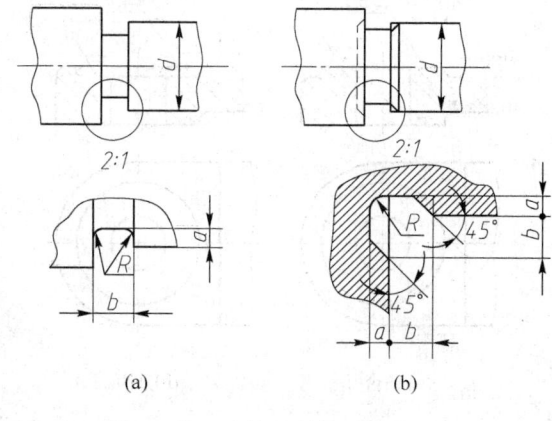

图 7-70 砂轮越程槽的尺寸注法

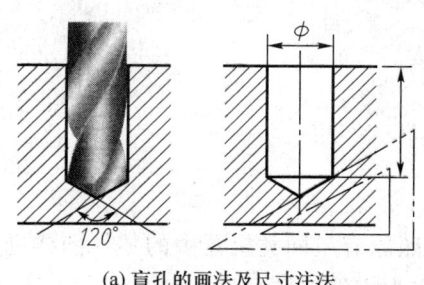
(a) 盲孔的画法及尺寸注法

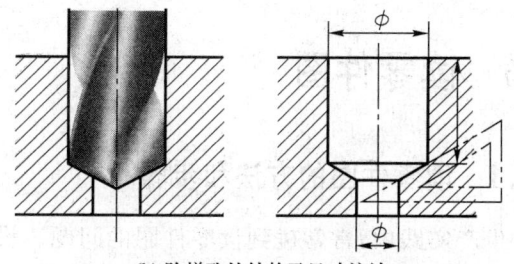
(b) 阶梯孔的结构及尺寸注法

图 7-71 孔的结构及尺寸注法

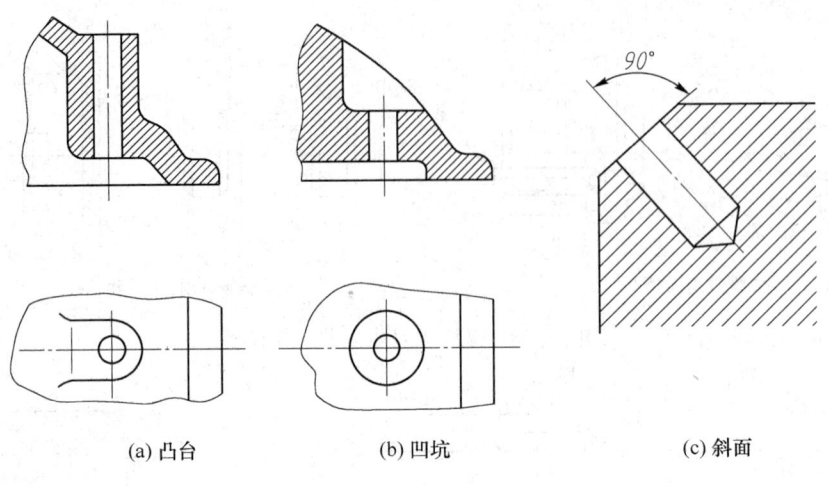

(a) 凸台　　　(b) 凹坑　　　(c) 斜面

图 7-72　钻孔的端面

4. 凸台与凹坑

零件之间的接触面一般都需要切削加工，以保证良好的接触。为了减少加工面、减轻重量、减少接触面积以增加装配的稳定性，常在毛坯面上设计出凸台、凹坑等结构，如图 7-73 所示。

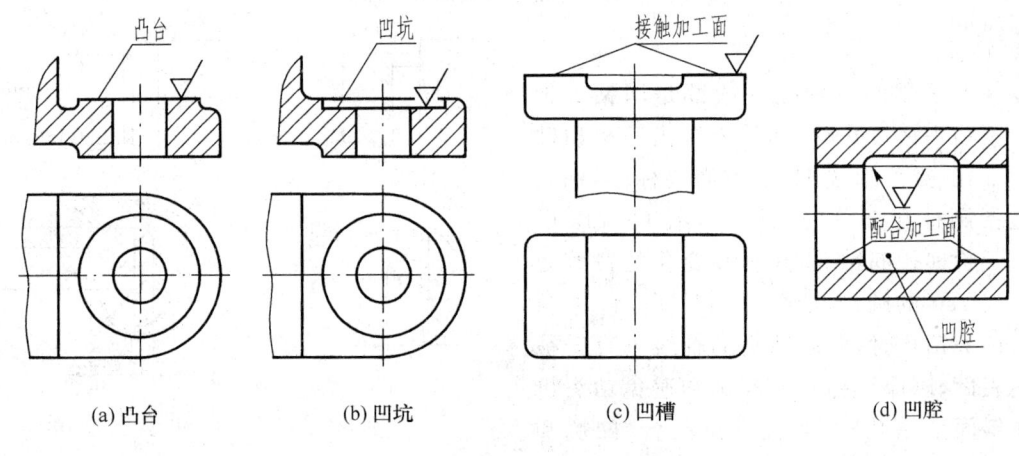

(a) 凸台　　　(b) 凹坑　　　(c) 凹槽　　　(d) 凹腔

图 7-73　凸台、凹坑等结构

7.6　读零件图

7.6.1　读零件图的方法和步骤

生产实践中，常常碰到读零件图的问题。设计时，参照原有或同类机器中的零件图样进行研究分析，以设计出更为先进、合理的零件。制造时，按图样为零件拟订合理的制造工艺方案，以保证产品的质量，降低制造成本。因此，从事各专业工作的工程技术人员，都必须具备读零件图的能力。

读零件图时，必须弄清零件在机器或部件中的位置、作用以及与其他零件的关系，这样才能理解和读懂零件图。读零件图的一般方法和步骤如下：

1. 概括了解

从标题栏了解零件的名称、材料、比例、质量等内容。从名称可判断该零件属于哪类零件，从材料可大致了解其加工方法，从绘图比例可估计零件的实际大小。必要时，最好对照机器、部件实物或装配图了解该零件的装配关系，从而对零件有初步的了解。

2. 分析视图

分析视图的目的是读懂零件的结构形状。分析视图时，首先应找出主视图，相应地认定其他视图，再分析剖视图、断面图的剖切位置，然后根据零件的功用和视图特征进行形体分析，弄清组成零件各部分的结构形状及相对位置，逐步想象出零件的整体形状。看懂零件图的结构形状是读零件图的重点，组合体的读图方法仍适用于零件图。读图的一般顺序是先整体后局部，先主体结构后局部结构，先读懂简单部分再分析复杂部分。

3. 分析尺寸和技术要求

分析零件长、宽、高三个方向的尺寸基准，从基准出发查找各部分的定形、定位尺寸，并分析尺寸的加工精度要求。必要时还要联系机器或部件中与该零件有关的零件一起分析，以便深入理解尺寸之间的关系。

4. 分析技术要求

联系机器或部件中与该零件有配合连接关系的零件，逐项分析理解尺寸公差、几何公差和表面结构等技术要求。

5. 综合归纳

零件图表达了零件的结构形状、尺寸及其精确度要求等内容，它们之间是相互关联的，读图时应将视图、尺寸和技术要求综合考虑，这样才能对零件形成完整的认识。

读图的过程是一个深入理解的过程，只有不断实践，才能熟练地掌握读零件图的方法，不断提高读图能力和读图速度。

7.6.2 读零件图举例

下面以图7-1所示球阀的主要零件阀体为例，介绍读零件图的方法与步骤。

阀体的零件图如图7-74所示。

1. 概括了解

从标题栏可知，零件名称为阀体，材料为ZG230-450，毛坯是铸件，但其内、外表面都有一部分需要进行切削加工，因而加工前应作时效处理。图样比例为1:2。阀体是球阀的一个主要零件，容纳阀芯，同时与阀杆、阀盖、法兰、密封圈等零件具有装配连接关系，属于箱体类零件。

2. 视图表达和结构形状分析

阀体零件图采用了三个视图，其中主视图为全剖视图，左视图为半剖视图。对照图7-1可知，阀体左端通过螺柱和螺母与阀盖连接，形成球阀容纳阀芯的$\phi50$圆柱空腔。左端的$\phi55H11$圆柱形槽与阀盖的圆柱形凸缘相配合，如图7-75a所示。

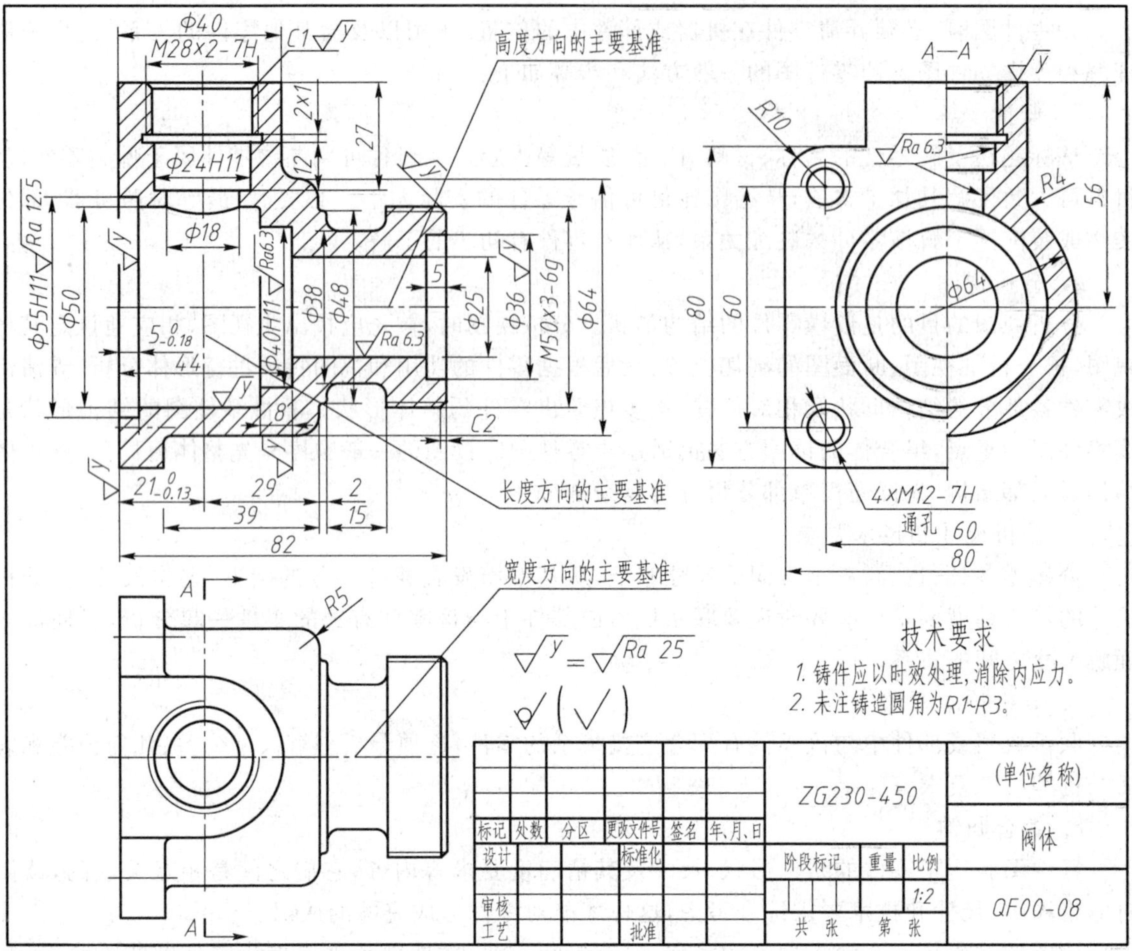

图 7-74 阀体零件图

阀体空腔右侧 $\phi 40H11$ 圆柱形槽用来放置密封圈,以保证在球阀关闭时不泄漏流体,如图 7-75b 所示。

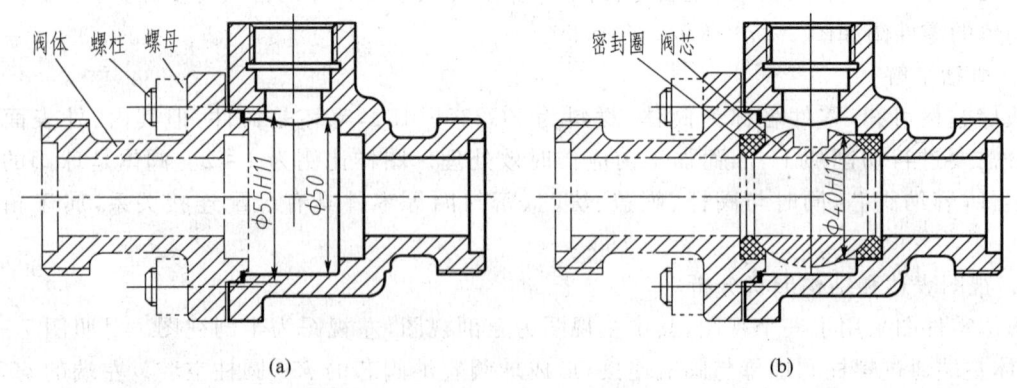

(a)　　　　　　　　(b)

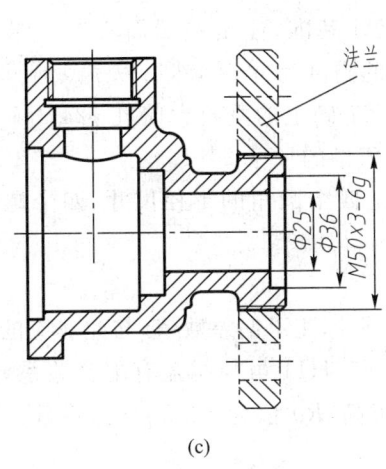
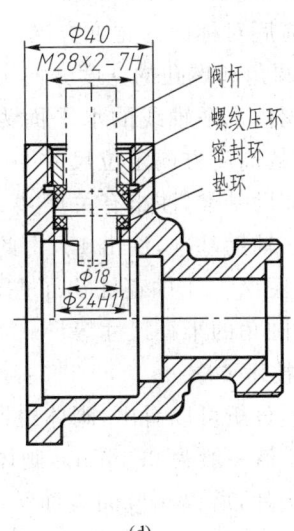

(c)   (d)

图 7-75 阀体的视图分析

阀体右端有用于连接法兰、管道系统的外螺纹 M50×3-6g,内部有阶梯孔 φ36、φ25 与空腔相通,如图 7-75c 所示。

在阀体上部的 φ40 圆柱体中,有 φ18、φ24H11 的阶梯孔与空腔相通,阶梯孔内容纳阀杆、垫环、密封环、螺纹压环等;在孔 φ24H11 的上端制出具有退刀槽的内螺纹 M28×2-7H,与螺纹压环旋合,将垫环、密封环压紧;孔 φ24H11 与阀杆下部的凸缘相配合,阀杆的凸缘在这个孔内转动。阀体上部如图 7-75d 所示。

由此可想象出阀体的形状,如图 7-76 所示为阀体的轴测剖视图。

3. 分析尺寸

阀体的结构形状比较复杂,标注的尺寸很多,这里仅分析其中的一些主要尺寸。

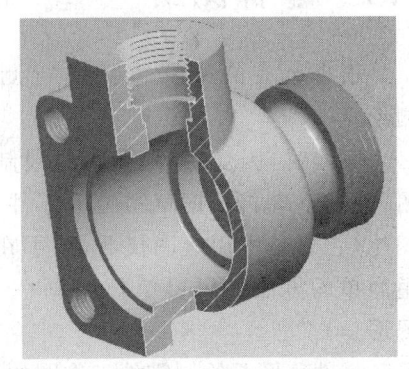

图 7-76 阀体的轴测剖视图

以阀体水平孔的轴线为径向尺寸基准,它同时也是高度和宽度方向主要基准,注出水平方向孔的直径尺寸 φ55H11、φ50、φ40H11、φ25、φ36,右端的外螺纹 M50×3-6g,外圆柱尺寸 φ64、φ48、φ38。

带有公差的尺寸为配合尺寸,如 φ55H11 就是与阀盖相配合的尺寸。

以阀体竖直孔的轴线为径向尺寸基准,它同时也是长度方向的尺寸基准,注出 φ40、φ24H11、φ18 及 M28×2-7H 等。

以过竖直孔轴线的侧平面为长度方向的主要基准,以此为基准注出了外圆柱 φ64、右侧长度尺寸 29、左端面距离 $21_{-0.13}^{0}$。将左端面作为长度方向的第一辅助基准,注出内腔深度尺寸 44、右端面尺寸 82,再以由这两个尺寸确定的 φ40H11 的圆柱形槽底和阀体右端面为长度方向的第二辅助基准，注出其余的长度尺寸。

以阀体前后对称面为宽度方向的主要基准，注出阀体前后对称的左端方形凸缘的宽度尺寸 80 以及四个圆角和螺孔的宽度方向定位尺寸 60。

以通过阀体水平轴线的水平面为高度方向的尺寸基准，注出左端面方形凸缘的高度尺寸 80，四个螺孔的高度方向定位尺寸 60，$\phi 40$ 圆柱顶面的高度尺寸 56，然后以 $\phi 40$ 圆柱顶面为高度方向的第一辅助基准，注出有关尺寸 27；再以由尺寸 27 确定的垂直台阶孔 $\phi 24H11$ 的槽底为高度方向的第二辅助基准，注出 12，由此再注出螺纹退刀槽的尺寸 2×1。

此外，在图 7-74 中还注出了左端面方形凸缘上四个圆角的半径尺寸、四个螺纹通孔的尺寸、较大铸造圆角的半径尺寸等。

4. 了解技术要求

通过以上分析可以看出，阀体中比较重要的尺寸都标注了偏差数值，与此对应的表面结构要求也较高，Ra 值一般为 $6.3~\mu m$。阀体左端的阶梯孔 $\phi 55H11$ 虽与阀盖有配合关系，但阀体与阀盖间有调整垫片，所以相应的表面结构要求也不必很高，Ra 值为 $12.5~\mu m$。零件上不太重要的加工表面的表面结构 Ra 值一般为 $25~\mu m$。

此外，图 7-74 中还用文字注写了技术要求，补充说明有关热处理和"未注铸造圆角为 $R1 \sim R3$"的技术要求。

7.7 零件测绘

根据已有的机器零件进行测量，画出其草图并整理成零件工作图的过程称为零件测绘。

测绘时，因受时间、场所的限制，一般是在生产现场或机器旁进行，往往要先画出零件草图，经过整理再根据草图画出零件工作图。这里提到的"草图"绝不是"潦草的图"，与工作图相比，它只是不用绘图仪器，徒手在白纸或坐标方格纸上画出，零件各部分大小全凭目测，或用简单的方法如用铅笔杆比画一下，得出零件各部分的比例关系后，再根据比例关系画出图形。

零件草图是绘制零件工作图的重要依据，必要时可直接用于加工制造零件，因此草图必须具备零件图的所有内容。

7.7.1 测绘工具简介

常用的测绘工具有钢直尺，内、外卡尺，游标卡尺，千分尺，螺纹规，圆弧规等，如图 7-77 所示。钢直尺用来测量直线尺寸；内、外卡尺用来测量圆结构的内、外直径；游标卡尺用来测量外圆柱面直径、内孔直径和孔深等；千分尺细分有外径千分尺（最常见）、内径千分尺、内测千分尺、壁厚千分尺、管壁千分尺等，功能各异，但都是用来测量精度在 0.01 mm 范围内的尺寸；螺纹规用来测量螺纹直径和螺距；圆弧规用来测量三维形体的半径尺寸。目前有更先进的测绘仪器，可将整个零件扫描后经计算机处理，直接得出具有尺寸的零件的三维实体图形和视图。

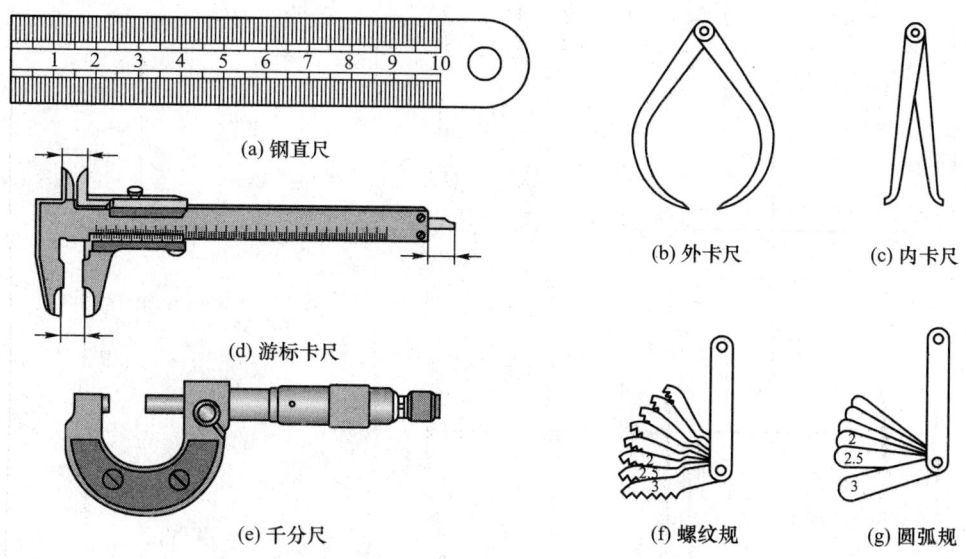

图 7-77 常用的测绘工具

7.7.2 零件测绘的方法与步骤

下面以滑动轴承(图 8-13)的轴承座为例,介绍零件测绘的一般方法与步骤。

1. 了解零件,分析结构

测绘时,首先应了解零件的名称、材料以及零件在所属部件中的位置和作用,然后根据零件在部件中的作用以及制造方法对其进行结构分析,弄清零件各部分的结构。

2. 确定表达方法

选择主视图及其他视图,确定各视图的表达方法。

3. 绘制零件草图

绘制零件草图按以下顺序进行:

(1) 根据零件大小、视图数量选择图纸幅面,布置各视图的位置,画出各视图的对称中心线和作图基准线。布置视图时,要留有标注尺寸的位置和标题栏(此处采用简化标题栏)的位置,如图 7-78 所示。

(2) 按形体分析的方法,用细实线画出零件内、外主要结构形状的轮廓线,如图 7-79 所示。

(3) 画出零件各视图的细节和局部结构,如图 7-80 所示。

(4) 确定尺寸基准,绘制全部尺寸界线、尺寸线、标出箭头。

(5) 逐个测量,填写尺寸。

(6) 画剖面线,遇到尺寸数字应断开。

(7) 检查核实,加深所有轮廓线。

(8) 标注表面结构,注写其他技术要求,填写标题栏。

最后的零件草图如图 7-81 所示。

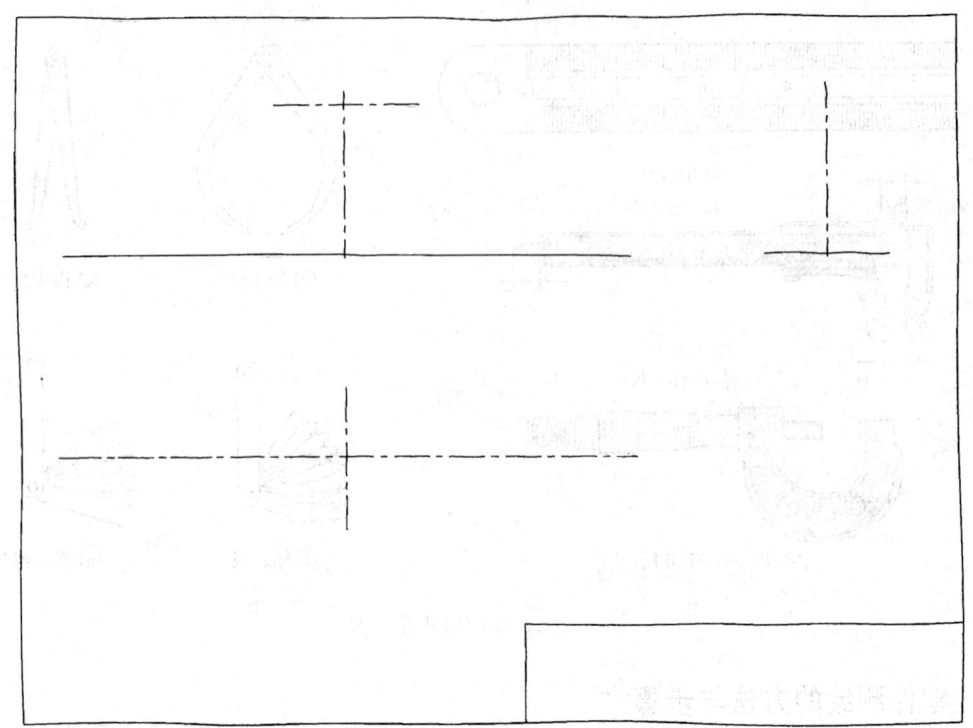

图 7-78 布图(画出各视图中心线、作图基准线)

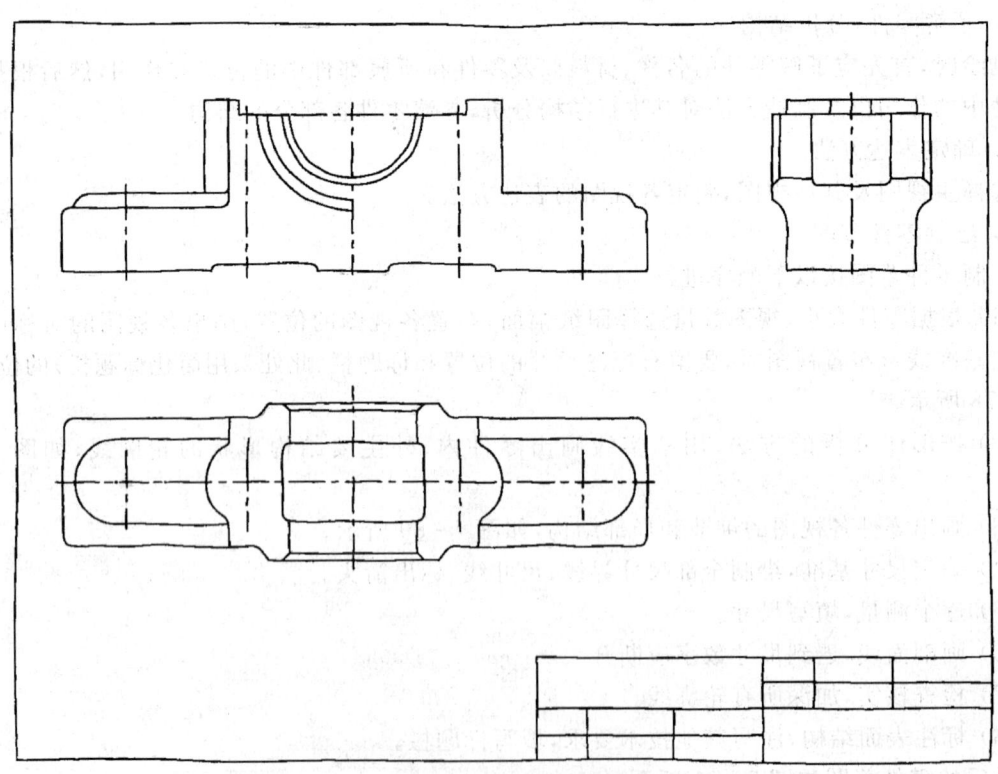

图 7-79 画出零件内、外主要结构形状的轮廓线

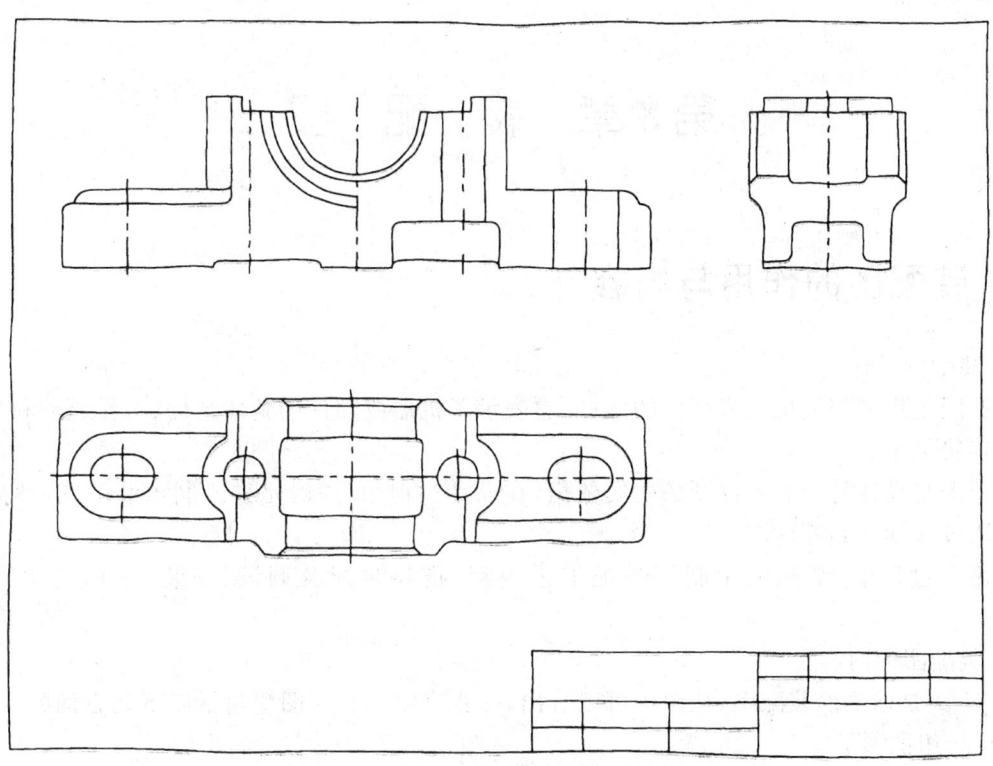

图 7-80 画出各视图的细节和局部结构

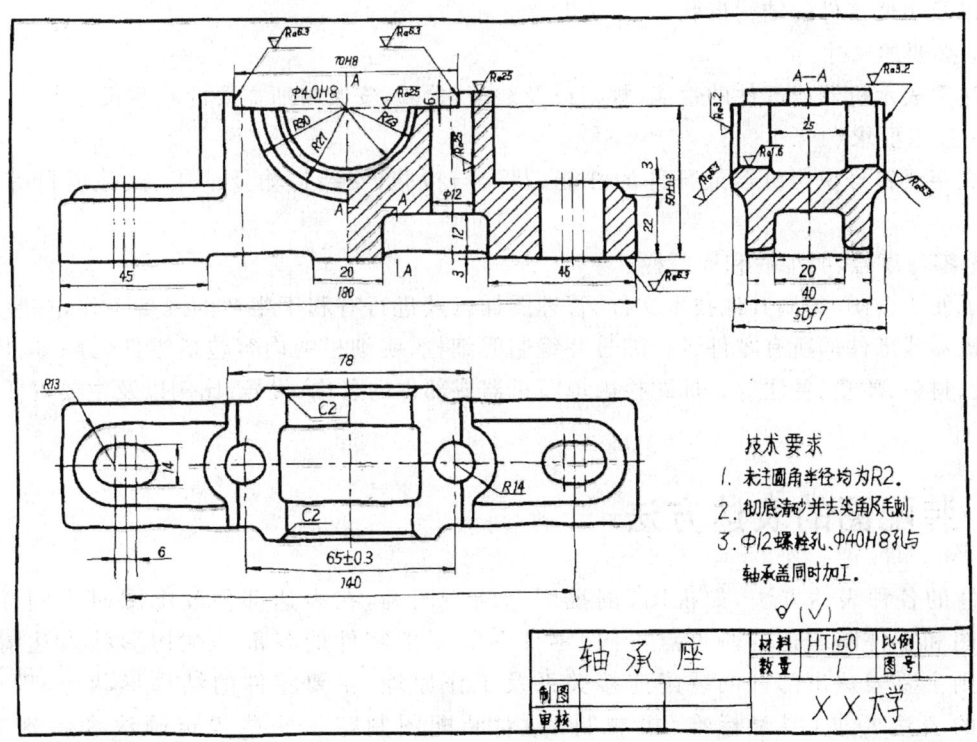

图 7-81 零件草图

第8章 装 配 图

8.1 装配图的作用与内容

1. 装配图的作用

装配图是用来表达机器或部件的图样,它表示了机器或部件的整体结构、工作原理和零件间的装配连接关系。

装配图是设计与绘制零件图的主要依据,在设计过程中,一般是先绘制出装配图,然后再根据装配图设计和绘制零件图。

在生产过程中,装配图是制订装配工艺规程、指导装配及调试、安装、维修的主要技术文件。

2. 装配图的内容

图8-1是球阀的装配图,从图中可以看出,一张完整的装配图应包括以下几方面的内容:

(1) 一组图形

用各种表达方法正确、完整、清晰地表达出机器或部件的工作原理、装配关系、零件之间的连接方式以及主要零件的结构形状。

(2) 必要的尺寸

标注出表示机器或部件的性能、规格以及装配、检验、安装时所需要的一些尺寸。

(3) 技术要求

用文字或符号说明机器或部件的性能、装配与检验、安装运输及使用、试验项目等方面的要求。

(4) 零件序号、明细栏和标题栏

为了便于读图、编制其他技术文件、管理图样以及进行有利于生产的准备工作,在装配图上必须对机器或部件的所有零件进行编号并编制明细栏,明细栏的内容包括零件的序号、代号、名称、数量、材料、质量、备注等。标题栏内填写机器或部件的名称、代号、比例以及主要责任人的签名等。

8.2 装配图的表达方法

零件的各种表达方法,如视图、剖视图和断面图等,在表达部件装配图时也同样适用。但装配图和零件图表达的侧重点不同,零件图需要把零件的各部分结构形状表达清楚,而装配图则主要表达出部件的装配连接关系及工作原理、主要零件的结构形状等,因此根据装配图的表达要求,国家标准《机械制图》对装配图制定了一些规定画法和特殊的表达方法。

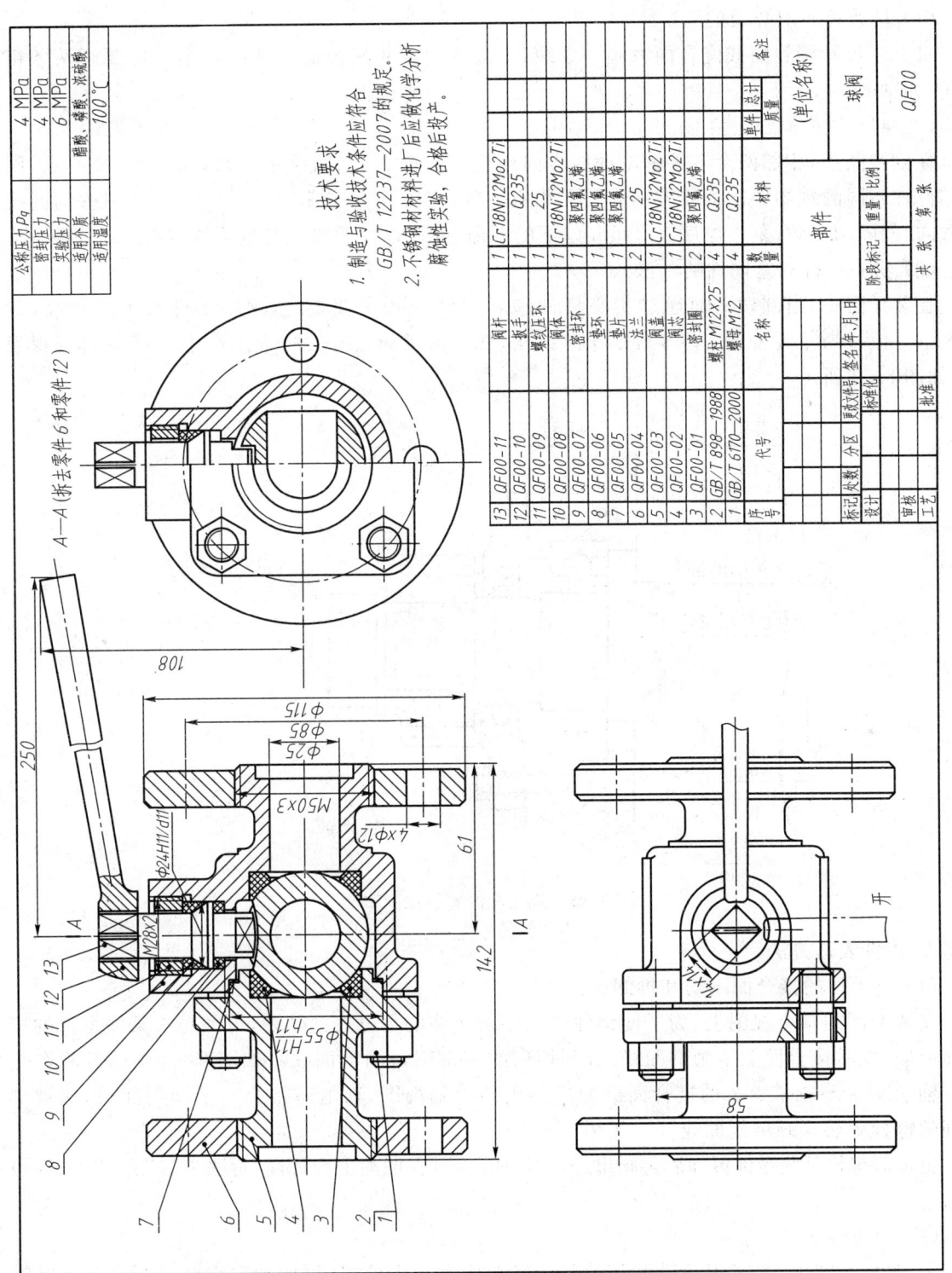

图 8-1 球阀装配图

1. 规定画法

(1) 接触面或配合面的画法

两个零件的接触面或配合面只画一条线,非接触面或非配合面即使间隙很小也要画两条粗实线,如图 8-2 所示。

(2) 剖面线的画法

在剖视图中,相邻两个零件的剖面线方向相反或方向相同、间隔不一致,如图 8-2 所示;同一零件在不同的视图中剖面线方向和间隔均应一致,如图 8-1 中阀体 10 在主、左视图中剖面线的方向、间隔均一致;剖面厚度在 2 mm 以下的图形,允许以涂黑来代替剖面线,如图 8-2 所示。

(3) 实心杆件和紧固件的画法

在装配图中,当剖切平面通过实心杆件和紧固件的基本轴线时,这些零件按不剖绘制,如图 8-2 所示;当需要表达这些零件的某些结构,如键槽、销孔、齿轮的啮合等时,可用局部剖视表示,如图 8-2 所示。

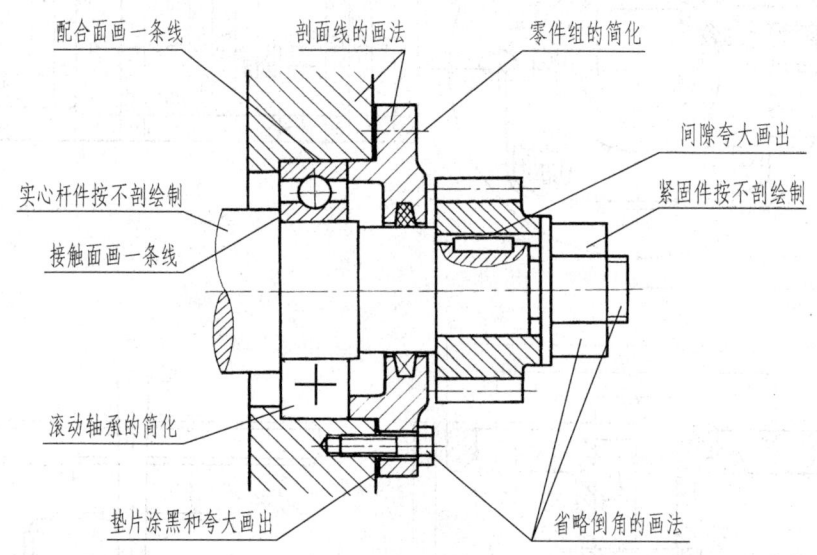

图 8-2 规定画法和简化画法

2. 特殊表达方法

(1) 沿零件的接合面剖切和拆卸画法

在装配图的某个视图上,为了使部件的某些被遮住的部分表达清楚,可假想沿某些零件的接合面剖切,此时接合面上不画剖面线,被剖切到的零件则需画剖面线。如图 8-3 中的俯视图是沿着轴承座 1 与轴承盖 2 的接合面剖切后画出的半剖视图,轴承座接合面不画剖面线,而被剖切到的螺栓则必须画出剖面线。

也可假想将某些零件拆卸后再画出,需要说明时,可在图的上方标注"拆去××"等,如图 8-1 所示。

(2) 假想画法

① 在装配图中,为了表示某些零件的运动范围和极限位置,可用细双点画线画出该运动零件在某一极限位置时的轮廓,如图 8-4 所示。

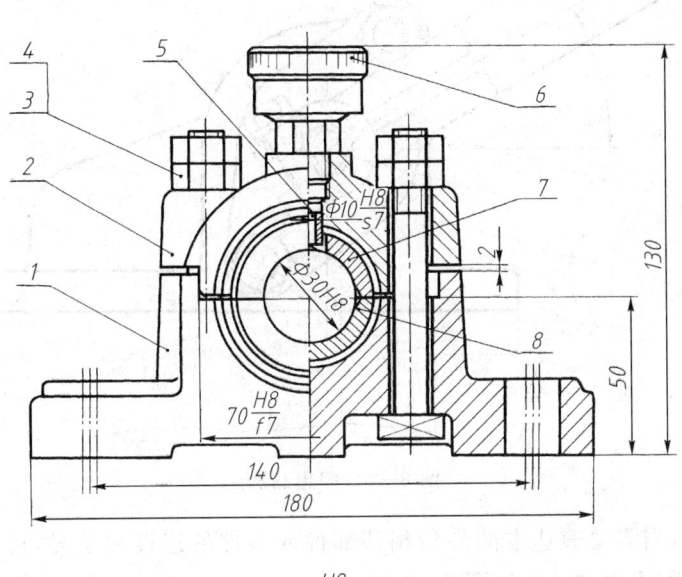

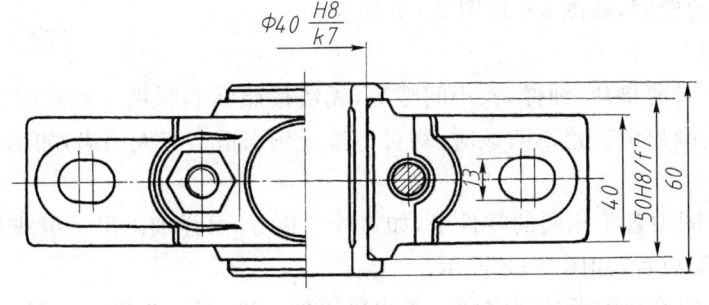

技术要求

下轴瓦与轴承用着色法检查接触情况，接触面积不少于整个面积的50%，下轴瓦与轴承盖接触面积不少于40%。

8	HDZC00-05	上轴瓦	1	ZQSn6-6-3			
7	HDZC00-04	上轴瓦	1	ZQSn6-6-3			
6	GB/T 1154	油杯B12	1				
5	HDZC00-03	轴瓦固定套	1	Q235			
4	GB/T 8	螺栓M10×90	2	Q235			
3	GB/T 41	螺母M10	4	Q235			
2	HDZC00-02	轴承盖	1	HT150			
1	HDZC00-01	轴承座	1	HT150			
序号	代号	名称	数量	材料	单件	总计	备注
					质量		

图8-3 滑动轴承装配图

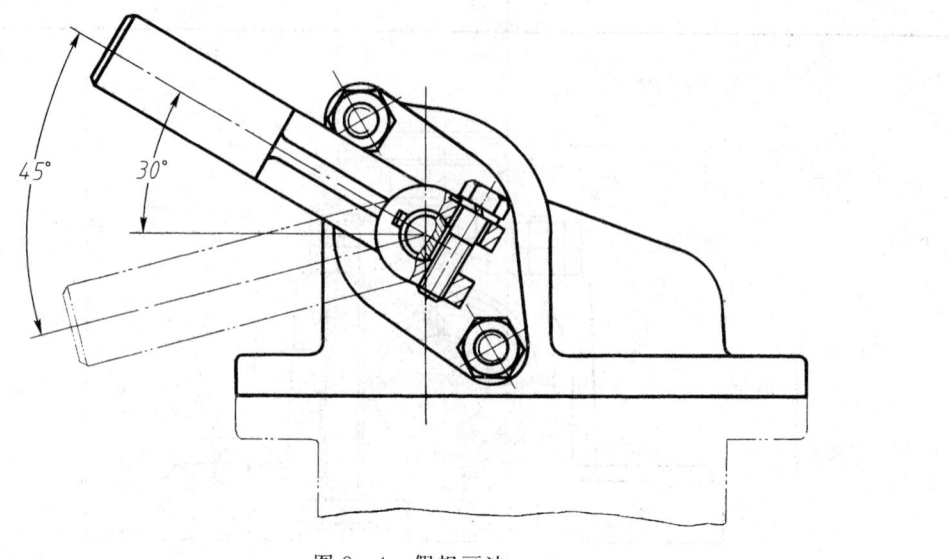

图 8-4 假想画法

② 在装配图中,当需要表达本部件与相邻部件或零件的连接关系时,可用细双点画线画出相邻部件或零件的轮廓,如图 8-1、图 8-4 所示。

(3) 夸大画法

在装配图中,对薄垫片、细弹簧、小间隙等,无法按照其实际尺寸画出时,或遇到具有较小斜度或锥度,虽如实画出但表达不明显时,均可不按比例而适当夸大画出,如图 8-2 所示。

(4) 简化画法

① 对于装配图中若干相同的零件组,如螺栓连接等,可详细画出一组或几组,其余只要用细点画线表示其装配位置,如图 8-2 所示。

② 装配图中的滚动轴承按规定画法画出投影的一半,另一半则可按图 8-2 简化画出。

③ 在装配图中,当剖切平面通过的某些组合件为标准产品(如油杯、油标、管接头)时,或该组合件已有其他装配图表示清楚时,则可以只画出其外形,如图 8-3 中的油杯。

④ 装配图中,零件的工艺结构如圆角、倒角、退刀槽、凸台、凹坑等细节允许不画,如图 8-2 中的螺栓头部、螺母的倒角及因倒角而产生的曲线省略不画。

(5) 单独画法

当个别零件的某些结构在装配图中还没有表达清楚时,为了便于读图和更好地了解机器或部件的工作原理,可将该零件某个方向的视图单独画出,并在视图上方标明零件序号和投射方向。

8.3 装配图的尺寸标注和技术要求

1. 尺寸标注

装配图是用来装配机器或部件的,不是制造零件的直接依据,因此装配图中不需要注出零件的全部尺寸,而只需标注下面几类尺寸:

(1) 性能(规格)尺寸

性能(规格)尺寸是表示机器或部件规格的尺寸,它是设计和使用该机器或部件的主要依据,如图 8-3 中轴承的轴孔直径 ϕ30H8。

(2) 装配尺寸

装配尺寸是用来保证部件的工作精度和性能要求的尺寸。

① 配合尺寸。

配合尺寸是表示零件间配合性质的尺寸,如图 8-1 中的 ϕ24H11/d11、ϕ55$\frac{H11}{h11}$、图 8-3 中的 ϕ40$\frac{H8}{k7}$、70$\frac{H8}{f7}$ 等。

② 相对位置尺寸

相对位置尺寸是表示装配时需要保证的主要零件之间相对位置的尺寸,如图 8-3 中保证轴承座与轴承盖之间较重要的间隙距离 2。

(3) 安装尺寸

安装尺寸是表示机器或部件安装在地基上或与其他机器或部件连接时所需要的尺寸,如图 8-3 中轴承底座安装孔的中心距尺寸 140、长圆孔宽度尺寸 13 等。

(4) 外形尺寸

外形尺寸是表示机器或部件的总长、总宽、总高的尺寸,它是包装、运输、安装和厂房设计的依据,如图 8-3 中轴承的总体尺寸 180、60、130。

(5) 其他重要尺寸

其他重要尺寸是不属于上述尺寸,但属于设计和装配中需要保证的尺寸,如图 8-4 中运动零件的极限位置尺寸 45°、30°。这一类尺寸可按实际需要而定。

必须指出,上述的各种尺寸并不是每张装配图都缺一不可的,有的尺寸往往同时具有几种不同的含义,如图 8-3 中的尺寸 ϕ30H8,它既是性能(规格)尺寸,又是配合尺寸。因此,装配图上的尺寸标注,应根据机器或部件的具体情况进行考虑。

2. 技术要求

在装配图上,对有些不能在图形中表达的技术要求,可以用文字逐条说明,一般有如下内容:

(1) 有关产品性能、安装、运输、使用、维护等方面的要求;

(2) 有关试验和检验的方法与要求;

(3) 有关装配时的加工、密封和润滑等方面的要求。

8.4 装配图中的零件序号和明细栏

为了便于读图、装配产品、管理图样和做好生产准备,需要在装配图上对各个零件或组件进行编号,同时在标题栏的上方编制相应的明细栏。

1. 编写零件序号的方法和规定

(1) 装配图中的每种零件(含部件、组件)都要按顺序进行编号,形状、尺寸、材料完全相同的零件只编一个序号,形状相同、尺寸或材料不同的零件应分别编号。图上所画标准化的组合件,如油杯、滚动轴承、电动机等只编一个序号。

（2）序号应尽可能编在反映装配关系最清楚的视图上。

（3）编序号时，从反映该零件最明显的可见轮廓内用细实线向图外画指引线，在指引线的始端画一圆点，在指引线的非零件端用细实线画一水平基准线或圆，在水平的基准上或圆内注写序号。序号字号比该装配图中所注尺寸数字的字号大一号或两号，如图 8-5a 所示；也可以在指引线的非零件端的附近注写序号，序号字高比该装配图中所注尺寸数字的字号大一号或两号，如图 8-5b 所示。

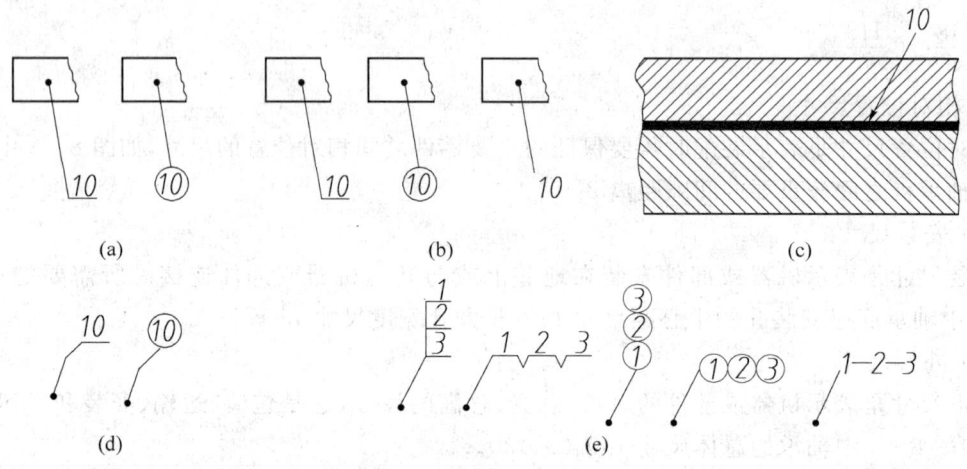

图 8-5 零件序号的编写

当指引线从很薄的零件或涂黑的断面引出时，为了区别引出区域，可画箭头指向该零件的轮廓，如图 8-5c 所示。

（4）指引线尽可能分布均匀，不可相交；指引线应尽量不穿过或少穿过其他零件的轮廓范围，不宜画得太长；当通过有剖面线的区域时，指引线不得与剖面线平行；必要时，指引线可画成折线，但只允许弯折一次，如图 8-5d 所示；指引线不可画成水平线或垂直线。

（5）对于一组紧固件或装配关系清楚的组件，可采用公共的指引线，如图 8-5e 所示。

（6）序号在图样中应按水平或竖直方向排列整齐，按顺时针或逆时针方向顺序排列，如图 8-1、图 8-3 所示。

（7）部件中的标准件可以与非标准件同样编写序号，如图 8-1 所示；也可以不编写序号，而将标准件的数量与规格直接用指引线标明在图中。

2. 明细栏的编制

明细栏是机器（或部件）全部零部件的详细目录，画在标题栏的上方，序号应由下而上按顺序填写。当位置不够时，可紧靠在标题栏的左边自下而上延续。明细栏的内容与格式见图 1-4。

明细栏中的序号必须与装配图中的编号一一对应。

代号是按照零件部件对整个机器产品的隶属关系编制的号码，一般情况下，使用序号即可。倘若产品是由若干部件、组件组成的，为表明其中诸多零件的从属关系，在明细栏中应同时将代号写出。

在特殊情况下,也可以不在装配图上列出明细栏,而将明细栏作为装配图的续页单独编写在另一张 A4 图纸上,单独编写时,序号由上而下按顺序填写。

8.5 装配结构的合理性简介

为了保证机器或部件的装配质量,满足性能要求,并给加工和装拆带来方便,在设计过程中,必须考虑装配结构的合理性。

1. 配合面与接触面的合理性

(1) 当轴与孔相配合,且轴肩与孔端面接触时,为保证有良好的接触精度,应将孔加工成倒角或在轴肩处切槽,如图 8-6 所示。

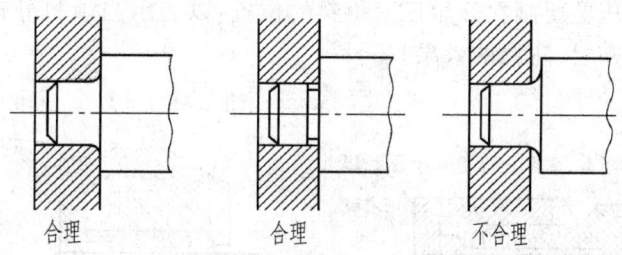

图 8-6 常见装配结构(一)

(2) 两零件在同一方向只能有一对接触面,这样才能保证配合质量,便于加工与装配,如图 8-7 所示。

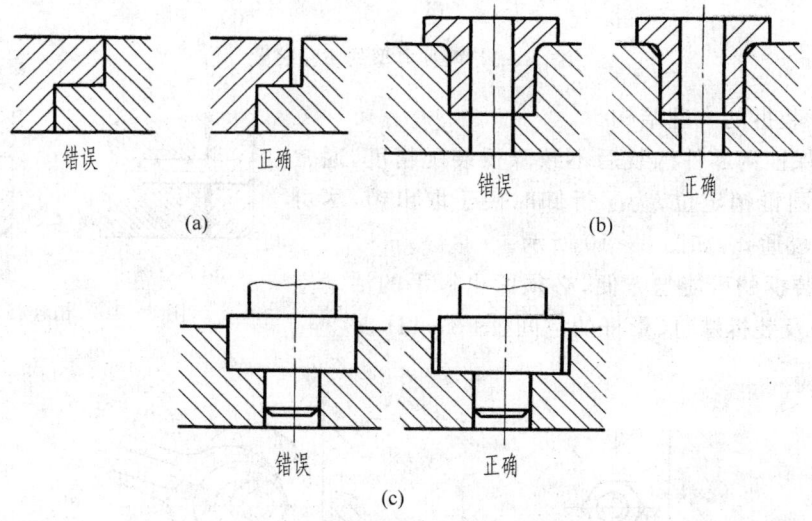

图 8-7 常见装配结构(二)

(3) 圆锥面接触应有足够的长度,且锥体顶部和锥孔底部必须留有间隙,以保证锥面的良好配合,如图 8-8 所示。

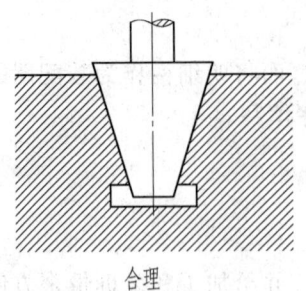
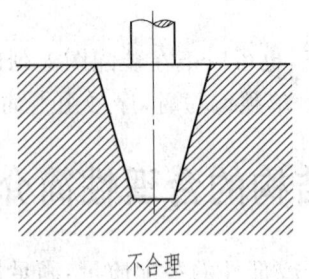

合理　　　　　　　　　　　不合理

图 8-8　常见装配结构(三)

2. 密封装置的合理性

为了防止机器或部件内部的液体外流,同时也避免外部的灰尘、杂质等侵入,常采用密封装置。图 8-9 所示为一种采用填料的密封装置,即填料函的结构。它依靠压盖将填料压紧,从而起到防漏、密封作用。压盖要画在开始压紧填料的位置,以表示当填料磨耗后,尚可左移压盖压紧填料,使之仍然保持密封、防漏的效果。

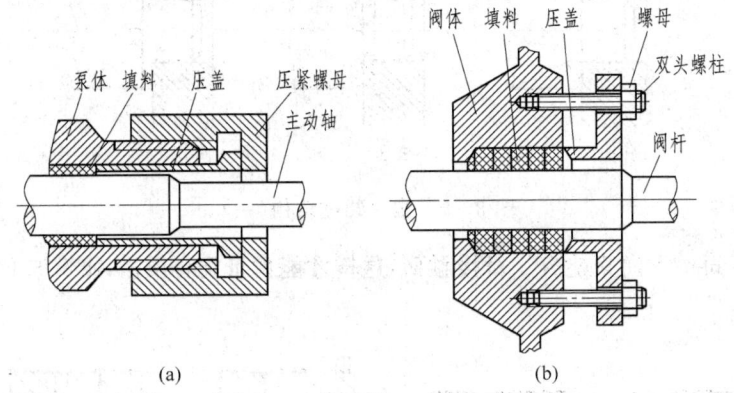

图 8-9　两种典型的防漏装置

3. 有利于装拆的合理结构

(1) 为了保证两零件拆装后不致降低装配精度,通常采用圆柱销或圆锥销定位,为了拆卸时便于取出销,尽可能将销孔加工成通孔,如图 8-10 所示。

(2) 考虑装拆的可能与方便,必须留出扳手的活动空间(图 8-11a)及装拆螺钉、量杆的空间(图 8-11b、c)。

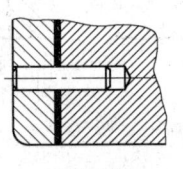
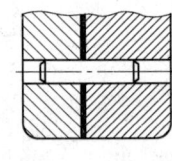

(a) 不合理　　(b) 合理

图 8-10　销连接的结构

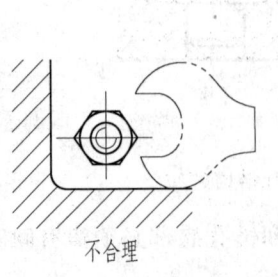

不合理　　　　　　　合理

(a)

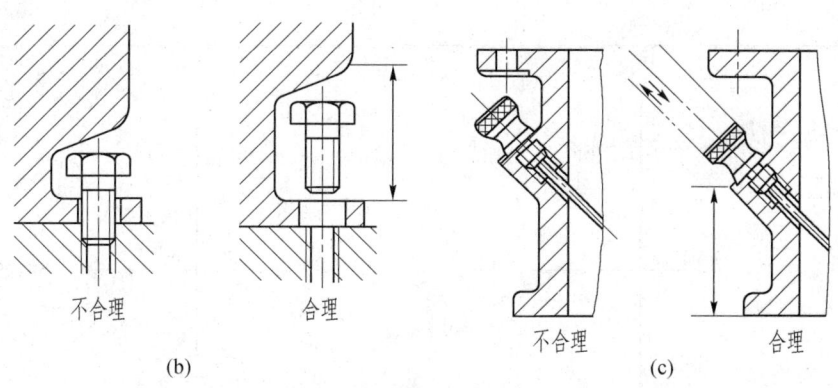

图 8-11 留出活动空间和装拆空间

8.6 装配图的画法

以图 8-1(轴测图见图 7-1)所示的球阀为例,说明画装配图的方法和步骤。

1. 确定表达方案

在确定表达方案之前,必须先了解所画部件的用途、工作原理、装配关系、结构特点、主要零件的装配工艺和工作性能要求等内容。

(1) 选择主视图

主视图通常按部件的工作位置放置,选择最能反映部件的装配关系、工作原理和主要零件结构特点的方向作为主视图的投射方向。图 8-1 所示的球阀可选择阀杆轴线为垂直线,即油路通孔呈水平放置的视图为主视图,采用全剖视图清晰地表达球阀两条装配干线上各零件之间的装配关系。

(2) 选择其他视图

其他视图主要是补充表达那些在主视图中尚未表达或表达不够清楚的地方。如图 8-1 所示的球阀装配图,俯视图采用局部剖视图,表达阀体、阀盖的连接关系以及部分零件的外形,用细双点画线表示出手柄转动的极限位置;左视图采用半剖视图,表达阀杆与阀芯的装配关系,拆去扳手和左端法兰,使阀盖外形表达得更清晰,作图更简化。

2. 确定比例和图幅

部件的表达方案确定后,应根据部件的实际大小及结构的复杂程度,确定合适的比例和图幅。在确定图幅大小时,不仅要考虑各视图的位置,而且要考虑标题栏、明细栏,编写零件序号,标注尺寸和注写技术要求等的位置。

3. 画装配图的步骤

(1) 布置图面。根据选定的视图方案,画出各视图的对称中心线和主要基准线,同时画出标题栏和明细栏的位置,如图 8-12a 所示。

(2) 画主体零件或重要零件的轮廓线。画出阀体的三视图,如图 8-12b 所示。

(3) 画其他零件。按装配关系逐个画出装配干线上各零件的轮廓线,如图 8-12c、d 所示。

(4) 完成全图。画好剖面线,标注尺寸,编写零件序号,填写标题栏和明细栏,注写技术要求,检查修改后加深图线,最后完成的球阀装配图如图 8-1 所示。

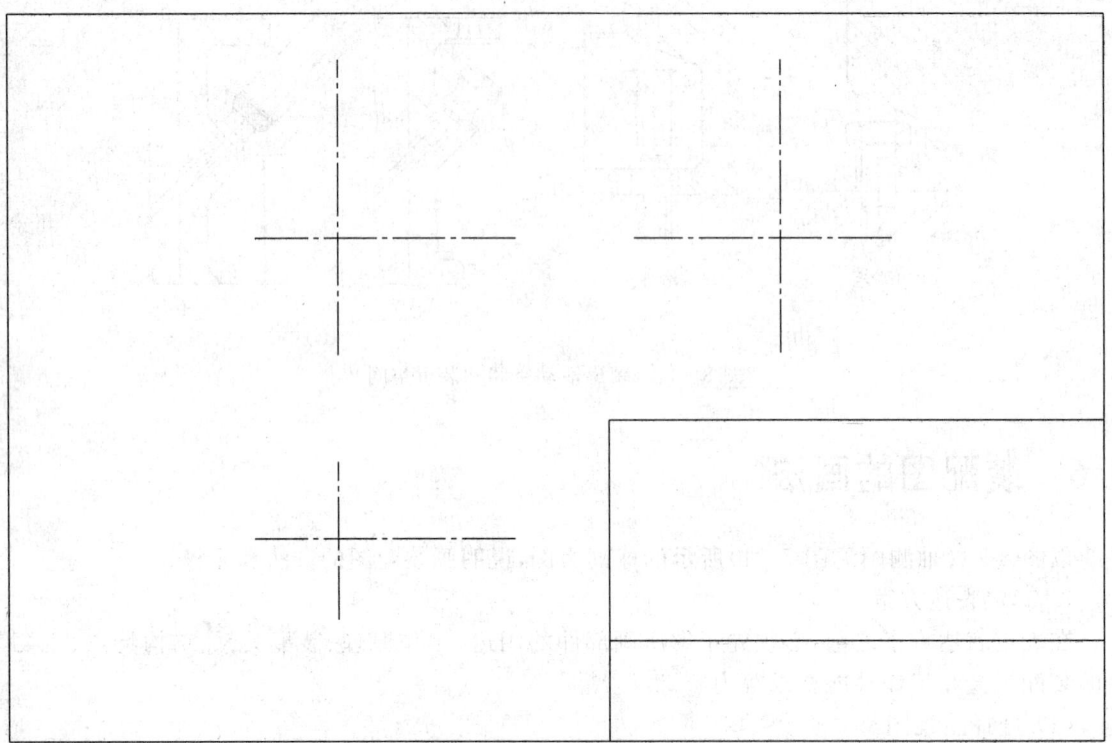

(a) 画对称中心线和主要基准线

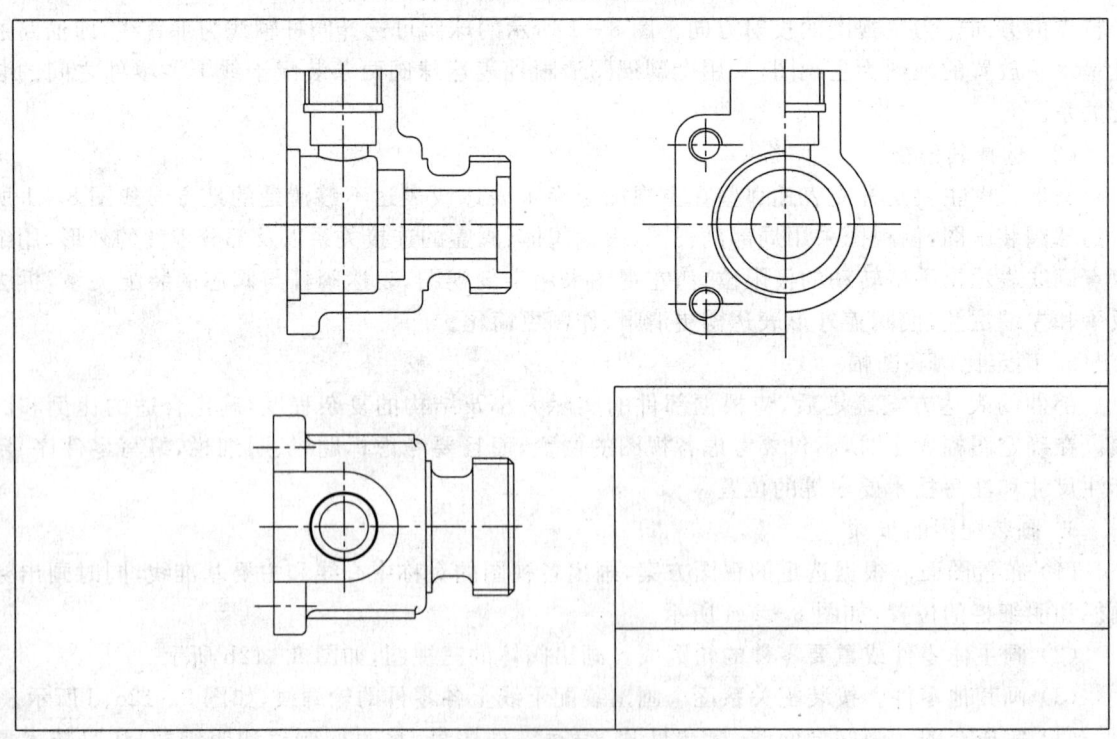

(b) 画主体零件——阀体

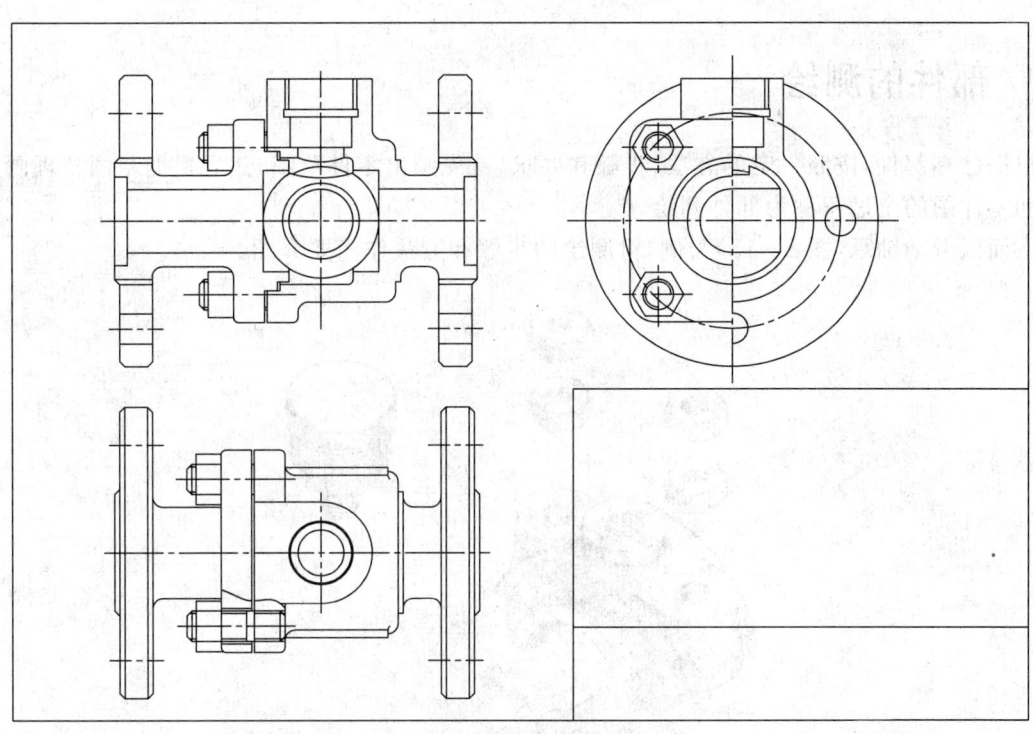

(c) 画水平装配干线上各零件的轮廓线

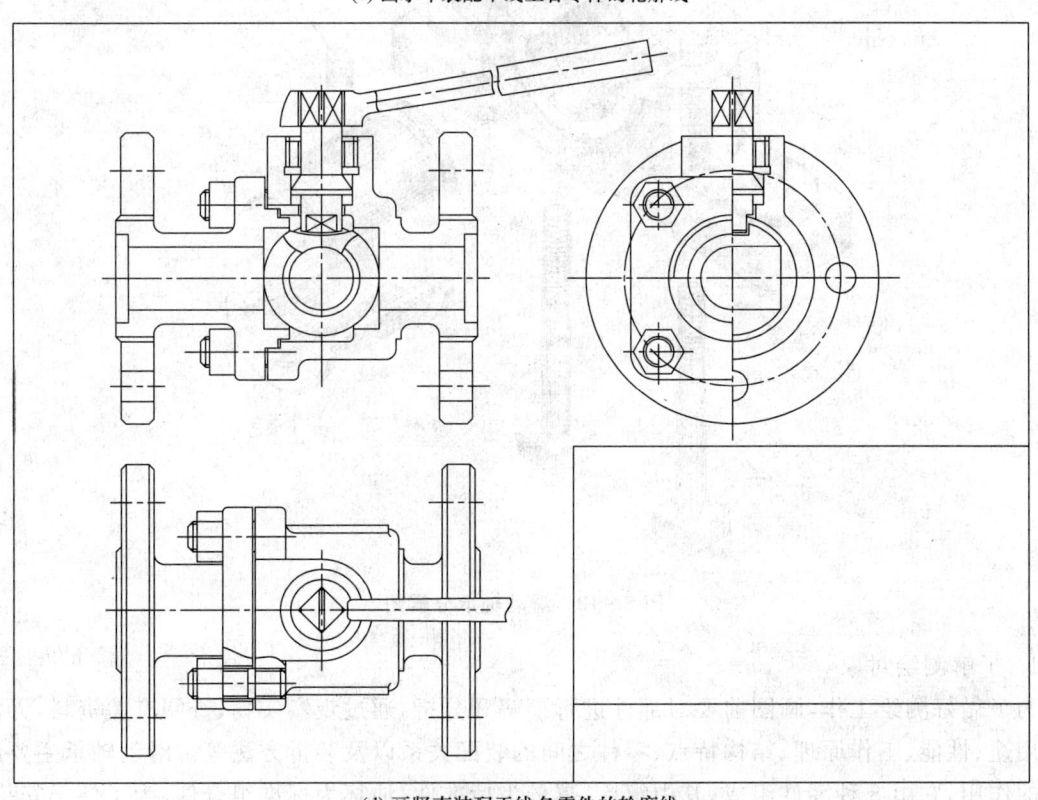

(d) 画竖直装配干线各零件的轮廓线

图 8-12 球阀装配图的画法

8.7 部件的测绘

根据已有部件,按照一定的方法、步骤和要求,首先画出零件草图,然后根据草图整理画出装配图和零件图的全过程称为部件测绘。

下面以滑动轴承(图 8-13)为例,对测绘的步骤和方法作简要介绍。

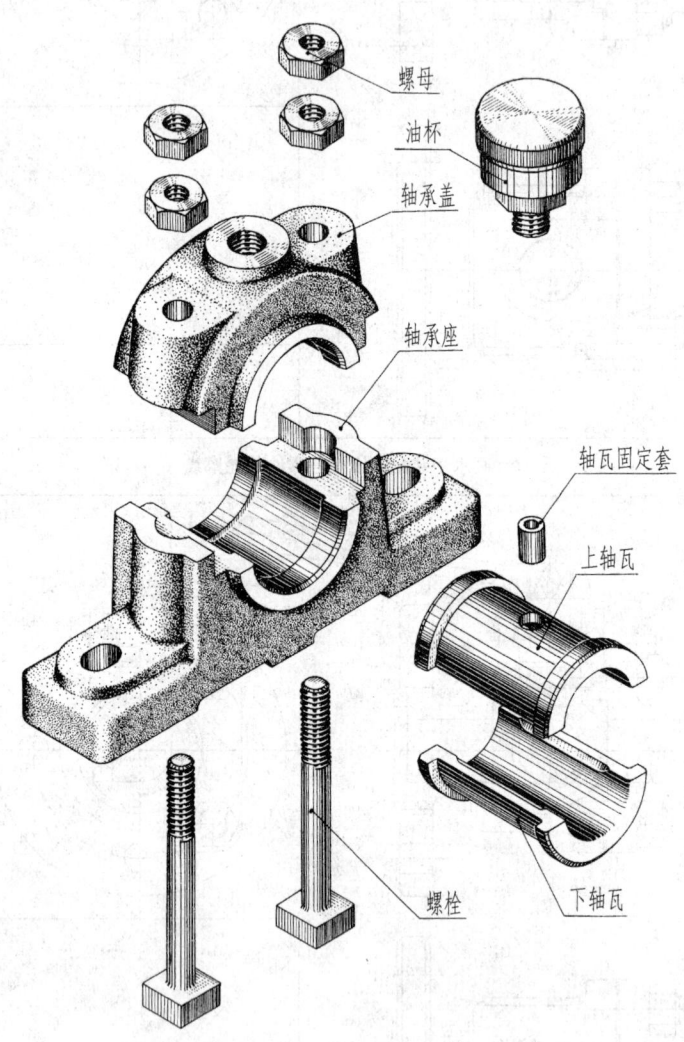

图 8-13 滑动轴承分解图

1. 了解测绘对象

为了做好测绘工作,画图前要对部件进行了解和分析,通过观察实物、查阅有关资料,弄清部件的用途、性能、工作原理、结构特点、零件之间的装配关系以及装拆方法等。滑动轴承主要起支承轴的作用,它由 8 种零件组成,其中螺栓、螺母为标准件,油杯为标准组合件,为了便于安装,轴承做成上、下结构,上、下轴瓦分别装在轴承盖和轴承座上,轴瓦两端的凸缘侧面分别与轴承座和轴承盖两边的端面配合,以防止轴瓦作轴向移动,轴承座与轴承盖之间做成阶梯形止口配合是为了防止轴承座、轴承盖之间横向错动;轴瓦固定套是防止轴瓦在轴承座、轴承盖之间出现转动。轴承用螺栓、螺母连接,使其成为一个整体,用方头螺栓是为了防止拧紧螺母时螺栓跟着转动;为防止松动,每个螺栓上用两个螺母紧固。油杯中填满油脂,拧动杯盖,便可将油脂挤入轴瓦内起润滑作用。

2. 拆卸零件和画装配示意图

拆卸零件必须按顺序进行,如滑动轴承的拆卸顺序为:拧下油杯,松开螺母,取下轴承盖;拆卸上轴瓦和轴承座。

拆卸零件时,要进一步了解各零件之间的装配关系、各零件的作用和结构特点,特别要注意零件之间的配合关系。对于过盈配合尽可能不拆卸,如轴瓦固定套与轴承盖和上轴瓦为过盈配合,拆卸时它们之间尽可能不拆开。

对于较复杂的部件,为了便于拆卸后重新装配及给画装配图提供参考,在拆卸零件过程中应画出装配示意图。装配示意图是用规定符号和简单图线画出装配体各零件的大致轮廓,用以说明零件之间的装配关系和相对位置以及传动情况和工作原理等,如图 8-14 所示。

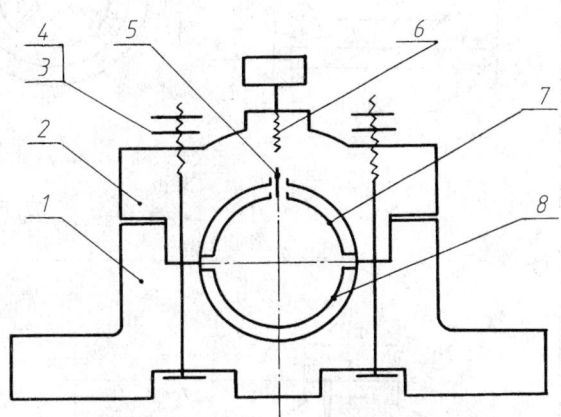

图 8-14　滑动轴承装配示意图
1—轴承座(1件);2—轴承盖(1件);3—螺母(4件);
4—螺栓(2件);5—轴瓦固定套(1件);6—油杯
(1件);7—上轴瓦(1件);8—下轴瓦(1件)

画装配示意图时,应注意以下几点:
(1) 装配示意图是将装配体假设为透明体画出的,因而外形轮廓和内部构造均可反映出来。
(2) 每个零件只画大致轮廓或用单线条表示,但两个零件的接触表面要留出空隙,以便区分零件。
(3) 装配示意图上应标出各零件的名称、数量和需记录的数据等。
(4) 常用零件的规定符号见国家标准《机械制图　机构运动简图符号》(GB/T 4460—1984)。

3. 画零件草图

对所有非标准零件,均应画出零件草图,零件草图的绘图方法和步骤见 7.7 节。图 8-15 为滑动轴承部分零件草图,轴承座的零件草图见图 7-81。画图时应注意以下几个问题:
(1) 标准件只需确定规格,注出规定标记,不必画草图。
(2) 所有的工艺结构,如倒圆、倒角、圆角、凸台、凹坑、退刀槽等都必须画出,不得省略。
(3) 零件制造时产生的误差或缺陷,如对称形状不太对称、圆形不圆以及砂眼、缩孔、裂纹等不应在图上画出。
(4) 零件上的标准结构要素的尺寸,如螺纹、退刀槽、键槽等,测量后应查阅有关标准手册核对确定。
(5) 零件上的非加工面尺寸和非主要尺寸应圆整为整数,并尽量符合标准尺寸系列。
(6) 两零件的配合尺寸和互有联系的尺寸,应在测量后同时填入这两个零件的草图中,如轴承座与轴承盖的阶梯形止口配合尺寸 70、螺纹孔中心距尺寸 65 等。
(7) 零件的技术要求,如表面结构、极限与配合、几何公差、热处理、材料等,可根据零件的作用及设计要求,参阅同类产品的图样和资料,用类比法确定。

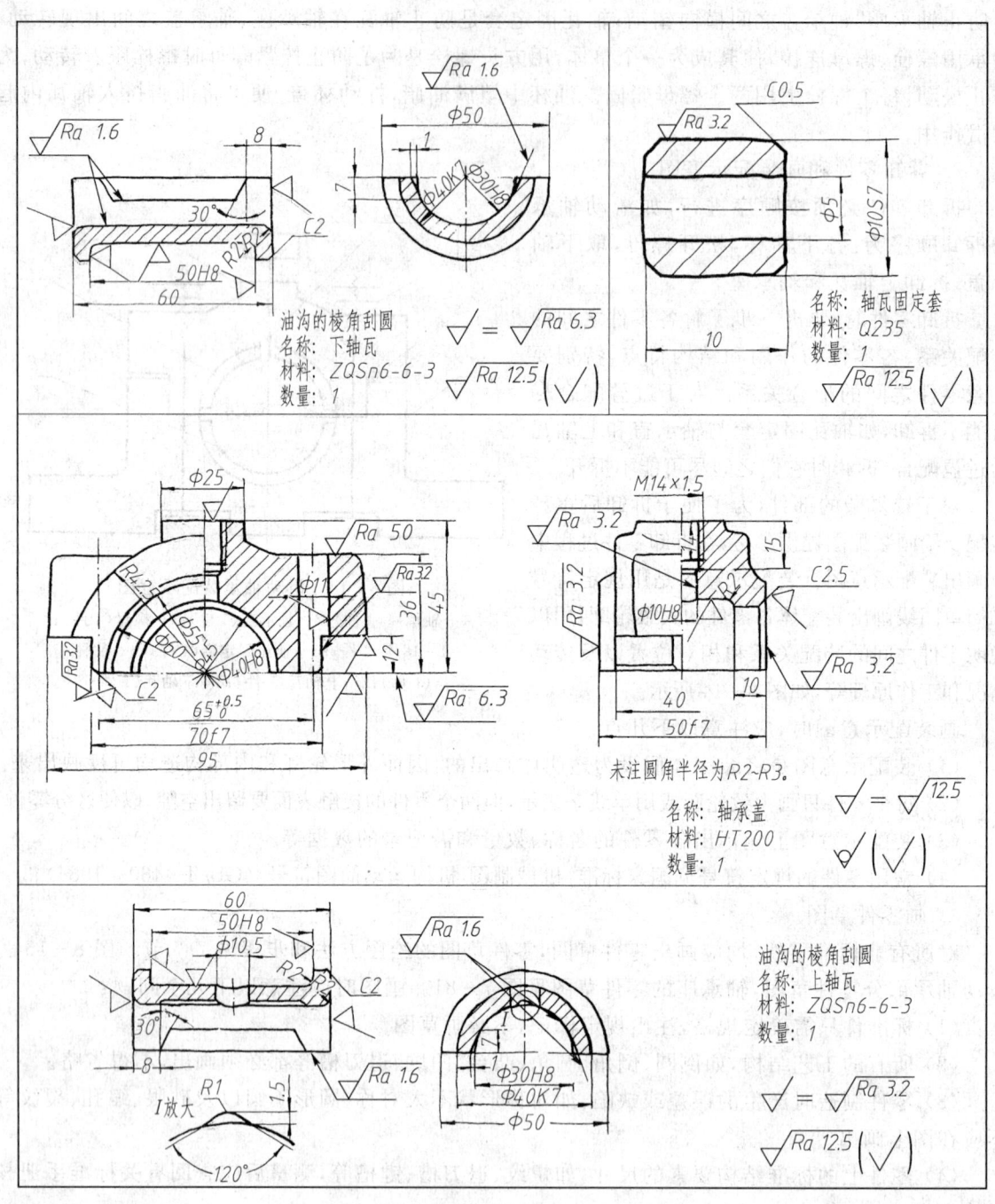

图 8-15 滑动轴承部分零件草图

4. 画装配图

根据零件草图、装配示意图和标准件画出装配图。画装配图的方法和步骤见 8.6 节。图 8-3 是完成后的滑动轴承装配图。在画装配图的过程中,应及时修改草图上的错误。

5. 画零件工作图

根据零件草图画出零件工作图。对零件草图中的尺寸注法和极限与配合的选定等,可根据实际要求作适当的调整。图 8-16 所示为轴承座零件图。

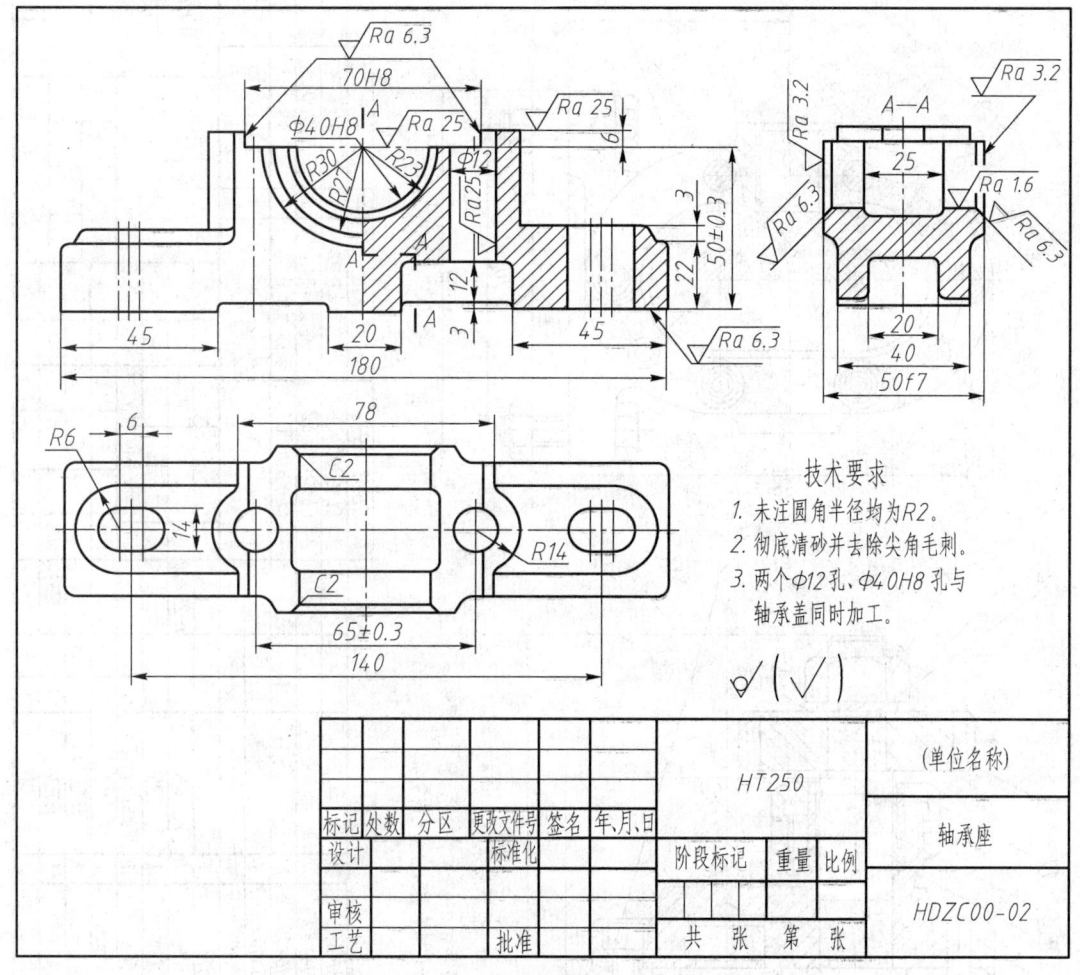

图 8-16 轴承座零件图

8.8 读装配图和由装配图拆画零件图

1. 读装配图

在生产实践中,机器从设计到制造,从使用到维修,或进行技术交流等都要用到装配图,因此读懂装配图是每个工程技术人员必须具备的基本技能之一。

读装配图的目的是从装配图中了解机器或部件的用途、性能及工作原理、各组成零件之间的装配连接关系和技术要求,还要了解各零件在机器中的作用,想象出它们的结构形状。

下面以图 8-17 所示的齿轮油泵为例说明读装配图的方法与步骤。

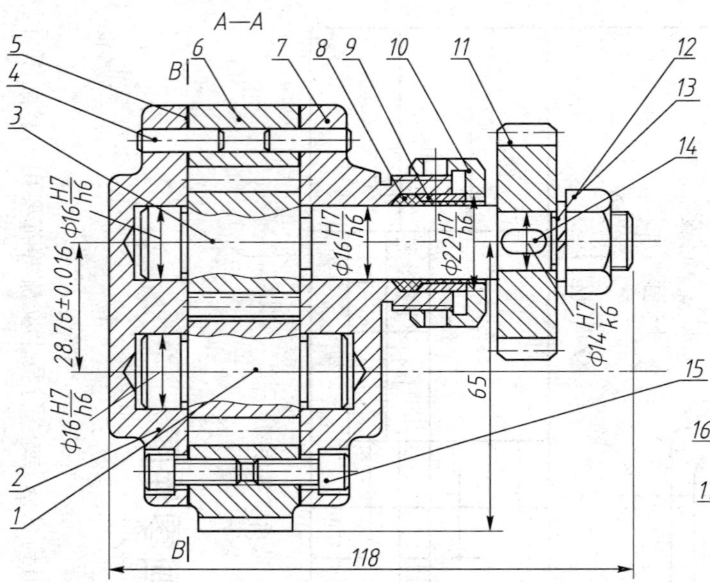

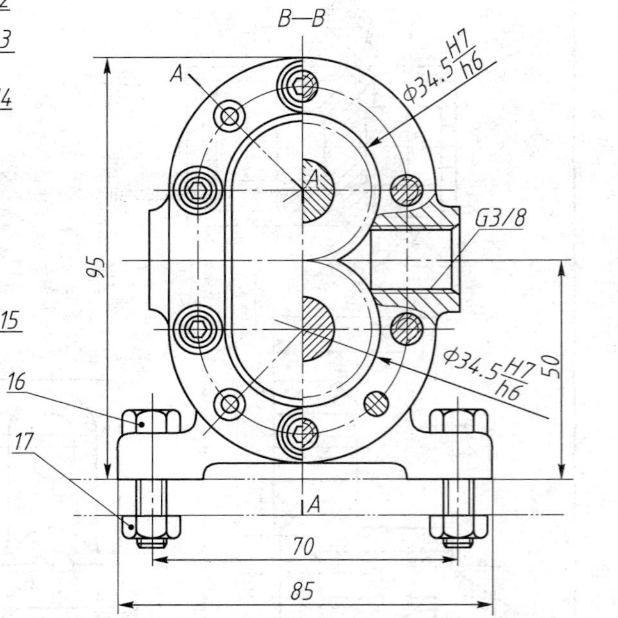

技术要求

1. 齿轮安装后，用手动齿轮时，应灵活旋转。
2. 两齿轮的啮合面应占齿长的3/4以上。

序号	代号	名称	数量	材料	单件质量	总件质量	备注
17	GB/T 6170	螺母M6	2				
16	GB/T 5782	螺栓M6×30	2				
15	GB/T 70	镙钉M6×16	12				
14	GB/T 1096	键5×10	1				
13	GB/T 6171	螺母M10	1				
12	GB/T 859	垫圈12	1				
11	CLYB00-10	传动齿轮	1	45			m=2.5,z=20
10	CLYB00-09	压紧螺母	1	35			
9	CLYB00-08	轴套	1	2CuSn5PbZn5			
8	CLYB00-07	密封圈	1	橡胶			
7	CLYB00-06	右端盖	1	HT200			
6	CLYB00-05	泵体	1	HT200			
5	CLYB00-04	垫片	2	纸			δ=1
4	GB/T 119	销5×18	4				
3	CLYB00-03	传动齿轮轴	1	45			m=3,z=9
2	CLYB00-02	左端盖	1	HT200			
1	CLYB00-01	齿轮轴	1	45			m=3,z=9

标记	处数	分区	更改文件号	签名	年.月.日	部件		(单位名称)
设计			标准化			阶段标记	重量	比例	齿轮油泵
审核									CLYB00
工艺			批准			共 张 第 张			

图 8-17 齿轮油泵装配图

(1) 概括了解

从标题栏了解机器或部件的名称；结合阅读说明书及有关资料，了解机器或部件的用途；根据比例，了解机器或部件的大小；从明细栏的序号与图中编的零件序号，了解各零件的名称及其在装配图中的位置，由其数量可了解机器或部件的复杂程度；此外，还要弄清装配图上的视图表达方案或各视图的表达重点。

齿轮油泵是机器供油系统的一个部件，图 8-17 所示的齿轮油泵由泵体，左、右端盖，运动零件（齿轮轴，传动齿轮轴，传动齿轮等），密封零件，标准件所组成。对照零件序号和明细栏可以看出，齿轮油泵由 17 种零件组成，其中标准件 7 种，非标准件 10 种。这些零件的名称、数量、材料和标准件代号及它们在装配图中的位置，也可以对照零件序号和明细栏看出。

整个装配图采用了两个视图表达，主视图是用两相交平面剖切得到的全剖视图，它表达了齿轮油泵的主要装配关系；左视图沿垫片和泵体的接合面剖切，表达了油泵的外部形状和齿轮的啮合情况，并采用局部剖视表达吸、压油的情况。

(2) 分析传动关系和工作原理

分析部件的工作原理，一般应从传动关系入手。如图 8-17 所示的齿轮油泵，从主视图可以看出，外部动力传给传动齿轮 11，再通过键 14 将转矩传给传动齿轮轴 3，经过齿轮啮合带动齿轮轴 1，从而使齿轮轴 1 作旋转运动，左视图是补充表达工作原理的，将其画成示意图，如图 8-18 所示，然后分析其工作原理。

当齿轮内腔中的齿轮按图 8-18 所示的箭头方向旋转时，齿轮啮合区右边的轮齿脱开，造成吸油腔容积增大，形成局部真空，油池中的油在大气压力的作用下被吸入泵腔，旋转的齿轮将吸入的油通过齿槽把油不断沿箭头所示方向从吸油腔带到压油腔，轮齿在压油腔中开始啮合，使压油腔的容积减小，压力增加，从而将油从出油口压出，输送到需要供油的部位。

(3) 分析零件间的装配关系和部件的结构

分析零件间的装配关系和部件的结构常常是从分析各条装配干线入手，弄清各零件间的相互配合要求以及零件间的定位、连接、密封等问题。

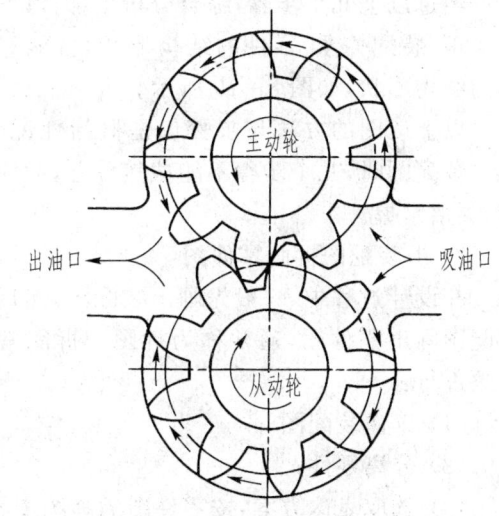

图 8-18 齿轮油泵工作原理

图 8-17 所示的齿轮油泵有两条装配干线，一条是传动齿轮轴装配干线，传动齿轮轴 3 装在泵体 6 和左、右端盖 2、7 的轴孔内，右边伸出端装有密封圈 8、轴套 9、压紧螺母 10、传动齿轮 11、键 14、弹簧垫圈 12 及螺母 13；另一条是齿轮轴装配干线，齿轮轴 1 装在泵体 6 和左、右端盖 2、7 的轴孔内，与传动齿轮轴中的齿轮相啮合。

部件的结构分析如下：

① 连接与固定方式 泵体与左、右端盖由销 4 定位后，再用螺钉 15 将它们连成一体。传动齿轮轴与齿轮轴通过两齿轮端面与左端盖 2 内侧和泵体 6 内腔的底面接触而定位，传动齿轮

轴上的传动齿轮 11 靠键 14 与轴连接,并通过弹簧垫圈 12 和螺母 13 固定。

② 配合关系 从图中可看出,传动齿轮 11 与齿轮轴 3 之间的配合尺寸是 $\phi 14 \frac{H7}{k6}$,属于过渡配合,两轴与左、右端盖支承处的配合尺寸都是 $\phi 16 \frac{H7}{h6}$,轴套与右端盖的配合尺寸是 $\phi 20 \frac{H7}{h6}$,两齿轮轴的齿顶圆与泵体内腔的配合尺寸均为 $\phi 16 \frac{H7}{h9}$,均属于间隙配合。

③ 密封结构 传动齿轮轴 3 的伸出端有密封圈 8,通过轴套 9 压紧后再用压紧螺母 10 锁紧而密封。此外,左、右端盖与泵体连接时,垫片 5 被压紧,也起密封作用。

(4) 分析零件,想象出各零件的形状结构

弄清部件的工作原理和装配关系,实际上都离不开零件的结构形状,一旦读懂了零件的结构形状,又可加深对工作原理和装配关系的理解。读图时,借助于序号所指零件上的通用剖面线,利用同一零件在不同视图上通用剖面线的方向与间隔一致的规定,对照投影关系以及与相邻零件的装配情况,即可逐步想象出各零件的主要结构形状。分析时一般从主要零件开始,然后再看次要零件。齿轮油泵的主要零件是传动齿轮轴,泵体,左、右端盖,只要将它们的主、左视图对照起来,即可想象出它们的结构形状,其他零件相对更容易读懂(图 6-1)。

(5) 归纳综合

经过以上几个步骤,综合分析了部件的功用、工作原理、装配关系、零件的结构形状,就能想象出总体的结构形状,如图 8-19 所示。

以上读图的方法与步骤仅是概括性说明,实际在读装配图时,几个步骤不能截然分开,而应交替进行,灵活掌握。

2. 由装配图拆画零件图

在设计过程中,一般先画出装配图,然后再根据装配图画出零件图,通常称为拆图。拆图常按下列步骤进行:

(1) 读懂装配图;
(2) 分离零件;
(3) 选取表达方案,按零件图的画图步骤画图。

拆画零件图时应注意下面几点:

(1) 在装配图中没有表达清楚的结构,要根据零件的功用和要求补画出来。

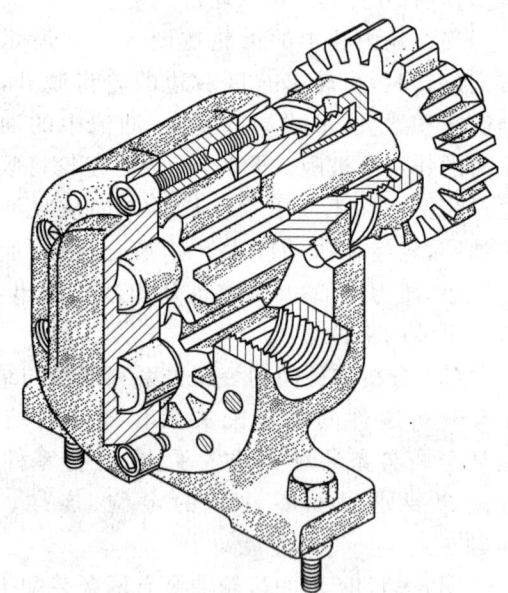

图 8-19 齿轮油泵装配轴测图

(2) 在装配图中被省略的细部结构,如倒圆、倒角、退刀槽等,在拆画零件图时应全部画出。

(3) 拆画零件图时,要结合零件本身的结构特点选择视图表达方案,不一定简单照抄装配图中表达的零件视图。

(4) 装配图中已有的尺寸,拆画零件图时应严格保证这些尺寸的准确性,装配图上未给出的

其他尺寸则按所用比例的大小直接量取,数值可作适当圆整。对零件的一些标准结构尺寸,如倒角、倒圆、键槽、螺纹等,应查有关国家标准后确定。

(5)零件的表面结构、尺寸公差、几何公差、热处理等技术要求,在拆画零件图时应根据零件在部件中的作用、设计要求以及工艺方面的知识确定。

下面以图8-17所示齿轮油泵的右端盖为例,说明拆画零件图的方法和步骤。

第一步:看懂装配图(前面已说明,略)。

第二步:分离零件。

从图8-17中序号7所指的右端盖部位找出它的范围,由于右端盖的一部分可见投影被其他零件所遮挡,因而它是一幅不完整的图形,如图8-20所示。根据零件的结构特点,补充被遮挡图线后的图形如图8-21所示。左视图上右端盖的外形不明显,只能通过对装配体的理解和工作情况进行补充表达和设计。

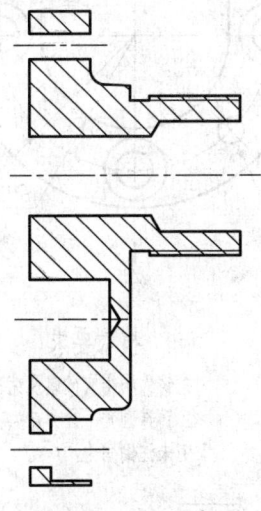
图8-20 右端盖分离图

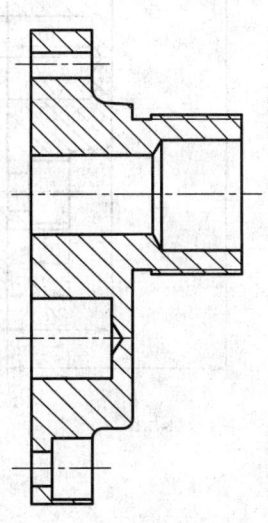
图8-21 右端盖补全图

第三步:根据零件的结构特点,重新选择表达方案。

右端盖属于盘盖类零件,根据其特点,可按工作位置放置,选择主、左两个视图来表达,因此装配图的主视图仍可作为零件图的主视图。但为了使左视图能显示较多的可见轮廓,应将螺纹凸缘部分向左布置。右端盖的左视图,应通过对装配体的理解和工作情况以及与其相关的零件的左视图进行设计。图8-22所示为右端盖的完整零件图。

第四步:标注尺寸和注写技术要求。

零件图上的尺寸一般应从装配图上直接量取,并根据比例计算成实际尺寸后标出。装配图上已有的尺寸应根据要求标注到零件图上,如装配图上的配合尺寸标注到零件图上时,应标注相关零件的公差带代号;零件图上的标准结构,如螺纹、键槽、销孔等,其尺寸应从相关国家标准中查出;需要计算确定的尺寸,应计算后标注。

零件图上的技术要求应根据零件的作用与装配要求确定,也可参考相关资料和相近产品图样注写。

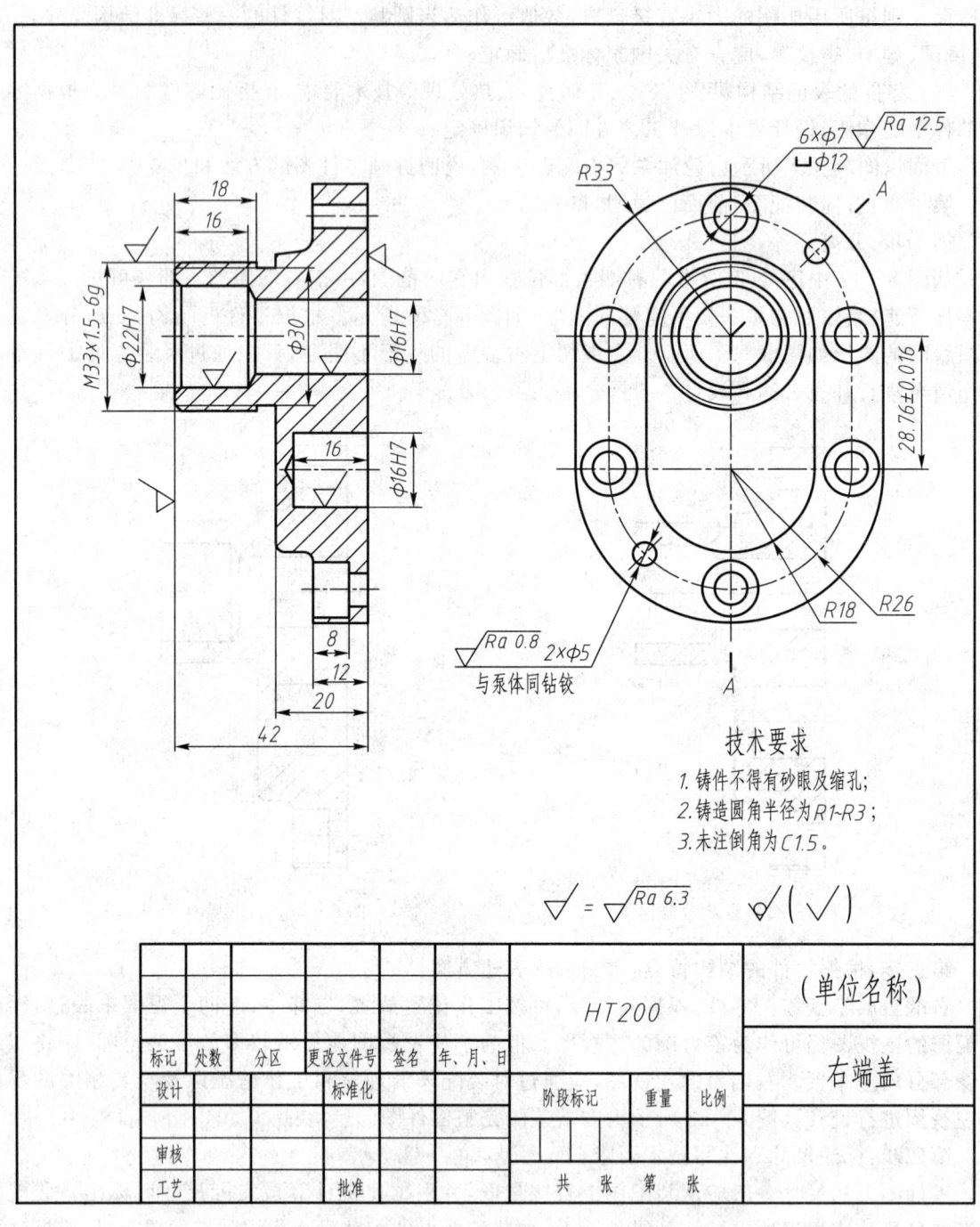

图 8-22 右端盖零件图

第 9 章 其他图样简介

9.1 展开图

在管道、薄壳容器等设备中，经常用到各种薄板制件，如图 9-1 所示的集粉筒。制造这类制件时，常在板材上先画出各个组成部分的展开图（又称放样），然后落料成形，最后焊接或铆接而成。

将立体表面按其真实形状和大小，依次毗连地摊平在一个平面上，称为立体表面展开。展开所得的图形，称为立体表面展开图。图 9-2 所示为圆管及其表面展开图。

展开图在冶金、化工、造船等设备制造行业中获得了广泛的应用。

画展开图的实质是求立体各表面的实形。

画展开图的方法有图解法和计算法。计算法是根据被展立体表面的方程计算出所需线段上的一系列点的数据，然后再绘制展开图。计算法一般由计算机完成。本章主要介绍平面立体表面和可展曲面展开及不可展曲面近似展开的基本原理和方法。

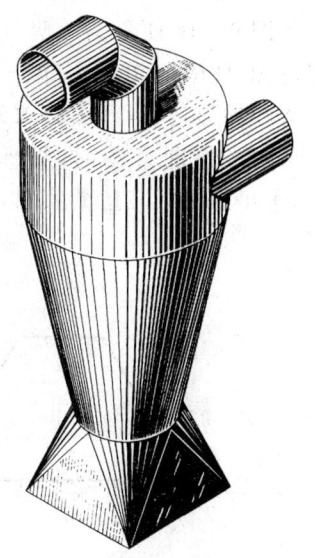

图 9-1 薄板制件——集粉筒

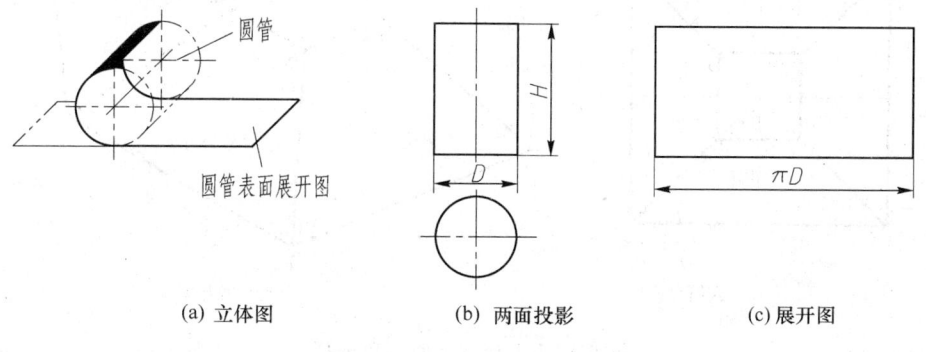

图 9-2 圆管表面的展开

9.1.1 平面立体的展开图

1. 棱柱管的展开

图 9-3a 为斜口四棱柱管的两面投影，从中可以看出它由四个棱面围成，只要求出这四个棱面的实形，就可画出展开图。因棱线垂直于底面，展开后仍为这种垂直关系，所以其展开的作图过程如下：

(1) 按各底边的实长展成一水平线 EE，标出 E、F、G、H、E 各点。

(2) 分别过这些点作直线 EE 的垂线，并在垂线上截取各棱线的实长，得 A、B、C、D、A 各点。

(3) 依次连接这些点，就得到了该棱柱管的展开图(图 9-3b)。

2. 四棱台吸气罩的展开

图 9-4a 所示为一吸气罩的两面投影，由图可知，此吸气罩为一个正四棱台壳体，棱面为等腰梯形，其展开图必须先绘制梯形平面的实形。求作展开图时，将梯形分成两个三角形，求出三角形三边的实长，依次连接即可得到吸气罩的展开图。

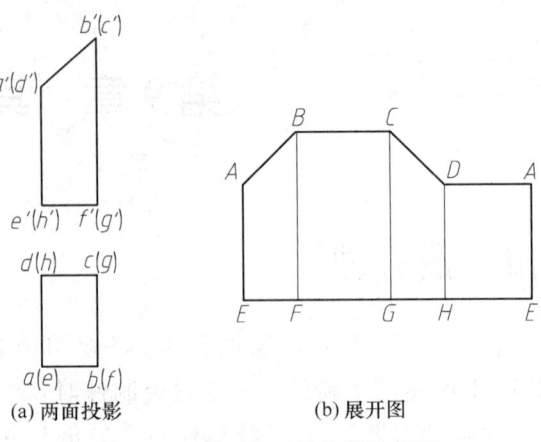

图 9-3 斜口直四棱柱管的展开

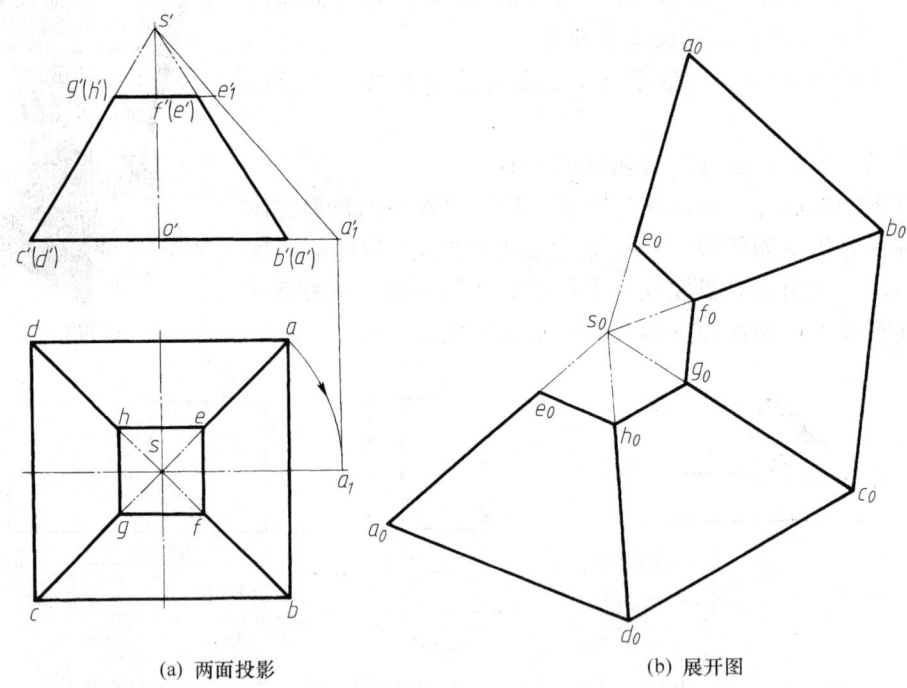

图 9-4 四棱台形吸气罩的展开

作图步骤如下：

(1) 求棱线的实长，即求一般位置直线的实长，可采用旋转法。在图 9-4a 中，设旋转轴过锥顶 S 且垂直于投影面 H，将棱线 SA 的水平投影 sa 旋转到平行于 X 轴的位置，得 sa_1，由点 a_1 求点 a_1'，则其正面投影 $s'a_1'$ 反映了棱线的实长，$e_1'a_1'$ 则反映了吸气罩侧棱 EA 的实长。因四条侧棱线长度相等，故求出 EA 即可。

(2) 作展开图。在适当位置取一点 s_0，过点 s_0 作任一直线，取 $s_0a_0 = s'a_1'$。再以点 s_0 为圆心、

s_0a_0 为半径画圆弧,自点 a_0 起在圆弧上依次截取 $a_0b_0=ab$、$b_0c_0=bc$、$c_0d_0=cd$、$d_0a_0=da$,得 a_0、b_0、c_0、d_0、a_0 五点,连接 s_0a_0、s_0b_0、s_0c_0、s_0d_0、s_0a_0 和 a_0b_0、b_0c_0、c_0d_0、d_0a_0。

(3) 在 s_0a_0 上截取 $a_0e_0=a_1'e_1'$,并以点 s_0 为圆心,s_0e_0 为半径画圆弧,分别与 s_0a_0、s_0b_0、s_0c_0、s_0d_0、s_0a_0 相交于 e_0、f_0、g_0、h_0、e_0 五点,连接 e_0f_0、f_0g_0、g_0h_0、h_0e_0,即得吸气罩的表面展开图,如图 9-4b 所示。

9.1.2 曲面立体的展开图

曲面立体分为可展与不可展两种。曲面立体的表面是否可展,则要根据组成其表面的曲面是否可展而定。直纹曲面中相邻两素线共面的曲面是可展的,其他所有曲面均不可展,不可展曲面常采用近似展开的方法画出其展开图。

1. 可展曲面的展开

(1) 斜口圆柱管的展开

图 9-5c 所示是一带斜口的圆柱管,图 9-5b 是它的展开图。展开图的做法如下:

① 画出底圆圆周展开后的直线段 $L=\pi D$。

② 将圆周及其展开的直线 L 分成若干等份(如 12 等份),于是在圆周上得到等分点 1、2、3、…,在展开的直线 L 上得等分点 1_0、2_0、3_0、…。过 1_0、2_0、3_0、…作直线 L 的垂线,即得各等分点素线在展开图上的位置。

③ 将正面投影中各素线的长度,如 $1'a'$、$2'b'$、$3'c'$、…移到展开图相应素线位置上,便可得素线的另一端点 a_0、b_0、c_0、…,如图 9-5a 所示。

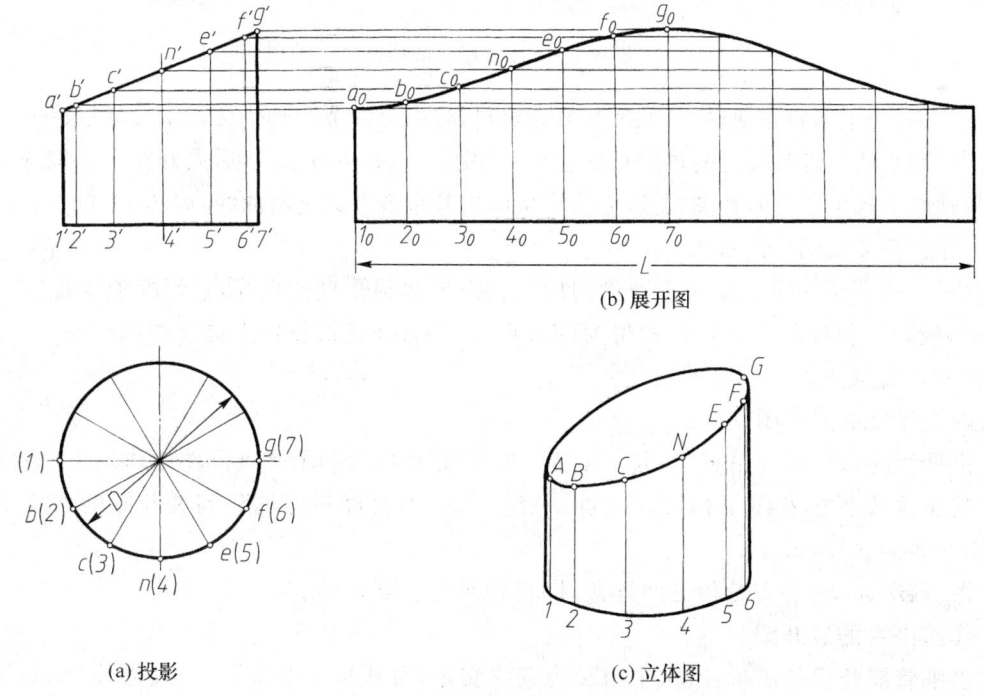

图 9-5 带斜口圆柱管的展开

④ 依次用曲线板光滑地连接各素线的端点 a_0、b_0、c_0、…,所得曲线即为截口椭圆展开后的

形状，即得斜口圆柱管的展开图，如图 9-5b 所示。

(2) 直角弯管的展开图

图 9-6a 所示弯管用于连接两相互垂直的圆管，一般将直角弯管分成若干节，本例由三节斜口圆柱管组成，中间一节为两面斜口的全节，端部两节是由一个全节分成的两个半节组成。

事实上，根据需要直角弯管可以有几个节，即有 $(n-1)$ 个全节或者 $2(n-1)$ 个半节，各斜口角度 α 可用公式 $\alpha = \dfrac{90°}{2(n-1)}$ 计算。

直角弯管各节可按上例圆柱管的展开画法作图，如图 9-6 所示。

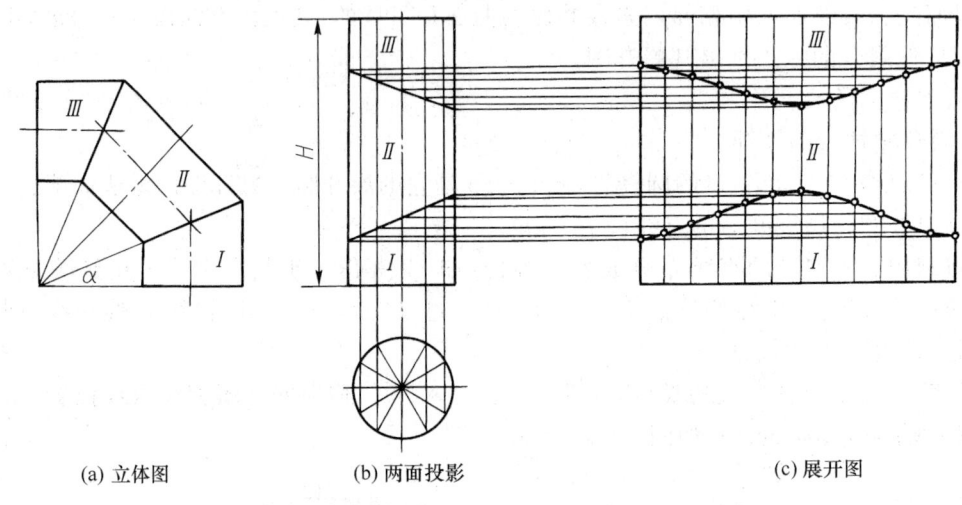

(a) 立体图　　　(b) 两面投影　　　(c) 展开图

图 9-6　直角弯管的展开

在生产中，为了下料方便、接口准确和节省材料，将Ⅱ、Ⅲ两节绕轴线旋转 180°，拼成一个高度为 H 的圆管（高度 H 为各节圆管的轴线长度之和），如图 9-6b 中所示，然后展开在一张钢板上，在现场通常只画出下端半节的展开图，再以它为样板画出其余各节的下料曲线，如图 9-6c 所示。

(3) 等径正交三通管的展开

图 9-7a 所示为一等径正交三通管的投影。由于两圆管直径相等，它们的轴线正交，并且平行于正面，所以相贯线的正面投影积聚为两条直线，并且在正面投影上能反映圆管表面上素线的实长。作图步骤如下：

① 画铅垂管的展开图

a. 铅垂管的顶口展开是直线，其长度为 πD，并分别在投影上和展开图中作出 12 等分素线；

b. 将正面投影中素线至相贯线交点 a'、b'、c'、… 的长度对应地移到展开图的素线上，得到 A、B、C、… 各点；

c. 将 A、B、C、… 各点分段光滑连接，即得铅垂管的展开图。

② 作水平管的展开图

a. 水平管展开后是矩形，其水平边长为素线实长，可从投影中量取；垂直边长为 πD，若展开半圆面，垂直边长则为 $\pi D / 2$；

b. 在 9-7a 所示的投影中，从 a'、b'、c'、… 各点出发作水平管半圆周 6 等分素线的投影，并在展开的水平圆柱面上作出 6 等分的水平素线；

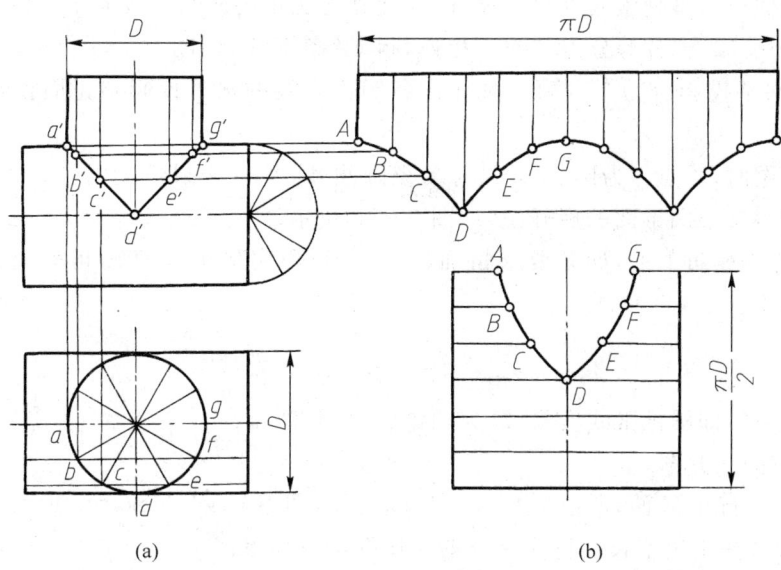

图 9-7 等径正交三通管的展开

c. 以水平管最低素线为展开缝，则点 D 应为展开图上第四条素线中点；

d. 过点 D 作展开图对称线，并由点 D 向上顺次在素线上对称地取 $CE=c'e'$、$BF=b'f'$、$AG=a'g'$；

e. 分段光滑连接 A、B、C、D、E、F、G 各点，即得半个水平管展开图，而另一半可对称画出。

（4）斜口正圆锥管的展开

图 9-8a 所示为一截去头部的正圆锥管，圆锥可认为是棱线无限增多的棱锥，因而可用展开棱锥表面的方法画它的展开图。作图步骤如下：

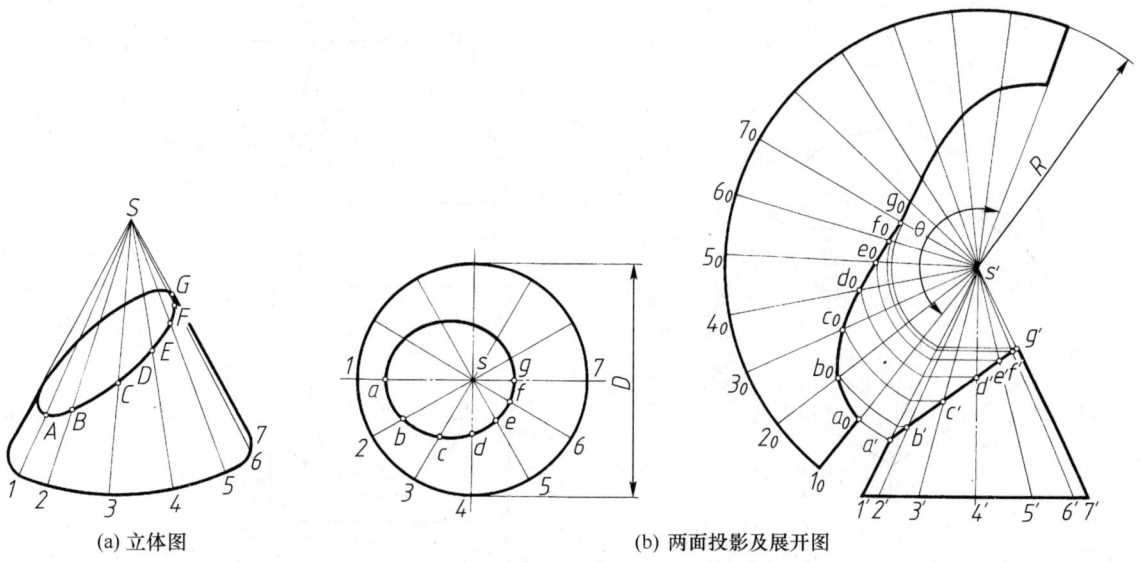

(a) 立体图　　　　　　　　　　　(b) 两面投影及展开图

图 9-8　斜口正圆锥管的展开

① 整个圆锥面的展开图。

在圆锥面上作出一系列素线并将其展开，为此先将圆锥的底圆分成若干等份，如 12 等份，得等分点 1、2、3、…、12，把各等分点与锥顶相连，得 12 条素线，如图 9 – 8a 所示。在图 9 – 8b 所示的投影中，将水平投影分为 12 等份，并作出各圆锥素线的水平投影和正面投影，图中 $s'1'$ 和 $s'7'$ 反映素线实长。

画圆锥展开图时，以点 s' 为圆心、$s'1'$ 为半径画圆弧，并在该圆弧上以弦长 12 连续截取 12 次，完成扇形，即得整个圆锥面的展开图，如图 9 – 8b 所示。

显然，上述作图是近似的，如果要求精确，应先计算出扇形中心角 θ，再画展开的扇形图。θ 角的计算公式如下：

$$\frac{\theta}{360°}=\frac{\pi D}{2\pi R}, \quad \theta=\frac{\pi D}{R}\frac{180°}{\pi}=\frac{D}{R}180°$$

式中：R 为扇形半径，即圆锥素线实长；D 为圆锥管底圆直径。

② 截口椭圆的展开图。

由于 $S1$、$S7$ 平行于 V 面，所以 $s'1'$、$s'7'$ 反映实长，即 $SA=s'a'$、$SG=s'g'$，其余的素线 SB、SC、SD、…，用旋转法求出实长后再作展开图。作图步骤如下：

在正面投影上，过 b'、c'、d'、…点作水平线与 $s'1'$ 相交得交点，分别以点 s' 到各交点的距离为半径，以点 s' 为圆心画弧，与展开图上相应素线相交，得交点 a_0、b_0、c_0、…，将这些交点连接，即为截口椭圆的展开图。最后将所需部分加粗，即得斜口正圆锥管的展开图（图 9 – 8b）。

(5) 变形管接头的展开

图 9 – 9a 为上圆下方的变形管接头，将它的表面分割成由四个相同的等腰三角形和四个相同的部分斜椭圆锥面所组成，而圆锥面也可看成由许多三角形组成，故它的展开方法与棱锥、圆锥相似。由图 9 – 9b 可以看出，顶部的圆和底部的矩形都平行于水平面，故它们的水平投影反映实形；又因接头的前后、左右都是对称的，只需求出 IA、IB、IC 及 ID 的实长，就能画出整个展开图。A、B、C、D 四点为四分之一圆周上的等分点，即将 1/4 圆周三等分。作图步骤如下：

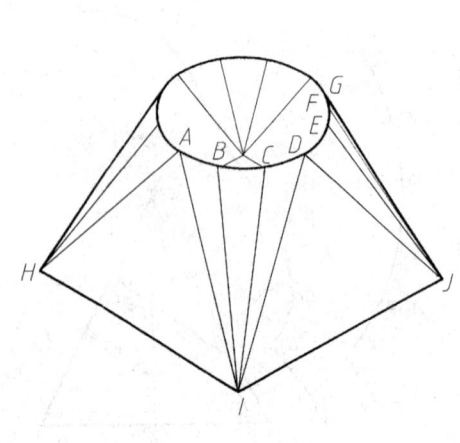

(a) 立体图

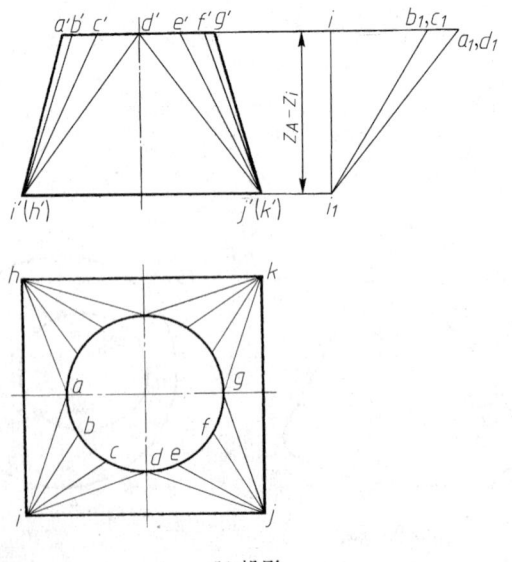

(b) 投影

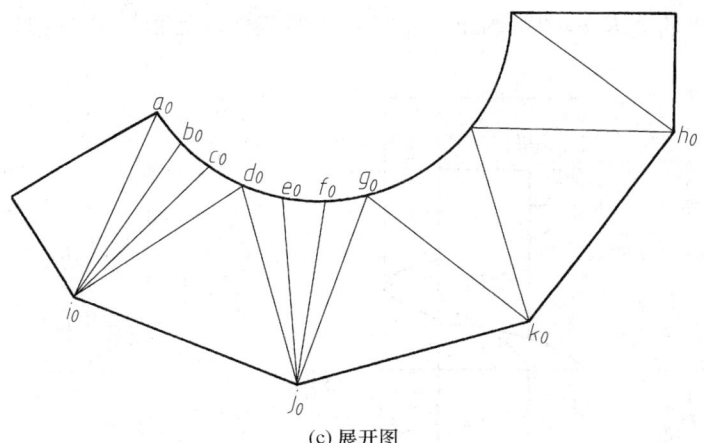

(c) 展开图

图 9-9 变形管接头的展开

① 求素线实长。

以 IA 为例,可用直角三角形法,即用 I、A 点的 z 坐标差为一直角边,以水平投影 $ia=ia_1$ 为另一直角边,斜边 i_1a_1 即为 IA 的实长(图 9-9b)。其他素线的实长可以类似求得。

② 作三角形。

以 $\triangle i_0 a_0 b_0$ 为例,$i_0 a_0$、$i_0 b_0$ 的实长可按前述用直角三角形法求出,$a_0 b_0$ 的实长由 $a_1 b_1$ 的弦长近似取代,已知三边即可作出三角形 $i_0 a_0 b_0$。其他三角形可按上述方法依次拼接。然后,圆口光滑连成曲线,方口为折线,即得变形管接头展开图,如图 9-9c 所示。

2. 不可展曲面近似展开的画法

图 9-10 所示为正螺旋面,它是由水平直母线 AM 沿着导程为 L 的圆柱螺旋线运动,且直母线的延长线始终与圆柱螺旋线的轴线垂直相交而形成的曲面,是一种不可展曲面。它常被应用于螺旋运输机中的推进器,俗称"绞龙",制造时按一个导程之间的正螺旋面展开下料,再拼焊起来,其展开方法有图解法和计算法,这里只介绍计算法。该方法可不用画出正螺旋面的投影,只要已知正螺旋面的外径 D、内径 d、导程 L,即可通过计算作出近似的展开图。

(1) 计算内、外螺旋线展开长度和螺旋面宽度。

内螺旋线展开长为

$$l_0 = \sqrt{L^2 + (\pi d)^2}$$

外螺旋线展开长为

$$L_0 = \sqrt{L^2 + (\pi D)^2}$$

螺旋面的宽度为

$$b = \frac{D-d}{2}$$

(2) 根据下列公式,计算出导程正螺旋面展开成环形面的有关尺寸 r、R、θ。

$$r = \frac{b l_0}{L_0 - l_0}$$

$$R = r + b$$

$$\theta = \frac{2\pi R - L_0}{\pi R} \times 180°$$

（3）根据计算出的 r、R、θ，即可画出一个导程正螺旋面的近似展开图，如图 9-11 所示。

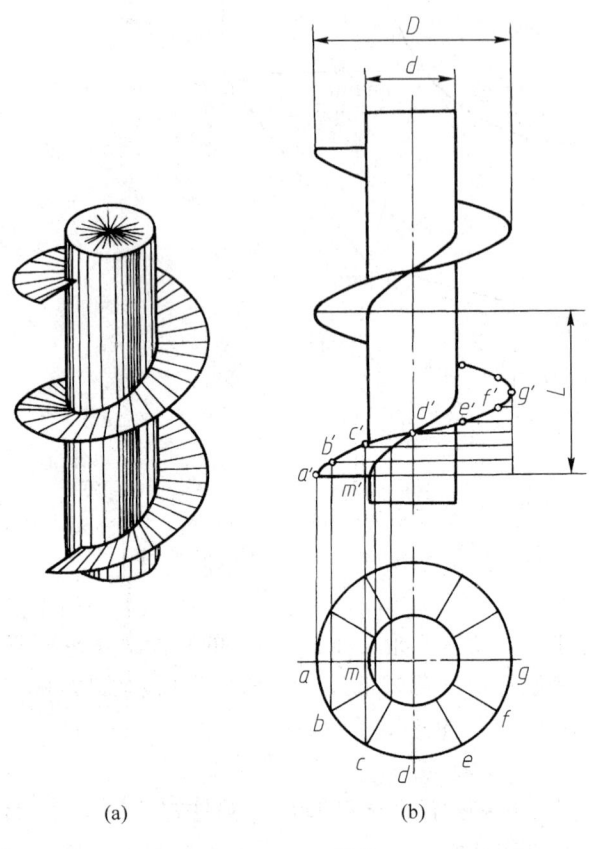
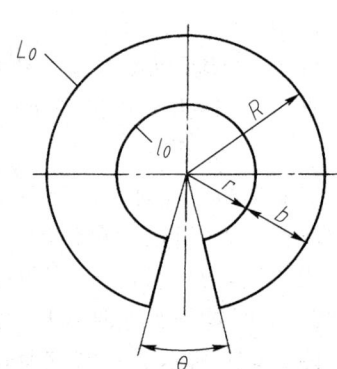

图 9-10　正螺旋面　　　　　　　　　　　图 9-11　正螺旋面的计算法展开图

9.2　焊接图

焊接是在工业生产上广泛使用的一种连接方式。其方法是将两个被连接的金属件用电弧或火焰在连接处进行局部加热，并采用填充熔化金属或加压等方法使其熔合在一起。焊接属于不可拆连接。常见的焊接接头形式有对接、角接、T 形接和搭接等，如图 9-12 所示。

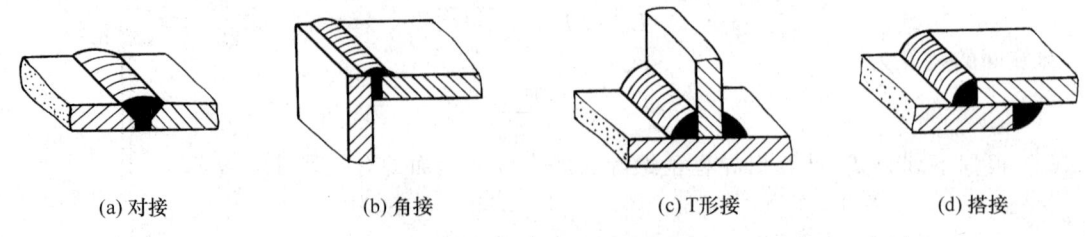

(a) 对接　　　　　(b) 角接　　　　　(c) T 形接　　　　　(d) 搭接

图 9-12　焊接的连接形式

焊接形成的被连接件熔解接合处称为焊缝。绘制焊接件时，应对焊缝进行图示或标注。

9.2.1 焊缝的图示法及符号标注

1. 焊缝的图示法

(1) 在视图中,焊缝通常用与轮廓线相垂直的细实线(细实线允许徒手绘制)表示,如图 9-13 所示,也允许采用粗实线表示(图 9-14),但在同一图样中,只允许采用一种画法。

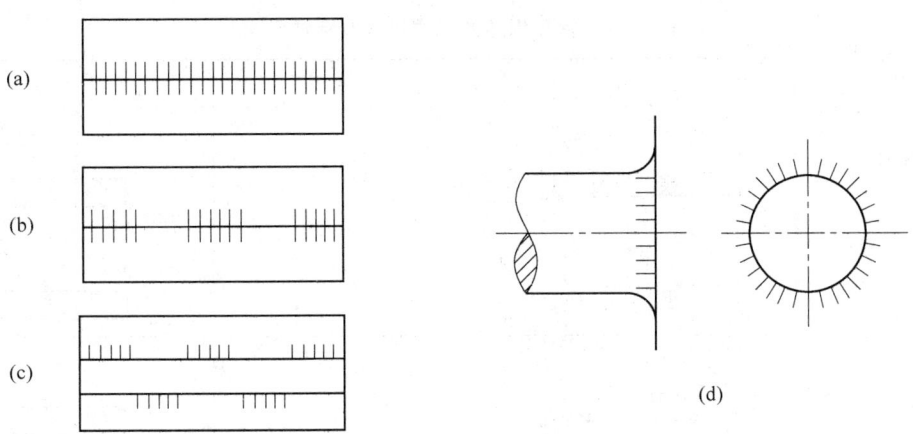

图 9-13 视图中焊缝的表示法(一)

(2) 在表示焊缝端面的视图中,通常用粗实线画出焊缝的轮廓。必要时可用细实线画出焊接前的坡口形状,如图 9-15 所示。

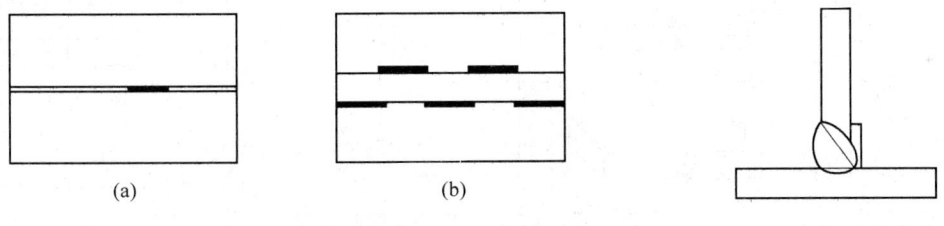

图 9-14 视图中焊缝的表示法(二)　　　图 9-15 焊缝轮廓表示

(3) 在剖视图和断面图上,焊缝还通常涂黑表示(图 9-16)。

(4) 当标注焊缝符号不能充分表达设计要求并需要保证某些尺寸时,可将该焊缝部位放大表示并进行标注(图 9-17)。

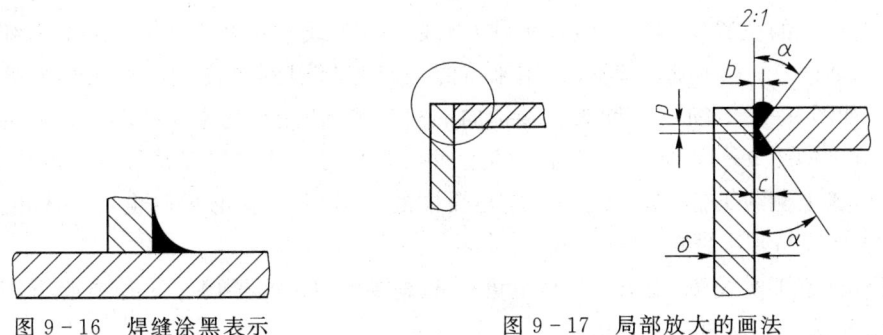

图 9-16 焊缝涂黑表示　　　图 9-17 局部放大的画法

2. 焊缝符号表示法

完整焊缝符号包括基本符号、指引线补充符号、尺寸符号及数据等。为了简化图样上焊缝的表示方法,常采用基本符号和指引线,其他内容一般在有关文件(如焊接工艺规程等)中明确。

(1) 基本符号

表示焊缝横截面形状的符号。常用焊缝的基本符号及标注示例见表9-1。

表9-1 常见焊缝的基本符号及标注示例

名称	示意图	符号	标注示例
I形焊缝		‖	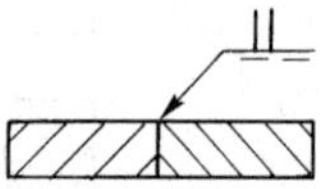
V形焊缝	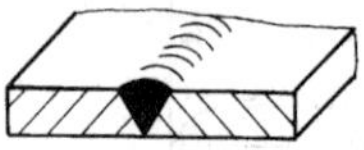	V	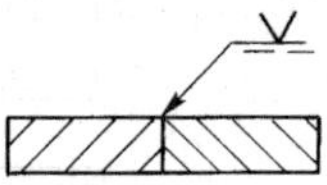
单边V形焊缝		V	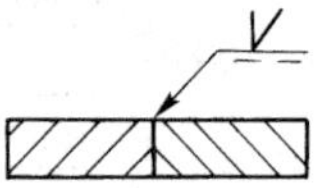
角焊缝	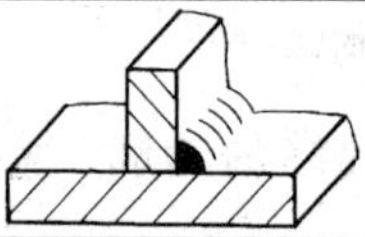	 ▷	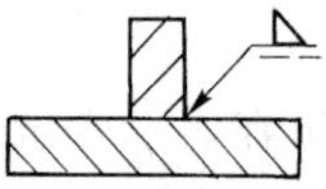
带钝边U形焊缝		 Y	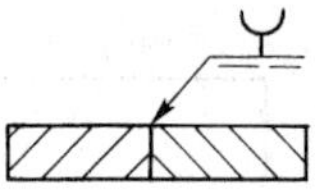
封底焊缝		⌒	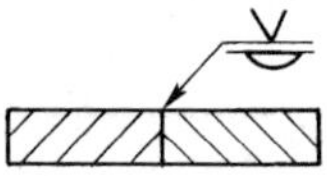
点焊缝	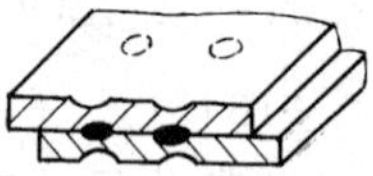	○	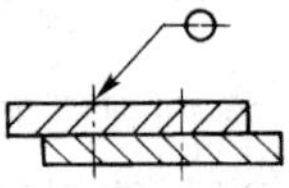

(2) 指引线

符号在图样上的位置要用指引线表示,指引线由箭头线和两条基准线(一条为细实线,一条为虚线)组成,如图9-18所示。箭头线用来将焊缝符号指引到图样上的有关焊缝处,必要时允许弯折一次,如图9-18b所示。箭头直接指向的接头侧为"接头的箭头侧",与之相对的则为"接头的非箭头侧",如图9-19所示。基准线的上面或下面用来标注焊缝符号。基准线的虚线可以画在基准的实线上侧或下侧,基准线一般应与图样的底边相平行,必要时也可与底边垂直。

(3) 基本符号与基准线的相对位置

基本符号可位于实线侧(图9-20),也可位于虚线侧(图9-21)。某些情况下,基准线中的虚线可省,如图9-22及图9-23所示。

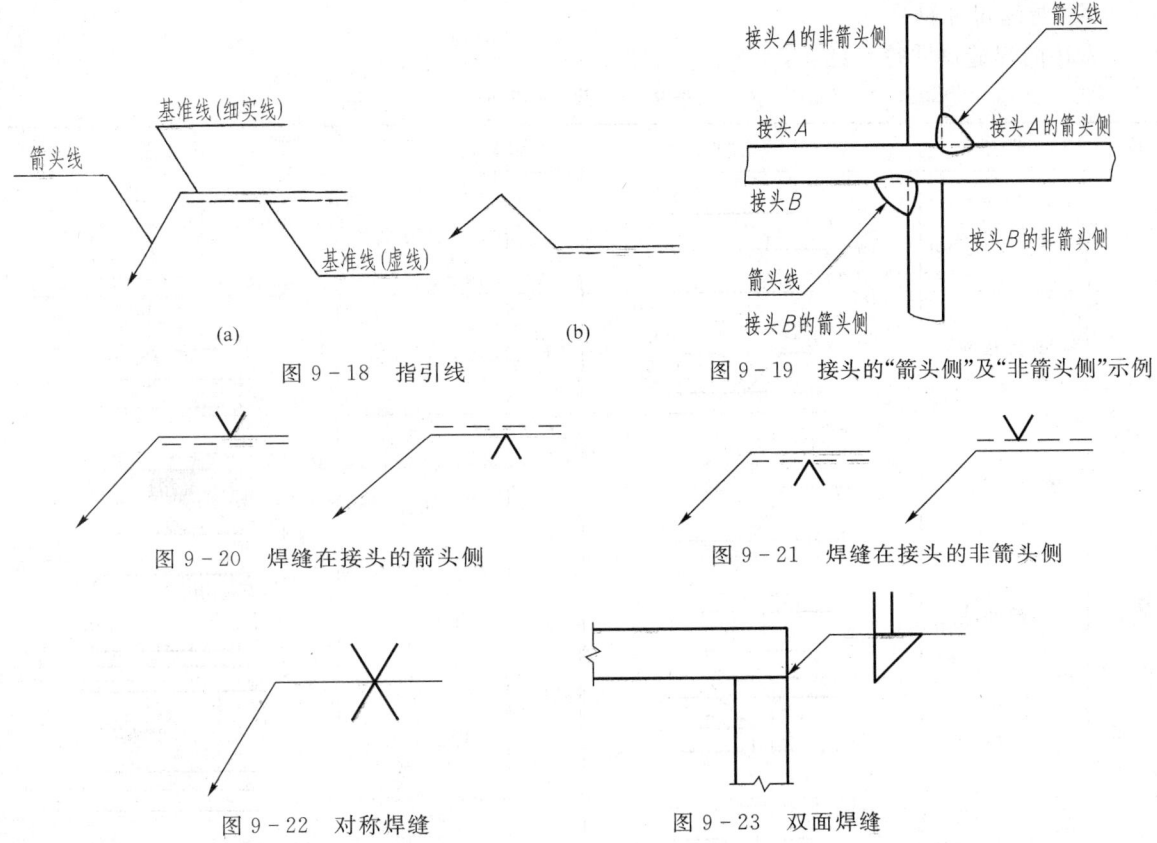

图 9-18　指引线

图 9-19　接头的"箭头侧"及"非箭头侧"示例

图 9-20　焊缝在接头的箭头侧

图 9-21　焊缝在接头的非箭头侧

图 9-22　对称焊缝

图 9-23　双面焊缝

（4）补充符号

补充符号是表示焊缝某些特征而采用的补充说明符号，若需要可随基本符号标注在相应位置上。部分补充符号及标注示例如表 9-2 所示。

表 9-2　部分补充符号及标注示例

名称	符号	形式及标注示例	说明
三面焊缝	⊐		工件三面施焊，开口方向与实际方向一致
周围焊缝	○		表示在现场沿工件周围施焊
现场	▶		
尾部	<		表示有 4 条相同的角焊缝

(5) 焊缝尺寸符号

常用的焊缝尺寸符号见表 9-3。

表 9-3 尺寸符号

符号	名称	示意图	符号	名称	示意图
δ	工件厚度		c	焊缝宽度	
α	坡口角度		K	焊脚尺寸	
β	坡口面角度		d	点焊:熔核直径 塞焊:孔径	
b	根部间隙		n	焊缝段数	
p	钝边		l	焊缝长度	
R	根部半径		e	焊缝间距	
H	坡口深度		N	相同焊缝数量	
S	焊缝有效厚度		h	余高	

焊缝尺寸一般不标注,设计、生产需要时才标注,其标注方法见图 9-24。

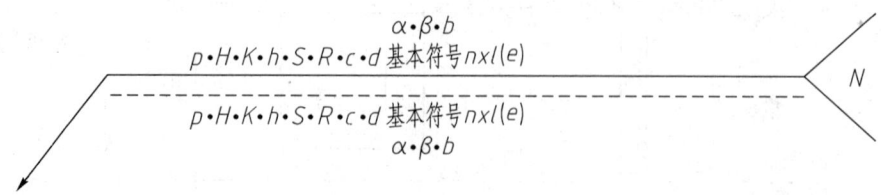

图 9-24 尺寸标注方法

焊缝尺寸符号标注规则如下:

① 横向尺寸标注在基本符号的左侧；
② 纵向尺寸标注在基本符号的右侧；
③ 坡口角度、坡口面角度、根部间隙标注在基本符号的上侧或下侧；
④ 相同焊缝数量标注在尾部；
⑤ 当尺寸较多不易分辨时，可在尺寸数据前标注相应的尺寸符号。
当箭头线方向改变时，上述规则不变。

9.2.2 常见焊缝的标注示例

常见焊缝的标注如表9-4所示，表中焊缝尺寸要根据焊接方法、厚度、材质而定，详细内容请查阅国家标准 GB/T 985.1—2008～GB/T 985.4—2008。

表9-4 常见焊缝标注示例

接头形式	焊缝形式	标注示例	说明
对接接头			V形焊缝，坡口角度为 α，根部间隙为 b，有 n 条焊缝，焊缝长度为 l，焊缝间距为 e。‖表示手工电弧焊
对接接头			I形焊缝，焊缝的有效厚度为 S
T形接头			在现场装配时焊接，单面角焊缝，焊角高度为 K
T形接头			有 n 条双面断续链状角焊缝，l 为焊缝的长度，e 为焊缝的间距，焊角高度为 K
T形接头			有 n 条交错断续角焊缝，l 为焊缝长度，e 为焊缝的间距，焊角高度为 K
T形接头			有对角的单面角焊接，焊角高度为 K 和 K_1

接头形式	焊缝形式	标注示例	说明
角接接头			表示双面焊接,上面为单边 V 形焊缝,下面为角焊缝
搭接接头			点焊,熔核直径为 d,共 n 个焊点,焊点间距为 e,a 表示焊点至板边的间距

9.2.3 焊接图示例

图 9-25 为一轴承挂架焊接图,该焊件由四部分焊接而成,焊缝均用标注方法来表示,焊接方法在技术要求中统一说明,因而在基准线的尾部不再注明焊接方法的代号。

为了表达焊缝的剖面形状及尺寸,图中采用局部放大图。

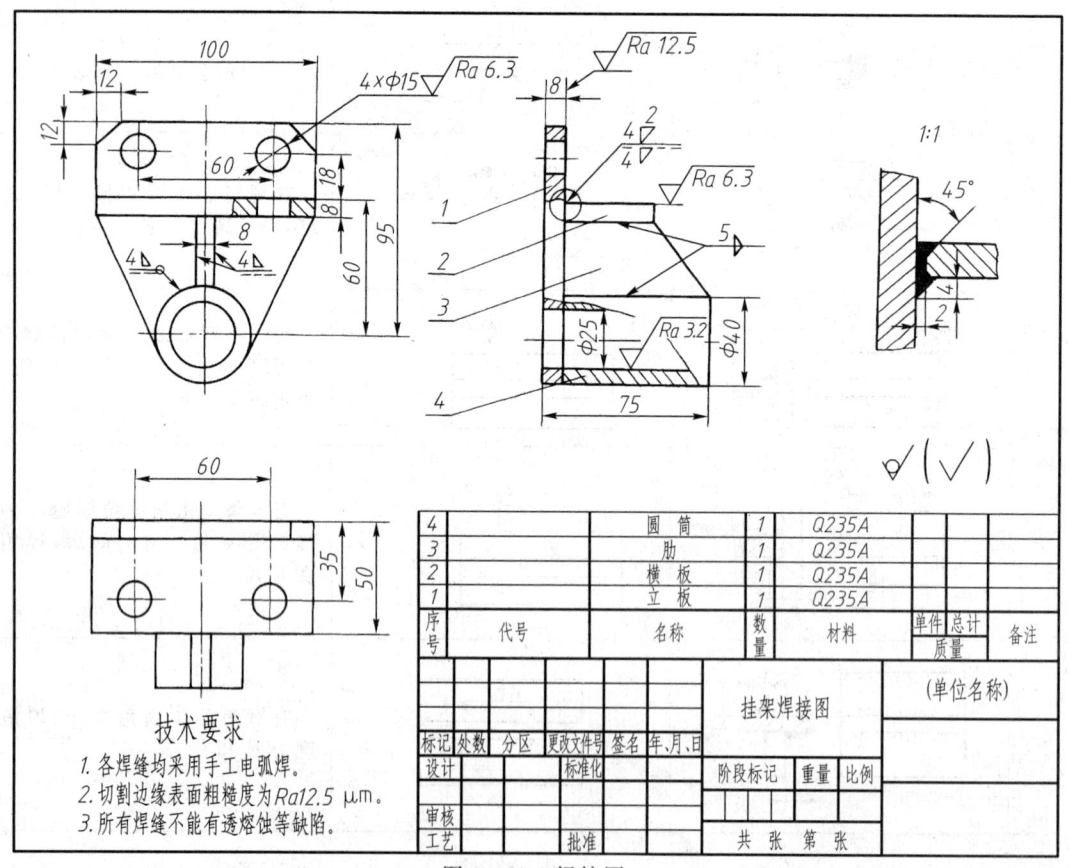

图 9-25 焊接图

从图中可以看出,一张完整的焊接图包括以下内容:
(1) 表达焊接件结构形状的一组视图;
(2) 焊接件的规格尺寸、各构件的装配位置尺寸以及焊接后的加工尺寸;
(3) 各构件连接处的接头形式、焊缝符号及焊缝尺寸;
(4) 构件装配、焊接后的技术要求;
(5) 标题栏、明细栏。

9.3 房屋建筑图

房屋建筑图和机械图一样,都是按正投影法并用第一角画法绘制。但是,由于建筑物的形状、大小、结构以及材料等与机器存在很大差别,因而在表达上也就有所不同。学习时,要了解国家标准《房屋建筑制图统一标准》(GB/T 50001—2010)的有关规定,掌握房屋建筑图的表达方法和图示特点。

9.3.1 概述

1. 房屋建筑图的基本表达形式

房屋建筑图常用到三种视图,即立面图、平面图、剖面图,如图 9-26 所示。

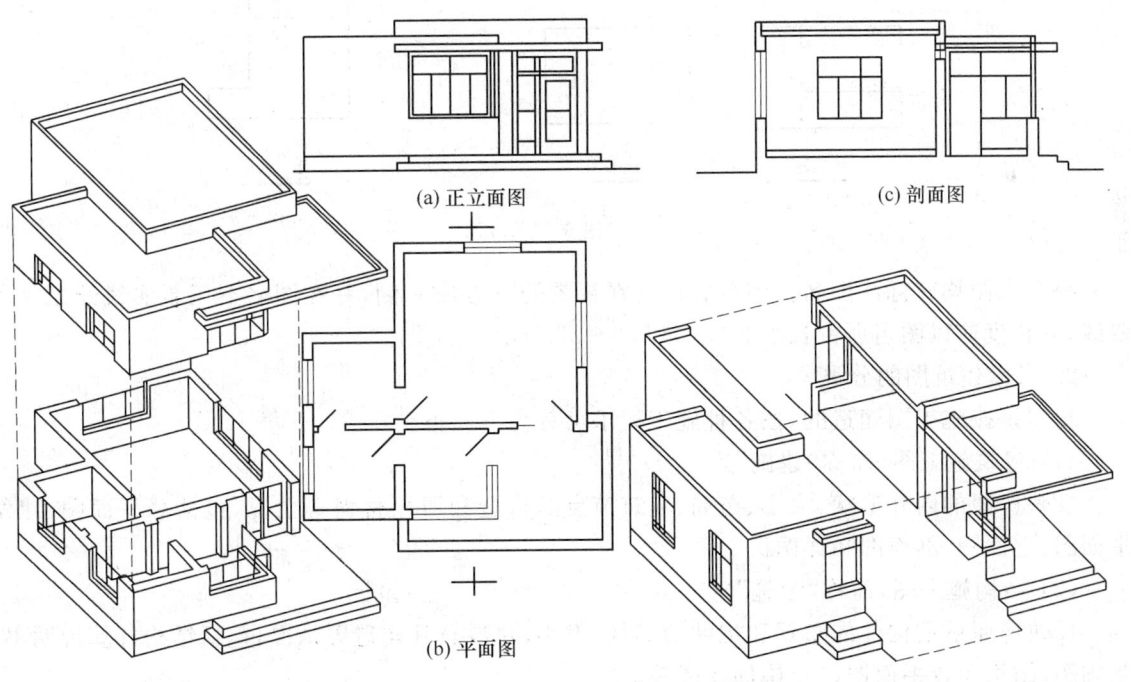

图 9-26 房屋建筑图的基本表达形式

(1) 立面图

面对建筑物的正面、侧面或背面绘出的视图简称立面图,如正立面图、侧立面图、背立面图,也可称为东立面图、南立面图等。立面图主要用于表达房屋外貌和立面装修的做法,如图 9-26a 所示。

(2) 平面图

假想用水平面沿房屋的门窗洞剖开,移去上部,从上向下投射所得的水平剖视图称为平面图,如图 9-26b 所示。绘图时,剖切到的墙、柱等轮廓线用粗实线绘出,墙、柱断面的材料符号省略不画。

如果房屋是多层的,一般要求绘出底层平面图、二层平面图,此外还有局部平面图和房顶平面图等。平面图表示房屋的平面形状大小和房间的布置,墙(或柱)的位置、厚度和材料,门窗的类型和位置等情况。

(3) 剖面图

假想用一个或多个垂直于外墙轴线的铅垂面将房屋剖开,移去处于观察者与剖切面之间的部分,将余下的部分向投影面投射所得的图形称为剖面图,如图 9-26c 所示。

剖面图表示房屋内部的结构形式、分层情况、各部位的联系、材料及其高度等。

在同一张图纸上绘制若干个视图时,各视图的位置宜按图 9-27 的顺序进行配置。

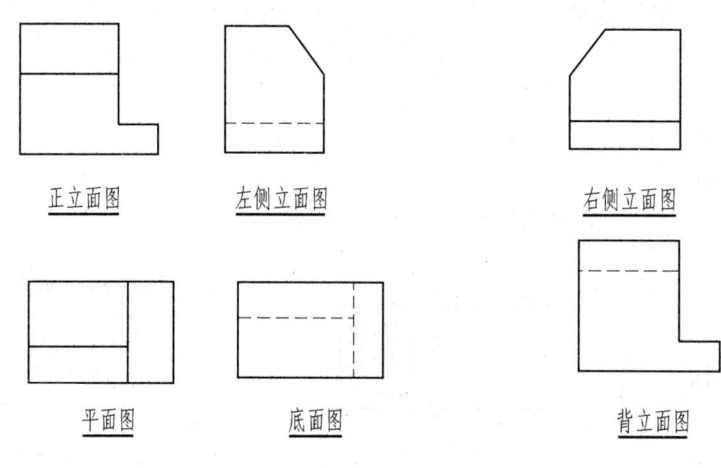

图 9-27

每个视图均应标注图名。图名宜标注在视图的下方或一侧,并在图名下用粗实线绘制一条横线,其长度应以图名所占长度为准,如图 9-27 所示。

2. 房屋建筑图的分类

房屋是按施工图建造的,按各种施工要求可分为三大类:

(1) 建筑施工图(简称"建施")

反映房屋的内外形状、大小、布局、建筑节点的构造和所用材料等情况,包括总平面图、建筑平面图、立面图、剖面图和详图。

(2) 结构施工图(简称"结施")

反映房屋承重构件的布置和构件的形状、大小、材料及其构造等情况,包括结构计算说明书、基础图、结构布置平面图以及构件详图等。

(3) 设备施工图(简称"设施")

反映各种设备、管道和线路的布置、走向、安装要求等情况,包括给水排水、采暖通风与电气等设备的布置平面图、系统图及各种详图等。

本节将主要介绍建筑施工图和结构施工图的基本内容。

9.3.2 房屋建筑图的有关规定

1. 比例

房屋建筑图常用比例如下：

总平面图　1∶500,1∶1 000,1∶2 000；

平面图、立面图、剖面图　1∶50,1∶100,1∶150,1∶200,1∶300；

详图　1∶1,1∶2,1∶5,1∶10,1∶20。

比例注写在图名的右侧，字高比图名字高小一号或两号，如图9-28所示。一般情况下，一个图样应选用一种比例。

平面图 1∶100

图9-28　比例的注写

2. 图线

房屋建筑图常用的各种线型规格及用途见表9-5。

表9-5　房屋建筑图常用线型

名称	线型	线宽	用途
粗实线	———	b	平面图、剖面图中被剖切的主要建筑构造（包括构配件）的轮廓线； 建筑立面图的外轮廓线； 建筑构造详图中被剖切的主要部分的轮廓线； 建筑构配件详图中构配件的外轮廓线； 平、立、剖面图的剖切符号
中实线	———	$0.5b$	平面图、剖面图中被剖切的次要建筑构造（包括构配件）的轮廓线； 建筑平、立、剖面图中建筑构配件的轮廓线； 建筑构造详图及建筑构配件详图中的一般轮廓线
细实线	———	$0.25b$	小于$0.5b$的图形线、尺寸线、尺寸界线、图例线、索引符号、标高符号、详图材料做法引出线等
中虚线	- - - - -	$0.5b$	建筑构造及建筑构配件的不可见轮廓线； 平面图中的起重机（吊车）轮廓线； 拟扩建的建筑物轮廓线
细虚线	- - - - -	$0.25b$	图例线、小于$0.5b$的不可见轮廓线
粗单点长画线	—·—·—	b	起重机（吊车）轨道线
细单点长画线	—·—·—	$0.25b$	中心线、对称线、定位轴线
折断线	—/\—	$0.25b$	不需画全的断开界线
波浪线	～～～	$0.25b$	不需画全的断开界线； 构造层次的断开界线

注：1. 图线宽度b宜从下列线宽系列中选取：2.0,1.4,1.0,0.7,0.5,0.35（单位均为mm）。

　　2. 地平线的线宽可用1.4 mm。

3. 尺寸标注

图样上的尺寸标注包括尺寸界线、尺寸线、尺寸起止符号和尺寸数字（图9-29）。

283

尺寸界线用细实线绘制,其一端应离开图样轮廓线不小于2 mm,另一端宜超出尺寸线2~3 mm;尺寸线用细实线绘制,应与被标注的长度平行,且不超出尺寸界线;尺寸起止符号用中粗短线绘制,其倾斜方向应与尺寸界线成顺时针45°,长度为2~3 mm;尺寸数字应根据读数方向在靠近尺寸线的上方中部注写。尺寸单位除标高和总平面图以"m"为单位外,其他必须以"mm"为单位。

在平面图内标注尺寸,常为多排的封闭尺寸链,一般是三排(图9-29)。

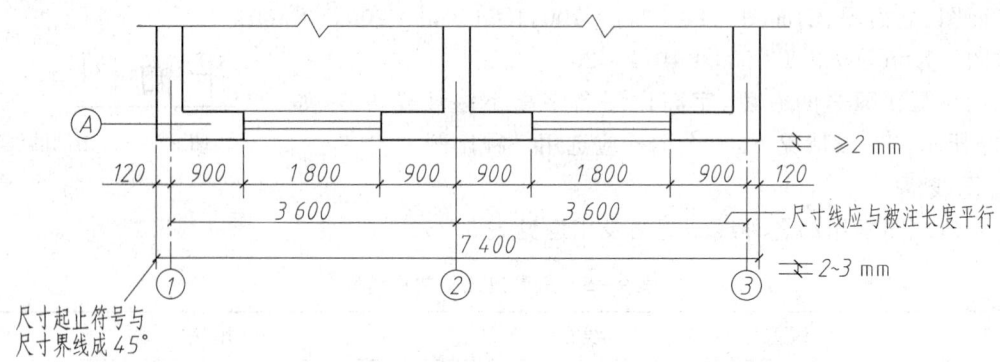

图9-29 尺寸标注

① 第一排是房屋总的外形尺寸;
② 中间一排是各承重墙(或柱)轴线间的距离;
③ 里面一排是窗、门、墙和窗洞、门洞的宽度。

4. 标高符号

图样中,需要注室内外地坪、地下层地面、阳台、檐口、门、窗等处的标高。

标高符号以直角等腰三角形表示,用细实线绘制(图9-30)。

标高符号的尖端指至被标高度的位置,尖端一般应向下,也可向上。标高数字应注写在标高符号的左侧或右侧(图9-30c)。

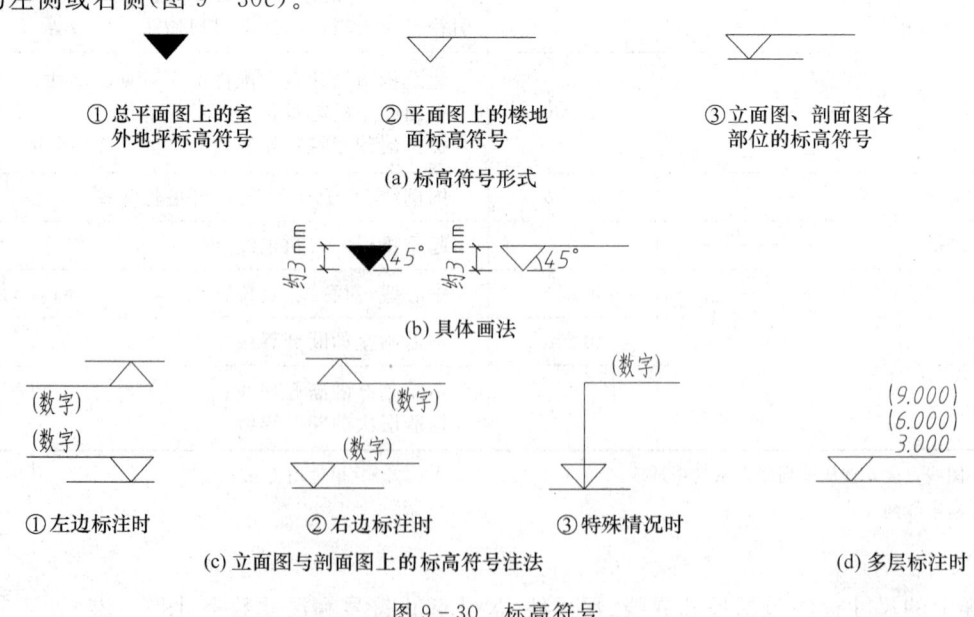

图9-30 标高符号

标高数字以"m"为单位,注写到小数点以后第三位。在总平面图中,可注写到小数点以后第二位。零点标高应写成±0.000,正数标高不注写"+",负数标高应注"-"。

5. 定位轴线

在施工图中通常将房屋的基础、墙、柱、墩和屋架等承重构件的轴线画出并进行编号,以便于施工时定位放线和查阅图纸,这些轴线称为定位轴线,如图 9-29 所示。根据国家标准规定,定位轴线采用细单点长画线表示。轴线编号的圆用细实线绘制,直径应为 8 mm,详图上可增为 10 mm,并在圆内写上编号,横向编号采用阿拉伯数字从左向右依次编号,纵向编号用大写拉丁字母(I、O、Z 除外)自下而上顺序编写。平面图上的定位轴线编号,宜标注在下方与左侧;立面图中,一般只画出两端定位轴线及其编号。

对于非承重的分隔墙、次要承重构件等,它的定位轴线一般作为附加轴线,编号用分数表示,分母表示前一轴线的编号,分子表示附加轴线的编号。如②/4 表示 4 号轴线以后附加的第二根轴线,①/A 表示 A 号轴线之后附加的第一根轴线。

由于建筑平、立、剖面图采用较小的比例绘制,对于某些构件、建筑细部及建筑材料等,不可能按实际情况画出,也难用文字注释,所以建筑制图标准(GB/T 50104—2010)规定了一系列图例来表示各种构配件和建筑材料。表 9-6 所示为几种常用的建筑构配件图例。表 9-7 所示为部分建筑材料图料。

表 9-6 常用的建筑构配件

名称	图例	说明	名称	图例	说明
墙体		应加注文字或填充图例表示墙体材料,在项目设计图纸说明中列材料图例表给予说明	墙预留槽	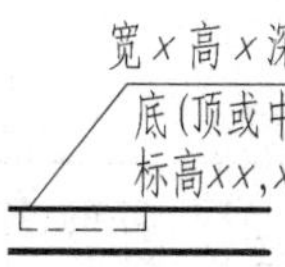 宽×高×深或φ 底(顶或中心) 标高××.×××	1. 以洞中心或洞边定位; 2. 宜以涂色区别墙体和留洞位置
隔断		1. 包括板条抹灰、木制、石膏板、金属材料等隔断; 2. 适用于到顶与不到顶隔断	墙预留洞	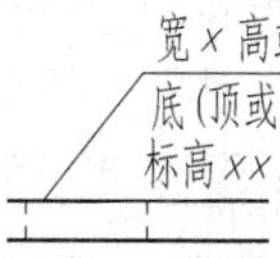 宽×高或φ 底(顶或中心) 标高××.×××	
栏杆			烟道	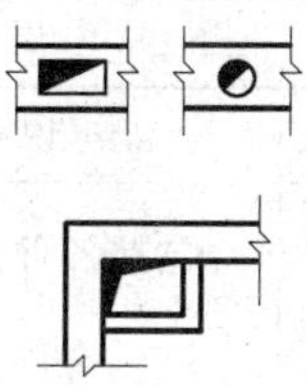	1. 阴影部分可以涂色代替; 2. 烟道与墙体为同一材料,其相接处墙身线应断开
楼梯	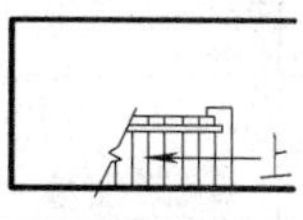 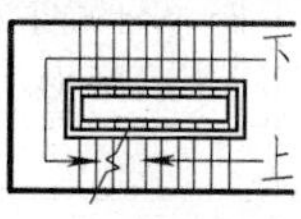 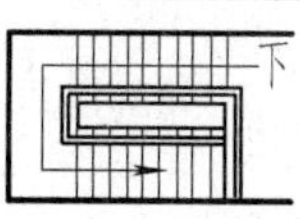	1. 上图为底层楼梯平面,中图为中间层楼梯平面,下图为顶层楼梯平面; 2. 楼梯及栏杆扶手的形式和梯段踏步数应按实际情况绘制	通风道	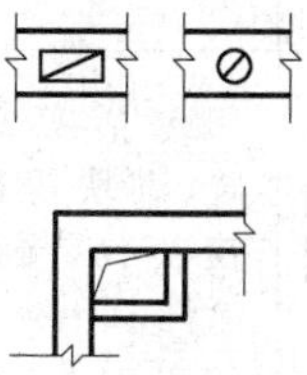	

续表

名称	图例	说明	名称	图例	说明
单扇门（包括平开或单面弹簧）	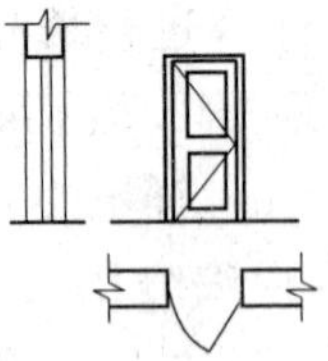	1. 门的名称代号用 M； 2. 图例中剖面图左为外、右为内，平面图下为外、上为内； 3. 立面图上开启方向线交角的一侧为安装合页的一侧，实线为外开，虚线为内开； 4. 平面图上门线应90°或45°开启，开启弧线宜绘出； 5. 立面图上的开启线在一般设计图中可不表示，在详图及室内设计图上应表示； 6. 立面形式应按实际情况绘制	单层外开平开窗	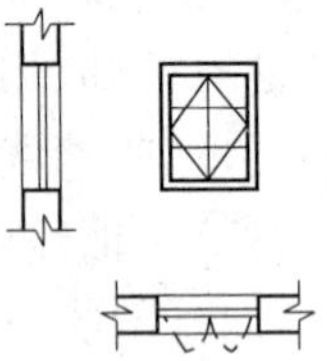	1. 窗的名称代号用 C 表示； 2. 立面图中的斜线表示窗的开启方向，实线为外开，虚线为内开；开启方向线交角的一侧为安装合页的一侧，一般设计图中可不表示； 3. 图例中，剖面图所示左为外、右为内，平面图所示下为外、上为内； 4. 平面图和剖面图上的虚线仅说明开关方式，在设计图中不需表示； 5. 窗的立面形式应按实际绘制； 6. 小比例绘图时，平、剖面的窗线可用单粗实线表示
双扇门（包括平开或单面弹簧）			单层内开平开窗	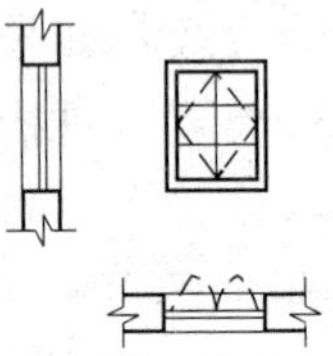	
对开折叠门			双层内外开平开窗	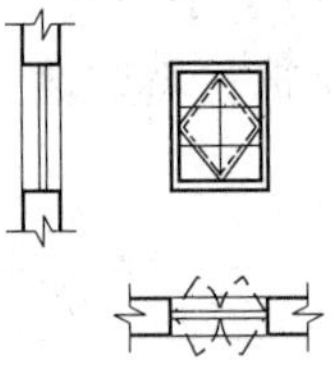	
推拉门		1. 门的名称代号用 M； 2. 图例中剖面图左为外、右为内，平面图下为外、上为内； 3. 立面形式应按实际情况绘制	推拉窗	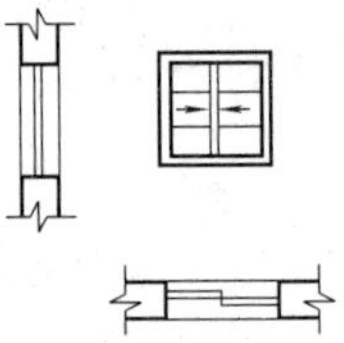	1. 窗的名称代号用 C 表示； 2. 图例中，剖面图所示左为外、右为内，平面图所示下为外、上为内； 3. 窗的立面形式应按实际绘制； 4. 小比例绘图时，平、剖面的窗线可用单粗实线表示

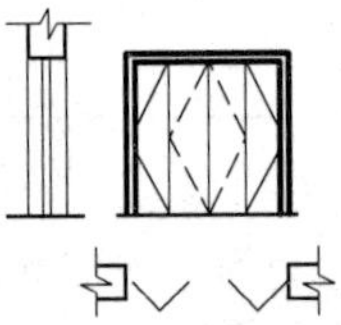

表 9-7 部分建筑材料图例

名称	图例	说明	名称	图例	说明
自然土壤		包括各种自然土壤	金属		45°细实线，双线间距≈1，两双线间距2~6，图形小可涂黑
夯实土壤					
普通砖		包括实心砖、多孔砖、砌块等砌体，断面较窄不易画图例线可涂红	砂、灰土		轮廓附近点密一些

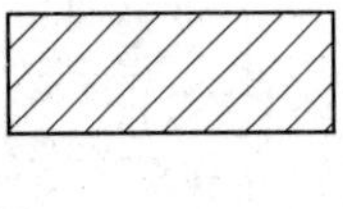

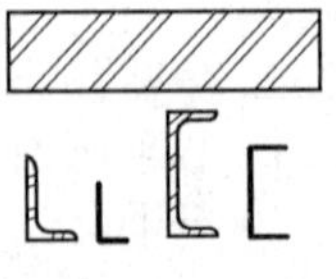

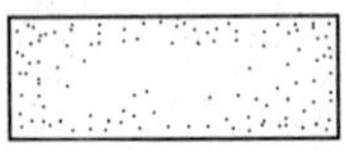

名称	图例	说明	名称	图例	说明
毛石			混凝土		1. 本图例指能承重的混凝土及钢筋混凝土； 2. 包括各种强度等级、骨料添加剂的混凝土；
木材		1. 上图为横断面，左上图为垫木、木砖或木龙骨； 2. 下图为纵断面	钢筋混凝土		3. 在剖面图上画出钢筋时，不画图例线； 4. 断面图形小不易画出图例线时可涂黑

6．索引符号与详图符号

房屋建筑图中某一局部或构配件需要另见详图时，应以索引符号索引。标注索引符号和详图符号的方法规定如下：

（1）索引符号

如图 9-31 所示，用一引出线在要另画详图的局部或构件处引出，在引出线的另一端画一细实线圆，其直径为 10 mm，并画一水平细实线直径，在上半圆中用阿拉伯数字注明该详图的编号，在下半圆中用阿拉伯数字注明该详图所在图纸的图纸号，如图 9-31a 所示；如果详图与被索引的图纸在同一张图内，则在下半圆中间画一水平细实线，如图 9-31b 所示；索引出的详图，若采用标准图，应在索引符号水平直径的延长线上加注该标准图册的编号，如图 9-31c 所示。

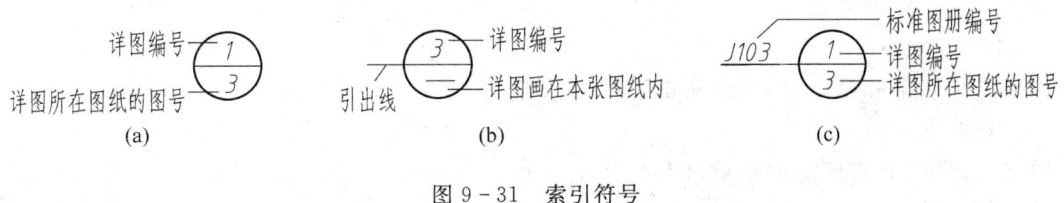

图 9-31　索引符号

（2）详图符号

详图符号为一粗实线圆，直径为 14 mm，表示方法如图 9-32 所示；图 9-32a 表示这个详图的编号为 3，被索引的图样与这个详图在同一张纸内；图 9-32b 表示这个详图的编号为 4，与被索引的图样不在同一张图纸内，被索引的图纸号为 2。

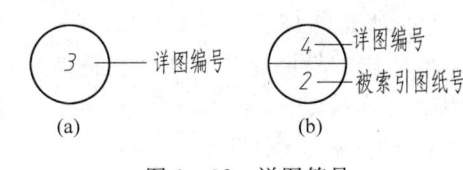

图 9-32　详图符号

9.3.3　读厂房建筑图

下面以某厂机械加工车间为例，介绍单层厂房建筑图的主要内容。

单层厂房多数采用装配式钢筋混凝土结构，其主要构件有以下部分（图 9-33）：

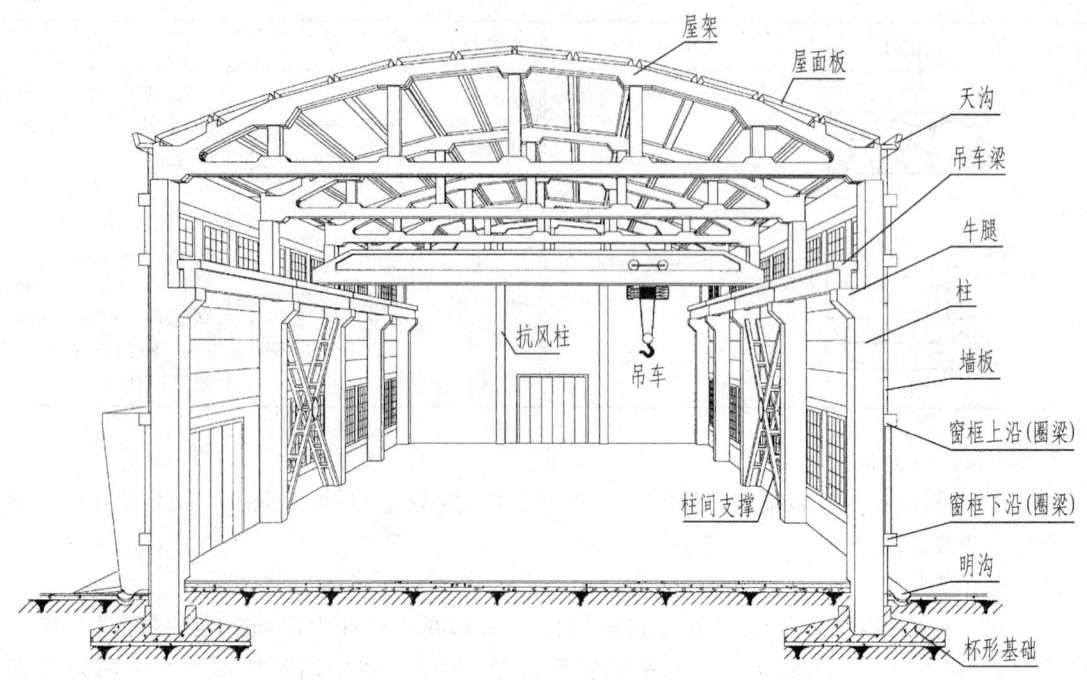

图 9-33 单层厂房的组成和名称

(1) 屋盖结构

包括屋面板和屋架等。屋面板要装在屋架上,屋架安装在柱上。

(2) 吊车梁

两端安装在柱的牛腿上。

(3) 柱

用来支承屋架和吊车梁,是厂房的主要承重构件。

(4) 基础

用来支承柱,并将厂房的全部载荷传递给地基。

(5) 支撑

包括屋架结构支撑和柱间支撑,其作用是加强厂房结构的整体稳定性。

(6) 围护结构

即厂房的外墙以及加强外墙整体稳定的抗风柱。外墙一般采用砖墙砌筑,本例采用预制钢筋混凝土墙板。

1. 建筑施工图(图 9-34)

(1) 建筑平面图

① 图名和比例　本图为××通用机械厂机修车间,比例为 1:200。

② 定位轴线及其编号　横向定位轴线自左向右①~⑪共十个开间,柱子轴线的间距为 6 000,但两端角柱与轴线有 500 的距离。纵向轴线Ⓐ~Ⓑ,其间有两根附加轴线⑴/A~⑵/A,分别表示Ⓐ轴线后附加的第一根轴线和第二根轴线。

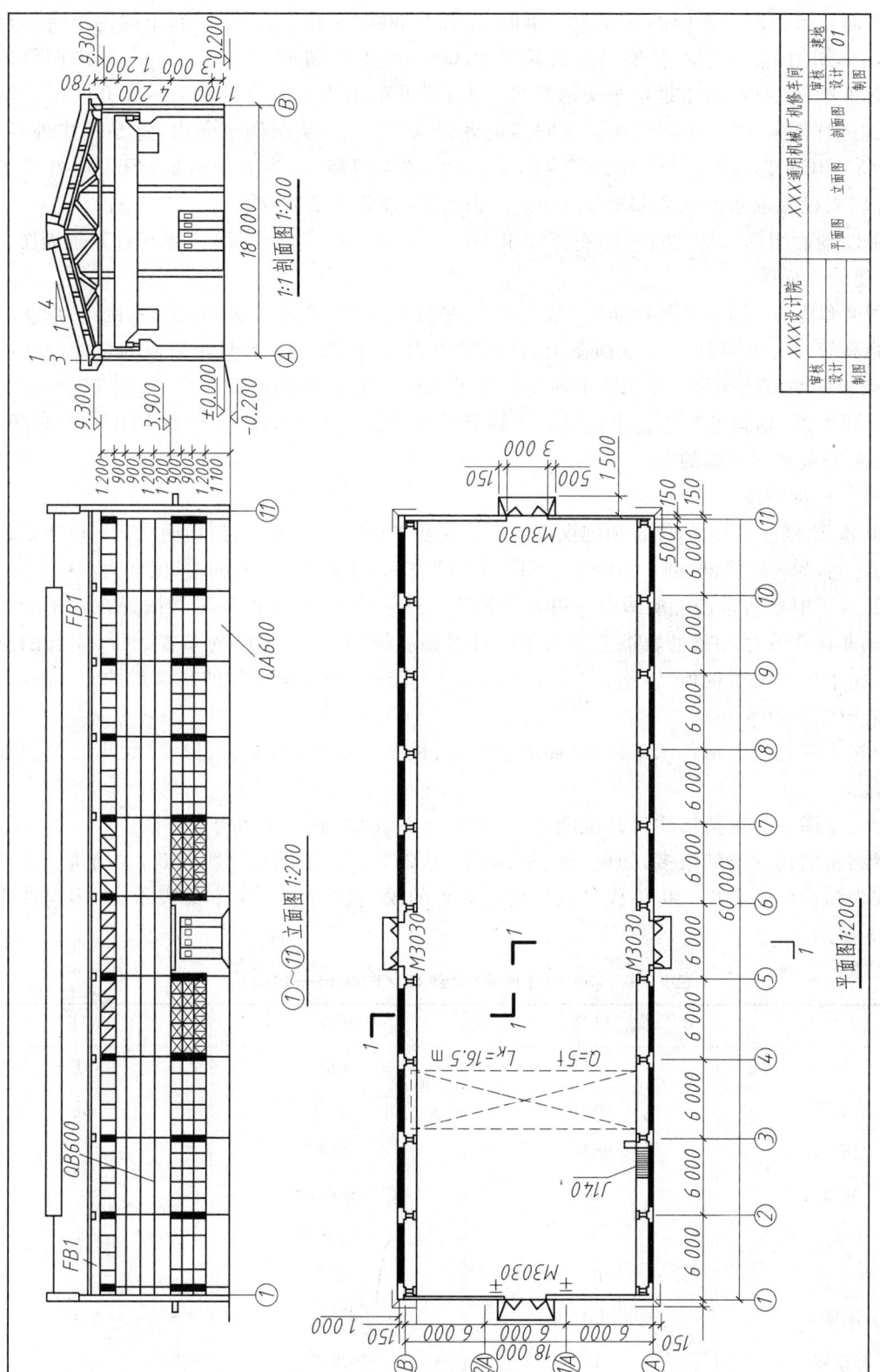

图 9-34 单层工业厂房平、立、剖面图

③ 平面布置情况 车间的平面为一矩形,总长为60 000,总宽为18 000,车间内设有一台桥式吊车,吊车用图例表示,注明吊车的起重量($Q=5$ t)和轨道($L_K=16.5$ m)。室内两侧的画线,表示吊车轨道的位置,也是吊车梁的位置。上、下吊车用的工作梯设在②~③开间的Ⓐ轴墙内沿,其构造详图从J140图集选用。车间四向各设大门一个,从图例可看出,这是折式外开门,编号为M3030(M为门的代号,前"30"为门宽,后"30"为门高)。为方便运输,门入口处设置坡道。室外四周设置散水。在离Ⓑ轴线1 000的山墙处,设置了消防梯。

④ 标注剖面图的剖切位置 图中标注出了1—1剖面图的剖切位置,以便查看其剖面图。

(2) 建筑立面图

① 图名和比例 图中立面图为①~⑪立面图,是按轴线编号来命名立面图的,其比例为1:200。

② 标高等尺寸的标注 在立面图上,注写了室内、外地面,上、下两块条板的顶面与底面标高,如下条板的底面标高为3.9 m。中间还注写了条板和条窗的高度尺寸。

③ 墙面屋面、勒脚等处的装修情况 从勒脚至檐口有QA600、QB 600和FB1三种条板,厂房墙面是由条板装配而成的。

(3) 1—1剖面图

① 图名、比例、剖切面的位置和剖视方向 首先从平面图中可看出,剖切面1—1位于定位轴线④~⑥之间,为一阶梯剖,剖切面的编号用数字"1"表示,剖视方向自右向左,比例为1:200。

② 剖面图中立面布置 从图中可以看到带牛腿柱子的侧面,T形吊车梁搁置在柱子的牛腿上,桥式吊车则架在吊车梁的轨道上。从图中可看到屋架的形式、屋面的布置、通风屋脊的形式等情况。图中还注出了柱顶、轨顶、室内外地面标高和墙板、门窗各部位的高度尺寸。

2. 结构施工图

结构施工图是指表示各承重构件(如墙、梁、柱、板及基础等)的材料、形状、大小以及内部构造的图样。

结构施工图一般包括结构设计说明书、基础平面图、结构平面图和构件详图。

房屋结构的构件类型很多,如板、梁、柱、屋架、基础等。为了图示简明扼要,在结构图上通常用代号来表示构件的名称。构件代号以该构件名称的汉语拼音第一个字母表示,常用构件代号如表9-8所示。

表9-8 常用构件代号(摘自GB/T 50105—2010)

名称	代号	名称	代号
板	B	屋架	WJ
屋面板	WB	柱	Z
空心板	KB	基础	J
墙板	QB	设备基础	SJ
梁	L	柱间支撑	ZC
吊车梁	DL	梯	T
圈梁	QL	雨篷	YP
基础梁	JL	预埋件	M

预应力钢筋混凝土构件的代号,应在构件代号前加注"Y-",例如 Y-KB 表示预应力钢筋混凝土空心板。

本节仅介绍基础平面图和基础详图、结构平面图,其他构件详图不一一细述。

(1) 基础平面图和基础详图

基础是在建筑物地面以下承受房屋全部载荷的构件,常用的形式有独立基础和条形基础。基础的形式和构造与建筑物上部的结构形式有关。如单层厂房的上部结构是以柱承重,基础就做成矩形的独立基础,为了便于柱的安装,基础的上部做成杯形,又称杯形基础,如图9-35a 所示。辅助建筑的上部结构是砖墙,基础就相应做成长条形,称为条形基础,如图 9-35b 所示。埋入地下的墙称为基础墙,基础墙的下部通常做成阶梯形的砌体,称为大放脚(大方脚)。防潮层是防止地下水对墙体侵蚀而设置的一层防水的材料或构件。

① 基础平面图

基础平面图是假想用一个水平面沿房屋的地面与基础之间把整幢房屋剖切后,移去上层的房屋和泥土后所得的水平投影。图 9-36 所示为机械加工车间基础平面图的一部分,左边是单层厂房,右边是厂房的辅助建筑。

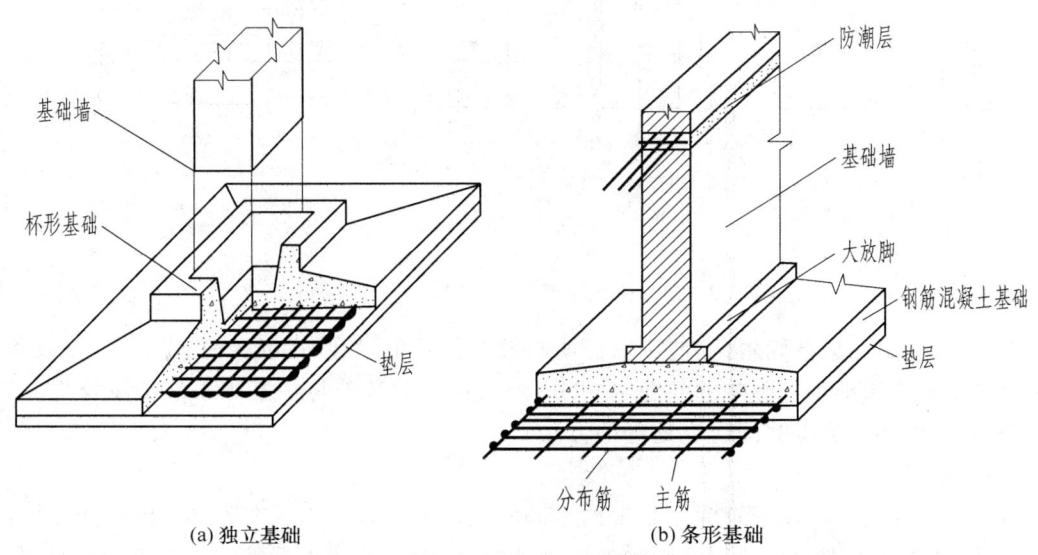

图 9-35 基础的形式

单层厂房采用独立的柱基础,代号为 ZJ。从图 9-36 中可看到两种不同的柱基础 ZJ1 和 ZJ2,并分别标注了它们的平面轮廓尺寸,如在⑥轴线与Ⓐ轴线的相交处标注了 ZJ1 的平面轮廓尺寸,在⑧轴线与Ⓐ轴线的相交处标注了 ZJ2 的平面轮廓尺寸与定位尺寸。其余相同部分不必重复标注。

厂房的辅助建筑采用条形基础。在基础平面图中一般只需画出墙身线(中实线)和基坑边线(细实线)。基坑的宽度可在图中直接标出,如Ⓐ轴线的基坑宽度为 2 300 mm,⑨轴线的基坑宽度分别为 1 550、950、1 300 mm。部分墙身线中间画了粗实线,是表示基础梁的位置,代号为 JL,从图 9-36 中可看到有八种不同规格的基础梁,即 JL1、JL2、…、JL8。

在图 9-36 中还画出了车间内设备基础的平面布置,并标注了各种设备的基坑边线与柱网

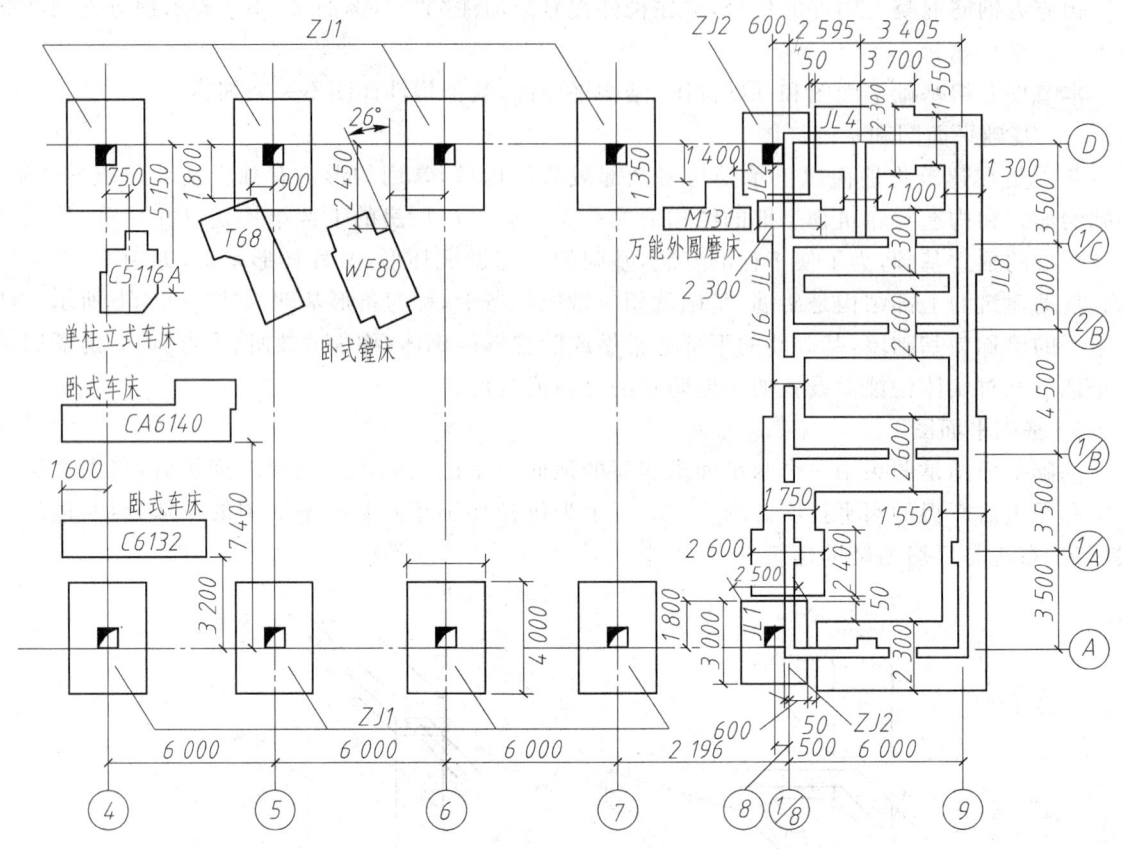

图 9-36 机械加工车间基础平面图(局部)

轴线的距离尺寸。如果是倾斜位置,则需注明与轴线的倾角,如卧式镗床的基础。安排设备基础时,还应考虑与柱基础相互影响的问题,如 T68 卧式镗床的基础与柱基础出现了重叠现象,工艺与土建的有关设计人员应共同研究处理的方法。

② 基础详图

基础的形状、大小以及埋置深度是根据上部的载荷与地基的承载力来确定的。同一幢房屋,由于各部位可能有不同的载荷或不同的地基承载力,就设计不同的基础。对于每一种基础,都要分别画出详图。

图 9-37a 是⑨轴线上基坑宽度为 1 550 mm 处的条形基础详图。从图中可看出钢筋混凝土基础的断面形状,基础的下面铺一层 100 mm 厚的混凝土垫层,基础的上面是大放脚。图中注出室内地面标高±0.000,室外地面标高-0.200,垫层底面标高-1.610。此外还注出防潮层离室内地面为 60 mm。在结构详图中,剖到的墙身线用中实线绘制;钢筋混凝土构件和混凝土构件的轮廓线用细实线绘制,不画钢筋混凝土或混凝土的建筑材料图例,但要画出钢筋。

在基础详图中还应画出钢筋的布置情况。图 9-37a 中带有弯钩的粗实线表示基础底部的横向钢筋,它是受力钢筋,也叫主筋,图中标注的"$\phi 8@180$"表示直径为 8 mm 的 3 号圆钢筋,每隔 180 mm 布置一根(@是相等中心距的代号);主筋上面均布的圆点表示纵向钢筋的断面,它是

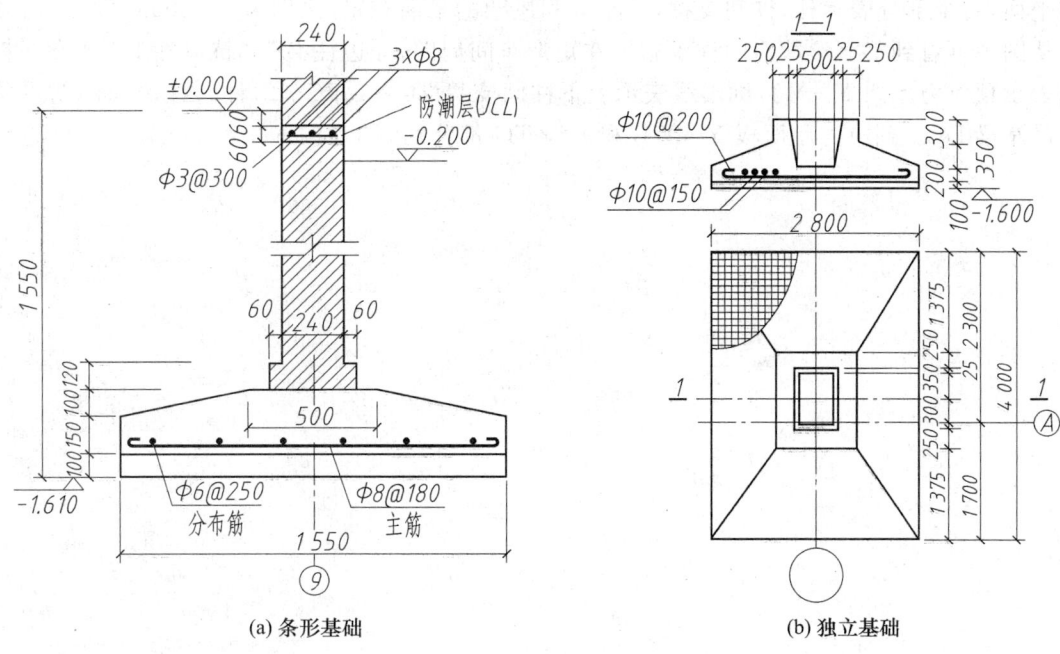

(a) 条形基础　　　　　　　　(b) 独立基础

图 9-37　基础详图

分布钢筋,与主筋绑扎或焊成钢筋网片。"φ6@250"表示直径为 6 mm 的 3 号圆钢筋,沿纵向每隔 250 mm 布置一根。

图 9-37b 是柱基础 ZJ1 的详图。1—1 剖面图表示基础的钢筋配置以及杯口的形状;平面图表示基础的外形,但为了表示基础内部钢筋的布置,在左上角采用局部剖。

(2) 结构平面图

结构平面图是表示建筑物室内地面以上各层平面承重构件的布置图样。图 9-38 为单层工

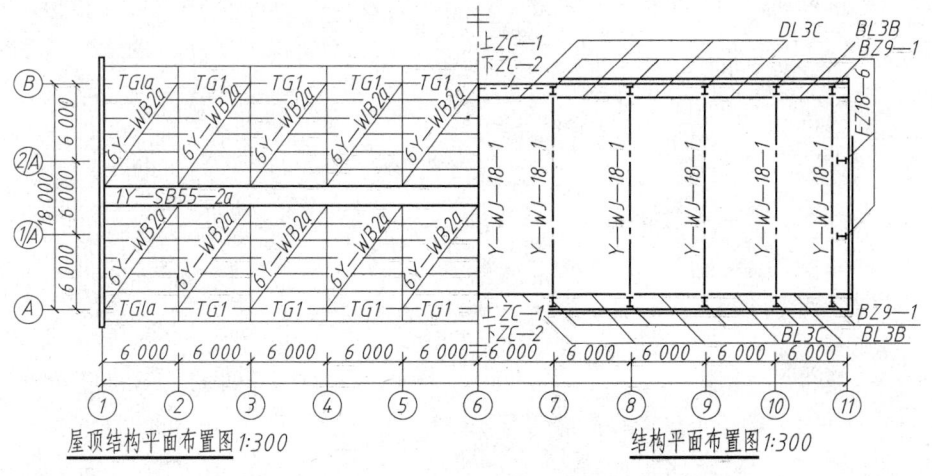

图 9-38　某单跨定型车间结构平面布置图

业厂房建筑体系单跨定型车间的结构平面布置图,该结构布置左右对称,因此左半部分表示屋面结构平面,右半部分表示柱、柱间支撑,吊车梁和屋架的平面布置,比例为1∶300。

从图中可看到工字形截面的柱子布置在矩形车间周围,分边柱 BZ 和抗风柱 FZ 两类。粗点画线表示预应力屋架 Y-WJ,细虚线表示上下柱间支撑 ZC-1、ZC-2,柱与柱之间的粗点画线表示吊车梁 DL。预应力屋面板 Y-WB 和天沟 TG 都分别画出。

第 10 章 计算机二维绘图

10.1 概述

计算机绘图是计算机应用学科的一个分支,是应用计算机及其图形输入、输出设备来实现图形显示、辅助设计及绘图的一门学科,它是计算机辅助设计(computer aided design,CAD)的必要基础和重要组成部分。CAD 技术是近年来工程技术领域中发展最迅速、最引人注目的一项高级技术,它对加速工程和产品的开发、缩短设计周期、提高产品质量、降低成本、增强企业竞争能力与创新能力起着重要作用。

计算机绘图系统由硬件和软件两部分组成。软件是计算机绘图系统的关键,而硬件设备则为软件的正常运行提供了基础保障和运行环境。随着计算机技术的飞速发展,国内外已成功地推出许多常用的绘图软件,如 AutoCAD、Pro/ENGINEER、Photoshop、3ds Max、SolidWorks、UG、CATIA 等,其中 AutoCAD 就是由美国 Autodesk 公司开发的一个通用的计算机辅助绘图与设计软件包,它在功能设计上考虑了各类图样的需求,可应用于多个行业,用户可直接用它进行产品设计,也可用它作为开发平台进行专用 CAD 软件的开发。

AutoCAD 自 1982 年问世以来,已经进行了近 20 次的升级,从而使其功能逐渐强大,且日趋完善,如今已广泛应用于机械设计、园林设计、电子电路设计、建筑装潢设计、石油化工设计、轻工纺织设计等多个领域。AutoCAD 2010 是美国 Autodesk 公司近年推出的版本,它在影响生产效率的许多方面进行了重大改进。本章主要介绍使用 AutoCAD 2010 绘图软件绘制二维图形的技巧和方法。

10.2 AutoCAD 基础知识

10.2.1 AutoCAD 2010 工作空间、经典操作界面

AutoCAD 2010 提供了"二维草图与注释"、"三维建模"和"AutoCAD 经典"三种工作空间模式。在图 10-1 所示界面最下方状态栏中单击右侧的"切换工作空间"按钮,在打开的列表中可选择工作空间模式。

1. "二维草图与注释"工作空间

在"二维草图与注释"工作空间,可方便地绘制二维图形。

2. "三维建模"工作空间

使用"三维建模"工作空间,可以更加方便地在三维空间中绘制图形。在功能区选项板中集成了"三维建模"、"视觉样式"、"光源"、"材质"、"渲染"和"导航"等面板,从而为绘制三维图形、观察图形、创建动画、设置光源、为三维对象附加材质等操作提供了非常便利的环境。

3. "AutoCAD 经典"工作空间

对于习惯于 AutoCAD 传统界面的用户来说,可以使用"AutoCAD 经典"工作空间,其界面主要由"菜单浏览器"按钮、快速访问工具栏、菜单栏、工具栏、文本窗口与命令行、状态栏等元素组成。

4. AutoCAD 工作空间的基本组成

AutoCAD 的各个工作空间都包含"菜单浏览器"按钮、快速访问工具栏、标题栏、状态栏、绘图窗口、功能区选项板、命令行等元素,如图 10-1 所示。

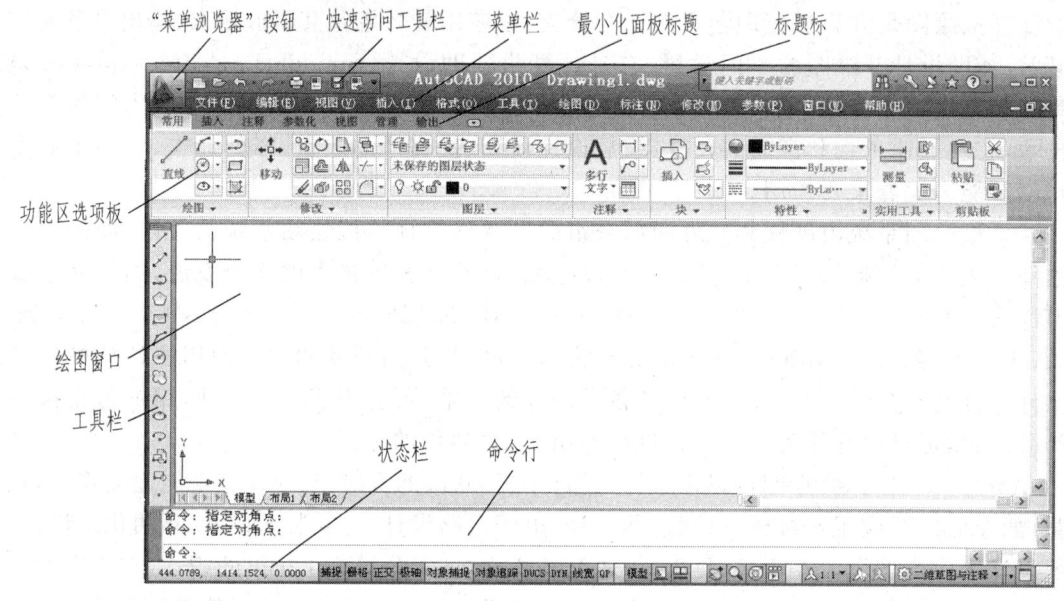

图 10-1 AutoCAD 2010 工作空间

(1)"菜单浏览器"按钮:位于界面左上角,其下拉列表中包含大部分常用的功能和命令。

(2)快速访问工具栏:可用来显示常用工具,也可向快速访问工具栏添加无限多的工具,超出工具栏最大长度范围的工具会以弹出按钮显示。

(3)标题栏:位于屏幕顶部,用于显示当前正在运行的程序名及当前装入的图纸文件名。

(4)状态栏:位于屏幕底部,用来反映当前的作图状态,如当前的光标位置,当前是否打开正交、捕捉等功能。

(5)绘图窗口:是绘制和显示图形的区域。

(6)图形光标:绘图区上的光标呈十字线或拾取盒形状,用于作图、选择实体等。

(7)功能区选项板:位于绘图窗口上方,用于显示与基于任务的工作空间关联的按钮和控件。

(8)命令行:是用户从键盘输入命令、显示命令提示信息的地方。

AutoCAD 执行有些命令时会弹出相应的对话框,用于与用户直接交互,设置模式、选择参数或输入文字数据等。

10.2.2 执行 AutoCAD 命令的方式

1. 通过键盘输入命令

当命令行出现"命令:"提示时,用户从键盘输入 AutoCAD 命令名,然后按空格键或回车键执行该命令。

2. 通过菜单执行命令

在快速访问工具栏上单击右侧三角箭头符号,弹出"自定义快速访问工具栏"下拉菜单,选择"显示菜单栏",可显示经典菜单栏(图 10-1)。将光标移至菜单栏上单击某一项,则出现下拉菜单,然后将光标移动至所需命令,单击即可执行该命令。若命令后有三角箭头符号,表示还有下一级菜单;若命令后有"…"符号,表示执行该命令后会弹出对话框。

3. 通过工具栏执行命令

将光标移至屏幕上某一工具栏的图标按钮上后单击,即可执行该图标按钮所代表的命令。若将光标移动到工具栏的图标按钮上停留一两秒钟,则会显示该图标按钮代表的命令名称。

4. 通过功能区选项板执行命令

将光标移动至功能区选项板某一工具按钮上后单击,即可执行该命令。如执行"Line"命令,可在功能区选项板中选"常用"选项卡,在图 10-2 所示的"绘图"面板中单击"直线"工具按钮。

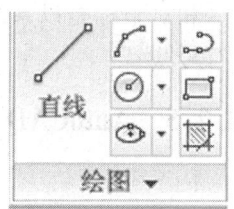

图 10-2 "绘图"面板

注意:

(1) 为简便起见,后面只介绍从键盘和执行菜单命令两种方式。

(2) AutoCAD 中鼠标按键定义如下:① 左键为确认键,也称为拾取键(或选择键),用于在绘图区中拾取所需要的点或选择对象、工具按钮和执行菜单命令等;② 中键用于缩放和平移视图。③ 点击鼠标右键,系统可根据当前绘图状态弹出相应的快捷菜单。

10.2.3 AutoCAD 数据的输入方法

1. 数值

许多命令提示要求输入数值,从键盘输入这些数值时,可用下列字符:+,-,0,1,2,3,…,4,5,6,7,8,9,0,E,例如-45.6、7.3E+5、3.5E-3。

2. 指定点

当 AutoCAD 出现要求给出输入点的坐标提示时,可按以下方式来输入:

(1) 鼠标输入　利用鼠标将光标移至绘图区某点单击。

(2) 键盘输入　直接输入坐标后按空格键或回车键。

(3) 对象捕捉　用对象捕捉方式捕捉一些特殊点,例如圆的中心点,直线的端点、中点等。

(4) 极轴追踪　按事先给定的角度增量来追踪特征点。用户可在"草图设置"对话框的"极轴追踪"选项卡中设置角度增量,当系统要求指定一个点时,按预先设置的角度增量会显示一条无限延伸的辅助线,这时就可以沿辅助线追踪得到光标点。

(5) 对象追踪　按与对象的某种特定关系来追踪,对象追踪必须与对象捕捉同时工作,即在追踪对象捕捉到点之前,必须先打开对象捕捉功能。

10.2.4 AutoCAD 的坐标

1. 绝对坐标

绝对坐标是相对于当前坐标系(世界坐标系 WCS 或用户坐标系 UCS)原点的坐标。本书主要介绍直角坐标和极坐标。

(1) 直角坐标(X,Y,Z)　在二维绘图中 Z 坐标通常可以省略。如某点的 X 坐标为 40、Y 坐标为 70,则输入格式为"40,70"。

(2) 极坐标(距离＜角度)　用户可以输入某点离当前用户坐标系原点的距离及它在 XY 平面中的角度来确定点,其格式为"距离＜角度"。规定以 X 轴正向为基线,角度逆时针为正、顺时针为负。如"60＜45"表示某点与原点的距离为 60,相对于 X 轴的正方向为 45°。

2. 相对坐标

相对坐标是以系统选定的上一点为新的坐标原点来确定下一点。相对坐标需在坐标值前加注符号"@"。

10.2.5 AutoCAD 的几个常用功能键

F1	打开 AutoCAD 2010 帮助系统;
F2	文本显示与图形显示转换键;
F3(对象捕捉)	打开或关闭对象捕捉模式;
F5	左、上、右的等轴测平面切换;
F6	动态 UCS 开关;
F7(栅格)	打开或关闭栅格显示;
F8(正交)	正交方式开关;
F9(捕捉)	栅格捕捉开关;
F10(极轴)	极轴开关;
F11(对象追踪)	对象追踪开关;
F12(DYN)	动态输入开关;
Esc	放弃正在执行的命令,使系统处在接受命令状态。

以上各项中,括号内为与功能键相对应的状态行上的控制按钮。

10.2.6 图形文件管理

在 AutoCAD 中,图形文件管理一般包括创建新图形文件、打开图形文件、保存图形文件、加密保护绘图数据及关闭图形文件等。

1. 创建新图形文件

直接输入"New"命令或执行"文件(F)"→"新建(N)…"菜单命令,弹出"选择样板"对话框。若为系统的默认模板,单击"打开(O)"按钮,即建立一幅新图;用户也可在"文件类型(T)"下拉列表中选择"图形(*.dwg)",再在"打开(O)"下拉列表中选择"无样板打开-公制(M)"来建立一幅新图。

2. 打开图形文件

直接输入"Open"命令或执行"文件(F)"→"打开(O)…"菜单命令,弹出"选择文件"对话框,在"查找范围(I)"下拉列表中选择文件所在路径,在"文件名(N)"下拉列表中找到所需文件名,可以打开已有的图形文件。

3. 保存图形文件

直接输入"Qsave"命令或执行"文件(F)"→"保存(S)…"菜单命令,用户可以当前使用的文件名保存图形;直接输入"Saveas"命令或执行"文件(F)"→"另存为(A)…"菜单命令,用户可将当前图形以新的名称保存。

4. 加密保护绘图数据

在 AutoCAD 2010 中,保存文件时可以使用密码保护功能,对文件进行加密保存。执行"Saveas"命令后,在弹出的"图形另存为"对话框的右上角"工具(L)"的下拉列表中选"安全选项(S)…",用户可在弹出的"安全选项"对话框中设置密码。

5. 关闭图形文件

直接输入"Close"命令或执行"文件(F)"→"关闭(C)…"菜单命令,或在绘图窗口右上角单击"关闭"按钮,可以关闭当前图形文件。

10.3 辅助绘图工具

10.3.1 图形显示控制

图形显示控制功能可以方便用户在绘图时查看图形细节。控制图形显示,并不改变图形的实际尺寸和相对位置。常用控制图形显示的方法有:

1. 缩放视图(Zoom 命令)

功能:增大或减小当前视口中视图的比例。

操作:直接输入"Zoom"命令或执行"视图(V)"→"缩放(Z)…"菜单命令。

命令:Zoom

指定窗口角点,输入比例因子(nX 或 nXP),或[全部(A)/中心(C)/动态(D)/范围(E)/上一个(P)/比例(S)/窗口(W)/对象(O)]＜实时＞:

其各选项与下拉菜单中的选项相同,下面介绍常用选项的功能:

"实时(R)"选项为系统默认选项,直接回车则选中该项。该选项为实时对图形进行缩放显示,执行该选项后,在图形屏幕上将出现一个放大镜图标,用户按住鼠标左键移动放大镜,即可以实现对图形的缩放显示。

"上一个(P)"选项用来恢复上一次显示的图形视区。

"窗口(W)"选项为使用一个窗口确定缩放区,系统将选定的区域放大为满屏显示。选择该选项后,系统将出现如下提示:

指定第一个角点:(用鼠标在图形区指定一点)

指定对角点:(用鼠标指定矩形窗口对角点)

"动态(D)"选项为动态缩放图形,此时用户可以方便地拖动鼠标进行操作。

"比例(S)"选项允许用户输入一个数值作为缩放系数的方式缩放图形。当系统提示"输入比例因子(nX 或 nXP)"时若输入单一数字,则相对初始图形缩放;输入数字后带"x"时,则相对当前视图缩放;输入数字后带"xp"时,则相对图纸空间缩放。

"中心点"选项允许用户重设图形的显示中心和放大倍数缩放。执行该选项后,AutoCAD 系统提示:

指定中心点:(输入新的显示中心)

输入比例或高度<594.0000>:(输入屏幕在纵向表示的高度)

"放大"选项为菜单中具有的选项,从键盘输入"Zoom"命令后出现的提示中没有该项,其作用为放大到原图形的两倍。

"缩小"选项也为菜单中具有的选项,其作用为缩小到原图形的一半。

"全部(A)"选项为在图形屏幕显示所有图形(包括屏幕显示界面外的图形)。

"范围"选项执行后,AutoCAD 界面将尽可能大地显示整个图形,与图形的边界无关。

2. 平移视图(Pan 命令)

功能:主要用来在屏幕上移动整幅图形,以便查看图形的各个部分。

操作:直接输入"Pan"命令或执行"视图(V)→平移(P)…"菜单命令,并在其下拉子菜单中选择所需选项,这些选项可控制图形的上、下、左、右移动以及实时移动,当选择"实时"选项后,屏幕上会出现手的图形,通过按住鼠标左键可将图形移动至任意位置。

10.3.2 使用极轴和对象追踪

极轴追踪是按事先给定的角度增量来追踪特征点。用户可在"草图设置"对话框(该对话的打开操作见 10.3.3 节)的"极轴追踪"选项卡中设置角度增量,当系统要求指定一个点时,按预先设置的角度增量会显示一条无限延伸的辅助线,这时就可以沿辅助线追踪得到光标点。对象追踪是按与对象的某种特定关系来追踪,对象追踪必须与对象捕捉同时工作。

在状态栏上单击"极轴"、"对象捕捉"、"对象追踪"按钮可打开"使用极轴、对象捕捉和对象追踪"状态,在此状态下,执行"Point"命令可快速找到与某一特征点 X 坐标对齐、与另一特征点 Y 坐标对齐的点。

10.3.3 使用对象捕捉功能

在绘图的过程中,经常要指定一些已有对象上的点,例如端点、圆心和两个对象的交点等。如果只凭观察来拾取,不可能非常准确地找到这些点,为此 AutoCAD 2010 提供了对象捕捉功能,可以迅速、准确地捕捉到某些特殊点,从而精确地绘制图形。

1. 对象捕捉类型

AutoCAD 提供的常用的对象捕捉类型列举如下:

端点(ENDpoint):捕捉直线、圆弧或多段线等对象离拾取点最近的端点。

中点(MIDpoint):捕捉直线、圆弧或多段线的中点。

圆心(CENter):捕捉圆、圆弧、椭圆或椭圆弧的中心。

象限点(QUAdrant):捕捉圆、圆弧、椭圆或椭圆弧的最近象限点(0°,90°,180°,270°)。

插入点(INSertion):捕捉块、文本、属性定义等插入点。

交点(INTersection)：捕捉两图形元素的交点。

延伸(EXTension)：当光标通过对象终点时，显示一条临时的延伸线，以便在延伸线上绘制对象和定位点。

垂足(PERpendicular)：捕捉从预定点到与所选对象所作垂线的垂足。

切点(TANgent)：捕捉与圆、圆弧、椭圆、椭圆弧相切的点。

最近点(NEArest)：捕捉该对象上和拾取点最靠近的点。

外观交点(APParent Intersection)：与INTersection相同，只是它还可以捕捉三维空间中两个对象的视图交点（这两个对象实际上不一定相交）。

平行(PARallel)：控制与已知直线平行的向量。

节点(NODe)：捕捉由Point命令或Divide命令生成的点对象以及尺寸的定义点。

无(NONe)：不采用任何捕捉模式，一般用于临时对象捕捉模式。

2. 设置对象捕捉模式

对象捕捉模式可分为临时对象捕捉模式和自动对象捕捉模式两种。在AutoCAD中，可以通过"对象捕捉"工具栏、"草图设置"对话框、对象捕捉快捷菜单等方式来设置对象捕捉模式。

(1) 临时对象捕捉模式

在绘图过程中，当要求用户指定点时，可按以下三种方式设置临时对象捕捉模式：

① 利用"对象捕捉"工具栏，如图10-3所示。图中各按钮的含义依次为临时追踪点、捕捉自、捕捉到端点、捕捉到中点、捕捉到交点、捕捉到外观交点、捕捉到延长线、捕捉到圆点、捕捉到象限点、捕捉到切点、捕捉到垂足、捕捉到平行线、捕捉到插入点、捕捉到节点、捕捉到最近点、无捕捉、对象捕捉设置。

图10-3 "对象捕捉"工具栏

② 利用对象捕捉快捷菜单。当要求指定点时，可以按下Shift键或者Ctrl键，同时点击鼠标右键打开对象捕捉快捷菜单，选择对象捕捉模式后再把光标移到要捕捉对象的特征点附近，即可捕捉到相应的对象特征点。

③ 从键盘输入某项的前三个字母来设置捕捉模式。

(2) 自动对象捕捉模式

在绘制图形的过程中，若使用某几种对象捕捉模式的频率非常高，可采用此种执行方式，以提高工作效率。

操作：从键盘输入"Osnap"命令或执行"工具(T)"→"草图设置(F)…"菜单命令。

执行上述命令后，弹出图10-4所示的"草图设置"对话框，单击"对象捕捉"标签，打开"对象捕捉"选项卡，用户可选择所需的对象捕捉模式。一旦设置好捕捉模式，用户可通过F3功能键或状态行的"对象捕捉"按钮来打开或关闭对象捕捉模式。当对象捕捉模式处于打开状态时，若要求用户指定点，只需将光标移至要捕捉对象上的特征点附近，系统即可自动捕捉到相应的对象特征点。

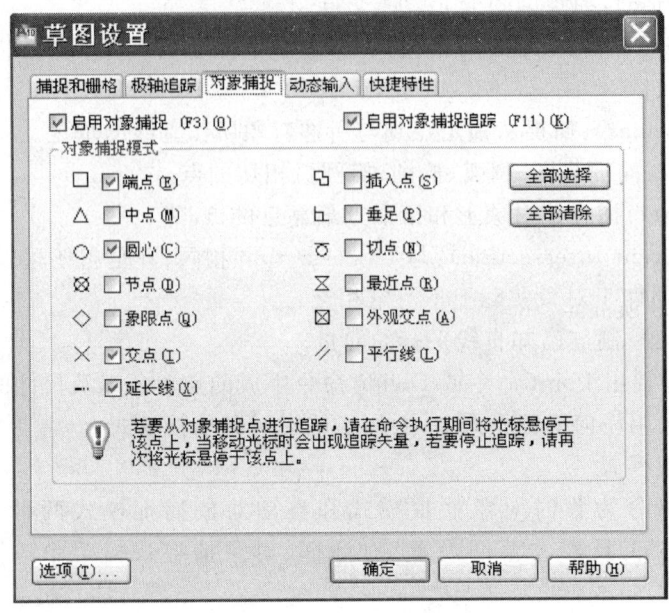

图 10-4 "草图设置"对话框

10.4 绘制二维图形

要绘制图 10-5 所示的图形,通常需通过建立作图环境,设置图层、线型和颜色,绘图等步骤来完成。

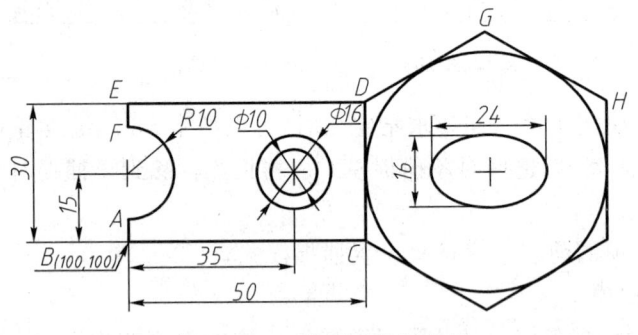

图 10-5 二维图形绘制实例

1. 建立作图环境

建立作图环境相当于设置图纸的大小。如要建立 A3 作图环境,用户可按以下步骤操作:

(1) 利用 Limits 命令设置

功能:在当前的"模型"或布局选项卡上,设置并控制栅格显示的界限。

操作:直接输入"Limits"命令或执行"格式(O)"→"图形界限(I)…"菜单命令。

命令:Limits

指定左下角点或[开(ON)/关(OFF)]<0.0000,0.0000>:(回车,取系统默认值)

指定右上角点＜420.0000,297.0000＞:(回车,取系统默认值)

（2）利用 Zoom 命令缩放视图

功能:增大或减小当前视口中视图的比例。

操作:直接输入"Zoom"命令或执行"视图(V)"→"缩放(Z)…"菜单命令。

命令:Zoom

指定窗口的角点,输入比例因子(nX 或 nXP),或者[全部(A)/中心(C)/动态(D)/范围(E)/上一个(P)/比例(S)/窗口(W)/对象(O)]＜实时＞:A(回车)

此时 A3 作图环境所限定的作图区域填满屏幕,打开"栅格",可看到栅格点充满整个由对角(0,0)和(420,297)构成的矩形区域,证明图形界限设置有效。

2. 设置图层

图层好像极薄的透明纸。每个图层上可绘制同一幅图的不同部分,将它们重叠在一起就合成一张整图。将图形合理地分布在不同的层上可使图形清晰,便于编辑,并可减少内存。不同的图层上可设置不同的线型、颜色。分层常用原则为按线型分层或按图形间的内在联系分层。

（1）图层的特性

① 用户可以在一幅图中指定任意数量的图层。系统对图层数量没有限制,对每一图层上的实体数量也没有任何限制。

② 每一个图层都有一个名字。当开始绘一幅新图时,AutoCAD 自动生成图层名称为"0"的图层,这是系统的默认图层,默认特性颜色为白色,线型为实线(Continuous)。其余图层由用户来建立及命名。

③ 一般情况下,一个图层上的实体只能是一种线型、一种颜色,用户可以改变各图层的线型、颜色和状态。

④ 虽然 AutoCAD 允许用户建立多个图层,但只能在当前图层上绘图。

⑤ 各图层具有相同的坐标系、绘图界限、显示时的缩放比例。

⑥ 用户可以对各图层进行打开、关闭、冻结、解冻、锁定与解锁等操作。关闭、冻结的图层不可见;锁定的图层可见但不能被编辑;只有打开、解冻、解锁的图层可见而且又能被编辑。

（2）创建和设置图层

操作:直接输入"Layer"命令或执行"格式(O)"→"图层(L)…"菜单命令。

执行命令后,弹出图 10-6 所示的"图层特性管理器"对话框,利用此对话框可创建新图层,设置图层的颜色、线型、线宽,控制图层状态,删除图层等操作。

若要创建一新图层,图层名称为"中心线层",采用红色 Center 线型,并置为当前图层,可如下操作:

① 输入"Layer"命令,打开"图层特性管理器"对话框,如图 10-6 所示。

② 单击"新建图层"图标按钮 ,则会在列表框中新增一个"图层 1",要新建多个图层,只需继续单击此按钮。单击图层名称(如"图层 1"),修改图层名称为"中心线层"。

③ 单击颜色名称(如"白"),弹出"选择颜色"对话框,用户可以在此对话框中选择红色。

④ 单击线型名称(如"Continuous"),弹出"选择线型"对话框,若线型列表中没有"CENTER"线型,则需先加载后再选择。

⑤ 选中"中心线层"后单击 图标按钮,则该层被设为当前图层,用户可在该层上绘图。

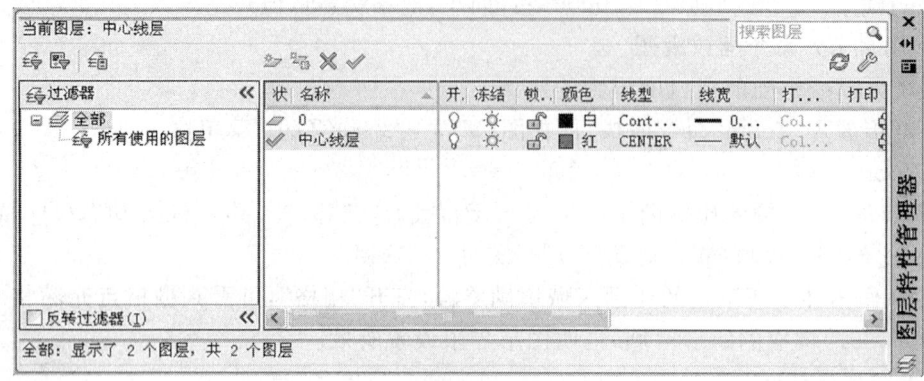

图 10-6 "图层特性管理器"对话框

3. 设置线型和颜色

(1) 线型

线型是指图形的线条形式,如细实线、虚线、点画线等。线型设置可采用以下三种方法:① 由图层决定线型(Bylayer);② 由块决定线型(Byblock);③ 明确设置线型。明确设置线型时,如发现"特性"面板的"线型"控件中没有列出需要的线型,应先输入"Linetype"命令或执行"格式(O)"→"线型(N)…"菜单命令,打开"线型管理器"对话框,如图 10-7 所示。初始状态下,线型列表中只有实线,单击"加载(L)…"按钮,此时会弹出另一对话框,在此对话框中选取所需的线型(如 CENTER)后单击"确定"按钮,则所选线型被列入图 10-7 的线型列表内,选中 CENTER 线型,单击"当前(C)"按钮,则接下来所绘制的图线均为中心线,直至下次重新设置为止。对于非连续线型(如虚线、点画线等),可单击"显示细节(D)"按钮,在"全局比例因子(G)"的编辑框中设置适当的线型比例。

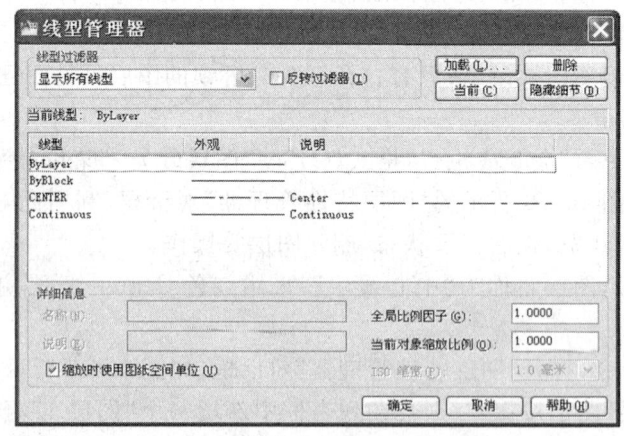

图 10-7 "线型管理器"对话框

(2) 颜色

颜色设置可采用以下三种方法:① 由图层决定颜色(Bylayer);② 由块决定颜色(Byblock);③ 明确设置颜色。明确设置颜色可从"特性"面板的颜色列表中选择(图 10-8),也可执行"格式(O)"→"颜色(C)…"菜单命令,打开"选择颜色"对话框,选取所需的颜色后单击"确定"按钮。

每个图层都具有该图层上所有对象都采用的关联特性(如颜色、线型等)。例如,如果"特性"面板上的"对象颜色"控件设置为"Bylayer",则新建对象的颜色取决于"图层特性管理器"中此图层设置的颜色;如果在"对象颜色"控件中设置了特定的颜色,此颜色将替代当前图层的默认颜色而应用于所有新对象。"特性"面板上的"线型"、"线宽"和"打印样式"控件也是如此。

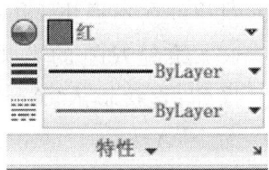

图 10-8 "特性"面板

4. 绘制基本二维图形

绘图是 AutoCAD 的主要功能,二维图形通常比较简单,只有熟练地掌握二维平面图形的绘制方法和技巧,才能更好地绘制复杂图形。常用的基本绘图命令有点(Point)、直线(Line)、圆(Circle)、圆弧(Arc)、正多边形(Polygon)、椭圆(Ellipse)、多段线(Pline)、样条曲线(Spline)等。可以通过直接输入绘图命令,执行"绘图(D)"→"××"菜单命令或单击在"绘图"工具栏(图 10-9)、"绘图"面板(图 10-2)中与绘图命令相对应的图标按钮四种方式来执行绘图命令。

图 10-9 "绘图"工具栏

图 10-9 中各按钮依次实现下列 19 种功能,即画直线、构造线、多段线、正多边形、矩形、圆弧、圆、修订云线、样条曲线、椭圆、椭圆弧、插入块(有嵌套按钮)、创建块、点、图案填充、渐变色、面域、表格、多行文字。

下面举例说明主要绘图命令的使用。

[例 10-1] 绘制图 10-5 所示的图形。

参考步骤如下:

(1) 输入"Layer"命令,打开"图层特性管理器"对话框,将 0 层的线宽设为 0.30 mm,并置为当前图层(参考图 10-6)。

(2) 绘制图 10-5 所示的 ABCDEF 折线,B 点的坐标为(100,100)。

操作:直接输入"Line"命令或执行"绘图(D)"→"直线(L)"菜单命令。

命令:Line

指定第一点:100,105(输入 A 点坐标)

指定下一点或[放弃(U)]:100,100(输入 B 点坐标,若系统默认为相对坐标,则输入"0,−5")

指定下一点或[放弃(U)]:@50,0(输入 C 点坐标,若系统默认为相对坐标,则不需加"@",以下同)

指定下一点或[闭合(C)/放弃(U)]:@0,30(输入 D 点坐标)

指定下一点或[闭合(C)/放弃(U)]:@50<180(输入 E 点坐标)

指定下一点或[闭合(C)/放弃(U)]:@5<270(输入 F 点坐标)

指定下一点或[闭合(C)/放弃(U)]:(回车,结束绘制直线命令)

说明：执行绘制直线命令时要求不断地输入点坐标，点坐标可采用绝对坐标、相对坐标或极坐标。在"指定下一点或[闭合(C)/放弃(U)]："提示时，输入"C"可绘制首尾相接的封闭线框；输入"U"可在不退出 Line 命令的状态下实时擦除最后画的线段。

(3) 绘制 R10 的半圆弧

操作： 直接输入"Arc"命令或执行"绘图(D)"→"圆弧(A)"菜单命令。

命令：Arc

指定圆弧的起点或[圆心(C)]：end(捕捉端点 A 作为圆弧的起点)

于(将光标移至 A 点附近，当出现"□"时单击，系统将自动捕捉 A 点作为圆弧起点)

指定圆弧的第二个点或[圆心(C)/端点(E)]：E(以圆弧端点方式绘制圆弧)

指定圆弧的端点：end(捕捉端点作为圆弧的终点)

于(将光标移至 F 点附近，系统将自动捕捉 F 点)

指定圆弧的圆心或[角度(A)/方向(D)/半径(R)]：A(用输入角度方式绘制圆弧)

指定包含角：180

说明：绘制圆弧的方式有很多种，用户可根据已知条件和系统的提示信息进行选择。本步骤采用临时对象捕捉模式寻找特殊点（A、F），默认状态下，系统按逆时针方向绘制圆弧。下面启动自动对象捕捉模式，选择"端点"、"中点"、"圆心"、"切点"四种对象捕捉模式（参见 10.3.3 节）。

(4) 绘制以 CD 为边长的正六边形

操作： 直接输入"Polygon"命令或执行"绘图(D)"→"正多边形(Y)"菜单命令。

命令：Polygon

输入边的数目<4>：6

指定正多边形的中心点或[边(E)]：E(以正多边形的边绘制正多边形)

指定边的第一个端点：(将光标移至 D 点附近，捕捉到 D 点后单击选择)

指定边的第二个端点：(将光标移至 C 点附近，捕捉到 C 点后单击选择，即完成正六边形的绘制)

(5) 绘制与正六边形相切的圆以及 φ16 和 φ10 的同心圆

操作： 直接输入"Circle"命令或执行"绘图(D)"→"圆(C)"菜单命令。

命令：Circle

指定圆的圆心或[三点(3P)/两点(2P)/相切、相切、半径(T)]：3P

指定对象与圆上的第一个点：(将光标移至直线 CD 的中点附近，当出现"△"时单击，系统将自动捕捉中点作为圆上的第一个点)

指定圆上的第二个点：(将光标移至直线 DG 的中点附近，自动捕捉第二个点)

指定圆上的第三个点：(将光标移至直线 GH 的中点附近，自动捕捉第三个点，即完成相切圆的绘制)

命令：(回车，重复画圆命令)

指定圆的圆心或[三点(3P)/两点(2P)/相切、相切、半径(T)]：135,115

指定圆的半径或[直径(D)]<0.0000>：8 或 5(完成 φ16 或 φ10 圆的绘制)

说明：绘制圆的方式有很多种，用户可根据已知条件和系统的提示信息进行选择。

(6) 绘制椭圆

操作:直接输入"Ellipse"命令或执行"绘图(D)"→"椭圆(E)"菜单命令。

命令:Ellipse

指定椭圆的轴端点或[圆弧(A)/中心点(C)]:C(选中心点绘制椭圆)

指定椭圆的中心点:(将光标移至与正六边形相切圆的圆心附近,当出现"○"时单击,系统将自动捕捉其圆心)

指定轴的端点:@12,0(以圆心为坐标原点)

指定另一半轴长度或[旋转(R)]:8(完成椭圆的绘制)

(7) 将"中心线层"置为当前图层

利用 Layer 命令,打开"图层特性管理器"对话框,将"中心线层"置为当前图层。

(8) 绘制圆、圆弧和椭圆的中心符号,即绘制点

① 点样式设置。

操作:直接输入"Ddptype"命令或执行"格式(O)"→"点样式(P)…"菜单命令。

执行命令后,弹出"点样式"对话框(图 10-10)。选择"▆"点样式后单击"确定"按钮,即将点的类型设置为"▆"。此外,在"点大小"编辑框中可设定点的大小。

② 绘制点。

操作:直接输入"Point"命令或执行"绘图(D)"→"点(O)"→"单点(S)"菜单命令。

命令:Point

指定点:(捕捉圆弧中心)

同样可绘制同心圆及椭圆的中心符号。完成后的图形如图 10-5 所示。

[例 10-2] 绘制图 10-11 所示的图形。

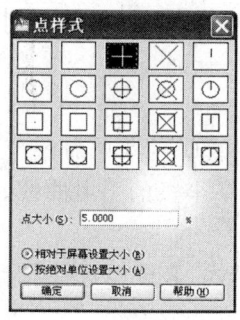

图 10-10 "点样式"对话框

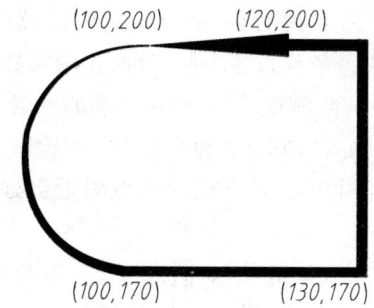

图 10-11 绘制多段线

操作:直接输入"Pline"命令或执行"绘图(D)"→"多段线(P)"菜单命令。

该命令用来创建多段线。多段线是作为单个对象创建的相互连接的线段序列,可包含宽度不等的直线段、圆弧段。

命令:Pline

指定起点:100,200(输入起点坐标)

当前线宽为 0.0000

指定下一个点或[圆弧(A)/半宽(H)/长度(L)/放弃(U)/宽度(W)]:W(重新设置线宽)

指定起点宽度<0.0000>:
指定端点宽度<0.0000>:1.5
指定下一点或[圆弧(A)/半宽(H)/长度(L)/放弃(U)/宽度(W)]:A(以圆弧方式绘制多段线)
指定圆弧的端点或
[角度(A)/圆心(CE)/方向(D)/半宽(H)/直线(L)/半径(R)/第二个点(S)/放弃(U)/宽度(W)]:A(用输入圆弧角度方式绘制圆弧)
指定包含角:180
指定圆弧的端点或[圆心(CE)/半径(R)]:@0,-30
指定圆弧的端点或
[角度(A)/圆心(CE)/闭合(CL)/方向(D)/半宽(H)/直线(L)/半径(R)/第二个点(S)/放弃(U)/宽度(W)]:L(以直线方式绘制多段线)
指定下一点或[圆弧(A)/闭合(C)/半宽(H)/长度(L)/放弃(U)/宽度(W)]:@30,0
指定下一点或[圆弧(A)/闭合(C)/半宽(H)/长度(L)/放弃(U)/宽度(W)]:@0,30
指定下一点或[圆弧(A)/闭合(C)/半宽(H)/长度(L)/放弃(U)/宽度(W)]:@-10,0
指定下一点或[圆弧(A)/闭合(C)/半宽(H)/长度(L)/放弃(U)/宽度(W)]:W(设置线宽)
指定起点宽度<1.5000>:3
指定端点宽度<3.0000>:0
指定下一点或[圆弧(A)/闭合(C)/半宽(H)/长度(L)/放弃(U)/宽度(W)]:C(将多段线首尾相连构成封闭线框)
完成后的图形如图 10-11 所示。

说明:Pline 命令与 Line 命令绘制的连续线段不同,多段线是一个实体,而用 Line 命令绘制的多段直线段的每条线段都是一个独立的实体。

[例 10-3] 绘制图 10-12b 右端的断裂边界线(样条曲线)。

操作:直接输入"Spline"命令或执行"绘图(D)"→"样条曲线(S)"菜单命令。
该命令可经过指定点或在指定点附近创建一条不规则曲率半径的平滑曲线。
命令:Spline
指定第一个点或[对象(O)]:(按 F3 启动自动对象捕捉模式,假设已选择"端点"为对象捕捉模式,移动光标捕捉端点 A)
指定下一点:(移动光标在 B 点附近确定一点)
指定下一点或[闭合(C)/拟合公差(F)]<起点切向>:(移动光标在 C 点附近确定一点)
指定下一点或[闭合(C)/拟合公差(F)]<起点切向>:(移动光标在 D 点附近确定一点)
指定下一点或[闭合(C)/拟合公差(F)]<起点切向>:(捕捉端点 E)
指定下一点或[闭合(C)/拟合公差(F)]<起点切向>:(回车)
指定起点切向:(移动光标在 F 点附近确定一点)
指定端点切向:(移动光标在 G 点附近确定一点)
完成后的图形如图 10-12b 所示。

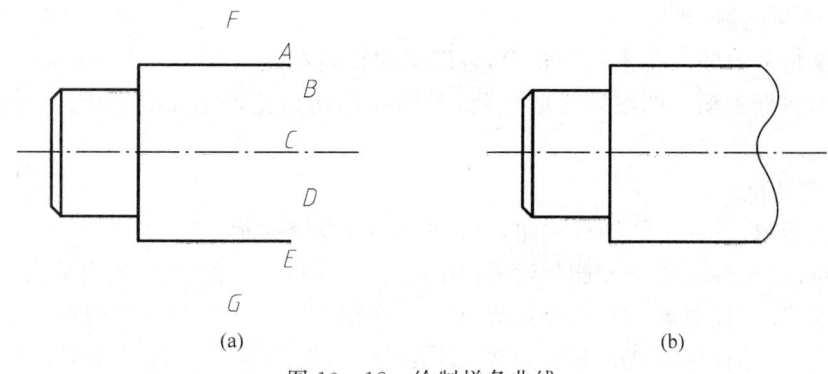

图 10-12 绘制样条曲线

10.5 图案填充

图案填充用来填充图案,绘制剖面线。可以使用预定义填充图案或使用当前线型定义简单的线图案,也可以创建更复杂的填充图案。要填充的区域必须是封闭的。

[例 10-4] 在图 10-13a 所示的 A、B 区域内绘制剖面线。

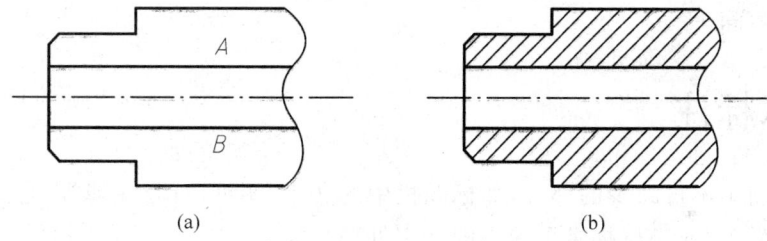

图 10-13 绘制剖面线

操作:直接输入"Hatch"命令或执行"绘图(D)"→"图案填充(H)…"菜单命令。

执行命令后,弹出图 10-14 所示的"图案填充和渐变色"对话框,对该对话框的操作步骤如下。

1. 设置图案类型

"类型"下拉列表中有三个选项,即"预定义"、"用户定义"和"自定义"。通常选用"预定义"选项,该选项是指用户选用预定义的 AutoCAD 图案,这些图案保存在 acad.pat 和 acadiso.pat 文件中。

2. 选择图案

在"图案"下拉列表中选择预定义图案或单击"图案"下拉列表框右边的"…"按钮,从弹出的"填充图案选项板"对话框中选择所需的填充图案。本例所选用的图案名称为"ANSI31"。

图 10-14 "图案填充"对话框

3. 设定角度和比例

在"角度"编辑框中输入图案的旋转角,各图案的初始角度为 0°。

在"比例"编辑框中输入图案填充的比例,各图案的初始比例为 1,若间隔不合适,用户可通过改变比例值来进行调整。

4. 选取填充区域

单击"添加:拾取点"左边的图标按钮,对话框消失,系统提示:

拾取内部点或[选择对象(S)/删除边界(B)]:(在图 10-13a 的 A 区域内单击确定一点)

拾取内部点或[选择对象(S)/删除边界(B)]:(在图 10-13a 的 B 区域内单击确定一点)

拾取内部点或[选择对象(S)/删除边界(B)]:(回车,返回图 10-14 所示界面)

5. 图案填充预览

单击"预览"按钮,预览所填充的图案。

6. 完成剖面线的绘制

单击"确定"按钮,完成剖面线的绘制,结果如图 10-13b 所示。

说明:若所需填充的图案与图中已填充的图案相同,则可单击图 10-14 中"继承特性"左边的图标按钮,系统将提示:

选择关联填充对象:(选择已填充的图案)

后续操作与上同。

10.6 文本标注

文字是工程图中不可缺少的部分,如标题栏中的文字、图纸说明、注释等,它和图形一起表达完整的设计思想。AutoCAD 提供了很强的文字处理功能。

10.6.1 设置文字样式命令

写文字前一般要确定采用的文字字体、文字的高度比以及放置方式,这些参数的组合称为文字样式。通常用 Style 命令来建立和修改文字样式。

操作:直接输入"Style"命令或执行"格式(O)"→"文字样式(S)…"菜单命令。

执行命令后弹出"文字样式"对话框,如图 10-15 所示。对话框中各选项功能如下:

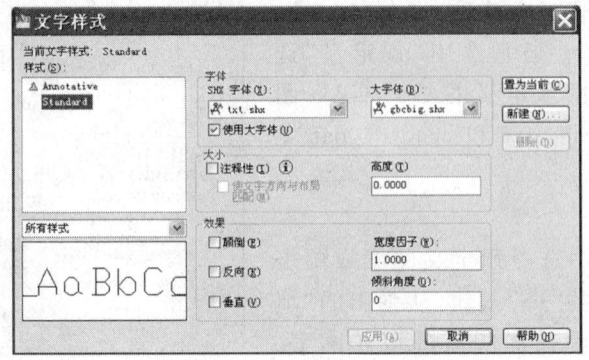

图 10-15 "文字样式"对话框

(1) 样式(S):可以显示文字样式的名称、创建新的文字样式、为已有的文字样式重命名或删除文字样式(但需注意,STANDARD 样式是不可删除和更改名称的)。

(2) 字体:可以选择字体名称(如汉字字体"楷体"),设置文字样式和字高等属性。

(3) 效果:可以设置文字效果,如"颠倒"、"反向"、"垂直"、"宽度比例"、"倾斜角度"等。

(4) 预览:可预览所选择或所设置文字样式的效果。

(5) 应用:当文字样式设置完成后,单击"应用(A)"按钮,可使用此文字样式。

10.6.2 文字标注命令

1. 单行文字(Text、Dtext)

功能:创建单行文字,也可输入多行文字。

[例 10-5] 注写图 10-16 所示的文字。

操作:直接输入"Text"命令或执行"绘图(D)"→"文字(X)"→"单行文字(S)"菜单命令。

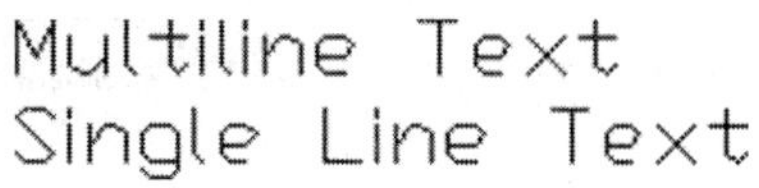

命令:Dtext

当前文字样式:"Standard"　文字高度:2.500 0　注释性:否

指定文字的起点或[对正(J)/样式(S)]:(在适当位置单击确定一点)

指定高度<2.5000>:3.5

指定文字的旋转角度<0>:(回车,默认值为 0)

输入文字:Multiline Text

输入文字:Single Line Text

输入文字:(回车,结束命令)

图 10-16　用"单行文字"命令写文本

说明:

(1) 用"单行文字"命令可以注写数字和西文,若要注写汉字,必须先通过"文字样式"对话框设置汉字字型。用户可以连续输入多行文字,每行文字自动放置在上一行文字的下方,效果等同于连续多次使用"单行文字"命令。

(2) 某行文字输入结束后按回车键,系统继续提示:"输入文字:",如果继续输入文本,则换行显示;如果不再输入文本则再按一次回车键,结束文字的输入。

2. 多行文字(Mtext)

功能:创建包括西文、数字、中文等多行文本。

[例 10-6] 注写图 10-17 所示的文字。

操作:直接输入"Mtext"命令或执行"绘图(D)"→"文字(X)"→"多行文字(M)…"菜单命令。

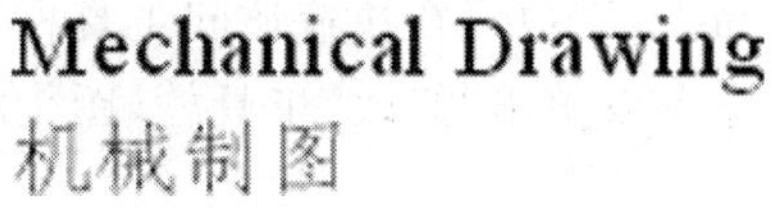

图 10-17　用"多行文字"命令写文本

执行命令后弹出"文字编辑器"功能面板和文字输入窗口(图 10-18),利用它可以设置多行文字的样式、字体及大小等属性。

命令:Mtext

指定第一角点:(移动光标在适当位置定出文本框的第一个角点)

指定对角点或[高度(H)/对正(J)/行距(L)/旋转(R)/样式(S)/宽度(W)]:(拖动鼠标确定文本框的对角点)

执行上述操作后弹出图 10-18 所示的"文字编辑器"功能面板和文字输入窗口,用户可选择文字的样式,设定字体(如输入英文时可选"Times New Roman",输入中文时可选"仿宋_GB 2312")及文字高度(如在"文字高度"编辑框中输入"3.5"),然后在文字输入窗口中输入所需创建的文本后单击"文字编辑器"功能面板右侧的"关闭文字编辑器"按钮,输入的文字即可显示在指定的位置上。

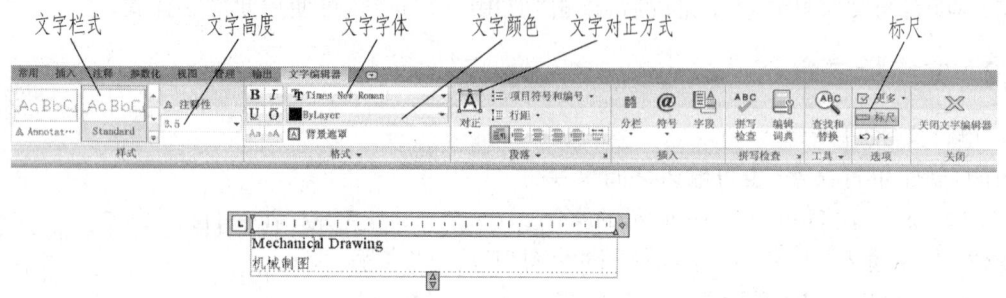

图 10-18 "文字编辑器"功能面板和文字输入窗口

3. 文本编辑(Ddedit)

操作:直接输入"Ddedit"命令或执行"修改(M)"→"对象(O)"→"文字(T)"→"编辑(E)…"菜单命令。

执行命令后,系统提示:

选择注释对象或[放弃(U)]:

若选择的文本是用 Text 命令标注的,用户可在文本框中编辑文本的内容,修改完成后回车即可。

若选择的文本是用 Mtext 命令标注的,则弹出图 10-18 所示的"文字编辑器"功能面板和文字输入窗口,用户可对文本内容、属性等进行编辑。

另外,用鼠标双击文本,系统自动执行 Ddedit 命令,用户可直接编辑此文本。

10.7 图形编辑

图形编辑是指对所选实体进行删除、复制、旋转、移动、镜像、修剪、拉伸等操作。执行图形编辑命令,用户可在快速访问工具栏选择"显示菜单栏"命令,在菜单栏执行"修改(M)"→"××"菜单命令或单击"修改"工具栏(图 10-19)、"修改"面板(图 10-20)中与之相对应的图标按钮。

图 10-19 "修改"工具栏　　　　　　　　图 10-20 "修改"面板

图 10-19 中各按钮依次实现下列 17 种功能,即删除、复制、镜像、偏移、阵列、移动、旋转、缩放、拉伸、修剪、延伸、打断于点、打断、合并、倒角、圆角、分解。

10.7.1 构造选择集

在进行图形编辑时,需要选择被编辑的对象,在很多编辑命令中会出现"选择对象:"提示,用户可以用各种方法选择实体,所选择的实体可以是一个,也可以是多个,一旦某实体被选中,该实体在屏幕上会虚化,被选中的实体就构造了选择集。AutoCAD 提供了多种方法来确定选择集,常用的列举如下。

1. 直接指点式

当命令行出现提示"选择对象:"时,系统会自动出现一方形光标,称为拾取框,用户可通过移动鼠标,用拾取框逐个拾取要选择的实体。直接指点式每次只能选中一个实体。

2. 窗口方式(Window)

当命令提示区出现提示:

选择对象:W

指定第一个角点:(在适当位置单击确定一点)

指定对角点:(指定矩形窗口的对角点)

完全包括在窗口内的实体被选中。

3. 交叉窗口方式(Crossing)

当命令提示区出现提示:

选择对象:C

指定第一个角点:(在适当位置单击确定一点)

指定对角点:(指定矩形窗口的对角点)

完全包括在窗口内的实体和与窗口边界相交的实体全部被选中。图 10-21 所示为要一次选中图中的圆和三角形,分别用 W 和 C 方式时的窗口大小示意图。"W"和"C"窗口可采用默认方式,即在出现"选择对象:"提示时,可不输入"W"或"C"而直接指定两角点,从左向右拉出的为"W"窗口,从右向左拉出的窗口为"C"窗口。

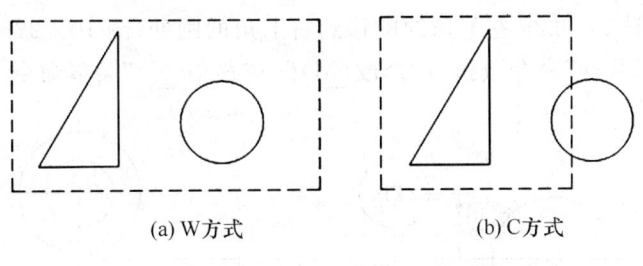

(a) W 方式　　(b) C 方式

图 10-21　窗口方式选择实体示例

4. All 方式

当命令提示区出现提示:

选择对象:All

系统将选中除被冻结或锁住的图层外的所有实体。

5. 扣除模式

AutoCAD 有两种构造选择集的模式,即加入模式与扣除模式。前面介绍的各选择方式均为加入模式,即将选择的对象均加入到选择集中。扣除模式是将选中的对象移出选择集。在"选择对象:"提示下输入"R"(即 Remove)后回车,此时 AutoCAD 提示:

删除对象:

在该提示下,可以用前面介绍的各种方式来选择欲扣除的对象,然后被选中的对象就会退出选择集,在界面上体现为以虚线形式显示的被选中对象又恢复成正常显示方式。

6. 结束选择集

构造好选择集后,系统仍会提示"选择对象:",必须用回车结束选择集。

10.7.2 常用编辑命令

1. 删除和恢复图形

(1) 删除图形

功能:删除被选中的实体。

操作:直接输入"Erase"命令或执行"修改(M)"→"删除(E)"菜单命令。

命令:Erase

选择对象:(按前面所述构造选择集的方法选择对象)

选择对象:(所需对象被选中后回车)

被选中的对象在界面上消失。

(2) 恢复图形

功能:恢复最近一次被 Erase 命令删除的实体。

命令:Oops 命令

执行该命令后,可恢复最近一次删除的图形。也可单击快速访问工具栏中的"放弃"图标按钮 ,取消 Erase 命令而恢复图形。

2. 移动图形(Move)

功能:将指定的实体从图形上的一个位置平移到另一个位置。

[例 10-7] 将图 10-22a 左下角的圆移到右上角的圆处(图 10-22b),且圆心重合。

操作:直接输入"Move"命令或执行"修改(M)"→"移动(V)"菜单命令。

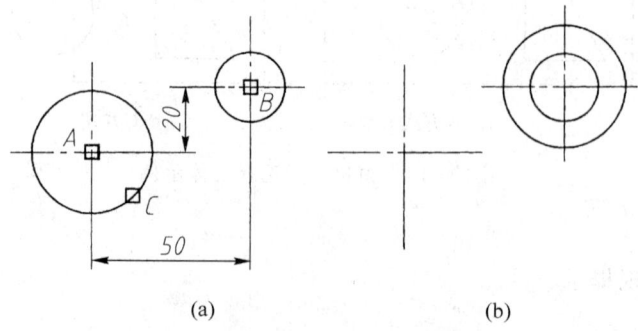

图 10-22 "Move"命令示例

命令:Move
选择对象:(选择圆,如 C 点)
选择对象:(回车,结束选择集)
指定基点或[位移(D)]<位移>:50,20(输入位移量)
指定第二个点或<使用第一个点作为位移>:(回车)
结果如图 10-22b 所示。
对于以上提示还可以作如下两种响应:
指定基点或[位移(D)]<位移>:0,0(确定基点或捕捉交点 A)
指定第二个点或<使用第一个点作为位移>:50,20(输入位移的第二点或捕捉 B 点)

3. 延伸与拉伸图形
(1) 延伸图形(Extend)
功能:将所选定实体延伸到指定边界。该命令可延伸的实体有直线段、圆弧和多义线,边界线可以是直线段、圆、圆弧和多义线。
[例 10-8] 将 10-23a 中的直线 AB、CD、EF 延伸至直线 LM 处。
操作:直接输入"Extend"命令或执行"修改(M)"→"延伸(D)"菜单命令。

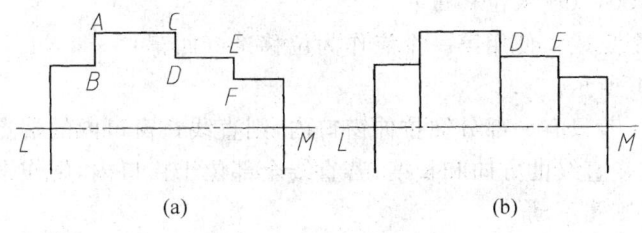

图 10-23 "Extend"命令示例

命令:Extend
当前设置:投影=UCS,边=无
选择边界的边…
选择对象或<全部选择>:(选择直线 LM)
选择对象:(回车)
选择要延伸的对象,或按住 Shift 键选择要修剪的对象,或
[栏选(F)/窗交(C)/投影(P)/边(E)/放弃(U)]:(选择直线 AB 且靠近 B 点)
当再出现上述提示时,分别选择直线 CD(靠近 D 点)、直线 EF(靠近 F 点),结果如图 10-23b 所示。若按住 Shift 键,分别选择位于直线 LM 下面的直线,则被选中的部分将会以 LM 为界而被剪掉,结果如图 10-24a 所示。最后,回车结束命令。

(2) 拉伸图形(Stretch)
功能:拉伸图形中指定部分,可使之加长、缩短以及修改形状等,并与原图中未动的部分保持连接。
[例 10-9] 将图 10-24a 中的直线 DE 向右拉伸 20。
操作:直接输入"Stretch"命令或执行"修改(M)"→"拉伸(H)"菜单命令。

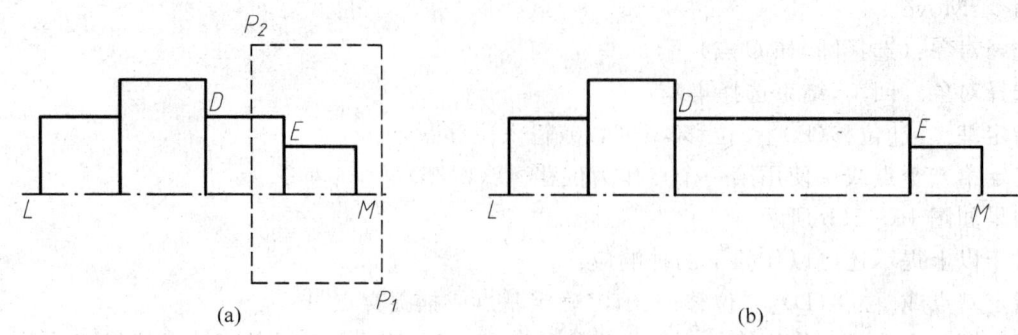

图 10-24 "Stretch"命令示例

命令:Stretch

以交叉窗口或交叉多边形选择要拉伸的对象(从右往左拉出的窗口即为交叉窗口)。

选择对象:(在 P_1 点处单击确定一点)

指定对角点:(在 P_2 点处单击确定一点)

选择对象:(回车)

指定基点或位移:20,0(输入位移量)

指定位移的第二个点或<使用第一个点作为位移>:(回车)

结果如图 10-24b 所示。

说明:拉伸直线时,若只有一部分在拉伸窗口内,则直线在窗口内的端点可以被拉伸,在窗口外的保持不动,由此改变直线的方向和长度;若直线全部位于窗口内,则作平移。拉伸圆时,圆心在窗口内则圆平移,否则圆不动。

4. 倒角与圆角

(1) 倒角(Chamfer)

功能:对两相交直线作倒角,也可对整条多段线倒角。

[例 10-10] 将图 10-25a 的两端倒角,倒角距离为 3。

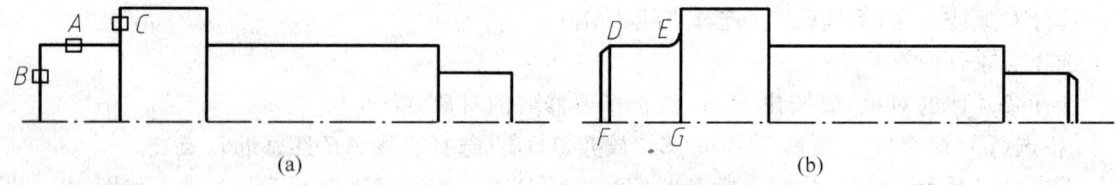

图 10-25 "Chamfer"和"Fillet"命令示例

操作:直接输入"Chamfer"命令或执行"修改(M)"→"倒角(C)"菜单命令。

命令:Chamfer

选择第一条直线或[放弃(U)/多线段(P)/距离(D)/角度(A)/修剪(T)/方式(E)/多个(M)]:D(确定倒角距离)

指定第一个倒角距离<0.0000>:3

指定第二个倒角距离<3.0000>:(回车,取默认值)

选择第一条直线或[放弃(U)/多段线(P)/距离(D)/角度(A)/修剪(T)/方式(E)/多个(M)]:(拾取框在图 10-25a 中 A 点附近选取直线,以选择第一倒角边)

选择第二条直线,或按住 Shift 键选择要应用角点的直线:(拾取框在 B 点附近选取直线,以选择第二倒角边)

用同样的方法对右端倒角,若要倒角的距离与系统当前倒角距离相同,则不需再输距离,执行 Chamfer 命令后,直接选择倒角边即可。倒角后用 Line 命令补画两端倒角形成的交线,如 DF,结果如图 10-25b 所示。

(2) 圆角(Fillet)

功能:用指定半径的两圆弧来连接两直线、圆弧、圆,也可以对整条多段线进行圆角。

[例 10-11] 将图 10-25a 中点 A、C 所在直线形成的直角进行圆角,其圆角半径为 5。

操作:直接输入"Fillet"命令或执行"修改(M)"→"圆角(F)"菜单命令。

命令:Fillet

选择第一个对象或[放弃(U)/多段线(P)/半径(R)/修剪(T)/多个(M)]:R(确定圆角半径)

指定圆角半径<0.0000>:5

选择第一个对象或[放弃(U)/多段线(P)/半径(R)/修剪(T)/多个(M)]:(在 A 点附近选取直线)

选择第二个对象,或按住 Shift 键选择要应用角点的对象:(在 C 点附近选取直线)

绘制圆角后的结果如图 10-25b 所示。绘制圆角后,点 E、G 之间的线段被自动删除,可用 Extend 命令补全。此外,若要进行圆角的圆角半径与系统当前的圆角半径相同,则在执行命令时不需再输入圆角半径,而直接选择要圆角的对象。

5. 修剪与打断图形

(1) 修剪图形(Trim)

功能:用剪切边来修剪目标。

[例 10-12] 将图 10-26a 中的实体修剪成图 10-26d 所示的图形。

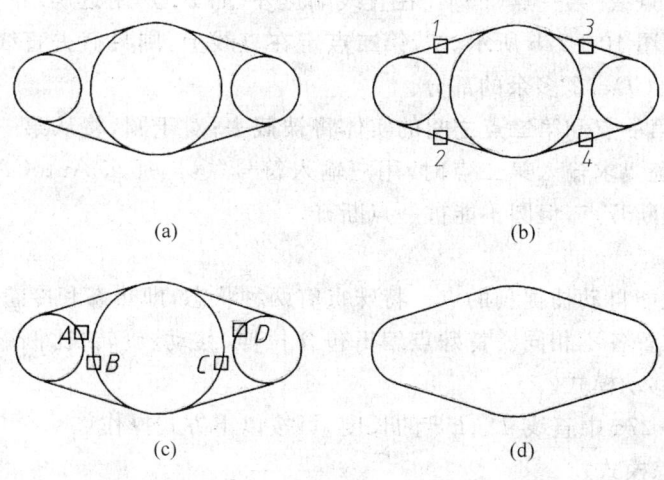

图 10-26 "Trim"命令示例

操作:直接输入"Trim"命令或执行"修改(M)"→"修剪(T)"菜单命令。

命令:Trim

选择剪切边…

选择对象<或全部选择>:(拾取框依次在 1、2、3、4 点附近选取四段直接段)

选择对象:(回车)

选择要修剪的对象,或按住 Shift 键选择要延伸的对象,或[栏选(F)/窗交(C)/投影(P)/边(E)/删除(R)/放弃(U)]:(拾取框在 A 点附近选取圆,A 点所在的圆弧段被切去)

在上述提示下,拾取框依次在 B、C、D 点附近选取圆弧,最后按回车键,则得到图 10-26d 所示的图形。

(2) 打断图形(Break)

功能:将实体一分为二或删除实体的一部分。

[例 10-13] 截去图 10-27a 中过长的中心线。

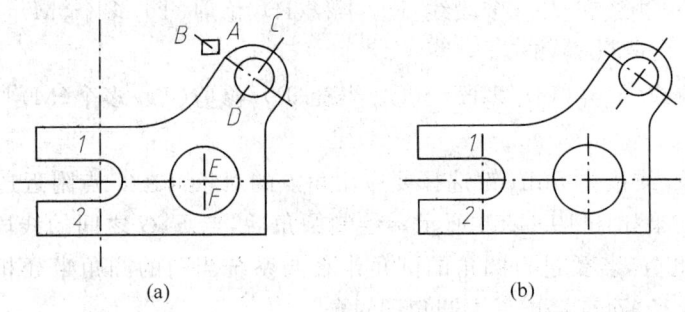

图 10-27 "Break"命令示例

操作:直接输入"Break"命令或执行"修改(M)"→"打断(K)"菜单命令。

命令:Break

选择对象:(在 A 点附近选取直线)

指定第二个打断点或[第一点(F)]:[在直线端点外(如 B 点)附近确定一点,作为第二断点]

打断后的结果如图 10-27b 所示。若第二点定在直线上,则只截去直线的一部分。用同样的命令可截断中心线 CD、12 多余的部分。

说明:通常位于第一点和第二点之间的实体将被截去;对于圆,将从第一点逆时针方向擦除到第二点,如果在系统要求输入第二点时,用户输入符号"@",那么 AutoCAD 会将第一点作为该实体断开为两段的断开点,但圆不能被一点断开。

6. 特殊点编辑

特殊点是指系统能自动捕捉到的点。特殊点有两种状态,即热态和冷态。对于不同的实体,其特殊点的数量和位置各不相同。特殊点编辑包含拉伸、移动、旋转、比例缩放、镜像等模式,在此只简单介绍拉伸、移动模式。

如要调整图 10-27a 中直线 12、EF 的长度,可按以下方式操作:

① 打开极轴追踪模式;

② 在"命令:"提示下选中直线 12,则在直线的端点和中点处各出现一蓝色方框;

③ 将光标移至上端方框并单击,该方框变为红色实心框,表示该端点被激活;

④ 拖动鼠标,将光标移至点 1 附近后单击。

用同样的步骤调整直线 12 另一端点的位置和直线 EF 的长度,结果如图 10-27b 所示。若激活直线 12 的中点,则可将直线移动到指定位置。此外,利用特殊点编辑的移动模式还可将文字移动到所需位置,也可调整尺寸线和尺寸文本的位置。

7. 复制图形

功能:复制一个或多个已存在的实体到另一位置,而不擦除原来的实体。

[例 10-14] 将图 10-28a 中的圆复制到图 10-28b 所示的位置。

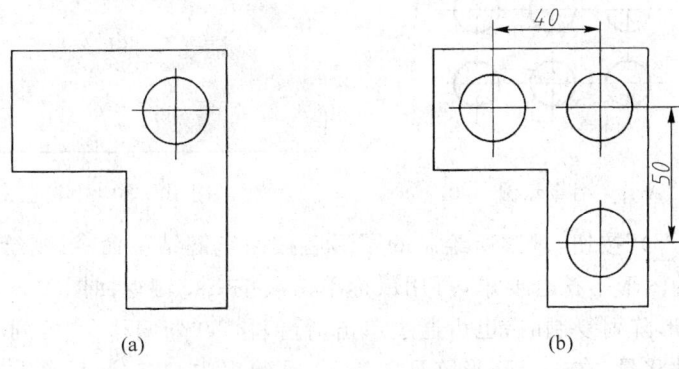

图 10-28 "Copy"命令示例

操作:直接输入"Copy"命令或执行"修改(M)"→"复制(Y)"菜单命令。

命令:Copy

选择对象:(选择图 10-28a 中的圆和中心线)

选择对象:(回车)

指定基点或[位移(D)/模式(O)]<位移>:0,0

指定第二个点或<使用第一个点作为位移>:-40,0

指定第二个点或[退出(E)/放弃(U)]<退出>:0,-50

指定第二个点或[退出(E)/放弃(U)]<退出>:(回车)

结果如图 10-28b 所示。

当位移量不确定而位置已定时,对上述提示可采用与 Move 命令相同的方式来操作,即利用对象捕捉来捕捉基点和位移的第二点。

8. 阵列图形(Array)

功能:对选中的实体进行复制,并构成一种规则的矩形或环形阵列。

[例 10-15] 如图 10-29a 所示,对图中的圆和圆心标志进行矩形阵列。

操作:直接输入"Array"命令或执行"修改(M)"→"阵列(A)"菜单命令。

命令:Array

执行命令后弹出"阵列"对话框,如图 10-30 所示。对该对话框进行如下操作:

(1) 选择"矩形阵列"单选项;

(2) 设定行数和列数分别为 3;

(3) 设定行偏移为-30,列偏移为30,阵列角度为0°;

(4) 单击"选择对象"左侧的图标按钮,选取图10-29a中的圆和中心线;对象选定后回车,返回图10-30所示的对话框。

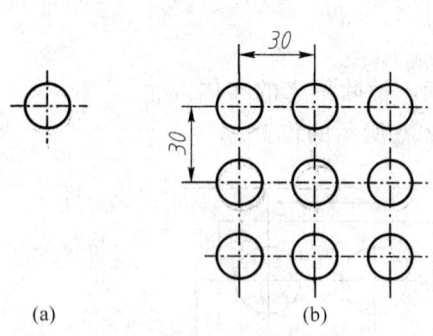
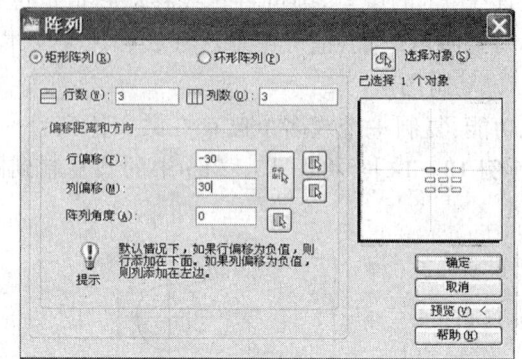

图10-29 "Array"命令示例　　　　图10-30 "阵列"对话框

(5) 单击"预览(V)"按钮,观察所绘制的图形后按回车键结束命令,则绘制出图10-29b所示的图形。若绘制的图形不符合要求,可用鼠标单击或按Esc键返回图10-30进行修改。

说明:在进行矩形阵列复制时,也可通过单击"行偏移"、"列偏移"、"阵列角度"右侧的图标按钮在界面上指定各偏移量;在进行环形阵列复制时,需给出中心点、数目总数和填充角度,其他操作同上。

9. 镜像图形(Mirror)

功能:绕指定轴翻转对象创建对称的镜像图像。

[**例 10-16**] 将图 10-31a 所示的图形作镜像复制。

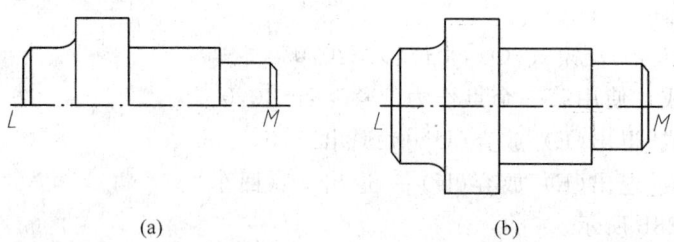

图 10-31 "Mirror"命令示例

操作:直接输入"Mirror"命令或执行"修改(M)"→"镜像(I)"菜单命令。

命令:Mirror

选择对象:(选择图10-31a中除直线LM以外的所有对象)

选择对象:(回车)

指定镜像线的第一点:(捕捉直线LM的端点或中点)

指定镜像线的第二点:(在直线LM上捕捉另外一点)

是否删除源对象?[是(Y)/否(N)]<N>:(回车)

结果如图10-31b所示。

10. 偏移实体(Offset)

功能：用于创建形状与选定对象的形状平行的新对象。

[例10-17] 将图10-32a所示的直线向右偏移20，将图10-32c所示的圆向里偏移，并使之通过交点B。

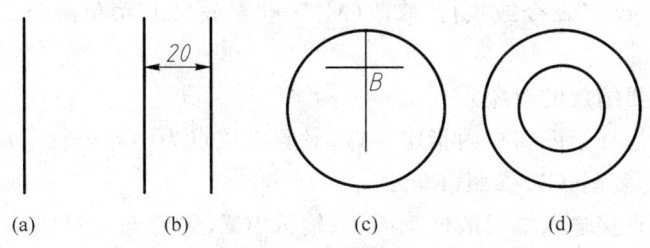

图10-32 "Offset"命令示例

操作： 直接输入"Offset"命令或执行"修改(M)"→"偏移(S)"菜单命令。

命令：Offset

指定偏移距离或[通过(T)/删除(E)/图层(L)]<通过>：20(输入偏移的距离)

选择要偏移的对象，或[退出(E)/放弃(U)]<退出>：(选择图10-32a所示直线)

指定要偏移的那一侧上的点，或[退出(E)/多个(M)/放弃(U)]<退出>：(在直线右边任意位置单击确定一点)

选择要偏移的对象，或[退出(E)/放弃(U)]<退出>：(回车，结束命令)

结果如图10-32b所示。

命令：(回车重复上次命令)

指定偏移距离或[通过(T)/删除(E)/图层(L)]<20.0000>：T(偏移目标应通过一点)

选择要偏移的对象，或[退出(E)/放弃(U)]<退出>：选择图10-32c所示的圆)

指定通过点或[退出(E)/多个(M)/放弃(U)]<退出>：(捕捉交点B)

选择要偏移的对象，或[退出(E)/放弃(U)]<退出>：(回车)

去掉圆中的两直线后，结果如图10-32d所示。

11. 旋转和缩放图形

(1) 旋转图形(Rotate)

功能：绕指定基点旋转图形中的对象。

操作：直接输入"Rotate"命令或执行"修改(M)"→"旋转(R)"菜单命令。

命令：Rotate

选择对象：(选择要旋转的对象)

选择对象：(回车)

指定基点：(用鼠标在绘图窗口内指定一点，图形绕该点旋转)

指定旋转角度，或[复制(C)/参照(R)]<0>：

对于上述提示可直接输入要旋转的角度；输入"C"，创建选定对象的副本；输入"R"，这时系统会提示：

指定参照角<0>：

指定新角度：

系统将以新角度减去参考角度作为旋转角度值。

(2) 缩放图形(Scale)

功能：将实体按一定比例放大或缩小。

操作：直接输入"Scale"命令或执行"修改(M)"→"缩放(L)"菜单命令。

命令：Scale

选择对象：(选择要缩放的对象)

指定基点：(用鼠标在绘图窗口内指定一点，对象以该点为中心进行缩放)

指定比例因子或[复制(C)/参照(R)]：

对于上述提示可直接输入缩放的比例因子；输入"C"，创建选定对象的副本；输入"R"，这时系统会提示：

指定参照长度<1>：

指定新长度：

系统将以新长度与参照长度比值作为比例因子值。

12. 对象特性编辑(Properties)

功能：显示和更改图形中选定对象或对象集的特性。

操作：直接输入"Properties"命令，执行"修改(M)"→"特性(P)"菜单命令。

执行命令后弹出"特性"选项板，可直接对图形的各项特性进行编辑。如果先选择图形对象，再打开"特性"选项板，则选项板上显示所选对象的类型；选择其中的一个选项，则选项板右边各个项目显示的就是这类对象的公共特性，在选项中可以对其中的每一项进行修改。如果事先没有选择对象类型，则选项板左上方下拉列表编辑框为"无选择"，此时用户应选择编辑对象。

用户可使用任意方法选择所需对象，"特性"选项板将显示选定对象的共有特性。用户可在"特性"选项板中修改选定对象的特性，或在命令行输入编辑命令对选定对象做其他修改。

10.8 尺寸标注

工程图样中视图用于表示机件的形状和结构，尺寸则是用于准确说明各部分的实际大小和位置，尺寸标注是绘图设计工作中的一项重要内容。在 AutoCAD 中，尺寸标注的要素与我国工程图绘制标准类似，用户进行尺寸标注，首先要设定标注尺寸的样式，然后再进行标注。

执行尺寸标注命令，可直接输入相应命令，执行"标注(N)"→"××"菜单命令，或单击功能区"注释"选项卡的"标注"面板(图 10-33)、"标注"工具栏(图 10-34)中与之对应的图标按钮。

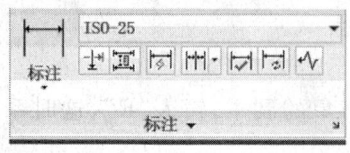

图 10-33 "标注"面板　　　　　　　　图 10-34 "尺寸标注"工具栏

图 10-34 中各按钮依次实现下列 21 种功能,即线性尺寸标注、对齐标注、弧长标注、坐标标注、半径标注、折弯标注、直径标注、角度标注、快速标注、基线标注、连续标注、等距标注、折断标注、公差标注、圆心标注、检验标注、折弯线性标注、编辑标注、编辑标注文字、标注更新、标注样式。

10.8.1 设置尺寸标注样式

在 AutoCAD 中,设置尺寸标注样式可以控制标注的格式和外观,建立和强制执行图形的绘图标准,并有利于对标注格式及用途进行修改。不同的应用场合可能要求不同的尺寸形式,如有的要求文本置于尺寸线上方,有的要求置于尺寸线中间;有的要求终端用箭头,有的则要求终端用斜线等。

1. 设置尺寸标注样式命令(Ddim)

功能:可以通过更改设置控制标注的外观。

操作:直接输入"Ddim"命令或执行"标注(N)"→"标注样式(S)…"菜单命令。

执行命令后弹出图 10-35 所示的"标注样式管理器"对话框,各选项功能如下:

(1) 样式(S):显示已设置的图形中的标注样式。当前样式已高亮显示,在样式名上点击鼠标右键,弹出快捷菜单,可进行指定当前样式、重命名和删除样式等操作。

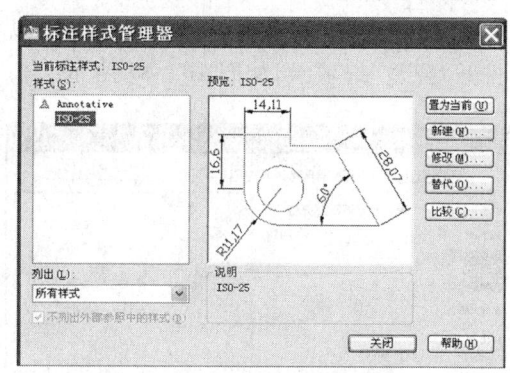

图 10-35 "标注样式管理器"对话框

(2) 预览:显示"样式"列表中选中样式标注的图形效果,下面的"说明"部分有对该样式的一些文字说明。

(3) 列出(L):可以设置控制"样式"中显示样式的过滤条件。这里有两个过滤条件,即显示所有样式和显示所有在使用的样式。

(4) 置为当前(U):单击该按钮,则可将"样式"列表中选定的标注样式置为当前尺寸标注样式。

(5) 新建(N):建立一个新的尺寸标注样式。该功能的操作将在后面详细介绍。

(6) 修改(M):修改已定义的尺寸标注样式。单击该按钮,弹出"修改标注样式"对话框,用以修改在"样式"列表中选择的尺寸标注样式。

(7) 替代(O):覆盖某一尺寸标注样式,即重新创建该尺寸标注样式。

(8) 比较(C):比较已定义过的两种尺寸标注样式之间的差别。

2. 如何设置新尺寸标注样式

(1) 单击图 10-35 所示对话框中的"新建(N)"按钮,打开"新建标注样式"对话框,用户可在此对话框中输入合适的新样式名称,选择新样式继承参考的基础样式名称,确定新样式使用范围,然后单击"继续"按钮。

(2) 系统弹出"新建标注样式"对话框,见图 10-36。对话框中各选项卡功能如下:

① 线:可以设置尺寸线的颜色、线型、线宽、超出标记以及基线间距等属性;尺寸界线的颜色、线宽、超出尺寸线的长度和起点偏移量、隐藏控制等属性。

② 符号和箭头：可以设置箭头和圆心记的类型和大小。

③ 文字：可以设置文字的样式、颜色、高度和分数高度比例以及控制是否绘制文字边框；也可设置文字的垂直、水平位置以及距尺寸线的偏移量；标注文字是保持水平还是与尺寸线平行。

④ 调整：可以调整尺寸文本和箭头的布置方式、尺寸文本的放置位置；设置标注尺寸的特征比例，以便通过设置全局比例因子来增加或减少各标注的大小。

⑤ 主单位：可以设置尺寸标注的单位格式与精度、是否消除尺寸标注的前导和后续零；设置测量单位比例，AutoCAD 的实际标注值为测量值与该比例的乘积。

⑥ 换算单位：可以设置换算单位的单位格式、精度、换算单位倍数、舍入精度、前缀及后缀等，方法与设置主单位的方法相同。

⑦ 公差：可以设置是否标注公差以及以何种方式进行标注。在图 10-36 中单击"公差"标签打开"公差"选项卡，如图 10-37 所示。

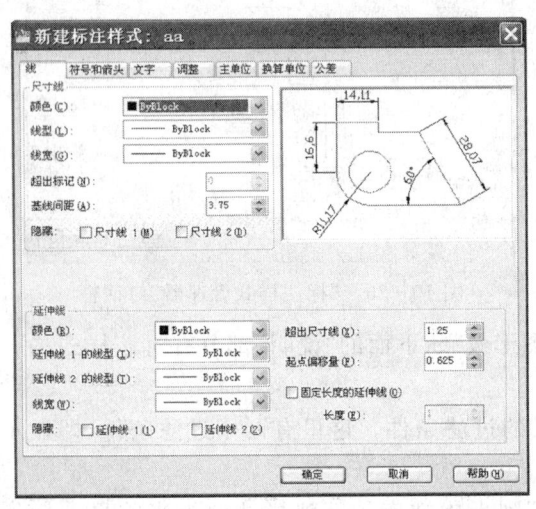

图 10-36 "新建标注样式"对话框

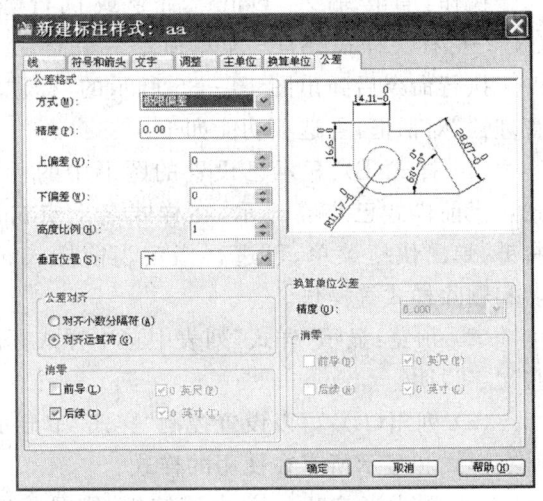

图 10-37 公差设置对话框

利用"公差"选项卡，用户可设置公差格式，其中：

a. 方式。"方式(M)"下拉列表中包含 5 个选项，各选项含义如下：

"无"：表示不标注公差。

"对称"：以正负对称方式标注公差，用户只需在"上偏差"编辑框中输入数值，标注时 AutoCAD 自动加入"±"符号。

"极限偏差"：标注上、下极限偏差，系统默认上极限偏差为正，下极限偏差为负。

"极限尺寸"：以最大极限尺寸和最小极限尺寸表示一个尺寸公差。

"基本尺寸"：将尺寸标注值放置在一个长方形框中。

b. 精度。"精度(P)"下拉列表框用于设置尺寸公差的精度。

注意：在定义一个新的尺寸标注样式时并不是每个内容都要重新进行设置，一般选取一个最相近的样式作为基础，然后修改与其不同的选项，通过预览可观察每一选项对尺寸标注的影响。这样，可以帮助用户定义所需要的样式。

3. 用尺寸标注命令标注尺寸

下面通过实例说明常用尺寸标注命令的操作方法。

[例10-18] 标注图10-38所示平面图形的尺寸。

标注尺寸之前,应先设置好尺寸标注的样式。按10.8.1节所讲的方法新建一名称为"aa"的标注样式,在"文字"选项卡的"文字对齐"选区中选择"水平"单选项,其余选项为系统的默认设置。在标注角度尺寸时,选用"aa"样式(因标注角度时要求文字水平书写),其余的可用系统默认的"ISO-25"样式进行标注。此外,因尺寸界线通常从端点、交点引出,所以执行"工具(T)"→"草图设置(F)…"菜单命令,在"草图设置"的"对象捕捉"选项卡(图10-4)中设置"端点"、"交点"捕捉模式,然后开启状态行上的对象捕捉模式。

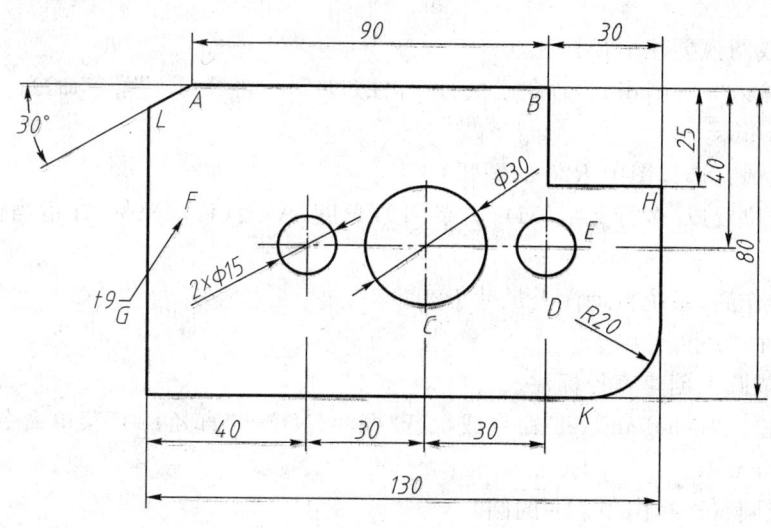

图10-38 尺寸标注示例

按以下步骤标注图10-38所示的尺寸。

(1) 标注线性尺寸

功能:线性标注指所标注对象的尺寸线沿水平方向或垂直方向放置。

操作:直接输入"Dimlinear"命令或执行"标注(N)"→"线性(L)"菜单命令。

命令:Dimlinear

指定第一条延伸线原点或<选择对象>:(捕捉图中交点A)

指定第二条延伸线原点:(捕捉图中交点B)

指定尺寸线位置或[多行文字(M)/文字(T)/角度(A)/水平(H)/垂直(V)/旋转(R)]:(在适当位置单击确定一点来确定尺寸线的位置)

完成上述操作后,系统自动注上水平尺寸90。

说明:

① 若两条尺寸界线原点之间是一个完整的对象,则在系统提示"指定第一条延伸线原点或<选择对象>:"时直接回车,然后再选择对象,后面的操作与上同。

② 在指定尺寸线位置之前,可以编辑文字、文字角度或尺寸线角度:

a. 要旋转尺寸界线,输入"R",然后输入尺寸线角度。

b. 要编辑文字,输入"M",在"文字编辑器"中修改文字,然后单击"确定"按钮。在尖括号(<>)内编辑或覆盖尖括号,将修改或删除程序计算的标注值。通过在尖括号前、后添加文字可以在标注值前、后附加文字。

c. 要旋转文字,输入"A",然后输入文字需旋转的角度值。

(2) 标注对齐尺寸

功能:对齐标注的尺寸线与标注直线平行,可以直接标注斜直线的长度。

操作:直接输入"Dimaligned"命令或执行"标注(N)"→"对齐(G)"菜单命令。

例如,标注图 10-38 中直线 AL 的长度。标注对齐尺寸的方法与标注线性尺寸同,此处略。

(3) 标注半径尺寸

功能:为圆或圆弧创建半径标注。

操作:直接输入"Dimradius"命令或执行"标注(N)"→"半径(R)"菜单命令。

命令:Dimradius

选择圆弧或圆:(选择图中 $R20$ 的圆弧)

指定尺寸线位置或[多行文字(M)/文字(T)/角度(A)]:(移动鼠标,在适当位置单击以确定尺寸线的位置)

完成上述操作后,系统自动注上尺寸 $R20$。

(4) 标注直径尺寸

功能:为圆或圆弧创建直径标注。

操作:直接输入"Dimdiameter"命令或执行"标注(N)"→"直径(D)"菜单命令。

命令:Dimdiameter

选择圆弧或圆:(选择图中 $\phi15$ 的圆)

指定尺寸线位置或[多行文字(M)/文字(T)/角度(A)]:T(从命令行输入文本)

输入标注文字<15>:2x%%c15(从键盘输入)

当标注直径尺寸时,若默认系统的测量值,则会自动注上"ϕ"。如要标注图中的直径 $\phi30$,只需选择 $\phi30$ 的圆后确定尺寸线的位置即可。若从键盘输入文本,则需用"%%c"表示"ϕ"。

(5) 标注角度尺寸

先在工具栏的"标注样式"下拉列表中选择"aa"样式(角度标注完成后,仍将标注样式设置为"ISO-25"),然后进行以下操作。

功能:创建角度标注。

操作:直接输入"Dimangular"命令或执行"标注(N)"→"角度(A)"菜单命令。

命令:Dimangular

选择圆弧、圆、直线或<指定顶点>:(选择图中的直线 AL)

选择第二条直线:(选择图中的直线 AB)

指定标注弧线位置或[多行文本(M)/文字(T)/角度(A)/象限点(Q)]:(移动鼠标,在适当位置单击确定尺寸弧线的位置)

执行上述操作后,系统会自动注上角度尺寸 30°。

若要从命令行输入文本,则需在上述提示中输入"T",然后在"输入标注文字:"提示下从键盘输入"30%%d","%%d"表示度(°)。

(6) 标注连续型尺寸

若要标注图中连续尺寸 40、30、30，则应先用"Dimlinear"命令标注尺寸 40(左边为第一条延伸线，右边为第二条延伸线)，然后再用"Dimcontinue"命令标注其余尺寸。

操作：直接输入"Dimcontinue"命令或执行"标注(N)"→"连续(C)"菜单命令。

命令：Dimcontinue

指定第二条延伸线原点或[放弃(U)/选择(S)]<选择>：(捕捉图中中心线端点 C)

标注文字＝30

指定第二条延伸线原点或[放弃(U)/选择(S)]<选择>：(捕捉图中中心线端点 D)

标注文字＝30

指定第二条延伸线原点或[放弃(U)/选择(S)]<选择>：(回车)

选择连续标注：(选择某一尺寸后可继续进行连续标注，回车则结束命令)

执行"Dimcontinue"命令时，系统默认已存在尺寸的第二条延伸线为下一尺寸的第一条延伸线，连续标注尺寸。

(7) 标注基线型尺寸

若要标注图中基线型尺寸 25、40、80，则应先用"Dimlinear"命令标注尺寸 25(上面点 B 为第一条延伸线的起点，下面点 H 为第二条延伸线的起点)，再用"Dimbaseline"命令标注其余尺寸。

操作：直接输入"Dimbaseline"命令或执行"标注(N)"→"基线(B)"菜单命令。

命令：Dimbaseline

指定第二条延伸线原点或[放弃(U)/选择(S)]<选择>：(捕捉图中中心线端点 E)

标注文字＝40

指定第二条延伸线原点或[放弃(U)/选择(S)]<选择>：(捕捉图中交点 K)

标注文字＝80

后面提示的操作与"Dimcontinue"命令相同。

执行"Dimlinear"命令时，系统默认已存在尺寸的第一条延伸线作为基准，通过输入第二条延伸线的原点来标注新的尺寸。

(8) 引线标注

功能：创建多重引线和引线注释。

操作：直接输入"Mleader"命令或执行"标注(N)"→"多重引线(E)"菜单命令。

命令：Mleader

指定引线箭头的位置或[引线基线优先(L)/内容优先(C)/选项(O)]<选项>：(在图内确定一点，如图 10-38 中的点 F)

指定引线基线的位置：(在图外确定一点，如图 10-38 中的点 G)

在弹出的"文字编辑器"对话框中输入"$t9$"，然后关闭"文字编辑器"，则在图 10-38 的引线末端自动注上"$t9$"。

说明：若要绘制"端部为黑圆点，文字写在水平横线上"样式的引线，用户可执行 Qleader 命令，系统提示：

指定第一个引线点或[设置(S)]<设置>：(回车)

系统弹出"引线设置"对话框(图 10-39),在"引线和箭头"选项卡中设置箭头样式为"点",在"附着"选项卡中选择"最后一行底部"单选项,选中"最后一行加下划线(U)"复选框,然后单击"确定"按钮后再依次输入引线的端点位置、文本内容即可。

4. 尺寸标注的编辑

编辑尺寸标注主要是指对标注文字、尺寸界线、标注样式等进行修改以符合用户要求,下面举例说明如何更新标注样式、修改标注数值。

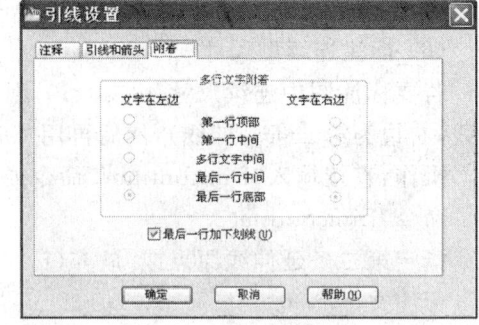

图 10-39 "引线设置"对话框

[例 10-19] 将图 10-40a 所示的标注样式更新为如图 10-40b 所示,将标注文本"100"改为"φ100"。

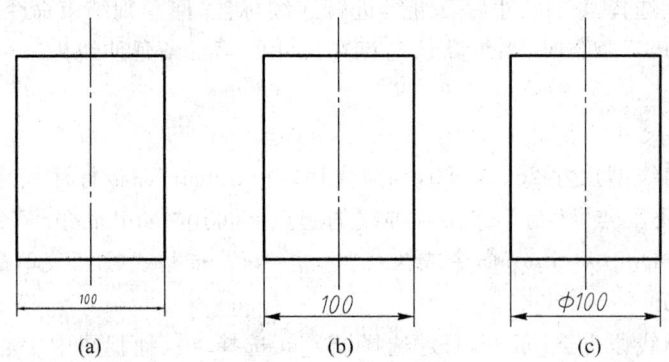

图 10-40 编辑尺寸标注示例

操作步骤如下:

(1) 命令:DDim

执行命令后弹出"标注样式管理器"对话框(图 10-35),单击"修改(M)…"按钮,在弹出的"修改标注样式"对话框的"调整"选项卡中改"使用全局比例(S)"的值为"5",并将修改后的样式置为当前,关闭对话框,结果如图 10-40b 所示。

若只是对所有标注中的某几个尺寸标注的比例作调整,则在弹出的"标注样式管理器"对话框中单击"替代(O)…"按钮,在打开的对话框的"调整"选项卡中将"使用全局比例(S)"的值改为"5",并将修改后的样式置为当前,关闭对话框后执行"标注(N)"→"更新(U)"菜单命令,再选择所需调整的几个尺寸即可。

(2) 将标准文本"100"改为"φ100"。

操作:直接输入"Dimedit"命令或单击工具栏中的"标注样式"图标按钮。

命令:Dimedit

输入标注编辑类型[默认(H)/新建(N)/旋转(R)/倾斜(O)]<默认>:N

在弹出的文字编辑器(图 10-18)中删除原来文本,输入"%%c100",然后单击"关闭文字编辑器"按钮,此时光标变为选择框,选中图 10-40b 中待修改的"100",回车即完成修改,结果如图 10-40c 所示。

10.9 块及其属性

10.9.1 块的创建与应用

1. 块的概念

块是由多个实体组成并赋予块名的一个整体,用户可根据需要将其插入到图形的指定位置,并且在插入时可以指定不同的比例缩放系数和旋转角度。图形中的块可以被移动、删除和复制,还可以给它定义属性,在插入时填写不同的信息。另外,用户还可以将块分解为一个个单独实体并重新定义。

2. 块的作用

(1) 减少工作量,便于修改

在绘制一幅图形时,经常会遇到一些图形重复出现,如果把这些经常出现的图形做成块保存起来,绘图时就可以使用插入块的方法来拼合构图;在修改时,如要修改多次插入到图中的某个块,无须逐个修改,只需简单地重新定义一次该块,所需修改的块会自动地被新定义的块代替。这样既可以避免很多重复工作,又可以提高绘图的速度和质量。

(2) 节省存储空间

每个加入图形的实体都会增加文件的大小,AutoCAD 数据库记录了图形中每个重复出现的各个点、线或圆。如把重复出现的图形定义成块,按块插入方式绘图,虽然在块的定义时包含了图形的全部对象,但系统只需要一次这样的定义。块的每次插入,AutoCAD 仅需要记住这个块对象的有关信息(如块名、插入点坐标及插入比例等),从而可节省磁盘空间。

3. 创建块(Block)

功能:从选定的对象中创建一个块定义。

操作:直接输入"Block"或"Bmake"命令或执行"绘图(D)"→"块(K)"→"创建(M)"菜单命令。

[例 10-20] 将图 10-41 所示图形定义成块,块的插入基点为交点 A,块名为"LS"。

命令:Block

执行命令后弹出图 10-42 所示的"块定义"对话框。对该对话框的操作步骤如下:

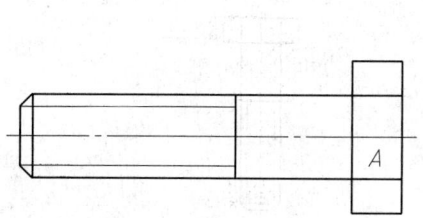

图 10-41 "Block"命令示例

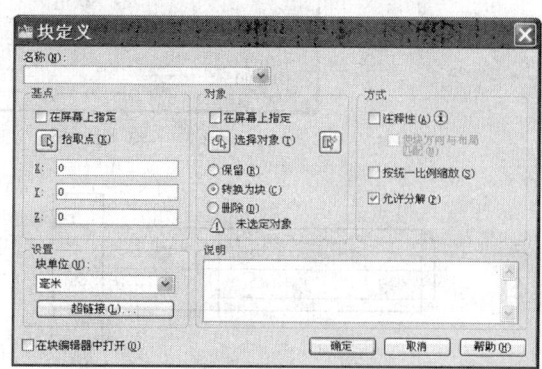

图 10-42 "块定义"对话框

(1) 在"名称"下拉列表编辑框中输入块名"LS"。

(2) 单击"基点"选区中的"拾取点"图标按钮,返回图 10-41,捕捉交点 A 作为插入基点。

(3) 单击"对象"选区中的"选择对象"图标按钮,选择图 10-41 的所有对象后按回车键。

(4) 返回"块定义"对话框,单击"确定"按钮,则块"LS"已定义好。

4. 插入块(Insert)

功能:把已定义好的块插入到当前图形的某个位置;同时,插入块时可改变图形的比例系数和旋转角度。

操作:直接输入"Insert"命令或执行"插入(I)"→"块(B)…"菜单命令。

[例 10-21] 将已定义的名称为"LS"的块插入到当前图形中。

命令:Insert

执行命令后弹出图 10-43 所示的"插入"对话框,对该对话框的操作步骤如下:

(1) 在"名称"下拉列表编辑框中选取块名"LS"。

(2) 在"插入点"选区中选择"在屏幕上指定(E)"复选框。

(3) 在"比例"选区中,取消选择"统一比例(U)"和"在屏幕上指定(E)"复选框,在"X"、"Y"、"Z"编辑框中输入适当的比例因子。

(4) 在"旋转"选区中,取消选择"在屏幕上指定(C)"复选框,在"角度"编辑框中输入旋转角度。

(5) 单击"确定"按钮,系统提示:

指定插入点或[基点(B)/比例(S)/X/Y/Z/旋转(R)]:(在所需位置单击指定插入点)

插入后的块见图 10-44。试比较缩放比例、旋转角度不同时,插入图形的差别。

若需插入的是某个图形文件,只需在图 10-43 的对话框中单击"浏览(B)"按钮,找到所需插入的图形文件后,再按上序步骤进行操作即可。

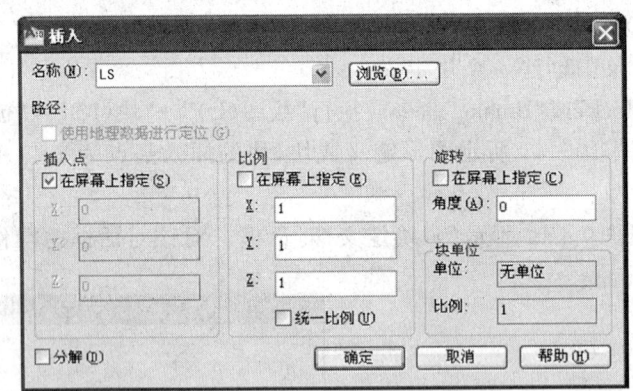

图 10-43 "插入"对话框

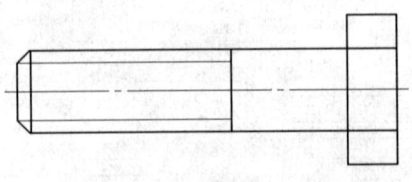 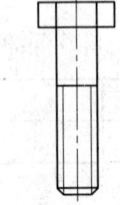

(a) X、Y 缩放比例均为1,旋转角度为0°　　　(b) X、Y 缩放比例均为0.5,旋转角度为90°

图 10-44 "Insert"命令示例

5. 阵列插入块(Minsert)

功能:以矩形阵列方式一次插入多个块到当前图形中。

命令:Minsert

输入块名或[?]<aa>:

指定插入点或[基点(B)/比例(S)/X/Y/Z/旋转(R)]:(输入插入点)

输入 X 比例因子,指定对角点,或[角点(C)/XYZ(XYZ)]<1>:(确定 X 方向比例因子)

输入 Y 比例因子或<使用 X 比例因子>:(确定 Y 方向比例因子)

指定旋转角度<0>:(输入旋转角度)

输入行数(---)<1>:(输入行数)

输入列数(|||)<1>:(输入列数)

输入行间距或指定单位单元(---):(输入行间距)

指定列间距(|||):(输入列间距)

6. 块的分解及重定义

一旦某些实体被定义成块,它将被作为一个整体来进行处理,用户无法对块内部的实体进行编辑和修改。因此,要修改块内部的实体,就需先将其分解。如果在插入块之前将块分解,只需在执行"Insert"命令后弹出的"插入"对话框中选择"分解"复选框;如要分解已插入到图形中的块,可使用 Explode 命令。

若要对已插入的若干个相同的块进行修改,不必全部分解后逐个修改,只需将其中的一个分解,修改后重新定义一次即可。其操作步骤与前面的定义块一样。

7. 写块(Wblock)

用 Block 命令定义块只能在本幅图内进行插入,而不能插入到其他的图形文件中去,若要插入非本图所定义的块,就必须用 Wblock 命令将块写到一个新的文件中。

执行 Wblock 命令后弹出"写块"对话框。若要将已存在的块写入新文件,首先应在"源"选区中选择"块"单选项,并在其右边的下拉列表中输入已存在的块名;然后在"目标"选区的编辑框中输入路径及文件名后单击"确定"按钮,则该块已成为一个图形文件。

若没有事先定义块,应先在"源"选区中选择"对象"单选项,然后按与定义块的同样方式确定插入基点,选择要被定义成块的对象;再输入文件名,确定路径,单击"确定"按钮,则该实体写入到一新图形文件中。

10.9.2 块的属性定义与编辑

块属性是附属于块的非图形信息,是块的组成部分,是特定的可包含在块定义中的文字对象。定义一个块时,属性必须预先定义而后被选定。属性可以作为图形的一部分显示,也可以隐藏起来,但其所包含的信息总是可用的。

1. 定义属性(Attdef)

功能:创建用于在块中存储数据的属性定义。

操作:直接输入"Attdef"命令或执行"绘图(D)"→"块(K)"→"定义属性(D)…"菜单命令。

命令:Attdef

执行命令后弹出图 10-45 所示的"属性定义"对话框。对话框中各选项功能如下:

(1) 模式：可以设置属性的模式，即属性值可见、属性不可见；是否为定值；是否对属性值进行验证；是否将属性值直接预设成它的默认值；是否锁定位置；是否为多行文本。

(2) 属性：可以定义块的属性。用户可以在"标记(T)"文本框中输入属性的标记，在"提示(M)"文本框中输入插入块时系统显示的提示信息，在"默认(L)"文本框中输入属性的默认值。

(3) 插入点：设定属性文本的插入点，默认的插入点是坐标原点。

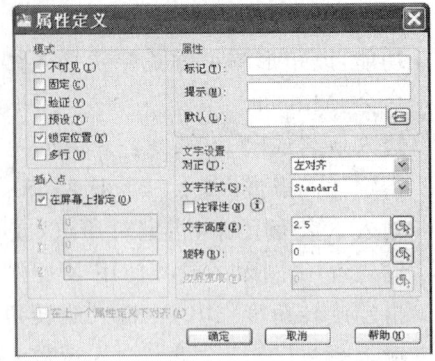

图 10-45 "属性定义"对话框

(4) 文字设置：设定文字的对齐方式、样式、字高、旋转角度等。

2. 编辑属性(Eattedit)

功能：编辑块中每个属性的值、文字选项和特性。

操作：直接输入"Eattedit"命令或执行"修改(M)"→"对象(O)"→"属性(A)"→"单个(S)…"菜单命令。

命令：Eattedit

选择块：(提示用户在绘图区域中选择块。如果选择的块不包含属性或者所选的不是块，则将显示一条错误消息，提示选择另一个块。)

选择带有属性的块后，系统弹出"增强属性编辑器"对话框，用户可对块的属性、文字、特性等进行修改。

[例 10-22] 创建带属性的块，绘制图 10-46d 所示的表面粗糙度符号。

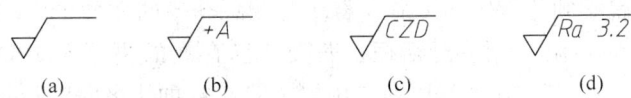

图 10-46 表面粗糙度符号示例

参考步骤如下：

(1) 将 0 层置为当前图层，将当前颜色和当前线型设置为随层(Bylayer)。

(2) 绘制如图 10-46a 所示图形符号。

(3) 定义块的属性。

命令：Attdef

执行命令后，在弹出的"属性定义"对话框中设置以下参数：

标记(T)：CZD(可任意命名)

提示(M)：Ra(可根据属性值特性命名)

默认(L)：Ra3.2(也可不设置)

其余部分可取系统给定的默认值，也可根据需要进行修改。单击"确定"按钮，系统提示：

指定起点：(用光标确定属性值的左下角点，如图 10-46b 中的 A 点)

则属性已定义好，如图 10-46c 所示。

(4) 创建带属性的块(Wblock 命令或 Block 命令)。

命令:Block

执行命令后,系统弹出图 10-42 所示的对话框,对该对话框作如下操作:

① 在"名称"下拉列表编辑框中输入块名"CZD"。

② 单击"基点"选区中的"拾取点"图标按钮,返回绘图窗口,捕捉图 10-46c 最下的顶点作为插入基点。

③ 单击"对象"选区中的"选择对象"图标按钮,选择图 10-46c 所有对象后回车。

④ 返回"块定义"对话框,单击"确定"按钮,则块"CZD"已定义好。

(5) 插入块(Insert)。

执行此命令后,在弹出对话框的"名称"下拉列表中选取已定义的块"CZD",单击"确定"按钮后系统提示:

指定插入点或[基点(B)/比例(S)/X/Y/Z/旋转(R)]:(指定插入点)

输入属性值 Ra<Ra3.2>:(可输入所需标注的表面粗糙度 Ra 的值)

回车后的结果如图 10-46d 所示。

10.10 零件图绘制举例

[例 10-23] 绘制如图 10-47 所示的零件图。

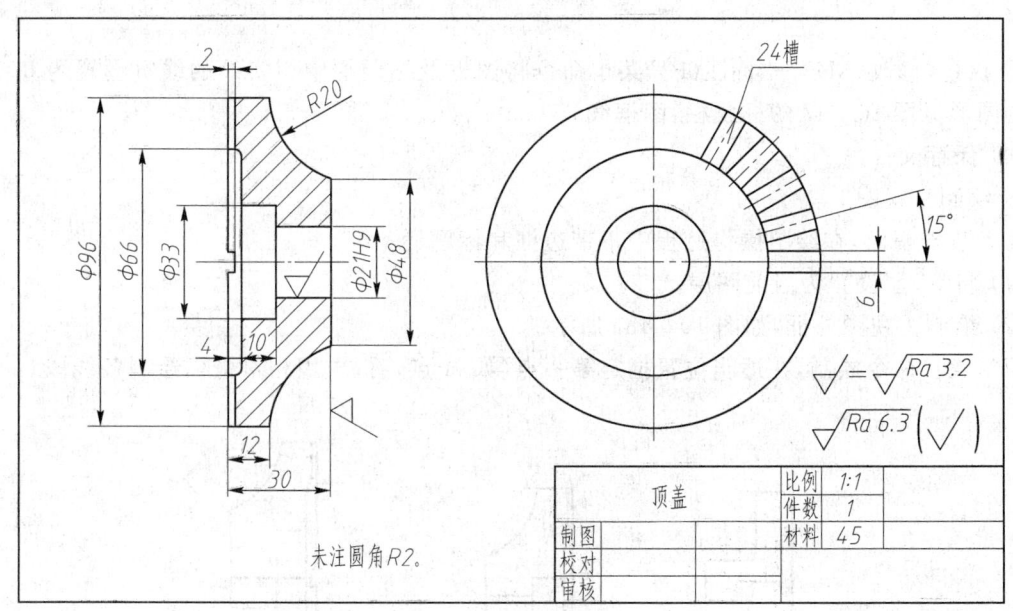

图 10-47 零件图绘制实例

参考步骤如下:

1. 建立一张 A4 图纸

(1) 设置作图界限

用 Limits 命令设置作图界限,左下角为(0,0),右上角为(297,210),然后用 Zoom 命令的

"全部"选项显示全范围。

(2) 设置图层

用 AutoCAD 二维绘图命令("多段线"命令除外)所绘制的图线,其线宽均为零。要绘制出粗、细线,可通过设置线的线宽来实现。因此,本例基本上按线的粗细和内容来设置图层。如视图基本上为粗实线,则将它绘制在同一图层上;尺寸标注的图线均为细实线,则将它绘制在另一图层上。对于个别的与图层不同的图线可通过"修改(M)"→"特性(P)"菜单命令来修改它的线型和颜色。

按10.4节设置图层的方法设置如下图层:

层号	颜色	线型	线宽	说明
01	白色	粗实线	0.5	绘制视图
02	绿色	细实线	0.25	绘制图框、标题栏
08	绿色	细实线	0.25	标注尺寸,注写文字
10	绿色	细实线	0.25	绘制剖面线

(3) 绘制图框、标题栏

① 在"图层特性管理器"(图10-6)中,或在"对象特性"工具栏中,将"02"层设置为当前图层。

② 用"直线"命令绘制图框。

③ 绘制标题栏。用"偏移"命令偏移标题栏中的各图线,然后用"修剪"命令修剪多余的线。

④ 执行"修改(M)"→"特性(P)"菜单命令将图框及标题栏中粗实线的线宽设置为0.5。完成后的图形见图10-47的标题栏、图框线。

(4) 保存文件

2. 绘制主视图

为了节省幅面,在绘图操作过程中不带边框和标题栏。

(1) 将01层设置为当前图层。

(2) 绘制主视图外框,如图10-48a所示。

用"直线"命令绘制,在适当位置指定第一点(如 A 点)后,再用相对坐标绘制各线段。

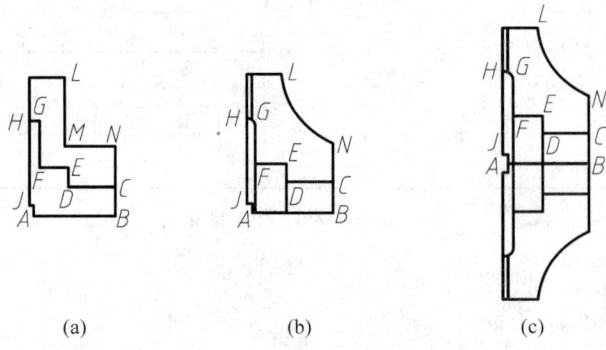

图10-48 顶盖主视图的绘制

(3) 绘制孔的投影。

命令:Point

指定点:(捕捉 B 点,作为相对坐标原点)

命令:Line

指定第一点:@0,10.5(输入 C 点坐标)

按后面的提示,采用相对坐标依次输入 D、E、F、G、H 点的坐标。

(4) 用"延伸"命令将直线 GF、ED 延伸至直线 AB 处。

以上三个步骤所绘制的图形也可用另外一种方法来实现,即"偏移"命令偏移各直线,然后再用"修剪"命令剪切多余的线。

(5) 用"圆角"命令作 R2 的圆角。

(6) 用"起点(L)、端点(N)、半径(R30)"方式绘制 R30 的圆弧,然后删除 LM、MN 直线。

(7) 用"偏移"命令将直线 HJ 向右偏移 2 mm,再用"修剪"命令修剪多余的线,结果如图 10-48b 所示。

(8) 用"镜像"命令作镜像复制,结果如图 10-48c 所示。

3. 绘制左视图(图 10-49)

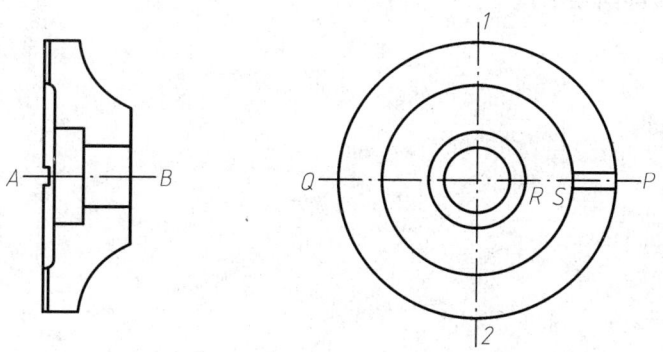

图 10-49 顶盖左视图的绘制

(1) 将图 10-48c 中的直线 AB 拉长。

命令:(选中直线 AB)

则在直线上 AB 出现 3 个蓝色小方框,打开极轴追踪模式,将光标移至 A 点蓝框上并单击,该框变成红色,左移鼠标,则直线 AB 向左拉伸;单击 B 点蓝框,将直线 AB 向右拉伸到适当位置,如图 10-49 所示 P 点位置。

(2) 在适当位置作另一条轴线(图 10-49 中的直线 12)。

(3) 绘制 $\phi96$、$\phi66$、$\phi33$ 及 $\phi21$ 的圆。

(4) 用"打断"命令将 R、S 点及 B、Q 点之间的线段擦除。

(5) 绘制单个槽的投影。

用"偏移"命令将直线 SP 向上、下各偏移 3 mm,然后用"修剪"命令修剪多余的线。

(6) 执行"修改(M)"→"特性(P)"菜单命令将直线 AB、QR、SP、12 改为中心线。

(7) 用"阵列"命令绘制槽,设定项目总数为"5",填充角度为"60°"。

结果如图10-47所示。

4. 绘制剖面线

(1) 将10层设置为当前图层。

(2) 执行"绘图(D)"→"图案填充(H)"菜单命令绘制剖面线。

5. 标注尺寸和注写文字

(1) 将08层设置为当前图层。

(2) 用系统默认的"ISO-25"标注样式进行一般的尺寸标注。

(3) 标注角度尺寸。

① 设置尺寸标注样式

执行"标注(N)"→"标注样式(S)…"菜单命令,新建一个名称为"角度标注"的标注样式,在"文字"选项卡的"文字对齐"选区选择"水平"单选项,其余为系统的默认设置。然后返回"标注样式管理器"对话框(图10-35),将新建的"角度标注"标注样式置为当前。

② 执行"标注(N)"→"角度(A)"菜单命令,标注水平书写的角度尺寸"15°"。

(4) 标注表面粗糙度,方法见[例10-22]。

(5) 注写技术要求和标题栏中的文字。

标注完成后的最终结果如图10-47所示。

第 11 章 计算机三维实体造型

三维实体造型在工程、产品的设计,装饰工程,广告,建筑等领域有着广泛的应用。其基本方法是首先创建如圆柱体、圆锥体、球体等体素或对封闭的二维线框、面域进行拉伸和旋转,创建出拉伸实体和旋转实体;在此基础上,对上述体素和实体进行布尔运算构成较复杂的组合实体,并能计算它们的体积、重量、重心、惯性矩等特性。本节主要介绍利用 AutoCAD 软件进行三维实体造型。

11.1 三维坐标

在 AutoCAD 中,三维坐标的指定与二维坐标类似,只是增加了一个 Z 坐标。在三维环境下绘图时,不管使用世界坐标系(WCS)还是用户坐标系(UCS),都要给出 X、Y、Z 值。图 11 - 1 所示为 WCS 图标和 X、Y、Z 轴。

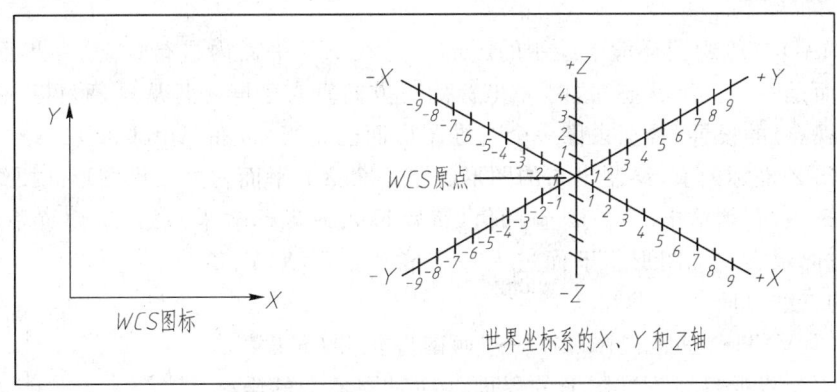

图 11 - 1 世界坐标系图标和 X、Y、Z 轴

1. 三维坐标的方向

右手定则能确定 Z 轴的正方向,也能确定三维空间中任一坐标轴的正旋转方向。

X、Y、Z 轴正方向的确定:将右手背对着屏幕放置,拇指指向 X 轴的正方向,伸出食指和中指,则食指指向 Y 轴的正方向,中指所指的方向即为 Z 轴的正方向,如图 11 - 2a 所示。

X、Y、Z 轴正旋转方向的确定:用右手的大拇指指向某轴的正方向并弯曲其他四指,其他四指所指的方向即为该轴的正旋转方向,如图 11 - 2b 所示。

2. X、Y、Z 坐标的输入

输入三维绝对(笛卡儿)坐标(X,Y,Z)与输入二维坐标(X,Y)相似,但除了输入 X、Y 值以外,还要输入 Z 值。如图 11 - 3 所示,点坐标(2,6,3)表示一个沿 X 轴正方向 2 个单位、沿 Y 轴正方向 6 个单位、沿 Z 轴正方向 3 个单位的点。操作者可以输入相对于 UCS 原点的绝对坐标值,或者输入基于上一个输入点的相对坐标值。

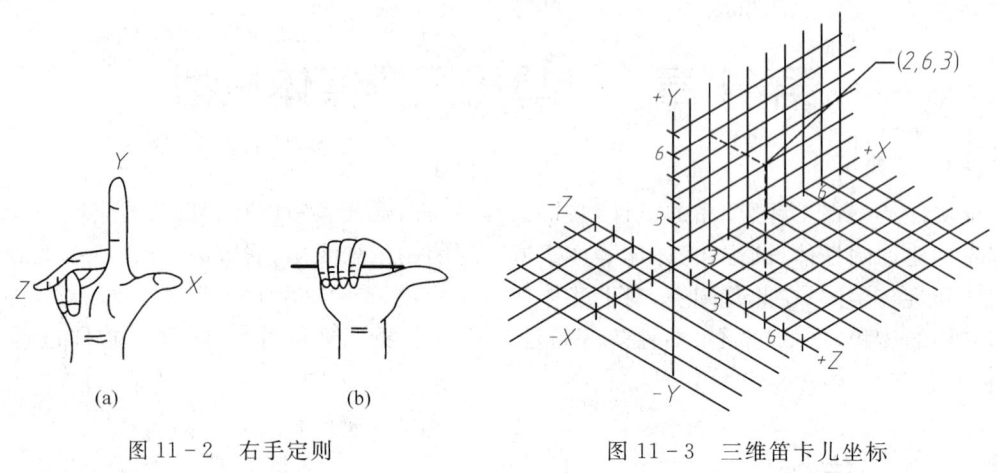

图 11-2　右手定则　　　　图 11-3　三维笛卡儿坐标

11.2　创建三维实体

11.2.1　三维界面

在 AutoCAD 二维绘图环境下绘制的图形都是在 XY 平面内进行的,这一界面实际上并不是二维状态,而是一个三维状态,这时 Z 坐标的正方向垂直于屏幕且从屏幕内指向屏幕外,只是由于观察点(视点)的设置,看上去像一个二维图形而已。当然,在 AutoCAD 二维绘图环境中作图时,没有给出 Z 坐标的值,绘制出来的图形就是一个 XY 平面内的二维图形。要绘制和观察一个三维图形:第一,必须给出 X、Y、Z 坐标值(键盘输入或光标输入);第二,设置不同的视点,从各个不同的方向观察三维图形。下面进入一个能观察到 X、Y、Z 坐标轴方向的三维界面。

执行"视图(V)"→"三维视图(D)"→"西南等轴测(S)"菜单命令,则得到一个能观察到三维图形的界面。这时屏幕上的坐标图标转化为三维坐标,如图 11-4 所示。此时 Z 坐标轴的正方向垂直于 X、Y 坐标轴竖直向上。通常可以在这一界面下绘制三维图形和创建三维实体。

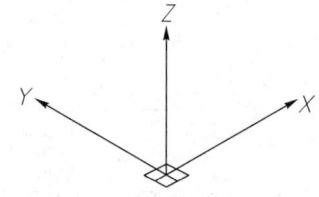

图 11-4　三维坐标轴

11.2.2　三维体素造型

1. 长方体(Box)

功能:创建一个三维长方体实体。

[例 11-1]　创建一个长、宽各为 70,高为 20 的长方体实体。

操作:直接输入"Box"命令或执行"绘图(D)"→"建模(M)"→"长方体(B)"菜单命令。

命令:Box

指定第一个角点或[中心(C)]:0,0,0

指定其他角点或[立方体(C)/长度(L)]:70,70

指定高度或[两点(2P)]:20

执行"视图(V)"→"消隐(H)"菜单命令,结果如图11-5所示。

2. 球体(Sphere)

功能:创建一个三维实心球体。

[例11-2]　创建一个半径为30的球体。

操作:直接输入"Sphere"命令或执行"绘图(D)"→"建模(M)"→"球体(S)"菜单命令。

命令:Sphere

指定中心点或[三点(3P)/两点(2P)/切点、切点、半径(T)]:0,0,0

指定球体半径或[直径(D)]:30

运行并消隐,结果如图11-6所示。

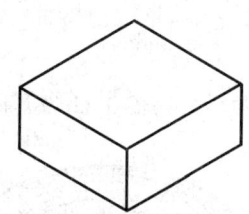 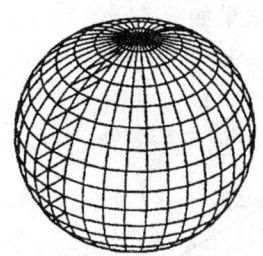

图11-5　三维长方体实体　　　　图11-6　三维实心球体

3. 圆柱体(Cylinder)

功能:创建一个三维实心圆柱体。

[例11-3]　创建一个半径为30,高度为40的圆柱体。

操作:直接输入"Cylinder"命令或执行"绘图(D)"→"建模(M)"→"圆柱体(C)"菜单命令。

命令:Cylinder

指定底面的中心点或[三点(3P)/两点(2P)/切点、切点、半径(T)/椭圆(E)]:0,0,0

指定底面的半径或[直径(D)]:30

指定圆柱体高度或[两点(2P)/轴端点(A)]:40

运行并消隐,结果如图11-7所示。

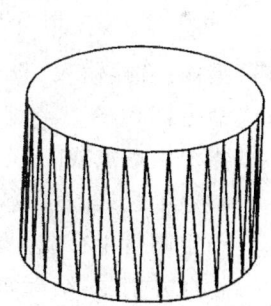

图11-7　三维实心圆柱体

4. 圆锥体(Cone)

功能:创建一个三维实心圆锥体。

[例11-4]　创建一个半径为30,高为50的实心圆锥体。

操作:直接输入"Cone"命令或执行"绘图(D)"→"建模(M)"→"圆锥体(O)"菜单命令。

命令:Cone

指定底面中心点或[三点(3P)/两点(2P)/切点、切点、半径(T)/椭圆(E)]:0,0,0

指定底面半径或[直径(D)]<30.0000>:(回车)

指定高度或[两点(2P)/轴端点(A)/顶面半径(T)]<40.0000>:50

运行并消隐,结果如图11-8所示。

5. 楔体(Wedge)

功能：创建一个三维实心楔体，使其倾斜面沿 X 轴正方向。

[例 11-5] 创建一个如图 11-9 所示的长、宽各为 50，高为 35 的楔体。

操作：直接输入"Wedge"命令或执行"绘图(D)"→"建模(M)"→"楔体(W)"菜单命令。

命令：Wedge
指定第一角点或[中心(C)]:0,0,0
指定其他角点或[立方体(C)/长度(L)]:50,50
指定高度或[两点(2P)]<30.0000>:35
运行并消隐，结果如图 11-9 所示。

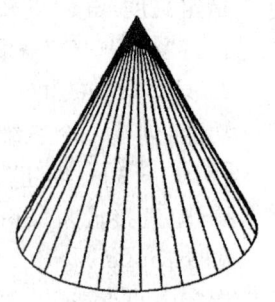

图 11-8 三维实心圆锥体

6. 圆环体(Torus)

功能：创建一个圆环形实体。

[例 11-6] 创建一个如图 11-10 所示外环半径为 30，环体半径为 8 的圆环形实体。

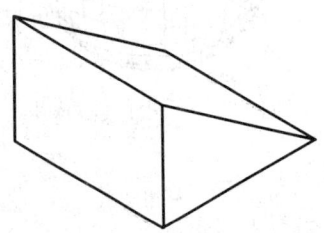

图 11-9 三维实心楔体

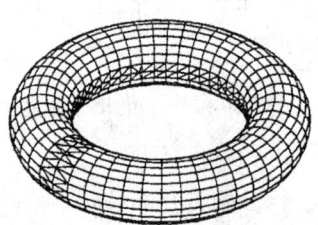

图 11-10 三维圆环形实体

操作：直接输入"Torus"命令或执行"绘图(D)"→"建模(M)"→"圆环体(T)"菜单命令。

命令：Torus
指定中心点或[三点(3P)/两点(2P)/切点、切点、半径(T)]:0,0,0
指定半径或[直径(D)]<30.0000>:30
指定圆管半径或[两点(2P)/直径(D)]:8
运行并消隐，结果如图 11-10 所示。

11.2.3 三维基本形体造型

1. 拉伸(Extrude)

功能：使用拉伸命令可以拉伸(增加厚度)所选对象创建实体，如图 11-11 所示。拉伸命令可拉伸闭合对象，如多段线、多边形、圆、椭圆、闭合的样条曲线、圆环和面域，但不能拉伸三维对象，包括块内的对象、有交叉或横断部分的多段线和非闭合的多段线；可以沿路径或指定的高度和倾斜角度拉伸对象，如图 11-12 所示。

[例 11-7] 创建如图 11-13 所示的实体。

分析：如图 11-13 所示，这是一个中间带缺口的棱台类实体，要创建此类实体，可先用多段线(Pline)命令画出它的底面闭合形状，然后按高度和角度进行拉伸。如果角度为 0°，拉伸出的实体为带槽的柱体。

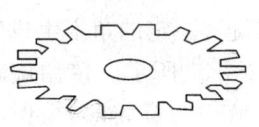 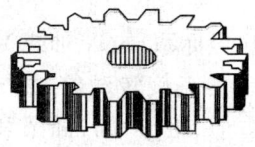  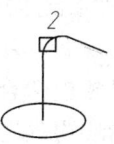 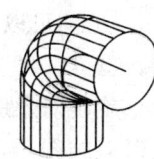

(a) 初始对象　　　　　(b) 拉伸后的对象

图 11-11　创建拉伸实体　　　　　　　　　图 11-12　沿路径拉伸对象

操作：(1) 进入三维界面。执行"视图(V)"→"三维视图(D)"→"西南等轴测(S)"菜单命令。

(2) 设置 A4(297,210)图纸幅面。

(3) 画带槽四棱台底面闭合形状(要闭合)，尺寸如图 11-13 所示。

直接输入"Pline"命令或执行"绘图(D)"→"多段线(P)"菜单命令。

命令：Pline

指定起点：0,0

当前线宽为 0.0000

指定下一点或[圆弧(A)/半宽(H)/长度(L)/放弃(U)/宽度(W)]：@50<0

指定下一点或[圆弧(A)/闭合(C)/半宽(H)/长度(L)/放弃(U)/宽度(W)]：@40<90

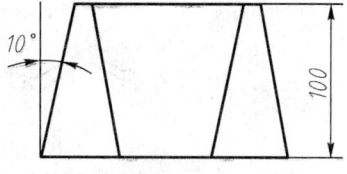

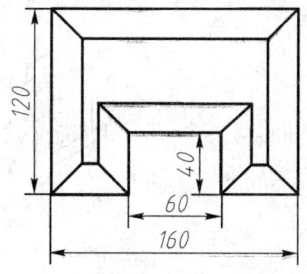

图 11-13　实体投影

指定下一点或[圆弧(A)/闭合(C)/半宽(H)/长度(L)/放弃(U)/宽度(W)]：@60<0

指定下一点或[圆弧(A)/闭合(C)/半宽(H)/长度(L)/放弃(U)/宽度(W)]：@40<-90

指定下一点或[圆弧(A)/闭合(C)/半宽(H)/长度(L)/放弃(U)/宽度(W)]：@50<0

指定下一点或[圆弧(A)/闭合(C)/半宽(H)/长度(L)/放弃(U)/宽度(W)]：@120<90

指定下一点或[圆弧(A)/闭合(C)/半宽(H)/长度(L)/放弃(U)/宽度(W)]：@160<180

指定下一点或[圆弧(A)/闭合(C)/半宽(H)/长度(L)/放弃(U)/宽度(W)]：C

(4) 拉伸带槽四棱台底面闭合线框形成实体。

直接输入"Extrude"命令或执行"绘图(D)"→"建模(M)"→"拉伸(X)"菜单命令。

命令：Extrude

当前线框密度：ISOLINES=4

选择要拉伸的对象：(选取四棱台底面多边形线框)

选择对象：(回车，结束选择集)

指定拉伸高度或[方向(D)/路径(P)/倾斜角(T)]<35.0000>：T

指定拉伸倾斜角度<0>：10

指定拉伸的高度或[方向(D)/路径(P)/倾斜角(T)]<35.0000>：100

执行"视图(V)"→"消隐(H)"菜单命令后即生成如图 11-14 所

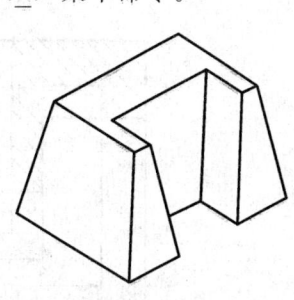

图 11-14　拉伸后的实体

示的带槽四棱台实体。

2. 旋转(Revolve)

功能:可以将一个闭合的对象绕当前 UCS(用户坐标系)的 X 轴或 Y 轴旋转一定的角度生成实体。也可以绕直线(Line)、多段线(Pline)或两个指定的点旋转对象,如图 11-15 所示。使用旋转命令旋转对象时,对象应闭合,可以以多段线、多边形、矩形、圆、椭圆和面域作为旋转对象,但不能以三维图形、包括块内的图形、具有交叉或横断部分的多段线和非闭合多段线作为旋转对象。

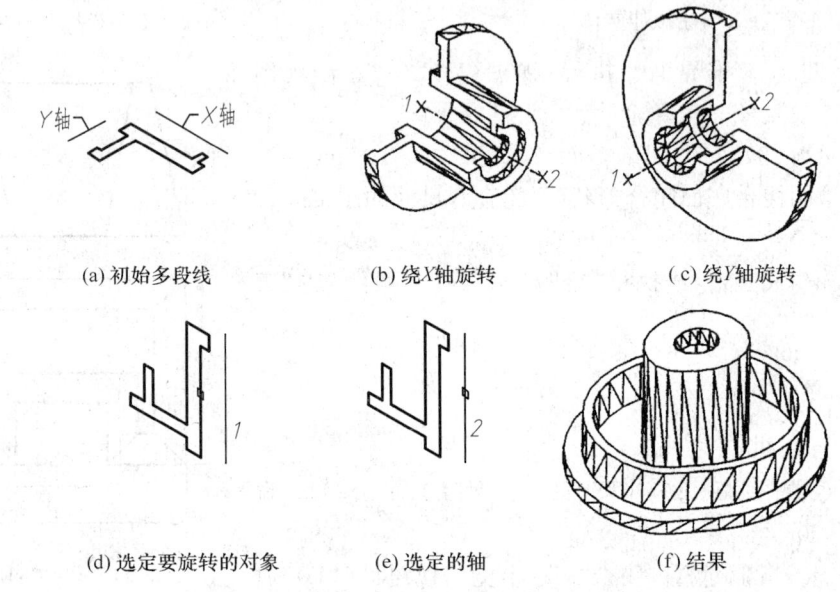

图 11-15　指定轴或选择轴旋转对象

[例 11-8]　创建图 11-16 所示投影代表的实体。

分析:从图 11-16 所示的投影可以看出,这是一个轮盘类实体,中心有一回转轴线,属回转体。要创建这一类实体,只要将它的断面绕回转轴线旋转 360°即可。

操作:(1) 进入三维界面。

执行"视图(V)"→"三维视图(D)"→"西南等轴测(S)"菜单命令。

(2) 设置 A4(297,210)图纸幅面。

(3) 绘制图 11-17 所示的回转实体断面,本例采用直线(Line)命令绘制,再进行编辑转化为封闭的多段线(Pline),然后再绘制回转轴线。

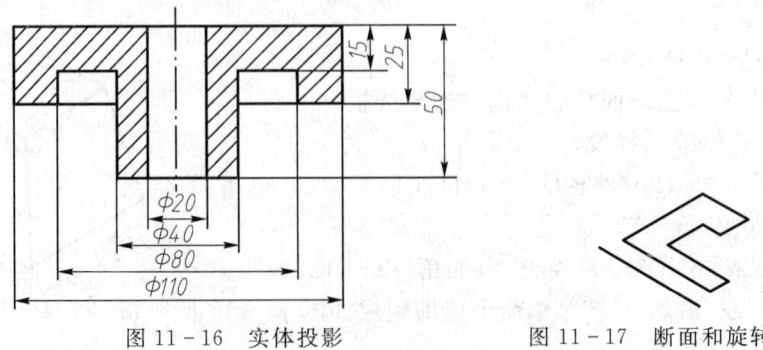

图 11-16　实体投影　　　　　图 11-17　断面和旋转轴线

① 绘制断面。直接输入"Line"命令或执行"绘图(D)"→"直线(L)"菜单命令。

命令:Line

指定第一点:160,80

指定下一点或[放弃(U)]:@10<0

指定下一点或[放弃(U)]:@35<90

指定下一点或[闭合(C)/放弃(U)]:@20<0

指定下一点或[闭合(C)/放弃(U)]:@10<-90

指定下一点或[闭合(C)/放弃(U)]:@15<0

指定下一点或[闭合(C)/放弃(U)]:@25<90

指定下一点或[闭合(C)/放弃(U)]:@45<180

指定下一点或[闭合(C)/放弃(U)]:C

② 绘制回转轴线。直接输入"Offset"命令或执行"修改(M)"→"偏移(S)"菜单命令。

命令:Offset

指定偏移距离或[通过(T)/删除(E)/图层(L)]<通过>:10

选择要偏移的对象,或[退出(E)/放弃(U)]<退出>:(选取如图 11-17 所示的断面最左边平行于 Y 轴的直线)

指定要偏移的那一侧上的点,或[退出(E)/多个(M)/放弃(U)]<退出>:(在所选直径左侧单击)

选择要偏移的对象,或[退出(E)/放弃(U)]<退出>:(回车,结束命令)

绘制出的断面和回转轴线如图 11-17 所示。

③ 编辑断面。上一步用直线命令画出的断面不能作为旋转对象进行旋转生成实体,必须通过编辑后形成闭合的多段线(Pline)线框或面域才能作为旋转对象。

直接输入"Pedit"命令或执行"修改(M)"→"对象(O)"→"多段线(P)"菜单命令。

命令:Pedit

选择多段线或[多条(M)]:(选择断面上的任一条直线)

选定的对象不是多段线

是否将其转换为多段线？<Y>:(回车)

输入选项[闭合(C)/合并(J)/宽度(W)/编辑顶点(E)/拟合(F)/样条曲线(S)/非曲线化(D)/线型生成(L)/反转(R)/放弃(U)]:J(合并顶点)

选择对象:(选择断面上剩余的直线)

选择对象:(回车,结束选择集)

7 段线转化为多段线

输入选项[闭合(C)/合并(J)/宽度(W)/编辑顶点(E)/拟合(F)/样条曲线(S)/非曲线化(D)/线型生成(L)/反转(R)/放弃(U)]:(回车)

此时断面编辑成功。

(4) 旋转断面生成旋转实体。

直接输入"Revolve"命令或执行"视图(V)"→"建模(M)"→"旋转(R)"菜单命令。

命令:Revolve

当前线框密度:ISOLINES=4

选择要旋转的对象:(选断面)

选择要旋转的对象:(回车,结束选择集)

指定轴起点或根据以下选项之一定义轴依照[对象(O)/X/Y/Z]:(捕捉回转轴线两端点形成回转轴)

指定旋转角度或[起点角度(ST)]<360>:(回车)

执行"视图(V)"→"消隐(H)"菜单命令,生成如图11-18所示的旋转实体。

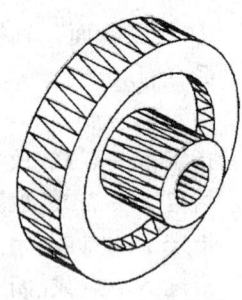

图11-18 旋转后生成的实体

11.3 修改三维实体

创建三维实体后,可以对其进行圆角、倒角、切割、剖切和分割操作,修改三维实体的外观;也可以编辑三维实体的面和边;还能删除实体的面和边;使用圆角(Fillet)或倒角(Chamfer)命令创建光滑效果及将实体的面或边作为(体、面域、直线、圆弧、圆、椭圆或样条曲线)对象来改变颜色或进行复制等。下面介绍一些修改实体命令的操作。

1. 实体圆角(Fillet)

功能:将实体或对象按给定的半径进行圆角。

[例11-9] 如图11-19a所示的阶梯轴,用$R=3$的半径对轴肩处进行圆角。

操作:直接输入"Fillet"命令或执行"修改(M)"→"圆角(F)"菜单命令。

命令:Fillet

当前设置:模式=修剪,半径=0.0000

选择第一个对象或[放弃(U)/多段线(P)/半径(R)/修剪(T)/多个(M)]:R

指定圆角半径<0.0000>:3

选择第一个对象或[放弃(U)/多段线(P)/半径(R)/修剪(T)/多个(M)]:(选择轴肩1处)

输入圆角半径<3.0000>:(回车)

选择边或[链(C)/半径(R)]:(回车)

执行"视图(V)"→"消隐(H)"菜单命令,圆角后的阶梯轴如图11-19b所示。

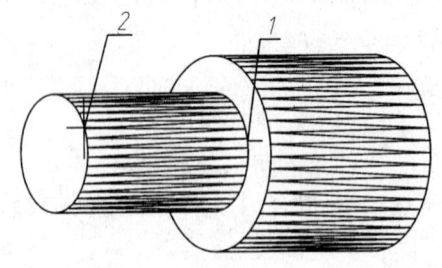

(a) 圆角和倒角前的实体

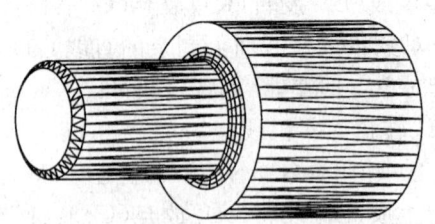

(b) 圆角和倒角后的实体

图11-19 实体的圆角和倒角

2. 实体倒角(Chamfer)

功能:在实体的相邻面上以给定的切距进行倒角。

[例 11-10] 在图 11-19a 所示的阶梯轴小圆柱前轴端,用切距 $D=2$ 进行倒角。

操作:直接输入"Chamfer"命令或执行"修改(M)"→"倒角(C)"菜单命令。

命令:Chamfer

(1 修剪 1 模式)当前倒角距离 1=0.0000,距离 2=0.0000

选择第一条直线或[放弃(U)/多段线(P)/距离(D)/角度(A)/修剪(T)/方式(E)/多个(M)]:D

指定第一个倒角距离<0.0000>:2

指定第二个倒角距离<2.0000>:(回车)

选择第一条直线或[放弃(U)/多段线(P)/距离(D)/角度(A)/修剪(T)/方式(E)/多个(M)]:(选取小圆柱端面 2 处)

基面选择…

输入曲面选项[下一个(N)/当前(OK)]<当前(OK)>:(回车)

指定基面的倒角距离<2.0000>:(回车)

指定其他曲面的倒角距离<2.0000>:(回车)

选择边或[环(L)]:(选取小圆柱左端面轮廓线)

选择边或[环(L)]:(回车)

执行"视图(V)"→"消隐(H)"菜单命令,倒角后的阶梯轴如图 11-19b 所示。

3. 切割实体(Section)

功能:可创建如面域或无名块等实体的相交截面(断面)。

[例 11-11] 如图 11-20a 所示,在此实体上,通过 1、2、3 点处分割实体并取出该位置的截面(断面)。

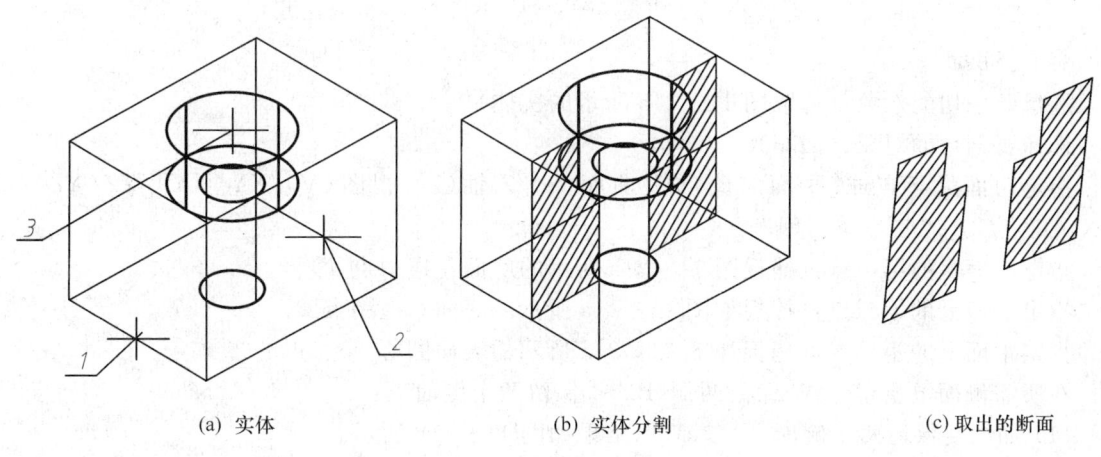

(a) 实体　　　　　　　(b) 实体分割　　　　　　(c) 取出的断面

图 11-20 实体的分割和取截面

操作:直接输入"Section"命令。

命令:Section

选择对象:选取图 11-20a 所示的实体

选择对象:(回车)

指定截面上的第一个点,依照[对象(O)/Z 轴(Z)/视图(V)/XY(XY)/YZ(YZ)/ZX(ZX)/三点(3)]<三点>:(捕捉图 11-20a 中的底面左边中点 1)

指定平面上的第二点:(捕捉图 11-20a 中的底面右边中点 2)

指定平面上的第三点:(捕捉图 11-20a 中表面圆心 3)

此时生成如图 11-20b 所示的截面(为清楚起见,在截面上加了图案填充)。

执行"修改(M)"→"移动(V)"菜单命令,将加有填充图案的截面移出,如图 11-20c 所示。

4. 剖切实体

功能:可以剖开现有实体,也可以移去指定部分生成新的实体。

[例 11-12] 将图 11-21a 所示实体沿前后对称面处剖开,并移去前面部分。

操作:直接输入"Slice"命令

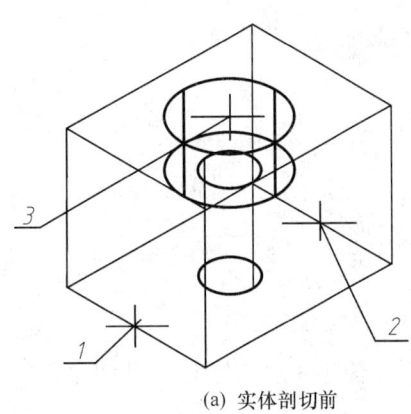 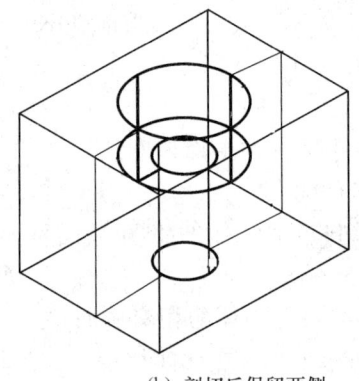 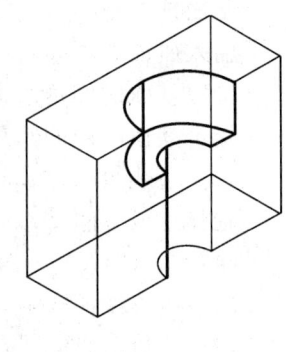

(a) 实体剖切前　　　　　　(b) 剖切后保留两侧　　　　　　(c) 剖切后保留后半部

图 11-21　剖切实体

命令:Slice

选择要剖切的对象:(选取图 11-21a 所示的实体)

选择要剖切的对象:(回车)

指定切面的起点或[平面对象(O)/曲面(S)/Z 轴(Z)/视图(V)/XY(XY)/YZ(YZ)/ZX(ZX)/三点(3)]<三点>:(回车)

指定平面上的第一点:(捕捉图 11-21a 所示的底面左边中点 1)

指定平面上的第二点:(捕捉如图 11-21a 所示的底面右边中点 2)

指定平面上的第三点:(捕捉如图 11-21a 所示的表面圆心 3)

在所需侧面上指定点或[保留两侧(B)]<保留两个侧面>:

(1) 如果要保留两个侧面,回车即可,结果如图 11-21b 所示。

(2) 如果要保留后半部,在实体后半部任一位置(如点 3)单击即可,结果如图 11-21c 所示。

5. 拉伸面

功能:可将实体中的面沿路径、距离和角度进行拉伸。

[例 11-13] 将图 11-22 所示的实体左端面沿一定的距离和角度进行拉伸。

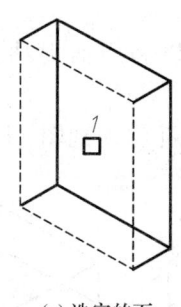
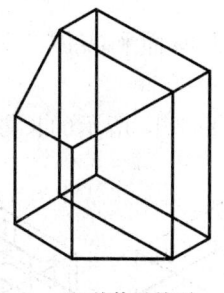

(a) 选定的面　　　　　　　(b) 拉伸后的面

图 11-22　拉伸实体上的面

操作：执行"修改(M)"→"实体编辑(N)"→"拉伸面(E)"菜单命令或输入"Solidedit"命令后依次选"面(F)"、"拉伸(E)"选项。

命令：Solidedit

实体编辑自动检查：SOLIDCHECK＝1

输入实体编辑选项[面(F)/边(E)/体(B)/放弃(U)/退出(X)]＜退出＞：F

[拉伸(E)/移动(M)/旋转(R)/偏移(O)/倾斜(T)/删除(D)/复制(C)/颜色(L)/材质(A)/放弃(U)/退出(X)]＜退出＞：E

选择面或[放弃(U)/删除(R)]：(选取图 11-22a 所示的左端面 1 处,此时有两个面变虚)

选择面或[放弃(U)/删除(R)/全部(All)]：R

删除面或[放弃(U)/添加(A)/全部(All)]：(选取不要拉伸的另一个虚面)

删除面或[放弃(U)/添加(A)/全部(All)]：(回车)

指定拉伸高度或[路径(P)]：(输入拉伸距离)

指定拉伸倾斜角度＜O＞：(输入角度)

[拉伸(E)/移动(M)/旋转(R)/偏移(O)/倾斜(T)/删除(D)/复制(C)/颜色(L)/材质(A)/放弃(U)/退出(X)]＜退出＞：(回车)

拉伸后的面如图 11-22b 所示。实体上的面还可以沿路径拉伸,路径可以是直线、圆、圆弧、椭圆、椭圆弧、多段线或样条曲线。操作时,选择要拉伸的面,然后选择拉伸路径,如图 11-23a、b 所示,长方体左端面沿左上角路径拉伸,拉伸后如图 11-23c 所示。

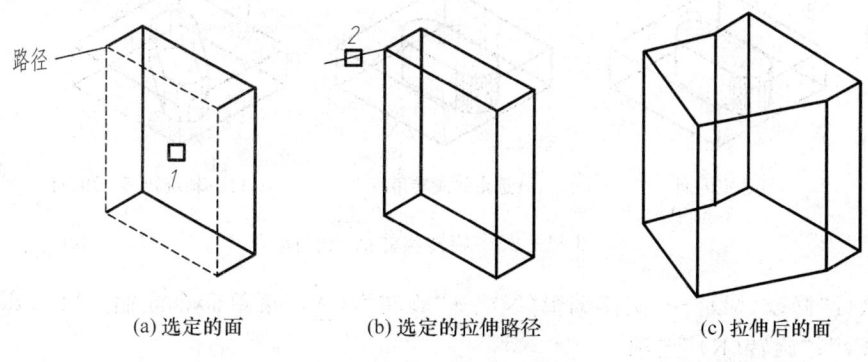

(a) 选定的面　　　　(b) 选定的拉伸路径　　　　(c) 拉伸后的面

图 11-23　沿路径拉伸面

6. 移动面

功能:可以移动实体上的面和实体。AutoCAD可以利用捕捉功能很方便地移动实体上的孔。

[**例11-14**] 将图11-24a所示的长方体实体中的孔移动到图11-24c的位置。

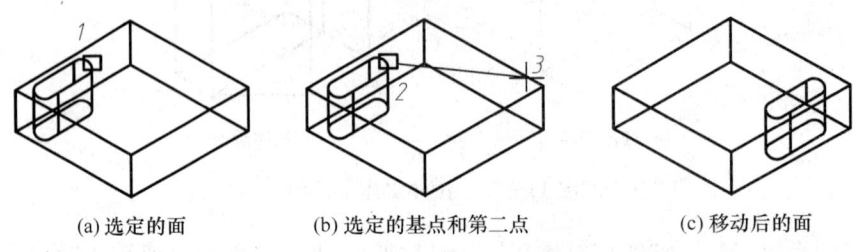

(a)选定的面　　　　(b)选定的基点和第二点　　　　(c)移动后的面

图11-24　移动面或实体

操作:执行"修改(M)"→"实体编辑(N)"→"移动面(M)"菜单命令或输入"Solidedit"命令后依次选"面(F)"、"移动(M)"选项。

命令:执行"修改(M)"→"实体编辑(N)"→"移动面(M)"菜单命令
选择面或[放弃(U)/删除(R)]:(选择孔的所有面,如图11-24a所示)
选择面或[放弃(U)/删除(R)/全部(All)]:(回车)
指定基点或位移:(选取点2作为基点,如图11-24b所示)
指定位移的第二点:(选取点3作为位移的第二点,如图11-24c所示)
[拉伸(E)/移动(M)/旋转(R)/偏移(O)/倾斜(T)/删除(D)/复制(C)/颜色(L)/材质(A)/放弃(U)/退出(X)]<退出>:(回车)

移动后的孔如图11-24c所示。

7. 旋转面

功能:通过选择一个基点和相对(或绝对)旋转角度,可以旋转实体上的面或特征集合,如孔等。

[**例11-15**] 将图11-25所示的长方体实体上的孔绕Z轴旋转35°,如图11-25c所示。

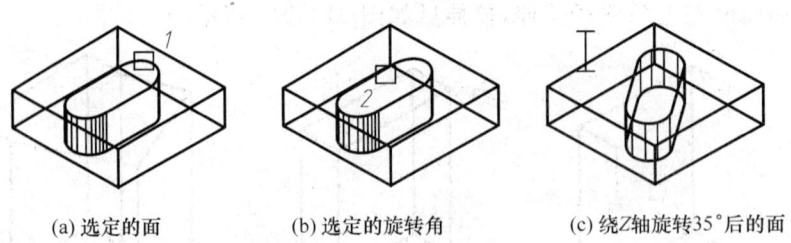

(a)选定的面　　　　(b)选定的旋转角　　　　(c)绕Z轴旋转35°后的面

图11-25　旋转实体面或实体

操作:执行"修改(M)"→"实体编辑(N)"→"旋转面(A)"菜单命令或输入"Solidedit"命令后依次选"面(F)"、"旋转(R)"选项。

命令:执行"修改(M)"→"实体编辑(N)"→"旋转面(A)"菜单命令

选择面或[放弃(U)/删除(R)]:(选取图 11-25a 长方体中孔的所有面)
选择面或[放弃(U)/删除(R)/全部(All)]:(回车)
指定轴点或[经过对象的轴(A)/视图(V)/X 轴(X)/Y 轴(Y)/Z 轴(Z)]<两点>:Z
指定旋转原点<0,0,0>:(选取孔上的点 2 作为旋转原点,如图 11-25b 所示)
指定旋转角度或[参照(R)]:35°
[拉伸(E)/移动(M)/旋转(R)/偏移(O)/倾斜(T)/删除(D)/复制(C)/颜色(L)/材质(A)/放弃(U)/退出(X)]<退出>:(回车)

旋转后的孔如图 11-25c 所示。

8. 偏移面

功能:可以将实体上的面按给定的距离均匀地偏移,也可以用一个通过的点来指定偏移距离。

[例 11-16] 将如图 11-26a 所示的长方体实体上的孔按一定的偏移量进行偏移(扩大或缩小)。

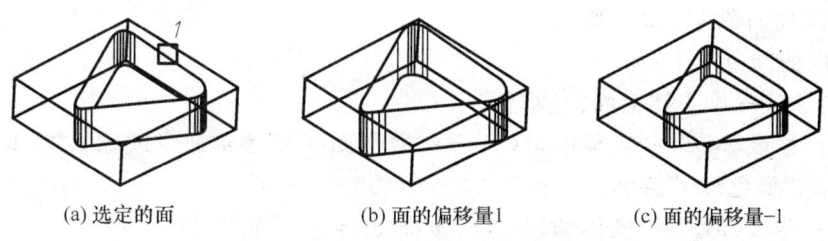

(a) 选定的面　　　(b) 面的偏移量1　　　(c) 面的偏移量-1

图 11-26　偏移实体上的面或实体

操作:执行"修改(M)"→"实体编辑(N)"→"偏移面(O)"菜单命令或输入"Solidedit"命令后依次选"面(F)"、"偏移(O)"选项。

命令:执行"修改(M)"→"实体编辑(N)"→"偏移面(O)"菜单命令
选择面或[放弃(U)/删除(R)]:(选取图 11-26a 长方体中孔的所有面)
选择面或[放弃(U)/删除(R)/全部(All)]:(回车)
指定偏移距离:1(或-1)
[拉伸(E)/移动(M)/旋转(R)/偏移(O)/倾斜(T)/删除(D)/复制(C)/颜色(L)/材质(A)/放弃(U)/退出(X)]<退出>:(回车)

偏移后的孔如图 11-26b、c 所示。

9. 倾斜面

功能:可以沿矢量方向以绘图角度倾斜实体上的面。输入正值选定面向内倾斜,输入负值选定面向外倾斜,但角度不能太大。

[例 11-17] 将图 11-27a 所示长方体实体中的圆柱向外倾斜-10°,如图 11-27c 所示。
操作:执行"修改(M)"→"实体编辑(N)"→"倾斜面(I)"菜单命令或输入"Solidedit"命令后依次选"面(F)"、"倾斜(T)"选项。

命令:执行"修改(M)"→"实体编辑(N)"→"倾斜面(I)"菜单命令
选择面或[放弃(U)/删除(R)]:(选取图 11-27a 所示长方体中的圆柱所有面)

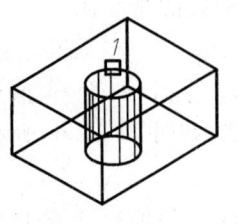 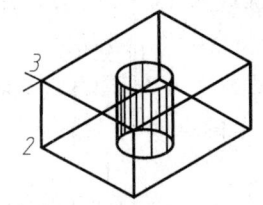 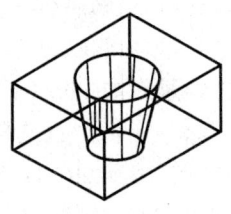

(a) 选定的面　　　　　　(b) 选定的基点和第二点　　　　(c) 倾斜-10°后的面

图 11-27　倾斜实体上的面

选择面或[放弃(U)/删除(R)/全部(All)]:(回车)
指定基点:(捕捉图 11-27b 中的点 2、3)
指定倾斜角度:-10
[拉伸(E)/移动(M)/旋转(R)/偏移(O)/倾斜(T)/删除(D)/复制(C)/颜色(L)/材质(A)/放弃(U)/退出(X)]<退出>:(回车)
倾斜后的圆柱如图 11-27c 所示。

10. 修改面的颜色

功能:可以修改三维实体上面的颜色。

操作:执行"修改(M)"→"实体编辑(N)"→"着色面(C)"菜单命令或输入"Solidedit"命令后依次选"面(F)"、"颜色(L)"选项。

命令:执行"修改(M)"→"实体编辑(N)"→"着色面(C)"菜单命令
选择面或[放弃(U)/删除(R)]:(选取要修改其颜色的面)
选择面或[放弃(U)/删除(R)/全部(All)]:(回车)
在弹出的"选择颜色"对话框中选取所需要的颜色,然后单击"确定"按钮。
[拉伸(E)/移动(M)/旋转(R)/偏移(O)/倾斜(T)/删除(D)/复制(C)/颜色(L)/材质(A)/放弃(U)/退出(X)]<退出>:(回车)

11.4　用户坐标系

11.4.1　概述

世界坐标系(world coordinate system,WCS)是 AutoCAD 坐标系统的默认设置,AutoCAD 大部分图形都在 WCS 中生成、编辑和进行其他各种操作。但对于绘制和编辑较复杂的三维图形来说就显得很麻烦。例如要画图 11-28 所示的六面体,它的任意一边都与 WCS 的 X、Y、Z 轴不平行,在画此三维图形时,必须输入各个角点的三维坐标,而这些点的坐标值往往要通过计算才能得到。如果在这一六面体上定义用户坐标系(user coordinate system,UCS),如图 11-28 所示,只要知道六面体上一个点的坐标值以及六面体相互间的尺寸,就可以较方便地画出这个三维图形。

用户坐标系 UCS 是用来在二维或三维空间中定义用户自己的坐标系。图 11-29 所示为世界坐标系 WCS 和用户坐标系 UCS 的图标。

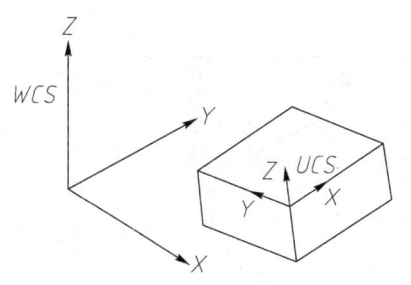
图 11-28 WCS 与 UCS 坐标系

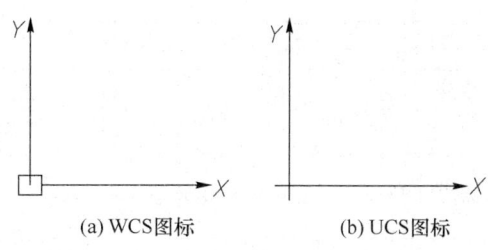
图 11-29 WCS 和 UCS 图标

11.4.2 定义用户坐标系(UCS)

功能：可以定义、命名、修改、移动、定义新的用户坐标系。

操作：直接输入"UCS"命令或执行"工具(T)"→"新建 UCS(W)"菜单命令。

命令：UCS

当前 UCS 名称：＊世界＊

指定 UCS 的原点或[面(F)/命名(NA)/对象(OB)/上一个(P)/视图(V)/世界(W)/X/Y/Z/Z 轴(ZA)]＜世界＞：

下面对部分选项加以说明：

(1) 默认值为定义一个新的 UCS，但新 UCS 的 X、Y、Z 轴方向不变，用户可直接给出坐标值或捕捉某一点 UCS 坐标将它移到此点处，如图 11-30 所示。它与执行"工具(T)"→"新建 UCS(W)"→"原点(N)"菜单命令等效。

(2) 对象(OB)选项或执行"工具(T)"→"新建 UCS(W)"→"对象(O)"菜单命令：选择一个已存在的对象，以其特征定义一个新的 UCS。表 11-1 所示是根据对象建立 UCS 时新 UCS 的参数特征。新 UCS 的 XOY 平面平行于对象所在 UCS 的 XOY 平面，如图 11-31 所示。后续提示为：

选择对齐 UCS 对象：(选取图 11-31a 左边的圆)

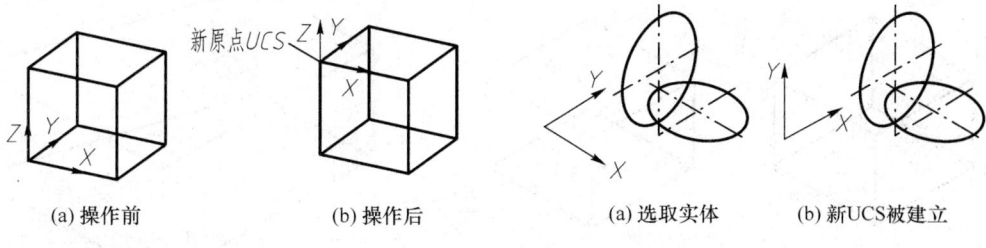

(a) 操作前　　(b) 操作后　　　　(a) 选取实体　　(b) 新UCS被建立

图 11-30 平移原点定义新 UCS　　　图 11-31 对象选项建立 UCS

表 11-1 根据对象建立的 UCS 参数特征

对象	UCS 原点	X 轴正向	Y 轴正向
弧(ARC)	弧的中心	离目标选取点最近的端点	经原点且与 X 轴垂直
直线(LINE)	离选取点最近的端点	通过另一端点	经原点且与 X 轴垂直

续表

对象	UCS原点	X轴正向	Y轴正向
圆(CIRCLE)	圆心	圆周上离目标选取点最近的点	经原点且与X轴垂直
尺寸标注(DIM)	尺寸数字的中心点	与尺寸标注时的X轴平行	经原点且与X轴垂直
点(POINT)	该点	从该点引出的任意方向	经原点且与X轴垂直
多段线(PLINE)	起点	通过第二个顶点	经原点且与X轴垂直
区域填充(SOLID)	第一点	通过第二个顶点	经原点且与X轴垂直
宽线(TRACE)	起点	通过第一段宽线的中心	经原点且与X轴垂直
三维面(3DFACE)	第一点	通过第二点	由第一点指向第四点
文本(TEXT) 块(BLOCK) 属性(ATTDIF)	插入点	新UCS的X方向与插入后的X轴方向相同	

(3) 视图(V)选项或执行"工具(T)"→"新建UCS(W)"→"视图(V)"菜单命令：它表示新建UCS的XOY平面平行于当前视图平面且保持原点不变，即该选项可使新UCS的XOY平面垂直当前视图的观察方向，如图11-32所示。

(4) X/Y/Z选项或执行"工具(T)"→"新建UCS(W)"→"X"或"Y"或"Z"菜单命令：它分别使坐标系统X、Y、Z轴旋转指定的角度生成新的UCS，如图11-33所示。要使当前UCS绕原X轴旋转15°，以X响应为主提示，后续操作为：

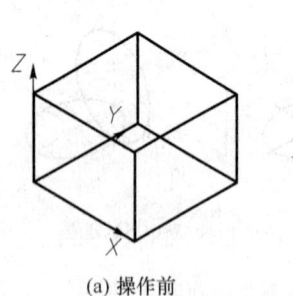
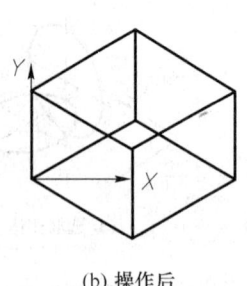

(a) 操作前　　　　(b) 操作后

图11-32　用视图(V)选项定义UCS

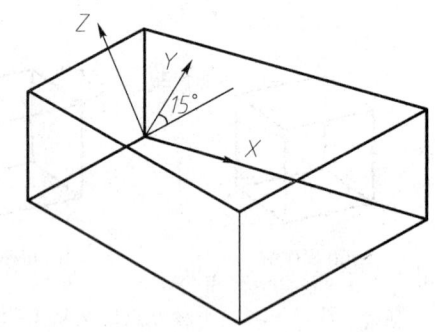

图11-33　用X选项建立UCS

指定绕X轴的旋转角度<90>:15

(5) Z轴(ZA)选项或执行"工具(T)"→"新建UCS(W)"→"Z轴矢量(A)"菜单命令：通过指定原点和Z轴正方向上的一点定义一个新的UCS。AutoCAD根据新的Z轴方向确定新的UCS的XOY平面，而X、Y轴在XOY平面内的相对位置不变。后续提示为：

指定新原点或[对象(O)]<0,0,0>：

在正 Z 轴范围上指定点<0.0000,0.0000,1.0000>：

若对以上两提示均以"空回车"响应，则 UCS 的 Z 轴方向和原点位置都不变，但某些情况下 XOY 平面会绕 Z 轴旋转。

（6）执行"工具(T)"→"新建 UCS(W)"→"三点(3)"菜单命令，选择不在一条直线上的三点以确定一个新的 UCS。后续提示为：

指定新原点<0,0,0>：（捕捉端点 P_1 点，如图 11-34 所示）

在正 X 轴范围上指定点<5,3,0>：（捕捉端点 P_2 点，如图 11-34 所示）

在 UCS XY 平面的正 Y 轴范围上指定点<5,3,0>：（捕捉端点 P_3 点，如图 11-34 所示）

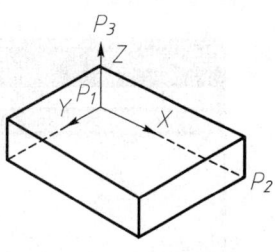

图 11-34　3 点选项建立 UCS

11.5　观察三维图形

1. 视点设置（Vpoint）

功能：可以设置观察三维图形的视点，选择不同的视点，可以得到从不同位置观察到的三维图形（二维图形是三维图形的特殊情况）。

视点设置原理：如图 11-35 所示，选定视点 A 后，由视点到原点作一直线，再将此直线置于垂直屏幕方向，称为观察方向，由此方向观察图形即形成了该视点的三维图形。

操作：直接输入"Vpoint"命令或执行"视图(V)"→"三维视图(D)"→"视点(V)"菜单命令。

命令：Vpoint

当前视图方向：VIEWDIR＝0.0000,0.0000,1.0000

指定视点或[旋转(R)]<显示坐标球和三轴架>：

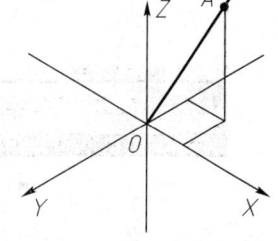

图 11-35　视点的设置

（1）直接输入坐标值，可以得到不同视点的三维图形。图 11-36 所示为几种常用的视点值。

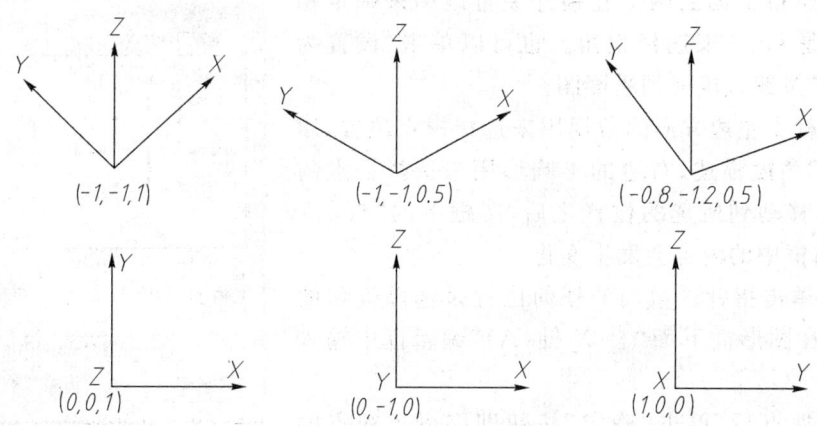

图 11-36　几种常用的视点值

（2）以回车响应,此时在屏幕上显示坐标球和三轴架,可以此来设置视点。随着光标在坐标球中的移动,三轴架将动态移动,以体现视点当前的位置,如图11-37所示。

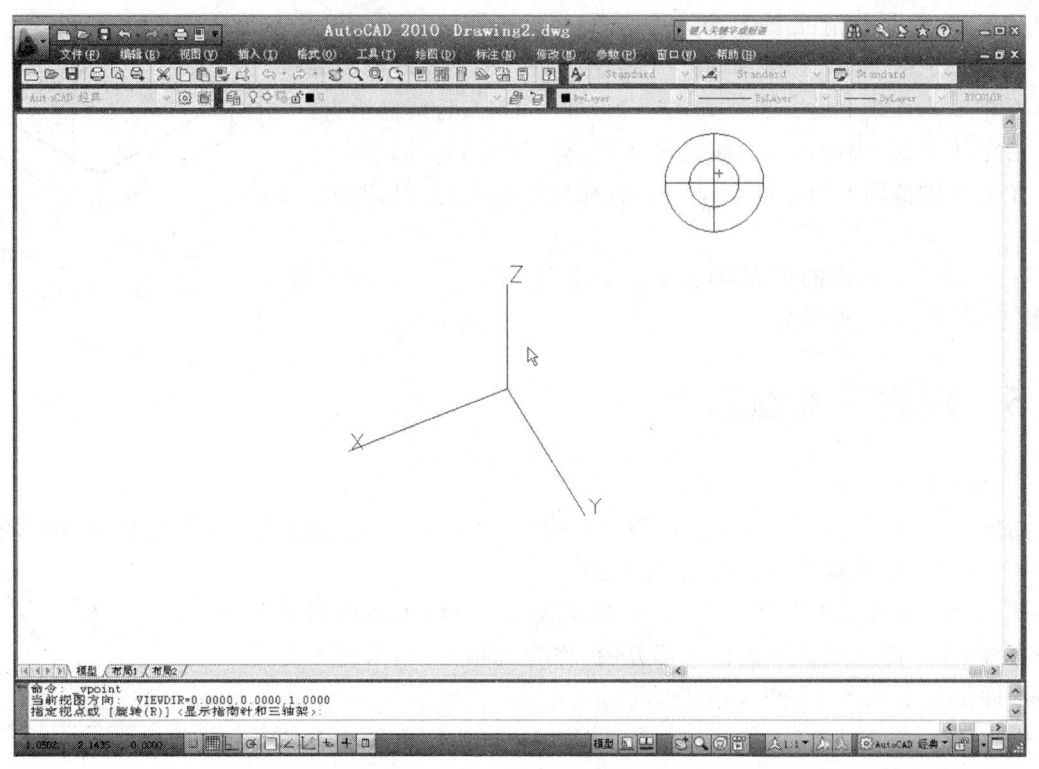

图11-37 动态设置和调整视点

2. 视点预置

操作：执行"视图(V)"→"三维视图(D)"→"视点预置(I)…"菜单命令,弹出如图11-38所示的"视点预设"对话框。

（1）对话框最上面的两个互锁开关可以用来确定相对于WCS还是UCS来选择视角。也可以单击"设置为平面视图(V)"按钮直接得到平面图。

（2）图形框中左边方形的角规用来选择视点位置,用相对于X轴的角度描述;右边的半圆形用来选择视点的高程。当指针移动到所选的位置之后,图框下的"自XY平面(P)"编辑框中的内容会发生变化。

（3）可以单击指针区域内的任何位置来选择确切的角度;也可以在图形框下面"自X轴(A)"编辑框中输入数值。

（4）预置视点后,单击"确定"按钮即完成了视点的设置。

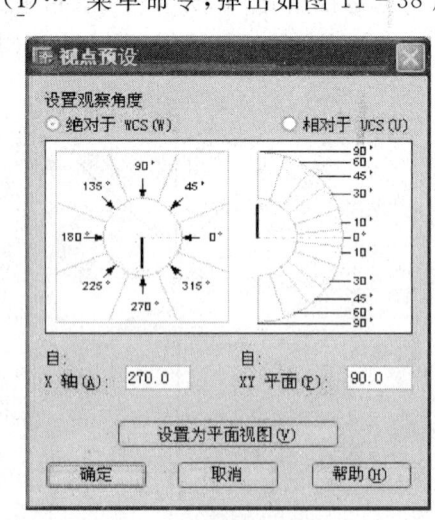

图11-38 "视点预设"对话框

3. 模型空间和图纸空间

(1) 模型空间(Model Space)

模型空间是指可以在其中建立二维或三维模型的空间,在其中能使用 AutoCAD 的一切绘图、编辑、显示等命令。实际上模型空间是 AutoCAD 的一种造型工作状态。由于模型空间是绘制、修改图形的基本空间(前面所学的绘图都是在模型空间中进行的),所以它是 AutoCAD 的主要工作空间。

(2) 图纸空间(Paper Space)

图纸空间是一个二维空间,在其中可以进行二维作图,它可以将模型空间的某种图形转化过来并加以固定,还可以在图形上任意添加新的文字和图形。

在图纸空间中所显示的模型空间的三维造型图,在形象上不能进行修改,AutoCAD 各种编辑命令对它不起作用。

可以把图纸空间看成是一张空白图纸,所有视口框(多视口)及其图形造型就是这张纸上的内容,这样就可以同时在一张图纸上产生模型的多个视图,然后添加文字或二维图形形成一张完整的工程图样,最终输出。

(3) 空间转换与系统变量(Tilemode)

Tilemode 是瓦片方式之意,所谓瓦片是指多视口中的视口。当 Tilemode 为"ON"时,瓦片方式打开,各视口整齐、均匀地充满屏幕,此时一定为模型空间;当 Tilemode 为"OFF"时,瓦片方式关闭,各视口排列可以不整齐,大小可以不相同,可以相互重叠,但必须为矩形,此时可以是模型空间或图纸空间。只有当 Tilemode 为"OFF"时才有图纸空间,而模型空间在 Tilemode 为"ON"和"OFF"时都可以建立。模型空间和图纸空间相互转换可在绘图区下面的"模型、布局1、布局2"之间进行或单击状态栏中的"模型"按钮;在 Tilemode 为"OFF"时由模型空间转为图纸空间用 Pspace 命令,而由图纸空间转化为模型空间使用 Mspace 命令。在 Tilemode 为"ON"时不能使用 Pspace 和 Mspace 命令。

图 11-39 所示为 AutoCAD 绘图空间的工作方式及它们之间的相互关系。

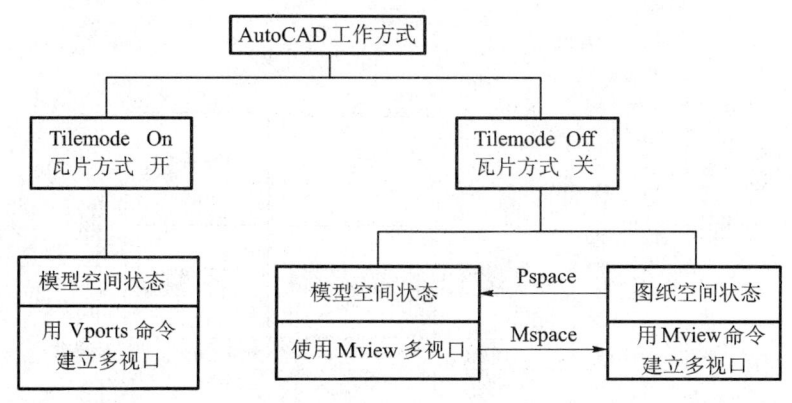

图 11-39 模型空间与图纸空间的相互关系

(4) 模型空间和图纸空间的标记

当图形处于模型空间时,视口显示用户坐标系 UCS 的标记,如图 11-40a 所示;当图形处于图纸空间时,在屏幕图形区左下角显示三角形标记,如图 11-40b 所示。

4. 多视口

AutoCAD 在模型空间与图纸空间中均可以创建多个视口,以显示不同方向投射所产生的视图。每个视口中都可以设置不同的捕捉功能、网格和视点。

不管建立了多少个视口,当前工作的视口只有一个,称为当前视口,在一个视口内工作时,可以和单视口工作一样进行绘图和编辑,此时所有视口中的图形都将同步更新。

(1) AutoCAD 使用 Vports 命令在模型空间创建多视口,使用 Mview 命令在图纸空间创建多视口。现以如图 11-41 所示的轴承座为例创建多视口。

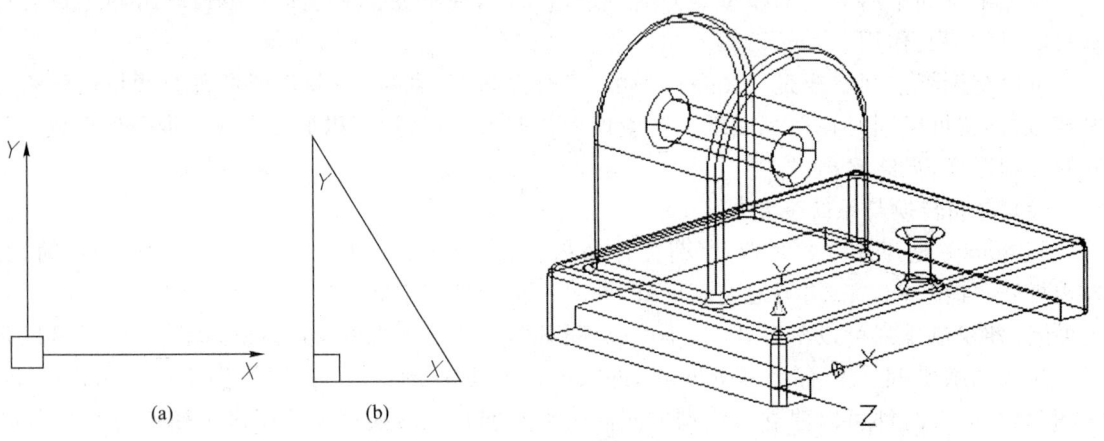

图 11-40 模型空间与图纸空间的标记　　图 11-41 轴承座(模型空间)

(2) 直接输入"Vports"命令或执行"视图(V)"→"视口(V)"→"新建视口(E)…"菜单命令,弹出如图 11-42 所示的"视口"对话框。

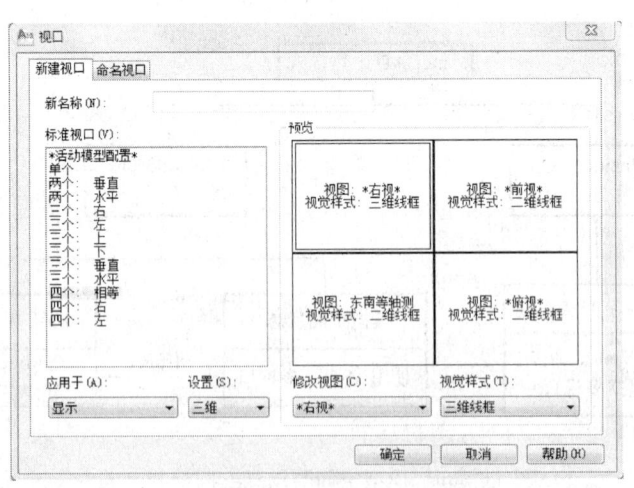

图 11-42 "视口"对话框

该对话框上部有两个标签,在其"新建视口"选项卡的"标准视口"列表中,有各种视口的设置,选定其中的"四个:相等"项,表示使用四个相等的视口;另外,在"设置(S)"下拉列表中选择"三维",这时四个视口中间分别显示如图 11-42 所示的"*右视*"、"*前视*"、"*俯视*"和"东南等轴测"。这种视口产生的视图配置不符合视图的习惯配置,可进行修改,先单击"*右视*"视口,使它成为当前视口,然后在"修改视图(C):"下拉列表中选择"*前视*";用同样的方法分别将"*前视*"改为"*左视*"、将"东南等轴测"改为"*俯视*"、将"*俯视*"改为"西南等轴测",最后单击"确定"接钮,就完成了如图 11-43 所示的多视口的建立和设置。

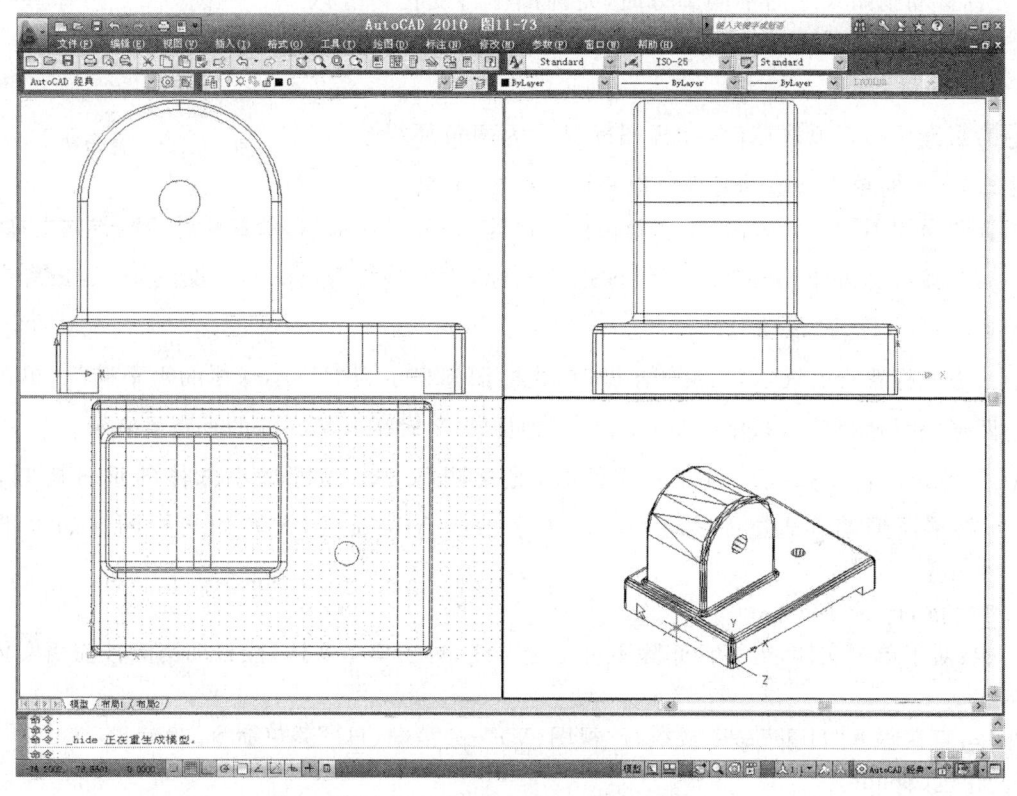

图 11-43 视口的建立和设置(三维)

注意:

① 在进行视口设置时,必须将"设置(S):"下拉列表框设置为"三维"。如果设置为默认值"二维",其结果将完全不同(读者可自己设置,观察其结果)。

② 在图纸空间建立和设置多视口:执行"视图(V)"→"视口(V)"→"新建视口(E)…"菜单命令或直接输入"Mview"命令。方法和模型空间设置多视口基本上相同,当完成相关设置后,还必须在图纸空间内给出视口的范围,可用鼠标大致给出视口范围或直接回车在整张图纸上自动建立和设置所需的视口。

5. 动态观察三维图形(3Dorbit)

功能:3Dorbit 命令可在当前视口中激活一个交互的三维动态观察器,使用鼠标操纵,可以从不同方向观察整个图形或图形的某一部分。

三维动态观察器显示一个弧线球,该弧线球看上去像一个圆,它被几个小圆划分成四个象限,如图 11-44 所示。当执行 3Dorbit 命令时,观察的起点和目标点被固定且绕对象移动,弧线球的中心就是目标点。

操作:执行"视图(V)"→"动态观察(B)"→"自由动态观察(F)"菜单命令。

这时在屏幕上出现三维动态观察器,如图 11-44 所示,当光标移动到弧线球的不同部分时,光标图标将变化,此时单击并拖动光标就能旋转图形进行观察。各种光标的意义如下:

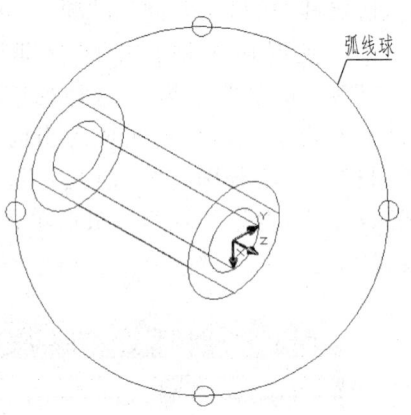

图 11-44 弧线球

⊕:当光标移近弧线球时,光标图标显示为两条环线绕着小球体,此时单击并拖动光标可以轻松操纵图形,就好像是抓着图形周围的一个球面,并绕着目标拖动球面,可以在水平、垂直和对角线方向上拖动。

⊙:在弧线球外单击并绕着弧线球拖动光标,图形将绕着与屏幕正交的轴(延长将穿过弧线球球心)移动,称为"滚动"。

⊖:当光标置于弧线球左、右侧小圆时,光标图标显示为围绕小球体的水平椭圆,单击并拖动将使图形绕着通过弧线球中心垂直轴或 Y 轴旋转,Y 轴用光标图标的垂直线表示。

⊖:当光标置于弧线球顶部和底部时,光标图标显示为围绕小球体的垂直椭圆,单击并拖动,将使图形绕着通过弧线球中心的水平轴或 X 轴旋转,X 轴用光标图标的水平直线表示。

6. 消隐(Hide)

功能:对于单个实体,能自动删除不可见轮廓线,对于多个实体,能自动消除被前面实体遮挡的结构。

操作:直接输入"Hide"命令或执行"视图(V)"→"消隐(H)"菜单命令。

7. 着色(Shade)

功能:可以在当前视口中产生一幅明亮变化的着色实体。

操作:直接输入"Shademode"命令或执行"视图(V)"→"视觉样式(S)"菜单命令。

后续选项如下:

(1) 二维线框(2):产生二维线框图。

(2) 三维线框(3):产生三维线框图。

(3) 三维隐藏(H):用线框图显示实体,并隐藏不可见结构。

(4) 真实(R):对实体进行多边形体着色,并且对边进行平滑处理,图像较逼真,平滑度高,更具真实感。

(5) 概念(C):带边框体着色。

各种实体着色效果如图 11-45 所示。

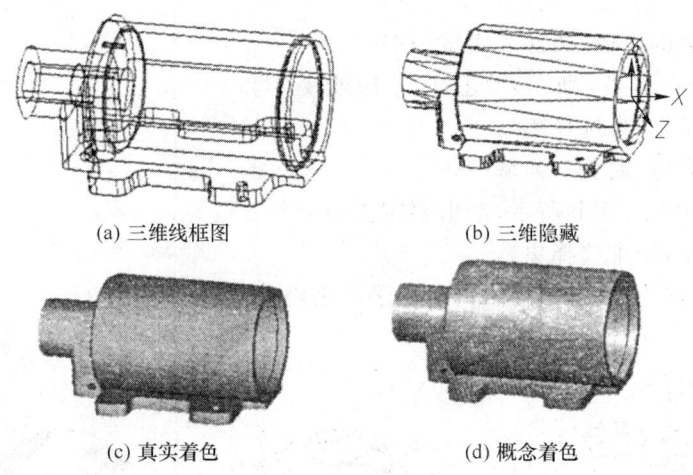

(a) 三维线框图　　　　　(b) 三维隐藏

(c) 真实着色　　　　　　(d) 概念着色

图 11-45　实体着色效果

11.6　组合实体的造型

11.6.1　组合实体造型方法

1. 组合实体造型的基本方法

由于组合实体是由若干个实体通过一定的组合方式(相加、相交、相切、切割)组合而成的,因此要创建组合实体,首先必须创建出基本的实体,然后将这些实体按一定的组合方式进行组合(布尔运算),再对组合实体进行编辑处理(如圆角、倒角、剖切、面编辑、线编辑、颜色处理等),最终形成组合实体。

2. 布尔运算

在 AutoCAD 中,可以将实体进行布尔运算(Union 并运算、Subtract 差运算、Intersect 交运算)实现实体的组合。

(1) 并运算(Union)

功能:将两个实体合并为一个实体,并去除重叠的部分。

操作:直接输入"Union"命令或执行"修改(M)"→"实体编辑(N)"→"并集(U)"菜单命令。

命令:Union

选择对象:(分别单击 1 和 2 选取要组合的实体,如图 11-46a 所示)

选择对象:(回车,结束选择集)

并运算后实体的结果如图 11-46b 所示。

(2) 差运算(Subtract)

功能:将第一个实体减去第二个实体与之相重叠的部分。

操作:直接输入"Subtract"命令或执行"修改(M)"→"实体编辑(N)"→"差集(S)"菜单命令。

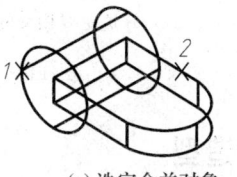　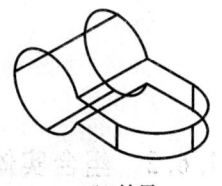

(a) 选定合并对象　　　(b) 结果

图 11-46　实体的并运算

命令:Subtract

选择要从中减去的实体、曲面和面域……

选择对象:如图11-47a所示,单击1,选择被减对象

选择对象:(回车,结束选择集)

选择要减去的实体、曲面和面域……

选择对象:(如图11-47b所示,单击要减去的对象2)

选择对象:(回车,结束选择集)

差运算后的实体(为了清晰显示,将实体进行消隐)如图11-47c所示。

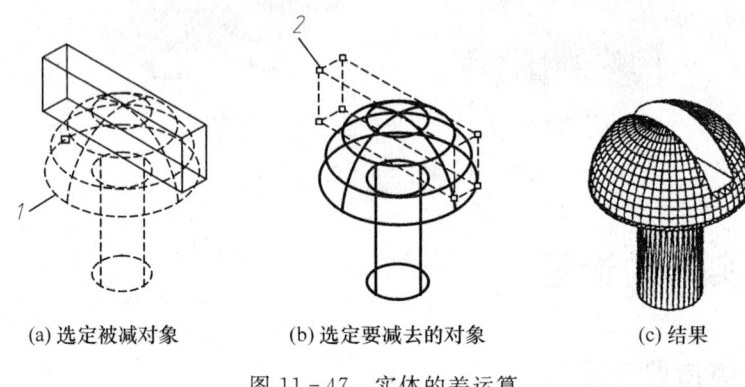

(a) 选定被减对象　　(b) 选定要减去的对象　　(c) 结果

图11-47　实体的差运算

(3) 交运算(Intersect)

功能:将实体相重合的部分保留。

操作:直接输入"Intersect"命令或执行"修改(M)"→"实体编辑(N)"→"交集(I)"菜单命令。

选择对象:(如图11-48a所示,单击1和2处选择相交对象)

选择对象:(回车,结束选择集)

交运算后的实体如图11-48b所示。

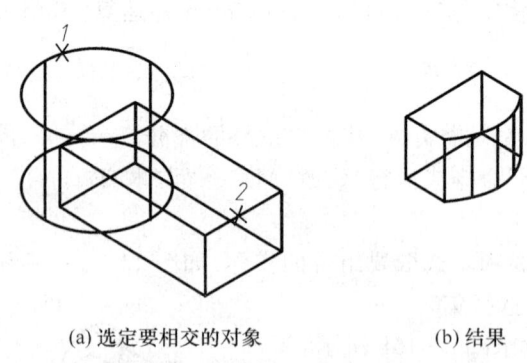

(a) 选定要相交的对象　　(b) 结果

图11-48　实体的交运算

11.6.2　组合实体的造型

现在以如图11-49所示的轴承座为例,具体介绍组合实体造型的过程与方法。

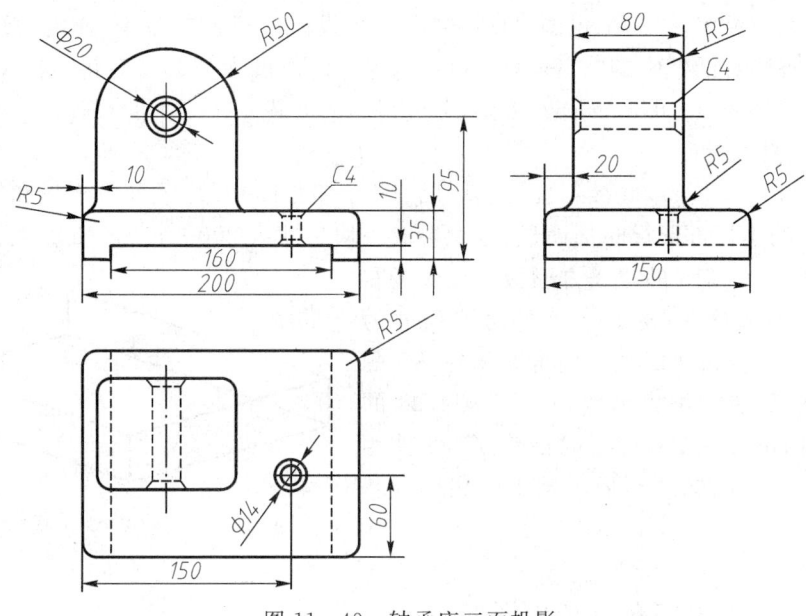

图 11-49　轴承座三面投影

1. 设置图幅和视点

（1）建立新文件。执行"文件(F)"→"新建(N)"菜单命令。

（2）将模型空间界限设置为"297,210"。直接输入"Limits"命令或执行"格式(O)"→"图形界限(I)"菜单命令，具体操作见 10.4 节。

（3）在状态栏的"捕捉模式"或"栅格显示"或"对象捕捉"图标按钮上点击鼠标右键，在弹出的快捷菜单上选择"设置(S)…"项。系统将弹出"草图设置"对话框，如图 11-50 所示。将对话框中"捕捉间距"选区的间距设置为"1"、"栅格间距"选区的间距设置为"10"，并打开状态行上的栅格和捕捉开关。

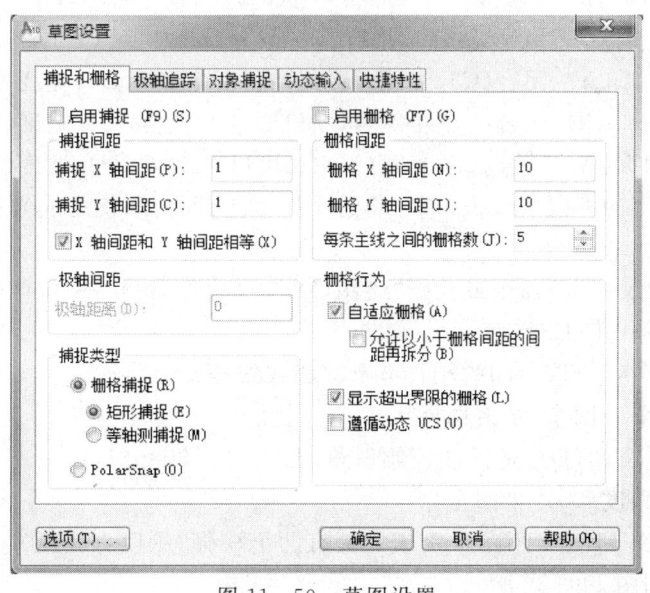

图 11-50　草图设置

(4) 执行"视图(V)"→"三维视图(D)"→"视点预设(I)…"菜单命令,弹出"视点预设"对话框(图 11-38),将该对话框中的"自:X 轴(A):"编辑框的值设为"225.0";将"自:XY 平面(P):"编辑框中的值设为"18.0",单击"确定"按钮,完成视点的设置。

2. 轴承座底板的造型

分析:如图 11-51 所示,底板可视为一块尺寸为 200×150×25 的长方形板和另外两块尺寸为 20×150×10 的小长方形板相加而成;也可看成一块尺寸为 200×150×35 的大长方形板切去一块尺寸为 160×150×10 的小长方形板。在底板右边穿了一个 ϕ14 的圆柱孔(通孔),孔的定位尺寸为 150,160。底板的上表面和四个棱角分别倒了 R5 的圆角。因此,底板的造型可先创建 200×150×25 的长方形实体,与两块 20×150×10 的小长方形实体相加,再减去 ϕ14 的圆柱体,就形成了轴承座底板的基本形状。

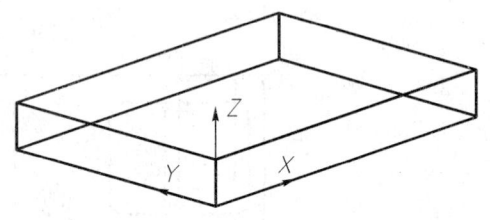

图 11-51 创建 200×150×25 的长方体

操作:

(1) 创建 200×150×25 的长方体(图 11-51)

命令:直接输入"Box"命令或执行"绘图(D)"→"建模(M)"→"长方体(B)"菜单命令

指定第一个角点或[中心(C)]:0,0,0

指定其他角点或[立方体(C)/长度(L)]:200,150

指定高度或[两点(2P)]:25

(2) 创建两块 20×150×10 的小长方体

① 绘制多段线线框

命令:直接输入"Pline"命令或执行"绘图(D)"→"多段线(P)"菜单命令

指定起点:(在屏幕左下角任意位置单击,如图 11-52 所示)

当前线宽为 0.0000

指定下一个点或[圆弧(A)/半宽(H)/长度(L)/放弃(U)/宽度(W)]:@20<180

指定下一点或[圆弧(A)/闭合(C)/半宽(H)/长度(L)/放弃(U)/宽度(W)]:@150<270

指定下一点或[圆弧(A)/闭合(C)/半宽(H)/长度(L)/放弃(U)/宽度(W)]:@20<360

指定下一点或[圆弧(A)/闭合(C)/半宽(H)/长度(L)/放弃(U)/宽度(W)]:C

这时绘出一个封闭的多段线线框,现在将这个线框进行拉伸,使之成为长方体。

② 拉伸实体

命令:直接输入"Extrude"命令或执行"绘图(D)"→"建模(M)"→"拉伸(X)"菜单命令

当前线框密度:ISOLINES=4

选择要拉伸的对象:(选取封闭的小长方形多段线线框)

选择要拉伸的对象:(回车,结束选择集)

指定拉伸高度或[方向(D)/路径(P)/倾斜角(T)]<25.0000>:10

指定拉伸的倾斜角度<0>:(回车)

拉伸后的实体如图 11-52 所示。由于底板有两个柱脚,所以直接用 Copy 命令来复制一个即可,复制后的实体如图 11-52 所示。

362

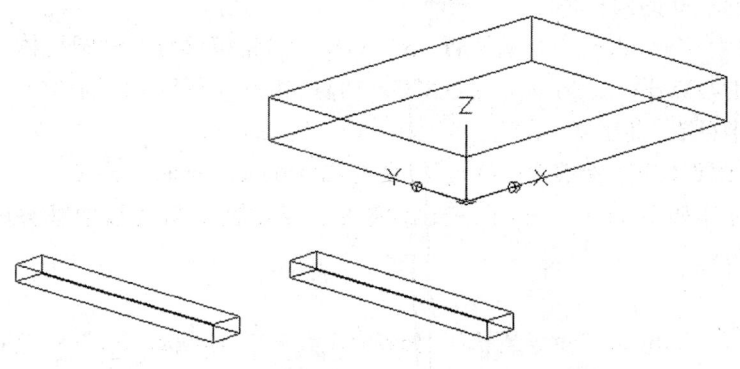

图 11-52 画封闭多段线线框、创建拉伸实体、复制实体

③ 相加三块长方体

首先,分别移动两块小长方体到大长方体的左下部和右下部。

命令:直接输入"Move"命令或执行"修改(M)"→"移动(V)"菜单命令

选择对象:(选择右边的小长方体)

选择对象:(回车,结束选择集)

指定基点或[位移(D)]<位移>:(捕捉小长方体上表面左边沿中点,如图 11-53 所示)

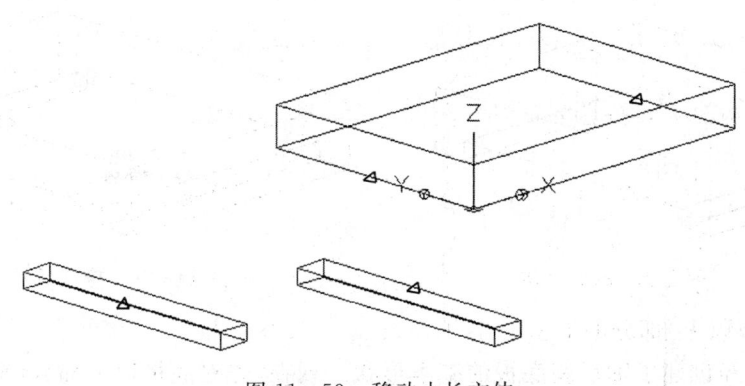

图 11-53 移动小长方体

指定第二个点或<使用第一个点作为位移>:(捕捉大长方体底面左边沿中点)

用同样的操作方法移动另一块小长方体到大长方体底面右边沿,只不过移动时应捕捉小长方体上表面右边沿中点,移到大长方体底面的右边沿中点处。

最后,将这三块长方体进行并运算即得轴承座底板的基本形状,如图 11-54 所示。

命令:直接输入"Union"命令或执行"修改(M)"→"实体编辑(N)"→"并集(U)"菜单命令

选择对象:(选取三块长方形板)

选择对象:(回车,结束选择集)

为了更好地观察底板的造型,可使用消隐(Hide)命令对底板进行消隐处理。

(3) 在底板上穿直径为 $\phi 14$ 的孔(图 11-49)

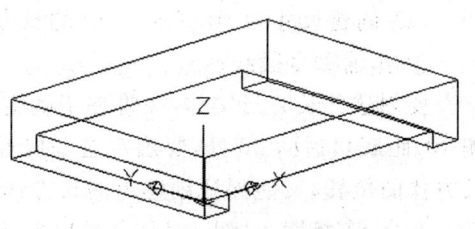

图 11-54 并运算后的底板形状

① 绘制 φ14、高 40 的圆柱体

命令：直接输入"Cylinder"命令或执行"绘图(D)"→"建模(M)"→"圆柱体(C)"菜单命令

指定底面的中心点或[三点(3P)/两点(2P)/切点、切点、半径(T)/椭圆(E)]:150,60,0

指定底面的半径或[直径(D)]:7

指定高度或[两点(2P)/轴端点(A)]:40(高度尺寸可大于底板的高度)

创建出的圆柱体如图 11-55 所示。要在底板上穿孔就是从底板中减去圆柱体(进行差运算)即可。

② 差运算

命令：直接输入"Subtract"命令或执行"修改(M)"→"实体编辑(N)"→"差集(S)"菜单命令

选择要从中减去的实体、曲面和面域……

选择对象：(选取底板，即被减体)

选择对象：(回车，结束选择集)

选择要减去的实体、曲面和面域……

选择对象：(选取圆柱体，即要减去的实体)

选择对象：(回车，结束选择集)

进行差运算后，就在底板上穿了一个 φ14 的圆柱孔，得到图 11-56 所示的底板。

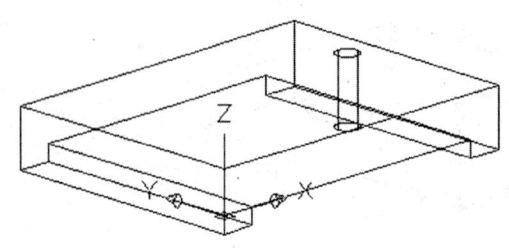
图 11-55　创建 φ14 的圆柱体

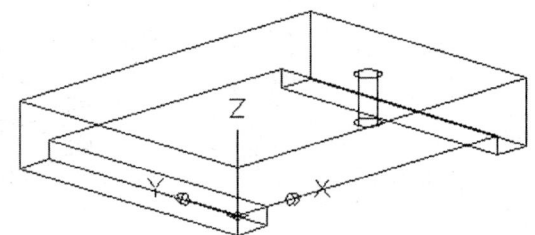
图 11-56　穿孔后的底板

3. 轴承(底板以上)部分的造型

分析：前面已经创建了轴承座底板的基本形状。现在，先对底板以上部分(轴承)进行形体分析，从图 11-49 可知，底板以上部分由一尺寸为 100×80×60 的长方体与一直径为 φ100 的半圆柱相切，在半圆柱轴线处穿了一个直径为 φ20 的圆柱孔，具体定位尺寸见图 11-49。造型时，可先创建尺寸为 100×80×60 的长方体，同时与底板进行并运算；再创建 φ100 的半圆柱体，与底板、长方体运算后的实体进行并运算；最后，创建 φ20 的圆柱体，与轴承座基本形体进行差运算就构成了轴承座。

(1) 创建尺寸为 100×80×60 的长方体

① 作辅助多段线。

要创建此长方形实体，关键在于确定长方体的位置，如图 11-49 所示，长方体位于距底板左侧 10、距底板后面 20 处，要确定这一位置，可在底板上表面左边作一条辅助多段线，它既能确定长方体的位置，又能保证创建出的长方体与底板表面共面。

命令：直接输入"Pline"命令或执行"绘图(D)"→"多段线(P)"菜单命令

指定起点：(捕捉底板上表面左上角的端点)

当前线宽为 0.0000
指定下一个点或[圆弧(A)/半宽(H)/长度(L)/放弃(U)/宽度(W)]:@10<0
指定下一点或[圆弧(A)/闭合(C)/半宽(H)/长度(L)/放弃(U)/宽度(W)]:@20<270
指定下一点或[圆弧(A)/闭合(C)/半宽(H)/长度(L)/放弃(U)/宽度(W)]:(回车,结束命令)

从底板上表面左上角画出的辅助折线 I II 如图 11-57 所示。

② 画尺寸为 100×80 的封闭多段线线框。
命令:直接输入"Pline"命令或执行"绘图(D)"→"多段线(P)"菜单命令
指定起点:(捕捉辅助多段线的端点 II,如图 11-57 所示)
当前线宽为 0.0000
指定下一个点或[圆弧(A)/半宽(H)/长度(L)/放弃(U)/宽度(W)]:@100<0
指定下一点或[圆弧(A)/闭合(C)/半宽(H)/长度(L)/放弃(U)/宽度(W)]:@80<270
指定下一点或[圆弧(A)/闭合(C)/半宽(H)/长度(L)/放弃(U)/宽度(W)]:@100<180
指定下一点或[圆弧(A)/闭合(C)/半宽(H)/长度(L)/放弃(U)/宽度(W)]:C
画出的多段线线框如图 11-57 所示。

③ 删除辅助多段线,拉伸 100×80 多段线封闭线框使其成为长方体实体,高度为 60。
命令:直接输入"Extrude"命令或执行"绘图(D)"→"模型(M)"→"拉伸(X)"菜单命令
当前线框密度:ISOLINES=4
选择要拉伸的对象:(选取 100×80 多段线封闭线框)
选择要拉伸的对象:(回车,结束选择集)
指定拉伸高度或[方向(D)/路径(P)/倾斜角(T)]<40.0000>:60
指定拉伸的倾斜角度<0>:(回车)
拉伸后的 100×80×60 的长方形实体如图 11-58 所示。

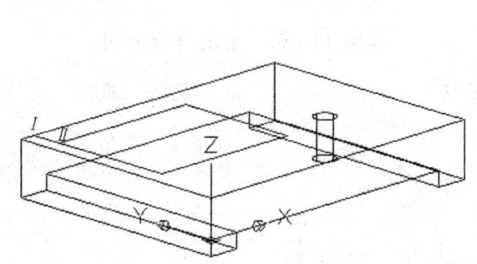
图 11-57 画辅助多段线和多段线封闭线框

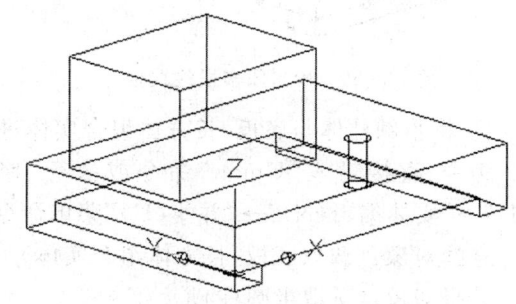
图 11-58 拉伸并作并运算后的长方体

④ 长方体与底板的并运算
命令:直接输入"Union"命令或执行"修改(M)"→"实体编辑(N)"→"并集(U)"菜单命令
选择对象:(选取底板和 100×80×60 的长方体)
选择对象:(回车,结束选择集)
并运算后的实体如图 11-58 所示。

(2) 创建直径为 φ100 的半圆柱体。

分析：要创建轴承座部分的半圆柱体，这是一个以圆为基础的实体，如果用圆柱体(Cylinder)命令来完成造型，则必须考虑该半圆柱体是处在 XOZ 平面内，要旋转和移动 UCS 坐标，操作较麻烦；如果使用旋转(Revolve)命令旋转生成该半圆柱实体，相对来说较方便。

① 使用捕捉 Midpoint 和 Endpoint 模式，用多段线(Pline)命令画出一个封闭的线框，它的大小为刚画出的 100×80 多段线封闭线框的一半，如图 11-59 所示。

② 旋转多段线线框。

命令：直接输入"Revolve"命令或执行"绘图(D)"→"建模(M)"→"旋转(R)"菜单命令

当前线框密度：ISOLINES=4

选择要旋转的对象：(选取刚画好的多段线线框)

选择要旋转的对象：(回车，结束选择集)

指定轴起点或根据以下选项之一定义轴[对象(O)/X/Y/Z]<对象>：(捕捉处在长方体表面中线上的多段线的一个端点)

指定轴端点：(捕捉处在长方体表面中线上多段线的另一端点)

指定旋转角度或[起点角度(ST)]<360>：180

旋转多段线线框生成的实体(半圆柱体)如图 11-60 所示。

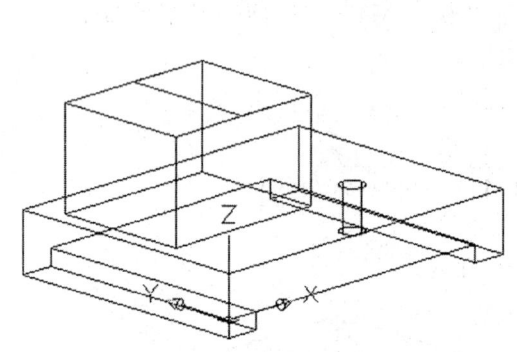

图 11-59 画封闭多段线线框

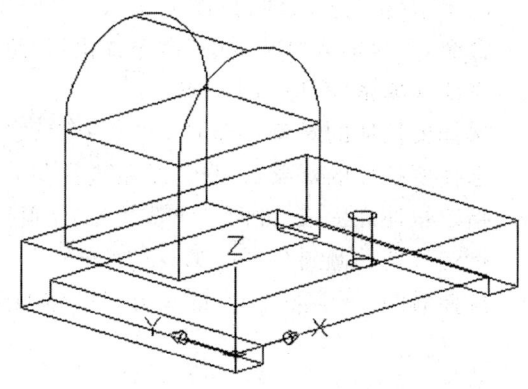

图 11-60 创建半圆柱体

③ 将半圆柱体与底板、长方体组合实体进行并运算。

命令：直接输入"Union"命令或执行"修改(M)"→"实体编辑(N)"→"并集(U)"菜单命令

选择对象：(选取底板、长方体组合实体)

选择对象：(选取半圆柱)

选择对象：(回车，结束选择集)

进行并运算后的组合实体如图 11-61 所示。

(3) 创建 φ20 的圆柱体(轴承孔)

分析：该圆柱体垂直于 XOZ 平面，因此在造型之前，首先要将 UCS 旋转或移动到适当的位置，才能使造型顺利进行。圆柱体的创建方法有两种，一种是使用圆柱体(Cylinder)命令直接产

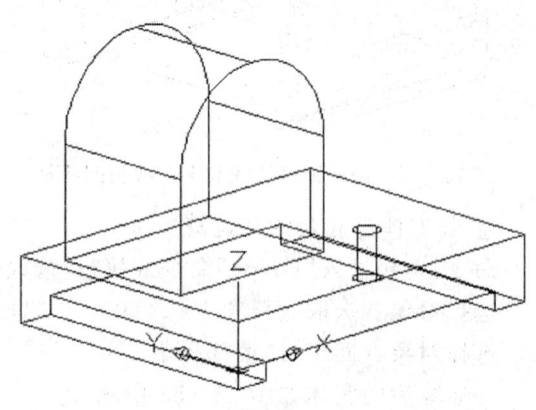

图 11-61 半圆柱与底板、长方体实体的组合

生造型;另一种是沿路径拉伸成圆柱体。现在介绍第二种方法。

① 用直线(Line)命令画出拉伸路径,如图 11-62 所示。

命令:直接输入"Line"命令或执行"绘图(D)"→"直线(L)"菜单命令

指定第一点:0,200,100

指定下一点或[放弃(U)]:0,0,100

指定下一点或[放弃(U)]:(回车)

因为要在垂直该路径的平面上画一个圆,而此时的坐标(XOY 面)不在该平面上,所以要旋转 UCS。

② 旋转 UCS。

a. 执行"工具(T)"→"命名 UCS(U)…"菜单命令,弹出如图 11-63 所示的"UCS"对话框。

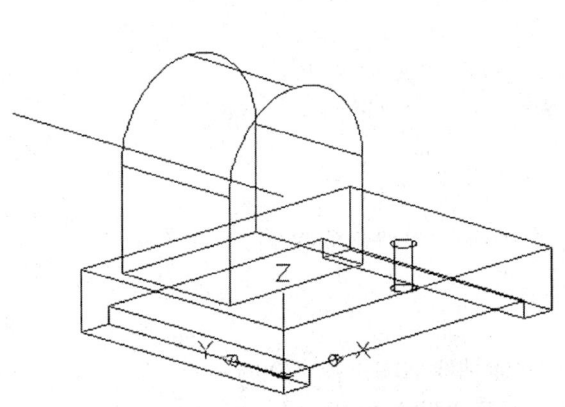
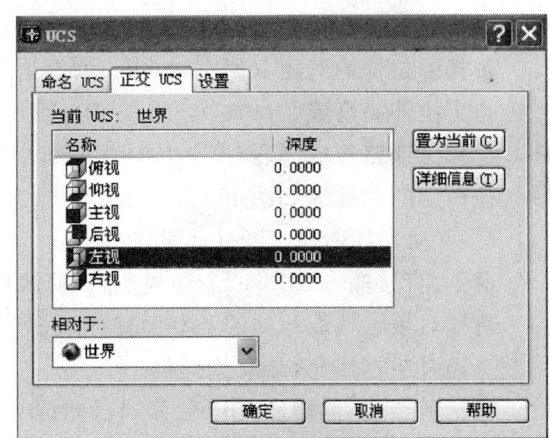

图 11-62　绘制拉伸路径　　　　　　　图 11-63　"UCS"对话框

b. 在该对话框"正交 UCS"选项卡的"当前 UCS:"列表框中,选择图标标有"左视"说明文字的选项,然后单击"置为当前"按钮,将其设置为当前用户坐标系,单击"确定"按钮后,UCS 切换到底板左面,如图 11-64 所示。

c. 执行"工具(T)"→"新建 UCS(W)"→"Y"菜单命令,系统将在命令行给出提示:

指定绕 Y 轴的旋转角度<90>:(回车)

此时 UCS 处于如图 11-65 所示的位置。

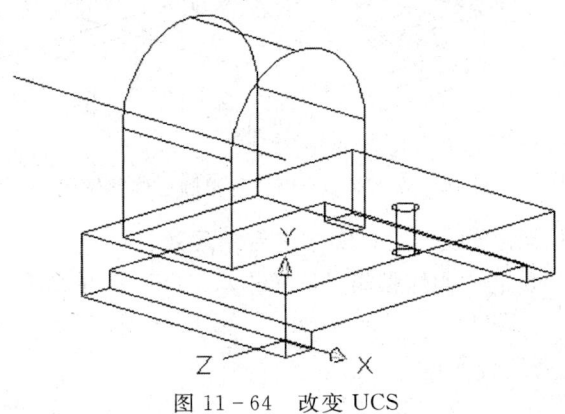
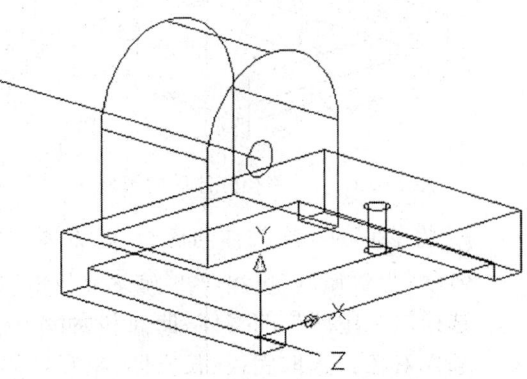

图 11-64　改变 UCS　　　　　　　图 11-65　旋转 UCS 和画 φ20 的圆

③ 画 $\phi20$ 的圆。

命令:直接输入"Circle"命令或执行"绘图(D)"→"圆(C)"→"圆心、半径(R)"菜单命令

指定圆的圆心或[三点(3P)/两点(2P)/相切、相切、半径(T)]:(捕捉路径直线上的前端点)

指定圆的半径或[直径(D)]:10

画出圆后如图 11-65 所示。

④ 沿路径拉伸圆并移动它与半圆柱体共轴线。

a. 沿路径拉伸圆成圆柱体。

命令:直接输入"Extrude"命令或执行"绘图(D)"→"建模(M)"→"拉伸(X)"菜单命令

当前线框密度:ISOLINES=4

选择要拉伸的对象:(选取圆)

选择要拉伸的对象:(回车,结束选择集)

指定拉伸高度或[方向(D)/路径(P)/倾斜角(T)]<60.0000>:-200

选择拉伸路径或[倾斜角]<0>:(回车)

拉伸后的圆柱体如图 11-66 所示。

b. 移动圆柱体与半圆柱体共轴线。

命令:直接输入"Move"命令或执行"修改(M)"→"移动(V)"菜单命令

选择对象:(选取拉伸的 $\phi20$ 圆柱体)

选择对象:(回车,结束选择集)

指定基点或[位移(D)]<位移>:(捕捉 $\phi20$ 圆柱体轴线前端点或 $\phi20$ 的圆心)

指定第二个点或<使用第一个点作为位移>:(捕捉半圆柱体前面圆心)

移动后的实体如图 11-67 所示。

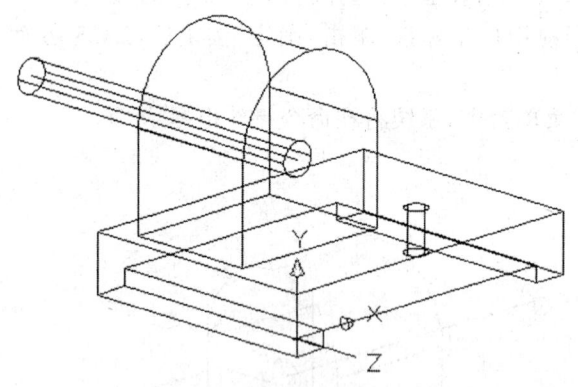 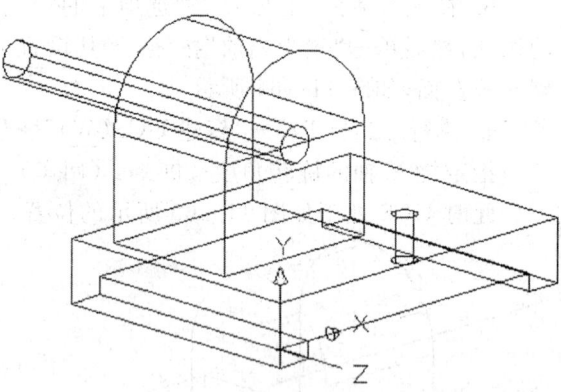

图 11-66 沿路径拉伸后的圆柱体 　　图 11-67 移动小圆柱与半圆柱体共轴线

c. 将 $\phi20$ 的小圆柱体与底板、长方体、半圆柱体组合成的组合实体进行差运算。

命令:直接输入"Subtract"命令或执行"修改(M)"→"实体编辑(N)"→"差集(S)"菜单命令

选择要从中减去的实体、曲面和面域……

选择对象:(选取底板、长方体、半圆柱体组成的组合实体)

选择对象:(回车,结束选择集)

选择要减去的实体、曲面和面域……

选择对象:(选取 φ20 的小圆柱体)

选择对象:(回车,结束选择集)

进行差运算后,用擦除命令删除路径后的实体,如图 11-68 所示。

4．制作倒角

从图 11-68 可知,轴承座的基本形状已经确定,然后需要再对轴承座的各尖角处进行倒角处理,使它更圆滑。

(1) 圆角

命令:直接输入"Fillet"命令或执行"修改(M)"→"圆角(F)"菜单命令

当前设置:模式＝修剪,半径＝0.0000

选择第一个对象或[放弃(U)/多段线(P)/半径(R)/修剪(T)/多个(M)]:R

指定圆角半径<0.0000>:5

选择第一个对象或[放弃(U)/多段线 P/半径(P)/修剪(T)/多个(M)]:(选取想要圆角的任一边,如图 11-69 所示)

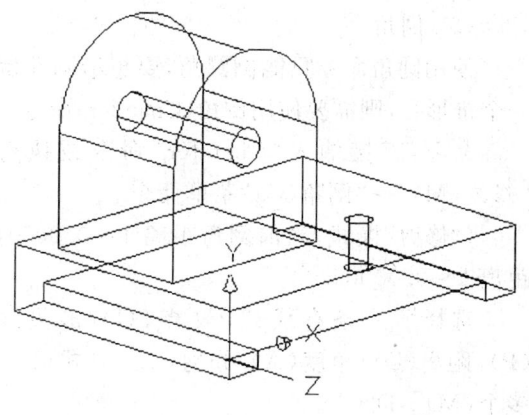

图 11-68　差运算后的组合实体

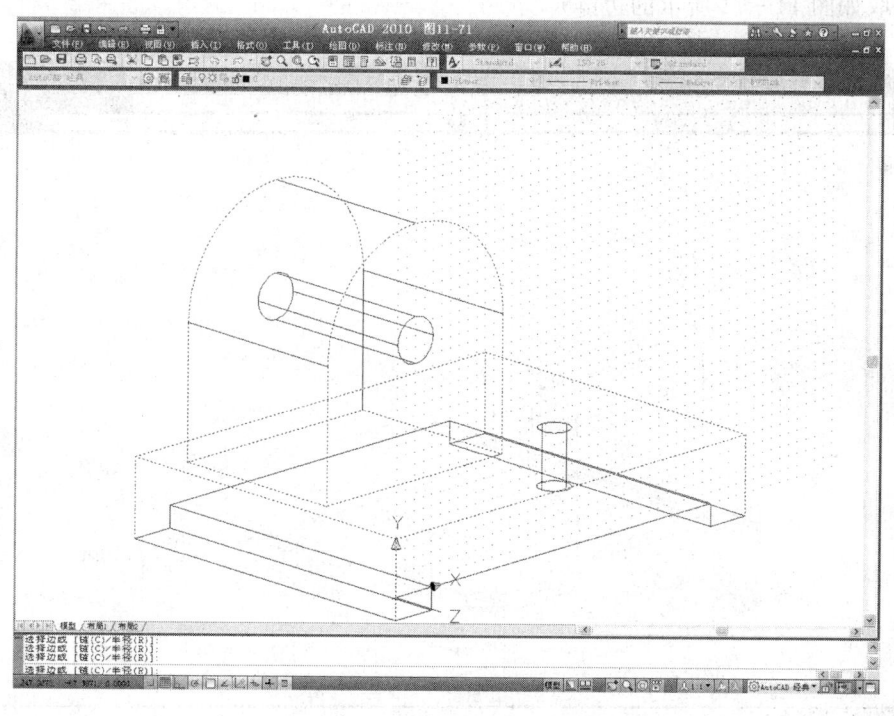

图 11-69　选取要圆角的边和链

输入圆角半径:5

选择边或[链(C)/半径(R)]:C

选择边链或[边(E)/半径(R)]:(选取想要圆角的所有边链,如图 11-69 所示)
选择边链或[边(E)/半径(R)]:(回车)
已选定 18 个边用于圆角。
圆角后的轴承座如图 11-70 所示。

(2) 倒角

使用圆角命令只能倒圆角,要想给圆孔倒一个锥形孔,则需要使用倒角(Chamfer)命令。

命令:直接输入"Chamfer"命令或执行"修改(M)"→"倒角(C)"菜单命令

("修剪"模式)当前倒角距离 1=0.0000,距离 2=0.0000

选择第一条直线或[放弃(U)/多段线(P)/距离(D)/角度(A)/修剪(T)/方式(E)/多个(M)]:D

指定第一个倒角距离<0.0000>:4

指定第二个倒角距离<4.0000>:(回车)

选择第一条直线或[放弃(U)/多段线(P)/距离(D)/角度(A)/修剪(T)/方式(E)/多个(M)]:(选取如图 11-71 所示的边链)

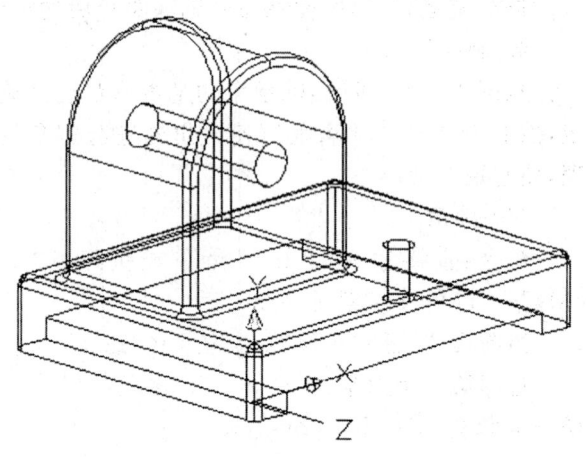

图 11-70 圆角后的轴承座

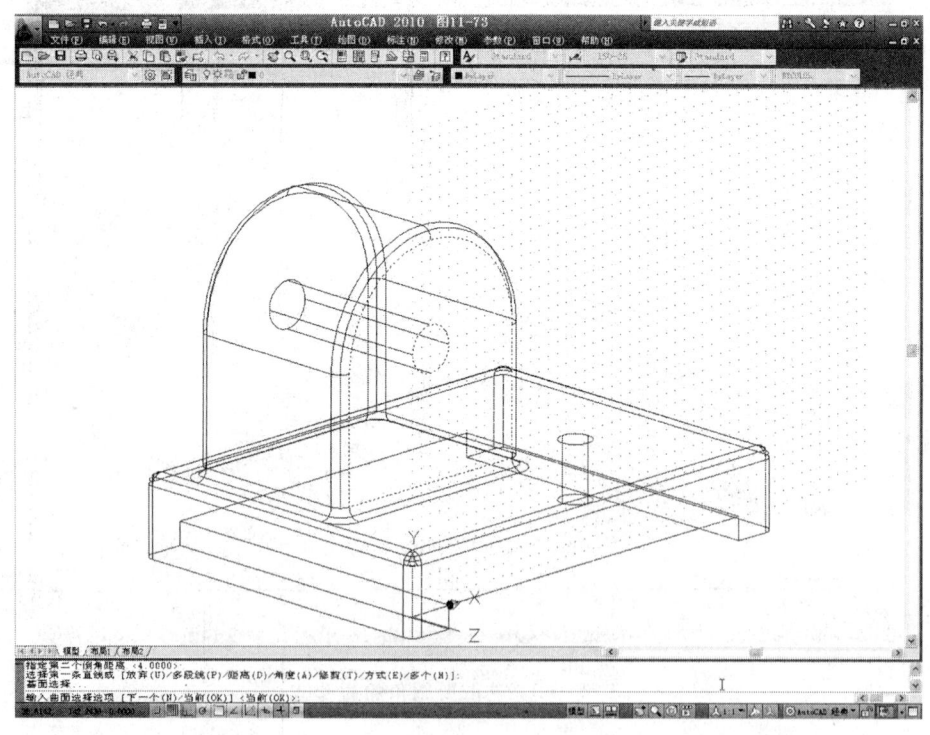

图 11-71 选取倒角基面(亮显表面)

基面选择……
输入曲面选择选项[下一个(N)/当前(OK)]<当前(OK)>:(回车)
指定基面的倒角距离<4.0000>:(回车)
指定其他曲面的倒角距离<4.0000>:(回车)
选择边或[环(L)]:(选择 φ20 小圆柱前端面的圆)
选择边或[环(L)]:(回车)

用同样的方法将 φ20 圆柱体后端面倒成锥角,同时也将 φ14 圆柱孔上、下表面倒成锥角。完成倒角后的轴承座如图 11-72 所示,至此轴承座造型全部完成。最后对轴承座进行消隐处理,如图 11-73 所示。

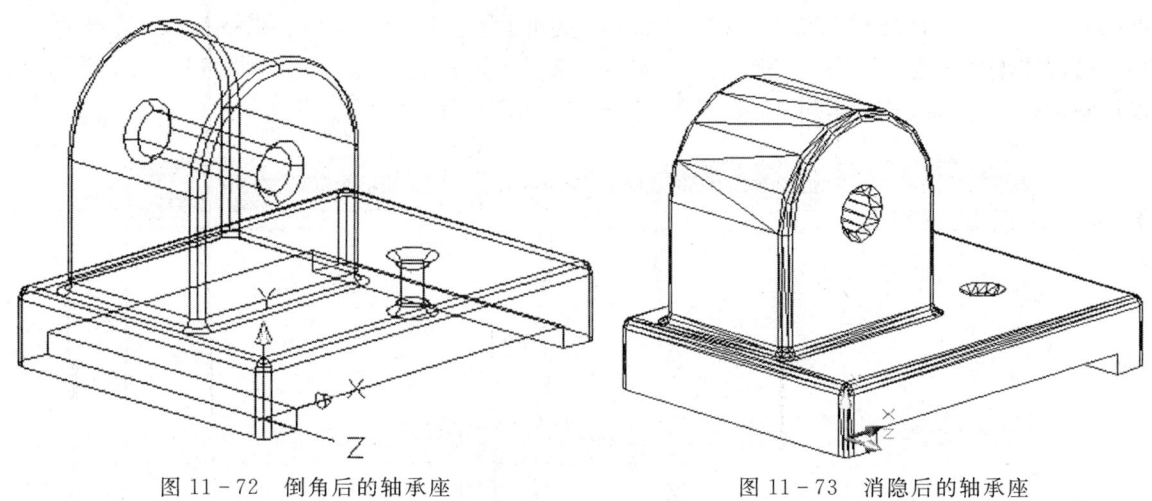

图 11-72 倒角后的轴承座　　　　图 11-73 消隐后的轴承座

5. 轴承座渲染

执行"视图(V)"→"渲染(E)"→"渲染(R)…"菜单命令,渲染后的轴承座如图 11-74 所示。

图 11-74 渲染后的轴承座

11.6.3 轴承座的剖切

为了了解实体的内部结构以帮助读图,有时需要画出实体的剖视图和断面图。下面以轴承座为例,对组合实体的剖切作简单介绍。

1. 取截面

(1) 将轴承座造型图打开

(2) 将坐标系转换成 WCS

(3) 取截面

命令:Section

选择对象:(选取轴承座)

选择对象:(回车,结束选择集)

指定截面上的第一点,依照[对象(O)/Z 轴(Z)/视图(V)/XY(XY)/YZ(YZ)/ZX(ZX)/三点(3)]<三点>:(捕捉轴承孔中心轴线前、后端点和半圆柱顶部中点或象限点构成一个平面)

这时在轴承座左右对称面上产生一个截面,该截面是一个二维实体,如图 11-75a 所示,可以用移动(Move)命令将其移到轴承座外,如图 11-75b 所示。

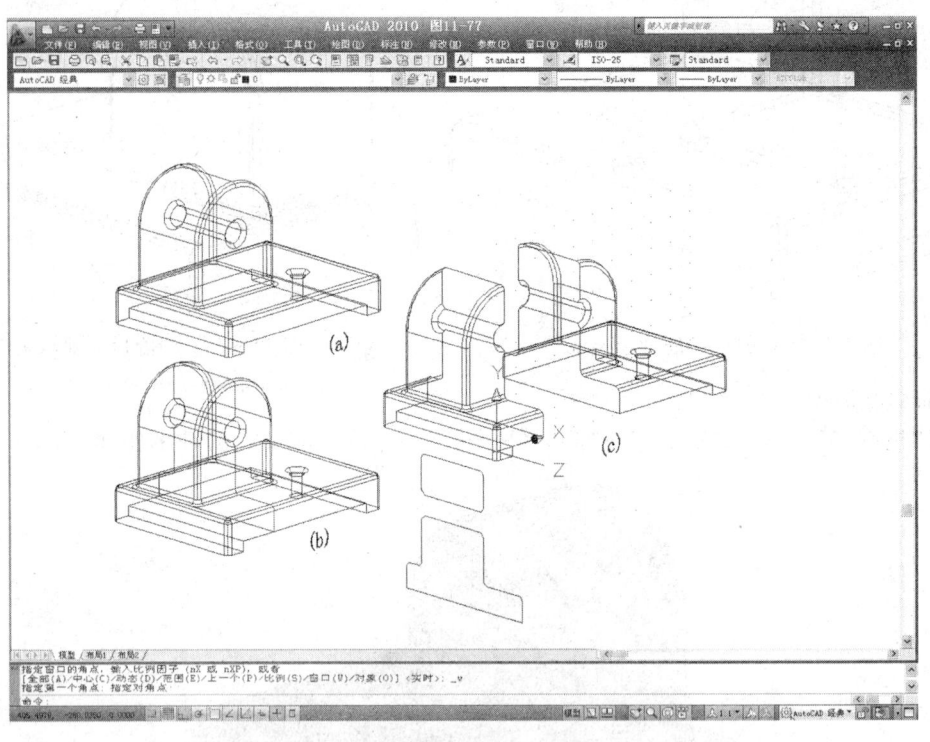

图 11-75 取轴承座截面、剖切轴承座

2. 剖切轴承座

(1) 将轴承座造型图打开

(2) 将坐标系转换成 WCS

(3) 剖切轴承座

命令:Slice

选择要剖切的对象:(选取轴承座)

选择要剖切的对象:(回车,结束选择集)

指定切面的起点或[平面对象(O)/曲面(S)/Z轴(Z)/视图(V)/XY(XY)/YZ(YZ)/ZX(ZX)/三点(3)]＜三点＞:捕捉轴承孔前后端面圆孔中心(二点)

在所需的侧面上指定点或[保留两侧(B)]＜保留两个侧面＞:B

将实体剖开后,用移动(Move)命令将其分开,如图11-75c所示。

11.7 由三维造型图生成二维工程图

实体造型后,可直接编程(或生成程序)在数控机床上加工出零件;但大多数情况下,还是要根据二维工程图样进行零件加工,而且二维工程图样是工程中必不可少的技术文件。下面以轴承座三维造型为例,介绍怎样生成二维图形。

1. 打开图11-73所示的轴承座三维造型图
2. 将轴承座模型空间的造型图转换到图纸空间,并调整大小

(1) 单击绘图区下面的"布局1",或直接单击状态栏中的"模型"按钮使其转换为"图纸"。

(2) 此时,在图纸空间布局1中显示与模型空间一样的轴承座的造型图。将光标移至视口左上角位置后双击,使左上角出现红色方块,同时按住鼠标左键拖动视口左上角,使轴承座造型视口缩小到合适的大小(根据在图纸上布置多少个二维视图及每个图形的大小确定),如图11-76a所示。

(3) 用"MS"命令或直接单击状态栏中的"图纸"按钮使之转换成"模型"(将图纸空间的图纸工作方式转换成模型工作方式),并使用缩放(Zoom)命令中的E选项,将轴承座充满整个视口,如图11-76b所示。

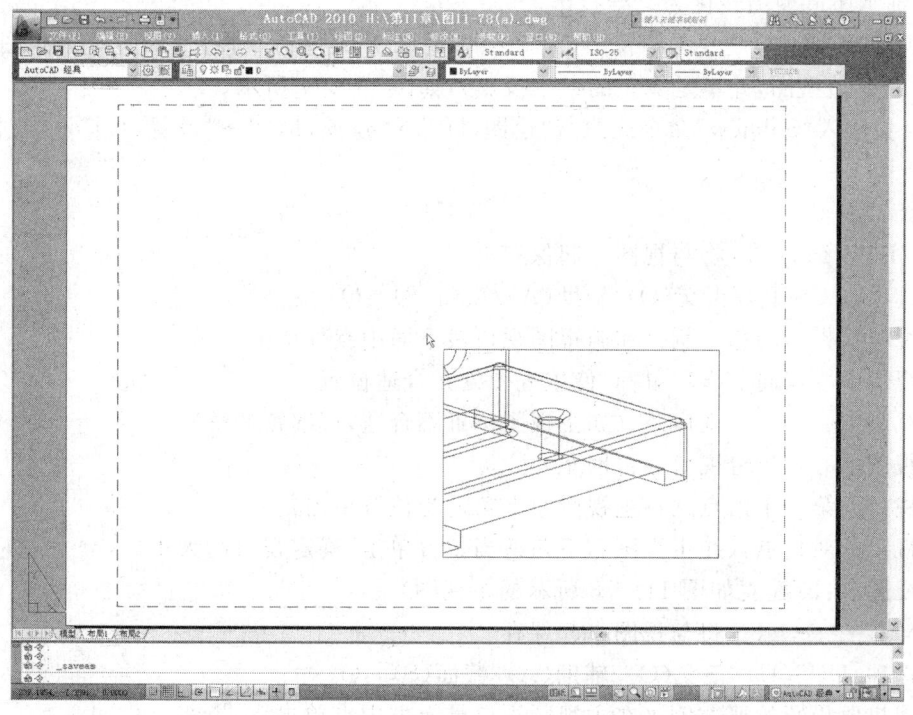

(a)

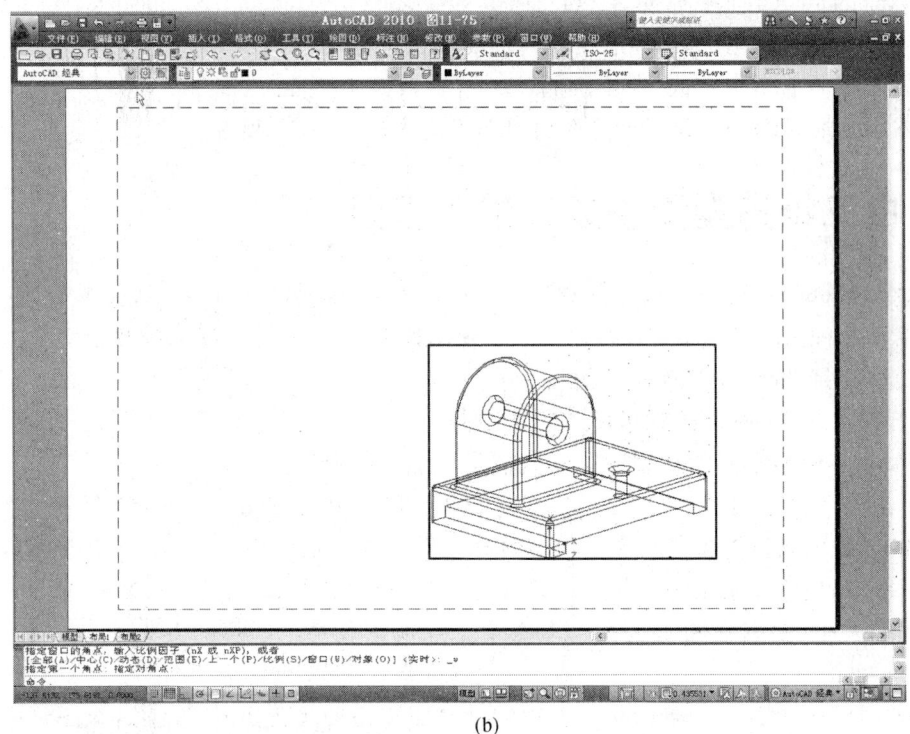

(b)

图 11-76 轴承座造型图在图纸空间的位置

3. 将轴承座造型图转化为二维投影

(1) 执行"视图(V)"→"三维视图(D)"→"俯视(T)"菜单命令,将轴承座等轴测图转换成俯视图(此时还是造型图,并不是真正的二维投影),如图 11-77 所示。

(2) 直接输入"Solview"命令或执行"绘图(D)"→"建模(M)"→"设置(U)"→"视图(V)"菜单命令。

命令:Solview

UCSVIEW=1,UCS 将与视图一起保存

输入选项[UCS(U)/正交(O)/辅助(A)/截面(S)]:O

指定视口要投影的那一侧:(在俯视图视口最下面中点处单击)

指定视图中心:(向上拖动鼠标,使主视图处在合适位置)

指定视图中心<指定视口>:(如主视图位置不合适,可继续调整)

指定视图中心<指定视口>:(回车)

指定视口的第一个角点:(在主视图左上角适当位置单击)

指定视口的对角点:(在主视图右下角适当位置单击,确定视口的大小)

输入视图名:F(建立如图 11-78 所示的主视图)

UCSVIEW=1,UCS 将与视图一起保存

输入选项[UCS(U)/正交(O)/辅助(A)/截面(S)]:O

指定视口要投影的那一侧:(在主视图视口最上方中点单击)

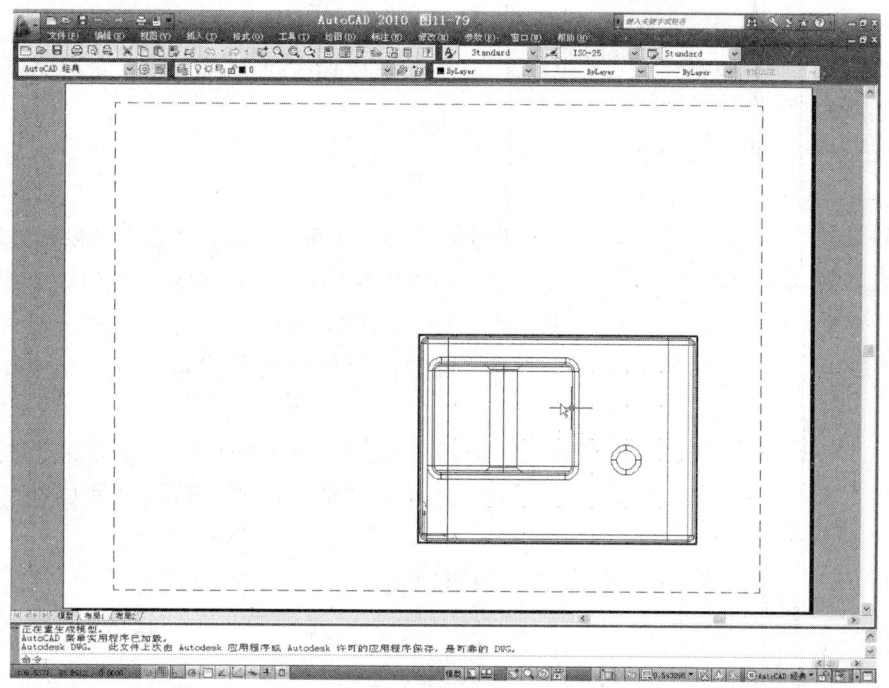

图 11-77 将轴承座等轴测图转换成俯视图

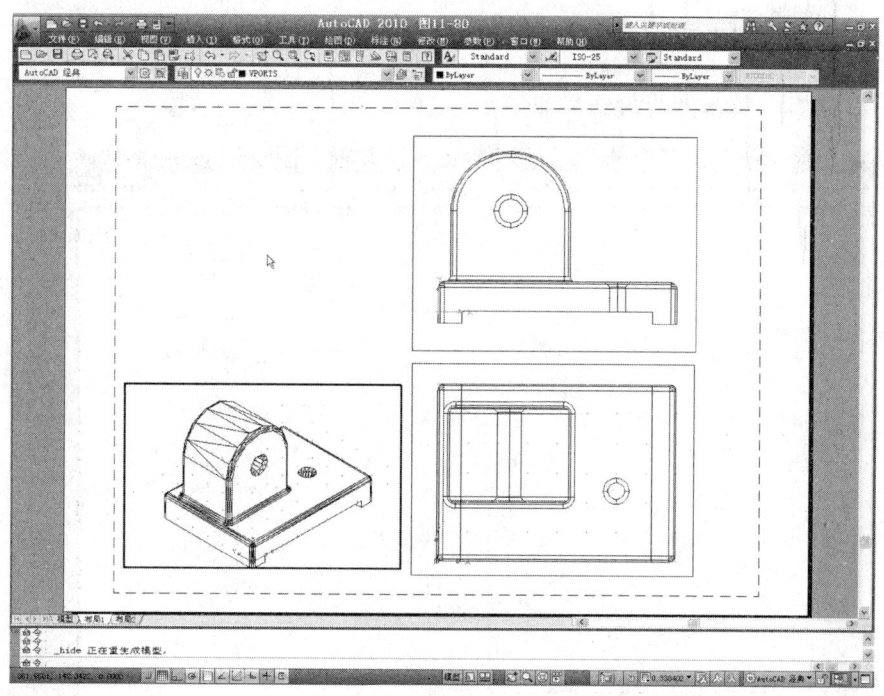

图 11-78 建立主、俯视图及调整造型图位置

指定视图中心:(向下拖动鼠标,使俯视图处在合适位置)
指定视图中心＜指定视口＞:(如俯视图位置不合适,可继续调整)
指定视图中心＜指定视口＞:(回车)

指定视口的第一角点:(在刚建立的俯视图左上角适当位置单击)

指定视口的对角点:(在刚建立的俯视图右下角适当位置单击,确定视口的大小)

输入视图名:T

UCSVIEW=1,UCS 将与视图一起保存

输入选项[UCS(U)/正交(O)/辅助(A)/截面(S)]:(回车)

(3) 用移动(Move)命令将原来轴承座的造型图(俯视)移到左侧适当位置;单击状态栏中的"图纸"按钮使其转换成"模型";并执行"视图(V)"→"三维视图(D)"→"西南等轴测(S)"菜单命令;用缩放(Zoom)命令调整轴承座的大小,如图 11-78 所示;最后执行"工具(T)"→"新建 UCS(W)"→"视图(V)"菜单命令,将轴承座造型图的 UCS 坐标转化为当前屏幕坐标。结果如图 11-78 所示。

在建立主视图、俯视图视口的同时,AutoCAD 系统自动在各视图上建立三个层(F-DIM、F-HID、F-VIS、T-DIM、T-HID、T-VIS)以及独立的 VPORTS 层,这些层从"图层特性管理器"中可以观察到。

(4) 删除处在 0 层下的主视图(F)和俯视图(T)。

命令:直接输入"Soldraw"命令或执行"绘图(D)"→"建模(M)"→"设置(U)"→"图形(D)"菜单命令

选择要绘图的视口

选择对象:(选择主视图、俯视图视口框)

选择对象:(回车,结束选择集)

删除 0 层下的主、俯视图后的结果如图 11-79 所示。

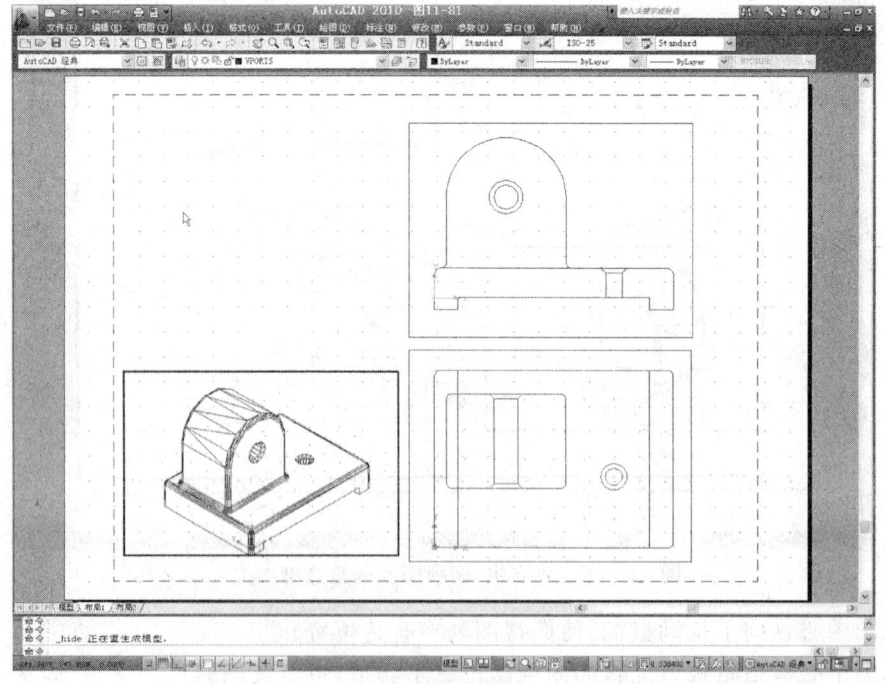

图 11-79 删除 0 层下的主、俯视图

(5) 产生虚线并隐藏视口框。

打开图层特性管理器(执行"格式(O)"→"图层(L)…"菜单命令或直接输入"Layer"命令),在系统弹出的"图层特性管理器"对话框中分别将 F‑HID、T‑HID 层的颜色改为红色(Red),线型改为虚线(HIDDEN),并且关闭 VPORTS 层(隐藏视口框)。如果虚线画太长,可用线型比例(LTS)命令将其比例因子从 1 改为 0.5,如图 11‑80 所示。

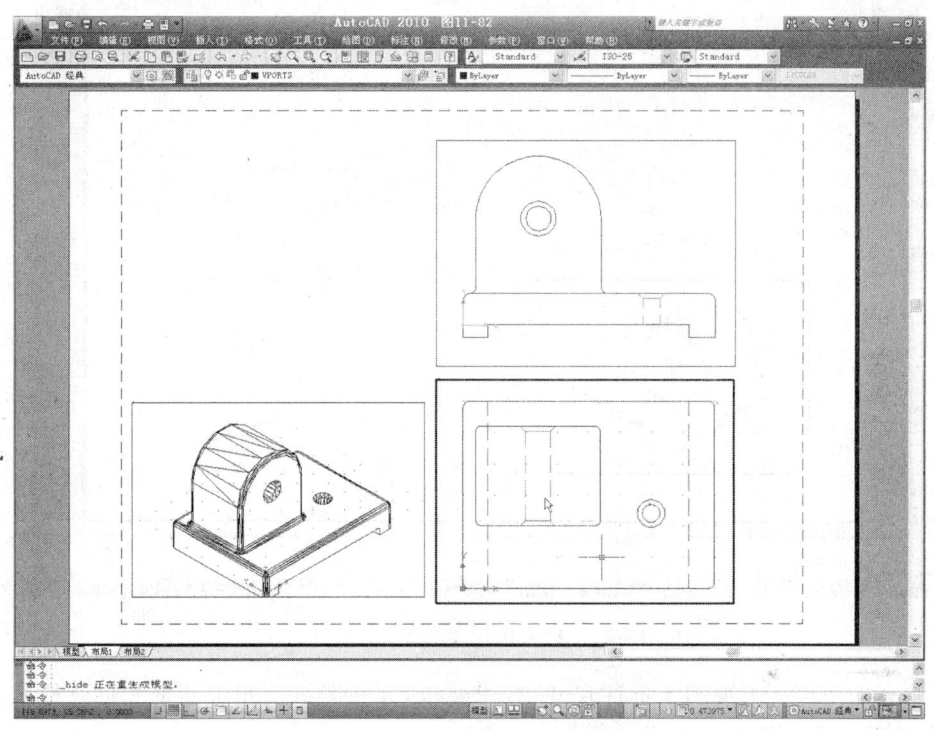

图 11‑80 改虚线和隐藏主、俯视图视口框

4. 除去轴承座造型图(图 11‑80 所示的左下角的图形)的视口

(1) 定义块

直接输入"Block"命令或执行"绘图(D)"→"块(K)"→"创建(M)…"菜单命令,在弹出"块定义"对话框的"名称(A):"下拉列表框中给定义的块取名为"S";在"基点"选区单击"拾取点"图标按钮,在轴承座造型图中捕捉插入的基点(自行选取);在右边"对象"选区单击"选择对象"图标按钮,选取轴承座回车后返回"块定义"对话框单击"确定"按钮即完成了块的定义。

(2) 删除轴承座造型图

单击状态栏中的"模型"按钮使其转换成"图纸",直接输入"Erase"命令或执行"修改(M)"→"删除(E)"菜单命令,选择轴承座造型视口后回车即可。

(3) 插入块"S"(轴承座造型图)

直接输入"Insert"命令或执行"插入(I)"→"块(B)"菜单命令,弹出"插入"对话框,在"名称(N):"下拉列表框中选择"S",将"比例"选区"X:"、"Y:"、"Z:"项的值改为"0.5",然后单击下面的"确定"按钮,后续提示为:

指定插入点或[比例(S)/X/Y/Z/旋转(R)/预览比例(PS)/PX/PY/PZ/预览旋转(PR)]:

此时轴承座造型图随光标（在插入基点上）的移动以亮显的方式出现在图纸空间；拖动插入基点在图纸空间适当的位置单击，即完成了块的插入。经消隐后的轴承座如图11-81所示。

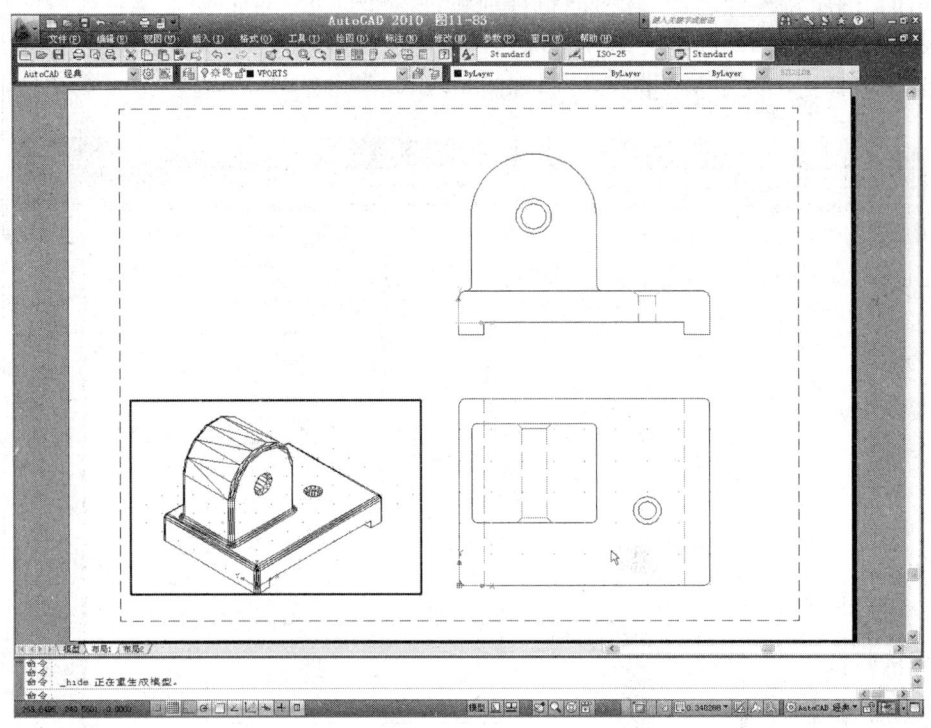

图11-81 插入轴承座造型图的图纸空间

在图11-81的主、俯视图上标注尺寸、技术要求，并在图纸上画上图框和标题栏及填写技术要求，就形成了轴承座的工程图样。

11.8 Autodesk Inventor 软件简介

前面介绍了美国Autodes公司的AutoCAD软件的使用，除该软件外，该公司在近年还在其专业设计领域推出了相应的产品。如在机械设计领域中推出的二维设计软件AutoCAD Mechanical，三维设计软件组合Inventor Series（Mechanical Desktop+AutoCAD Inventor）；在建筑设计领域中推出的Architectural Desktop和Revit；在地理信息系统和基础设施建设领域推出的Map、Map Guide、Civil、Survey；在影视、广告领域推出的3ds Max等软件。

Autodesk Inventor Professional软件是按照中国用户的设计习惯来应用Inventor功能的。Autodesk Inventor软件是具有强大的实体造型、装配和出图能力的三维机械设计工具，同时还有钣金、焊接、管道、线束、有限元分析、标准件中心库和机械设计计算工具等专业工具和模块。另外它的直观用户界面和易用性也使用户在很短的时间内就能初步掌握。该软件包含多项专利技术，其中最具特色的就是自适应技术。自适应技术能方便地建立零部件之间的关联关系，从而进行机械产品的关联设计。Autodesk Inventor DWG文件的兼容性也是最佳的，可以帮助用户最大限度地利用已有的设计数据。

附 录

附录 1 标准结构

1.1 普通螺纹(摘自 GB/T 193—2003,GB/T 196—2003)

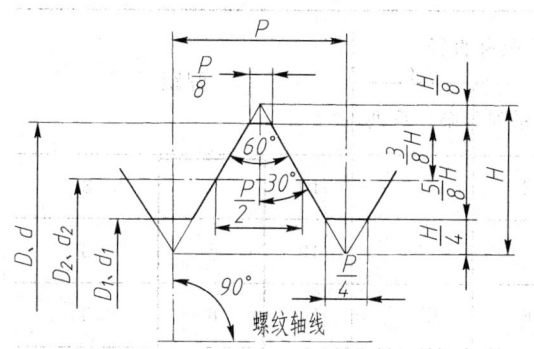

$$D_1 = D - 2 \times \frac{5}{8}H \qquad D_2 = D - 2 \times \frac{3}{8}H$$

$$d_1 = d - 2 \times \frac{5}{8}H \qquad d_2 = d - 2 \times \frac{3}{8}H$$

其中:$H = \frac{\sqrt{3}}{2}P = 0.866\ 025\ 404$

D——内螺纹大径 d——外螺纹大径
D_1——内螺纹小径 d_1——外螺纹小径
D_2——内螺纹中径 d_2——外螺纹中径
P——螺距 H——原始三角形高度

标记示例:
粗牙普通螺纹、大径 16 mm、螺距 2 mm、右旋、中径和顶径公差带均为 6H 的内螺纹标记为:M16—6H;
细牙普通螺纹、大径 16 mm、螺距 1.5 mm、右旋、中径公差带为 5g、顶径公差带为 6g 的外螺纹标记为:M16×1.5 – 5g6g。

附表 1 普通螺纹的直径与螺距   mm

公称直径 $D、d$		螺距 P		粗牙	公称直径 $D、d$		螺距 P		粗牙
第1系列	第2系列	粗牙	细牙	小径	第1系列	第2系列	粗牙	细牙	小径
3		0.5	0.35	2.459	20		2.5	2,1.5,1	17.294
	3.5	0.6		2.850		22	2.5		19.294
4		0.7		3.242	24		3		20.752
	4.5	0.75	0.5			27	3		23.752
5		0.8		4.134	30		3.5	(3),2,1.5,1	26.211
6		1	0.75			33	3.5	(3),2,1.5	29.211
	7	1		4.917	36		4	3,2,1.5	31.670
8		1.25	1,0.75	6.647		39	4		34.670
10		1.5	1.25,1,0.75	8.376	42		4.5	4,3,2,1.5	37.129
12		1.75	1.25,1	10.106		45	4.5		40.129
	14	2	1.5,1.25,1	11.835	48		5		42.587
16		2	1.5,1	13.835					
	18	2.5	2,1.5,1	15.294					

注:1. 优先选用第 1 系列,括号内尺寸尽可能不用。
  2. 第 3 系列未列入。
  3. M14×1.25 仅用于火花塞。

1.2 梯形螺纹(摘自 GB/T 5796.1—2005～GB/T 5796.4—2005)

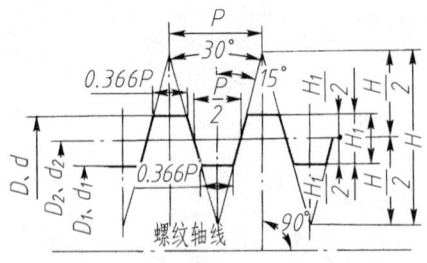

标记示例：

公称直径 40 mm、螺距 7 mm、右旋、中径公差带为 7e、中等旋合长度的外螺纹标记为：Tr 40×7-7e；

公称直径 40 mm、螺距 7 mm、左旋、中径公差带为 7H、长旋合长度的内螺纹标记为：Tr40×7LH-7H-L。

附表 2 梯形螺纹的直径与螺距   mm

公称直径 第一系列	第二系列	螺距			公称直径 第一系列	第二系列	螺距		
8			1.5		32		10	6	3
	9		2	1.5	34		10	6	3
10			2	1.5	36		10	6	3
	11	3	2			38	10	7	3
12			3	2	40		10	7	3
	14		3	2		42	10	7	3
16			4	2	44		12	7	3
	18		4	2		46	12	8	3
20			4	2	48		12	8	3
	22	8	5	3		50	12	8	3
24		8	5	3	52		12	8	3
	26	8	5	3		55	14	9	3
28		8	5	3	60		14	9	3
	30	10	6	3					

注：应优先选择第一系列的直径，在每个直径所对应的诸螺距中优先选择粗黑框内的螺距。

1.3 非螺纹密封的管螺纹(摘自 GB/T 7307—2001)

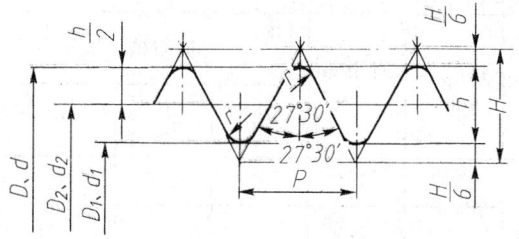

$H = 0.960\,491P$
$h = 0.640\,327P$
$r = 0.137\,329P$

标记示例:

尺寸代号为 3/4、右旋、非螺纹密封的管螺纹标记为:G3/4。

附表3 非螺纹密封的管螺纹基本尺寸   mm

尺寸代号	每25.4 mm 内的牙数 n	螺距 P	基本直径 大径 $d=D$	基本直径 中径 $d_2=D_2$	基本直径 小径 $d_1=D_1$	尺寸代号	每25.4 mm 内的牙数 n	螺距 P	基本直径 大径 $d=D$	基本直径 中径 $d_2=D_2$	基本直径 小径 $d_1=D_1$
1/8	28	0.907	9.728	9.147	8.566	1¼		2.309	41.910	40.431	38.952
1/4	19	1.337	13.157	12.301	11.445	1½		2.309	47.803	46.324	44.845
3/8	19	1.337	16.662	15.806	14.950	1¾		2.309	53.764	52.267	50.788
1/2	14	1.814	20.955	19.793	18.631	2	11	2.309	59.614	58.135	56.656
5/8	14	1.814	22.911	21.749	20.587	2¼		2.309	65.710	64.231	62.752
3/4	14	1.814	26.441	25.279	24.117	2½		2.309	75.148	73.705	72.226
7/8	14	1.814	30.201	29.039	27.877	2¾		2.309	81.534	80.055	78.576
1	11	2.309	33.249	31.770	30.291	3		2.309	87.884	86.405	84.926
1⅛	11	2.319	37.897	36.418	34.939	3¼		2.309	100.330	98.851	97.372

1.4 普通螺纹收尾、肩距、退刀槽和倒角(GB/T 3—1997)

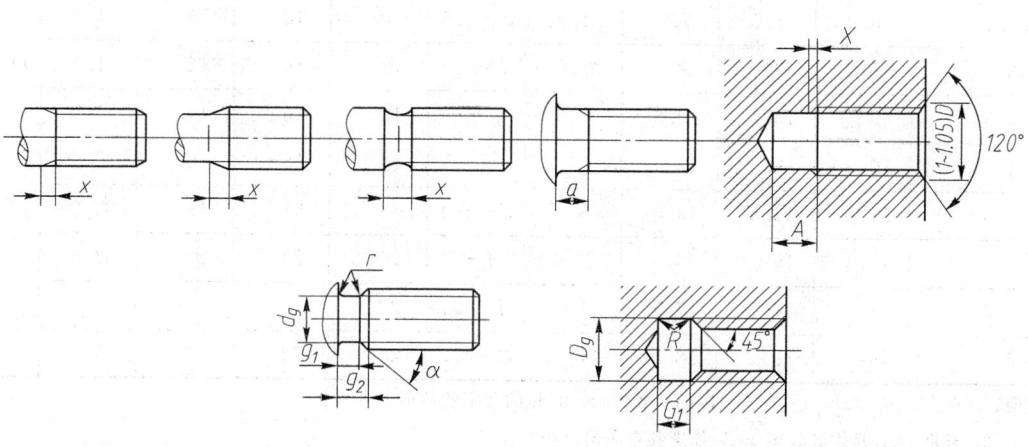

附表4　普通螺纹收尾、肩距、退刀槽、倒角尺寸　　　　mm

螺距 P	外螺纹					内螺纹				
	收尾 x max	肩距 a max	退刀槽			收尾 X max	肩距 A max	退刀槽		
			g_2 max	r ≈	d_g			G_1	R ≈	D_g
0.2	0.5	0.6	—	—	—	0.8	1.2	—	—	
0.25	0.6	0.75	0.75	0.12	$d-0.4$	1	1.5	—	—	
0.3	0.75	0.9	0.9	0.16	$d-0.5$	1.2	1.8	—	—	—
0.35	0.9	1.05	1.05	0.16	$d-0.6$	1.4	2.2	—	—	
0.4	1	1.2	1.2	0.2	$d-0.7$	1.6	2.5	—	—	
0.45	1.1	1.35	1.35	0.2	$d-0.7$	1.8	2.8	—	—	
0.5	1.25	1.5	1.5	0.2	$d-0.8$	2	3	2	0.2	
0.6	1.5	1.8	1.8	0.4	$d-1$	2.4	3.2	2.4	0.3	$D+0.3$
0.7	1.75	2.1	2.1	0.4	$d-1.1$	2.8	3.5	2.8	0.4	
0.75	1.9	2.25	2.25	0.4	$d-1.2$	3	3.8	3	0.4	
0.8	2	2.4	2.4	0.4	$d-1.3$	3.2	4	3.2	0.4	
1	2.5	3	3	0.6	$d-1.6$	4	5	4	0.5	
1.25	3.2	4	3.75	0.6	$d-2$	5	6	5	0.6	
1.5	3.8	4.5	4.5	0.8	$d-2.3$	6	7	6	0.8	
1.75	4.3	5.3	5.25	1	$d-2.6$	7	9	7	0.9	
2	5	6	6	1	$d-3$	8	10	8	1	
2.5	6.3	7.5	7.5	1.2	$d-3.6$	10	12	10	1.2	
3	7.5	9	9	1.6	$d-4.4$	12	14	12	1.5	$D+0.5$
3.5	9	10.5	10.5	1.6	$d-5$	14	16	14	1.8	
4	10	12	12	2	$d-5.7$	16	18	16	2	
4.5	11	13.5	13.5	2	$d-6.4$	18	21	18	2.2	
5	12.5	15	15	2.5	$d-7$	20	23	20	2.5	
5.5	14	16.5	17.5	11	$d-7.7$	22	25	22	2.8	
6	15	18	18	11	$d-8.3$	24	28	24	3	

说明：1. 本表只列入 x、a、g_2、X、A、G_1 的一般值；长的、短的和窄的数值未列入。

2. 肩距 $a(A)$ 是螺纹收尾 $x(A)$ 加螺纹空白的总长。

3. 外螺纹始端端面的倒角一般为 45°，也可采用 60° 或 30° 倒角；倒角深度应大于或等于螺纹牙型高度。内螺纹倒角一般为 120°，也可采用 90° 倒角；端面倒角直径为 $(1\sim1.05)D$。

4. 细牙螺纹按本表螺距 P 选用。

1.5 砂轮越程槽(GB/T 6403.5—2008)

附表5 砂轮越程槽结构尺寸　　　　　　mm

b_1	0.6	1.0	1.6	2.0	3.0	4.0	5.0	8.0	10
b_2	2.0		3.0		4.0		5.0	8.0	10
h	0.1		0.2	0.3	0.4	0.6	0.8	1.2
r	0.2		0.5	0.8	1.0	1.6	2.0	3.0
d		~ 10		$>10\sim 50$		$>50\sim 100$		>100

注:1. 砂轮越程槽内与直线相交处,不允许产生尖角。
2. 砂轮越程槽深度 h 与圆弧半径 r,要满足 $r \leqslant 3h$。
3. 磨削具有数个直径的工件时,可使用同一规格的砂轮越程槽。
4. 直径 d 值大的零件,允许选择小规格的砂轮越程槽。
5. 砂轮越程槽的尺寸公差和表面粗糙度根据该零件的结构、性能确定。

1.6 零件倒圆与倒角(GB/T 6403.4—2008)

附表6 零件倒圆与倒角尺寸　　　　　　mm

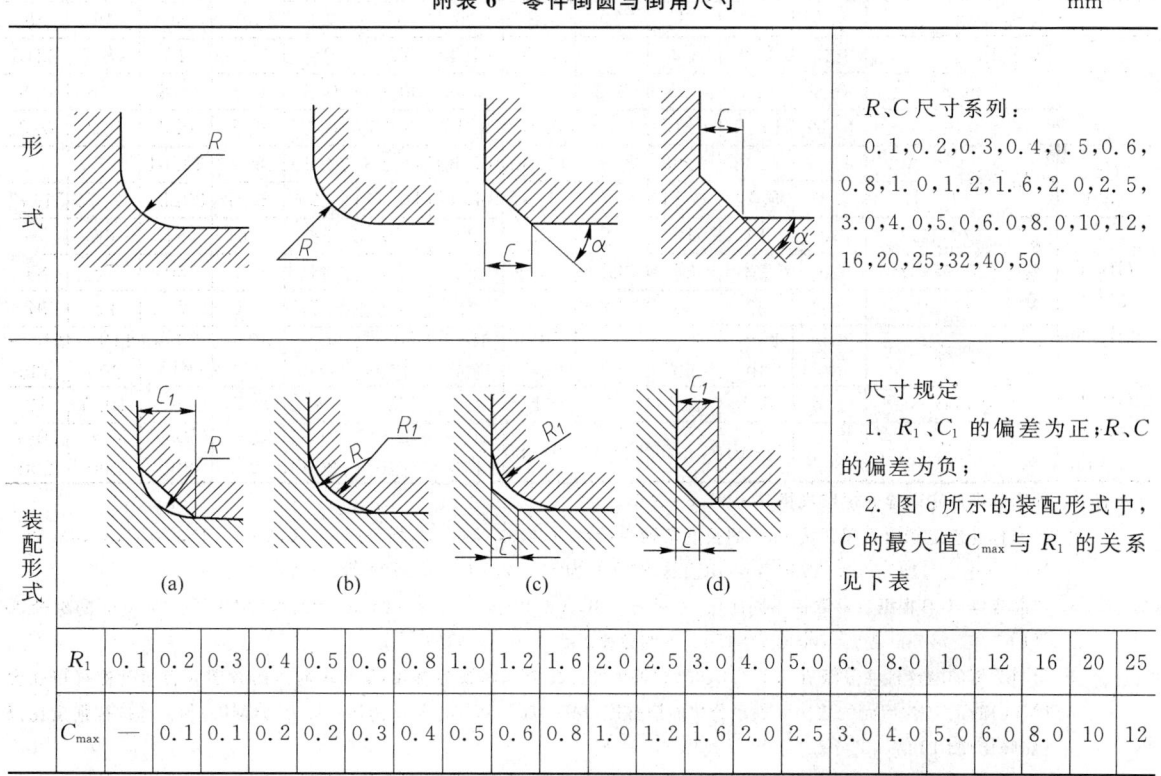

R、C 尺寸系列:
0.1,0.2,0.3,0.4,0.5,0.6,0.8,1.0,1.2,1.6,2.0,2.5,3.0,4.0,5.0,6.0,8.0,10,12,16,20,25,32,40,50

尺寸规定
1. R_1、C_1 的偏差为正;R、C 的偏差为负;
2. 图 c 所示的装配形式中,C 的最大值 $C_{\max}$ 与 R_1 的关系见下表

R_1	0.1	0.2	0.3	0.4	0.5	0.6	0.8	1.0	1.2	1.6	2.0	2.5	3.0	4.0	5.0	6.0	8.0	10	12	16	20	25
$C_{\max}$	—	0.1	0.1	0.2	0.2	0.3	0.4	0.5	0.6	0.8	1.0	1.2	1.6	2.0	2.5	3.0	4.0	5.0	6.0	8.0	10	12

附录2 标准件

2.1 六角头螺栓

六角头螺栓—A和B级 (GB/T 5782—2000)

六角头螺栓 全螺纹—A和B级 (GB/T 5783—2000)

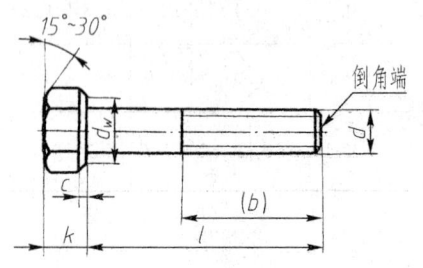
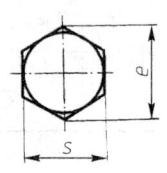
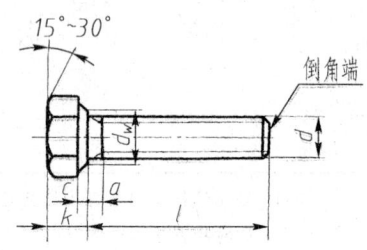

标记示例：
螺纹规格 d=M12、公称长度 l=80、性能等级为 8.8 级、表面氧化、A级的六角头螺栓，其标记为：螺栓 GB/T 5782 M12×80；
若为全螺纹，其标记为：螺栓 GB/T 5783 M12×80。

附表7 六角头螺栓各部分尺寸   mm

螺纹规格 d			M3	M4	M5	M6	M8	M10	M12	M16	M20	M24	M30	M36
e min	产品等级	A	6.01	7.66	8.79	11.05	14.38	17.77	20.03	26.75	33.53	39.98	—	—
		B	5.88	7.50	8.63	10.89	14.20	17.59	19.85	26.17	32.95	39.55	50.85	60.79
s 公称 max			5.5	7	8	10	13	16	18	24	30	36	46	55
k 公称			2	2.8	3.5	4	5.3	6.4	7.5	10	12.5	15	18.7	22.5
c	max		0.4	0.4	0.5	0.5	0.6	0.6	0.6	0.8	0.8	0.8	0.8	0.8
	min		0.15	0.15	0.15	0.15	0.15	0.15	0.15	0.2	0.2	0.2	0.2	0.2
d_w min	产品等级	A	4.57	5.88	6.88	8.88	11.63	14.63	16.63	22.49	28.19	33.61	—	—
		B	4.45	5.74	6.74	8.74	11.47	14.47	16.47	22	27.7	33.25	42.75	51.11
GB/T 5782 —2000	b 参考	l≤125	12	14	16	18	22	26	30	38	46	54	66	—
		125<l≤200	18	20	22	24	28	32	36	44	52	60	72	84
		l>200	31	33	35	37	41	45	49	57	65	73	85	97
	l 公称		20~30	25~40	25~50	30~60	40~80	45~100	50~120	65~160	80~200	90~240	110~300	140~360
GB/T 5783 —2000	a max		1.5	2.1	2.4	3	4	4.5	3	6	7.5	9	10.5	12
	l 公称		6~30	8~40	10~50	12~60	16~80	20~100	25~120	30~200	40~200	50~200	60~200	70~200

注：1. 国家标准规定螺栓的螺纹规格 d=M1.6~M64。

2. 国家标准规定螺栓 l（单位为mm）的长度系列为：2,3,4,5,6,8,10,12,16,20,25,30,35,40,45,50,55,60,65,70~160(10进位)，180~500(20进位)；GB/T 5782 的 l 为 10~500，GB/T 5783 的 l 为 2~200。

3. 产品等级 A、B 根据公差取值不同而定，A级公差小，A级用于 d=1.6~24 mm 和 l≤10d 或 l≤150 mm 的螺栓，B级用于 d>24 mm 或 l>10d 或 l>150 mm 的螺栓。

4. 材料为钢的螺栓性能等级为 5.6、8.8、9.8、10.9 级。其中 8.8 级为常用，8.8 级前面的数字 8 表示公称抗拉强度(MPa)的1/100，后面的数字 8 表示公称屈服强度(MPa)或公称规定非比例伸长应力为(MPa)与公称抗拉强度比值(屈强比)的10倍。

2.2 双头螺柱

GB/T 897—1988($b_m=1d$)
GB/T 899—1988($b_m=1.5d$)

GB/T 898—1998($b_m=1.25d$)
GB/T 900—1988($b_m=2d$)

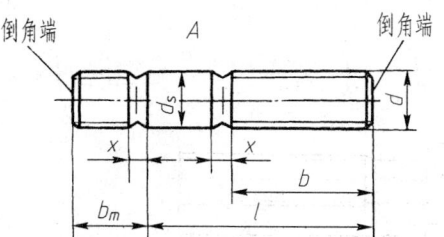
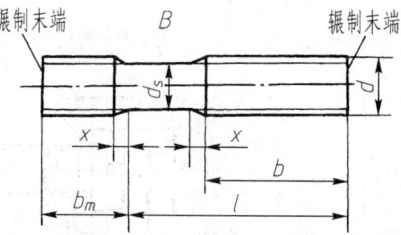

末端按 GB/T 2 的规定;d_s≈螺纹中径(仅适用于 B 型)

标记示例:
两端均为粗牙普通螺纹,$d=10$,$l=50$,性能等级为 4.8 级、不经表面处理、B 型、$b_m=1d$ 的双头螺柱,其标记为螺柱　GB/T 897 M10×50;
若为 A 型,则标记为:螺柱　GB/T 897 AM10×50。

附表 8　双头螺柱各部分尺寸　　　　　　　　　　　　　　　　　mm

螺纹规格 d		M3	M4	M5	M6	M8	M10	M12	M16	M20	M24
b_m 公称	GB/T 897—1988 ($b_m=1d$)			5	6	8	10	12	16	20	24
	GB/T 897—1988 ($b_m=1.25d$)			6	8	10	12	15	20	25	30
	GB/T 899—1988 ($b_m=1.5d$)	4.5	6	8	10	12	15	18	24	30	36
	GB/T 900—1988 ($b_m=2d$)	6	8	10	12	16	20	24	32	40	48
d_s	max	3	4	5	6	8	10	12	16	20	24
	min	2.75	3.7	4.7	5.7	7.64	9.64	11.57	15.57	19.48	23.48
$\dfrac{l}{b}$		$\dfrac{16\sim20}{6}$ $\dfrac{(22)\sim40}{12}$	$\dfrac{16\sim(22)}{8}$ $\dfrac{25\sim40}{14}$	$\dfrac{16\sim(22)}{10}$ $\dfrac{25\sim50}{16}$	$\dfrac{20\sim(22)}{10}$ $\dfrac{25\sim30}{14}$ $\dfrac{(32)\sim(75)}{18}$	$\dfrac{20\sim(22)}{12}$ $\dfrac{25\sim30}{16}$ $\dfrac{(32)\sim90}{22}$	$\dfrac{25\sim(28)}{14}$ $\dfrac{30\sim(38)}{16}$ $\dfrac{40\sim120}{26}$ $\dfrac{130}{32}$	$\dfrac{25\sim30}{16}$ $\dfrac{(32)\sim40}{20}$ $\dfrac{45\sim120}{30}$ $\dfrac{130\sim180}{36}$	$\dfrac{30\sim(38)}{20}$ $\dfrac{40\sim(55)}{30}$ $\dfrac{60\sim120}{38}$ $\dfrac{130\sim200}{44}$	$\dfrac{35\sim40}{25}$ $\dfrac{45\sim(65)}{35}$ $\dfrac{70\sim120}{46}$ $\dfrac{130\sim200}{52}$	$\dfrac{45\sim50}{30}$ $\dfrac{(55)\sim(75)}{45}$ $\dfrac{80\sim120}{54}$ $\dfrac{130\sim200}{60}$

注:1. GB/T 897—1988 和 GB/T 898—1988 规定螺柱的螺纹规格 $d=$M5~M48,公称长度 $l=$16~300 mm;GB/T 899—1988 和 GB/T 900—1988 规定螺柱的螺纹规格 $d=$M2~M48,公称长度 $l=$12~300 mm。螺柱 l(单位为 mm)的长度系列为:12,(14),16,(18),20,(22),25,(28),30,(32),35,(38),40,45,50,(55),60,(65),70,(75),80,(85),90,(95),100~200(10 进位),尽可能不采用括号内的规格。
2. 材料为钢的螺柱性能等级有 4.8,5.8,6.8,8.8,10.9,12.9 级,其中 4.8 级为常用。具体可参见附表 7 中的注 4。

2.3 螺钉

开槽圆柱头螺钉(GB/T 65—2000)

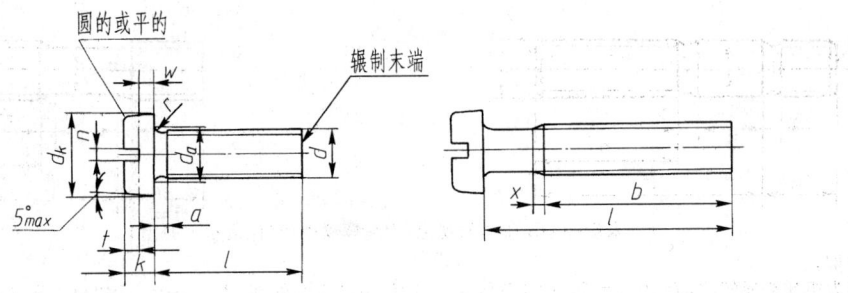

开槽盘头螺钉(GB/T 67—2008)

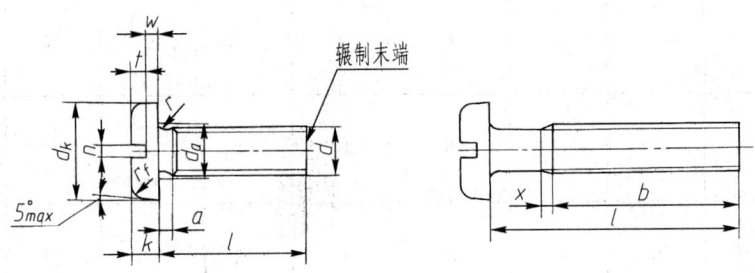

开槽沉头螺钉(GB/T 68—2000)

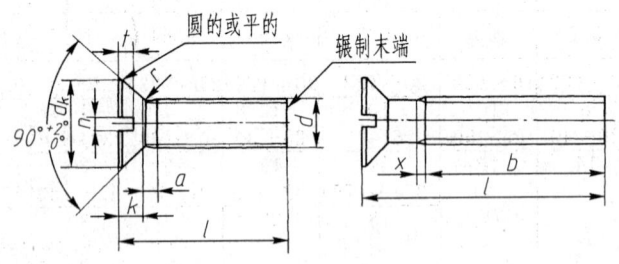

标记示例：

螺纹规格 d=M5、公称长度 l=20、性能等级为4.8级、不经表面处理的A级开槽圆柱头螺钉,其标记为:螺钉 GB/T 65 M5×20。

附表 9 螺钉各部分尺寸   mm

螺纹规格 d			M3	M4	M5	M6	M8	M10
a max			1	1.4	1.6	2	2.5	3
b min			25	38	38	38	38	38
x max			1.25	1.75	2	2.5	3.2	3.8
n 公称			0.8	1.2	1.2	1.6	2	2.5
d_a max			3.6	4.7	5.7	6.8	9.2	11.2
GB/T 65 —2000	d_k	公称=max	5.5	7	8.5	10	13	16
		min	5.32	6.78	8.28	9.78	12.73	15.73
	k	公称=max	2	2.6	3.3	3.9	5	6
		min	1.86	2.46	3.1	3.6	4.7	5.7
	t min		0.85	1.1	1.3	1.6	2	2.4
	r min		0.1	0.2	0.2	0.25	0.4	0.4
	$\dfrac{l}{b}$		$\dfrac{4\sim30}{l-a}$	$\dfrac{5\sim40}{l-a}$	$\dfrac{6\sim40}{l-a}$ $\dfrac{45\sim50}{b}$	$\dfrac{8\sim40}{l-a}$ $\dfrac{45\sim60}{b}$	$\dfrac{10\sim40}{l-a}$ $\dfrac{45\sim80}{b}$	$\dfrac{12\sim40}{l-a}$ $\dfrac{45\sim80}{b}$
GB/T 67 —2008	d_k	公称=max	5.6	8	9.5	12	16	20
		min	5.3	7.64	9.14	11.57	15.57	19.48
	k	公称=max	1.80	2.40	3.00	3.6	4.8	6
		min	1.66	2.26	2.86	3.3	4.5	5.7
	t min		0.7	1	1.2	1.4	1.9	2.4
	r min		0.1	0.2	0.2	0.25	0.4	0.4
	$\dfrac{l}{b}$		$\dfrac{4\sim30}{l-a}$	$\dfrac{5\sim40}{l-a}$	$\dfrac{6\sim40}{l-a}$ $\dfrac{45\sim50}{b}$	$\dfrac{8\sim40}{l-a}$ $\dfrac{45\sim60}{b}$	$\dfrac{10\sim40}{l-a}$ $\dfrac{45\sim80}{b}$	$\dfrac{12\sim40}{l-a}$ $\dfrac{45\sim80}{b}$
GB/T 68 —2000	d_k	公称=max	5.5	8.40	9.30	11.30	15.80	18.30
		min	5.2	8.04	8.94	10.87	15.37	17.78
	k	公称=max	1.65	2.7	2.7	3.3	4.65	5
	t	max	0.85	1.3	1.4	1.6	2.3	2.6
		min	0.6	1	1.1	1.2	1.8	2
	r max		0.8	1	1.3	1.5	2	2.5
	$\dfrac{l}{b}$		$\dfrac{5\sim30}{l-(k+a)}$	$\dfrac{6\sim40}{l-(k+a)}$	$\dfrac{8\sim45}{l-(k+a)}$ $\dfrac{50}{b}$	$\dfrac{8\sim45}{l-(k+a)}$ $\dfrac{50\sim60}{b}$	$\dfrac{10\sim45}{l-(k+a)}$ $\dfrac{50\sim80}{b}$	$\dfrac{12\sim45}{l-(k+a)}$ $\dfrac{50\sim80}{b}$

注:1. 标准规定螺纹规格 $d=$M1.6～M10。
   2. 螺钉的长度系列 l(单位为 mm)为:2,3,4,5,6,8,10,12,(14),16,20,25,30,35,40,45,50,(55),60,(65),70,(75),80,尽可能不采用括号内的规格。
   3. 当表中 l/b 中的 $b=l-a$ 或 $b=l-(k+a)$ 时表示全螺纹。
   4. d_a 表示过渡圆直径。
   5. 无螺纹部分杆径约等于螺纹中径或允许等于螺纹大径。
   6. 性能等级参见附表 7 中的注 4。材料为钢的螺钉性能等级有 4.8、5.8 级,其中 4.8 为常用。

2.4 紧定螺钉

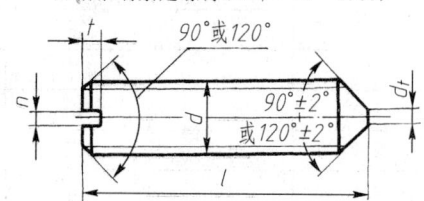
开槽锥端紧定螺钉(GB/T 71—1985)

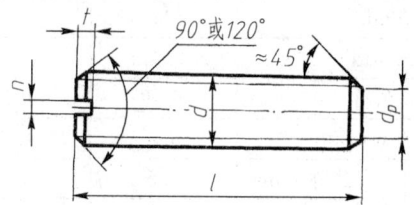
开槽平端紧定螺钉(GB/T 73—1985)

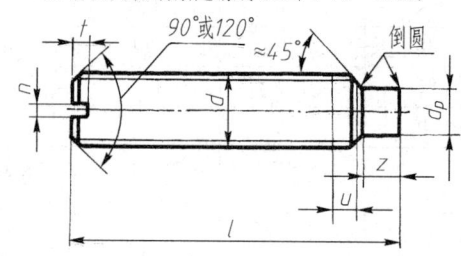
开槽长圆柱端紧定螺钉(GB/T 75—1985)

u(不完整螺纹的长度)≤$2P$

标记示例:

螺纹规格 d=M5、公称长度 l=12 mm、性能等级为 14H、表面氧化的开槽锥端紧定螺钉标记为:螺钉 GB/T 71 M5×12—14H。

附表 10 紧定螺钉各部分尺寸　　　　　　　　　　　　　　　　　　　　mm

螺纹规格 d			M2	M2.5	M3	M4	M5	M6	M8	M10	M12
d_f≤			螺纹小径								
n			0.25	0.4	0.4	0.6	0.8	1	1.2	1.6	2
t		max	0.84	0.95	1.05	1.42	1.63	2	2.5	3	3.6
		min	0.64	0.72	0.8	1.12	1.28	1.6	2	2.4	2.8
GB/T 71—1985	d_t	max	0.2	0.25	0.3	0.4	0.5	1.5	2	2.5	3
	l	120°	—	3	—	—	—	—	—	—	—
		90°	3~10	4~12	4~16	6~20	8~25	8~30	10~40	12~50	(14)~60
GB/T 73—1985 GB/T 75—1985	d_p	max	1	1.5	2	2.5	3.5	4	5.5	7	8.5
		min	0.75	1.25	1.75	2.25	3.2	3.7	5.2	6.64	8.14
GB/T 73—1985	l	120°	2~2.5	2.5~3	3	4	5	6	—	—	—
		90°	3~10	4~12	4~16	5~20	6~25	8~30	8~40	10~50	12~60
GB/T 75—1985	z	max	1.25	1.5	1.75	2.25	2.75	3.25	4.3	5.3	6.3
		min	1	1.25	1.5	2	2.5	3	4	5	6
	l	120°	3	4	5	6	8	8~10	10~(14)	12~16	(14)~20
		90°	4~10	5~12	6~16	8~20	10~25	12~30	16~40	20~25	25~60

注: 1. GB/T 71—1985 和 GB/T 73—1985 规定螺钉的螺纹规格 d=M1.2~M12,有效长度 l=2~60 mm;GB/T 75—1985 规定螺钉的螺纹规格 d=M1.6~M12,有效长度 l=2.5~60 mm。

2. 螺钉 l(单位为 mm)的长度系列为:2,2.5,3,4,5,6,8,10,12,(14),16,20,25,30,35,40,45,50,(55),60,尽可能不采用括号内的规格。

3. 性能等级的标记代号由数字和字母两部分组成,数字表示最低的维氏硬度的 1/10,字母 H 表示硬度。紧定螺钉性能等级有 14H、22H,其中 14H 级为常用。

2.5 螺母

1型六角螺母(GB/T 6170—2000)
2型六角螺母(GB/T 6175—2000)
六角薄螺母(GB/T 6172.1—2000)

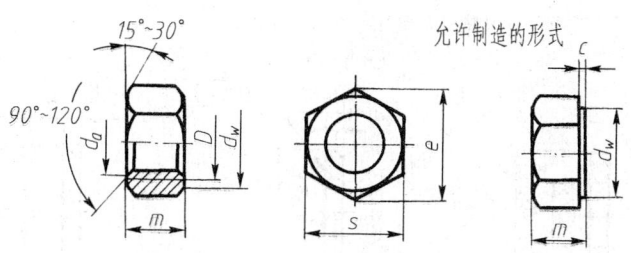

标记示例：

螺纹规格 D=M12、性能等级为8级、不经表面处理、A级的1型六角螺母，其标记为：螺母 GB/T 6170 M12。

附表11　螺母各部分尺寸 mm

螺纹规格 D			M3	M4	M5	M6	M8	M10	M12	M16	M20	M24	M30	M36
e	min		6.01	7.66	8.79	11.05	14.38	17.77	20.03	26.75	32.95	39.55	50.85	60.79
s		max	5.5	7	8	10	13	16	18	24	30	36	46	55
		min	5.32	6.78	7.78	9.78	12.73	15.73	23.67	29.16	35	45	53.8	
c	max		0.4	0.4	0.5	0.5	0.6	0.6	0.6	0.8	0.8	0.8	0.8	0.8
d_w	min		4.6	5.9	6.9	8.9	11.6	14.6	16.6	22.5	27.7	33.2	42.7	51.1
d_a	max		3.45	4.6	5.75	6.75	8.75	10.8	13	17.3	21.6	25.9	32.4	38.9
m	GB/T 6170 —2000	max	2.4	3.2	4.7	5.2	6.8	8.4	10.8	14.8	18	21.5	25.6	31
		min	2.15	2.9	4.4	4.9	6.44	8.04	10.37	14.1	16.9	20.2	24.3	29.4
	GB/T 6172.1 —2000	max	1.8	2.2	2.7	3.2	4	5	6	8	10	12	15	18
		min	1.55	1.95	2.45	2.9	3.7	4.7	5.7	7.42	9.10	10.9	13.9	16.9
	GB/T 6175 —2000	max	—	—	5.1	5.7	7.5	9.3	12	16.4	20.3	23.9	28.6	34.7
		min	—	—	4.8	5.4	7.14	8.94	11.57	15.7	19	22.6	27.3	33.1

注：1. GB/T 6170和GB/T 6172.1的螺纹规格为M1.6～M64；GB/T 6175的螺纹规格为M5～M36。
2. 产品等级A、B是由公差取值大小决定的，A级公差数值小。A级用于 $D\leqslant 16$ 的螺母，B级用于 $D>16$ 的螺母。
3. 材料为钢的螺母，GB/T 6170的性能等级有6、8、10，其中8级为常用；GB/T 6175的性能等级有9、12，其中9级为常用；GB/T 6172.1的性能等级有04、05，其中04级为常用。

2.6 垫圈

小垫圈 A级(GB/T 848—2002)
平垫圈 A级(GB/T 97.1—2002)
平垫圈 倒角型 A级(GB/T 97.2—2002)
平垫圈 C级(GB/T 95—2002)

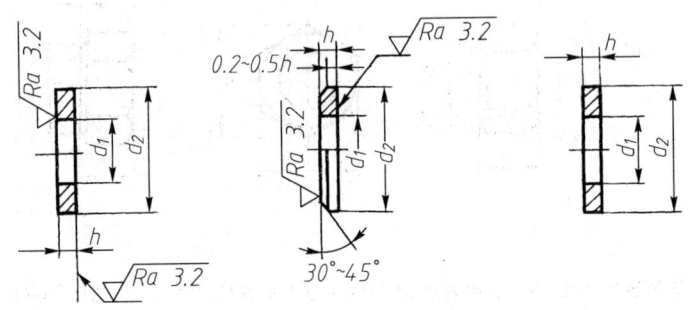

标记示例：
标准系列、公称规格 $d=8$ mm、性能等级为140HV级、不经表面处理的平垫圈标记为：垫圈 GB/T 97.1 8—140HV。

附表 12　　　　　　　　　　　　　　　　mm

公称规格(螺纹大径 d)		4	5	6	8	10	12	14	16	20	24	30	36
d_1 公称(min)	GB/T 848—2002	4.3											
	GB/T 97.1—2002	—	5.3	6.4	8.4	10.5	13	15	17	21	25	31	37
	GB/T 97.2—2002												
	GB/T 95—2002												
d_2 公称(max)	GB/T 848—2002	8	9	11	15	18	20	24	28	34	39	50	60
	GB/T 97.1—2002	9											
	GB/T 97.2—2002	—	10	12	16	20	24	28	30	37	44	56	66
	GB/T 95—2002												
h 公称	GB/T 848—2002	0.5			1.6		2		2.5		3		
	GB/T 97.1—2002	0.8	1									4	5
	GB/T 97.2—2002	—		1.6		2		2.5		3			
	GB/T 95—2002												

标准型弹簧垫圈(GB/T 93—1987)

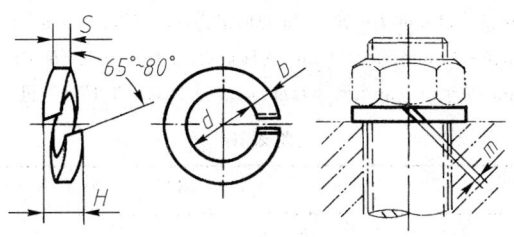

标记示例：

规格 16 mm、材料为 65 Mn、表面氧化的标准型弹簧垫圈标记为：垫圈 GB/T 93—1987 16。

附表 13　　　　　　　　　　　　　　　　　　　　　　　　　　mm

规格(螺纹大径)	2	2.5	3	4	5	6	8	10	12	16	20	24	30	36	42	48
d　min	2.1	2.6	3.1	4.1	5.1	6.1	8.1	10.2	12.2	16.2	20.2	24.5	30.5	36.5	42.5	48.2
$S(b)$公称	0.5	0.65	0.8	1.1	1.3	1.6	2.1	2.6	3.1	4.1	5	6	7.5	9	10.5	12
H　min	1	1.3	1.6	2.2	2.6	3.2	4.2	5.2	6.2	8.2	10	12	15	18	21	24
$m\leqslant$	0.25	0.33	0.4	0.55	0.65	0.8	1.05	1.3	1.55	2.05	2.5	3	3.75	4.5	5.25	6

2.7 键

平键　键槽的剖面尺寸(GB/T 1095—2003)

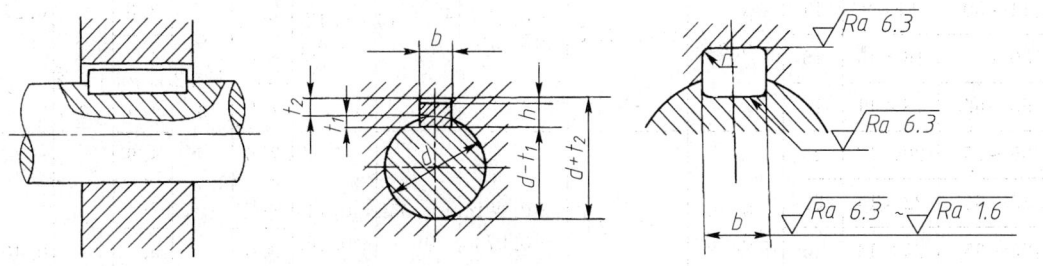

普通型　平键(GB/T 1096—2003)

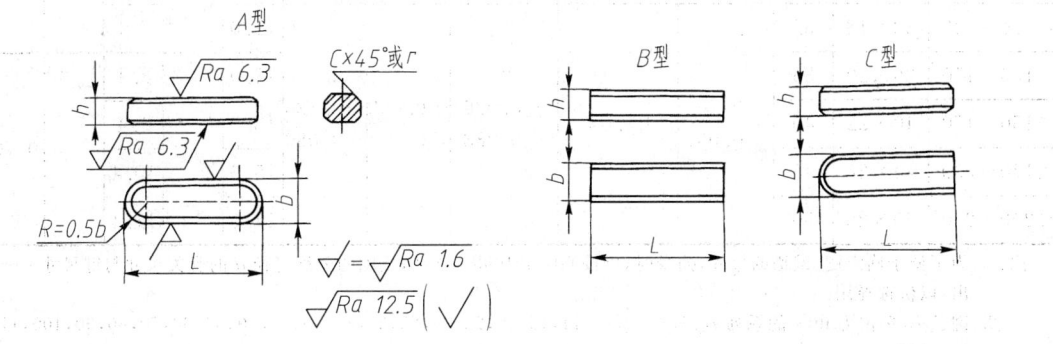

标记示例：

圆头普通平键(A)型、$b=18$ mm、$h=11$ mm、$L=100$ mm 的标记为：GB/T 1096 键 $18\times11\times100$；

方头普通平键(B)型、$b=18$ mm、$h=11$ mm、$L=100$ mm 的标记为：GB/T 1096 键 $B18\times100$；

单圆头普通平键(C)型、$b=18$ mm、$h=11$ mm、$L=100$ mm 的标记为：GB/T 1096 键 $C18\times100$。

附表 14

轴		键槽										
公称直径 d	键尺寸 $b\times h$	宽度 b						深度				半径 r
		基本尺寸	极限偏差					轴 t_1		毂 t_2		
			正常连接		紧密连接	松连接		基本尺寸	极限偏差	基本尺寸	极限偏差	
			轴 N9	毂 JS9	轴和毂 P9	轴 H9	毂 D10					min | max
自 6~8	2×2	2	−0.004 −0.029	±0.012 5	−0.006 −0.031	+0.025 0	+0.060 +0.020	1.2	+0.1 0	1.0	+0.1 0	0.08 | 0.16
>8~10	3×3	3						1.8		1.4		
>10~12	4×4	4	0 −0.030	±0.015	−0.012 −0.042	+0.030 0	+0.078 +0.030	2.5		1.8		
>12~17	5×5	5						3.0		2.3		0.16 | 0.25
>17~22	6×6	6						3.5		2.8		
>22~30	8×7	8	0 −0.036	±0.018	−0.015 −0.051	+0.036 0	+0.098 +0.040	4.0		3.3		
>30~38	10×8	10						5.0		3.3		
>38~44	12×8	12	0 −0.043	±0.021 5	−0.018 −0.061	+0.043 0	+0.120 +0.050	5.0		3.3		0.25 | 0.40
>44~50	14×9	14						5.5		3.8		
>50~58	16×10	16						6.0	+0.2 0	4.3	+0.2 0	
>58~65	18×11	18						7.0		4.4		
>65~75	20×12	20	0 −0.052	±0.026	−0.022 −0.074	+0.052 0	+0.149 +0.065	7.5		4.9		
>75~85	22×14	22						9.0		5.4		0.40 | 0.60
>85~95	25×14	25						9.0		5.4		
>95~110	28×16	28						10.0		6.4		
>110~130	32×18	32						11.0		7.4		
>130~150	36×20	36	0 −0.062	±0.031	−0.026 −0.088	+0.062 0	+0.180 +0.080	12.0		8.4		
>150~170	40×22	40						13.0		9.4		0.70 | 1.00
>170~200	45×25	45						15.0		10.4		
>200~230	50×28	50						17.0		11.4		

注：1. 为了便于确定键、键槽的尺寸，摘录时，仍按 GB/T 1095—1979，把轴的公称直径 d 的有关尺寸与键尺寸一一对应列出，以供选择用。

2. 键长 L(单位为 mm)的系列为：6,8,10,12,14,16,18,20,22,25,28,32,36,40,45,50,56,63,70,80,90,100,110,125,140,160,…。

3. 键的材料常用 45 钢。

2.8 销

圆锥销（GB/T 117—2000）

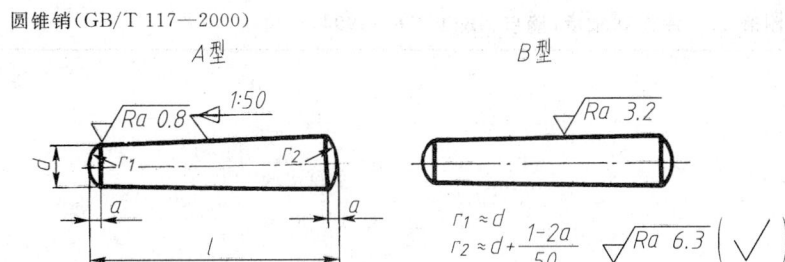

标记示例：
公称直径 $d=10$ mm、长度 $l=60$ mm、材料为35钢、热处理硬度 28～38 HRC、表面氧化处理的A型圆锥销标记为：销 GB/T 117 A10×60。

附表15　圆锥销各部分尺寸　　　　　　　　　　　　mm

d	4	5	6	8	10	12	16	20	25	30	40	50
$a≈$	0.5	0.63	0.8	1	1.2	1.6	2	2.5	3	4	5	6.3
长度范围 l	14～55	18～60	22～90	22～120	26～160	32～180	40～200	45～200	50～200	55～200	60～200	65～200
l（系列）	2,3,4,5,6,8,10,12,14,16,18,20,22,24,26,28,30,32,35,40,45,50,55,60,65,70,75,80,85,90,95,100,120,140,160,180,200											

注：1. 标准规定圆锥销的公称直径 $d=0.6～50$。
　　2. 有A型和B型。A型为磨削，锥面表面粗糙度为 $Ra0.8\,\mu m$；B型为切削或冷镦，锥面表面粗糙度为 $Ra3.2\,\mu m$。

圆柱销　不淬硬钢和奥氏体不锈钢（GB/T 119.1—2000）
圆柱销　淬硬钢和马氏体不锈钢（GB/T 119.2—2000）

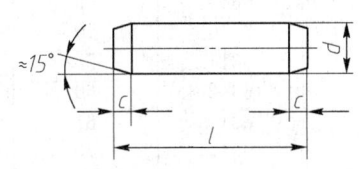 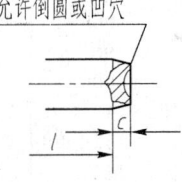

末端形状由制造者确定，允许倒圆或凹穴

标记示例：
公称直径 $d=6$、公差 m6、公称长度 $l=30$、材料为钢、不经淬火、不经表面处理的圆柱销，其标记为：销 GB/T 119.1 6 m6×30；
材料为钢、普通淬火（A型）、表面氧化处理的圆柱销，其标记为：销 GB/T 119.2 6×30。

附表16　圆柱销各部分尺寸　　　　　　　　　　　　mm

d		3	4	5	6	8	10	12	16	20	25	30	40	50
$c≈$		0.50	0.50	0.80	1.2	1.6	2.0	2.5	3.0	3.5	4.0	5.0	6.3	8.0
l公称	GB/T 119.1	8～30	8～40	10～50	12～60	14～80	18～95	22～140	26～180	35～200	50～200	60～200	80～200	95～200
	GB/T 119.2	8～30	10～40	12～50	14～60	18～80	22～100	26～100	40～100	50～100	—	—	—	—
l公称（系列）		8,10,12,14,16,18,20,22,24,26,28,30,32,35,40,45,50,55,60,65,70,75,80,85,90,95,100,120,140,160,180,200												

注：1. GB/T 119.1—2000 规定圆柱销的公称直径 $d=0.6～50$ mm，公称长度 $l=2～200$ mm，公差为 m6 和 h8。
　　2. GB/T 119.2—2000 规定圆柱销的公称直径 $d=1～20$ mm，公称长度 $l=3～100$ mm，公差仅有 m6。
　　3. 当圆柱销公差为 h8 时，其表面粗糙度 Ra 值 $≤1.6\,\mu m$。

2.9 滚动轴承

附表 17 深沟球轴承(摘自 GB/T 276—1994)

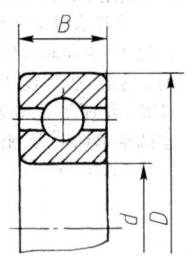

60000 型
16000 型

轴承代号	外形尺寸/mm			轴承代号	外形尺寸/mm		
	d	D	B		d	D	B
00 系列				03 系列			
16001	12	28	7	6300	10	35	11
16002	15	32	8	6301	12	37	12
16003	17	35	8	6302	15	42	13
16004	20	42	8	6303	17	47	14
16005	25	47	8	6304	20	52	15
16006	30	55	9	6305	25	62	17
16007	35	62	9	6306	30	72	19
16008	40	68	9	6307	35	80	21
16009	45	75	10	6308	40	90	23
16010	50	80	10	6309	45	100	25
16011	55	90	11	6310	50	110	27
16012	60	95	11	6311	55	120	29
16013	65	100	11	6312	60	130	31
16014	70	110	13	6313	65	140	33
16015	75	115	13	6314	70	150	35
16016	80	125	14	6315	75	160	37
16017	85	130	14	6316	80	170	39
16018	90	140	16	6317	85	180	41
02 系列				04 系列			
6201	12	32	10	6403	17	62	17
6202	15	35	11	6404	20	72	19
6203	17	40	12	6405	25	80	21
6204	20	47	14	6406	30	90	23
6205	25	52	15	6407	35	100	25
6206	30	62	16	6408	40	110	27
6207	35	72	17	6409	45	120	29
6208	40	80	18	6410	50	130	31
6209	45	85	19	6411	55	140	33
6210	50	90	20	6412	60	150	35
6211	55	100	21	6413	65	160	37
6212	60	110	22	6414	70	180	42
6213	65	120	23	6415	75	190	45
6214	70	125	24	6416	80	200	48
6215	75	130	25	6417	85	210	52

附表 18 圆锥滚子轴承(摘自 GB/T 297—1994)

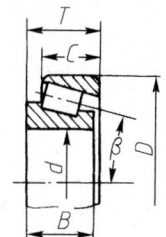

30000 型

轴承代号	d	D	T	B	C	轴承代号	d	D	T	B	C
02 系列						23 系列					
30202	15	35	11.75	11	10	32303	17	47	20.25	19	16
30203	17	40	13.25	12	11	32304	20	52	22.25	21	18
30204	20	47	15.25	14	12	32305	25	62	25.25	24	20
30205	25	52	16.25	15	13	32306	30	72	28.75	27	23
30206	30	62	17.25	16	14	32307	35	80	32.75	31	25
30207	35	72	18.25	17	15	32308	40	90	35.25	33	27
30208	40	80	19.75	18	16	32309	45	100	38.25	36	30
30209	45	85	20.75	19	16	32310	50	110	42.25	40	33
30210	50	90	21.75	20	17	32311	55	120	45.5	43	35
30211	55	100	22.75	21	18	32312	60	130	48.5	46	37
30212	60	110	23.75	22	19	32313	65	140	51	48	39
30213	65	120	24.75	23	20	32314	70	150	54	51	42
30214	70	125	26.75	24	21	32315	75	160	58	55	45
30215	75	130	27.75	25	22	32316	80	170	61.5	58	48
30216	80	140	28.75	26	22	30 系列					
30217	85	150	30.5	28	24	33005	25	47	17	17	14
30218	90	160	32.5	30	26	33006	30	55	20	20	16
30219	95	170	34.5	32	27	33007	35	62	21	21	17
30220	100	180	37	34	29	33008	40	68	22	22	18
03 系列						33009	45	75	24	24	19
30302	15	42	14.25	13	11	33010	50	80	24	24	19
30303	17	47	15.25	14	12	33011	55	90	27	27	21
30304	20	52	16.25	15	13	33012	60	95	27	27	21
30305	25	62	18.25	17	15	33013	65	100	27	27	21
30306	30	72	20.75	19	16	33014	70	110	31	31	25.5
30307	35	80	22.75	21	18	33015	75	115	31	31	25.5
30308	40	90	25.25	23	20	33016	80	125	36	36	29.5
30309	45	100	27.25	25	22	31 系列					
30310	50	110	29.25	27	23	33108	40	75	26	26	20.5
30311	55	120	31.5	29	25	33109	45	80	26	26	20.5
30312	60	130	33.5	31	26	33110	50	85	26	26	20
30313	65	140	36	33	28	33111	55	95	30	30	23
30314	70	150	38	35	30	33112	60	100	30	30	23
30315	75	160	40	37	31	33113	65	110	34	34	26.5
30316	80	170	42.5	39	33	33114	70	120	37	37	29
30317	85	180	44.5	41	34	33115	75	125	37	37	29
30318	90	190	46.5	43	36	33116	80	130	37	37	29
30319	95	200	49.5	45	38						
30320	100	215	51.5	47	39						

附表 19 推力球轴承(摘自 GB/T 301—1995)

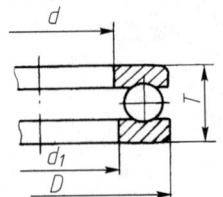

51000 型

轴承代号	外形尺寸/mm				轴承代号	外形尺寸/mm			
	d	D	T	d_{1min}		d	D	T	d_{1min}
11 系列					13 系列				
51100	10	24	9	11	51304	20	47	18	22
51101	12	26	9	13	51305	25	52	18	27
51102	15	28	9	16	51306	30	60	21	32
51103	17	30	9	18	51307	35	68	24	37
51104	20	35	10	21	51308	40	78	26	42
51105	25	42	11	26	51309	45	85	28	47
51106	30	47	11	32	51310	50	95	31	52
51107	35	52	12	37	51311	55	105	35	57
51108	40	60	13	42	51312	60	110	35	62
51109	45	65	14	47	51313	65	115	36	67
51110	50	70	14	52	51314	70	125	40	72
51111	55	78	16	57	51315	75	135	44	77
51112	60	85	17	62	51316	80	140	44	82
51113	65	90	18	67	51317	85	150	49	88
51114	70	95	18	72	51318	90	155	50	93
51115	75	100	19	77	51320	100	170	55	103
					51322	110	190	63	113
12 系列					14 系列				
51200	10	26	11	12	51405	25	60	24	27
51201	12	28	11	14	51406	30	70	28	32
51202	15	32	12	17	51407	35	80	32	37
51203	17	35	12	19	51408	40	90	36	42
51204	20	40	14	22	51409	45	100	39	47
51205	25	47	15	27	51410	50	110	43	52
51206	30	52	16	32	51411	55	120	48	57
51207	35	62	18	37	51412	60	130	51	62
51208	40	68	19	42	51413	65	140	56	68
51209	45	73	20	47	51414	70	150	60	73
51210	50	78	22	52	51415	75	160	65	78
51211	55	90	25	57	51416	80	170	68	83
51212	60	95	26	62	51417	85	180	72	88
51213	65	100	27	67	51418	90	190	77	93
51214	70	105	27	72	51420	100	210	85	103
51215	75	110	27	77	51422	110	230	95	113
					51424	120	250	102	123
					51426	130	270	110	134

注：d_{1min}——座圈最小单一内径。

附录3 极限与配合

附表20 标准公差数值(摘自 GB/T 1800.1—2009)

公称尺寸/mm		标准公差等级																
		IT1	IT2	IT3	IT4	IT5	IT6	IT7	IT8	IT9	IT10	IT11	IT12	IT13	IT14	IT15	IT16	IT17	IT18
大于	至	μm											mm						
—	3	0.8	1.2	2	3	4	6	10	14	25	40	60	0.1	0.14	0.25	0.4	0.6	1	1.4
3	6	1	1.5	2.5	4	5	8	12	18	30	48	75	0.12	0.18	0.3	0.48	0.75	1.2	1.8
6	10	1	1.5	2.5	4	6	9	15	22	36	58	90	0.15	0.22	0.36	0.58	0.9	1.5	2.2
10	18	1.2	2	3	5	8	11	18	27	43	70	110	0.18	0.27	0.43	0.7	1.1	1.8	2.7
18	30	1.5	2.5	4	6	9	13	21	33	52	84	130	0.21	0.33	0.52	0.84	1.3	2.1	3.3
30	50	1.5	2.5	4	7	11	16	25	39	62	100	160	0.25	0.39	0.62	1	1.6	2.5	3.9
50	80	2	3	5	8	13	19	30	46	74	120	190	0.3	0.46	0.74	1.2	1.9	3	4.6
80	120	2.5	4	6	10	15	22	35	54	87	140	220	0.35	0.54	0.87	1.4	2.2	3.5	5.4
120	180	3.5	5	8	12	18	25	40	63	100	160	250	0.4	0.63	1	1.6	2.5	4	6.3
180	250	4.5	7	10	14	20	29	46	72	115	185	290	0.46	0.72	1.15	1.85	2.9	4.6	7.2
250	315	6	8	12	16	23	32	52	81	130	210	320	0.52	0.81	1.3	2.1	3.2	5.2	8.1
315	400	7	9	13	18	25	36	57	89	140	230	360	0.57	0.89	1.4	2.3	3.6	5.7	8.9
400	500	8	10	15	20	27	40	63	97	155	250	400	0.63	0.97	1.55	2.5	4	6.3	9.7
500	630	9	11	16	22	32	44	70	110	175	280	440	0.7	1.1	1.75	2.8	4.4	7	11
630	800	10	13	18	25	36	50	80	125	200	320	500	0.8	1.25	2	3.2	5	8	12.5
800	1 000	11	15	21	28	40	56	90	140	230	360	560	0.9	1.4	2.3	3.6	5.6	9	14
1 000	1 250	13	18	24	33	47	66	105	165	260	420	660	1.05	1.65	2.6	4.2	6.6	10.5	16.5
1 250	1 600	15	21	29	39	55	78	125	195	310	500	780	1.25	1.95	3.1	5	7.8	12.5	19.5
1 600	2 000	18	25	35	46	65	92	150	230	370	600	920	1.5	2.3	3.7	6	9.2	15	23
2 000	2 500	22	30	41	55	78	110	175	280	440	700	1100	1.75	2.8	4.4	7	11	17.5	28
2 500	3 150	26	36	50	68	96	135	210	330	540	860	1350	2.1	3.3	5.4	8.6	13.5	21	33

注:1. 公称尺寸大于 500 mm 的 IT1 至 IT5 的标准公差数值为试行的。
2. 公称尺寸小于或等于 1 mm 时,无 IT14 至 IT18。

附表 21 轴的基本

公称尺寸/mm		基本偏差数值(上极限偏差 es)													
		所有标准公差等级											IT5和IT6	IT7	IT8
大于	至	a	b	c	cd	d	e	ef	f	fg	g	h	js	j	
—	3	−270	−140	−60	−34	−20	−14	−10	−6	−4	−2	0		−2	−4	−6
3	6	−270	−140	−70	−46	−30	−20	−14	−10	−6	−4	0		−2	−4	
6	10	−280	−150	−80	−56	−40	−25	−18	−13	−8	−5	0		−2	−5	
10	14	−290	−150	−95		−50	−32		−16		−6	0		−3	−6	
14	18	−290	−150	−95		−50	−32		−16		−6	0	偏差 $= \pm \dfrac{ITn}{2}$,式中 ITn 是 IT 值数	−3	−6	
18	24	−300	−160	−110		−65	−40		−20		−7	0		−4	−8	
24	30	−300	−160	−110		−65	−40		−20		−7	0		−4	−8	
30	40	−310	−170	−120		−80	−50		−25		−9	0		−5	−10	
40	50	−320	−180	−130		−80	−50		−25		−9	0		−5	−10	
50	65	−340	−190	−140		−100	−60		−30		−10	0		−7	−12	
65	80	−360	−200	−150		−100	−60		−30		−10	0		−7	−12	
80	100	−380	−220	−170		−120	−72		−36		−12	0		−9	−15	
100	120	−410	−240	−180		−120	−72		−36		−12	0		−9	−15	
120	140	−460	−260	−200		−145	−85		−43		−14	0		−11	−18	
140	160	−520	−280	−210		−145	−85		−43		−14	0		−11	−18	
160	180	−580	−310	−230		−145	−85		−43		−14	0		−11	−18	
180	200	−660	−340	−240		−170	−100		−50		−15	0		−13	−21	
200	225	−740	−380	−260		−170	−100		−50		−15	0		−13	−21	
225	250	−820	−420	−280		−170	−100		−50		−15	0		−13	−21	
250	280	−920	−480	−300		−190	−110		−56		−17	0		−16	−26	
280	315	−1 050	−540	−330		−190	−110		−56		−17	0		−16	−26	
315	355	−1 200	−600	−360		−210	−125		−62		−18	0		−18	−28	
355	400	−1 350	−680	−400		−210	−125		−62		−18	0		−18	−28	
400	450	−1 500	−760	−440		−230	−135		−68		−20	0		−20	−32	
450	500	−1 650	−840	−480		−230	−135		−68		−20	0		−20	−32	
500	560					−260	−145		−76		−22	0				
560	630					−260	−145		−76		−22	0				
630	710					−290	−160		−80		−24	0				
710	800					−290	−160		−80		−24	0				
800	900					−320	−170		−86		−26	0				
900	1 000					−320	−170		−86		−26	0				
1 000	1 120					−350	−195		−98		−28	0				
1 120	1 250					−350	−195		−98		−28	0				
1 250	1 400					−390	−220		−110		−30	0				
1 400	1 600					−390	−220		−110		−30	0				
1 600	1 800					−430	−240		−120		−32	0				
1 800	2 000					−430	−240		−120		−32	0				
2 000	2 240					−480	−260		−130		−34	0				
2 240	2 500					−480	−260		−130		−34	0				
2 500	2 800					−520	−290		−145		−38	0				
2 800	3 150					−520	−290		−145		−38	0				

注:1. 公称尺寸小于或等于 1 mm 时,基本偏差 a 和 b 均不采用。

2. 公差带 js7 至 js11,若 ITn 值数是奇数,则取偏差 $= \pm \dfrac{ITn-1}{2}$。

偏差数值(摘自 GB/T 1800.1—2009)   μm

基本偏差数值(下极限偏差 ei)

IT4~IT7	≤IT3 / >IT7	所有标准公差等级												
		k	m	n	p	r	s	t	u	v	x	y	z	za	zb	zc
0	0	+2	+4	+6	+10	+14		+18		+20		+26	+32	+40	+60
+1	0	+4	+8	+12	+15	+19		+23		+28		+35	+42	+50	+80
+1	0	+6	+10	+15	+19	+23		+28		+34		+42	+52	+67	+97
+1	0	+7	+12	+18	+23	+28		+33		+40		+50	+64	+90	+130
									+39	+45		+60	+77	+108	+150
+2	0	+8	+15	+22	+28	+35		+41	+47	+54	+63	+73	+98	+136	+188
							+41	+48	+55	+64	+75	+88	+118	+160	+218
+2	0	+9	+17	+26	+34	+43	+48	+60	+68	+80	+94	+112	+148	+200	+274
							+54	+70	+81	+97	+114	+136	+180	+242	+325
+2	0	+11	+20	+32	+41	+53	+66	+87	+102	+122	+144	+172	+226	+300	+405
						+43	+59	+75	+102	+120	+146	+174	+210	+274	+360	+480
+3	0	+13	+23	+37	+51	+71	+91	+124	+146	+178	+214	+258	+335	+445	+585
						+54	+79	+104	+144	+172	+210	+254	+310	+400	+525	+690
						+63	+92	+122	+170	+202	+248	+300	+365	+470	+620	+800
+3	0	+15	+27	+43	+65	+100	+134	+190	+228	+280	+340	+415	+535	+700	+900
						+68	+108	+146	+210	+252	+310	+380	+465	+600	+780	+1 000
						+77	+122	+166	+236	+284	+350	+425	+520	+670	+880	+1 150
+4	0	+17	+31	+50	+80	+130	+180	+258	+310	+385	+470	+575	+740	+960	+1 250
						+84	+140	+196	+284	+340	+425	+520	+640	+820	+1 050	+1 350
+4	0	+20	+34	+56	+94	+158	+218	+315	+385	+475	+580	+710	+920	+1 200	+1 550
						+98	+170	+240	+350	+425	+525	+650	+790	+1 000	+1 300	+1 700
+4	0	+21	+37	+62	+108	+190	+268	+390	+475	+590	+730	+900	+1 150	+1 500	+1 900
						+114	+208	+294	+435	+530	+660	+820	+1 000	+1 300	+1 650	2 100
+5	0	+23	+40	+68	+126	+232	+330	+490	+595	+740	+920	+1 100	+1 450	+1 850	+2 400
						+132	+252	+360	+540	+660	+820	+1 000	+1 250	+1 600	+2 100	+2 600
0	0	+26	+44	+78	+150	+280	+400	+600							
						+155	+310	+450	+660							
0	0	+30	+50	+88	+175	+340	+500	+740							
						+185	+380	+560	+840							
0	0	+34	+56	+100	+210	+430	+620	+940							
						+220	+470	+680	+1 050							
0	0	+40	+66	+120	+250	+520	+780	+1 150							
						+260	+580	+840	+1 300							
0	0	+48	+78	+140	+300	+640	+960	+1 450							
						+330	+720	+1 050	+1 600							
0	0	+58	+92	+170	+370	+820	+1 200	+1 850							
						+400	+920	+1 350	+2 000							
0	0	+68	+110	+195	+440	+1 000	+1 500	+2 300							
						+460	+1 100	+1 650	+2 500							
0	0	+76	+135	+240	+550	+1 250	+1 900	+2 900							
						+580	+1 400	+2 100	+3 200							

附表 22 孔的基本偏差数

公称尺寸 mm		基本偏差数值(下极限偏差 EI)											IT6	IT7	IT8	≤IT8	>IT8	≤IT8	>IT8
		所有标准公差等级																	
大于	至	A	B	C	CD	D	E	EF	F	FG	G	H	JS	J			K		M	
—	3	+270	+140	+60	+34	+20	+14	+10	+6	+4	+2	0		+2	+4	+6	0	0	−2	−2
3	6	+270	+140	+70	+46	+30	+20	+14	+10	+6	+4	0		+5	+6	+10	−1+Δ		−4+Δ	−4
6	10	+280	+150	+80	+56	+40	+25	+18	+13	+8	+5	0		+5	+8	+12	−1+Δ		−6+Δ	−6
10	14	+290	+150	+95		+50	+32		+16		+6	0		+6	+10	+15	−1+Δ		−7+Δ	−7
14	18																			
18	24	+300	+160	+110		+65	+40		+20		+7	0		+8	+12	+20	−2+Δ		−8+Δ	−8
24	30																			
30	40	+310	+170	+120		+80	+50		+25		+9	0		+10	+14	+24	−2+Δ		−9+Δ	−9
40	50	+320	+180	+130																
50	65	+340	+190	+140		+100	+60		+30		+10	0		+13	+18	+28	−2+Δ		−11+Δ	−11
65	80	+360	+200	+150																
80	100	+380	+220	+170		+120	+72		+36		+12	0		+16	+22	+34	−3+Δ		−13+Δ	−13
100	120	+410	+240	+180																
120	140	+460	+260	+200		+145	+85		+43		+14	0		+18	+26	+41	−3+Δ		−15+Δ	−15
140	160	+520	+280	+210																
160	180	+580	+310	+230																
180	200	+660	+340	+240		+170	+100		+50		+15	0		+22	+30	+47	−4+Δ		−17+Δ	−17
200	225	+740	+380	+260																
225	250	+820	+420	+280																
250	280	+920	+480	+300		+190	+110		+56		+17	0		+25	+36	+55	−4+Δ		−20+Δ	−20
280	315	+1 050	+540	+330																
315	355	+1 200	+600	+360		+210	+125		+62		+18	0		+29	+39	+60	−4+Δ		−21+Δ	−21
355	400	+1 350	+680	+400																
400	450	+1 500	+760	+440		+230	+135		+68		+20	0		+33	+43	+66	−5+Δ		−23+Δ	−23
450	500	+1 650	+840	+480																
500	560					+260	+145		+76		+22	0					0		−26	
560	630																			
630	710					+290	+160		+80		+24	0					0		−30	
710	800																			
800	900					+320	+170		+86		+26	0					0		−34	
900	1 000																			
1 000	1 120					+350	+195		+98		+28	0					0		−40	
1 120	1 250																			
1 250	1 400					+390	+220		+110		+30	0					0		−48	
1 400	1 600																			
1 600	1 800					+430	+240		+120		+32	0					0		−58	
1 800	2 000																			
2 000	2 240					+480	+260		+130		+34	0					0		−68	
2 240	2 500																			
2 500	2 800					+520	+290		+145		+38	0					0		−76	
2 800	3 150																			

JS 列: 偏差 $= \pm \dfrac{ITn}{2}$,式中 ITn 是 IT 值数

注:1. 公称尺寸小于或等于 1 mm 时,基本偏差 A 和 B 及大于 IT8 的 N 均不采用。

2. 公差带 JS7 至 JS11,若 ITn 值数是奇数,则取偏差 $= \pm \dfrac{ITn-1}{2}$。

3. 对小于或等于 IT8 的 K、M、N 和小于或等于 IT7 的 P 至 ZC,所需 Δ 值从表内右侧选取。例如:18～30 mm 段的 K7:Δ=8 μm,所以 ES=(−2+8) μm=+6 μm;18～30 mm 段的 S6:Δ=4 μm,所以 ES=(−35+4) μm=−31 μm。

4. 特殊情况:250～315 mm 段的 M6,ES=−9 μm(代替−11 μm)。

值（摘自 GB/T 1800.1—2009） μm

基本偏差数值(上极限偏差 ES)														Δ值					
≤IT8	>IT8	≤IT7	标准公差等级大于IT7											标准公差等级					
N		P至ZC	P	R	S	T	U	V	X	Y	Z	ZA	ZB	ZC	IT3	IT4	IT5	IT6	IT7	IT8
−4	−4		−6	−10	−14		−18		−20		−26	−32	−40	−60	0	0	0	0	0	0
−8+Δ	0		−12	−15	−19		−23		−28		−35	−42	−50	−80	1	1.5	1	3	4	6
−10+Δ	0		−15	−19	−23		−28		−34		−42	−52	−67	−97	1	1.5	2	3	6	7
−12+Δ	0		−18	−23	−28		−33		−40		−50	−64	−90	−130	1	2	3	3	7	9
								−39	−45		−60	−77	−108	−150						
−15+Δ	0		−22	−28	−35		−41	−47	−54	−63	−73	−98	−136	−188	1.5	2	3	4	8	12
						−41	−48	−55	−64	−75	−88	−118	−160	−218						
−17+Δ	0		−26	−34	−43	−48	−60	−68	−80	−94	−112	−148	−200	−274	1.5	3	4	5	9	14
						−54	−70	−81	−97	−114	−136	−180	−242	−325						
−20+Δ	0		−32	−41	−53	−66	−87	−102	−122	−144	−172	−226	−300	−405	2	3	5	6	11	16
				−43	−59	−75	−102	−120	−146	−174	−210	−274	−360	−480						
−23+Δ	0		−37	−51	−71	−91	−124	−146	−178	−214	−258	−335	−445	−585	2	4	5	7	13	19
				−54	−79	−104	−144	−172	−210	−254	−310	−400	−525	−690						
				−63	−92	−122	−170	−202	−248	−300	−365	−470	−620	−800						
−27+Δ	0	在大于IT7的相应数值上增加一个Δ值	−43	−65	−100	−134	−190	−228	−280	−340	−415	−535	−700	−900	3	4	6	7	15	23
				−68	−108	−146	−210	−252	−310	−380	−465	−600	−780	−1 000						
				−77	−122	−166	−236	−284	−350	−425	−520	−670	−880	−1 150						
−31+Δ	0		−50	−80	−130	−180	−258	−310	−385	−470	−575	−740	−960	−1 250	3	4	6	9	17	26
				−84	−140	−196	−284	−340	−425	−520	−640	−820	−1 050	−1 350						
−34+Δ	0		−56	−94	−158	−218	−315	−385	−475	−580	−710	−920	−1 200	−1 550	4	4	7	9	20	29
				−98	−170	−240	−350	−425	−525	−650	−790	−1 000	−1 300	−1 700						
−37+Δ	0		−62	−108	−190	−268	−390	−475	−590	−730	−900	−1 150	−1 500	−1 900	4	5	7	11	21	32
				−114	−208	−294	−435	−530	−660	−820	−1 000	−1 300	−1 650	−2 100						
−40+Δ	0		−68	−126	−232	−330	−490	−595	−740	−920	−1 100	−1 450	−1 850	−2 400	5	5	7	13	23	34
				−132	−252	−360	−540	−660	−820	−1 000	−1 250	−1 600	−2 100	−2 600						
−44			−78	−150	−280	−400	−600													
				−155	−310	−450	−660													
−50			−88	−175	−310	−450	−740													
				−185	−380	−560	−840													
−56			−100	−210	−430	−620	−940													
				−220	−470	−680	−1 050													
−65			−120	−250	−520	−780	−1 150													
				−260	−580	−810	−1 300													
−78			−140	−300	−640	−960	−1 450													
				−330	−720	−1 050	−1 600													
−92			−170	−370	−820	−1 200	−1 850													
				−400	−920	−1 350	−2 000													
−110			−195	−440	−1 000	−1 500	−2 300													
				−460	−1 100	−1 650	−2 500													
−135			−240	−550	−1 250	−1 900	−2 900													
				−580	−1 400	−2 100	−3 200													

附表 23 优先配合中轴的极限偏差(GB/T 1800.2—2009) μm

公称尺寸/mm		公差带											
		c	d	f	g	h				k	n	p	s	u
大于	至	11	9	7	6	6	7	9	11	6	6	6	6	6
—	3	−60 −120	−20 −45	−6 −16	−2 −8	0 −6	0 −10	0 −25	0 −60	+6 0	+10 +4	+12 +6	+20 +14	+24 +18
3	6	−70 −145	−30 −60	−10 −22	−4 −12	0 −8	0 −12	0 −30	0 −75	+9 +1	+16 +8	+20 +12	+27 +19	+31 +23
6	10	−80 −170	−40 −76	−13 −28	−5 −14	0 −9	0 −15	0 −36	0 −90	+10 +1	+19 +10	+24 +15	+32 +23	+37 +28
10	14	−95 −205	−50 −93	−16 −34	−6 −17	0 −11	0 −18	0 −43	0 −110	+12 +1	+23 +12	+29 +18	+39 +28	+44 +33
14	18													
18	24	−110 −240	−65 −117	−20 −41	−7 −20	0 −13	0 −21	0 −52	0 −130	+15 +2	+28 +15	+35 +22	+48 +35	+54 +41
24	30													+61 +48
30	40	−120 −280	−80 −142	−25 −50	−9 −25	0 −16	0 −25	0 −62	0 −160	+18 +2	+33 +17	+42 +26	+59 +43	+76 +60
40	50	−130 −290												+86 +70
50	65	−140 −330	−100 −174	−30 −60	−10 −29	0 −19	0 −30	0 −74	0 −190	+21 +2	+39 +20	+51 +32	+72 +53	+106 +87
65	80	−150 −340											+78 +59	+121 +102
80	100	−170 −390	−120 −207	−36 −71	−12 −34	0 −22	0 −35	0 −87	0 −220	+25 +3	+45 +23	+59 +37	+93 +71	+146 +124
100	120	−180 −400											+101 +79	+166 +144
120	140	−200 −450	−145 −245	−43 −83	−14 −39	0 −25	0 −40	0 −100	0 −250	+28 +3	+52 +27	+68 +43	+117 +92	+195 +170
140	160	−210 −460											+125 +100	+215 +190
160	180	−230 −480											+133 +108	+235 +210
180	200	−240 −530	−170 −285	−50 −96	−15 −44	0 −29	0 −46	0 −115	0 −290	+33 +4	+60 +31	+79 +50	+151 +122	+265 +236
200	225	−260 −550											+159 +130	+287 +258
225	250	−280 −570											+169 +140	+313 +284
250	280	−300 −620	−190 −320	−56 −108	−17 −49	0 −32	0 −52	0 −130	0 −320	+36 +4	+66 +34	+88 +56	+190 +158	+347 +315
280	315	−330 −650											+202 +170	+382 +350
315	355	−360 −720	−210 −350	−62 −119	−18 −54	0 −36	0 −57	0 −140	0 −360	+40 +4	+73 +37	+98 +62	+226 +190	+426 +390
355	400	−400 −760											+244 +208	+471 +435
400	450	−440 −840	−230 −385	−68 −131	−20 −60	0 −40	0 −63	0 −155	0 −400	+45 +5	+80 +40	+108 +68	+272 +232	+530 +490
450	500	−480 −880											+292 +252	+580 +540

附表 24 优先配合中孔的极限偏差(GB/T 1800.2—2009) μm

公称尺寸/mm		公差带											
		C	D	F	G	H				K	N	P	S	U
大于	至	11	9	8	7	7	8	9	11	7	7	7	7	7
—	3	+120 +60	+45 +20	+20 +6	+12 +2	+10 0	+14 0	+25 0	+60 0	0 −10	−4 −14	−6 −16	−14 −24	−18 −28
3	6	+145 +70	+60 +30	+28 +10	+16 +4	+12 0	+18 0	+30 0	+75 0	+3 −9	−4 −16	−8 −20	−15 −27	−19 −31
6	10	+170 +80	+76 +40	+35 +13	+20 +5	+15 0	+22 0	+36 0	+90 0	+5 −10	−4 −19	−9 −24	−17 −32	−22 −37
10	14	+205 +95	+93 +50	+43 +16	+24 +6	+18 0	+27 0	+43 0	+110 0	+6 −12	−5 −23	−11 −29	−21 −39	−26 −44
14	18													
18	24	+240 +110	+117 +65	+53 +20	+28 +7	+21 0	+33 0	+52 0	+130 0	+6 −15	−7 −28	−14 −35	−27 −48	−33 −54
24	30													−40 −61
30	40	+280 +120	+142 +80	+64 +25	+34 +9	+25 0	+39 0	+62 0	+160 0	+7 −18	−8 −33	−17 −42	−34 −59	−51 −76
40	50	+290 +130												−61 −86
50	65	+330 +140	+174 +100	+76 +30	+40 +10	+30 0	+46 0	+74 0	+190 0	+9 −21	−9 −39	−21 −51	−42 −72	−76 −106
65	80	+340 +150											−48 −78	−91 −121
80	100	+390 +170	+207 +120	+90 +36	+47 +12	+35 0	+54 0	+87 0	+220 0	+10 −25	−10 −45	−24 −59	−58 −93	−111 −146
100	120	+400 +180											−66 −101	−131 −166
120	140	+450 +200	+245 +145	+106 +43	+54 +14	+40 0	+63 0	+100 0	+250 0	+12 −28	−12 −52	−28 −68	−77 −117	−155 −195
140	160	+460 +210											−85 −125	−175 −215
160	180	+480 +230											−93 −133	−195 −235
180	200	+530 +240	+285 +170	+122 +50	+61 +15	+46 0	+72 0	+115 0	+290 0	+13 −33	−14 −60	−33 −79	−105 −151	−219 −265
200	225	+550 +260											−113 −159	−241 −287
225	250	+570 +280											−123 −169	−267 −313
250	280	+620 +300	+320 +190	+137 +56	+69 +17	+52 0	+81 0	+130 0	+320 0	+16 −36	−14 −66	−36 −88	−138 −190	−295 −347
280	315	+650 +330											−150 −202	−330 −382
315	355	+720 +360	+350 +210	+151 +62	+75 +18	+57 0	+89 0	+140 0	+360 0	+17 −40	−16 −73	−41 −98	−169 −226	−369 −426
355	400	+760 +400											−187 −244	−414 −471
400	450	+840 +440	+385 +230	+165 +68	+83 +20	+63 0	+97 0	+155 0	+400 0	+18 −45	−17 −80	−45 −108	−209 −272	−467 −530
450	500	+880 +480											−229 −292	−517 −580

附录4　常用材料及热处理

附表25　黑色金属材料

牌号	应用举例	说明
1. 碳素结构钢(摘自GB/T 700—2006),优质碳素结构钢(摘自GB/T 699—1999),碳素工具钢(摘自GB/T 1298—2008)		
Q215 Q235 Q275	受力不大的螺钉、轴、凸轮、焊件等。 螺栓、螺母、拉杆、钩、连杆、轴、焊件。 重要的螺钉、拉杆、钩、连杆、轴、销、齿轮	"Q"表示钢的屈服强度,数字为屈服强度数值(MPa),同一钢号下分质量等级,用A、B、C、D表示质量依次下降,例如Q235A
30 35 40 45 65Mn	曲轴、轴销、连杆、横梁。 曲轴、摇杆、拉杆、键、销、螺栓。 齿轮、齿条、凸轮、曲柄轴、链轮。 齿轮轴、联轴器、衬套、活塞销、链轮。 大尺寸的各种扁、圆弹簧,如座板弹簧/弹簧发条	数字表示钢中平均含碳质量分数的万分数,例如:"45"表示平均碳质量分数为0.45%,数字依次增大,表示抗拉强度、硬度依次增加,伸长率依次降低。当含锰量在0.7%～1.2%时需注出"Mn"
T8 T8A	钻中等硬度岩石的钻头,简单模子,冲头	"T"后附以平均含碳质量分数的千分数表示
2. 低合金高强度结构钢(摘自GB/T 1591—2008),合金结构钢(摘自GB/T 3077—1999)		
Q390(15MnV)	中、高压容器,车辆,桥梁,起重机等	普通碳素钢加入少量合金元素(总量<3%)
40Cr 20CrMnTi	活塞销,凸轮。用于心部韧性较高的渗碳零件。 工艺性好,汽车拖拉机的重要齿轮,供渗碳处理	钢中加合金元素以增强力学性能,合金元素符号前数字表示含碳质量分数的万分数,符号后数字表示合金元素质量分数的百分数,当质量分数小于1.5%时,仅注出元素符号
3. 铸钢(摘自GB/T 11352—2009),灰铸铁(摘自GB/T 9439—2010),球墨铸铁(摘自GB/T 1348—2009),可锻铸铁(摘自GB/T 9440—2010)		

续表

牌号	应用举例	说明
ZG230-450 ZG310-570	各种形状的机件、齿轮、飞轮、重负荷机架	"ZG"表示铸钢,第一组数字表示屈服强度(MPa)最小值,第二组数字表示抗拉强度(MPa)最小值
HT150 HT200 HT350	中强度铸铁:底座、刀架、轴承座、端盖。 高强度铸铁:床身、机座、齿轮、凸轮、联轴器。 座、箱体、支架	"HT"表示灰铸铁,后面的数字表示最小抗拉强度(MPa)
QT400-18 QT450-10 QT500-7	汽车、拖拉机中的轮毂、壳体等。 内燃机中的油泵齿轮、汽轮机的气缸。 隔板、水轮机阀门体等	"QT"为球墨铸铁代号,其后第一组数字表示抗拉强度(MPa),第二组数字表示伸长率(%)
KTH 300-06 KTZ 450-06 KTB 400-05	汽车零件、农机零件、机床零件、管道配件等。曲轴、连杆齿轮、凸轮轴等	"KTH"、"KTZ"、"KTB"分别是黑心、白心、珠光体可锻铸铁代号,前面数字表示抗拉强度,后面数字表示伸长率

附表26 有色金属材料

牌号或代号	应用举例	说明
1. 加工黄铜(摘自 GB/T 5231—2001)、铸造铜合金(摘自 GB/T 1176—1987)		
H62(代号)	散热器、垫圈、弹簧、螺钉等	"H"表示普通黄铜,数字表示铜质量分数的平均百分数
ZCuZn38Mn2Pb2 ZCuSn5Pb5Zn5 ZCuAl10Fe3	铸造黄铜:用于轴瓦、轴套及其他耐磨零件。 铸造锡青铜:用于承受摩擦的零件,如轴承。 铸造铝青铜:用于制造蜗轮、衬套和耐蚀性零件	"ZCu"表示铸造铜合金,合金中其他主要元素用化学符号表示,符号后数字表示该元素质量分数的平均百分数
2. 铝及铝合金(摘自 GB/T 3190—2008)、铸造铝合金(摘自 GB/T 1173—1995)		
1060 1050A 2A12 2A13	适用于制作储槽、塔、热交换器、防止污染及深冷设备。 适用于中等强度的零件,焊接性能好	第一位数字表示铝及铝合金的组别,1×××组表示纯铝(其中铝的质量分数不小于99.00%),其最后两位数字表示最低铝质量分数中小数点后面的两位。2×××组表示以铜为主要合金元素的铝合金,其最后两位数字无特殊意义,仅用来表示同一组中不同铝合金;第二位字母表示原始纯铝或铝合金的改型情况

续表

牌号或代号	应用举例	说明
ZAlCu5Mn （代号 ZL201） ZAlMg10 （代号 ZL301）	砂型铸造，工作温度在 175～300 ℃ 的零件，如内燃机缸头、活塞。 在大气或海水中工作，承受冲击载荷，外形不太复杂的零件，如舰船配件、氨用泵体等	"ZAl"表示铸造铝合金，合金中的其他元素用化学符号表示，符号后数字表示该元素质量分数平均百分数；代号中的数字表示合金系列代号和顺序号

附表 27　非金属材料

牌号或代号	应用举例	说明
1. 工业用橡胶板（摘自 GB/T 5574—2008）		
1613	适于制作耐磨、耐冲击的垫圈、密封条、垫板等	普通橡胶板、中等硬度
2807 2709	用作冲制密封性能较好的垫圈	耐酸橡胶板，具有耐酸碱性能，中等或较高硬度
3707 3709	适用冲制各种形状的垫圈	耐油橡胶板，较高硬度，具有较好的耐熔剂膨胀性，可在一定温度（-30～100 ℃）的油中工作
4708 4710	用作冲制各种垫圈和隔热垫板	耐热橡胶板，中等或较高硬度，可在热空气、蒸汽中工作
2. 工业用毛毡（摘自 FZ/T 25001—1992）		
T112 T122 T132	用做密封、防漏油、防振、缓冲衬垫等	厚度为 1.5～2.5 mm
3. 酚醛层压布板（摘自 JB/T 8149.3—1995）		
PFCC1 PFCC2 PFCC3 PFCC4	用做密封件、轴承、轴瓦、带轮、齿轮、离合器、摩擦轮、电气绝缘零件等	力学性能好，刚度大，耐热性好，在水润滑下摩擦系数极小（0.01～0.03）
4. 有机玻璃（摘自 GB/T 7134—2008）		
PMMA	适用于耐蚀和需要透明的零件，如油标、油杯、标牌、管道、电气绝缘件等	耐盐酸、硫酸、草酸、烧碱和纯碱等
5. 尼龙 6、尼龙 66、尼龙 610、尼龙 1010（摘自 JB/ZQ 4196—1998）		
PA	制作齿轮等传动零件	具有高抗拉强度和良好的冲击韧性，耐热（<100 ℃），耐弱酸、弱碱，耐油性好、消声性好

注：FZ 是纺织行业标准，JB 是机械行业标准。

附表28 热处理工艺分类及代号（摘自 GB/T 12603—2005）

工艺总称	代号	工艺类型	代号	工艺名称	代号
热处理	5	整体热处理	1	退火	1
				正火	2
				淬火	3
				淬火和回火	4
				调质	5
				稳定化处理	6
				固溶处理；水韧处理	7
				固溶处理＋时效	8
		表面热处理	2	表面淬火和回火	1
				物理气相沉积	2
				化学气相沉积	3
				等离子体增强化学气相沉积	4
				离子注入	5
		化学热处理	3	渗碳	1
				碳氮共渗	2
				渗氮	3
				氮碳共渗	4
				渗其他非金属	5
				渗金属	6
				多元共渗	7

附表29 加热方式及代号（摘自 GB/T 12603—2005）

加热方式	可控气氛（气体）	真空	盐浴（液体）	感应	火焰	激光	电子束	等离子体	固体装箱	流态床	电接触
代号	01	02	03	04	05	06	07	08	09	10	11

附表30 退火工艺及代号（摘自 GB/T 12603—2005）

退火工艺	去应力退火	均匀化退火	再结晶退火	石墨化退火	脱氢处理	球化退火	等温退火	完全退火	不完全退火
代号	St	H	R	G	D	Sp	I	F	P

附表31 淬火冷却介质和冷却方法及代号（摘自 GB/T 12603—2005）

冷却介质和方法	空气	油	水	盐水	有机聚合物水溶液	热浴	加压淬火	双介质淬火	分级淬火	等温淬火	形变淬火	气冷淬火	冷处理
代号	A	O	W	B	Po	H	Pr	I	M	At	Af	G	C

附录 5　CAD 工程制图规则(摘自 GB/T 18229—2000)

附表 32　图线颜色

图线类型	屏幕上颜色	图线类型	屏幕上颜色
粗实线 A	白色	虚线 F	黄色
细实线 B	绿色	细点画线 G	红色
波浪线 C		粗点画线 I	棕色
双折线 D		(细)双点画线 K	粉红

附表 33　CAD 工程图图层管理规定

层号	描述	图例
01	粗实线,剖切面的粗剖切线	
02	细实线,波浪线,双折线	
03	粗虚线	
04	细虚线	
05	细点画线,剖切面的剖切线	
06	粗点画线	
07	细双点画线	
08	尺寸线,投影连线,尺寸线终端与符号细实线	
10	剖面符号	
11	文本,细实线	ABCD
14,15,16	用户选用	

参考文献

[1] 朱泗芳,徐绍军.工程制图.4 版.北京:高等教育出版社,2005.
[2] 朱泗芳.工程制图.3 版.北京:高等教育出版社,1999.
[3] 何铭新,等.机械制图.6 版.北京:高等教育出版社,2010.
[4] 孙根正,王永平.工程制图基础.3 版.北京:高等教育出版社,2010.
[5] 李爱军,陈国平.工程制图.北京:高等教育出版社,2010.
[6] 焦永和,等.工程制图.北京:高等教育出版社,2008.
[7] 胡宜鸣,孟淑华.机械制图.北京:高等教育出版社,2001.
[8] 大连理工大学工程图学教研室.机械制图.6 版.北京:高等教育出版社,2007.
[9] 周良德.现代工程图学.长沙:湖南科学技术出版社,2000.
[10] 张春元.现代工程制图.长沙:中南工业大学出版社,1997.
[11] 徐绍军,云忠.工程制图.2 版.长沙:中南大学出版社,2007.
[12] 谭建荣,张树有,陆国栋,等.图学基础教程.2 版.北京:高等教育出版社,2006.
[13] 左宗义,冯开平.工程制图.广州:华南理工大学出版社,2002.
[14] 毛昕,黄英,肖平阳.画法几何及机械制图.4 版.北京:高等教育出版社,2010.
[15] 侯洪生.机械工程图学.2 版.北京:科学出版社,2008.

郑重声明

高等教育出版社依法对本书享有专有出版权。任何未经许可的复制、销售行为均违反《中华人民共和国著作权法》，其行为人将承担相应的民事责任和行政责任；构成犯罪的，将被依法追究刑事责任。为了维护市场秩序，保护读者的合法权益，避免读者误用盗版书造成不良后果，我社将配合行政执法部门和司法机关对违法犯罪的单位和个人进行严厉打击。社会各界人士如发现上述侵权行为，希望及时举报，本社将奖励举报有功人员。

反盗版举报电话　（010）58581897　58582371　58581879
反盗版举报传真　（010）82086060
反盗版举报邮箱　dd@hep.com.cn
通信地址　北京市西城区德外大街4号　高等教育出版社法务部
邮政编码　100120